张玉龙　石　磊　主编

塑料
品种与选用

化学工业出版社
·北京·

本书简要介绍了塑料的基础知识及通用塑料、工程塑料、热固性塑料、功能塑料的主要品种、性能及应用；结合一些典型的配方实例与产品性能要求，重点介绍了通用制品（管材、型材、薄膜、中空制品、泡沫塑料制品等）、工程与结构制品（机械制品、汽车制品、防腐工程制品等）和功能制品（电功能制品、光功能制品、功能薄膜等）的塑料选用。本书可供塑料行业材料研究、产品设计、生产加工等技术人员阅读，对于管理销售人员也有很好的参考价值。

图书在版编目（CIP）数据

塑料品种与选用/张玉龙，石磊主编．—北京：化学工业出版社，2011.11（2024.11重印）
ISBN 978-7-122-12301-5

Ⅰ. 塑… Ⅱ. ①张…②石… Ⅲ. 塑料-品种 Ⅳ. TQ32

中国版本图书馆 CIP 数据核字（2011）第 187006 号

责任编辑：仇志刚　　　　　　　　　　文字编辑：林　丹
责任校对：徐贞珍　　　　　　　　　　装帧设计：关　飞

出版发行：化学工业出版社（北京市东城区青年湖南街 13 号　邮政编码 100011）
印　　装：河北延风印务有限公司
787mm×1092mm　1/16　印张 22½　字数 577 千字　2024 年 11 月北京第 1 版第 15 次印刷

购书咨询：010-64518888　　　　　　　售后服务：010-64518899
网　　址：http://www.cip.com.cn
凡购买本书，如有缺损质量问题，本社销售中心负责调换。

定　　价：59.00 元　　　　　　　　　　　　　　　　　版权所有　违者必究

编写人员名单

主　　编　张玉龙　石　磊

副 主 编　张　雨　黄卫国　李　萍　石政杰

参编人员　王　明　王建江　王四清　石　磊　石政杰
　　　　　　厉　宁　闫惠兰　刘宝玉　孙德强　刘乃环
　　　　　　汪业福　杜仕国　李旭东　李树虎　李　丽
　　　　　　李　萍　杨欣欣　张玉龙　张冬梅　张　雨
　　　　　　张　蕾　邵颖慧　官周国　段金栋　郭　毅
　　　　　　周全超　姜维维　姜　萍　陶文斌　盖敏慧
　　　　　　曹根顺　黄卫国　崔紫芳　喻腊梅　窦　鹏
　　　　　　潘士兵　薛维宝

前言

塑料作为新型合成材料因其具备良好的物理、力学和电性能、优异的耐化学药品性和环境适应性、耐腐蚀性、绝缘性和易加工性等优点，故而，广泛地应用于国民经济建设、国防建设和人们的日常生活各个领域，在国计民生中发挥了重要作用。随着高新技术在塑料研究与加工中的应用，特别是塑料改性技术和配方设计技术等的深入研究与发展，使众多的新型品级和新型牌号不断问世，品种牌号数量迅速增加，不断满足了人们选材与新产品的开发需求，然而，如此繁多的牌号与品级反过来又给人们的正确选材带来不少麻烦。为解决这一难题，有必要编写出一本《塑料品种与选用》的书，来指导人们正确而快捷地选择适当品级或牌号的材料，对新产品的开发有事半功倍的作用。

中国兵工学会科技出版工作委员会、山东兵工学会和兵工学会非金属专业委员会联合，在全面查阅国内外资料的基础上，组织编写了《塑料品种与选用》一书，全书九章四十六节，在扼要介绍塑料的基础知识，通用塑料（PE、PP、PVC、PS、ABS、PMMA）、工程塑料（PA、PC、POM、PET、PBT、MPPO、PTFE、PPS、PI、PSF、PEEK、PAR 和 LCP）、热固性塑料（酚醛、环氧、不饱和聚酯、聚氨酯、有机硅和氨基塑料）和功能塑料（导电塑料、抗静电塑料、电磁屏蔽塑料、压电塑料、磁性塑料、塑料光纤、透明类塑料、形状记忆塑料与可降解塑料）的主要品种、性能与应用的基础上，采用较大篇幅重点介绍了塑料选用的基础；并侧重介绍了通用制品（管材，板、片、卷、革材，型材、薄膜、中空制品、包装制品、鞋制品、实验室用品、日用品和泡沫塑料制品等）的塑料选用，工程与结构制品（机械制品、汽车制品、防腐工程制品、体育用品）的塑料选用，功能制品（电功能制品、光功能制品、热功能制品、无毒塑料制品、功能分离膜等）的塑料选用，是塑料行业材料研究、产品设计、生产加工、管理销售和教学人员必读必备之书，也可作为教材使用。

本书突出实用性、先进性和可操作性，理论叙述从简，侧重于用实用数据和配方实例说明问题。文中结构清晰严谨，语言精练、信息量大、数据可靠且图文并茂，若本书的出版发行能对我国塑料新产品开发和更新换代起到指导或促进作用，编者将感到十分欣慰。

由于水平有限，文中不妥之处在所难免，敬请批评指教。

编 者
2011 年 5 月

目 录

第一章 基础知识 ... 1
第一节 简介 ... 1
一、基本概念 ... 1
二、主要品种与分类 ... 1
三、塑料材料的组成 ... 1
四、应用 ... 1
第二节 塑料性能 ... 4
一、物理性能 ... 4
二、力学性能 ... 5
三、热性能 ... 8
四、电性能 ... 9
五、耐环境适应性 ... 10
六、老化性能 ... 10
七、加工性能 ... 10
第三节 塑料配方设计的要点及注意事项 ... 11
一、树脂的选择 ... 11
二、助剂的选择 ... 12
三、助剂的形态 ... 12
四、助剂的合理加入量 ... 14
五、助剂与其他组分的关系 ... 14
六、配方各组分应混合均匀 ... 15
七、配方对塑料性能的影响 ... 15
八、配方应具有可加工性 ... 16
九、配方组分的环保性 ... 16
十、助剂的价格和来源 ... 17
第四节 塑料简易鉴别方法 ... 17
一、外观鉴别法 ... 17
二、燃烧鉴别法 ... 17
三、溶解鉴别法 ... 17
四、密度鉴别法 ... 18
五、元素鉴别法 ... 18

第二章 通用塑料 ... 19
第一节 聚乙烯 ... 19
一、简介 ... 19
二、主要性能 ... 19
三、应用 ... 21
四、高密度聚乙烯 ... 22
五、低密度聚乙烯 ... 22
六、线型低密度聚乙烯 ... 23
七、超高分子量聚乙烯 ... 23
八、氯化聚乙烯 ... 24
九、交联聚乙烯 ... 26
第二节 聚丙烯 ... 27
一、简介 ... 27
二、主要性能 ... 27
三、应用 ... 30
四、改性聚丙烯 ... 30
第三节 聚氯乙烯 ... 31
一、主要品种 ... 31
二、主要性能 ... 33
三、应用 ... 35
四、改性聚氯乙烯 ... 35
第四节 聚苯乙烯 ... 38
一、简介 ... 38
二、主要性能 ... 38
三、应用 ... 38
四、通用聚苯乙烯 ... 38
五、高抗冲聚苯乙烯 ... 39
六、聚苯乙烯发泡料 ... 41
第五节 丙烯腈-丁二烯-苯乙烯共聚物 ... 42
一、简介 ... 42
二、主要性能 ... 42
三、应用 ... 44
第六节 聚甲基丙烯酸甲酯 ... 44
一、主要品种 ... 44
二、主要性能 ... 46
三、应用 ... 47

第三章 工程塑料 ... 48
第一节 聚酰胺 ... 48
一、简介 ... 48

二、主要性能 …… 48
　　三、应用 …… 49
　　四、尼龙 6 …… 50
　　五、尼龙 66 …… 50
　　六、尼龙 610 …… 51
　　七、尼龙 11 …… 53
　　八、尼龙 1010 …… 53
　　九、MC 尼龙 …… 54
　　十、尼龙 612 …… 55
　　十一、尼龙 12 …… 56
　　十二、尼龙 46 …… 57
　　十三、透明尼龙 …… 58
  第二节 聚碳酸酯 …… 59
　　一、简介 …… 59
　　二、主要性能 …… 60
　　三、应用 …… 60
  第三节 聚甲醛 …… 62
　　一、简介 …… 62
　　二、主要性能 …… 62
　　三、应用 …… 64
　　四、改性聚甲醛 …… 64
  第四节 聚对苯二甲酸乙二醇酯 …… 65
　　一、简介 …… 65
　　二、主要性能 …… 66
　　三、应用 …… 66
  第五节 聚对苯二甲酸丁二醇酯 …… 67
　　一、简介 …… 67
　　二、主要性能 …… 67
　　三、应用 …… 67
  第六节 聚苯醚与改性聚苯醚 …… 70
　　一、简介 …… 70
　　二、主要性能 …… 70
　　三、应用 …… 73
  第七节 聚四氟乙烯 …… 73
　　一、简介 …… 73
　　二、主要性能 …… 73
　　三、应用 …… 76
  第八节 聚苯硫醚 …… 76
　　一、主要品种 …… 76
　　二、主要性能 …… 77
　　三、应用 …… 78
  第九节 聚酰亚胺 …… 78
　　一、简介 …… 78
　　二、主要性能与应用 …… 78
  第十节 聚砜类塑料 …… 80
　　一、主要品种 …… 80
　　二、双酚 A 聚砜 …… 80
　　三、聚醚砜 …… 82
　　四、聚芳砜 …… 84
  第十一节 聚醚醚酮 …… 86
　　一、简介 …… 86
　　二、主要性能 …… 86
　　三、应用 …… 88
  第十二节 聚芳酯 …… 88
　　一、PAR 树脂 …… 88
　　二、增强 PAR 塑料 …… 88
  第十三节 液晶聚合物 …… 91
　　一、主要性能 …… 91
　　二、加工特性 …… 93
　　三、应用 …… 93

第四章　热固性塑料 …… 94
  第一节 酚醛塑料 …… 94
　　一、酚醛树脂 …… 94
　　二、酚醛模塑料 …… 96
　　三、酚醛层压模塑料 …… 98
　　四、改性酚醛模塑料 …… 99
　　五、纤维增强酚醛模塑料 …… 101
  第二节 环氧塑料 …… 104
　　一、主要品种 …… 104
　　二、主要性能 …… 105
　　三、应用 …… 106
  第三节 不饱和聚酯 …… 106
　　一、主要品种与特性 …… 106
　　二、不饱和聚酯树脂 …… 107
  第四节 聚氨酯塑料 …… 114
　　一、主要品种 …… 114
　　二、主要性能 …… 114
　　三、成型加工性能 …… 114
　　四、应用 …… 115
　　五、聚氨酯泡沫塑料 …… 115
　　六、聚氨酯填充改性料 …… 118
  第五节 有机硅塑料 …… 119
　　一、有机硅树脂 …… 119
　　二、有机硅模塑料 …… 119
  第六节 氨基塑料 …… 121
　　一、脲醛塑料 …… 121
　　二、三聚氰胺甲醛模塑料 …… 122

第五章　功能塑料 ………………………………………………………………… 126
第一节　导电塑料 …………………………… 126
一、简介 …………………………………… 126
二、导电塑料的性能与应用 …………… 126
第二节　抗静电塑料 ………………………… 129
一、简介 …………………………………… 129
二、性能与应用 …………………………… 129
第三节　电磁屏蔽塑料 ……………………… 130
一、简介 …………………………………… 130
二、性能与应用 …………………………… 130
第四节　压电塑料 …………………………… 132
一、简介 …………………………………… 132
二、性能与应用 …………………………… 132
第五节　磁性塑料 …………………………… 133
一、基本概念 ……………………………… 133
二、分类 …………………………………… 133
三、性能 …………………………………… 134
四、应用 …………………………………… 136
第六节　塑料光纤 …………………………… 136
一、简介 …………………………………… 136
二、性能与应用 …………………………… 137
第七节　透明类塑料 ………………………… 139
一、简介 …………………………………… 139
二、聚4-甲基-1-戊烯 …………………… 140
三、苯乙烯/丁二烯共聚物 ……………… 141
四、苯乙烯/丙烯腈共聚物 ……………… 142
五、聚降冰片烯 …………………………… 142
六、纤维素类透明塑料 …………………… 143
七、其他透明类塑料 ……………………… 144
第八节　形状记忆塑料 ……………………… 145
一、简介 …………………………………… 145
二、形状记忆塑料的品种 ………………… 146
三、形状记忆塑料的用途 ………………… 148
第九节　可降解塑料 ………………………… 148
一、简介 …………………………………… 148
二、品种与特性 …………………………… 148

第六章　塑料选用的基础 …………………………………………………………… 150
第一节　简介 ………………………………… 150
一、基本原则 ……………………………… 150
二、塑料材料的选用方法 ………………… 151
三、塑料选用程序 ………………………… 158
四、塑料选材应考虑的主要因素 ………… 161
第二节　塑料性能与选材关系的分析 ……… 174
一、简介 …………………………………… 174
二、塑料的性能 …………………………… 174
三、塑料的应用 …………………………… 198

第七章　通用制品的塑料选用 ……………………………………………………… 207
第一节　管材的塑料选用 …………………… 207
一、管材对塑料的性能要求 ……………… 207
二、管材常用塑料 ………………………… 207
三、塑料给水管系统 ……………………… 211
四、塑料排水管系统 ……………………… 215
五、硬聚氯乙烯雨水管、槽系统 ………… 215
第二节　板、片、卷、革材制品的塑料选用 ………………………………… 216
一、板材制品的塑料选用 ………………… 216
二、片材制品的塑料选用 ………………… 222
三、防水卷材的塑料选用 ………………… 224
四、塑料革类制品的塑料选材 …………… 225
第三节　门窗型材的塑料选用 ……………… 227
一、简介 …………………………………… 227
二、技术要求 ……………………………… 228
三、塑料异型材的选用 …………………… 228
四、不同档次异型材 ……………………… 231
第四节　薄膜制品的塑料选用 ……………… 233
一、主要品种与特点 ……………………… 233
二、薄膜常用塑料 ………………………… 236
第五节　中空制品的塑料选用 ……………… 239
一、简介 …………………………………… 239
二、聚乙烯类中空容器 …………………… 242
三、聚丙烯容器 …………………………… 243
四、聚氯乙烯容器 ………………………… 244
五、热塑性聚酯瓶 ………………………… 245
六、其他塑料中空容器 …………………… 246
第六节　其他通用制品的塑料选用 ………… 247
一、包装制品的塑料选用 ………………… 247
二、鞋的塑料选用 ………………………… 253
三、日用制品的塑料选用 ………………… 255
四、泡沫制品的塑料选用 ………………… 258

五、实验室用品的塑料选用 ………… 261

第八章　工程与结构制品的塑料选用 …………………………………………… 262

第一节　机械制品的塑料选用 ………… 262
一、选材原则 ………………………… 262
二、承力制品的塑料选用 …………… 262
三、机械制品耐磨性能与塑料选用 … 264
四、经典制品的塑料选用 …………… 268
五、高精度制品的塑料选用 ………… 274
六、精密仪器或设备制品的塑料选用 … 279

第二节　汽车制品的塑料选用 ………… 280
一、简介 ……………………………… 280
二、汽车塑料制品的选用依据 ……… 283
三、塑料燃油箱的选用 ……………… 286
四、前后保险杠 ……………………… 287
五、挡泥板和车轮罩 ………………… 288
六、车身面板 ………………………… 289
七、窗玻璃 …………………………… 289
八、照明系统 ………………………… 290
九、导流板 …………………………… 290
十、风道及风机配件及其他制品 …… 291
十一、仪表板 ………………………… 291
十二、方向盘 ………………………… 293
十三、座椅及其配套系统 …………… 293
十四、车门内板 ……………………… 294
十五、车内顶棚 ……………………… 294
十六、空调系统 ……………………… 295
十七、门锁系统 ……………………… 295
十八、发动机及其周边零件 ………… 295
十九、汽车底盘 ……………………… 295
二十、汽车刹车片 …………………… 295

第三节　防腐工程制品的塑料选用 …… 297
一、简介 ……………………………… 297
二、防腐蚀塑料的选择 ……………… 300
三、塑料设备的塑料选用 …………… 302
四、管道系统 ………………………… 304

第四节　体育用品的塑料选用 ………… 307
一、选材原则 ………………………… 307
二、塑料体育制品的品种 …………… 308
三、通用塑料品种及特性 …………… 308

第九章　功能制品的塑料选用 ………………………………………………… 310

第一节　电功能制品的塑料选用 ……… 310
一、电气制品的塑料选用 …………… 310
二、电子制品的塑料选用 …………… 312
三、塑料电线电缆类制品的塑料选用 … 322
四、家电制品的塑料选用 …………… 328

第二节　光功能制品的塑料选用 ……… 334
一、塑料的透明性 …………………… 334
二、常用透明塑料的特性 …………… 334
三、日用透明制品的塑料选用 ……… 334
四、透明塑料玻璃制品的塑料选用 … 336
五、太阳能制品的塑料选用 ………… 336
六、透明封装材料的塑料选用 ……… 336
七、塑料光纤的塑料选用 …………… 336
八、光盘的塑料选用 ………………… 337

第三节　热功能制品的塑料选用 ……… 338
一、塑料的耐热性 …………………… 338
二、耐热塑料的选用原则 …………… 339
三、阻燃类塑料的选用 ……………… 340
四、导热类塑料的选用 ……………… 341

第四节　无毒塑料制品的塑料选用 …… 342
一、阻隔包装制品的塑料选用 ……… 342
二、医用制品的塑料选用 …………… 344

第五节　功能分离膜的塑料选用 ……… 348
一、简介 ……………………………… 348
二、功能膜的塑料选用 ……………… 348

参考文献 …………………………………………………………………………… 352

第一章 基础知识

第一节 简 介

一、基本概念

树脂主要是指在常温下为固态、半固态或假固态,而受热后一般具有软化或熔融范围,在软化时,受外力作用,通常具有流动倾向的有机聚合物;而从广义上讲,凡可作为塑料基体的聚合物均称为树脂。

塑料是指以树脂为主要成分,其中添加某些添加剂或助剂(如填充剂、增塑剂、稳定剂、色母料等),经成型加工制成的有机聚合物材料。

二、主要品种与分类

塑料品种繁多,分类方法多样且不尽统一,本书仅介绍常用的几种分类方法(表1-1)。

表1-1 塑料的品种与分类

分类方法	类型	品种
按功能与用途分类	通用塑料	聚乙烯(PE)、聚氯乙烯(PVC)、聚苯乙烯(PS)、聚甲基丙烯酸甲酯(PMMA)
	通用工程塑料	聚酰胺(PA)、聚碳酸酯(PC)、聚甲醛(POM)、聚对苯二甲酸乙二醇酯(PET)、聚对苯二甲酸丁二醇酯(PBT)、聚苯醚(PPO)或改性聚苯醚(MPPO)等
	特种工程塑料	聚四氟乙烯(PTFE)、聚苯硫醚(PPS)、聚酰亚胺(PI)、聚砜、聚酮与液晶聚合物
按功能与用途分类	功能塑料	导电塑料、压电塑料、磁性塑料、塑料光纤与光学塑料等
	通用热固性塑料	酚醛树脂、环氧树脂、不饱和聚酯、聚氨酯、有机硅与氨基塑料等
按受热后性能变化特征分类	热塑性塑料	通用塑料、通用工程塑料、特种工程塑料
	热固性塑料	酚醛树脂、环氧树脂、不饱和聚酯、聚氨酯、有机硅与氨基塑料等
按化学成分分类	聚烯烃类、聚酰胺类、聚酯类、聚醚类和含氟类聚合物等	
按结晶程度分类	结晶聚合物和无定形聚合物	

为叙述方便,本书将按塑料功能与用途分类法加以介绍。

三、塑料材料的组成

塑料是由树脂与助剂(添加剂)两部分经成型加工制备而成的。其组成及各组分作用详见表1-2。

四、应用

1. 塑料应用的领域

(1) 包装材料　包装材料为塑料的最大用途,占总量的20%以上,主要产品如下。

① 膜类制品,如轻重包装膜、阻隔膜、热收缩膜、自黏膜、防锈膜、撕裂膜及气垫膜等。

② 瓶类制品,如食品包装瓶(油、啤酒、汽水、白酒、醋、酱油及牛奶等的包装瓶)、

化妆品瓶、药品瓶及化学试剂瓶等。

表1-2 塑料的组成及各组分作用

组分名称		功能作用	常用化合物
树脂		塑料的主要成分,对塑料及其制品性能优劣起主要作用	合成树脂为主体
特性助剂(添加剂)	填充剂	又称填料,主要用来改进塑料强度、提高耐久性、降低成本等	碳酸钙、云母、滑石粉、木粉等
	增强剂	主要用来提高塑料及其制品的强度与刚性	玻璃纤维、碳纤维、芳纶等
	冲击改性剂	主要用来改善结晶塑料的韧性和耐冲击性能	橡胶和弹性体
	增塑剂	主要用来改进塑料的脆性,提高柔韧性能等	邻苯二甲酸酯类、磷酸三苯酯等
	偶联剂	主要用来提高聚合物与填料界面结合力	硅烷和钛酸酯等
特性助剂(添加剂)	阻燃剂	主要用于阻止或延缓塑料的燃烧	四溴邻苯二甲酸酐、三氧化二锑、氢氧化铝、金属氧化物、磷酸酯类等
	抗静电剂	主要用于减少塑料制品表面所带静电载荷	炭黑、碳纤维、金属纤维或粉末、阴离子型(季铵盐)和非离子型聚乙二醇酯或醚等
	着色剂	主要用于赋予塑料及其制品颜色	无机颜料、有机颜料和色母料等
加工助剂(添加剂)	发泡剂	能变成为气体,可使塑料成为泡沫结构	氮气、氟氯烃、偶氮二甲酰胺(AC)等
	润滑剂	主要用于降低熔体黏度,阻止熔体与设备黏着,改善加工性能	硬脂酸类、金属皂类物质等
	脱模剂	主要用于防止塑料熔体与模具黏附,便于制品脱模	石蜡、聚乙烯蜡、有机硅、硬脂酸金属盐、脂肪酸酰胺等
稳定助剂	热稳定剂	主要用于防止聚合物在热作用下受破坏和发生降解	金属皂、有机锡、硫醇锑和铅盐等
	光屏蔽剂	主要用来吸收或反射紫外光,使光不能直接射入聚合物内部,抑制光降解	炭黑和二氧化钛等
	紫外线吸收剂	主要用来吸收紫外光,并将其转变成无害热能而放出	二苯甲酮(UV-S31)、苯并三唑(UV-327)和水杨酸酯(BAO)等
	抗氧剂	主要用来防止聚合物氧化	受阻酚、芳香胺、亚磷酸酯、有机硫化物等
	抗老化剂	可吸收聚合物中发色团能量并将其消耗掉,从而抑制聚合物发生光降解	二价镍络合物等
	自由基捕获剂	可将聚合物中自由氧化的活性自由基捕获,防止聚合物氧化降解	哌啶衍生物(受阻胺)等
反应控制剂	催化剂	可改变化学反应速率,自身不消耗	NaOH、乙酰基己内酰胺、有机锡、金属盐与氧化锌等
	引发剂	在聚合物反应中能引起单分子活化产生自由基,常与催化剂并用	偶氮化合物和过氧化物
	阻聚剂	可阻止单体聚合的物质	酚类、醌类及硫化物等
	交联剂	可将线型热塑性树脂转化为三维网状聚合物	有机过氧化物、胺类、酸酐、咪唑类等

③ 盒类制品,如食品盒(饭盒、糕点盒、礼品盒及冰淇淋盒等)以及五金、工艺品、文教用品等盒类。

④ 杯类制品,如一次性饮料杯、牛奶杯及酸奶杯等。

⑤ 箱类制品,如啤酒箱、汽水箱、食品箱、工装周转箱、炮弹箱、水果箱、蔬菜箱及瓦楞箱等。

⑥ 袋类制品,如手提袋及编织袋等。

(2) 日用品 塑料制日用品主要包括以下几种。

① 杂品类制品，如盆、桶、盒、篓、盘、椅子、凳子、皮箱、暖瓶、丝及网等制品。

② 文体用品，如笔、尺、夹、刀、乒乓球、羽毛球及球拍等。

③ 服装类制品，如鞋底、人造革类、合成革类、纽扣、发夹、拉链、帽类、雨衣、皮带及项链等。

④ 厨房用品，如盆、碗、盘、桶、叉、勺、菜板、打火机及打火器等。

(3) 农用材料 如地膜、棚膜、育秧盘、灌溉管、滴灌管、喷雾器及渔网等。

(4) 建筑材料 主要有以下几种。

① 管材，如上水管、下水管、输气管、穿线管及供暖管等。

② 型材，如门、窗、家具、楼梯扶手、装饰线及暖气罩等。

③ 板材，如装饰板、天花板、地板、外墙装饰铝塑复合板、阳光板、隔墙板及屋顶隔热板等。

④ 其他，如地毯、地板革、壁纸、人造大理石、人造玛瑙、整体浴室及防水材料等。

(5) 绝缘材料 如高、中、低压绝缘电缆及护套电缆，电容器介质膜、接线盒、开关、继电器及空气开关等。

(6) 机械制品 如各类壳体、泵类材料、拉杆、绳索、链条、链轮、齿轮、凸轮、轴承、导轨、密封件及垫片等。

(7) 汽车配件 如仪表盘、保险杠、轮壳罩、方向盘、座椅、油箱、输油管、散热器格栅、烟灰缸、顶棚、扶手、镜架、灯罩及摩擦片等。

(8) 医学材料 人体器官材料，如人造骨、气管、血管、皮肤、牙、肾及心脏瓣膜等；医疗器械类，如一次性注射器、手术器械、输血管、内窥镜管及导尿管等。

(9) 光学材料 主要有光学透镜材料、光纤材料及光盘材料等。

2. 主要塑料品种的基本特性与用途（表1-3）

表1-3 主要塑料品种的基本特性与用途

名 称	特 性	用 途
聚乙烯	柔韧性好，介电性能和耐化学腐蚀性能优良，成型工艺性好，但刚性差	化工耐腐蚀材料和制品，小负荷齿轮、轴承等，电线电缆包皮，日常生活用品
聚丙烯	耐腐蚀性优良，力学性能和刚性超过聚乙烯，耐疲劳和耐应力开裂性好，但收缩率较大，低温脆性大	医疗器具，家用厨房用品，家电零部件，化工耐腐蚀零件，中、小型容器和设备
聚氯乙烯	耐化学腐蚀性和电绝缘性能优良，力学性能较好，具有难燃性，但耐热性差，升高温度时易发生降解	软硬质难燃耐腐蚀管、板、型材、薄膜等，电线电缆绝缘制品等
聚苯乙烯	树脂透明，有一定的机械强度，电绝缘性能好，耐辐射，成型工艺性好，但脆性大，耐冲击性和耐热性差	不受冲击的透明仪器、仪表外壳、罩体，生活日用品如瓶、牙刷柄等
丙烯腈-丁二烯-苯乙烯共聚物（ABS）	具有韧、硬、刚相均衡的优良力学特性，电绝缘性能、耐化学腐蚀性、尺寸稳定性好，表面光泽性好，易涂装和着色，但耐热性不太好，耐候性较差	汽车、电器仪表、机械结构零部件（如齿轮、叶片、把手、仪表盘等）
丙烯酸类树脂	具有极好的透光性，耐候性优良，成型性和尺寸稳定性好，但表面硬度低	光学仪器，要求透明和具有一定强度的零部件（如窗、罩、盖、管等）
聚酰胺	力学性能优异，冲击韧性、耐磨性和自润滑性能优良，但易吸水，尺寸稳定性差	机械、仪器仪表、汽车等方面耐磨受力零部件
聚碳酸酯	有优良的综合性能，特别是力学性能优异，耐冲击性优于一般热塑性塑料，其他如耐热、耐低温、耐化学腐蚀性、电绝缘性能等均好，制品精度高，树脂具有透明性，但易产生应力开裂	强度高、耐冲击结构件，电器零部件，小负荷传动零件等

续表

名　称	特　性	用　途
聚甲醛	力学性能优异,刚性好,耐冲击性能好,有突出的自润滑性、耐磨性和耐化学腐蚀性,但耐热性和耐候性差	代替铜、锌等有色金属和合金作耐摩擦部件(如轴承、齿轮、凸轮等)及耐蚀制品
热塑性聚酯	热变形温度高,力学性能优良,刚性大,电绝缘性能和耐应力开裂性好,但注射成型各向异性突出	高强度电绝缘零件,一般耐摩擦制品,电子仪表耐焊接零件,电绝缘强韧薄膜
聚苯醚	有优良的力学性能,热变形温度高,使用温度范围宽,耐化学腐蚀性、抗蠕变性和电绝缘性能好,有自熄性,尺寸稳定性好	代替有色金属作精密齿轮、轴承等零件,耐高温、耐腐蚀电器部件等
含氟塑料	有突出的耐腐蚀、耐高温性能,摩擦系数低,自润滑性能优良,但力学性能不高,刚性差,成型加工性不好	高温环境中的化工设备及零件,耐摩擦零部件,密封材料等
聚砜类	耐热性优良,力学性能、电绝缘性能、尺寸稳定性、耐辐射性好,成型工艺性差	高温、高强结构零件,耐腐蚀、电绝缘零部件
聚醚醚酮	耐热性好(220℃以上),力学性能、耐化学腐蚀性能、电绝缘性能、耐辐射性能良好,成型加工性好	飞机、宇航高强耐热零部件、电器零部件
聚芳酯	是透明的耐温等级较高的工程塑料,有良好的电绝缘性能和耐化学腐蚀性能,有自熄性,成型加工性好	耐温、绝缘电器制品等

第二节　塑料性能

一、物理性能

1. 透气性

透气性用透气量和透气系数表示。透气量是指一定厚度的塑料薄膜,在 0.1MPa 气压差下,$1m^2$ 的面积中在 24h 内所透过气体(在标准状况下)的体积(m^3)。透气系数是单位时间内,单位压差下,透过单位面积和单位厚度塑料薄膜的气体量(标准状况下)。

2. 透湿性

透湿性用透湿量和透湿系数表示。透湿量是在薄膜两侧蒸汽压差和薄膜厚度一定的条件下,$1m^2$ 薄膜在 24h 内所透过的水蒸气的质量(g)。透湿系数是单位时间内,单位压差下,透过单位面积和厚度薄膜的水蒸气量。

3. 透水性

透水性测定是将被测试样在一定水压作用下经一定时间,用肉眼直接观察试样的透水程度。

4. 吸水性

吸水性是指规定尺寸的试样浸入一定温度的蒸馏水中,经过一定时间后所吸收的水量。

5. 相对密度与密度

在一定温度下,试样的质量与同体积水的质量之比称为相对密度。在规定温度下单位体积物质的质量称为密度,单位为 kg/m^3、g/m^3 或 g/mL。

6. 折射率

光线从第一介质进入第二介质时(除垂直入射外),任一入射角的正弦和折射角的正弦之比,称为折射率。介质的折射率一般都大于 1。同一介质对不同波长的光具有不同的折射率。

7. 透光率

塑料的透明性可用透光率或雾度来表示。

透光率是指透过透明或半透明体的光通量与其入射光通量的百分比。透光率用以表征材料的透明性，所用的测定仪器是总透光率测定仪，如国产积分球式 A-4 光度计。

雾度是指透明或半透明塑料的内部或表面由光散射造成的云雾状或混浊的外观，以向前散射的光通量与透过光通量的百分比表示。

8. 光泽

光泽是指物体表面反射光的能力，以试样在正反射方向相对于标准表面反射光量的百分比（光泽度）表示。

9. 成型收缩率

成型收缩量是指制品尺寸小于模具型腔尺寸的量，以 mm/mm 表示。

$$成型收缩率 = 成型收缩量 \times 100\%$$

二、力学性能

1. 拉伸性能

（1）拉伸强度　在规定的试验温度、湿度与试验速度下，在试样上沿纵轴方向施加拉伸载荷使其破坏，试样断裂时所受的最大拉伸应力。单位以 Pa 表示。

（2）断裂伸长率　在应力作用下，试样断裂时标线间距离的增加量与初始标距之比，用百分率表示。

（3）拉伸弹性模量　在比例极限内，材料所受拉伸应力与材料产生的相应应变之比。

（4）泊松比　在材料比例极限内，由均匀分布的纵向应力所引起的横向应变与相应的纵向应变之比的绝对值。

（5）应变　材料在应力作用下，产生的尺寸变化与原始尺寸之比。

（6）拉伸应力-应变曲线　由应力-应变的相应值彼此对应地绘成的曲线图。通常以应力值作为纵坐标，应变值作为横坐标。

2. 冲击性能

（1）悬臂梁冲击强度　悬臂梁冲击试验是使用悬壁梁冲击试验机，在规定的标准试验条件下，对垂直悬臂夹持的试样施以冲击载荷，使试样破裂，以试样单位宽度所消耗的功表征材料韧性的一种方法。

（2）简支梁冲击强度　简支梁冲击试验是使用简支梁冲击试验机，在规定的标准试验条件下对水平放置并两端支撑的试样施以冲击力，使试样破裂，以试样单位截面积所消耗的功表征材料韧性的一种方法。

3. 压缩性能

塑料的压缩性能主要包括压缩应力、压缩应变、压缩变形、压缩负荷-变形曲线、压缩屈服应力、压缩偏置屈服应力、压缩强度、细长比和压缩模量。

（1）压缩应变　指试样的压缩变形与试样原始高度的比，为无量纲的比值。

（2）压缩负荷-变形曲线　以压缩试验全过程中的压缩负荷为纵坐标，以对应的变形为横坐标绘图所获得的曲线图。

（3）压缩屈服应力　指在压缩试验的负荷-变形曲线上第一次出现的应变或变形增加而负荷不增加的压应力值，以 MPa 表示。应力无增加而应变增加时的第一点被称作屈服点。

(4) 压缩偏置屈服应力　在压缩试验的负荷-变形曲线的横坐标上，在规定的变形百分数处平行于曲线的直线部分作一直线，此直线与曲线的交点称偏置屈服点，偏置屈服点所对应的应力称偏置屈服应力，以 MPa 表示。

(5) 压缩强度　指在压缩试验中试样所承受的最大压缩应力，以 MPa 表示。

(6) 细长比　指横截面积均匀的实心圆柱体的高度与最小回转半径之比。

(7) 规定压缩应变　指材料不破坏时的最大允许压缩应变。

(8) 规定应变压缩应力　指达到规定应变时的压缩应力，以 MPa 表示。

(9) 压缩模量　指应力-应变曲线的线性范围内，压缩应力与压缩应变之比，以 MPa 表示。

4. 弯曲性能

工程塑料的弯曲性能是衡量塑料在经受弯曲负荷作用时的重要性能之一，分为挠度、弯曲应力与弯曲强度。

(1) 挠度　弯曲试验过程中，试样跨度中心的顶面或底面偏离原始位置的距离。

(2) 弯曲应力　试样在弯曲过程中的任意时刻，中部截面上外层纤维的最大正应力。

(3) 弯曲强度　试样在弯曲负荷下破裂或达到规定挠度时能承受的最大应力。

5. 剪切性能

(1) 层间剪切强度　由纤维增强塑料相邻层之间沿平行层方向产生的相对滑动称为层间剪切，抵抗由层间剪切而产生的切应力称为层间剪切强度。

(2) 冲压式剪切强度　对层合材料在垂直层合方向施加切应力而发生的剪切称为冲压剪切，抵抗由冲压式剪切而产生切应力的能力称为冲压式剪切强度。对玻璃纤维织物增强的塑料板材，这种强度也称为断纹剪切强度，对短切玻璃纤维增强的塑料称为剪切强度。

(3) 硬质微孔塑料剪切强度　在剪切作用下硬质微孔塑料发生破坏时单位剪切面积承受的剪切力称为剪切强度。

6. 硬度

硬度是指塑料抵抗其他材料或物体的压入、划痕或回弹性的能力。硬度是表征材料软硬程度的有条件性的定量反映，其本身不是单纯的确定物理量，而是由材料的塑性、弹性和韧性等力学性能组合的综合性能参数。工程塑料硬度的大小不仅与材料本身的特性有关，在很大程度上也取决于测试条件和测量方法。

测试硬度的方法很多，主要有布氏 (Brinell) 硬度、洛氏 (Rockwell) 硬度、邵氏 (Shore) 硬度、巴氏 (Barcol) 硬度、莫氏 (Mohs) 硬度、刮痕 (Scratch) 硬度、维氏 (Vickers) 硬度，努普 (Knoop) 硬度、比尔鲍姆 (Bierbaum) 硬度和球压痕硬度等。

(1) 布氏硬度 (HB)　把一定直径的钢球，在规定的负荷作用下，压入试样并保持一定时间后，以试样上压痕深度或压痕直径来计算单位面积上承受的力。

(2) 洛氏硬度　洛氏硬度有两种表示方法：洛氏标尺硬度和洛氏 α 硬度。

① 洛氏标尺硬度　用规定的压头对试样先施加初负荷，接着施加主负荷，然后再返回初负荷，用前后两次初试验负荷作用下压头压入试样的深度差计算便可得到洛氏标尺硬度。洛氏标尺硬度适用于硬质塑料，适用于硬质塑料的洛氏硬度计有 L、M、R 三种标尺。

② 洛氏 α 硬度　规定使用唯一的 R 标尺、压头直径为 12.7mm、主试验负荷为 588.4N 的条件下，以在总试验负荷作用下测得的压入深度，并将其计作以 0.002mm 为单位的数值，经换算便可得到洛氏 α 硬度。洛氏 α 硬度适用于软质塑料。

(3) 邵氏硬度　邵氏硬度也称为肖氏硬度，是指在规定负荷的标准压痕器作用下，经过严格规定的时间，压痕器的压针压入试样的深度。邵氏硬度分为邵氏 A 和邵氏 D 硬度。邵氏 A 适用于较软的塑料，邵氏 D 适用于较硬的塑料。

(4) 巴氏硬度　巴氏硬度也称为巴柯尔硬度，属于压入式（压痕）硬度，是以特定压头在标准弹簧的压力作用下压入试样，以压痕的深浅来表征试样的硬度。测试时可以直接从巴氏硬度计读取巴氏硬度值。巴氏硬度适用于测量硬质和纤维增强塑料及其板材、型材和制品的硬度。

(5) 球压痕硬度　球压痕硬度是指以规定直径的钢球，在试验负荷作用下，垂直压入试样表面，经过规定的时间后，以单位压痕面积所承受的压力表示该试样的硬度。

7. 耐撕裂性能

塑料的耐撕裂性能是衡量软质或薄膜塑料耐撕裂力的程度。测量塑料耐撕裂性能的方法有埃莱门多夫撕裂法、裤形撕裂法和软质泡沫塑料撕裂法等。

(1) 埃莱门多夫撕裂法　埃莱门多夫撕裂法是指在规定载荷条件下使薄而软的塑料薄膜或片材试样切出规定的切口，测定试样切口承受规定大小摆锤贮存能量所产生的撕裂力，以撕裂强度表示，单位为 N。

测试时可以直接从埃莱门多夫撕裂测试仪上读得撕裂强度。该方法适用于测试由聚烯烃、聚氯乙烯、聚酯、复合薄膜和薄片等材料的成品和半成品裁取的试样。

(2) 裤形撕裂法　裤形撕裂法是指测量撕裂试样增生所需能量的测试方法，测试时采用切口长度为试样长度一半的试样，在切口所形成的两"裤腿"上进行拉伸试验，使试样在长度方向上被完全撕裂所需的平均力或最大力来表示，以试样单位厚度承受的力表示撕裂强度，单位为 N/mm。

裤形撕裂法适用于厚度为 1mm 以下的软质和硬质薄膜材料或片材，但是测量时材料不能硬到在试验中发生脆性破坏或延伸性太大。该方法不适用于测量泡沫材料。

(3) 软质泡沫塑料撕裂法　软质泡沫塑料撕裂法是指将规定形状和尺寸的软质泡沫塑料试样夹在拉力试验机夹具上，测定试样撕裂时最大力值的一类试验。试样撕裂最大力值与试样厚度之比称为撕裂强度。

8. 蠕变性能

在恒定温度和湿度条件下，塑料在恒定外加载荷作用下，首先发生弹性变形，变形随着载荷作用时间的增加而增加，当变形达到一定程度后，作为结构材料的塑料构件就不能再使用了；当变形达到一定程度后，去除外载荷后变形能够逐渐恢复，这种变形随载荷作用时间的增加而增加的变化称为蠕变。因此在应用工程塑料作为受力结构件的产品设计中，蠕变性能是材料非常重要的参数。

根据作用力的不同，塑料的蠕变性能可分为拉伸蠕变、压缩蠕变和弯曲蠕变等。

9. 疲劳性能

疲劳性能是指材料承受交变循环应力或应变时所引起的局部结构变化和内部缺陷发展的过程，使材料的力学性能下降并最终导致龟裂或完全断裂。

10. 摩擦与磨耗性能

(1) 摩擦　当两个互相接触的物体之间彼此有相对位移或相对运动趋势时，相互间产生阻碍位移或运动的机械作用力称为摩擦。阻碍物体之间产生相对位移或运动的力即为摩擦力。

按物体之间位移或运动形式的不同，摩擦可分为滚动摩擦、滑动摩擦和滚动-滑动摩擦；

按位移或运动的状态的不同，摩擦可分为动摩擦和静摩擦；按物体接触界面的润滑状况不同，摩擦可分为干摩擦、湿摩擦、纯净摩擦和边界摩擦等。

表征材料摩擦性能的主要指标是材料的摩擦因数。

(2) 静摩擦因数 μ　指两个互相接触的物体之间具有相对滑动趋势时，接触表面上所产生的阻碍其相对运动的最大摩擦力 F_{max} 与接触表面上的法向力 N 之比。

(3) 动摩擦因数 μ_D　指正压力与两物体之间产生相对滑动时的摩擦力之比。

(4) 磨耗　指在规定的试验载荷、温度、湿度和速度等条件下，经一定时间或距离后材料表面损失的量。

三、热性能

1. 负荷热变形温度

负荷热变形温度是指具有一定尺寸的矩形塑料试样浸在一种等速升温导热介质中，在三点式简支梁静弯曲负载作用下，试样弯曲变形达到规定值的温度。单位以℃表示。

2. 维卡软化点

维卡软化点是指在等速升温条件下，用一根带有规定负荷、截面积为 $1mm^2$ 的平顶针放在试样上，当平顶针刺入试样 1mm 时的温度即为该试样的维卡软化点。单位以℃表示。

3. 马丁耐热温度

马丁耐热温度是指试样在一定弯曲力矩作用下，在一定等速升温环境中发生弯曲变形，试样达到规定变形量时的温度。单位以℃表示。

4. 线膨胀系数

(1) 线膨胀系数　指单位长度塑料温度每升高 1℃ 的伸长量。

(2) 平均线膨胀系数　指单位长度塑料在某一温度区间，温度每升高 1℃ 的平均伸长量。

一般采用连续升温法测试工程塑料的线膨胀系数；采用连续升温法或者两端点温度法测试平均线膨胀系数。单位以 $℃^{-1}$ 表示。

5. 熔点

工程塑料的熔点是指在一定的温度下由固体状态通过熔化明显地转变成液态的温度。

6. 熔体质量流动速率和熔体体积流动速率

熔体质量流动速率（MFR）和熔体体积流动速率（MVR）是指热塑性材料在一定的温度和压力下，熔体每 10min 分别通过规定标准口模的质量或体积。过去常称为熔体指数，俗称熔融指数，也称为熔体流动指数。以 g/10min 表示熔体质量流动速率，以 $cm^3/10min$ 表示熔体体积流动速率。

7. 热导率

热导率是指在稳定条件下，垂直于单位面积方向的每单位温度梯度通过单位面积上的热传导速率。单位为 W/(m·K)。

8. 玻璃化温度

无定形或半结晶或非结晶聚合物以黏流态或高弹态向玻璃态转变或反向转变的过程称为玻璃化转变，发生玻璃化转变的较窄温度范围的近似中点的温度称为玻璃化温度，通常用 T_g 表示。

9. 低温脆化温度

低温脆化温度是工程塑料低温力学行为的一种量度。是指将塑料试样以悬臂梁的方式安装于规定的夹具中,然后再将其置于低温介质中进行恒温,当试样达到某一预定温度后,使用具有一定能量的冲头冲击试样,使试样绕规定的半径弯曲 90°,记录并计算试样开裂或破坏的百分数,试样开裂或破坏概率达到 50% 时的温度称为低温脆化温度,常用 t_{50} 表示。

10. 尺寸稳定性

尺寸稳定性是衡量塑料试样或制品在贮存和使用过程中尺寸稳定性的一种指标。所谓尺寸稳定性即通常所说的尺寸变化率或尺寸收缩率,是指规定尺寸的试样在规定的温度、规定的试验条件下,经过规定的放置时间后,在标准环境条件下进行状态调节后,互相垂直的三维方向上产生的不可逆尺寸变化,以试样的尺寸变化率表示。

四、电性能

1. 体积电阻率和表面电阻率

(1) 绝缘材料的电阻　将被测材料置于标准电极中,在给定时间内,电极两端所加电压值与两电极间总电流之比称为绝缘材料的电阻。单位以 Ω 表示。

(2) 体积电阻率　指平行材料中电流方向的电位梯度与电流密度之比。单位以 Ω·cm 表示。

(3) 表面电阻率　指平行于通过材料表面上电流方向的电位梯度与表面单位宽度上的电流之比。单位以 Ω 表示。

2. 相对介电常数和介电损耗因数

(1) 相对介电常数　绝缘材料的相对介电常数 ε_r 是指电极间及其周围的空间全部充以绝缘材料时,其电容 C_x 与同样构型的真空电容器的电容 C_0 之比:

$$\varepsilon_r = \frac{C_x}{C_0}$$

(2) 介电损耗角 δ　绝缘材料的介电损耗角 δ,是指由该绝缘材料作为介质的电容器上所施加的电压与流过该电容器的电流之间的相位差的余角。

(3) 介电损耗因数 tanδ　绝缘材料的介电损耗因数是介电损耗角 δ 的正切 tanδ。

3. 电气强度

电气强度也称为介电强度,是指在规定的试验条件下,击穿电压与施加电压的两导电部分之间距离的商。

4. 耐电弧性

耐电弧性是指绝缘材料抵抗高压小电流或低压大电流产生的电弧作用而引起变质的能力。通常用电弧焰在材料表面引起炭化至表面导电所需的时间表示,单位以 s 表示。

5. 相对耐漏电起痕性

(1) 漏电起痕　固体绝缘材料表面在电场和电解液的联合作用下逐渐形成导电通路的过程。

(2) 相对耐漏电起痕性　指固体绝缘材料在电场和含杂质的水作用时的相对耐漏电起痕性。

(3) 电蚀损　由于放电作用引起绝缘材料被蚀损的现象。

(4) 相比漏电起痕指数 (CTI)　材料表面能经受住 50 滴电解液而没有形成漏电痕迹的最高电压值,以 V 表示。

(5) 耐漏电起痕指数 (PTI)　材料表面能经受住 50 滴电解液而没有形成漏电痕迹的耐电压值,以 V 表示。

五、耐环境适应性

1. 耐化学药品性

耐化学药品性是指塑料耐酸、碱、溶剂和其他化学品的能力。

2. 耐环境应力开裂

（1）环境应力开裂　指塑料在某种介质影响或加速作用下，由外部或内部的应力或两种应力共同作用而引起的开裂。耐环境应力开裂通常用应力开裂破损和环境应力开裂时间 F_{50} 表示。

① 应力开裂破损　凡能用眼睛观察到的裂纹均可认为是应力开裂破损或试样破损。

② 环境应力开裂时间 F_{50}　指试样在某种介质中破损概率为50%的时间。

（2）耐溶剂性　塑料抵抗溶剂引起的溶胀、溶解、龟裂或形变的能力。

（3）耐油性　塑料抵抗油类引起的溶解、溶胀、开裂、变形或物理性能降低的能力。

六、老化性能

老化是指塑料在使用、贮存和加工过程中，由于受到光、热、氧、水、生物、应力等外来因素的作用，性能随时间变坏的现象。主要包括以下部分：

（1）气候老化　塑料在户外暴露中，性能随时间变坏的现象。

（2）人工气候老化　塑料暴露于人工模拟气候条件下性能随时间变坏的现象。

（3）热空气老化　塑料试样在给定温度、风速等条件下性能随时间变坏的现象。

（4）湿热老化　塑料试样在给定温度和湿度条件下性能随时间变坏的现象。

（5）臭氧老化　塑料试样在臭氧作用下性能随时间变坏的现象。

（6）抗霉性　塑料对霉菌的抵抗力。

七、加工性能

常用塑料的成型加工性能见表1-4和表1-5。

表1-4　常用热塑性塑料的成型加工性能

指标名称	聚乙烯	聚丙烯	聚氯乙烯	聚苯乙烯	苯乙烯-丁二烯-丙烯腈共聚物	聚甲基丙烯酸甲酯	聚酰胺66	聚碳酸酯	聚甲醛（均聚）	聚砜
颜色	白色及银灰色	白色	深色	各种颜色	浅黄色	透明	乳白色	透明	白色	黄色透明
密度/(g/cm³)	0.92~0.95	0.902~0.906	1.38	1.05~1.65	1.01~1.07	1.20	1.13~1.15	1.2	1.42	1.24
比体积/(cm³/g)	1.9~3.9	2.2~2.7	2.0~2.5	2.5~3.0	1.02~1.2	2.0~3.0	1.8~1.9	1.45~4.6		1.5~1.8
压缩率/%	1.8~3.6	2.0~2.4	2.8~3.5	2.6~5.0	1.1~1.2	2.4~3.6	2.0~2.2	1.74~5.5		1.8~2.2
水分及挥发物含量/%				0.6~1.0		<30		<0.03		<0.05
流动性/mm				75		3~15				
收缩率/%	2.0~2.5	1.0~2.5	0.4~0.6	0.3~0.5	0.5~0.8		1.5	0.5~0.7	2.0~2.5	0.7
成型温度/℃	160~180	205~285	165~190	150~260	195~275	160~230	270~380	250~345	195~245	345~400
成型压力/MPa	20~100	70~140	16~150	20~100	56~175	80~200	70~175	70~140	70~140	100~140
制品厚度/mm										
需要成型时间/s			1~2	1~2	2					

表 1-5 常用热固性塑料的成型加工性能

指标名称	酚醛塑料			氨基塑料
	一级工业电工用(1)	高压电绝缘耐高频电		
		工业用(2)	电工用(3)	
颜色	红、绿、棕、黑	棕黑	红、棕、黑	各种颜色
密度/(g/cm³)	1.4~1.5	1.4	≤1.9	1.3~1.45
比体积/(cm³/g)	≤2	≤2	1.4~1.7	2.5~3.0
压缩率/%	≥2.8	≥2.8	2.5~3.2	3.2~4.4
水分及挥发物含量/%	<4.5	<4.5	<3.5	3.5~4.0
流动性/mm	80~180	80~180	50~180	50~180
收缩率/%	0.6~1.0	0.6~1.0	0.4~0.9	0.8~1.0
成型温度/℃	150~165	160±10	185±5	140~155
成型压力/MPa	30±5	30±5	>30	30±5
制品厚度/mm	1±0.2	1.5~2.5	2.5	0.7~1.0

第三节 塑料配方设计的要点及注意事项

一、树脂的选择

1. 树脂品种的选择

树脂要选择与改性目的性能最接近的品种,以节省加入助剂的使用量。如耐磨改性,树脂要首先考虑选择三大耐磨树脂 PA、POM、UHMWPE。如透明改性,树脂要首先考虑选择三大透明树脂 PS、PMMA、PC。

2. 树脂牌号的选择

同一种树脂的牌号不同,其性能差别也很大,应该选择与改性目的性能最接近的牌号。如耐热改性 PP,可在热变形温度 100~140℃的 PP 牌号范围内选择,要选用本身耐热 140℃的 PP 牌号,如大韩油化的 PP-4012。

3. 树脂流动性的选择

配方中各种塑化材料的黏度要接近,以保证加工流动性。对于黏度相差悬殊的材料,要加过渡料,以减少黏度梯度。如 PA66 增韧、阻燃配方中常加入 PA6 作为过渡料;PA6 增韧、阻燃配方中常加入 HDPE 作为过渡料。

(1) 不同加工方法要求流动性不同 不同品种的塑料具有不同的流动性,按此将塑料分成高流动性塑料、低流动性塑料和不流动性塑料,具体如下:

高流动性塑料——PS、HIPS、ABS、PE、PP、PA 等;

低流动性塑料——PC、MPPO、PPS 等;

不流动性塑料——F_4、UHMWPE、PPO 等。

同一品种塑料也具有不同的流动性,主要原因为分子量、分子链分布的不同,所以同一种原料分为不同的牌号。不同的加工方法所需用的流动性不同,所以牌号分为注射级、挤出级、吹塑级、压延级等,具体见表 1-6。

表 1-6　不同加工方法与熔体流动速率的关系

加 工 方 法	熔体流动速率/(g/10min)	加 工 方 法	熔体流动速率/(g/10min)
压制、挤出、压延	0.2~8	涂覆、滚塑	1~8
流延、吹塑	0.3~15	注射	1~60

(2) 不同改性目的要求流动性不同　如高填充要求流动性好,如磁性塑料、填充塑料、无卤阻燃电缆料等。

4. 树脂对助剂的选择性

① PPS 不能加入含铅和含铜助剂。

② PC 不能用三氧化锑,可导致解聚。

③ 助剂的酸碱性应与树脂的酸碱性一致,否则会引起两者的反应。

二、助剂的选择

1. 按要达到的目的选用助剂

按要达到的目的选择合适的助剂品种,所加入助剂应能充分发挥其预计功效,并达到规定指标。规定指标一般为产品的国家标准、国际标准或客户提出的性能要求。助剂的具体选择范围如下。

增韧——选弹性体、热塑性弹性体和刚性增韧材料。

增强——玻璃纤维、碳纤维、晶须和有机纤维。

阻燃——溴类（普通溴系和环保溴系）、磷类、氮类、氮/磷复合类膨胀型阻燃剂,三氧化二锑,水合金属氢氧化物。

抗静电——各类抗静电剂。

导电——碳类（炭黑、石墨、碳纤维、碳纳米管）、金属纤维和粉、金属氧化物。

磁性——铁氧体磁粉、稀土磁粉[包括钐钴类（$SmCo_5$ 或 Sm_2Co_{17}）、钕铁硼类（NdFeB）、钐铁氮类（SmFeN）]、铝镍钴类磁粉三大类。

导热——金属纤维和粉末,金属氧化物、氮化物和碳化物,碳类材料如炭黑、碳纤维、石墨和碳纳米管,半导体材料如硅、硼。

耐热——玻璃纤维、无机填料、耐热剂如取代马来酰亚胺类和 β 晶型成核剂。

透明——成核剂,对 PP 而言,α 晶型成核剂的山梨醇系列 Millad3988 效果最好。

耐磨——F_4、石墨、二硫化钼、铜粉等。

绝缘——煅烧高岭土。

阻隔——云母、蒙脱土、石英等。

2. 助剂对树脂具有选择性

(1) 红磷阻燃剂对 PA、PBT、PET 有效。

(2) 氮系阻燃剂对含氧类有效,如 PA、PBT、PET 等。

(3) 成核剂对共聚聚丙烯效果好。

(4) 玻璃纤维耐热改性对晶型塑料效果好,对非晶型塑料效果差。

(5) 炭黑填充导电塑料,在晶型树脂中效果好。

三、助剂的形态

同一种成分的助剂,其形态不同,对改性作用的发挥影响很大。

1. 助剂的形状

(1) 纤维状助剂的增强效果好　助剂的纤维化程度可用长径比（L/D）表示,L/D 越大,增强效果越好。因此加玻璃纤维要从排气孔加入,熔融状态比粉末状有利于保持长径比，减小断纤概率。

（2）圆球状助剂的增韧效果好、光亮度高　硫酸钡为典型的圆球状助剂，因此高光泽PP的填充选用硫酸钡，小幅度刚性增韧也可用硫酸钡。

2. 助剂的粒度

（1）粒度的表达方式　粒度有两种表达方式，见表1-7。

表1-7　粒度的表达方式

目数	20	80	100	150	200	325	400	625	1250	2500	12500
粒度/μm	833	175	147	104	74	43	38	20	10	5	1

注：目数为每平方英寸筛网上的筛孔数目。

（2）助剂粒度对力学性能的影响　粒度越小，对填充材料的拉伸强度和冲击强度越有益。例如，不同粒度的20%硅灰石填充PA6，对力学性能的影响见表1-8。

表1-8　助剂粒度对力学性能的影响

性　能	1250目	800目	400目	325目	150目
拉伸强度/MPa	127.5	127.4	126.0	124.5	124.5
冲击强度/(kJ/m²)	15.5	15.1	14.8	14.4	13.5

再如，就冲击强度而言，三氧化二锑的粒径每减少$1\mu m$，冲击强度就会增加1倍。

（3）助剂粒度对阻燃性能的影响　阻燃剂的粒度越小，阻燃效果就越好。例如水合金属氧化物和三氧化二锑的粒度越小，达到同等阻燃效果的加入量就越少。如在LDPE中加入80份不同粒度的氢氧化铝的阻燃效果见表1-9。

表1-9　助剂粒度对阻燃性能的影响

粒度/μm	25	5	1
限氧指数/%	23	28	33

再如，ABS中加入4%粒度为$45\mu m$的三氧化二锑与加入1%粒度为$0.03\mu m$的三氧化二锑阻燃效果相同。

（4）助剂粒度对配色的影响　着色剂的粒度越小，着色力越高，遮盖力越强，色泽越均匀。但着色剂的粒度不是越小越好，存在一个极限值，而且对不同性能的极限值不同。对着色力而言，偶氮类着色剂的极限粒度为$0.1\mu m$，酞菁类着色剂的极限粒度为$0.05\mu m$。对遮盖力而言，着色剂的极限粒度为$0.05\mu m$左右。

（5）助剂粒度对导电性能的影响　以炭黑为例，其粒度越小，越易形成网状导电通路，达到同样的导电效果加入炭黑的量越少。但同着色剂一样，粒度也有一个极限值，粒度太小易于聚集而难于分散，效果反而不好。

3. 助剂的表面处理

助剂与树脂的相容性要好，这样才能保证助剂与树脂按预想的结果进行分散，保证设计指标的完成，保证在使用寿命内其效果持久发挥，耐抽提、耐迁移、耐析出。如大部分配方要求助剂与树脂均匀分散，对阻隔性配方则希望助剂在树脂中层状分布。除表面活性剂等少数助剂外，与树脂良好的相容性是发挥其功效和提高添加量的关键。因此，必须设法提高或改善其相容性，如采用相容剂或偶联剂进行表面活化处理等。

所有无机类添加剂的表面经过处理后，改性效果都会提高。尤其以填料最为明显，其他还有玻璃纤维、无机阻燃剂等。

表面处理以偶联剂和相容剂为主,偶联剂如硅烷类、钛酸酯类和铝酸酯类,相容剂为树脂对应的马来酸酐接枝聚合物。

四、助剂的合理加入量

有的助剂加入量越多越好,如阻燃剂、增韧剂、磁粉、阻隔剂等。

有的助剂加入量有最佳值,如导电助剂,形成导电通路后即可,再多加也无用;再如偶联剂,其加入量以使表面包覆即可;抗静电剂,使制品表面形成泄电荷层即可。

五、助剂与其他组分的关系

配方中所选用的助剂在发挥自身作用的同时,应不劣化或最小限度地影响其他助剂功效的发挥,最好与其他助剂有协同作用。在一个具体配方中,为达到不同的目的可能加入很多种类的助剂,这些助剂之间的相互关系很复杂。有的助剂之间有协同作用,而有的助剂之间有对抗作用。

1. 协同作用

协同作用是指塑料配方中两种或两种以上的添加剂一起加入时的效果高于其中某种添加剂单独加入时的效果。

(1) 在抗老化的配方中,具体协同作用如下。

① 两种羟基邻位取代基位阻不同的酚类抗氧剂并用。

② 两种结构和活性不同的胺类抗氧剂并用。

③ 抗氧化性不同的胺类和酚类抗氧剂复合使用。

④ 全受阻酚类和亚磷酸酯类抗氧剂并用。

⑤ 半受阻酚类与硫酯类抗氧剂并用有协同作用,主要用于户内制品中。

⑥ 受阻酚类抗氧剂和受阻胺类光稳定剂并用。

⑦ 受阻胺类光稳定剂与磷类抗氧剂并用。

⑧ 受阻胺类光稳定剂与紫外光吸收剂并用。

(2) 在阻燃配方中,协同作用的例子如下。

① 在卤素/锑系复合阻燃体系中,卤系阻燃剂可与 Sb_2O_3 发生反应而生成 SbX_3,SbX_3 可以隔离氧气从而达到增大阻燃效果的目的。

② 在卤素/磷系复合阻燃体系中,两类阻燃剂也可以发生反应而生成 PX_3、PX_5、POX_3 等高密度气体,这些气体可以起到隔离氧化层的作用。另外,两类阻燃剂还可分别在气相、液相中相互促进,从而提高阻燃效果。

2. 对抗作用

对抗作用是指塑料配方中两种或两种以上的添加剂一起加入时的效果低于其中某种添加剂单独加入时的效果。

(1) 在防老化塑料配方中,对抗作用的例子如下。

① HALS 类光稳定剂不与硫醚类辅抗氧剂并用,原因为硫醚类滋生的酸性成分抑制了 HALS 的光稳定作用。

② 芳胺类和受阻酚类抗氧剂一般不与炭黑类紫外光屏蔽剂并用,因为炭黑对胺类或酚类的直接氧化有催化作用,抑制抗氧效果的发挥。

③ 常用的抗氧剂与某些含硫化物,特别是多硫化物之间,存在对抗作用。其原因也是多硫化物有助氧化作用。

④ HALS 不能与酸性助剂共用,酸性助剂会与碱性的 HALS 发生盐化反应,导致 HALS 失效;在酸性助剂存在时,一般只能选用紫外光吸收剂。

(2) 在阻燃塑料配方中,也有对抗作用的例子,主要有如下两种。
① 卤系阻燃剂与有机硅类阻燃剂并用,会降低阻燃效果。
② 红磷阻燃剂与有机硅类阻燃剂并用,也存在对抗作用。
(3) 其他对抗作用的例子如下。
① 铅盐类助剂不能与含硫化合物的助剂一起使用,否则引起铅污染。因此在PVC加工配方中,硬脂酸铅润滑剂和硫醇类有机锡千万不要一起加入。
② 硫醇锡类稳定剂不能用于铜电缆的绝缘层中,否则引起铜污染。
③ 在含有大量吸油性填料的填充配方中,油性助剂如DOP、润滑剂的加入量要相应增大,以弥补被吸收的部分。

六、配方各组分应混合均匀

1. 有些组分要分次加入

对于填料加入量太大的配方,填料最好分两次加入,第一次在加料斗,第二次在中间侧加料口。如PE中加入150份氢氧化铝的无卤阻燃配方,就要分两次加入氢氧化铝,否则不能造粒。

对于填料的偶联剂处理,一般要分三次喷入方可分散均匀,偶联效果才好。

2. 合理安排加料顺序

在PVC或填充母料的配方中,各种料的加料顺序很重要。填充母料配方中,要先加填料,混合后升温,除去其中的水分,这样有利于后续的偶联处理。在PVC配方中,外润滑剂要后加,以免影响其他物料的均匀混合。

七、配方对塑料性能的影响

所设计的配方应该不劣化或最小限度地影响树脂的基本性能及其他助剂的功效。但客观存在的事实是,任何事物都具有两面性,在改善某一性能时,可能降低其他性能,可谓顾此失彼。因此在设计配方时,一定要全面考虑。如高填充配方对复合材料的力学性能和加工性能影响很大,冲击强度和拉伸强度都大幅度下降,加工流动性变差。如果制品对复合材料的力学性能有具体要求,在配方中要做具体补偿,如加入弹性体材料弥补冲击性能,加入润滑剂改善加工性能。

下面列举几个经常受影响的性能。

1. 冲击性

大部分无机材料和部分有机材料都会降低塑料的冲击性能。为了补偿冲击强度,在设计配方时需要加入弹性体。如在填充体系的PP/滑石粉/POE配方中、在阻燃体系的ABS/联苯醚/三氧化二锑/增韧剂配方中。

2. 透明性

大多数无机材料对透明性都有影响,选择折光指数与树脂相近的无机材料对透明性影响会小些。近年来,透明填充母料比较流行,主要针对HDPE塑胶袋,加入特殊品种的滑石粉对透明性影响小,但不是绝对没有影响。

有机材料也对透明性有影响,如PVC增韧,只有MBS不影响透明性,而CPE、EVA、ACR都影响其透明性。

在无机阻燃材料中,胶体五氧化二锑不影响透明性。

3. 颜色

有些树脂本身为深色,如酚醛树脂本身为棕色,导电树脂(如聚苯胺等)本身为黑色。
有些助剂本身也具有颜色,如炭黑、碳纳米管、石墨、二硫化钼都为黑色,红磷为深红色，各类着色剂为五颜六色。

在配方设计时，一定要注意助剂本身的颜色及变色性，有些助剂本身颜色很深，这会影响制品的颜色，难以加工浅色制品，选用时要注意。还有些助剂本身为白色，但在加工中因高温反应而变色，如硅灰石本身为白色，但填充到树脂中加工后就成浅灰色了。

4. 其他性能

塑料的导热改性一般为加入金属类和碳类导热剂，但此类导热剂又是导电剂，在提高导热性同时会提高导电性，从而影响绝缘性。而导热很多用于要求绝缘的材料如线路板、接插件、封装材料等，为此不能加入具有导电性的导热剂，只能加入绝缘类导热剂，如陶瓷类金属氧化物。

八、配方应具有可加工性

配方要保证适当的可加工性能，以保证制品的成型，并对加工设备和使用环境无不良影响。复合材料中助剂的耐热性要好，在加工温度下不发生蒸发、分解（交联剂、引发剂和发泡剂除外）；助剂的加入对树脂的原加工性能影响要小；所加入助剂对设备的磨损和腐蚀应尽可能小，加工时不放出有毒气体。

1. 流动性

（1）大部分无机填料都影响加工性，如加入量大，需要相应加入加工改性剂以补偿损失的流动性，如加入润滑剂等。

（2）有机助剂一般都促进加工性，如十溴二苯醚、四溴双酚 A 阻燃剂都可促进加工流动性，尤其是四溴双酚 A 的效果更明显。

（3）一般的改性配方都需加入适量的润滑剂。

2. 耐热性

应保证助剂在加工过程中不要分解（除发泡剂、引发剂、交联剂因功能要求必须要分解外）。

（1）氢氧化铝因分解温度低，不适合于 PP 中使用，只能用于 PE 中。

（2）四溴双酚 A 因分解温度低，不适合于 ABS 的阻燃。

（3）大部分有机染料分解温度低，不适合高温加工的工程塑料。

（4）香料的分解温度都低，一般在 150℃ 以下，只能用 EVA 等低加工温度的树脂为载体。

（5）改性塑料配方因加工过程中剪切作用强烈，都需要加入抗氧剂，以防止热分解发生，而导致原料变黄。

九、配方组分的环保性

配方中的各类助剂应对操作者无害、对设备无害、对使用者无害、对接触环境无害。

1. 人体卫生性

树脂和所选助剂应该绝对无毒，或其含量控制在规定的范围内。

2. 对环境无污染

所选组分不能污染环境。

（1）铅盐不能用于上水管。

（2）铅盐不能用于电缆护套。

（3）增塑剂 DOA、DOP 不能用于玩具、食品包装膜。

（4）铅、镉、六价铬、汞重金属不能用，污染土壤。

（5）多溴联苯、多溴联苯醚会产生二噁英，污染大气层。

十、助剂的价格和来源

在满足配方的上述要求基础上,配方的价格越低越好。在具体选用助剂时,对同类助剂要选低价格的种类。如在 PVC 稳定配方中,能选铅盐类稳定剂就不要选有机锡类稳定剂;在阻燃配方中,能选硼酸锌则不选三氧化二锑或氧化钼。具体应遵循以下原则。

(1) 尽可能选择低价格原料——降低产品成本。
(2) 尽可能选库存原料——不用购买。
(3) 尽可能选当地产原料——运输费低,可减少库存量,节省流动资金。
(4) 尽可能选国产原料——进口原料受外汇、贸易政策、运输时间等因素影响大。
(5) 尽可能选通用原料——新原料经销单位少,不易买到,而且性能不稳定。

第四节 塑料简易鉴别方法

一、外观鉴别法

通过观察塑料制品的外观特征,如形状、透明度、颜色、光泽、硬度、弹性等来鉴别塑料所属类型。表 1-10 介绍了几种主要塑料品种的外观。

表 1-10 主要塑料品种的外观

塑料种类	外 观 性 状
PS	未着色时为无色透明,无延展性,似玻璃状材料,制品落地或敲打时具有似金属的清脆声,光泽与透明度都胜于其他通用塑料,性脆,易断裂,改性聚苯乙烯则不透明
PE	未着色时呈乳白色半透明,蜡状,有油腻感,柔而韧,稍能伸长,低密度聚乙烯较软,高密度聚乙烯较硬
PP	未着色时呈白色半透明,蜡状,但比聚乙烯轻,透明度也较好,比低密度聚乙烯硬
PVC	本色为微黄色透明状,透明度胜过聚乙烯、聚丙烯,次于聚苯乙烯,柔而韧,有光泽

二、燃烧鉴别法

大多数塑料都能够燃烧,由于其结构的不同燃烧特征也不同,采用燃烧的方法可以简便有效地鉴别塑料的种类。燃烧法主要根据塑料燃烧时的燃烧难易程度、气味、火焰特征及塑料状态变化等现象来鉴别。表 1-11 为几种主要塑料品种的燃烧特性。

表 1-11 主要塑料品种的燃烧特性

塑料种类	燃烧难易程度	离开火焰后是否继续燃烧	火焰的特征	表面状态	气 味
PS	易燃	继续燃烧	橙黄色,冒浓黑烟	软化起泡	芳香气味
PE	易燃	继续燃烧	上端黄色,底部蓝色,无烟	熔融滴落	石蜡气味
PP	易燃	继续燃烧	上端黄色,底部蓝色,少量黑烟	熔融滴落	石蜡气味
PVC	难燃	离火即灭	黄色,外边绿色,冒白烟	软化,能拉出丝	苦辣刺激味(氯化氢气味)
ABS	易燃	继续燃烧	黄色	软化烧焦,冒黑烟	特殊气味
尼龙 6	不燃	生成晶珠	无焰	熔化、滴落有泡沫	焦毛味

三、溶解鉴别法

塑料在溶剂中会表现出不同的现象,如在溶剂中热塑性塑料可以溶胀或溶解,而热固性塑料不能溶胀或溶解,弹性体则不发生溶解;非交联高分子材料可溶解于有机溶剂中,而交联高分子材料不能溶解。因此，可以根据塑料在溶剂中的溶解情况来判断塑料的种类。表 1-12 和表 1-13 所示为常用塑料在溶液中的沉浮状态和溶解法。

表 1-12 常用塑料在溶液中的沉浮状态

溶液种类	相对密度(25℃)	溶液的配制方法	塑料制品的种类	
			浮于溶液	沉于溶液
水	1.00	蒸馏水（或清洁普通水）	聚乙烯、聚丙烯	聚氯乙烯、聚酰胺、聚苯乙烯
饱和食盐溶液	1.19	水与食盐的比例为：水74mL，食盐25g	聚乙烯、聚丙烯、聚苯乙烯、聚酰胺	聚氯乙烯
酒精溶液(58.4%)	0.91	水100mL，95%酒精140mL	聚丙烯	聚乙烯、聚氯乙烯、聚苯乙烯、聚酰胺
氯化钙水溶液	1.27	工业用氯化钙 100g，水 150mL	聚乙烯、聚丙烯、聚苯乙烯、聚酰胺	聚氯乙烯

表 1-13 主要塑料的溶解性

塑料种类	溶 剂	非溶剂
PS	乙酸乙酯、芳香烃、氯仿、二氧六环、四氢呋喃、N,N-二甲基甲酰胺、吡啶、二硫化碳、环己酮、甲乙酮	脂肪烃（如汽油）、低级醇、乙醚
PE	甲苯（热）、二甲苯(105℃)、1-氯萘(>130℃)、四氢萘（热）、十氢萘（热）、二氯乙烷	汽油（溶胀）、醇类、酯类、醚类、环己酮
PP	芳香烃（如甲苯,90℃）、氯代烃（如 1-氯萘,>130℃）、四氢萘(135℃)、十氢萘(120℃)	汽油、醇类、酯类、环己酮
PVC	甲苯、氯苯、环己酮、甲乙酮、四氢呋喃、N,N-二甲基甲酰胺	烃类、醇类、乙酸丁酯、二氧六环
ABS	二氧乙烷、氯仿、乙酸乙酯、甲苯、四氢呋喃、环己酮	乙醇、乙醚

四、密度鉴别法

密度鉴别法是根据各种塑料具有不同的相对密度来鉴别的，可利用塑料的沉浮鉴别出塑料的类别。这种方法简单易行，但对于相对密度十分接近的塑料，不宜采用该种方法。在实际应用中，密度法经常与其他鉴别方法配合使用。表 1-14 列出了几种主要塑料的密度。

表 1-14 主要塑料的密度

塑料种类	密度/(g/cm³)	塑料种类	密度/(g/cm³)
PP	0.85~0.91	PAN	1.14~1.17
HDPE	0.92~0.98	PMMA	1.16~1.20
PS	1.04~1.08	PC	1.20~1.22
PA6	1.12~1.15	UPVC	1.38~1.50

五、元素鉴别法

塑料是由多种元素组成的，主要元素除 C、H 以外，还有 S、N、P、Cl、F、Si 等元素，通过对元素的检测，可判断塑料的种类。鉴别方法为取 0.1~0.5g 塑料试样放入试管中，与少量的金属钠一起加热熔融，冷却后加入乙醇，使过量的钠分解，然后溶于 15mL 左右的蒸馏水中，并过滤。将滤液进行一定处理，根据现象来判断可能的塑料品种。如取部分滤液用稀硝酸硝化，若产生白色沉淀，并能溶于过量氨水，曝光后不会变色，则表明有 Cl 元素存在，可能为 PVC、CPVC、CPE、PVDC、PVCA、VC/MA 等。

第二章　通用塑料

第一节　聚乙烯

一、简介

聚乙烯（polyethylene，PE）是以乙烯单体聚合制得的聚合物。工业上把乙烯均聚物、乙烯与 α-烯烃（<8%）的共聚物都归入聚乙烯。聚乙烯塑料是以聚乙烯为基材的塑料。

聚乙烯的品种较多，分类方法多样，为叙述方便，本书仅按其密度加以分类，可分为：高密度聚乙烯（HDPE）、低密度聚乙烯（LDPE）、线型低密度聚乙烯（LLDPE）、超高分子量聚乙烯（UHMWPE）、改性聚乙烯。这几种聚乙烯产量大、用途广，是本书介绍的重点，其他品种不作介绍。

二、主要性能

1. 聚乙烯的结构特点

聚乙烯的分子是长链线型结构或支链结构，为典型的结晶聚合物。在固体状态下，结晶部分与无定形部分共存。结晶度视加工条件和原处理条件而不同。一般情况下，密度越高，结晶度就越大。LDPE 结晶度通常为 55%～65%，HDPE 结晶度为 80%～90%。

2. 基本性能

聚乙烯为典型的热塑性塑料，是无臭、无味、无毒的可燃性白色蜡状物，比水轻，燃烧时有石蜡的气味，软化后呈球状，火焰上部呈黄色，中间呈蓝色，不能自熄。成型加工的 PE 树脂均是经挤出造粒的蜡状颗粒料，外观呈乳白色。其相对分子质量在 1 万～100 万范围内。相对分子质量超过 100 万的则为超高分子量聚乙烯（UHMWPE）。相对分子质量越高，其物理力学性能越好，越接近工程材料的要求。但相对分子质量越高，其加工的难度也随之增大。聚乙烯熔点为 105～135℃，其耐低温性能优良。在 −60℃ 下仍可保持良好的力学性能，但使用温度在 80～110℃。

聚乙烯化学稳定性较好，室温下可耐稀硝酸、稀硫酸和任何浓度的盐酸、氢氟酸、磷酸、甲酸、醋酸、氨水、胺类、过氧化氢、氢氧化钠、氢氧化钾等溶液。但不耐强氧化剂的腐蚀，如发烟硫酸、浓硝酸、铬酸与硫酸的混合液。在室温下上述溶剂会对聚乙烯产生缓慢的侵蚀作用，而在 90～100℃ 下，浓硫酸和浓硝酸会快速地侵蚀聚乙烯，使其破坏或分解。

聚乙烯在大气、阳光和氧的作用下，会发生老化、变色、龟裂、变脆或粉化，丧失其力学性能。在成型加工温度下，也会因氧化作用，使其熔体黏度下降，发生变色、出现条纹，故而在成型加工和使用过程或选材时应予以注意。对 PE 的改性方法是加入抗氧剂、紫外线吸收剂或炭黑等，可明显提高其耐老化性能。

由于聚乙烯属于非极性材料，所以其电绝缘性能优异，其介电常数与介电损耗基本上与温度和频率无关，高频性能亦佳，是制造电线、电缆绝缘料的优选原材料。

聚乙烯及其制品受应力或制品内残余应力作用时，与醇、醛、酮、酯表面活性剂等极性溶剂或蒸汽接触会产生龟裂,这称为应力开裂,相对分子质量越低开裂越严重。选材加工时应掺混聚异丁烯一类的聚合物可减少或消除应力开裂。

聚乙烯的性能见表 2-1。

表 2-1 聚乙烯的性能

性　　能		测试方法（ASTM）	低密度	中密度	高密度	
					熔体流动速率 >1g/10min	熔体流动速率＝0
密度/(g/cm³)		D792—2000	0.910～0.925	0.926～0.940	0.941～0.965	0.945
平均分子量			～3×10⁵	～2×10⁵	～1.25×10⁵	(1.5～2.5)×10⁶
折射率/%			1.51	1.52	1.54	
透气速率(相对值)			1	1 1/3	1/3	
断裂伸长率/%		D638—2002	90～800	50～600	15～100	
邵氏硬度(D)		A785	41～50	50～60	60～70	55(洛氏 R)
冲击强度(悬臂梁式,缺口)/(J/m)		D256—2002	>853.4	>853.4	80～1067	>1067
拉伸强度/MPa		D638—2002	6.9～15.9	8.3～24.1	21.4～37.9	37.2
拉伸弹性模量/MPa		D638—2002	117.2～241.3	172.3～379.2	413.7～1034	689.5
连续耐热温度/℃			82～100	104～121	121	
热变形温度(0.46MPa)/℃		D648—2001	38～49	49～74	60～82	73
比热容/[J/(kg·K)]			2302.7		2302.7	
结晶熔点/℃			108～126	126～135	126～136	135
脆化温度/℃		D746	-80～-55		<-140～-100	<-137
熔体流动速率/(g/10min)		D1238—2001	0.2～30	0.1～4.0	0.1～4.0	0.00
线膨胀系数/K⁻¹			(16～18)×10⁻⁵	(14～16)×10⁻⁵	(11～13)×10⁻⁵	7.2×10⁻⁵
热导率/[W/(m·K)]			0.35		0.46～0.52	
耐电弧性/s		D495—1999	135～160	200～235		
相对介电常数	60～100Hz	D150—1998	2.25～2.35	2.25～2.35	2.30～2.35	2.34
	1MHz		2.25～2.35	2.25～2.35	2.30～2.35	2.30
介电损耗角正切	60～100Hz	D150—1998	<5×10⁻⁴	<5×10⁻⁴	<5×10⁻⁴	<3×10⁻⁴
	1MHz		<5×10⁻⁴	<5×10⁻⁴	<5×10⁻⁴	<2×10⁻⁴
体积电阻率(RH50%,23℃)/Ω·cm		D257—1998	>10¹⁶	>10¹⁶	>10¹⁶	>10¹⁶
介电强度/(kV/mm)	短时	D149—1997	18.4～28.0	20～28	18～20	28.4
	步级		16.8～28.0	20～28	17.6～24	27.2

3. 成型加工性能

聚乙烯的成型加工方法很多,注射、挤出、吹塑等一般热塑性塑料成型方法均可采用,还可以用来进行喷涂、焊接、机加工等。

注射聚乙烯树脂由于密度不同,各有其适当的熔体流动速率范围,通常选用树脂熔体流动速率为 10～20g/10min。熔体流动速率高的树脂,相对分子质量小,黏度低,加工温度也低,但成品的力学性能较差;熔体流动速率低的树脂,相对分子质量大,黏度高,成品的力学性能也好（表 2-2),但加工温度高。相对分子质量分布宽的树脂（可以用加入低分子量聚乙烯的方法达到),成型时的流动性好,但是制品的力学性能和耐热性降低。聚乙烯树脂密度不同，其制品性能和结晶速率也不同，所以成型条件有所不同，表 2-3 列出了聚乙烯密度与其性能的关系。在注射过程中聚乙烯分子有取向现象，经冷却定型所得的制品在一定程度上仍保留取向现象，使制品沿注射方向的收缩率增大，薄壁制品表现尤为突出。由于取向现象还会使注射制品的浇口周围部位的脆性增加，提高注射温度或改用熔体流动速率较高的聚乙烯，可避免这种不良现象，但用熔体流动速率高的树脂所得的制品冲击韧性较低。

表 2-2　聚乙烯的性能与熔体流动速率的关系

性能	熔体流动速率 低	熔体流动速率 高	性能	熔体流动速率 低	熔体流动速率 高
拉伸强度	←增加—		低温脆性	←改善—	
伸长率	←增加—		耐药品性		←提高—
耐冲击性	←增加—		成型时的流动性		←提高—
耐应力开裂性	←提高—		表面光泽		←提高—
耐磨性	←提高—				

表 2-3　聚乙烯的性能与密度的关系

项目 密度/(g/cm³)	低密度 ≤0.925	中密度 0.926～0.940	高密度 >0.940
结晶度/%	65	75	85	95
邵氏硬度(D)	40	50	60	70
软化温度/℃	105	118	124	127
拉伸强度/MPa	144	175	245	335
伸长率/%	500	300	100	25
冲击强度(悬臂梁式,缺口)/(kJ/m²)	42	21	17	13

聚乙烯是非极性结构，因此吸湿性很小，但由于它是非导体，所得的颗粒在贮存运输过程中，特别是在干燥的大气中，易产生静电，吸附空气中的水分，因而造成水分含量过大。如果含水量超过 0.05% 而不经干燥直接用来成型，则制品内部可能产生气泡。因此，在成型前应进行干燥处理，通常是在 80℃烘 2～3h。

聚乙烯注射成型时，可采用一般的注塑机进行注射，注射温度提高，制品的拉伸强度和伸长率会下降。注射工艺大体为：柱塞式注塑机，料筒温度后段 140～160℃，前段 170～200℃，压力 60～100MPa，注射时间 15～60s，高压时间 0～3s，冷却时间 15～60s，总周期 40～130s，收缩率 1.5%～4%。

各种聚乙烯的挤出成型对螺杆的要求并不需要特殊的设计，常用螺杆 $L/D=10～15$，压缩比 2～3，都可使用，制管时挤出温度参考条件见表 2-4。

表 2-4　PE 管挤出温度　　　　　　单位：℃

项目	LDPE	HDPE	MDPE
加料下部	125～150	140～170	140～180
料筒中间	140～170	150～200	150～220
料筒头部	150～180	160～230	160～240
机头	150～160	170～200	170～220
机头前端	170～200	180～220	180～220

三、应用

聚乙烯适用于制造薄膜、管材、电线电缆、单丝、日常用品、中空制品、泡沫塑料、涂料和胶黏剂等。但未改性 PE 不能作工程材料。工程结构材料所要求的材料刚性通常在 800～1000MPa，强度在 100MPa 以上，耐热性在 130～150℃。由此可见，若将聚乙烯用作结构材料，就必须对其进行改性，提高其强度、刚性和耐热性，使这三项性能至少达到通用工程塑料的水平，特别是增强塑料的性能水平，方可用作工程结构材料。

实现PE工程化的方法只有改性技术。目前发达国家市售PE树脂80%以上为改性PE树脂，采用改性技术在发展高性能低成本工程材料中具有十分重要的地位与作用。

四、高密度聚乙烯

高密度聚乙烯（HDPE）采用齐格勒催化剂（有机金属化合物）及金属氧化物（吸附在二氧化硅上）催化剂，在低压下使乙烯聚合，可用气相法、溶液法、淤浆法。相对分子质量为10万～30万，均聚物密度一般为$0.955～0.965g/cm^3$，线型结构，分支少，结晶度为80%～90%。是含少量1-丁烯、1-己烯或丙烯等α-烯烃的共聚物。

HDPE是呈乳白色半透明的蜡状固体，与LDPE、LLDPE比较，HDPE支链化程度最小，分子能紧密地堆砌，故密度最大，结晶度高。HDPE有较高的刚性及韧性，良好的力学性能及较高的使用温度。与LDPE比较，有较高的耐温、耐油性、耐蒸气渗透性及抗环境应力开裂性，电绝缘性、抗冲击性及耐寒性都很好。HDPE在强度和硬度方面比LDPE好，韧性比PVC、PP好，加工特性优于PVC，耐低温、耐老化性能优于PP，工作温度比PVC、LDPE高。HDPE吸水性极微小，无毒，化学稳定性极佳，薄膜对水蒸气、空气的渗透性小。

HDPE适合注射、挤出、吹塑、中空成型、喷涂、旋转成型、涂覆、发泡、热成型、热熔焊接等成型加工，成型加工性能很好。

五、低密度聚乙烯

低密度聚乙烯（LDPE）通常是以乙烯为单体，在98.0～294MPa的高压下，用氧或有机过氧化物为引发剂，经聚合所得的聚合物，密度为$0.910～0.925g/cm^3$。

低密度聚乙烯分子链上有长短支链，结晶度较低，相对分子质量一般为5万～50万，它是一种乳白色呈半透明的蜡状固体树脂，无毒。软化点较低，超过软化点即熔融，其热熔接性、成型加工性能很好，柔软性良好，冲击韧性、耐低温性很好，可在-80～-60℃下工作，电绝缘性优良（尤其是高频绝缘性）。LDPE的力学强度较差，耐热性不高，抗环境应力开裂性、黏附性、黏合性、印刷性差，需经表面处理，如化学侵蚀、电晕等处理后方可改进其黏合性、印刷性。吸水性很低，几乎不吸水。化学稳定性好，如对酸、碱、盐、有机溶剂都较稳定。对CO_2、有机气体渗透性大，但对水蒸气、空气的渗透性差。易燃烧，燃烧时有似石蜡味。在日光和热作用下容易老化降解而变色，由白转黄再转褐色，最终呈黑色，且性能下降或龟裂。若加入一定量的抗氧剂、紫外线吸收剂等可改善性能。在化学交联剂或高能辐照下交联，可提高软化点、耐温性、刚度、耐溶剂性等。

低密度聚乙烯适合热塑性成型加工的各种成型工艺，成型加工性好，如注射、挤出、吹塑、旋转成型、涂覆、发泡、热成型、热风焊、热焊接等。

LDPE主要用途是作薄膜产品，如农业用薄膜（地面覆盖薄膜、蔬菜大棚膜等），包装用膜（如糖果、蔬菜、冷冻食品等包装），液体包装用吹塑薄膜（牛奶、酱油、果汁、豆腐、豆奶等的包装），重包装袋，收缩包装薄膜，弹性薄膜，内衬薄膜，建筑用薄膜，一般工业包装薄膜和食品袋等。

LDPE还用于注射制品，如小型容器、盖子、日用制品、塑料花、注射-拉伸-吹塑容器、医疗器具、药品和食品包装材料；挤塑的管材、板材、电线电缆包覆、异型材、热成型等制品；吹塑中空成型制品，如食品容器（奶制品和果酱类）、药物、化妆品、化工产品容器以及钙塑板、泡沫塑料等；旋转成型滚塑制品主要用于大型容器和贮槽。

六、线型低密度聚乙烯

线型低密度聚乙烯（LLDPE）是继 LDPE、HDPE 后的第三种聚乙烯，实际上是乙烯与少量高级 α-烯烃（如 1-丁烯、1-己烯、1-辛烯、四甲基-1-戊烯等）在催化剂存在下于高压或低压下聚合而成的共聚物。

线型低密度聚乙烯是具有 HDPE 的由高度支化聚合物链组成的低密度的聚乙烯。在 LLDPE 中存在侧基基团的线型分子链，使其结晶度低，然而密度有所减小。随着链长的提高，性能也会进一步提高，通常选择链长 5～18 个碳原子的 α-烯烃。其性能如耐应力开裂性、拉伸强度、撕裂强度和落锤冲击强度等比 LDPE 有较大的提高。

LLDPE 外观与 LDPE 相似，透明性较差，但表面光泽好，主链上有短支链，相对分子质量分布窄，具有低温韧性、高模量、抗弯曲和耐应力开裂性，低温下冲击强度较好。

LLDPE 适合注射、挤出、吹塑、旋转成型、热熔焊接、涂覆等成型加工。加工性能良好，它主要用于薄膜（12μm 以下），有良好的撕裂强度、穿刺强度、拉伸强度、抗冲击性、耐热性、耐低温性都好，热熔焊温度高，同时强度也高，热密封性良好，如用于吹塑薄膜、耐撕裂、耐针刺，常用于包装和农业用薄膜。包装用薄膜有重包装袋、收缩薄膜包装袋、食品冷冻用包装袋、工业包装用薄膜、微薄包装薄膜袋，与 LDPE 掺混的液体包装用聚乙烯吹塑薄膜、多层复合薄膜、垃圾袋、纺织品包装袋等；农业用薄膜有农膜、地面覆盖薄膜、大棚薄膜、农副产品包装薄膜等。

在一般使用中 LLDPE 与 LDPE 或 HDPE 分别掺混使用，所以 LLDPE 另一用途也可作掺混料，国内各树脂生产厂家都有专用掺混料牌号。

LLDPE 的其他用途还有管材，注射容器，型材，旋转成型的容器制品，纸、布织物涂覆制品，瓦楞板、军用帐篷等，此外还有一般日用品、打包带、编织袋、绝缘制品等。

七、超高分子量聚乙烯

超高分子量聚乙烯（UHMWPE）亦为线型聚合物。相对分子质量为 50 万～500 万，主链很长且互相缠结，结晶度（65%～85%）和密度（0.92～0.94g/cm³）较低。由于相对分子质量高，熔体黏度很大，呈高弹态难以流动，熔体流动速率接近于零，很难加工。

UHMWPE 除具有一般 HDPE 的性能外，还具有突出的耐磨性、低摩擦系数和自润滑性、优良的耐应力开裂性、耐高温蠕变性和耐低温性（即使在-269℃也可使用）、优良的拉伸强度，极高的冲击强度，且在低温下也不下降，噪声阻尼性好。同时，具有卓越的化学稳定性和耐疲劳性、无表面吸附力、电绝缘性能优良、无毒性等优良的综合性能。

(1) 耐磨性 UHMWPE 的耐磨性居塑料之冠，并超过某些金属，与其他工程塑料相比，UHMWPE 的砂浆磨耗指数仅是 PA66 的 1/5，HDPE 和 PVC 的 1/10；与金属相比，是碳钢的 1/7，黄铜的 1/27。这样高的耐磨性，以至于用一般塑料磨耗实验法难以测试其耐磨程度，因而专门设计了一种砂浆磨耗测试装置。UHMWPE 耐磨性与相对分子质量成正比，相对分子质量越高，其耐磨性越好。

(2) 耐冲击性 UHMWPE 的冲击强度在所有工程塑料中名列前茅，UHMWPE 的冲击强度约为耐冲击 PC 的 2 倍，ABS 的 5 倍，POM 和 PBTP 的十余倍。耐冲击性如此之高，以至于采用通常冲击试验方法难以使其断裂破坏。其冲击强度随相对分子质量的增大而提高，在相对分子质量为 150 万时达到最大值，然后随相对分子质量的继续升高而逐渐下降。值得指出的是，它在液氮中（-196℃）也能保持优异的冲击强度，这一特性是其他塑料所不及的。此外，它在反复冲击后表面硬度更大。

(3) 自润滑性 UHMWPE 有极低的摩擦系数（0.05～0.11），故自润滑性优异。UHM-

WPE的动摩擦系数在水润滑条件下是PA66和POM的1/2，在无润滑条件下仅次于塑料中自润滑性最好的聚四氟乙烯（PTFE）；当它以滑动或转动形式工作时，比钢和黄铜添加润滑油后的润滑性还要好。因此，在摩擦学领域UHMWPE被誉为成本/性能非常理想的摩擦材料。

（4）耐化学药品性　UHMWPE具有优良的耐化学药品性，除强氧化性酸液外，在一定温度和浓度范围内能耐各种腐蚀性介质（酸、碱、盐）及有机介质（萘溶剂除外）。其在20℃和80℃的80种有机溶剂中浸渍30天，外表无任何反常现象，其他物理性能也几乎没有变化。

（5）冲击能吸收性　UHMWPE具有优异的冲击能吸收性，冲击能吸收值在所有塑料中最高，因而噪声阻尼性很好，具有优良的消音效果。

（6）耐低温性　UHMWPE具有优异的耐低温性能，在液氮温度（-269℃）下仍具有延展性，因而能够用作核工业的耐低温部件。

（7）卫生无毒性　UHMWPE卫生无毒，完全符合日本卫生协会的标准，并得到美国食品和药物行政管理局和美国农业部的认可，可用于接触食品和药物。

（8）不黏性　UHMWPE表面吸附力非常微弱，其抗黏附能力仅次于塑料中不黏性最好的PTFE，因而制品表面与其他材料不易黏附。

（9）憎水性　UHMWPE吸水率很低，一般小于0.01%，仅为PA6的1%，因而在成型加工前一般不必干燥处理。

（10）密度　UHMWPE的密度比工程塑料低，一般比PTFE低56%，比POM低33%，比PBTP低30%，因此其制品非常轻便。

（11）拉伸强度　由于UHMWPE具有超拉伸取向必备的结构特征，所以有无可匹敌的超高拉伸强度，因此可通过凝胶纺丝法制得超高弹性模量和强度的纤维，其拉伸强度高达3～3.5GPa，拉伸弹性模量高达100～125GPa。纤维比强度是迄今已商品化的所有纤维中最高的，比碳纤维大4倍，比钢丝大10倍，比芳纶大50%。

（12）其他性能　UHMWPE还具有优良的电气绝缘性能，比HDPE更优良的耐环境应力开裂性，比HDPE更好的耐疲劳性及耐γ射线能力。

（13）不足之处　与其他工程塑料相比，UHMWPE耐热性、刚度和硬度偏低，但可以通过填充和交联等方法来改善。从耐热性来看，UHMWPE的熔点（136℃）与普通聚乙烯大体相同，但因其相对分子质量大，熔融黏度高，故加工难度大。

UHMWPE的性能与应用见表2-5～表2-9。

八、氯化聚乙烯

用于塑料的氯化聚乙烯，是由HDPE经氯化而成的。含氯量小于30%的呈橡胶状，大于30%时开始变硬呈塑料型。CPE具有抗冲击、阻燃性突出的优点，其他性能与HDPE相似。

CPE可以作为基础树脂使用，用注射、挤出、涂塑、层压成型。更大的用途是作抗冲剂、阻燃剂使用。表2-10为国产氯化聚乙烯的主要性能。

表2-5　安徽化工研究所UHMWPE的质量指标

项目		安徽化工研究所质量指标	项目	安徽化工研究所质量指标
相对分子质量		$(70\sim120)\times10^4$	表面电阻率/Ω	$8\times10^{14}\sim1.8\times10^{16}$
水分/%	≤	0.15	体积电阻率/Ω·cm	$5\times10^{16}\sim5\times10^{17}$
灰分/%	≤	0.30	介电损耗角正切(1MHz)	$2\times10^{-4}\sim4\times10^{-4}$
pH值		6.5～7.5	相对介电常数(1MHz)	2.6～2.7
外观		粉末	介电强度/(kV/mm)	20

表 2-6　北京助剂二厂 UHMWPE 的性能

项目	M-0 (特高)	M-Ⅰ 优级品	M-Ⅰ 合格品	M-Ⅱ 优级品	M-Ⅱ 合格品	M-Ⅲ 优级品	M-Ⅲ 合格品	M-Ⅳ
密度/(g/cm^3)	≥0.930	0.935~0.940	0.935~0.940	0.935~0.940	0.935~0.940	0.935~0.940	0.935~0.940	0.935~0.940
挥发物(水分)/%　<	0.15	0.15	0.15	0.15	0.15	0.15	0.15	0.15
颗粒度(过20目筛)/%	98	98	98	98	98	98	98	98
热变形温度/℃　>	80	80	80	80	80	80	80	80
悬臂梁冲击强度/(kJ/m)	不断裂	不断裂	不断裂	不断裂	不断裂	不断裂	不断裂	不断裂
简支梁冲击强度/(kJ/m^2)　>	70	110	90	130	95	100	70	70
拉伸断裂强度/MPa　>	25	33	32	34	32	35	32	30
拉伸断裂伸长率/%	350	400	350	350	300	300	250	200

表 2-7　美国赫斯特公司 Hostalen GUR UHMWPE 的牌号和用途

牌号	用途
GUR-EP4221 GUR-EP4250	注射级,超高分子量,适合电器部件、家具、汽车部件、材料传送设备及娱乐项目方面,代替金属、尼龙、聚甲醛
GUR5121	注射级,超高分子量,耐磨损,高冲击,低摩擦系数,适于轴承、汽车窗用导轨、传动装置等

表 2-8　日本三井石化工业公司 UHMWPE 的性能与用途

牌号	密度/(g/cm^3)	用途
145M	0.942	平均分子量100万,成型性好,高刚性,适用于饮料和食品工业的容器和板、管、异型材制品
240S	0.935	平均分子量250万,小粒径型号,涂料填充料的分散性好,适于制造容器、板、管等制品
240M	0.935	平均分子量300万,为标准牌号,耐磨性、耐冲击性很平衡,用途同240S
320M	0.935	平均分子量350万,耐磨性比240M稍好,用途同240S
340M	0.930	平均分子量450万,为标准牌号,高耐磨性,用途同240S
341L	0.930	平均分子量500万,大粒径型号,高耐磨性,用途同240S
ミリオン	0.940	熔体流动速率0.01g/10min,适合其他制品

表 2-9　韩国现代石油化学公司 Hyundal UHMWPE 的性能与用途

牌号	熔体流动速率/[g/(10min)]	密度/(g/cm^3)	用途
PB061	2.0	0.954	吹塑中空级,耐环境应力开裂>1000h,适于200L级危险物容器、3000L级贮槽、汽车用燃料桶
PB150	6.1	0.946	吹塑中空级,耐环境应力开裂>1000h,特点、用途大部分同PB061
PH061	2.0	0.954	挤出管材级,机械性、耐环境应力开裂性优良,适用于温水用管

表 2-10　国产氯化聚乙烯的性能

项目		性能
相对密度		1.08
拉伸强度/MPa		6.30
伸长率/%		600
撕裂强度/MPa		1.89
熔体流动速率/[g(10min)]	0.3MPa,190℃	2
	3.0MPa,190℃	126
维卡软化点/℃		57
脆化温度/℃		−80
介电常数	60Hz	4.769
	10^3Hz	4.694
	10^6Hz	3.855
介电损耗角正切	60Hz	0.0078
	10^3Hz	0.0145
	10^6Hz	0.0854
体积电阻率/Ω·cm		9.79×10^8

九、交联聚乙烯

以辐射交联法和化学交联法制备的聚乙烯或制品称为交联聚乙烯。

交联聚乙烯与普通聚乙烯相比，具有卓越的电绝缘性能和更高的冲击强度及拉伸强度，突出的耐磨性，优良的耐应力开裂性、耐蠕变性及尺寸稳定性，耐热性好，使用温度可达 140℃（作电气绝缘材料使用，甚至可达 200℃）。耐低温性、耐老化性、耐化学药品性、耐辐射性也好。交联聚乙烯经加热、吹胀（拉伸）、冷却定型后，当重新加热到结晶熔融温度以上，能自然恢复到原来的形状和尺寸（称为"记忆"性能）。用有机硅烷形成的交联聚乙烯有良好的加工性能，可用多种方法成型。

用不同方法制得的交联聚乙烯，均在交联前用通用的注射、挤出、吹塑成型制成型材，然后使之交联（辐照或化学法）得到交联聚乙烯制品。

交联聚乙烯可用作火箭、导弹、战车、电动机、变压器等所需要的耐高压、高周波、耐热的绝缘材料及电线电缆包覆物。制造热收缩管（用于安装线、通讯电缆、电力电缆接头的绝缘护套、化工管道焊接接头的外防腐护套、电气元件的绝缘护套）、热收缩膜（用于高压潜水电动机主绝缘、增绕绝缘用的电力电缆接头的绝缘材料以及制造内径不大于 500mm 的热收缩管），各种耐热管材、耐热软管、泡沫塑料、耐腐蚀的化学设备衬里、部件及容器，制造阻燃建材等。

交联聚乙烯的性能与应用见表 2-11。

表 2-11 交联聚乙烯的性能与应用

项目	数值	项目	数值
相对密度	0.929	介电强度/(kV/mm)	>30
凝胶率/%	68	脆化温度/℃	−70 以下
拉伸强度/MPa	14.21	维卡软化点/℃	98
断裂伸长率/%	700	耐环境应力开裂(F_{50})/h	>1000
体积电阻率/Ω·cm	10^{18}	200℃氧化诱导期/min	>60
介电损耗角正切(1MHz)	0.004	用途	用于电线电缆的绝缘包覆层、耐热管材、软管、薄膜等
介电常数(1MHz)	2.33		

第二节 聚 丙 烯

一、简介

聚丙烯（polypropylene，PP）是以丙烯为单体聚合制得的聚合物。以聚丙烯为基材的塑料称为聚丙烯塑料。

PP 的性能除受相对分子质量及其分布影响外，还与立体规整性有密切关系。按照聚丙烯分子中—CH_3 的空间位置不同，可分为等规聚丙烯、间规聚丙烯和无规聚丙烯，工业生产的聚丙烯主要是等规聚丙烯。此外，PP 还有多种改性产品。工业上习惯把等规聚丙烯简称聚丙烯。无规聚丙烯与间规聚丙烯一般不用作塑料，在此不作介绍。

二、主要性能

PP 的密度为 $0.89\sim0.91 g/cm^3$。在塑料中，它仅比聚 4-甲基-1-戊烯的密度（$0.83 g/cm^3$）大。它的特点是软化点高，耐热性好。熔点为 170～172℃，连续使用温度达 110～120℃；拉伸强度与刚性都较好；硬度大，耐磨性好；模塑收缩率低，有利于注射成型；抗应力开裂性很出色（大于 1000h），比 HDPE 强 20～100 倍；电绝缘性能和化学稳定性很好。主要缺点是低温冲击强度差，易脆化，耐候性差，静电性高，染色性差。为此，许多国家都非常重视聚丙烯的改性研究工作。

PP 可按其性能特征进行识别。它是白色蜡状物，像 PE 但比 PE 更轻更透明。它易燃烧，离火后不能自熄。火焰上端黄色，下端蓝色，有少量黑烟。燃烧时熔融滴落并发出石油气味。

1. 物理性能

聚丙烯为无毒、无臭、无味的乳白色高结晶的聚合物，密度只有 $0.89\sim0.91 g/cm^3$，是目前所有塑料中最轻的品种之一。它对水特别稳定，在水中 24h 的吸水率仅为 0.01%，相对分子质量 8 万～15 万。成型性好，但因收缩率大（为 1%～2.5%），厚壁制品易凹陷，对一些尺寸精度较高零件，还难以达到要求。制品表面光泽好，易于着色。

2. 力学性能

聚丙烯的结晶性高，结构规整，因而具有优良的力学性能，其屈服、拉伸、压缩强度和硬度、弹性等都比 HDPE 高，但在室温及低温下，由于本身的分子结构规整度高，所以冲击强度较差，相对分子质量增大时，冲击强度也随之增大，但成型加工性能变差。聚丙烯有突出的抗弯曲疲劳强度，如用 PP 注射一体活动铰链，能承受 7×10^7 次（即 7000 万次）开闭的折叠弯曲而无损坏痕迹,它的摩擦性能也较好,其摩擦系数与尼龙相似,但在油润滑时,其摩擦性能显然不如尼龙,PP 只能用来制作 PV 值较低的以及不受冲击载荷的齿轮和轴承。在表面效应方面,如在其制品表面压花、雕刻等,则比任何其他热塑性塑料都容易。聚丙烯制品对缺口特别敏感,因此在设计模具时必须注意避免尖角存在,否则会容易产生应力集中,影响产品的使用寿命。

3. 热性能

聚丙烯具有良好的耐热性,熔点为 164~170℃,制品能在 100℃以上的温度进行消毒灭菌。在不受外力作用时,150℃也不变形,在 90℃的抗应力松弛性能良好。它的脆化温度为 −35℃,在低于 −35℃的温度下会发生脆裂,耐寒性不如聚乙烯。若用石棉纤维和玻璃纤维增强后,有较高的热变形温度、尺寸稳定性、低温冲击性能。

4. 化学稳定性

聚丙烯的化学稳定性很好,除能被浓硫酸及硝酸侵蚀外,对其他各种化学试剂都比较稳定,但是低分子量的脂肪烃、芳香烃和氯化烃等能使聚丙烯软化和熔胀,同时它的化学稳定性随结晶度的增加还有所提高。所以,它适合于作各种化工管道和配件,防腐效果良好。

5. 电性能

聚丙烯的高频绝缘性能优良,由于它几乎不吸水,故绝缘性能不受湿度的影响。它有较高的介电系数,且随温度上升,可以用来制作受热的电气绝缘制品,它的击穿电压也很高,适合用作电气配件等。抗电压、耐电弧性好,但静电度高,与铜接触易老化。

6. 耐候性

聚丙烯对紫外线很敏感,加入氧化锌、硫代丙酸二月桂酯、炭黑或类似的乳白填料等则可改善其耐老化性能。等规聚丙烯的性能见表 2-12。

表 2-12 等规聚丙烯的性能

项目	数值	项目		数值
密度/(g/cm³)	0.90~0.91	硬度(R)		95~105
吸水率/%	0.03~0.04	热变形温度/℃	1.86MPa	56~67
成型收缩率/%	1.0~2.0		0.46MPa	100~116
拉伸强度/MPa	30.0~39.0	脆性温度/℃		−35
伸长率/%	>200	相对介电常数(10⁶Hz)		2.0~2.6
弯曲强度/MPa	42.0~56.0	介电强度/(kV/mm)		30
冲击强度(缺口)/(kJ/m²)	2.2~2.5	介电损耗角正切		0.001
压缩强度/MPa	39.0~56.0	耐电弧性/s		125~185

7. 成型加工特性

聚丙烯的成型加工性能好,可用注射、挤塑、中空吹塑、熔焊、热成型、机加工、电镀、发泡等成型加工方法制得不同制品。

聚丙烯主要可用来制得各种注射制品、薄膜和单丝。薄膜可用吹塑管膜法(用下吹、水冷),也可用 T 形口模挤出法,可单向或双向拉伸成高强度透明薄膜。

(1) 聚丙烯注射 聚丙烯注射成型工艺条件见表 2-13,注射温度在 230~260℃,其流动性受注射压力的影响较大。模温越高则成型收缩率越大,例如,当注射压力为 68.6MPa、模温 60℃时,收缩率为 1.8%。注射温度高(在 190℃以上)时,流动性急增,易引起飞边、缩孔。温度超过 180℃则开始缓慢分解,因而注射温度以低为宜。

表 2-13 聚丙烯注射工艺条件

制品壁厚/mm		<3	3~6	>6
料筒温度/℃	后段	245~310	235~270	235~270
	中段	245~310	235~270	235~270
	前段	215~290	205~245	205~245
	喷嘴	200~260	205~260	205~260
模具温度/℃		40~80	40~80	38~105
物料温度/℃		230~270	235~270	235~270
注射压力/MPa		68.6~196	53.9~196	53.9~196
注射时间/s		1~15	5~30	10~40
注射总周期/s		6~45	30~90	60~120
成型收缩率/%		纵向1.5,横向1.5		
后处理条件		比热变形温度低5~20℃下处理2~3h		
物料预干燥		用50~80℃料斗干燥器		

(2) 聚丙烯挤塑 聚丙烯的挤塑工艺条件仅以板材和薄膜为例,列于表2-14和表2-15。

表 2-14 聚丙烯板材与薄膜的挤塑设备

设备规格	板 材	薄 膜
挤出机螺杆直径/mm	120	65
螺杆型式	渐变压缩型	突变型
螺杆压缩比	3∶1	4∶1
螺杆长径比(L/D)	18~24	22

表 2-15 聚丙烯板材与薄膜挤塑工艺条件

口模型式		T形支管式料道	T形口模支管式料道	
挤出温度/℃	后	180~210	190~210	200~220
	中	210~230	200~230	220~250
	前	220~240	220~230	250~290
连接器温度/℃			220~260	250~290
口模温度/℃		200~220	220~260	250~290
冷却辊温度/℃			10~30	10~30
冷却辊气隙/mm			10~100	10~100
水槽温度/℃			15~40	20~40
水槽气隙/mm			2~10	2~10

三、应用

聚丙烯质轻、无毒、性能好,且可进行蒸汽消毒,应用范围比较广泛。在家庭日用品方面,可用作食用餐具,盆、篓、过滤器等厨房用具,调味品容器、点心盒、奶油盒等桌上用品,洗澡盆、水桶、椅子、书架、牛奶箱和玩具等。

家用电器方面,可用作电冰箱部件、电风扇电动机罩、洗衣机槽桶、理发用吹风机部件、卷发器、电视机后盖、电唱机及收录机外壳等。

还可用于医疗用注射器及容器、输液管及滤网等;汽车零部件,化工用管道、贮槽、设备衬里、阀门、过滤板框、蒸馏塔用鲍尔环填料等;运输用容器,食品与饮料周转箱,包装薄膜,重包装袋,捆扎材料及工具量具盒、公文箱、珠宝盒、乐器盒等各种盒类;各种衣着用品、地毯、人工草坪和人工滑雪场地等。

此外,它还可以用作建筑用材料,农、林、牧、副、渔业用各种器具、绳索及渔网等。

四、改性聚丙烯

聚丙烯可以通过共混、填充、增强、共聚、接枝、氯化等手段来改善某些缺陷,提高性能,以扩大应用范围。

(1) 共混改性 以聚丙烯为主体混以其他聚合物,是聚丙烯改性的简便而有效的方法。聚丙烯与其他聚合物共混可以改进如下几种特性。

① 改进低温冲击强度和脆化温度 最好的改性剂是顺丁橡胶、乙丙橡胶和丁基橡胶;其次是苯乙烯-丁二烯-苯乙烯(SBS)嵌段共聚物和 EVA;第三是聚乙烯。

② 改进透明性 将聚丙烯与 LDPE 和乙丙橡胶共混,可以改进聚丙烯的透明性。

③ 改进着色性 聚丙烯与聚酰胺、聚氨酯、聚丙烯酰胺、聚丙烯酸酯、聚酯、聚偏二氯乙烯、未固化环氧树脂等共混,可改进其着色性。

④ 改进抗静电性 聚丙烯易带静电,加入抗静电剂的效果并不显著。如混入聚乙醇,则具有良好的抗静电作用。

(2) 填充与增强 增强改性聚丙烯主要为了提高其冲击强度,特别是低温冲击强度,以适于在高温下具有高刚性和尺寸稳定性的用途。填充改性主要是降低聚丙烯成本,但对聚丙烯也有不少改性效果,如提高硬度、改进耐热性和尺寸稳定性、降低成型收缩率和热膨胀性等;亦可改进耐燃性、化学稳定性、电绝缘性和成型加工性等。主要填充剂有碳酸钙、硅酸盐类、炭黑、氢氧化铝、玻璃珠、木粉和固体润滑剂类等。就力学性能而言,增强改性的效果优于填充改性。现仅以玻璃纤维增强聚丙烯为例简述如下。

将聚丙烯与经处理后的玻璃纤维包覆或共混挤塑造粒,即得玻璃纤维增强聚丙烯粒料。

① 主要特征 增强聚丙烯与纯聚丙烯相比,除具有聚丙烯原有的性能和相对密度增加 10% 外,其拉伸强度和弯曲强度增大 1~2 倍,冲击强度提高 1~3 倍,热变形温度在高负荷下提高 70~90℃,低负荷下提高 30~40℃。物理力学性能可与 PA、PC 和 POM 媲美,且价格低廉。但造粒、成型时对设备磨损大,要求特殊钢材制造成型设备和部件。

② 成型加工性 与聚丙烯相似,可用注射、挤塑进行成型加工。与一般增强塑料一样,加工中模具设计要求壁厚均匀,避免死角,主流道与分流道和浇口要短而粗。为便于脱模,主流道锥度要求大于 5°,制品脱模斜度大于 1°。

③ 主要用途　它可用作汽车（特别是小汽车）的前护板、后车罩、空气过滤器罩、风扇罩、尾灯罩、蓄电池壳；各种电工器械壳体、座、架、电冰箱部件、泵叶轮及绕线架、手摇电话机齿轮；化工用管道、管件、阀门、泵壳、真空过滤器壳体、压滤机板框、电镀吊板、填料塔用的填料；农业用喷雾器室、喷灌用喷嘴、手扶拖拉机柴油箱、水箱漏斗、柴油机吸尘器盖等。此外，在动力机械、无线电专用设备零件、水暖器材和教学仪器等方面亦有其用途。

第三节　聚氯乙烯

一、主要品种

聚氯乙烯（PVC）的分子式为$\mathrm{+CH_2-CHCl\,\!+_{\it n}}$，它由乙炔和氯化氢（电石路线），乙烯与氯气（石油化工路线）合成为氯乙烯单体，再聚合而成聚氯乙烯树脂。

按聚合工艺可分为本体、悬浮、乳液、溶液等聚合产品，其中80％以上是悬浮聚合产品，乳液聚合树脂约占10％，主要用于糊状料。本体聚合为宜宾天原化工厂引进法国技术，目前仅处于前期准备。溶液聚合树脂用量不多，国内尚无此产品。

我国悬浮聚合树脂按相对分子质量大小分为七类产品，每类又根据其颗粒形状分为紧密型和疏松型两种。树脂颗粒粒径约$100\sim150\mu m$，它们由无数$0.1\mu m$大小的微粒子凝聚而成，有的颗粒的整个表面有一层"皮膜"覆盖着，皮膜比较牢固，破坏较难，这是紧密型树脂，其增塑剂渗入能力较差。疏松型树脂的"皮膜"很薄且未全部覆盖，有利于增塑剂渗入颗粒内部，其分子排列为无规结构，结晶度至多5％～10％（其中包括少量结晶度达20％的间规结构）。重均分子量为5万～12万，相对分子质量的大小与熔体黏度、加工温度、制品性能、用途关系密切。

PVC为白色粉末或微珠，塑化后透明，着色容易。未增塑制品坚韧，通过添加增塑剂等，可自由调节软硬程度和力学性能。阻燃、自熄、电绝缘性较好。耐水性、化学稳定性好，耐酸、碱等，但溶于多数溶剂。树脂的热稳定性差，但可添加热稳定剂克服。

1. 悬浮法聚氯乙烯

国产悬浮法疏松型聚氯乙烯树脂技术指标和主要用途见表2-16。

2. 乳液法聚氯乙烯

乳液聚合法PVC树脂相对分子质量为12500～125000，是颗粒较细（一般为$0.1\sim1\mu m$）的白色粉末，较疏松、无臭、无毒，常温下对酸、碱和盐类稳定，塑化性能较好，可与增塑剂及其他助剂配混成糊料，在室温下搁置24h增稠黏度不超过20％，无沉析现象。缺点是电绝缘性能较差，透明度差，且产品成本高等。乳液法PVC的技术指标见表2-17。

3. 本体法聚氯乙烯

本体法PVC树脂性能优于悬浮法PVC。树脂中含杂质少，单体含量小于1mg/kg，粒度分布集中。构型规整，孔隙率高且均匀，吸附增塑剂的量多、速度快，增塑以后的树脂混合物和干的粉末一样，易于贮存和运输。若不加增塑剂也较易加工。制品透明性、热稳定性和电绝缘性能好。

4. 微悬浮法聚氯乙烯

微悬浮法生产效率高，产品质量稳定，所得树脂粒度介于悬浮和乳液聚合树脂之间，可替代糊用树脂。树脂吸增塑剂量大，制品透明性好。

表 2-16 国产悬浮法疏松型 PVC 树脂的技术指标和主要用途（GB 5751—86）

指标 \ 型号、级别		PVC-SG₁ 一级 A	PVC-SG₂ 一级 A	PVC-SG₂ 一级 B	PVC-SG₂ 二级	PVC-SG₃ 一级 A	PVC-SG₃ 一级 B	PVC-SG₃ 二级	PVC-SG₄ 一级 A	PVC-SG₄ 一级 B	PVC-SG₄ 二级
黏数/(mL/g)		154~144	143~136	143~136	143~136	135~127	135~127	135~127	126~118	126~118	126~118
表观密度/(g/cm³) ≥		0.42	0.42	0.42	0.40	0.42	0.42	0.40	0.42	0.42	0.40
100g 树脂的增塑剂吸收量/g ≥		25	25	25	16	25	25	16	22	22	16
挥发物(包括水)含量/% ≤		0.40	0.40	0.40	0.50	0.40	0.40	0.50	0.40	0.40	0.50
过筛率/%	0.25mm 筛孔 ≥	98.0	98.0	98.0	92.0	98.0	98.0	92.0	98.0	98.0	92.0
	0.063mm 筛孔 ≤	10.0	10.0	10.0	20.0	10.0	10.0	20.0	10.0	10.0	20.0
100g 树脂中的黑黄点总数与黑点数/颗	总数 ≤	30	30	30	130	30	30	130	30	30	130
	黑点数 ≥	10	10	10	30	10	10	30	10	10	30
白度/% ≥		90	90	90	85	90	90	85	90	90	85
鱼眼/(个/1000cm²) ≤		10	10			10			10		
10%树脂水萃取液电导率/(S/m) ≤		5×10⁻³	5×10⁻³			5×10⁻³					
残留氯乙烯单体含量/(mg/kg) ≤		10	10	10	10	10	10	10	10	10	10
树脂热稳定性		协商									
主要用途		高级电绝缘材料	电绝缘材料、薄膜	一般软制品		电绝缘材料、农用薄膜、人造革表面膜		全塑凉鞋	工业和民用薄膜	软管、人造革、高强度管材	

指标 \ 型号、级别		PVC-SG₅ 一级 A	PVC-SG₅ 一级 B	PVC-SG₅ 二级	PVC-SG₆ 一级 A	PVC-SG₆ 一级 B	PVC-SG₆ 二级	PVC-SG₇ 一级 A	PVC-SG₇ 一级 B	PVC-SG₇ 二级
黏数/(mL/g)		117~107	117~107	117~107	106~96	106~96	106~96	95~85	95~85	95~85
表观密度/(g/cm³) ≥		0.45	0.45	0.40	0.45	0.45	0.40	0.45	0.45	0.40
100g 树脂的增塑剂吸收量/g ≥		19	19	13	16	16	13	14	14	13
挥发物(包括水)含量/% ≤		0.40	0.40	0.50	0.40	0.40	0.50	0.40	0.40	0.50
过筛率/%	0.25mm 筛孔 ≥	98.0	98.0	92.0	98.0	98.0	92.0	98.0	98.0	92.0
	0.063mm 筛孔 ≤	10.0	10.0	20.0	10.0	10.0	20.0	10.0	10.0	20.0
100g 树脂中的黑黄点总数与黑点数/颗	总数 ≤	30	30	130	30	30	130	30	30	130
	黑点数 ≥	10	10	30	10	10	30	10	10	30
白度/% ≥		90	90	85	90	90	85	90	90	85
鱼眼/(个/1000cm²) ≤		10			10			10		
10%树脂水萃取液电导率/(S/m) ≤										
残留氯乙烯单体含量/(mg/kg) ≤		10	10		10	10		10	10	
树脂热稳定性		协商								
主要用途		透明制品	硬管、硬片、单丝套管、型材	唱片、透明片	硬板、焊条、纤维			瓶子、透明片	硬质注射管件、过氯乙烯树脂	

表 2-17　乳液法聚氯乙烯（PVC）国标（GB 15592—1995）

指标名称	技术指标					
	Ⅰ型		Ⅱ型		Ⅲ型	
黏度（聚氯乙烯：邻苯二甲酸二辛酯＝1∶1，25℃搁置 24h 后的糊）/Pa·s	3		3～7		7～10	
过筛率（160 目，孔径 0.088mm）/%	一级品	二级品	一级品	二级品	一级品	二级品
	99.0	97.0	99.0	97.0	99.0	97.0
水分/%　≤	0.40	0.50	0.40	0.50	0.40	0.50
绝对黏度（1%树脂的 1,2-二氯乙烷溶液 20℃时的）/×10⁻³Pa·s	Ⅰ型 2.01～2.40					
	Ⅱ型 1.81～2.00					
	Ⅲ型 1.60～1.80					
外观	白色粉末					

注：表中牌号Ⅰ型、Ⅱ型、Ⅲ型的特点和用途为糊用树脂，可与增塑剂及其他助剂混合制成糊料，采用涂刮、浸渍或搪塑等加工方法，适用于人造革、涂塑窗纱、玩具及电器用品等。

二、主要性能

PVC 难燃，在火焰上能燃烧，离火即熄；燃烧时火焰呈黄色，下端为绿色，冒白烟；燃烧时塑料变软，发出刺激性酸味。在紫外光下，硬 PVC 产生浅蓝或紫白色荧光，软 PVC 产生蓝白色的荧光。

1. 物理性能

PVC 的吸水性小于 0.5%，透气性和透湿率很低。

2. 力学性能

PVC 具有较高的力学强度，室温下的耐磨性超过硫化橡胶，硬度和刚性优于聚乙烯。

3. 热性能

硬 PVC 的脆化温度低于−50℃，在 75～80℃变软。玻璃化温度随聚合温度不同而不同。通常认为玻璃化温度为 80～85℃。PVC 在空气中高于 150℃就会降解而放出 HCl，长期暴露于 100℃下，若不添加碱性稳定剂也会降解；若超过 180℃，则迅速降解，PVC 分子中含有大量氯，使其具有难燃性，但增塑剂的加入会降低难燃性。

4. 电性能

PVC 的电绝缘性能良好，其性能取决于配方中各种添加剂的类型和数量，还与受热情况有关，如当加热致使 PVC 分解时，由于氯离子的存在而降低电绝缘性能。

5. 耐老化性

PVC 在光的作用下会降解，其过程与热降解相似。PVC 最敏感的光波长度为 270～310nm。耐石油、矿物油等非极性溶剂。无增塑剂的制品，耐大多数无机酸和碱，对盐类相当稳定，在某些酮、醚、酯和氯化烃类中能溶胀或溶解，环己酮和四氢呋喃是其良好的溶剂，不溶于水、酒精、汽油。通常增塑剂的加入使 PVC 制品易受溶剂的侵蚀，且在热而潮湿的环境下容易为细菌侵蚀，故需加入防霉剂。

6. 成型加工特性

PVC 可采用多种成型方法加工，常用压延、挤出、注射、吹塑等。硬制品加工时常加入加工助剂（1～5 份）或冲击改性剂（8～15 份）来改善加工性能，提高冲击强度；软制品加工时需加入增塑剂等组分。

（1）捏和　首先将 PVC 树脂和增塑剂、稳定剂、着色剂等助剂按一定的配方比例均匀混合，然后将混合料进行塑化。捏和时间为0.5~1.5h，温度为125~150℃。塑化后的塑料可直接供成型加工用或将塑化料拉片、切粒。

干混技术是将干的聚氯乙烯树脂在剧烈的搅拌及较低的温度下吸收增塑剂等，得到干燥的、完全分散的粉状混合物，优点是在较低温度下捏和，树脂不易分解。

（2）压延　压延温度通常为145~170℃，加工的薄膜厚度为0.05~1.00mm。大规模生产软质薄膜的技术改进是在压延后，再在拉伸设备上，使薄膜在纵横两个方向同时冷拉伸数倍，可提高薄膜的透明度和强度，制得宽幅薄膜。

（3）层压　将压延所得的厚0.5mm左右的薄片，叠配进行层压。工艺条件为，热板温度140~180℃，压力2~10MPa，时间0.5~1h，工艺条件随板材厚度不同而变化。

（4）挤出　挤出成型选用疏松型PVC树脂为好，硬制品的挤出是将捏和后的混合料加热到120~180℃，在压力下挤出造粒，然后加热挤成一定形状的制品；软制品的挤出温度随增塑剂的含量增多，应适当降低，加热段温度从130℃开始，到模口处约170~180℃，螺杆转速为10~70r/min，螺杆长径比为（15:1）~（24:1），压缩比为（2:1）~（3:1）。软制品可用单螺杆挤出机，硬制品多用双螺杆（或多螺杆）挤出机，以提高混炼效果。

（5）注射　注射硬质PVC制品较困难，因而常选用疏松型PVC树脂。预处理温度110℃±10℃、时间1~1.5h。注射成型温度：硬制品为149~213℃；软制品为160~196℃。注射成型压力：硬制品为69~276MPa；软制品55~172MPa。聚氯乙烯注射工艺条件见表2-18。

表2-18　聚氯乙烯注射工艺条件

工艺条件		壁厚/mm		
		3以下	3~6	6以上
料筒温度/℃	后段	145~165	150~160	150~165
	中段	150~175	155~175	160~175
	前段	155~180	160~180	165~180
	喷嘴	160~185	160~185	175~180
模具温度/℃		50~60	50~60	60
物料温度/℃		160~185	160~185	180~190
注射压力/MPa		70~140	70~140	140~210
注射时间/s		3~10	4~20	30~60
成型总周期/s		30~60	30~120	60~240
成型收缩率/%	纵向	0.1~1		
	横向	0.1~1		
热处理温度/℃		低于热变形温度5~20℃		
热处理时间/min		30~180		
干燥条件		用55℃以下料斗干燥器		
着色		用混炼法或干混法		

PVC具有耐化学药品性好、难燃、耐磨、消声、消震、电绝缘性能优良、力学性能良好、单体来源广、制品成本低等特点。并可采用多种成型方法加工成型。主要缺点是热稳定

性差，受热引起不同程度的降解，并且软化温度低，软制品还有增塑剂外迁之弊，因而只能在80℃以下使用。

PVC塑料是一种多组分材料。根据不同用途可以加入增塑剂、稳定剂等添加型。随着组成的不同，PVC制品可呈现出不同的物理力学性能，如加与不加（或少加）增塑剂就具有软、硬制品之分。

三、应用

PVC用途极广，涉及国民经济各个领域。

硬质PVC主要用于建筑、电器和包装行业。管材占硬制品的50%以上，通常用作输水管和化学工业用耐蚀管道。还有硬质板材、棒材、贮槽、门窗等。软质PVC以薄膜、人造革和电线电缆包覆等为主。其他还有片材、软管、鞋料及各种软质管材、板材等型材和注射、挤出、吹塑制品等。

悬浮聚氯乙烯树脂型号及主要用途见表2-19。

表2-19 悬浮聚氯乙烯树脂型号及其主要用途

型号	级别	主 要 用 途
PVC-SG1	一级A	高级电绝缘材料
PVC-SG2	一级A	电绝缘材料、薄膜
	一级B	一般软制品
	二级	
PVC-SG3	一级A	电绝缘材料、农用薄膜、人造革表面膜
	一级B	全塑凉鞋
	二级	
PVC-SG4	一级A	工业和民用薄膜
	一级B	软管、人造革、高强度管材
	二级	
PVC-SG5	一级A	透明制品
	一级B	硬管、硬片、单丝、套管、型材
	二级	
PVC-SG6	一级A	唱片、透明片
	一级B	硬板、焊条、纤维
	二级	
PVC-SG7	一级A	瓶子、透明片
	一级B	硬质注射管件、过氯乙烯树脂
	二级	

四、改性聚氯乙烯

1. 氯化聚氯乙烯（又称过氯乙烯，CPVC）

与普通的PVC相比，具有热变形温度高（90～120℃），阻燃性更好，耐化学腐蚀，机械性能高，电绝缘（尤其在高温）性能好，热导率低等优点，宜用来制耐热、耐腐蚀管，电气阻火片材，绝缘制品和共混改性剂。具体性能见表2-20。

表 2-20 氯化聚氯乙烯的性能

项 目 名 称		性 能
相对密度		1.48~1.58
吸水性/%		0.05
外观		白色粉末或颗粒
拉伸强度/MPa	20℃	60~70
	100℃	18.6~19.0
弯曲强度/MPa		116~125
弯曲弹性模量/MPa		2620
断裂伸长率/%		50
冲击强度/(kJ/m²)	20℃	>40
	-20℃	25~60
邵氏硬度(D)		95
热变形温度(1.82MPa)/℃		100~120
线胀系数/K^{-1}		$7×10^{-5}$~$8×10^{-5}$
热导率/[W/(m·K)]		0.105~0.138
维卡软化温度/℃		90~125
比热容/[kJ/(kg·K)]		1.47
长期使用温度/℃		100

2. 交联聚氯乙烯（XLPVC）

交联聚氯乙烯又称热固性聚氯乙烯。这是因为交联聚氯乙烯经辐射或化学处理后产生网状结构，使产品具有热固性塑料的特性。与普通的聚氯乙烯相比，其机械强度高，尺寸稳定性好，热变形小，耐磨、耐油和耐化学药品性更好。辐射交联聚氯乙烯制成的电线可在100~110℃下连续使用。交联聚氯乙烯主要用于要求强度高、耐热、耐磨耗的电线，如跨接电线、电话交换机配线、车辆内电线、家用电器电线等。还可用于制交联收缩膜、大口径管、板材、棒材和模压制品。

XLPVC 的性能见表 2-21~表 2-23。

表 2-21 成都有机硅研究中心 ZJFL-105 辐射交联电缆的性能

项 目			性 能
拉伸强度/MPa		≥	20
老化(135℃,168h)后拉伸强度/MPa		≥	16
拉伸强度最大变化率/%			±20
断裂伸长率/%		≥	150
断裂伸长率最大变化率/%			±20
体积电阻率/Ω·cm	20℃	≥	$1.0×10^{12}$
	150℃	≥	$1.0×10^{8}$
介电强度/(MV/m)		≥	18
介电损耗角正切(1MHz)		≤	0.1
介电常数(1MHz)		≤	0.5
阻燃性			FV-1

表 2-22　上海电缆研究所 80℃ 辐射交联 PVC 绝缘料的性能

项目		性能	项目		性能
拉伸强度/MPa	≥	16.0	拉伸强度/MPa	≥	16.0
断裂伸长率/%	≥	150	拉伸强度最大变化率/%		±20
热变形(120℃)/%	≤	30	断裂伸长率/%	≥	150
冲击脆化温度/℃		−15	伸长率最大变化率/%		±20
体积电阻率/Ω·cm (20℃)	≥	3×10^{12}	质量损失/(g/m³)	≤	20
体积电阻率/Ω·cm (80℃)	≥	5×10^{9}	氧指数/%		28
介电强度/(MV/m)	≥	20	凝胶率/%	≥	60
热稳定时间(200℃)/min	≥	80			

注：右侧"老化后(120℃, 168h)性能"

表 2-23　日本住友电木公司辐射交联 PVC(XLPVC) 电线的性能

项目		性能
拉伸强度/MPa		34.3
伸长率/%		165
老化后(120℃, 120h)	热失重/%	1.2
	拉伸强度残留率/%	98
	伸长率残留率/%	87
70℃经 4h 油处理	拉伸强度残留率/%	92
	伸长率残留率/%	102
180°经 1h 的卷绕耐热试验后	外观	良好
	电阻(20℃)/(MΩ/km)	1350

3. 聚氯乙烯改性专用料

聚氯乙烯改性专用料牌号、性能与应用见表 2-24 和表 2-25。

表 2-24　齐鲁乙烯联营粒料厂 PVC 专用料的用途

牌号	特性和主要用途
QB-A6	挤出、吹塑，透明粒子，宜制食用油容器
QB-A7	挤出、吹塑，QB-A6 增强级，宜制其他非食用油容器
QB-A8	挤、拉、吹塑成型，透明粒子，宜制耐压饮料瓶
QB-B2	挤出，透明粒子，宜制化妆品包装容器
QB-B5	挤出、吹塑成型，透明粒子，宜制矿泉水瓶
QB-B6	挤出、吹塑成型，透明粒子，宜制低气味矿泉水瓶
QB-B7	挤出、吹塑成型，透明粒子，宜制无气味矿泉水瓶
QB-C1	挤出，瓷白粒子，宜制化妆品或洗涤剂瓶
QB-D1	挤出，珠光色粒子，宜制高档化妆品瓶
QB-E1	挤出，彩色不透明粒子，宜制化妆品瓶和洗涤剂瓶
QHSF-1 系列	挤出、吹塑成型，透明粒子，宜制热收缩薄膜
QP-1	挤出，透明粒子，宜制透明异型材
QR-1 系列	挤出或注射，透明粒子，宜制螺丝刀等工具手柄

表 2-25　上海氯碱化工公司技术中心 PVC 专用粒料的用途

名　称	特性和主要用途
电源插头专用料	注射，电绝缘好、阻燃，抗冲击，成型性好
异型材专用料	挤出，有较高硬度和抗划性，表面光洁美观，抗冲击，尺寸稳定，阻燃，宜制护壁板、家用电器外饰材
化妆品瓶专用料	挤出、吹塑，符合卫生标准，表面光洁美观，稳定性好，可制各种颜色的瓶
电力电缆专用料	挤出，70℃为绝缘级或护层级，105℃为绝缘级或阻燃绝缘级。成型性好，挤出量均匀，制品表面光滑，宜制 450/750V 电线电缆绝缘层、护层
纺棉纱管专用料	注射，加工性好，制品表面无焦化、分层，加工性好
家电密封件专用料	挤出或注射，耐候，阻燃，符合食品要求，使用寿命长，宜制吸尘器、冰箱、冰柜密封条和密封件
无味矿泉水瓶专用料	挤出、吹塑，透明粒料，符合卫生要求，无味，高强度，高透明，加工性好
食用油瓶专用料	挤出、吹塑，透明粒料，符合卫生要求，高透明，高强度
饮料瓶盖内垫专用料	滴塑，无毒，糊黏度稳定，成型温度低，发泡性好，表面光洁，脱模好
粉末涂料专用料	涂层成型，耐腐蚀，耐候，使用寿命长，流动性好，与被涂金属黏结力强，适用于涂覆金属丝网、钢窗、管道
SB-100 掺混料	料径 20~100μm，增塑剂吸收少，消光，价廉，宜用离心铸塑、皮革涂层、搪塑、蘸塑、发泡、喷涂成型，制地板、人造革、玩具、靴及汽车底板喷涂等

第四节　聚苯乙烯

一、简介

聚苯乙烯（PS）的分子式为 $+CHC_6H_5-CH_2+_n$，它是由苯乙烯聚合而成的。按聚合工艺可分为本体聚合、溶液聚合、悬浮聚合、乳液聚合和等规聚合等聚合产品，现在工业主要采用本体聚合法和悬浮聚合法。

聚苯乙烯有通用级聚苯乙烯（GPPS）、高抗冲击级聚苯乙烯（HIPS）和发泡聚苯乙烯（EPS）三种。

二、主要性能

聚苯乙烯由于原料来源丰富，聚合工艺简单，聚合物性能优异，如质轻、价廉、吸水少，着色性、尺寸稳定性、电性能好，制品透明，加工容易，因而得到了广泛的应用。其技术指标见表 2-26。

聚苯乙烯可用注射、挤出、吹塑、热成型、发泡、模压等方法加工成各种塑料制品。

三、应用

聚苯乙烯主要用于仪器、仪表、电器元件、电视、玩具、日用、家电、文具、包装和泡沫缓冲材料等。

四、通用聚苯乙烯

通用聚苯乙烯（GPPS），系由本体聚合而成，也可采用悬浮聚合。乳液聚合树脂只用于微粉状 PS 树脂、高分子量 PS 树脂、乳胶，以及与其他化合物共聚。

1. 通用级聚苯乙烯的特性

（1）无色、无毒、无臭的非结晶型透明热塑性塑料，重均分子量 20 万~30 万，密度为 1.04~1.06g/cm³，透光率为 87%~92%。

表 2-26 聚苯乙烯树脂技术指标 (GB 12671—1990)

项目			产品牌号										
			PS-GN,085-03			PS-GN,085-06			PS-GN,095-03			PS-GN,095-06		
			级别			级别			级别			级别		
			优级	一级	合格	优级	一级	合格	优级	一级	合格	优级	一级	合格
清洁度/(颗/100g)	杂质	≤	1	3	6	1	3	6	1	3	6	1	3	6
	色粒	≤	1	3	6	1	3	6	1	3	6	1	3	6
维卡软化点/℃		≥	97.0	94.0	91.0	96.0	93.0	90.0	85.0	85.0	82.0	85.0	82.0	79.0
弯曲强度/MPa		≥	88.0	86.0	84.0	86.0	84.0	82.0	83.0	80.0	78.0	82.0	80.0	78.0
悬臂梁冲击强度/(J/m)		≥	10						13					
熔体流动速率/[g/(10min)]			1.5～4.0			4.0～7.0			1.5～4.0			4.0～7.0		
透光率/%		≥	85						87					
介电常数(10^6 Hz)		≤	2.6						2.6					
介电损耗角正切(10^6 Hz)		≤	4.5×10^{-4}			5.0×10^{-4}			4.0×10^{-4}			4.5×10^{-4}		

注：表中前 5 项为每批出厂检验项目，后 3 项为形式检查项目。

(2) 因苯环增大了大分子的空间障碍，束缚分子运动，故表面硬度和刚度大，尺寸稳定性好；但脆性、冲击强度小，耐磨性、耐刻划性差。

(3) 软化点低（80～90℃），热变形温度（18.2MPa）为 87～92℃，因而只能在 60～75℃和低负荷下使用。

(4) 电性能优异，特别是高频绝缘性能极好，耐电弧性好。

(5) 着色性、表面装饰性、耐辐照性好，耐日光性较差，易燃，燃烧时呈黄色火焰，并发黑烟，且有特殊臭味。

(6) 吸水性极低，耐冷水而不耐热水，耐酸、碱等介质，但耐油性差，且溶于芳香烃、氯代烃、酮类和酯类，耐环境应力开裂性差。

(7) 聚苯乙烯的成型加工性能很好，可用注射、挤塑、吹塑、热成型、发泡、粘接、涂覆、焊接、机加工、烫印、印刷等一般热塑性塑料成型加工方法进行加工，其工艺条件各不相同，现仅将注射成型工艺条件列于表 2-27。

2. 主要用途

通用级聚苯乙烯在轻工方面可作装饰、照明器材和指示牌等；在仪表方面可用作光学仪器零件、仪表外壳、仪表指示灯罩和透明模型等；在电子工业上可用作高频电容器等；在机械和化工上可用作汽车灯罩、通光罩、耐腐蚀化工贮槽等；在生活日用品中，可用其制作牙刷柄、瓶盖头、梳子、三角板、尺子、杯盘、皂盒和香烟盒等一系列日用小商品。

五、高抗冲聚苯乙烯

高抗冲聚苯乙烯（HIPS）通常是以丁苯橡胶或顺丁橡胶与苯乙烯进行本体-悬浮接枝共聚而得，也可以是聚苯乙烯用橡胶共混接枝改性而成。其抗冲韧性视共聚物中丁二烯含量而定，当含量为 2%～4%时系一般抗冲型聚苯乙烯，含 5%～10%者为高抗冲型，大于 10%者为超高抗冲型。

1. 主要特性

高抗冲聚苯乙烯为乳白色不透明的非结晶聚合物，其拉伸强度、硬度、耐光性和热稳定性不如通用级聚苯乙烯，但韧性和冲击强度较通用级聚苯乙烯高 7 倍以上，且着色性、电绝缘性、化学稳定性好。

表 2-27 聚苯乙烯注射成型工艺条件

项 目 名 称		壁厚/mm		
		3 以下	3～6	>6
料筒温度/℃	后段	180～290	165～260	150～250
	中段	190～300	180～270	165～260
	前段	200～315	190～290	180～270
	喷嘴	190～300	180～270	165～260
模具温度/℃		32～65	32～65	32～65
树脂温度/℃		180～260	165～230	150～270
注射压力/MPa		70～140	70～140	70～140
成型加工时间/s	注射时间	1～3	8～40	15～60
	总周期	40～60	20～90	40～150
成型收缩率/%	纵向	0.2～0.6		
	横向	0.2～0.6		
退火温度/℃		比成型制品的热变形温度低 5～20℃		
退火时间/h		2～4		
干燥条件		用料斗干燥器 60～70℃		
着色		可用混炼方法任意着色		

HIPS 的牌号、性能与用途见表 2-28、表 2-29。

表 2-28 北京燕山石油化工公司化工一、二厂高抗冲聚苯乙烯的性能

项 目 \ 牌号	测试方法	412B	420D	479	486	492J
高顺式聚丁二烯/%		4.5	4.9	7	6	7
矿物油/%			1.4	4	1.5	0.4
硬脂酸锌/%		0.23	0.23			0.2
抗氧剂 1076/%		0.08	0.14	0.14	0.14	0.15
熔体流动速率/[g/(10min)]	ASTM D1238	15	2.7	7.5	2.6	2.8
维卡软化点/℃	ASTM D1525	91	102	94.5	102	103
拉伸屈服强度/MPa	ASTM D638	15.9	25.2	18.6	17.9	24.2
拉伸断裂强度/MPa	ASTM D638	13.1	20.4	13.8	18.6	20.7
伸长率/%	ASTM D638	25	20	30	35	25
悬臂梁冲击强度/(J/m)	ASTM D256	56.1	80.1	88.1	74.8	93.5
凝胶率/%	SP8	16	12	20.5	21	24
溶胀指数/%	SP8	14	12.3	12.5	12.5	12.5

表 2-29 金陵石化公司南京塑料厂的 HIPS 性能与用途

牌号	熔体流动速率/[g/(10min)]	维卡软化点/℃	弯曲强度/MPa	拉伸屈服强度/MPa	缺口冲击强度/MPa	主要用途
SKC-104	1.5	75	50	29.4	14.7	注射制家电外壳
SKC-102	3.0	85	60	30	11.8	注射制家电、仪表外壳
SKC-103	3.5	80	70	30	9.8	注射制笔和卷刀件

2. 成型加工性

高抗冲聚苯乙烯的成型加工性能良好，可注射、挤塑、中空吹塑、真空成型，亦可粘接、电镀、印刷等。表2-30为高抗冲聚苯乙烯透明片挤出工艺条件。

表 2-30　高抗冲聚苯乙烯透明片挤出工艺条件

配　　方		高冲击 PS 100 份　UV-9 0.5 份
原料干燥条件		80℃, 60min
料斗下部冷却水流量/(L/min)		10(循环水)
螺杆内冷却水流量/(L/min)		9(循环水)①
料筒温度/℃	一段	150
	二段	170
	三段	190
	四段	200
模具温度/℃	一区	210
	二区	220
	三区	200
	四区	220
	五区	210
冷却温度/℃	上辊	80
	中辊	85
	下辊	90
牵引速率/(cm/min)		120

① 若是着色制品，可不通冷却水。

3. 主要用途

可用其制作各种电器、仪表零件，电视机、收音机、收录机、电话机及小型设备罩壳，冰箱内衬，洗衣机桶体，家具及文教用品等。

六、聚苯乙烯发泡料

1. 简介

聚苯乙烯发泡料（EPS）为颗粒状白色或无色透明珠粒，可任意着色，抗化学性良好，经用低沸点烃类发泡剂浸渍而成。其受热至90～110℃，体积可增大5～50倍，成为具有隔热、隔声、防震、耐水、耐酸、耐碱等特性的泡沫塑料。对EPS珠粒料性能指标有外观、粒径、挥发物含量、表观密度、苯乙烯单体残留量、相对分子质量、软化点、阻燃性和密封条件下的使用期限等，尤其是粒径或目数的选用，要控制合适的发泡倍数、制品的大小和厚薄度。

聚苯乙烯珠粒发泡塑料具有质轻、热导率低、吸水率小、隔声性好等特点，有一定的机械强度和抗冲击性，对硬质的泡沫塑料，其强度较高，且防震、防潮、隔热。抗低温性好（可达-100℃），最高使用温度在70℃左右，但容易燃烧（要求阻燃的已有专用牌号），不抗石油类溶剂，不宜与苯、酯、酮类物质接触。

2. 聚苯乙烯发泡料（EPS）的性能

聚苯乙烯发泡料（EPS）的性能见表2-31。

表 2-31　上海高桥石化公司化工厂 EPS 的性能

牌号 项目	标准级				阻燃级				高分子量级			
	R251	R451	R551	R751	F251	F451	F551	F751	M251	M451	M551	M751
粒径/mm	1.18~2.36	0.95~1.18	0.71~0.95	0.40~0.71	1.18~2.36	0.95~1.18	0.71~0.95	0.40~0.71	1.18~2.36	0.95~1.18	0.75~0.95	0.40~0.71
单体含量/(mg/kg)	2000	2000	2000	2000	2000	2000	2000	2000	2000	2000	2000	2000
发泡剂含量/%	5.5	5.5	5.5	5.5	5.5	5.5	5.5	5.5	5.5	5.5	5.5	5.5
黏度/MPa·s	1.56~1.75	1.56~1.75	1.56~1.75	1.56~1.75	1.82~2.10	1.82~2.10	1.82~2.10	1.82~2.10	1.85~1.95	1.85~1.95	1.85~1.95	1.85~1.95
水含量(质量分数)/%	0.5	0.5	0.5	0.5	0.5	0.5	0.5	0.5	0.5	0.5	0.5	0.5
氧指数/%					30	30	30	30				

第五节　丙烯腈-丁二烯-苯乙烯共聚物

一、简介

丙烯腈-丁二烯-苯乙烯共聚物（ABS）类树脂是指由丙烯腈（A）、丁二烯（B）、苯乙烯（S）组成的三元共聚物及其改性树脂。以 ABS 类树脂为基材的塑料称为 ABS 塑料。

ABS 是丁二烯橡胶微粒分散在丙烯腈-苯乙烯树脂连续相中的"海岛"型两相结构，是树脂的刚性和橡胶的弹性相结合的一个范例。它不仅具有韧、硬、刚相均衡的优良力学特性，而且具有耐化学药品性好、尺寸稳定性好、表面光泽性好、易涂装和着色等优点。ABS 不仅产量迅速增长而且出现了很多性能优良的改性品种。通过改变 ABS 的某一成分或用量，可制得不同特性和用途的 ABS 类树脂；通过在 ABS 类树脂中添加纤维、填料、助剂等可制得增强、填充、阻燃等 ABS 类塑料；通过与其他树脂（如 PVC、PC、PSU、PUR 等）共混改性，可制得多种性能优良的共混聚合物新产品。ABS 类树脂和塑料正向高等级、高性能发展。

二、主要性能

ABS 是非晶态、不透明的树脂，一般为浅黄色粒料或珠状料。它具有良好的综合性能，是坚韧、质硬、刚性好的热塑性工程塑料。丙烯腈赋予 ABS 耐化学腐蚀性、耐油性和一定的刚性及硬度；丁二烯提高了 ABS 的韧性、耐冲击性和耐寒性；苯乙烯使 ABS 具有良好的介电性能和光泽，良好的加工流动性。此外，ABS 易加工成型。熔融温度为 217~237℃，热分解温度大于 250℃。模塑收缩率小，产品具有良好的尺寸稳定性。ABS 无毒、无味，吸水性低。易进行涂装、染色、电镀等表面装饰。

ABS 的缺点是由于含有丁二烯产生的双键，耐候性较差，在室外长期暴露易老化、变色，甚至龟裂，从而降低了冲击强度和韧性。ABS 易溶于醛、酮、酯及氯代烃，可燃，热变形温度较低。ABS 的基本性能见表 2-32。

ABS 燃烧缓慢，离火后继续燃烧，火焰呈黄色，冒黑烟。燃后软化、烧焦，有特殊气味，无熔融物滴落。

ABS 是无定形聚合物，像聚苯乙烯一样，有优良的加工性能。可注射、挤出、压延、热成型，也可以进行二次加工，如机械加工、焊接、粘接、涂漆、电镀等。

就二次加工而论，ABS 的表面极容易电镀金属，镀层与 ABS 的附着力比其他塑料高 10~100 倍，既美观又可提高 ABS 的耐候性。另外可用火焰及 ABS 焊条进行焊接。可用 10% ABS 的甲乙酮溶液粘接。管材可借热油或热空气弯曲成型。挤出或压延的板材可以真

表 2-32 ABS 的基本性能

性能		ASTM测试法	挤出级	阻燃级，模塑与挤出			ABS/PC 注射与挤出	注射级		ASTM测试法	注射级			EMI 屏蔽（导电）		
				ABS	ABS/PVC	ABS/PC		耐热	中等冲击强度		高冲击强度	电镀级	20%玻璃纤维增强	20%PAN碳纤维	20%石墨纤维	40%铝粉
力学性能	悬臂梁冲击强度(3.18mm厚有缺口)/(J/m)	D256A	96.3~642	160.0~640.0	348.0~562.0	219.0~562.0	342.0~562.0	107.0~348.0	160.0~321.0	D256A	321.0~482.0	268.0~283.0	64.0~75.0	53.5	70.0	107.0
	洛氏硬度(R)	D785	R75~115	R100~120	R100~106	R117~119	R111~120	R100~115	R107~115	D785	R85~106	R103~109	M35			R107
	收缩率/(cm/cm)	D955			0.003~0.005	0.005~0.007	0.005~0.008	0.004~0.009	0.004~0.009	D2583	0.004~0.009	0.005~0.008	0.002	0.0005~0.003	0.001	0.001
	拉伸断裂强度/MPa	D638	17.5~56	0.004~0.008	40	47~65	50~52	35~52	39~52	D638	31~44	42~45	77	112	106~110	29
	断裂伸长率/%	D638	20~100	35~56		50	50~65	3~30	5~25	D638	5~70		3	1.0	2.0~2.2	5
	拉伸屈服强度/MPa	D638	30~45	5~25	40	59~63	25~60	30~49	35~46	D638	18~40					
	压缩强度(断裂或屈服)/MPa	D695	36~70	28~52	46~53	78~80		51~70	13~87.5	D695	32~56		98		112~119	46
	弯曲强度(断裂或屈服)/MPa	D790	28~98	63~98	64~67	84~95	84~95	67~95	50~95	D790	38~77	74~80	98~109	175	161	55
	拉伸弹性模量/GPa	D638	0.19~2.8	2.2~2.8	2.28~2.3	2.6~3.2	2.5~2.7	2.1~2.5	2.1~2.8	D638	1.5~2.31	2.31~2.7	5.2			
	压缩弹性模量/GPa	D695	1.05~2.7	0.91~2.2		1.61		1.3~3.08	1.4~3.15	D695	0.98~2.1					
热性能	线膨胀系数/K⁻¹	D696	(60~130)×10⁻⁶	(65~95)×10⁻⁶	46×10⁻⁶	67×10⁻⁶	(62~72)×10⁻⁶	(60~93)×10⁻⁶	(80~100)×10⁻⁶	D696	(95~110)×10⁻⁶	(47~53)×10⁻⁶	21×10⁻⁶		20×10⁻⁶	40×10⁻⁶
	热变形温度/°C (1.82MPa)	D648	170~220(退火)	195~225(退火)	180	211~220	232~240	200~220(退火)	215~225	D648	205~215(退火)	204~215(退火)	210	215	216	212
	热变形温度/°C (0.45MPa)	D648	170~235(退火)	210~245(退火)		225~244	225~250	230~245(退火)	215~225	D648	210~225(退火)	215~222(退火)	220		240	220
物理性能	密度/(g/cm³)	D792	1.02~1.06	1.16~1.21	1.20~1.21	1.20~1.23	1.07~1.12	1.05~1.08	1.03~1.06	D792	1.01~1.05	1.06~1.07	1.22	1.14	1.17	1.61
	吸水性(3.18mm厚,24h)/%	D570	0.20~0.45	0.2~0.6		0.24	0.21~0.24	0.20~0.45	0.20~0.45	D570	0.20~0.45				0.15	0.23
	介电强度(3.18mm厚,短时间)/(kV/mm)	D149	14~20	14~20	20	18	17	14~20	14~20	D149	14~20	17~22	18			

空成型。近年来发展了各种冷加工成型ABS。它们可像钢、铝一样冷冲制作制品，尤其适用于大型汽车零件制造。

三、应用

ABS的用途很广，在机械、仪表工业中用来制造齿轮、泵叶轮、轴承、把手、管道、电机外壳、仪表壳、仪表盘、仪表箱、水箱外壳、蓄电池槽、冷藏库和冰箱衬里（耐寒品级）、贮槽内补等；在汽车工业中可用它制作挡泥板、扶手、热空气调节管道、加热器等；还有用两层ABS夹一层泡沫塑料制作小轿车车身及其他壳体部件等；在电子、电讯、家电工业中，广泛用于电视机、收音机、录音机、洗衣机、电冰箱、电唱机、电话机、计算机、灯具、吸尘器、电扇、空调等外壳及部件；在轻工、纺织和家具工业中，用来制造缝纫机、自行车、轻骑车、织布机、纺纱机、纱锭、办公用品、复印机、照相机、时钟、乐器等部件；在建筑工业中，用来制造板材、管材；农业上用来制造农具及喷灌器材；在其他行业中用来制造集装箱包装容器、小船、体育用品、手提箱、鞋跟、幼婴用品等；在航空工业中制造飞机零部件；在军工和国防设施方面也有重要用途。

此外ABS电镀之后用以代替金属，制铭牌、装饰件等。ABS可制结构泡沫塑料、阻燃塑料、增强塑料。与PVC、PUR、PC、PSU等共混制成性能优良的聚合物合金。

第六节　聚甲基丙烯酸甲酯

一、主要品种

聚甲基丙烯酸甲酯（PMMA）因其非常透明而俗称有机玻璃。聚合方法不同，其产品用途各异。本体聚合产品透明度最好，主要用作浇注板、管、棒材，因而又叫铸型有机玻璃；悬浮聚合物主要用作模塑料；乳液聚合物用于胶乳、织物处理剂；溶液聚合物用作涂料和黏合剂。

1. 铸型有机玻璃

本体聚合聚甲基丙烯酸甲酯通常是先预聚，然后浇注在模具中进行聚合，故称"铸型"。铸型有机玻璃因加入的组分不同，性能、用途不同而分为通用型有机玻璃、耐热有机玻璃、交联共聚有机玻璃、珠光有机玻璃等。其性能与用途见表2-33。

表2-33　铸型有机玻璃的性能与用途

类型	性能	成型加工	用途
通用型	透光率达90%~92%，力学性能好，耐候性、电绝缘性优，可拉伸定向，使用温度<80℃	可模压、热压成型、真空成型、机械加工、黏合、焊接、烫印	主要用于航空透明片材、车辆挡风板、光学透镜、设备标牌、商店灯箱或招牌、仪表板和罩盒、光学透镜和耐腐蚀透镜、医用光导管、电绝缘部件、装饰材料
耐热型	由于聚合物中未加增塑剂，故热变形温度和使用温度、抗龟裂性、透明度有所提高，韧性稍差，成型温度和拉伸定向温度较高	成型加工性与通用型相同	用途与通用型相同，因热变形温度较高，可用于高速飞机的透明材料
交联共聚型	因大分子链段有部分交联，故力学性能、冲击强度、耐热性、耐表面划痕性、热变形温度及热成型温度都更高，透明度最好	成型加工性与通用型相同，更宜切削等机加工	主要用于工程部件，航空透明材料

甲基丙烯酸甲酯在聚合时加入着色剂、珠光粉等即可得到色彩鲜艳、珠光宝气的铸型产品，主要用于装饰材料。

在甲基丙烯酸甲酯单体中加入甲基丙烯酸、甲基丙烯酸羟乙酯、辛酸、甲基丙烯酸铅、辛酸铅等进行共聚，即可得到耐辐射的有机玻璃，其力学性能和成型加工性都与有机玻璃相似，但透光率和冲击强度稍低些。主要用于放射线物质的封装、仪器设备的防辐射保护材料。

2. 聚甲基丙烯酸甲酯模塑料

聚甲基丙烯酸甲酯模塑料系用悬浮聚合法生产的细微粒料，其相对分子质量较低，熔体流动性好，其力学性能、着色性等和耐化学药品性都与铸型有机玻璃相同。

PMMA 模塑料可注射、模塑、挤塑、中空成型，可机加工、焊接、粘接、烫金、印刷。注射温度为 220～270℃，模塑温度 210～240℃，挤塑和中空成型温度 230～260℃。

PMMA 模塑料主要用于生产色彩鲜艳、透明的注射件，如汽车尾灯罩、信号灯罩、纽扣、装饰件、镜片、镜架、钢笔杆、工业透镜、仪表盘盖、仪器设备罩壳。

3. 珠光聚甲基丙烯酸甲酯

珠光聚甲基丙烯酸甲酯又叫珠光有机玻璃，它是在制造 PMMA 时，在预聚体中加入珠光颜料，混匀后灌入模坯中进行振动聚合，得到具有珠光色彩的有机玻璃。珠光颜料可以是天然的鱼鳞粉，但目前都用人工合成的碱式碳酸铅、酸性砷酸铅、氧氯化铋以及二氧化钛涂膜的云母片等。

生产珠光有机玻璃板的方法除铸型法外，可以采用挤塑薄壁管后再将其剖开、加热、压平；还可以用 PMMA 模塑料与聚碳酸酯共混、挤塑工艺。表 2-34 列出了化工部部颁标准 HG2—343—76 和几家生产厂的企业标准，表 2-35 为珠光有机玻璃的性能数据。

表 2-34 国产 PMMA 的性能

项 目		HG2—343—76 部标			佛山合成材料厂企标	湖州红蕾有机厂企标	阜新化工厂企标	益阳化工厂企标
		无色板材	有色板材	管材				
密度/(g/cm³)					1.18	1.18	1.17～1.19	
透光率/%	厚度≤15mm	91			92	89	>92	92
	厚度>15mm	90						
	凸面入射			90				
拉伸强度/MPa		63	55	55	67.6	55～77	55～77	65
冲击强度/(kJ/m²)	无缺口	16	14		17.5		12～14	19
	缺口					19.5		
压缩强度/MPa						130	130	
布氏硬度/MPa		180	140		191	210	180～240	200
弯曲强度/MPa						110		
热变形温度/℃		78			78	85.5	65	78
软化点/℃						105		
介电常数(60Hz)						3.5～4.5	3.5～4.5	
表面电阻率/Ω						>1×10¹⁶	>1×10¹⁶	
体积电阻率/Ω·cm							>1×10¹⁵	
介电强度/(kV/mm)						20		
抗溶剂银纹		合格		合格				

表 2-35 国产珠光有机玻璃的性能

项　目	HG2—821—75 部标	益阳红旗化工厂	湖州红蕾化工厂
密度/(g/cm³)			1.18
折射率		1.49	1.49
拉伸强度/MPa	50	55	55~57
拉伸弹性模量/GPa			2.5
压缩强度/MPa			130
压缩弹性模量/GPa			3.0
弯曲强度/MPa			110
冲击强度/(kJ/m²)		18	19.4
布氏硬度/MPa	140	180	191

珠光有机玻璃具有色彩鲜艳、光亮夺目和珍珠般的光泽，这是由珠光粉和颜料决定的，表 2-36 列出了上海珊瑚化工厂生产的珠光有机玻璃的色种。

表 2-36 上海珊瑚化工厂珠光有机玻璃板的色种

色号	色名	色号	色名	色号	色名	色号	色名
2001	银白	2312	艳蓝	2511	深驼	62121	玉色
2101	淡黄	2313	品蓝	2514	红米	62128	青莲
2108	秋香	2317	深蓝	2518	驼色	62127	雪青
2112	淡橘红	2330	上青	2521	米色	62130	草绿
2115	橘黄	2401	淡湖绿	2524	铁锈	62132	淡草绿

二、主要性能

① 无色、透明的无定形聚合物，透光率是塑料中最佳的，达 92%，比玻璃还高 10%，且光透范围大，从 287nm（紫外区）到 2600nm（红外区）。

② 对光的吸收率极小，可作全反射，且反射率随入射角而变；当 PMMA 载体（板、棒）弯曲度大于 48°时可传导光线。

③ 聚合物为无规立构型，但存在着相互隔离的短程有序排列（立构规整），因而拉伸定向产品有结晶构型，且有良好的抗银纹性、抗裂纹增长和冲击韧性。

④ 质轻、坚韧，常温下有较高的机械强度，且受温度影响小，但当接近软化点和 T_g 时则强度急剧下降。

⑤ 尺寸稳定性好，表面光泽优，着色力强，但表面硬度和耐刻划性差，冲击强度也较低。

⑥ 电性能很好，但随频率的增大而下降。

⑦ 吸水性小，耐水溶性无机盐及某些稀酸，耐长链烷烃、醚、脂肪、油类，不耐碱、氢氰酸、铬酸、芳烃、醛、酮、醇和氯代烷烃。

⑧ 耐老化性极好，无毒，燃烧时无火焰。

⑨ 本体聚合系将预聚物直接浇注到模框中聚合，板材的厚度一般为 0.76~114.3mm，若是将聚合物浇注到抛光钢带上聚合，则板厚应控制在 1.5~12.7mm。

聚甲基丙烯酸甲酯及其共聚物的技术指标见表 2-37。

⑩ 成型工艺特性　用 PMMA 的浆液，经浇注成型可制成板、棒、管等型材，用模塑料（粉料、粒料）经注射成型、挤出成型、模压成型可制成各种型材。

表 2-37 聚甲基丙烯酸甲酯及其共聚物的技术指标

项目	PMMA	MMA/BAC[②]	项目	PMMA	MMA/BAC[②]
密度/(g/cm³)	1.18		透光率/%	90	
吸水率/%	1.0	<1	马丁耐热温度/℃	90[①]	
熔体流动速率/[g/(10min)]	0.8		维卡耐热温度/℃	95	
无缺口冲击强度/(kJ/m²)	18.0	17.8	表面电阻率/Ω	1×10^{14}	
拉伸强度/MPa	75		体积电阻率/Ω·cm	$10^{15}\sim10^{17}$	
断裂伸长率/%	5~7		介电常数(60Hz)	3.2~3.5	
弯曲强度/MPa	80		介电损耗角正切(60Hz)	0.03~0.05	

① 为热变形温度 (1.82MPa)。
② MMA/BAC 为与丙烯酸丁酯共聚。

PMMA 在接近加工温度时,易氧化、黏度较高、模塑性较差。为获得流动性好的模塑料,可进行改性(例如适当降低聚合度或与丙烯酸酯共聚或加入10%左右的丙烯酸乙酯与异丙醇的调聚物等)。

各种 PMMA 型材均可进行二次加工,如粘接、焊接、涂漆和进行各种类型的机械加工。也可将板材加热,采用真空成型和机械加工制成非板材形状的制品。压制各种光学透明镜等。用 PMMA 板材进行二次热成型一般在 130~160℃下进行。

三、应用

PMMA 在工业上和国防上有重要的用途。

灯具照明器材方面,可制造灯罩和各种灯具,如电灯泡托架、荧光灯罩、汽车尾灯罩、交通信号灯罩、路标等。

光学产品方面,广泛用作光学透镜、工业透镜、反射镜、电视前面屏幕、菲涅耳透镜、光导纤维及光导纤维观测器等。

汽车工业方面,用作控制盘、号码盘、计量仪器盖罩及各种仪表盘、仪表罩,汽车透明窗玻璃、立体声箱盖、汽车外部装饰等。

电器、仪表方面,用于制造仪表盘、立体罩、铭牌、磁带盒、刻度盘、罩尘盖、光学显像盘等。

日用品方面,可制自来水笔、活芯铅笔、圆珠笔的零件及其他各种文化用品、生活用品等。

商业上广泛用作商品陈列橱窗,广告牌。

建筑方面,用作耐候性的外建筑、窗玻璃、阳台用玻璃、温室玻璃、水槽等。

医疗方面,可制造医用光导纤维观测器、假牙、牙托粉、接触眼镜、手术放大镜等。

军工方面,可制造军用观测仪的光学透镜、防毒面具视镜、防弹玻璃、高速航空飞机玻璃、各种飞机用透明材料、药柱包覆层、消音和防弹复合玻璃、激光防护镜。

表面涂层的 PMMA,用作眼镜和军用防毒面具视镜玻璃。抗静电的 PMMA 用于精密电流计盖等。难燃型 PMMA 板材大量用于铁路车辆、轮船等。耐热 PMMA 用于铭牌和计量仪器。嵌入玻璃纤维的 PMMA 浇注板材,冲击强度比普通 PMMA 高 10~15 倍,用于高抗冲击部件。在 PMMA 中以化学键结合铅的新产品用于防护射线。

第三章 工程塑料

第一节 聚酰胺

一、简介

聚酰胺（PA）又称尼龙，指主链上有酰氨基（$-\overset{O}{\underset{}{C}}-NH-$）重复结构单元的线型热塑性聚合物。聚酰胺通常由二元胺与二元酸缩聚而得，其命名则由合成单体的碳原子数而定。表 3-1 列出了各种聚酰胺的名称与分子结构。

表 3-1 各种聚酰胺名称与分子结构

名 称	合成单体	分子结构
尼龙 6	己内酰胺 $\begin{array}{c}CH_2-CH_2-CO\\ |\qquad\qquad\quad|\\ CH_2-CH_2\quad NH\\ \diagdown\;\diagup\\CH_2\end{array}$	$-[NHCO(CH_2)_5]_n-$
尼龙 8	辛内酰胺 $\begin{array}{c}(CH_2)_7-NH\\ \qquad\quad\diagdown\\ \qquad\qquad C=O\end{array}$	$-[NHCO(CH_2)_7]_n-$
尼龙 11	十一内酰胺 $\begin{array}{c}(CH_2)_{10}-NH\\ \qquad\qquad\diagdown\\ \qquad\qquad\quad C=O\end{array}$	$-[NHCO(CH_2)_{10}]_n-$
尼龙 12	十二内酰胺 $\begin{array}{c}(CH_2)_{11}-NH\\ \qquad\qquad\diagdown\\ \qquad\qquad\quad C=O\end{array}$	$-[NH(CH_2)_{11}CO]_n-$
尼龙 66	$H_2N(CH_2)_6NH_2+HOOC(CH_2)_4COOH$ 己二胺　　　　　己二酸	$-[NH(CH_2)_6NH-CO(CH_2)_4CO]_n-$
尼龙 610	$H_2N(CH_2)_6NH_2+HOOC(CH_2)_8COOH$ 己二胺　　　　　癸二酸	$-[NH(CH_2)_6NHCO(CH_2)_8CO]_n-$
尼龙 1010	$H_2N(CH_2)_{10}NH_2+HOOC(CH_2)_8COOH$ 癸二胺　　　　　癸二酸	$-[NH(CH_2)_{10}NHCO(CH_2)_8CO]_n-$

尼龙可用多种成型方法加工，如注射、挤出、浇注、模压等。

二、主要性能

聚酰胺树脂具有如下通性。

(1) 主链上的酰氨基团有极性，可形成氢键，分子间作用力较大，分子链易较整齐地排列，因而力学性能优异，且具有较高的结晶度，熔点明显，表面硬度大，耐磨耗，摩擦系数小，有自润滑性、吸震和消音性；由于分子中次甲基的存在，具有耐冲击和较高的韧性，是强韧的工程塑料。

(2) 耐低温性好，又具有一定的耐热性，可在100℃以下使用。

(3) 电绝缘性好，但易受湿度的影响。

(4) 吸水性大，影响尺寸稳定性和电性能，玻璃纤维增强可减少吸水率，且可长期在高温、高湿度下工作。

(5) 有自熄性，无毒、无臭、不霉烂，耐候性好而染色性差。

(6) 化学稳定性好，耐海水、溶剂、油类，但不耐酸。

聚酰胺中PA66的硬度、刚性最高，但韧性最差。各种聚酰胺按韧性的大小排列为：
PA66＜PA66/PA6＜PA6＜PA610＜PA11＜PA12

PA的燃烧性为UL94V-2，氧指数为24%～28%。PA的分解温度＞299℃，在449～499℃时会发生自燃。

PA熔体流动性很好，如制品壁厚可小到1mm。

聚酰胺主要技术性能指标见表3-2。

表3-2 聚酰胺（尼龙）主要技术性能指标

项目＼牌号	PA6	PA66	PA610	PA612	PA9	PA11	PA12	PA1010
密度/(g/cm^3)	1.13	1.15	1.07	1.07	1.05	1.04	1.02	1.07
熔点/℃	215	252	220		185	186	178	210
热变形温度/℃	68	75	82			54	55	
耐寒温度/℃	−30	−30	−40		−30	−40		−40
拉伸强度/MPa	75.0	80.0	60.0	62.0	65.0	56.0	65.0	55.0
压缩强度/MPa	85.0	105.0			72.5	70.0		65.0
弯曲强度/MPa	120.0	60.0～100.0	90.0		85.0	70.0	90.0	80.0
缺口冲击强度/(kJ/m^2)	5.5	5.4	5.5			3.86		5
体积电阻率/Ω·cm	10^{12}	10^{14}	10^{14}	10^{12}	10^{14}	10^{13}	10^{14}	10^{15}
介电常数(1MHz)	3.4	3.6	3.5	3.5	3.7	3.7	3.1	3.1
介电损耗(1 MHz)	0.03	0.03	0.04	0.02	0.018	0.04	0.03	0.026
介电强度/(kV/mm)	16	16	16	16	16	17	18	15
成型收缩率/%	0.8～2.5	1.5～2.2	1.5～2		1.5～2.5	1.2		1～2.5
用途	轴承、齿轮、凸轮滚子、滑轮、辊轴螺钉、螺帽、垫片、高压油管、贮油容器等	用途与尼龙6基本一样，还可作把手、壳体、支撑架等	机械制造、汽车用齿轮、衬垫、轴承滑轮等精密部件，输油管、贮油容器、传动带、仪表壳体、纺织机械部件	精密机械部件、电线电缆绝缘层、枪托、弹药箱、工具、线圈	齿轮、机械部件、电缆护套、医疗特种消毒包、渔网、金属涂层	输送汽油的硬管和软管、电缆护套、食品包装膜、发泡建材、静电喷涂	轴承、齿轮、精密部件、电子部件、油管、软管、电线电缆护套	机械部件、轴承架轴套、油箱衬里、电线电缆护套、工业滤布、筛网、毛刷等

三、应用

作为工程塑料，尼龙主要用于制作耐磨和受力的传动部件，已广泛应用于机械、交通、仪器仪表、电器、电子、通讯、化工及医疗器械和日用品中。如制作齿轮、滑轮、蜗轮、滚子、轴承、泵叶轮、风扇叶片、密封圈、衬套、阀座、垫片、贮油容器、输油管、刷子、拉链等。兵器工业上制作引信、弹带等。

四、尼龙 6

1. 基本特征

尼龙 6 化学名称为聚己内酰胺，英文名称 polycaprolactam(Nylon6)，又称聚酰胺（polyamide)-6，简称 PA6；结构式为 $+\!\!\operatorname{NH}\!+\!\operatorname{CH_2}\!+_5\operatorname{CO}\!+_n$。

尼龙 6 为半透明或不透明的乳白色结晶型聚合物颗粒，熔点 220℃，热分解温度大于 310℃，相对密度 1.14，吸水率（23℃水中 24h）1.8%，具有优良的耐磨性和自润滑性，机械强度高，耐热性、电绝缘性能好，低温性能优良，能自熄，耐化学药品性好，特别是耐油性优良。加工成型比尼龙 66 容易，制品表面光泽性好，使用温度范围宽。但吸水率较高，尺寸稳定性较差。与尼龙 66 相比，刚性小，熔点低，在恶劣环境下能长期使用，在较宽的温度范围内仍能保持足够应力，连续使用温度 105℃，介电损耗 0.03(1MHz)，体积电阻率为 $10^{12}\Omega\cdot cm$，介电强度 16kV/mm，阻燃等级 V-2，耐寒温度 $-30℃$。

2. 应用

尼龙 6 是尼龙系列中产量最大、用量最多、用途最广的品种之一。广泛应用于汽车、电子、电器、机械、交通、纺织、化工、造纸、包装等行业。

五、尼龙 66

1. 基本特征

尼龙 66 的化学名称为聚己二酰己二胺，其英文名称为 polyhexamethyleneadipamide (Nylon 66)，简称 PA66，其结构式为：$+\!\!\operatorname{NH(CH_2)_6NHCO(CH_2)_4CO}\!+_n$，是由己二酸和己二胺所生成的尼龙 66 盐在 280℃ 缩聚而得的一种脂肪族聚酰胺。熔点 260~265℃，玻璃化转变温度（干态）为 50℃。密度 1.13~1.16g/cm³，具体性能见表 3-3。

表 3-3 尼龙 66 的性能

	性能项目		ASTM 方法	均聚物	增韧	33%玻璃纤维	矿物增强
一般性能	熔点/℃		D789	225	225	225	225
	密度/(g/cm³)		D792	1.14	1.08	1.38	1.45
	模塑收缩率/%		3.2mm	1.5	1.8	0.2	0.9
	吸水率/%	25h	D570	1.2	1.2	0.7	0.7
		50%RH		2.5	2.0	1.7	1.6
		饱和		8.5	6.7	5.4	4.7
力学性能	拉伸强度/MPa		D638	87	52	186	89
	极限伸长率/%		D638	60	60	3	17
	屈服伸长率/%		D638	5	5		17
	弯曲模量/MPa		D790	2800	1700	9000	5200
	洛氏硬度		D785	121	110	125	121
	悬臂梁冲击强度/(J/m)		D256	53	900	117	37
	拉伸冲击强度/(kJ/m²)		D1822	500	588		
	Taker 磨耗(mg/1000 次)		D1044	7		14	22
热性能	弯曲温度/℃	0.5MPa	D648	235	216	260	230
		1.8MPa		90	71	249	185
	线膨胀系数/K⁻¹		D648	7×10^{-5}	12×10^{-5}	2.3×10^{-5}	3.6×10^{-5}

2. 应用

尼龙 66 工程塑料的应用与尼龙 6 大致相似,主要用于汽车机械工业、电子电器、精密仪器等领域。

六、尼龙 610

1. 基本特征

尼龙 610 很多性能类似尼龙 66,力学性能介于尼龙 6 和尼龙 66 之间,吸水率优于尼龙 6 和尼龙 66;耐低温性能、拉伸强度、冲击强度等优于尼龙 1010,具有较小的密度。尼龙 610 耐碱和稀无机酸,不耐浓无机酸,耐去污剂和化学药品、油脂类。稍耐醇类、酮类、芳烃、氯化烃,并能吸收醇、酮、芳烃、氯代烃起增塑作用。尼龙 610 耐候性较好。尼龙 610 与尼龙 6 和尼龙 66 的性能比较见表 3-4。表 3-5 列出了纯尼龙 610、玻璃纤维增强尼龙 610 及碳纤维增强尼龙 610 的性能指标。

表 3-4 尼龙 610 与尼龙 6、尼龙 66 的性能比较

性能		尼龙 610	尼龙 6	尼龙 66
密度/(g/cm^3)		1.09	1.14	1.14
熔点/℃		213	220	260
结晶熔点/℃		225		264
成型收缩率/%		1.2	0.6~1.6	0.8~1.5
拉伸强度/MPa		60	74	80
拉伸弹性模量/MPa		2000	2500	2900
伸长率/%		200	200	60
弯曲强度/MPa		95	110	120
弯曲弹性模量/MPa		2200	2600	3100
缺口冲击强度/(J/m)		56	56	40
洛氏硬度(R)		116	114	118
热变形温度/℃	1.86MPa	65	65	75
	0.46MPa	173	175	216
相对介电常数	1000Hz	3.6	3.7	
	10^{6}Hz	3.5		4.0
介电损耗角正切(10^{6}Hz)		0.04	0.023(10^{3}Hz)	
体积电阻率/Ω·cm		10^{14}~10^{15}		
吸水性(23℃,水中,24h)/%		0.5	1.8	1.3
Taber 磨耗量/(mg/1000 次)		4	7	1.5

注:试验方法为 ASTM。

2. 应用

尼龙 610 的用途也类似于尼龙 6 和尼龙 66,有着巨大的潜在市场。在机械行业、交通运输行业,可用于制作套圈、套筒及轴承保持架等;在汽车制造业可用于制作方向盘、法兰、操作杆等汽车零部件,但与尼龙 6 和尼龙 66 相比,尤其适合于制造尺寸稳定性要求高的制品,如齿轮、轴承、衬垫、滑轮及要求耐磨的纺织机械的精密零部件;也可用于输油管道、贮油容器、绳索、传送带、单丝、鬃丝及降落伞布等;在电子电器行业,尼龙 610 可用于制造计算机外壳、工业生产电绝缘产品、仪表外壳、电线电缆包覆料等。另外,由于尼龙

610的耐低温性能、拉伸强度、冲击强度等都优于尼龙1010，且成本低于后者，随着家用电器向轻量化、安全性方向发展，耐燃、增强及增韧尼龙610在家电行业的应用量以及粉末涂料中的应用可望迅速增加。

表3-5　纯尼龙610、玻璃纤维增强尼龙610及碳纤维增强尼龙610的性能指标

项目	基础树脂	玻璃纤维增强级	碳纤维增强级
密度/(g/cm³)	1.07	1.39	1.26
成型线性收缩率/(cm/cm)	0.013	0.0028	0.0017
熔体流动速率/[g/(10min)]	50		
吸水率/%	1.5	0.22	0.18
平衡吸湿率/%	1.4		
洛氏硬度(R)	110	110	120
屈服拉伸强度/MPa	55	170	
极限拉伸强度/MPa	64.3	140	200
断裂伸长率/%	80	3.1	2.6
弹性模量/GPa	2	9.2	20.7
弯曲模量/GPa	2	7.9	15.7
弯曲屈服强度/MPa	88	210	300
悬臂梁缺口冲击强度/(J/cm)	0.7	1.4	1.4
悬臂梁无缺口冲击强度/(J/cm)	6.4	9.7	9.6
压缩屈服强度/MPa	69	150	
1000h拉伸蠕变模量/MPa	400		
剪切强度/MPa		75.5	
K因子(耐磨性)		18	
摩擦系数		0.31	
线膨胀系数(20℃)/K⁻¹	110	40.3	15.3
热变形温度(0.46MPa)/℃	170	220	230
热变形温度(1.82MPa)/℃	72.2	210	220
熔点/℃	220	220	
空气中最高使用温度/℃	72.2	210	220
比热容/[J/(g·K)]	1.6	1.6	
热导率/[W/(m·K)]	0.21	0.43	
氧指数/%	24		
阻燃性(UL94)	V-2	V-0(最高)	HB
加工温度/℃	260	270	280
成型温度/℃		93.2	96.3
干燥温度/℃		80.8	87.7
体积电阻率/Ω·cm	4.3×10¹⁴	3.1×10¹⁴	310
表面电阻率/Ω	5.1×10¹¹		1000
介电常数	3.5	3.8	
低频介电常数	3.7	4.2	
介电强度/(kV/mm)	17.9	19.5	
介电损耗角正切	0.079	0.016	
抗电弧性/s	120	130	
漏电起痕指数/V	600		

七、尼龙11

1. 基本性能

尼龙11为白色半透明固体,其分子中亚甲基数目与酰氨基数目之比较高,故其相对密度为1.03~1.05,吸水性小,熔点低,加工温度宽,尺寸稳定性好,电气性能稳定可靠;低温性能优良,可在-40~120℃保持良好的柔性;耐磨损性和耐油性优良,耐碱、醇、酮、芳烃、润滑油、汽油、柴油、去污剂性优良;耐稀无机酸和氯代烃的性能中等;不耐浓无机酸;50%盐酸对它有很大腐蚀,苯酚对它也有较大腐蚀;耐候性中等,加入紫外线吸收剂,可大大提高耐候性。尼龙11的主要性能指标见表3-6。

表3-6 尼龙11的主要性能指标

项目		指标	项目		指标
密度/(g/cm³)		1.03~1.05	断裂伸长率/%		300
吸水率/%	23℃,水中,24h	0.3	拉伸弹性模量/MPa		1300
	20℃,65%RH 平衡	1.05	弯曲强度(干燥)/MPa		69
熔点(T_m)/℃		186	弯曲弹性模量/MPa		1400
玻璃化温度(T_g)/℃		42	成型收缩率/%		1.2
瞬间使用温度/℃		100~130	冲击强度(缺口)/(J/m)	20℃	43
最高连续使用温度/℃		60		-40℃	37
马丁耐热温度/℃		50~55	洛氏硬度(R)		108
维卡耐热温度/℃		160~165	相对介电常数(1kHz)		3.2~3.7
热变形温度/℃	1.86MPa	56	介电损耗角正切(20℃,1kHz)		0.05
	0.46MPa	155	介电强度/(kV/mm)		16.7
线膨胀系数/K^{-1}		15×10^{-5}	体积电阻率/Ω·cm		6×10^{13}
比热容/[kJ/(kg·K)]		2.42	Taber磨耗量/(mg/1000次)		5
熔融热/(kJ/kg)		83.7	可燃性		自熄
拉伸强度/MPa		55			

2. 应用

尼龙11因其良好的综合性能,应用领域不断扩大,在汽车、军械、电缆、电器、机械、医疗器材、体育用品等许多领域获得广泛应用。

八、尼龙1010

1. 基本特性

尼龙1010是一种半透明结晶型聚酰胺,具有一般尼龙的共性。密度在1.04~1.05 g/cm³,吸水率为1.5%,比尼龙6、尼龙66低,脆化温度为-60℃,热分解温度大于350℃。对霉菌的作用非常稳定,无毒,对光的作用也很稳定。尼龙1010的性能列于表3-7。从表中可看出,尼龙1010的最大特点是具有高度延展性,不可逆拉伸能力高,在拉力的作用下,可牵伸至原长的3~4倍,同时,还具有优良的冲击性能和很高的拉伸强度,-60℃下不脆。自润滑性和耐磨性优良,其抗磨性是铜的8倍,优于尼龙6、尼龙66。耐化学腐蚀性能非常好,对大多数非极性溶剂稳定,如烃、酯、低级醇类等。但易溶于苯酚、甲酚、浓硫酸等强极性溶剂。在高于100℃下,长期与氧接触逐渐变黄,力学性能下降,特别是在熔融状态下,极易热氧化降解。

表 3-7 尼龙 1010 的性能

项 目	参 数	项 目		参 数
密度/(g/cm³)	1.04	变形 5%压缩强度/MPa		1067
相对黏度	1.320	长期使用温度/℃		80 以下
相对分子质量(黏度法)	13100	冲击强度/(kJ/m²)	缺口 23℃	9.10
结晶度/%	56.4		缺口 −40℃	5.67
结晶温度/℃	180		无缺口 23℃	458.5
熔点/℃	204		无缺口 −40℃	308.3
分解温度(DSC法)/℃	328	定负荷变形(14.66MPa,24h)/%		3.71
熔融体流动速率/[g/(10min)]	5.89	热变形温度(1.82MPa)/℃		54.5
吸水性/% 23℃,50%RH	1.1±0.2	马丁耐热温度/℃		43.7
吸水性/% 水中(23℃)	1.8±0.2	维卡软化点[49N,(12±1.0)℃/6min]/℃		159
布氏硬度	107	线膨胀系数/K^{-1}		12.8×10^{-5}
洛氏硬度(R)	55.8	表面电阻率/Ω		4.73×10^{13}
球压痕硬度/MPa	83	体积电阻率/Ω·cm		5.9×10^{15}
拉伸断裂强度/MPa	70	相对介电常数(10⁶Hz)		3.66
伸长率/%	340	介电损耗角正切(10⁶Hz)		0.072
拉伸弹性模量/MPa	700	介电强度/(kV/mm)		21.6
弯曲强度/MPa	131	耐电弧性/s		70
弯曲弹性模量/MPa	2200	Taber 磨耗量/(mg/1000 次)		2.92

2. 应用

尼龙 1010 用途较广,可代替金属制作各种机械、电机、纺织器材、电器仪表、医疗器械等的零部件,如注射产品有齿轮、轴承、轴套、活塞环、叶轮、叶片、密封圈等;挤出产品有管材、棒材和型材;吹塑产品有容器、中空制品及薄膜;还可抽丝用于编织渔网、绳索及刷子等。

九、MC 尼龙

1. 基本性能

浇注用聚己内酰胺又称 MC 尼龙。其结构式为 $\mathrm{\{NHC(CH_2)_{m-1}\}_n}$ (C=O),式中 $m=6,10$,但通常为 6,故也称浇注尼龙 6。单体在碱性催化剂存在下预缩聚后再在模具中进一步缩聚而成。

浇注用聚己内酰胺的特征如下。

① 具有聚己内酰胺的通性,即强度、刚性、韧性好,耐磨,化学稳定性好。

② 相对分子质量和结晶度高于聚己内酰胺,故吸水性较低,尺寸稳定性和机械强度也高于尼龙 6。

③ 有自熄性,持续耐热可达 100℃。

MC 尼龙的耐疲劳性能、电绝缘性能与相应尼龙产品相当,能耐碱、醇、醚、酮、碳氢化合物、洗涤剂和水等。由于在常压下浇注,成型加工设备及模具简单,可以直接浇注,生产工艺过程简捷,成型件的形式和尺寸不受限制,特别适用于大件、多品种和小批量制品的生产。

以己内酰胺和十二内酰胺为原料的单体浇注共聚尼龙较普通MC尼龙冲击韧性好，耐低温性能好（脆化温度可达-40℃），缺口冲击强度为整个尼龙系列之首。此外，还具有良好的耐磨、自润滑和耐化学药品性。但拉伸、弯曲和压缩强度较低（与尼龙1010、尼龙12相比）。MC尼龙产品成本比钢材便宜得多，质量轻80%，可以生产如圆棒、管、筒、厚薄板片与实体块等各种尺寸型号的铸件。

2. 应用

MC尼龙作为耐磨、自润滑、耐油、抗化学腐蚀的工程塑料，广泛应用于油田、矿山、冶金、化工、轻工及运输等工业机械的传动滑动部件，并可节约、取代非铁（有色）金属，省能降耗。MC尼龙用作难以注射成型的大型制品，如大型齿轮、蜗轮、绳轮、叉车轮、轴套、轴压、轴承、辊筒、导向环、导轨、挡圈、挡板、衬套、螺旋推进器、高压泵的各种阀和滑块、纺织机械的各种梭子等；也可制作管材、棒材、板材等，广泛用于机械等各行业。

十、尼龙612

1. 基本特性

尼龙612为半透明乳白色粒状料，相对分子质量为1200～4000，性能与尼龙6和尼龙610接近，吸水性、尺寸稳定性及刚性等优于尼龙610，冲击强度比尼龙6高得多，低温性能和拉伸强度、冲击强度等都超过尼龙1010。能耐酸、碱、溶剂。表3-8列出了注射级尼龙612的性能指标。

表3-8 注射级尼龙612的性能指标

	项目		ASTM方法	非增强PA612	33%玻璃纤维增强PA612
一般性能	熔点/℃		D789	212	212
			D3418	217	217
	相对密度		D792	1.06	1.32
	成型收缩率/%		3.2	1.1	0.2
	吸水率/%	24h	D570	0.25	0.16
		50%RH		1.3	0.9
		饱和		3.0	2.0
力学性能	拉伸强度/MPa		D638	61(61)	165(138)
	极限伸长率/%		D638	150(≥300)	3(4)
	屈服伸长率/%		D638	7(40)	
	弯曲模量/MPa		D790	2304(1241)	8274(6205)
	洛氏硬度		D785	114(108)	118
	悬臂梁冲击强度/(J/m)		D256	53(75)	2.4(2.5)
	Taber磨耗/(mg/1000次)		D1044	6	
热学性能	热变形温度/℃	0.5MPa	D648	180	215
		1.8MPa		65	210
	线膨胀系数/K^{-1}		D648	9×10^{-5}	2.3×10^{-5}
电学和燃烧性能	体积电阻率/Ω·cm		D257	$10^{15}(10^{13})$	$10^{15}(10^{12})$
	相对介电常数(1000Hz)		D150	4.0(5.3)	3.7(7.8,100%RH)
	介电损耗角正切(1000Hz)		D150	0.02(0.15)	0.02(0.14,100%RH)
	介电强度/(kV/mm)		D149	30(30)	20.5(17.3,100%RH)
	氧指数/%		D2863	25(28)	
	UL级		UL94	V-2或HB	HB

注：括号内数值测试条件为50%RH平衡。

2. 应用

尼龙612主要用于汽车、电器、宇航、兵器、机械等行业的一些耐低温、耐摩擦及精密部件，如精密机械部件、线圈骨架、电线电缆的绝缘层、燃料油管道、油压系统管道、导管、传送带、循环连接管、工具架套、弹药箱、汽车零件、枪托、火箭尾翼件及薄膜制品等。

十一、尼龙 12

1. 基本性能

尼龙 12 的性能类似尼龙 11，比尼龙 11 有更低的密度、熔点和吸水性，而且物性受酰氨基团的影响较小。尼龙 12 耐碱、耐去污剂、耐油品和油脂性能优良，耐醇、耐无机稀酸、耐芳烃中等，不耐浓无机酸、氯代烃，可溶于苯酚。尼龙 12 密度在尼龙树脂中最小，吸水性小，故制品尺寸变化小，易成型加工，特别容易注射和挤出，具有优异的耐低温冲击性能、耐屈服疲劳性、耐磨耗性、耐水分解性，加增塑剂可赋予其柔软性，可有效地利用尼龙 12 的耐油性、耐磨性和耐沸水性广泛用于管材和软管制造。尼龙 12 作为车用管材具有以下特点。

① 质量轻，比橡胶管轻 1/3～1/2。
② 抗腐蚀性强、耐油性好。
③ 寿命比钢质材料长 7 倍。
④ 可在 −40℃ 的低温下使用。
⑤ 耐磨性好，比橡胶管高 10 倍。
⑥ 投资比金属管生产线少 25％～45％。
⑦ 外径/内径比小，在狭小空间内可安装多根软管。
⑧ 不导电，在 375kV 下漏电不超过 50μA。
⑨ 无振动噪声。
⑩ 生产、成型、装配、安装简便。

尼龙 12 的具体性能列于表 3-9。

表 3-9 尼龙 12 的性能

性能		数值	性能		数值
密度/(g/cm³)		1.02	伸长率(干态)/%		350
吸水性/%	23℃,水中,24h	0.25	拉伸弹性模量/MPa		1300
	20℃,65%RH 平衡	0.95	弯曲强度(干态)/MPa		74
熔点(T_m)/℃		178～180	弯曲弹性模量/MPa		1400
玻璃化温度(T_g)/℃		41	缺口冲击强度/(J/m)	干态 0℃	90
热分解温度/℃		>350		干态 −28℃	80
耐寒温度/℃		−70		干态 −40℃	70
长期最高使用温度/℃	空气中	80～90	洛氏硬度(R)		105
	水中	70	相对介电常数	60Hz	4.2
	惰性气体中	110		10³Hz	3.8
	油中	100		10⁶Hz	3.1
线膨胀系数/K⁻¹		10.4×10⁻⁵	体积电阻率/Ω·cm		2.5×10¹⁵
热变形温度/℃	1.86MPa	55	介电损耗角正切	60Hz	0.04
	0.46MPa	150		10³Hz	0.05
可燃性		自熄		10⁶Hz	0.03
成型收缩率/%		0.3～1.5	介电强度(3.2mm)/(kV/mm)		18.1
Taber 磨耗量/(mg/1000 次)		5	耐电弧性/s		109
拉伸强度(干态)/MPa		50			

尼龙 12 的成型加工可采用挤出、注射、吹塑、涂层等方法，可加工成板材、棒材、管

材、零部件、薄膜、单丝等制件，其加工特性与尼龙11类似。

尼龙12的注射工艺条件：料筒温度前部190～210℃，后部170～190℃；模具温度20～40℃；注射压力108MPa。

尼龙12的挤出温度190～250℃。

2. 应用

尼龙12广泛应用于汽车、电子通信、包装、仪器仪表、金属涂层等领域。

十二、尼龙46

1. 基本特性

尼龙46的分子结构具有高度对称性，—CONH—的两侧分别有4个对称亚甲基，在已工业化生产的脂肪族聚酰胺中是酰氨基浓度最高的。为此，尼龙46具有以下特性。

（1）耐热性 PA46在PA中耐热性最为优良，熔点高达290℃，比PA66高30℃，玻璃化温度高，而且在150℃高温下连续长期使用（5000h）仍能保持优良的力学性能。非增强型PA46耐160℃的高温，30%玻璃纤维增强型PA46能耐290℃的高温。玻璃纤维增强PA46在170℃下，耐温可达5000h，其拉伸强度下降50%。

（2）高温蠕变性 PA46耐高温蠕变性小，高结晶度的PA46在100℃以上仍能保持其刚度，因而使其抗蠕变力增强，优于大多数工程塑料和耐热材料。

PA46由高极性氨基基团构成，结构与PA66相近，分子链相互缠结，其最高应用温度较PA66高29～30℃。

（3）力学性能 PA46主要特性为结晶度高（约为43%），结晶速度快，熔点高，在接近熔点时仍能保持高刚度。在要求较高的刚度条件下，其安全使用性能优于PA6、PA66和PCT。

由于刚度强，可减少壁厚，节约原材料和费用。PA46的改性玻璃纤维增强品级可生产薄壁零部件，较其他工程塑料壁薄10%～15%，尤适用于汽车制造和机械工业。

（4）韧性、耐磨性和抗疲劳性 PA46的拉伸性能好，抗冲击强度高，在较低的温度下，缺口冲击强度仍能保持高水平。

PA46具有良好的晶型结构，非增强型PA46较其他工程塑料抗冲击强度高，玻璃纤维增强PA46的悬臂梁抗冲击强度更高。

PA46较其他工程塑料与耐热塑料使用期长，耐疲劳性佳，耐摩擦和耐磨耗性都较好。其无润滑的摩擦系数为0.1～0.3，是酚醛树脂的1/4，巴氏合金的1/3左右。表面光滑坚固，且密度小，可用于替代金属。

（5）耐化学药品性 PA46耐油、耐化学药品性佳。在较高温度下，耐油及油脂性极佳，是汽车工业生产中用于齿轮、轴承等的优选材料，耐腐蚀性优于PA66，且抗氧化性好，使用安全。但作为尼龙材料，能被强酸腐蚀。尼龙46的耐化学品性能见表3-10。

表3-10 尼龙46的耐化学品性能

溶剂	拉伸强度保持率/%	溶剂	拉伸强度保持率/%	溶剂	拉伸强度保持率/%
汽油	97	10%氢氧化钠	79	丙酮	96
发动机油	95	10%硫酸	78	二氯甲烷	97
二甲苯	94	煤油	97	乙醇	86

注：试样在上述溶剂中浸泡90天后测定。

（6）电气性和阻燃性 PA46阻燃性好，具有高的表面和体积电阻率及绝缘强度，在高温下仍能保持高水平。再加上PA46的耐高温性和高韧性，适用于电子电器材料。

玻璃纤维增强 PA46 有 TE250F8 和 TE250F9 两个品种，用于电子产品，能符合耐热性和刚性方面的要求，并具有 UL94FR 的 V-0 级阻燃性。

(7) 加热成型性　PA46 热容量较 PA66 小，热导率大于 PA66，成型周期较 PA66 短 20%。吸水性大，密度大。尼龙 46 的性能见表 3-11。

表 3-11　尼龙 46 的性能

性　　能		未增强级	玻璃纤维增强级	阻燃级	玻璃纤维增强阻燃级
密度/(g/cm^3)		1.18	1.41	1.37	1.63
熔点(T_m)/℃		295	295	290	290
玻璃化温度/℃		78			
热导率/[W/(m·K)]		0.348～0.395			
吸水性/%	23℃,65%RH,平衡	3～4	1～2		
	23℃,100%RH,平衡	8～12	5～9		
热变形温度/℃	1.86MPa	220	285	200	260
	0.46MPa	285	285	280	285
线膨胀系数/K^{-1}		8×10^{-5}	3×10^{-5}	7×10^{-5}	3×10^{-5}
维卡软化温度/℃		280	290	277	283
介电强度/(kV/mm)		24	24～27	24	25
体积电阻率/Ω·cm		10^{15}	10^{15}	10^{15}	10^{15}
表面电阻率/Ω		10^{16}	10^{16}	10^{16}	10^{16}
相对介电常数(23℃,10^{3}Hz)		4	3.8～4.4	3.8	4.0
耐电弧性/s		121	85～100	85	85
阻燃性 UL94(0.8mm)		V-2	HB	V-0	V-0
缺口冲击强度/(J/m)	23℃	90～400	110～170	40～100	70～110
	-40℃	40～50	80～90	30	40～50
拉伸屈服强度/MPa		70～102	140～200	50～103	105～138
拉伸断裂伸长率/%		50～200	15～20	30～200	10～15
弯曲强度/MPa		50～146	225～310	75～145	190～230
弯曲弹性模量/MPa		1200～3200	6500～8700	2200～3400	7800～8200
压缩屈服强度/MPa		40～94	85～200	60～96	80～86
剪切强度(3.0mm)/MPa		70～75	79～95	69～73	80～86
洛氏硬度(R)		102～121	115～123	108～122	117～123
Taber 磨耗量(1000g,S-17)/(mg/1000 次)		4	24	9	36

注：1. 力学性能，除标明外，均为在 23℃时测定值。
2. 本表性能值均为日本合成橡胶公司测定，不是保证值。
3. 测定方法，除标明外，均按 ASTM 标准测定。
4. 介电损耗角正切干态时均为 0.01。

2. 应用

尼龙 46 主要用于汽车工业、电子电器工业、机械行业。

利用尼龙 46 的耐磨耗、耐疲劳以及耐摩擦系数小、滑动性好的特性，可用以制作滚珠轴承架、皮带轮等。

目前尼龙 46 在大型工程中正开发用作结构件、摩擦件及传动件等。随着应用技术的开发，尼龙 46 作为一种耐热、耐磨、高强度、高抗冲击的新型工程塑料将得到广泛应用。

十三、透明尼龙

1. 基本性能

透明尼龙为无定形聚合物,与其他尼龙相比具有良好的透明性。热稳定性好,冲击强度比聚甲基丙烯酸甲酯高10倍,力学性能与其他尼龙类似。电绝缘性、尺寸稳定性和耐老化性能好,并且无臭、无毒。制品收缩率低,线膨胀系数低。耐稀酸、稀碱、脂肪烃、芳香烃、酯类、醚类、油和脂肪,但不耐醇类。能溶于80%氯仿和20%甲醇的混合液中。果汁、咖啡、茶、墨水等都不能使其着色。透明尼龙的加工较尼龙66容易,一般制成粒料再加工成型。注射成型温度250~320℃,注射压力130MPa。制件成型时容易放嵌件。也可采用吹塑成型。

2. 透明尼龙的性能与应用

透明尼龙的性能与应用见表3-12、表3-13。

表3-12 美国杜邦公司Zytel无定形透明尼龙的性能与应用

牌 号	拉伸屈服强度/MPa	冲击强度(缺口)/(J/m)	热变形温度(1.82MPa)/℃	特 性	应 用
330	97	80	121		
ST901L	62	—	115	透明性好,抗冲击强度高,可用注射、挤出、吹塑成型	可用于制备抗冲击工程透明制品

表3-13 美国其他公司的透明尼龙的特性与应用

牌 号	公 司	特 性	应 用
Nydur C38F 透明尼龙	美国英贝尔公司 (Mobay Co.,Ltd.)	相对密度1.10,拉伸屈服强度69MPa,可注射或挤出成型	可用于制备透明工程制品
Grilamid TR55LX 透明尼龙	美国埃姆化学公司 (Emser Chemicals Co.)	透光率(厚3.2mm)85%,在热水中浸泡1年,透明性基本无变化,使用温度-40~122℃,坚韧、尺寸稳定、耐化学药品,可注射或挤出成型	可用于制备透明工程制品
Capron C100 透明尼龙	美国阿尔迪公司 (Allied Co.)	结晶型尼龙6,透明性好,耐化学药品	可用于制备透光制品
Gelon A100 透明尼龙	美国通用电气型塑料公司(GE Plastics Co.,Ltd.)	相对密度1.16,弯曲弹性模量315.3MPa,悬臂梁缺口冲击强度37.4J/m,热变形温度101℃	可注射或挤出成型透明工程制品
Bacp 9/6 透明尼龙	美国飞利浦公司(Phillips Petroleum)	透明性好,具有较好的力学性能和耐化学药品性,可注射或挤出成型	可用于制备透明工程制品

3. 应用

透明尼龙可制作工业用监视窗,计算机和光学仪器零件,静电复印机显影剂贮器,X射线仪的窥窗,特种灯具外罩,食具和与食品接触的容器。电器工业用接线柱、电插头、插座、把柄等。化学工业用的与石油接触的容器、油过滤器、贮油库的丁烷点灯器、油计量器的视窗等。也可制成薄膜作包装容器。

第二节 聚碳酸酯

一、简介

聚碳酸酯(polycarbonate,PC)是在分子主链中含有碳酸酯的高分子化合物的总称,对于二羟基化合物的线型结构的聚碳酸酯一般用如下通式表示:

$$-[O-R-O-\underset{\underset{O}{\|}}{C}]_n-$$

式中R代表二羟基化合物HO—R—OH的母核,随着R基团的不同,可以分成脂肪族

聚碳酸酯、脂肪-芳香族聚碳酸酯或芳香族聚碳酸酯。例如当 R 为 $-(CH_2)_m-$ 时，结构式为

$-[O-(CH_2)_m-O-\underset{\underset{O}{\|}}{C}]_n-$，为脂肪族聚碳酸酯；如果 R 为

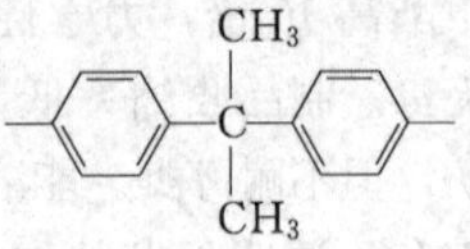

<!-- 双酚A结构 -->

结构式为

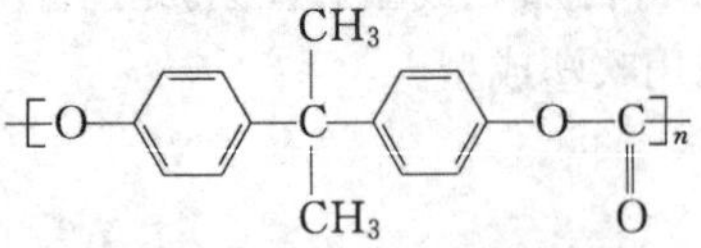

<!-- 双酚A型聚碳酸酯结构 -->，为芳香族聚碳酸酯；如果在脂肪族聚碳酸酯的主链中含有芳香环，为脂肪-芳香族聚碳酸酯。

脂肪族聚碳酸酯熔点低，溶解度高，亲水以及热稳定性差，机械强度低，不能作为工程塑料使用。脂肪-芳香族聚碳酸酯熔融温度虽然比脂肪族聚碳酸酯高，但由于结晶趋势大，性脆，机械强度差，实用价值不大。真正有实用价值的是芳香族聚碳酸酯。从原料价格的低廉性、制品性能以及加工性能来考虑，能工业化生产的只有双酚 A 型芳香族聚碳酸酯。双酚 A 型聚碳酸酯是由双酚 A 和碳酰氯（光气）反应，或和碳酸二苯酯进行酯交换而得。由于分子中含有强极性羰基（$>C=O$）及二氧基键（$-O-R-O-$），因而分子间作用力强，是力学性能和耐热性皆优的无定形热塑性工程塑料。

二、主要性能

纯聚碳酸酯树脂是一种无定形、无味、无臭、无毒、透明的热塑性聚合物，相对分子质量一般在 2000～7000 范围内，相对密度 1.18～1.20，玻璃化温度 140～150℃，熔程 220～230℃。

聚碳酸酯具有一定的耐化学腐蚀性，耐油性优良。由于聚碳酸酯的非结晶性，分子间堆砌不够致密，芳香烃、氯代烃类有机溶剂能使其溶胀或溶解，容易引起溶剂开裂现象。聚碳酸酯长期浸泡在甲醇中会引起结晶、降解并发脆；对乙醇、丁醛、樟脑油的耐蚀性也有限。聚碳酸酯制品浸泡在甲苯中可提高表面硬度，浸泡在二甲苯中则会发脆。聚碳酸酯的耐碱性较差。其吸水性小，不会影响制品的稳定性。

聚碳酸酯分子刚性较大，熔体黏度比普通热塑性树脂高得多，这使得成型加工具有一定的特殊性，要按特定条件进行。

聚碳酸酯本身无自润滑性，与其他树脂相容性较差，也不适合于制造带金属嵌件的制品。

双酚 A 型聚碳酸酯大分子链较僵硬，结晶比较困难，一般多为无定形聚合物。

聚碳酸酯的力学性能优良，尤为突出的是它的冲击强度和尺寸稳定性，在广阔的温度范围内仍能保持较高的机械强度；其缺点是耐疲劳强度和耐磨性较差，较易产生应力开裂现象。

在通用工程塑料中，聚碳酸酯的耐热性还算是较好的，其热分解温度（T_d）在 300℃以上，长期工作温度可高达 120℃；同时，它又具有良好的耐寒性，脆化温度（T_c）低，达 -100℃；其长期使用温度范围是 -60～120℃。

聚碳酸酯具有优良的电绝缘性能、耐候性、耐老化性。

PC 的性能与应用见表 3-14～表 3-16。

三、应用

聚碳酸酯综合性能优良，已得到广泛的应用。长期以来聚碳酸酯主要用于高透明性及高

冲击强度的领域，作为光学材料光盘用材是聚碳酸酯的主要用途之一。

表 3-14　上海中联化工厂酯交换法聚碳酸酯的性能与应用

牌号	拉伸强度 /MPa	冲击强度(缺口) /(kJ/m²)	热变形温度/℃	特性	应用
T1230	58	45	126~135	注射级料，熔体流动性好，微黄透明色粒料	可用于制造薄壁及结构复杂的工程件
T1260	58	50	126~135	注射级料，透明、呈微黄色，可挤出或吹塑成型	可用于制造工程零部件
T1290	58	50	126~135	透明、着色型，可注射、挤出和吹塑成型	主要用于制造工程件
TE-1005	≥57	≥50	≥120	聚乙烯改性，外观呈乳白色，可注射成型	主要用于制造工程件
TE2614	≥57	≥50	≥120	聚乙烯改性，具有较好的力学性能，可注射成型	可用于制造纺纱管等
TG2630	110	10~17	135~150	含30%玻璃纤维，具有成型性好、刚性高及尺寸稳定性好等特性，可注射成型	可用于制备工程件等

表 3-15　天津有机化工二厂光气法 PC 的性能与应用

牌号	拉伸强度 /MPa	冲击强度(缺口)/(kJ/m)	黏度	马丁耐热温度/℃	特性	应用
JTG-1	62	0.45	低	110	微黄透明颗粒料，可注射成型	可用于制备电子仪表及生活用品等
JTG-2	62	0.45	中	110	微黄透明颗粒料，可注射成型	可用于制备电讯器材及纺织器材
JTG-3	62	0.55	高	115	微黄透明颗粒料，可挤出成型	主要用于制造机械工业零件
JTG-4	62	0.55	超高	115	微黄透明颗粒料，可挤出成型	可用于制造负荷较大及带金属嵌件的制品

表 3-16　重庆长风化工二厂 PC 的性能与应用

牌号	拉伸强度/MPa	冲击强度(缺口)/(kJ/m)	黏度	相对分子质量	特性	应用
PC6109			低	2.2万~2.4万	流动性能好，可注射成型	可制备汽车灯、仪表接线板、计数器小齿轮等
PC6705	≥60	≥0.45	高	>2.65万	无色或浅黄色颗粒料，可挤出、注射及吹塑成型，力学性能高，耐温性能好，玻璃化温度152℃，分解温度336℃	可制备大型受压力零件。经用4%~6% HDPE共混，可制备纺纱用的纬纱管
PC6709			中		黏度适中，受力及成型性好，可注射、吹塑及模压成型	可用于制备齿轮、凸轮、手柄、手轮及壳体等

在电子电器产品方面，聚碳酸酯及其合金可用于家用电器、通用通信设备、照明设备等零部件，可用于吸尘器、洗衣机、淋浴器等，也可用于制造各种元件、大型线圈轴架、电动制品、电器开关、电动工具外壳等。

聚碳酸酯可用于生产汽车前灯、侧灯、尾灯、镜面、透镜、车窗玻璃、内外装饰件、仪表板等。

机械设备方面，聚碳酸酯可制造用于传递中、小负荷的零部件，如齿轮、齿条、蜗轮等，也可制造离心泵的叶轮、阀门、管件，能耐低温下稀酸的腐蚀。玻璃纤维增强、高流动性的聚碳酸酯可以制作彩色电视机零件、扬声器格栅、仪表板保持架、顶出器垫片、进气管插头和通风格栅等。

交通运输方面，聚碳酸酯可以代替玻璃和金属。大型灯罩，防爆玻璃，飞机、车、船的风挡玻璃或透明外壳,潜望镜,都可以用透明聚碳酸酯制作。聚碳酸酯板材,特别是中空板,可用作公路隔声板、阳光板,警察用盾牌等。

此外,聚碳酸酯还可用于建筑板材,制造医疗器械、人工肺和人工肾脏等。

第三节 聚 甲 醛

一、简介

聚甲醛(polyformaldehyde 或 polyoxymethylene,POM)是甲醛的均聚物和共聚物的总称。

聚甲醛含有重复结构单元—CH_2O—,所以应称聚氧亚甲基,它有均聚甲醛 $+CH_2O\frac{1}{n}$ 和共聚甲醛 $+CH_2O\frac{1}{n}+CH_2O-CH_2-CH_2\frac{1}{m}$ 之分,其中 $n=1000\sim1500$,$m=20\sim75$。前者由无水三聚甲醛低温聚合而成,后者是与少量环氧乙烷共聚产物。两者既有共性也有差异,表3-17 列出了两者性能的差别。

表 3-17 均聚与共聚甲醛的性能比较

特 性	均聚甲醛	共聚甲醛	特 性	均聚甲醛	共聚甲醛
密度	大	小	耐磨性	大	小
结晶度	高	低	成型精度	差	优
机械强度(拉伸、弯曲)	大	小	成型性	差	优
弹性模量	大	小	短期强度	低	高
伸长率(注塑制品)	小	大	热变形温度	高	低
硬度	硬	较软	摩擦系数	稍小	
蠕变性	小	大	耐老化性	优	良
冲击强度	大	小	耐热水性	好	较差

(1) 均聚甲醛 均聚甲醛的制造有甲醛合成、三聚甲醛合成和三聚甲醛辐射聚合等三条路线,国内采用甲醛合成路线。

均聚甲醛为半透明或不透明的白色粉末或粒料,系高度结晶型聚合物,分子链的结合紧凑,因而熔点比共聚甲醛高 10℃,拉伸强度等机械强度高,刚性大,耐疲劳、耐蠕变性好,摩擦系数小,耐磨性好,耐水、耐溶剂,电绝缘性好,因而均聚甲醛是综合性能优良的工程塑料,特别是耐疲劳性是工程塑料中最好的。但它的耐紫外线性差,故常添加炭黑或紫外线吸收剂。

(2) 共聚甲醛 共聚甲醛是由三聚甲醛与二氧戊环共聚而成,有溶液聚合法和本体聚合法,溶液聚合的产品热稳定性好,而本体聚合的生产工艺简单,操作简便,现在采用双螺反应器更为快捷,还可以直接用 RIM 生产玻璃纤维增强的聚甲醛制品。

共聚甲醛也是一种高密度、结晶型的线型聚合物,其结晶度和熔点低于均聚甲醛,但熔点明显,在熔点以下虽经长时间加热也不熔化,其热稳定性好,加工温度宽,耐疲劳性优异,自润滑性、耐磨性好,磨耗量低于一般工程塑料。

二、主要性能

由于聚甲醛是一种高结晶型的聚合物,具有较高的弹性模量,很高的硬度与刚度,可以在 $-40\sim100$℃ 长期使用。而且耐多次重复冲击,强度变化很小。不但能在反复的冲击负荷下保持较高的冲击强度,同时强度值较少受温度和温度变化的影响。

因其键能大,分子的内聚能高,所以 POM 耐磨性好。未结晶部分集结在球晶的表面,而非结晶部分的玻璃化温度为-50℃,极为柔软,且具有润滑作用,从而减低了摩擦和磨耗。

聚甲醛是热塑性材料中耐疲劳性最为优越的品种。抗蠕变和抗疲劳都比较好,这是聚甲醛十分宝贵的特点。

聚甲醛的物理力学性能见表 3-18。

表 3-18 聚甲醛的物理力学性能

项 目	均聚甲醛	共聚甲醛	项 目		均聚甲醛	共聚甲醛
密度/(g/cm³)	1.42	1.41	剪切强度/MPa		67	54
拉伸强度/MPa	70	62	冲击强度/(J/m)	缺口	76	65
伸长率/%	40	60		无缺口	1310	1140
拉伸模量/GPa	3.16	2.88	洛氏硬度(M)		94	80
弯曲模量/GPa	2.88	2.64	磨耗/(mg/1000 次)		—	14
弯曲强度/GPa	90	98	摩擦系数	对钢	—	0.15
压缩强度/GPa	127	110		对相同材料	—	0.35

聚甲醛具有较高的热变形温度,均聚甲醛为 136℃,共聚甲醛为 110℃。聚甲醛可以长期在高温环境下使用,且力学性能变化不大。

此外,聚甲醛耐有机溶剂和耐油性十分突出,易于着色,具有良好的电性能。

POM 的性能与应用见表 3-19、表 3-20。

表 3-19 吉林石井沟联合化工厂共聚 POM 的性能与应用

牌号	拉伸强度/MPa (GB 1040)	悬臂梁缺口冲击强度/(J/cm) (GB 1043)	马丁耐热温度/℃(GB 1035)	特 性	应 用
M25	60	1.5	53	韧性较好,可注射和挤出成型	可制备型材、板材、电子、电器和机械零件
M60	60	1.5	53	熔体流动性较好(3.5~7.5g/10min),韧性较好,可注射和挤出成型	可制备型材、板材、电子、电器和机械零件
M90	60	1.5	53	熔体流动性好,MFR 为 7.5~10.5g/10min,加工性好,可注射成型	可制备一般通用制品
M120	60	1.5	53	熔体流动性好,MFR 为 10.5~14g/10min,容易成型加工,可注射成型	可制备一般通用制品
M160	60	1.5	53	熔体流动性好,MFR 为 14~18g/10min,容易加工成型,可注射和挤出成型	可制备一般零件和纺丝等
M200	60	1.5	53	熔体流动速率为 18~21g/10min,容易成型,可注射和挤出成型	可制备一般结构件和纺丝等
M270	50	1.5	53	熔体流动性高,MFR 为 21g/10min 以上,可注射成型	可制备薄壁制品和结构复杂的薄壁零件

表 3-20　美国杜邦公司 Delrin POM 的性能与应用

牌号	拉伸强度/MPa (ASTM D638)	悬臂梁缺口冲击强度/(J/m) (ASTM D256)	热变形温度 (1.82MPa)/℃ (ASTM D648)	特　性	应　用
100	69.0	4.4①	136	抗疲劳和蠕变,耐热和耐磨,硬度高,可注射和挤出成型	可制备通用工程零件
100AF	52.4	2.5①	118	添加聚四氟乙烯改性,耐热和耐磨性特别好,力学性能高,对模具腐蚀轻,可注射和挤出成型	可制备各种传动零件
100P	69	137	136	高黏度,熔体流动性好,韧性好,可注射和挤出成型	可制备高应力零件、条、板、管材等型材
100ST	64	901	65	高黏度,机械强度高,无毒,韧性好,可注射和挤出成型	可制备高负载零件和医用器械等
107	75	123	136	高黏度,耐溶剂,耐候和耐紫外线性能好,可注射成型	可制备户外使用工程零件和制品

三、应用

聚甲醛主要用于代替非铁（有色）金属如铜、锌、铝等制作各种结构零部件。应用量最大的是汽车工业,在机械制造、精密仪器、通讯设备、家庭用具等领域的应用也相当普遍。聚甲醛特别适于制作耐摩擦、耐磨耗以及承受高负荷的零件,如齿轮、轴承等。

四、改性聚甲醛

1. 含油聚甲醛

在聚甲醛中混入液体润滑剂和表面活性剂即为含油聚甲醛。它提高了润滑性、耐磨性,摩擦系数小,PV 值高,且能保持原有的特性。含油聚甲醛主要用于注塑成型,产品用于纺织机械、电影机械、汽车部件中的耐磨、自润滑零件,如轴承、轴套、滑块、滑轮等。

2. 增强聚甲醛

用 20%～25% 玻璃纤维增强后弹性模量提高 2～3 倍,热变形温度提高 30～40℃（碳纤维增强的更高）,成型收缩率要小一半,刚性倍增,成为较硬的材料；热变形温度、抗蠕变性、拉伸强度等均有所提高,阻燃性也稍有提高,但伸长率下降。

3. 共混物

聚甲醛若与聚四氟乙烯共混,可提高自润滑性、耐磨性和 PV 值,摩擦系数更小。与弹性体共混合金称超韧聚甲醛,其缺口冲击强度提高了几十倍,可代替钢、铜、铝等金属部件。

4. 改性聚甲醛的性能与应用

改性聚甲醛的性能与应用见表 3-21～表 3-27。

表 3-21　中国兵器工业集团第五三研究所 POM 合金的性能与应用

牌号	拉伸强度/MPa	缺口冲击强度/(kJ/m²)	动摩擦系数(对钢、黄铜、铅)	特　性	应　用
超韧级	55	30	0.2	机械强度高,韧性高,耐疲劳,防老化,尺寸稳定,可注射成型	可制备工程零部件
高耐磨级	50	10～20	0.15	机械强度高,摩擦系数小,耐擦磨损性高,防老化,尺寸稳定,可注射成型	可制备耐磨性工程零部件

表 3-22　上海日之升新技术发展公司高润滑高耐磨 POM 的性能与应用

牌号	拉伸强度/MPa	缺口冲击强度/(kJ/m²)	热变形温度 (1.82MPa)/℃	特　性	应　用
POM-HS	40～60	7	≥95	摩擦系数为 0.15～0.2,比普通 POM 低 1 倍,耐磨性提高 3 倍,制品寿命高,噪声低,可注射成型	可制备齿轮、轴套、滑块等耐磨工程零件

表 3-23 上海材料研究所，安徽化工研究所 POM/PTFE 合金的性能与应用

POM/PTFE 配比	摩擦系数	磨耗量 /(mg/1000 次)	磨痕宽 /mm	特性	应用
95/5(粉)	0.23(0.45)	1.7(7.0)	3.2(6.6)	磨耗量低，摩擦系数小，耐摩擦磨损性能高，可注射成型	可制备耐磨工程零件
95/5(纤维)	0.26(0.45)	1.5(7.0)	3.4(6.6)	耐摩擦磨损性能好，可注射成型	可制备耐磨工程零件

注：( ) 内数值为纯 POM 的。

表 3-24 美国杜邦公司 Delrin POM/PU 合金的性能与应用

牌号	拉伸强度 /MPa	悬臂梁缺口冲击强度/(J/m)	热变形温度 (1.82MPa)/℃	特性	应用
100ST	46(72)	945(40)	91(124)	机械强度性能好，缺口冲击强度高，韧性好，可注射成型	可制备工程零部件
500T	58(69)		100(136)	机械强度性能好，缺口冲击强度高，成型收缩率低，尺寸稳定性好，可注射成型	可制备工程零部件

表 3-25 美国赛拉尼斯公司 POM/PTFE 和 POM/PU 合金的性能与应用

商品名称	牌号	特性	应用
Celcon POM/PTFE	YF10	耐摩擦磨损性能优于纯 POM，可以达到无油润滑，可注射成型	可制备万向节、轴套、轴承、精密齿轮等传动零件
Celcon POM/PU	TX-90	耐摩擦磨损性能好，可达到超韧级，可注射成型	可制备耐磨、抗冲工程零部件

表 3-26 美国宝理塑料公司（Poly. Plastics Co.）Dur Con POM 的性能与应用

商品名称	POM/PEEK 的配比	磨耗量/(mg/1000 次)	摩擦系数	特性和应用
Dur Con POM/PEEK	(3~15)/75	0.62~0.73(7.0)	0.076~0.088(0.45)	耐摩擦磨损性能好，耐热性能好，可注射成型，可制备万向节、轴套、轴承、齿轮、滚轮、凸轮等耐磨抗冲传动零部件
Dur Con POM/PEEK	(3~15)/37	0.62~0.72(7.0)	0.075~0.086(0.45)	
Dur Con POM/PEI	(3~15)/75	0.69~0.74(7.0)	0.096~0.108(0.45)	

注：( ) 内数值为纯 POM 的。

表 3-27 德国赫斯特公司 Hostaform POM 合金的性能与应用

商品名称	牌号	特性	应用
POM/PTFE	9024TF C9021	耐摩擦磨损性能好，摩擦系数小，可注射成型	可制备耐磨传动零件等
POM/PU	CT20	抗冲击性能好，耐磨性能好，可注射成型	可制备汽车保险杠等抗冲零部件

第四节 聚对苯二甲酸乙二醇酯

一、简介

聚对苯二甲酸乙二(醇)酯（polyethylene terephthalate，PET 或 PETP），它是对苯二甲酸与乙二醇的缩聚物，分子结构式为：

$$\left[-C(=O)-C_6H_4-C(=O)-O-(CH_2)_2-O- \right]_n$$

聚对苯二甲酸乙二(醇)酯（PETP）俗称涤纶树脂，它由对苯二甲酸二甲酯和乙二醇酯交换后缩聚而成；或用高纯度对苯二甲酸和乙二醇直接酯化后缩聚而成。后者产品稳定性好，易得到高聚合度产品。其主要品种有纺丝用 PET、薄膜用 PET、工程塑料用 PET、改性 PET。

二、主要性能

聚对苯二甲酸乙二(醇)酯是乳白色或浅黄色的、高度结晶的聚合物，表面平滑而有光泽。其相对密度为 1.4，双向拉伸薄膜强度高且透明。其熔点为 265℃，玻璃化温度为 80℃。

强韧性为热塑性塑料之冠，经热处理后强度显著提高，若经热处理延伸后的拉伸强度可与铝膜相当。其耐蠕变性、耐疲劳性、耐摩擦性和尺寸稳定性都很好，磨耗小，硬度大。

其电性能优良，且受温度的影响小，但耐电晕性较差。

耐热性好，可在 120℃长期使用；在较宽的温度范围内能保持其优良的物理力学性能。

吸水率低、无毒，耐候性、化学稳定性好，耐弱酸和有机溶剂，但不耐热水浸泡，也不耐碱。

树脂的结晶速率很小，因而成型加工性差。由于结晶很迅速，若要制品（指薄膜）透明，必须快速冷却。

聚对苯二甲酸乙二(醇)酯成型前必须充分地干燥，可用真空干燥或在 135℃下沸腾干燥 5h。否则会影响产品质量，对流延薄膜更为重要。因其结晶速率慢、加工困难，需加入成核剂。

涤纶树脂的黏度在 0.6 左右者成膜性好，可用流延或挤出后双向拉伸成膜。高黏度（特性黏度 1.0 以上）的涤纶树脂（熔点约 245℃）可挤出、注塑、吹塑、模压、涂覆、粘接、机加工、电镀、真空镀膜、印刷。

涤纶树脂的注塑条件为：注塑温度 290～315℃，注射压力 7.0～14.0MPa。若加有 30%玻璃纤维的增强塑料，则注塑温度为 295～310℃。注射压力为 35～70MPa。

PET 的性能与应用见表 3-28～表 3-30。

表 3-28　北京燕山石化公司聚酯厂燕山牌 PET 的性能与应用

牌　号	特性黏度	熔点/℃	特　性	应　用
HVPET-90	0.90	257	黏度高,强力高	纺织行业或了用强力等
HVPET-94	0.94	257		
HVPET-98	0.98	257	黏度高,强力高	纺织行业或了用强力等
HVPET-102	1.02	257		
PET-S63SD	0.63	260	纤维级,半消化	纺制的纤维可与棉、毛混纺,可制备高强度纤维、抗起球纤维、麻型纤维
PET-S65SD	0.65	260		
PET-S67SD	0.67	260		
吹瓶级	0.72～0.80	259	质轻透明,气密封性好,坚韧、光泽好,符合卫生要求,中空吹瓶	用于食品、卫生方面
帘子线级	1.0	259		纺制的纤维宜制轮胎帘子布、传送带、增强管的骨架

表 3-29　北京化工研究院 PET 的特性与应用

牌　号	特　性	应　用
250-S30	无填料,阻燃达 UL94 V-0 级,注射级料	用于制备有阻燃要求的制品
305-S30		

表 3-30　北京市魄力高分子新材料公司 PET 的性能与应用

牌号	拉伸强度/MPa	缺口冲击强度/(J/m)	热变形温度/℃	成型收缩率/%	特　性	应　用
2030	125	80	220	0.15～0.3	含玻璃纤维,机械强度高,热变形温度高,抗蠕变性优异,耐磨	用于制造电子、机械零件,耐焊接件的壳体、骨架等
3030	135	55	220	0.15～0.3		

三、应用

PET 主要用于纤维，少量用于薄膜和工程塑料。PET 纤维主要用于纺织工业。PET 薄膜主要用于电气绝缘材料，如电容器、电缆绝缘，印刷电路布线基材，电机槽绝缘等。PET薄膜的另一个应用领域是片基和基带，如电影胶片、X射线片、录音磁带、录像磁带、电子计算机磁带。还用于食品、药品、油脂、茶叶等包装领域。在军事上可用于声波屏蔽和导弹的覆盖材料等。PET薄膜也应用于真空镀铝（也可镀锌、银、铜等）制成金属化薄膜，如金银线、微型电容器薄膜等。

玻璃纤维增强PET适用于电子电器和汽车行业，用于各种线圈骨架、变压器、电视机、录音机零部件和外壳、汽车灯座、灯罩、白炽灯座、继电器、硒整流器等。PET工程塑料目前各应用领域的耗用比例为：电子电器26%，汽车22%，机械19%，用具10%，消费品10%，其他13%。目前PET工程塑料的总消耗量还不大，仅占PET总量的1.6%。但由于PET工程塑料制造中的一些关键技术问题已经解决，而PET价格比PBT和聚碳酸酯低，其力学性能优于PBT，其潜在市场是相当大的，今后PET的应用前景较好。

第五节　聚对苯二甲酸丁二醇酯

一、简介

聚对苯二甲酸丁二(醇)酯（polybutylene terephthalate，PBT）是对苯二甲酸与1,4-丁二酸的缩聚物，分子结构式为：

$$\left[\!\!-\!\!\overset{O}{\overset{\|}{C}}\!\!-\!\!\!\bigcirc\!\!\!-\!\!\overset{O}{\overset{\|}{C}}\!\!-\!\!O\!\!-\!\!(CH_2)_4\!\!-\!\!O\!\!-\!\right]_n$$

其主要品种有纺丝用PBT、薄膜用PBT、工程塑料用PBT、改性PBT。

二、主要性能

(1) 树脂呈乳白色半透明到不透明，系结晶型热塑性聚合物。

(2) 具有优良的强韧性和耐疲劳性，冲击强度高，有自润滑性和耐磨性，摩擦系数小，吸水率很小，尺寸稳定性好，因而可作为工程塑料，但其缺口敏感性大。

(3) 熔点高，达225℃，耐热、耐候性好，耐燃，但能慢燃。

(4) 电性能优良，耐电弧性好，但体积电阻、高频介电损耗大。

(5) 耐热水、碱类、酸类、油类，但易受卤代烃侵蚀，且耐水解性差。

(6) 熔体黏度低，成膜性、成型性好，但成型收缩率大。薄膜可挠性优，撕裂和屈服强度高。

(7) 树脂的相对密度为1.31，玻璃纤维增强后达1.52。

PBT的性能见表3-31、表3-32。

三、应用

聚对苯二甲酸丁二(醇)酯的用途与PET相似，可用作机械部件，如汽车车身、运输机械零件、挡泥板、化油器、齿轮、办公用机器、缝纫机和纺织机械用零件；电器部件，如电动工具、端子、线圈架、开关、屏蔽套；建材和日用装饰品，容器、安全帽、照相机、钟表外壳、镜筒等。由于PBT可耐锡焊，在电子电器工业中得到广泛应用，如连接件、开关部件、电视机回扫变压器线圈绕线管和配线零件，在家用电器上作录音机传动轴、计算机罩、电熨斗罩、水银灯罩、烘烤炉部件等。

表 3-31　PBT 的性能

项目		标准树脂	阻燃级	玻璃纤维增强		30%阻燃增强
				15%	30%	
密度/(kg/m³)		1310	1410	1390	1520	1600～1630
玻璃化温度/℃		20				
晶相熔点/℃		225				
吸水率/%	23℃ 24h	0.09	0.07	0.05	0.06～0.07	0.03～0.05
	23℃平衡	0.30	0.3	0.3	0.24～0.3	0.2～0.3
成型收缩率/%		1.7～2.3			0.2～0.8	0.2～0.8
拉伸强度/MPa		53～55	59	98	132～137	117～127
伸长率%		300～360	5	4	2.54	1.84
拉伸弹性模量/GPa			2.6	5.4	98	9.8
弯曲强度/MPa		85～96	88	147	186～196	167～196
弯曲弹性模量/GPa		2.35～2.45	2.55	5.4	8.8	8.8～9.3
压缩强度/MPa		88	88	108	118～127	118～127
悬臂梁冲击强度/(J/m)	无缺口(3.175mm) 23℃	不断	490	490	637～686	539～588
	无缺口 −40℃	不断			372	333
	有缺口(12.7mm) 23℃	49～59	29	59	78～98	69
	有缺口 −40℃	44			64	55
洛氏硬度		{M75 R118	R118	R120	{M91 R121	{M90 R120
耐磨耗性/(mg/1000 次)		10	20	50	25～50	30～50
摩擦系数	对钢	0.13	0.12	0.12	0.12～0.15	0.14～0.15
	对同种材料	0.17	0.16	0.16	0.16～0.19	0.18～0.20
热变形温度/℃	0.45MPa	154	178	200	215～220	210～220
	1.82MPa	58～60	56	190	205～212	200～212
线膨胀系数/K⁻¹		$9.4×10^{-5}$	$9×10^{-5}$	$5×10^{-5}$	$2.0×10^{-5}$ $2.5×10^{-5}$	$2.5×10^{-5}$ $3.0×10^{-5}$
燃烧性(UL94)			V-0	HB	HB	V-0
介电常数 (23℃,60%RH)	50Hz	3.3			3.8	3.8
	10⁶Hz	3.3	3.6	3.6	3.6～4.2	3.6～4.2
介电损耗角正切 (23℃,60%RH)	50Hz	0.002			0.002	0.002
	10⁶Hz	0.02	0.017	0.017	0.017～0.02	0.017～0.02
体积电阻率/Ω·m		$4×10^{14}$			约 $2.5×10^{14}$	$2.5×10^{14}$
介电强度/(MV/m)		17	20	28	28	23～25
耐电弧性(钨电极)/s		100	100	143	140～145	120～122

表 3-32　北京泛威工程塑料公司 PBT 及其改性料的性能与应用

牌号	拉伸强度 /MPa	简支梁缺口冲击强度 /(kJ/m²)	热变形温度 (1.84MPa) /℃	成型收缩率 (∥/⊥)/%	玻璃纤维含量/%	特性	应用
201G0					0	注射级,力学性能、耐热性和电性能好	制备电子电器元件、汽车零部件、机械零件
201G10	100	9	190	0.6/1.0	10		
201G20	120	10	200	0.4/0.8	20		
201G30	135	10	200	0.2/0.7	30		
211G0					0	注射级,中等黏度,韧性好,拉伸强度和弯曲强度比 201 型高,尤其是韧性和断裂伸长率更明显	制备电子电器元件、汽车零部件、机械零件
211G10	100	9	190	0.6/1.0	10		
211G20	120	10	208	0.4/0.8	20		
211G30	135	10	210	0.2/0.7	30		
301G0	54	4	195	1.4/2.0	0	注射阻燃 V-0 级,力学和热性能好	制备电子电器元件、汽车零部件、机械零件
301G10	76	7	200	0.6/1.1	10		
301G20	92	8	200	0.5/0.9	20		
301G30	120	10	205	0.4/0.8	30		
302G0	45	4	80	1.4/2.0	0	注射阻燃 V-0 级,阻燃剂不渗出,力学和热性能好	制备有阻燃要求的电子和电器元件、汽车零件、机械零件
302G10	100	7	190	0.5/1.0	10		
302G20	110	7	200	0.4/0.9	20		
302G30	110	7	200	0.5/1.0	30		
304G20	110	7	200	0.4/0.8	20	注射阻燃料,抗紫外线	用于野外阻燃工程件
304G30	120	10	210	0.4/0.7	30		
305G30E	125	10	210	0.4/0.8	30	含矿物质,阻燃,翘曲小,耐电压高,注射成型	用于电器工程件
311G0	60	7	70	1.6/2.0	0	注射、阻燃 V-0 级,强度高,韧性好,断裂伸长率低	制备机械强度要求高、阻燃的汽车机械,电器件
311G10	100	9	190	0.6/1.0	10		
311G20	120	10	200	0.4/0.9	20		
311G30	135	11	208	0.2/0.8	30		
311CG20	125	10	202	0.4/0.9	20		
311CG30	140	11	210	0.2/0.5	30		
312G0	60	7	70	1.5/2.0	0	注射、阻燃 V-0 级,阻燃剂不析出,机械强度高,韧性好,断裂伸长率低	制备机械强度要求高、阻燃持久的汽车、机械电器件
312G10	100	9	190	0.6/1.0	10		
312G20	115	9	200	0.4/0.9	20		
312G30	135	11	208	0.4/0.8	30		
312CG30	140	11	208	0.2/0.6	30		
401MT20					20	注射阻燃 V-0 级,耐热高,制品外观和光泽好,加工性能好	制备尺寸精密、耐高温的工程件
401MT30					30		
431MT30S	90	10	200	0.3~0.6	30		
501G0					0	注射阻燃 V-0 级,力学性能好,耐热高,制品外观和光泽好,加工性能好	制备汽车、电子、电器、机械、医疗件
501G10					10		
501G20					20		
501G30					30		
541G20					20		
514G30					30		
551GT10S	76	5	155	0.4/0.16	10		
551GT30S	80	7	170	0.3/0.5	30		

第六节 聚苯醚与改性聚苯醚

一、简介

聚苯醚（PPO）化学名称为聚 2,6-二甲基-1,4-苯醚（2,6-dimethy-1,4-phenylene oxide 或 2,6-dimethyl-1,4-phenylene ether），简称 PPO，日本为了有别于美国的 PPO，称之为 PPE，其化学结构式为：

$$\left[\begin{array}{c}\text{CH}_3\\ \\ \text{CH}_3\end{array}\bigcirc\text{O}\right]_n$$

聚苯醚是以 2,6-二甲基苯酚为原料，甲苯或甲醇为溶剂，铜氨络合物为催化剂，通入氧气，经氧化偶合的方法缩聚制得的。

目前市场上流通的商品主要为改性聚苯醚（modified polyphenelene oxide），简称 MPPO，或称 MPPE（modified polyphenylene ether）。

二、主要性能

MPPO 是一种综合性能优良的热塑性工程塑料。突出的是电绝缘性和耐水性优异，尺寸稳定性好。

MPPO 的密度小，无定形状态密度（室温）为 $1.06g/cm^3$，熔融状态为 $0.958g/cm^3$，是工程塑料中最轻的，且无毒。

PPO 分子链中，含有大量芳香环结构，分子链刚性较强。树脂的机械强度较高，耐蠕变性优良，温度变化影响甚小。

MPPO 的力学性能与 PC 较为接近，拉伸强度、弯曲强度和冲击强度较高，刚性大，耐蠕变性优良，在较宽的温度范围内均难保持较高的强度，湿度对冲击强度的影响也很小。

聚苯醚收缩小，尺寸稳定性好。改性聚苯醚为非结晶型热塑性塑料，与聚甲醛、聚酰胺等结晶型热塑性塑料相比，其成型收缩率要小得多，几乎不发生由于结晶取向引起的应变、翘曲，以及由于成型后的再结晶所引起的尺寸变化。

聚苯醚具有较高的耐热性，玻璃化温度高达 211℃，熔点为 268℃，加热至 330℃有热分解倾向，改性聚苯醚的热性能略低于未改性聚苯醚，基本上与聚碳酸酯相同，MPPO 商品因品牌不同其热变形温度为 90～140℃。MPPO 中 PPO 含量对其热性能有显著影响，随着 PPO 含量增加，热变形温度即升高，反之则降低，玻璃化温度及软化点温度的变化也是如此。

聚苯醚阻燃性良好，具有自熄性，其氧指数（OI）为 29%，是自熄性材料，而高抗冲聚苯乙烯的氧指数为 17%，是易燃性材料，二者合一则具有中等程度可燃性，制造阻燃级 MPPO 时，不需要添加含卤素的阻燃剂，加入含磷类阻燃剂即可以达到 UL94 阻燃级，可减少对环境的污染。

MPPO 树脂分子结构中无强极性基团，电性能稳定，可在广泛的温度及频率范围内保持良好的电性能。

聚苯醚的弱点是耐光性差，其制品长时间在阳光或荧光灯下使用会产生变色，颜色发黄，原因是紫外线能使芳香族醚的链结合分裂所致。

PPO、MPPO 的性能与应用见表 3-33～表 3-37。

表 3-33 北京市化工研究院 MPPO 的性能与应用

牌号	拉伸屈服强度/MPa ASTM D638 (ASTM D790)	冲击强度（缺口）/(kJ/m²)(ASTM D256)	热变形温度(1.82MPa)/℃(ASTM D648)	成型收缩率/%	特性	应用
DF01	112.7 (137.2)	9.8	80	0.6	低发泡，阻燃 V-0 级	可制备电器设备防火板、电视机壳等
M104	41.2 (63.7)	14.7	90	0.6	流动性好，可注射成型	电器设备插座、机械零件、熨斗、电视机壳、水泵叶片风扇、汽车零配件及高档文具等
M104N	41.2 (63.7)	14.7	90	0.6	流动性好，阻燃 V-0 级，可注射成型	用于阻燃机械零件
M105	49.0 (63.7)	14.7	100	0.6	耐热性好，阻燃 V-1 级，可注射成型	用于阻燃工程件
M105N	49.0 (78.4)	14.7	102	0.6	耐热性好，阻燃 V-0 级，可注射成型	用于耐热泵叶片、熨斗等
M106	59.9 (88.2)	14.7	120	0.6	高耐热性，阻燃 V-1 级，可注射成型	用于耐热泵叶片、熨斗等
M106N	59.9 (88.2)	14.7	120	0.6	高耐热性，阻燃 V-0 级，可注射成型	用于耐热电器、机械零件
M107	59.9 (88.2)	14.7	125	0.6	高耐热性，阻燃 V-0 级，可注射成型	用于耐热阻燃工程件
M109G20	98.0 (127.2)	9.8	135	0.3	20%玻璃纤维增强，强度高，耐热性好，收缩率低，可注射成型	用于耐热结构工程件
M109G20N	98.0 (122.5)	9.8	135	0.3	20%玻璃纤维增强，强度高，耐热性好，阻燃 V-1 级，可注射成型	用于电器设备插座、机械零件、电视机壳、汽车零配件
M109G30	112.7 (137.2)	9.8	140	0.25	30%玻璃纤维增强，刚性高，耐热性好，收缩率低，可注射成型	用于工程结构件
M109G30M	112.7 (137.2)	9.8	140	0.25	30%玻璃纤维增强，抗蠕变刚性高，耐热性好，阻燃 V-1 级，可注射成型	用于工程阻燃结构件
MM106H	53.9 (78.4)	19.6	110	0.55	具有高抗冲性，耐热，阻燃 V-1 级，可注射成型	用于工程制件
S01	49.0 (83.3)	34.3	110	0.6	超韧性，耐温度 110℃，可注射成型	用于工程制件
S02	59.9 (98.0)	34.3	130	0.6	超韧性，耐温达 130℃，可注射成型	用于工程制品
NP201	49.0 (78.4)	13.7	120	1.5	PPO/PA 合金，收缩率大，成本低	用于普通工程制件
NP202	53.9 (100)	19.6	130	1.05	PPO/PA 合金，收缩率大，成本低，可注射成型	用于普通工程制件
NP220	107.8 (147.0)	9.8	170	0.7	20%玻璃纤维增强的 PPO/PA 合金，力学性能高，耐热高，收缩率小，成本低，可注射成型	用于工程结构件
NP221	107.8 (166.5)	13.7	170	0.7	20%玻璃纤维增强 PPO/PA 合金，力学性能好，刚性大，抗冲击性好，可注射成型	用于工艺结构件

表 3-34　上海群力塑料厂 PPO/BR/PE 的性能

性能	GS-133	PPO	性能	GS-133	PPO
相对密度	1.07～1.09	1.06	压缩强度/MPa	95	105
拉伸屈服强度/MPa	65	89	冲击强度/(kJ/m^2)	68	101
拉伸弹性模量/GPa	2.58	2.60	剪切强度/MPa	49.8	65.1
伸长率/%	39	20～30	马丁耐热温度/℃	116	152
弯曲强度/MPa	110	147.5	维卡软化点/℃	147	195
弯曲弹性模量/GPa	2.1	2.3	线膨胀系数/K^{-1}	7.7×10^{-5}	—
体积电阻率(33℃,78%湿度)/Ω·cm	1.16×10^{16}	7.3×10^{16}	介电强度/(kV/mm)	23.3	5.1
			98%H$_2$SO$_4$	部分焦黄	不耐
表面电阻率/Ω	8.7×10^{15}	4.3×10^{15}	85%磷酸	无变化	无变化
介电常数(1MHz)	2.7	2.8	30%双氧水	无变化	无变化
介电损耗角正切(1MHz)	1.8×10^{-3}	3×10^{-3}	稀(HCl、HNO$_3$、H$_2$SO$_4$)	无变化	无变化

表 3-35　上海醋酸纤维厂改性聚苯醚的性能

性能	MPPO	性能	MPPO
外观	颗粒状均匀粒子	吸水性/%	0.1～0.37
拉伸强度/MPa	55～81	伸长率/%	20～40
弯曲强度/MPa	90～116	马丁耐热温度/℃	120
介电常数(1MHz)	2.58～2.64	介电损耗角正切(1MHz)	(9～24)×10^{-3}
体积电阻率/Ω·cm	10^{16}～10^{17}		

表 3-36　英国壳牌化学公司聚苯醚的牌号、性能与应用

牌号	耐热温度/℃	表观密度/(kg/m^3)	特性	应用
EX307	105～120	60	珠粒 ϕ300～500μm	用于制造壁厚 1～1.25mm 的制品
EX308	105～120	<60	珠粒 ϕ500～700μm	宜制备壁厚稍厚制品
EX402	105～120	<60	珠粒 ϕ500～700μm	宜制备壁厚稍厚制品
EX403	105～120	<60	珠粒 ϕ500～700μm	宜制备壁厚稍厚制品
EX404	105～120	<60	珠粒 ϕ500～700μm	宜制备壁厚稍厚制品

表 3-37　德国巴斯夫公司 Luranyl PPO/BS 合金的性能与应用

牌号	拉伸强度/MPa	悬臂梁缺口冲击强度/(kJ/m^2)	热变形温度(1.82MPa)/℃	线膨胀系数/K^{-1}	特性	应用
KR2401	52	36	106	(6～7)×10^{-5}	流动性好,耐水解,加工性好,注射或挤出成型	宜于制造汽车内装饰件、盖
KR2402	64	38	119	(6～7)×10^{-5}	黏度较高,耐热,机械强度高,注射或挤出成型	宜于制造汽车内装饰件、盖
KR2403G2	75	11	128	(5～6)×10^{-5}	含 10%玻璃纤维,翘曲小,刚性大(弯曲弹性模量≥4GPa),注射成型	用于制造工程件
KR2403G4	90	9	139	(4～5)×10^{-5}	含 20%玻璃纤维,刚性大,低收缩(弯曲弹性模量≥6GPa),注射成型	用于制造工程结构件
KR2403G6	110	9	141	(3～4)×10^{-5}	含 30%玻璃纤维,刚性大,收缩小(弯曲弹性模量≥6GPa),注射成型	用于制造工程结构件

三、应用

聚苯醚制品容易发生应力开裂，疲劳强度较低，而且熔体流动性差，成型加工困难，价格较高，所以多使用改性聚苯醚（MPPO）。

由于改性聚苯醚具有优良的综合性能和良好的成型加工性能，所以在电子电器、家用电器、输送电器、汽车、仪器仪表、办公机器、纺织等工业部门得到广泛的应用。

第七节 聚四氟乙烯

一、简介

聚四氟乙烯（polytetrafluoroethylene，PTFE）是四氟乙烯的均聚物。可用悬浮法、分散法（乳液法）等聚合方法制得。结构式为：

$$\left[\begin{array}{c} F \ \ F \\ | \ \ | \\ C-C \\ | \ \ | \\ F \ \ F \end{array}\right]_n$$

聚四氟乙烯是氟塑料中唯一可用作工程塑料的品种。

二、主要性能

PTFE 不溶于任何溶剂，因而不能用黏度法、光散射法等来测定，只能用相对密度法（SSG 法）和差热法（DSC 法）来测定数均分子量。结晶度也是用 SSG 法测得。

PTFE 的相对分子质量非常大，因而相对分子质量的大小对强度的影响不明显，但结晶度对 PTFE 制品的刚性、韧性、伸长率和强度有明显影响。

PTFE 的密度约 $2.2g/cm^3$，表面光滑，呈蜡状，对水的接触角为 $114°\sim115°$。通常为乳白色，不透明，但淬火制品有一定的透明度，几乎不吸水，对水蒸气和氮气的透过率低，且随密度的增加而降低。

PTFE 的拉伸强度、伸长率、弹性率、硬度、透气率、介电强度等都与成型压力、烧结温度与时间、冷却速率等加工条件有关，因加工条件影响制品孔率和结晶度。成型压力高，在模内烧结和压力下冷却，可减少制品中的空隙，从而提高其机械强度。PTFE 的弹性模量较低，容易蠕变。而蠕变是 PTFE 可用于垫圈、生料带、弹性带等起密封作用的原因。

PTFE 的硬度较低，但加入填料可得到提高。

PTFE 的摩擦系数是所有固体材料中最小的，且不随温度而变。其静摩擦系数小于动摩擦系数，因此，PTFE 轴承启动平顺，阻力小，可做低速高负荷轴承，低速转动时无噪声。

PTFE 的热导率较低，加入金属填料可适当提高。PTFE 的熔点为 327℃，热变形温度为 50~60℃（ISO R75A 法）或 130~140℃（B 法），使用温度为 -200~260℃，不燃。

PTFE 的热稳定性是热塑性塑料中最高的，在 204~327℃ 的降解很少，故不用加热稳定剂。

PTFE 在低温时不丧失其自润滑性和较高的强度，在 -80℃ 仍具有柔软性。

PTFE 在 150℃ 以下的体积电阻大于 $10^{18}\Omega\cdot cm$，且与温度无关，湿度对其也无影响。

PTFE 耐化学品性极好。

PTFE 的牌号性能与应用见表 3-38~表 3-40。

表 3-38　四川晨光化工研究院二分厂 PTFE 的性能与应用

牌号	类型	拉伸强度/MPa	摩擦系数	特性	应用
FBGFG-421	填充	11.4	0.17	耐磨性好,导热效率高,低翘曲,可注射成型	可用于制备活塞、球体等
FG20	填充	15.0	0.16	耐磨性优良,可模压或烧结成型	可用于制备密封制品
FG40	填充	11.3	0.16	导热效率高,柔软,摩擦系数小,可模压或烧结成型	可用于制备工程结构制品
FGF40	填充	14.0	0.18	耐磨性好,强度高,可烧结成型	可用于制备活塞环
FGFBN-402	填充	11.7	0.20	耐磨性和耐蠕变性优良,可烧结成型	可用于制备活塞环、垫圈等
FGFG205	填充	16.0	0.21	耐磨性优良,强度高,可烧结成型	可用于制备轴承和密封件
SFF-N-1	分散液	22.0		渗透性好,用于浸渍石棉、石墨、玻璃纤维等	可用于制备盘根、耐磨制品、薄膜、涂层等
SFF-N-2	分散液	22.0		组织性能好,为纺丝专用品级	可用于纺丝制成纤维或织物
SFN-1	分散液			浸渍性和渗透性好	可用于浸渍增强材料或涂层
SFZ-B	悬浮法	35		耐热,耐化学药品性能优良,断裂伸长率300%	可用于制备电容器薄膜
$SmoZ_1$-H	悬浮法	32		熔点(327±5)℃,强度高,可模压成型	可用于制备工程结构制品

表 3-39　济南化工厂 PTFE 的性能与应用

牌号	类型	表观密度/(g/L)	伸长率/%	拉伸强度/MPa	熔点/℃	特性	应用
SFX-1	悬浮粗料	500±100	250	26	327	耐候性好,不吸水,阻燃,可于-250~260℃下长期使用,耐磨耐电弧,介电性能好,可模压或烧结成型	可用于制备一般构件、耐腐蚀制品等
SFX-2	悬浮(细粒)	250	300	25	327		
SFX-3	悬浮					耐腐蚀性突出,耐高低温,电性能好,可模压或烧结成型	可用于制备密封件、结构制品

表 3-40　美国奥西玛塔公司（Ausimont Inc.）Halon PTFE 的性能与应用

牌　号	相对密度	拉伸屈服强度/MPa	弯曲弹性模量/GPa	悬臂梁缺口冲击强度/(J/m)	热变形温度(1.82MPa)/℃	特　性	应　用
G80		41	123		120	未改性品级，电性能好，阻燃V-0级，可模压成型	可用于制备电子、电器零部件
G83		35	160		120	未改性品级，表面光泽性优良，阻燃V-0级，可模压成型	可用于制备表面装饰或阻燃制品
G700		35	160		120	未改性品级，抗蠕变性优良，阻燃V-0级，可模压成型	可用于制备一般工程制品
1005	2.17	28	1.1	160		50%玻璃纤维，耐化学药品，阻燃V-0级	可模压或挤出工程制品和阻燃制品
1005pellet	2.17	18.6	0.79	149		5%玻璃纤维，耐化学药品，阻燃V-0级	可用于模压或挤出化工防腐制品或阻燃制品
1012	2.21	21	1.17	133			
1015	2.22	23	1.45	133			
1018	2.21	22	1.14	139		18%玻璃纤维，耐化学药品	
1018pellet	2.21	19.3	1.10	133		18%玻璃纤维，耐化学药品	
1020pellet	2.21	19.3	1.14	128		20%玻璃纤维，耐化学药品	
1025	2.22	20.0	1.45	117		25%玻璃纤维，耐化学药品	可用于模压或挤出成型一般工程制品、耐腐蚀制品或阻燃制品等
1025pellet	2.22	17.9	1.38	112		25%玻璃纤维，耐化学药品	
1030	2.24	17.9	1.55	107		30%玻璃纤维，耐化学药品	
1030pellet	2.24	14.5	1.45	101		30%玻璃纤维，耐化学药品	
1035	2.25	15.8	1.62	91		35%玻璃纤维，耐化学药品	
1035pellet	2.25	15.8	1.62	91		35%玻璃纤维，耐化学药品	
1205	2.21	23	1.1	123		21%玻璃纤维，耐化学药品	
1230	2.31	16.6	1.69	107		5%碳纤维，耐化学药品	可用于模压或挤出成型耐腐蚀工程制品
4025	2.09	13.8	1.85	112		25%碳纤维，耐化学药品	可用于模压或挤出成型耐化学药品或耐腐蚀制品等
4025pellet	2.09	12.4	1.10	101		25%碳纤维，耐化学药品	

三、应用

聚四氟乙烯耐化学腐蚀性最好,因而在防腐材料上用得最多,应用面很广;PTFE 的电性能优异,因而在电子电器工业中用作绝缘材料;PTFE 的摩擦系数小、耐磨性好,故在机械工业中制作耐磨材质、滑动部件和密封件等。

PTFE 在桥梁、建筑物上作承重支承座已普遍使用。另外根据 PTFE 薄膜处理后具有选择透过性,可用作分离材料,有选择地透过气体或液体。其多孔膜还可用于气液分离、气气分离及液液分离,还可用于过滤腐蚀性液体。除此以外,PTFE 在医学、电子、建筑等行业也有广泛的应用,如 PTFE 膜可用作人体器官,像人造血管、心脏瓣膜等。

第八节 聚苯硫醚

一、主要品种

聚苯硫醚(polyphenylene sulfide,PPS)是最简单的含硫芳香族聚合物,国内生产的主要是线型聚苯硫醚,它在 350℃ 以上交联后成热固性塑料。支链型结构为新型热塑性塑料,其热变形温度低(仅 101℃),没有明显的熔点,熔体黏度大,须用冷压-烧结成型工艺,其耐氧化性、弹性、化学稳定性均优于热固性聚苯硫醚,废料可以回收。

聚苯硫醚是综合性能优异的工程塑料,但其强度仅属中等水平,因此常利用其与纤维和无机填料等有良好的亲和性,对其进行增强改性,以此显著地提高 PPS 的物理力学性能和耐热性,从而步入特种工程塑料行列。

1. 聚苯硫醚的增强材料

聚苯硫醚用增强材料有玻璃纤维(GF)、碳纤维(CF)、石墨纤维、聚芳酰胺纤维、金属纤维等,但以玻璃纤维为主。

(1)玻璃纤维增强聚苯硫醚 采用玻璃纤维增强 PPS 是一种极为有效且方便、经济的方法,常用无碱无捻品种,纤维形式有短纤维、长纤维、纤维布等,玻璃纤维增强的 PPS 机械性能和热变形温度明显提高,见表 3-41 所示,增强材料在长期负荷或热负荷下的耐蠕变性良好,在较高温度下的蠕变很小,还是优异的减摩、抗磨材料,在热水老化、气候老化下均不影响其滑动摩擦性;玻璃纤维增强 PPS 在 200℃ 或 60℃ 热水中 20 天仍保持优异的电性能,因而可用于高温、高频及高湿下的电器元件。

玻璃纤维增强 PPS 的热变形温度达 260℃,UL 温度指数达 200～220℃,因而可用作隔热垫块,在高温下仍耐各种化学药品。

玻璃纤维增强 PPS 耐候性、耐辐射性优良。

(2)碳纤维增强聚苯硫醚 产品具有高刚性、高强度、导电性、高弹性、耐磨性和更好的摩擦特性。

(3)用聚芳酰胺纤维增强的 PPS 其性能优于 GF、CF 增强产品,PPS 与金属纤维、石墨、炭黑等填充增强的复合材料可用于防爆泵、抗电磁波屏蔽材料。

2. 无机物及矿物质填充增强聚苯硫醚

用于填充增强 PPS 的矿物质有滑石、高岭土等,无机物有 $CaCO_3$、SiO_2、MoS_2 等,填充后的制品可极大地降低成本,同时还可提高 PPS 的物理力学性能和电性能。无机物填充 PPS 后可提高耐电弧性而取代热固性塑料用于弧的高压绝缘部件。若在填充的同时再以玻璃纤维增强则性能更佳。

表 3-41 四川特种工程塑料厂 PPS 的牌号和性能

项目		T-3	T-4	T-5	T-7	T-10	TN-1	TN-2
相对密度		1.65	1.66	1.70	1.90	1.99	1.40	1.48
特征		玻璃纤维增强易流动	玻璃纤维增强	玻璃纤维增强	增强填充	增强填充	PPS/PA增强	PPS/PA增强
成型收缩率%		0.0025	0.0025	0.0025	0.002	0.002	0.003	0.002
拉伸强度/MPa		145	160	170	130	120	155	152
弯曲强度/MPa		180	190	210	180	160	210	190
弯曲模量/GPa		11	12	14	170	140	100	100
简支梁冲击强度/(kJ/m²)	缺口	10	11	11	6.7	6.5	13	12
	非缺口	24	25	25	18	15	42	40
热变形温度/℃		260	260	260	260	260	240	245
阻燃性(UL94)		V-0	V-0	V-0	V-0	V-0	V-0	V-0
表面电阻率/Ω		1×10^{14}	2×10^{15}	2×10^{14}	1×10^{14}	1×10^{14}	2×10^{15}	2×10^{14}
体积电阻率/Ω·cm		1×10^{15}	1×10^{15}	1×10^{15}	1×10^{14}	1×10^{14}	1×10^{15}	1×10^{15}
介电常数(1MHz)		4	4	4	4.5	4.6	4.2	4.2
介电强度/(kV/mm)		18	18	18	14	14	22	22
介电损耗角正切(1MHz)		0.002	0.002	0.002	0.008	0.008	0.013	0.013

3. 聚苯硫醚合金

PPS/PTFE、PPS/PA、PPS/PPO 等合金已商品化。PPS 与 PA6、PA66、PA12 等共混可制得相容性较好的合金，极大地改善了 PPS 的脆性而得到高韧性合金。

PPS/PTFE 合金改善了 PPS 的脆性、润滑性和耐腐蚀性，合金主要用于防粘、耐磨部件及传动件，如轴承等。因其无毒，其不粘涂层已得到美国食品和药物管理局（FDA）、美国卫生设备基金会（NSF）认可，用作不粘锅、饮水配管的部件。

4. 其他改性品种

可用聚芳砜（PSF）与 PPS 嵌段共聚制得聚硫醚砜（PTES），其力学性能得到极大提高，拉伸强度和弹性模量是工程塑料中最高者，且熔体流动性极好，耐锡焊，耐热性、耐化学性极好。

二、主要性能

交联或半交联型聚苯硫醚为浅褐色粉末，经加热变为深褐色；而直链型 PPS 则为白色颗粒，高结晶速度的白色或浅黄色颗粒，受热后其颜色变深。识别此种材料应采用红外光谱方法（见 ASTM 4067 和美军标 MIL-D46174）。交联型和直链型 PPS 树脂性能见表 3-42。

表 3-42 交联型和直链型 PPS 树脂性能比较

性能	交联型	直链型	性能	交联型	直链型
拉伸强度/MPa	65.7	78.4	冲击强度(缺口)/(J/m)	107.8	882
断裂伸长率/%	1.5	12	耐蠕变性	好	差
弯曲强度/MPa	96	107.8	耐热性	好	差
弯曲弹性模量/MPa	3822	41160	焊接强度	差	好

PPS 的基本性能特点如下。

① 白色、结晶型、易流动的粉末。

② 强度高、抗蠕变性高、坚韧、质硬、无冷流变性，力学性能随温度升高而降低。
③ 热稳定性极好，热变形温度260℃，熔点290℃，在400～500℃热空气和氮气中仍稳定，交联后可耐600℃高温，可在350℃以上长期使用。
④ 耐磨，阻燃性优，有自熄性，对玻璃、陶瓷、金属的粘接性好。
⑤ 电绝缘性优，高温、高湿的影响小，耐电弧性好。
⑥ 成型收缩率小，尺寸稳定性好，熔体黏度小，易成型加工。
⑦ 化学稳定性优异，耐稀酸、碱，在204℃以下耐任何溶剂。
⑧ 对炭黑、石墨、玻璃纤维、MoS_2、PTFE等填料有特别好的润湿作用。

各类聚苯硫醚的特性特点详见表3-43。

表3-43 PPS的特性

项目		超薄壁用	玻璃纤维增强	低毛边	高冲击下玻璃纤维增强		玻璃纤维增强通用品
					1型	2型	
相对密度		1.55	1.70	1.67	1.56	1.52	1.67
成型下限压力/MPa		<1.3	2.8	3	4	3	4
拉伸强度/MPa		160	160	205	155	166	205
拉伸伸长率/%		1.6	1.6	2.3	2.9	3.0	2.3
弯曲强度/MPa		200	200	260	225	230	265
弯曲弹性模量/MPa		10000	10000	13500	10000	10000	13000
悬臂梁冲击强度/(kJ/m²)	带缺口	9	10	13	22	16	13
	无缺口	40	30	50	85	70	55
热变形温度/℃		260	260	260			260
燃烧性		V-0	V-0	V-0			V-0
焊接强度/MPa				70	50	75	80
成型收缩率(FD)/%		0.25	0.20	0.20			0.20
体积电阻率/Ω·cm				1×10^{16}			1×10^{16}

三、应用

PPS可应用于汽车工业、化学工业、机械工业、电子电器工业、航空航天工业。

第九节　聚酰亚胺

一、简介

聚酰亚胺(PI)是含氮环状结构的耐热树脂，其分子结构中含有酰亚氨基$\left[\begin{array}{c}-CO\\ N-\\ -CO\end{array}\right]$，由于分子结构的不同，有热固性、热塑性和改性聚酰亚胺三类产品。改性聚酰亚胺又称共聚型聚酰亚胺，品种繁多，如聚酰胺-酰亚胺(PAI)、聚酯-酰亚胺、聚酰胺-亚胺、聚酯酰胺-亚胺、聚双马来酰亚胺、含氟聚酰亚胺及混合型聚酰亚胺等，以聚酰胺-酰亚胺用途最广，产量亦最大。

二、主要性能与应用

聚酰亚胺的牌号、性能、成型工艺与用途见表3-44～表3-46。

表 3-44 聚酰亚胺的特征、成型工艺与用途

项目	热固性聚酰亚胺	热塑性聚酰亚胺	聚酰胺-酰亚胺
性能	1. 深褐色不透明固体 2. 力学性能、耐疲劳性好,有良好的自润滑性、耐磨耗性,摩擦系数小且不受湿度、温度的影响,冲击强度高,但对缺口敏感 3. 耐热性优异,可在 $-269 \sim 300$℃长期使用,热变形温度高达343℃ 4. 耐辐射,不冷流,不开裂,电绝缘性优异,阻燃 5. 成型收缩率、线膨胀系数小,尺寸稳定性好,吸水率低 6. 化学稳定性好,耐臭氧,耐细菌侵蚀,耐溶剂性好,但易受碱、吡啶等侵蚀 7. 成型加工困难	1. 琥珀色固体 2. 耐热性好,可在 $-193 \sim 230$℃长期使用,玻璃化温度为 $270 \sim 280$℃ 3. 其他性能与热固性聚酰亚胺相似	1. 力学性能、耐磨性优异,性脆,对缺口敏感,加入石墨、MoS_2、青铜后有自润滑性,耐蠕变性好 2. 耐热、耐寒性是塑料中最佳者,可在 $-250 \sim 300$℃长期使用 3. 耐辐射性为塑料之冠,可耐 10^9 伦琴 4. 电性能优异,介电强度高,介质常数和介电损耗低,耐电晕放电 5. 高温下透气率很低,难燃,自熄,是富氧、纯氧下工作的理想非金属材料 6. 价格贵,成型困难
成型方法	可模压、流延成膜、浸渍、浇注、涂覆、机加工、粘接、发泡	可注射、挤出、模压、传递模塑、涂覆、发泡、粘接、机加工、焊接	可浸渍、涂覆、模压、层合、发泡、粘接
应用	可制成薄膜、增强塑料、泡沫塑料、耐高温自润滑轴承、压缩机活塞环、密封圈、电器业的电动机、变压器线圈绝缘层和槽衬,与PTFE复合膜用作航空电缆、集成电路、可挠性印刷电路板、插座 泡沫制品用作保温防火材料、飞行器防辐射、耐磨的遮蔽材料、高能量的吸收材料和电绝缘材料	作精密耐磨材料、耐辐射材料、耐高温绝缘材料,以及与热固性聚酰亚胺相同的用途 可与PTFE、炭黑共混制作高压高速压缩机的无油润滑材料,可用玻璃纤维增强	可制成薄膜、漆包线、涂料、纤维、黏合剂、增强塑料、泡沫塑料等,产品用于高温、高真空、强辐射、超低温条件;模制品用作航空器部件、压缩机叶轮、阀座、活塞环、喷气发动机供燃系统零件;薄膜用于电机、电缆、电容器、薄层电路、录音带,泡沫塑料用于航空、宇航防火、隔音、吸收能量、绝缘方面

表 3-45 江苏徐州造漆厂双醚酐型聚酰亚胺的牌号、性能、特性与应用

牌号	表观密度 /(g/cm³)	熔体流动速率 /[g/(10min)]	特性	应用
RY-101	0.31		浅黄色粉末,可模压成型	可用于制造宇航、原子能工业的密封件、电子工业件
RY-102	0.31	5~10	浅黄色粉末,可注射成型	可用于制造活塞环、密封圈、电子工业件
RY-102	0.82	1~5	琥珀色、透明粒子,可挤出成型	可用于制备宇航、原子能工业的型材、管、棒

表 3-46 上海合成树脂研究所 PI 及其共聚物的性能与应用

牌号	拉伸强度 /MPa	冲击强度 /(kJ/m²)	热变形温度 (1.82MPa)/℃	熔体流动速率 /[g/(10min)]	特性	应用
PEI-P	106~131	140	200	0.1~3.0	聚醚酰亚胺,耐高温、高强度,低翘曲,可注射、挤出或吹塑成型	可用于制备汽车热交换器、轴承、电绝缘件和兵器工业中的火箭引芯风帽、防弹衣等
EPEI-P-20G	168	27.8	206.5	1.42	可熔体聚醚酰亚胺,玻璃纤维含量10%,耐高温,可注射或挤出成型	可用于制造耐高温结构部件
YB10	500				NA基封端型,深红棕色,耐高温,高强度,绝缘性好,可层压成型	可用于制造耐高温、高强度构件
YS12	130		280		单醚酐型,棕色模塑料,低蠕变,高耐磨性,疲劳强度高,抗辐射,透明性好,可模压成型	可用于制造轴承、轴套、叶片
YS12S	120	20	280		单醚酐型,石墨含量15%,黑色模塑料,耐磨抗疲劳,抗辐射,可模压成型	可用于制造轴承、轴套、阀座、电子件
YS20	180	100			单醚酐型,浅黄色粉末模塑料,可模压或层压成型	可用于制造薄膜、压缩机叶片、活塞环、密封圈、自润滑轴承、轴套

第十节 聚砜类塑料

一、主要品种

聚砜（polysulfone，PSF）是一类在主链中含有砜基和芳核的高分子化合物。

较广泛应用的三种聚砜类塑料为双酚A聚砜、聚芳砜和聚醚砜。

双酚A聚砜具有较好的综合性能，热变形温度170℃，长期使用温度150℃，且易于加工成型。

聚芳砜具有特殊的耐热性，热变形温度270℃，长期使用温度240～260℃。但是由于其分子结构中含有联苯链节，故流动性差，加工困难。

聚醚砜亦具有优良的耐热性，热变形温度210℃，长期使用温度180～200℃，且可用普通注射成型机加工成型。

双酚A聚砜可制作高强度、耐高温和尺寸稳定的机械零件；聚芳砜适用于耐高低温的电器绝缘件和耐高温高压的机械零件；聚醚砜可制作高强度的机械零件和耐摩擦零件。

二、双酚A聚砜

双酚A聚砜（bisphenol-A polysulfone）又简称聚砜，其结构式为：

$$\left[\begin{array}{c} \end{array} \right]_n$$

1. 基本性能

（1）识别特征　聚砜为透明琥珀色或不透明象牙色的固体塑料。难燃，离火后自熄，且冒黄褐色烟，燃烧时熔融而带有橡胶焦味。

（2）力学性能　聚砜具有高弹性率、高拉伸强度。脆化温度达−101℃，热变形温度为（1.86MPa）174℃。经过2年时间其性能无变化。

（3）电性能　它具有卓越的电气性能，使用温度、频率范围宽，介电常数稳定，介电损耗角正切小，适于制作电子电器产品的PCB片状电容器线圈、接插件等。

（4）耐药品性　它可在苛刻环境中制造设备的耐磨蚀衬里，可耐碱、无机盐溶液腐蚀。对于洗涤液碳水化合物在高温条件下使用效果很好。但对极性有机溶剂应注意。

（5）耐水性、耐蒸汽性　它可以长期耐沸水和蒸汽。用它制造的各种零部件可反复用蒸汽消毒，反复进行自动洗涤，其物性、表面光泽度不会降低。利用以上特性可代替玻璃和金属制造医疗器械、食品加工机械等。

（6）耐蠕变性　聚砜的耐蠕变性能优异，即使在高温下也同样具有高的耐蠕变性。

聚砜性能（国外以美国LNP公司为代表，国内列举几家公司）见表3-47～表3-49。

2. 成型加工工艺

聚砜在成型过程中剪切速度不敏感，黏度较高，熔融流动中的分子定向较低，易获得均匀的制品。聚砜易进行规格和形状的调整，适合于挤出成型的异型制品。

聚合物的黏度与温度的关系：在高温时黏度都较高，其斜度PSF与PS相一致。在成型加工时可以调整螺筒与模具的温度控制其流动性。故PSF可采用与PC加工成型同样的挤出机、注射机和模具便可获得较好的PSF制品。

表 3-47　美国 LNP 公司玻璃纤维增强聚砜（LNP）的性能

项目		测试方法（ASTM）	GF1004（20%玻璃纤维）	GF1006（30%玻璃纤维）	GF-1006FR（30%玻璃纤维）	GL-4030（15%聚四氟乙烯）
模塑收缩率/%		D955	0.3～0.4	0.2～0.3	0.25	
熔融温度/℃			385	385		385
相对密度		D792	1.38	1.45	1.46	1.37
吸水性/%	方法 A	D670	0.20	0.20	0.20	0.15
	方法 D		0.60	0.50		0.38
拉伸强度/MPa		D638	103	124	121	159
断裂伸长率/%		D638	3.0	3.0		2～3
弯曲强度/MPa		D790	145	165	165	221
弯曲弹性模量/GPa		D790	5.9	8.3	8.3	13.8
洛氏硬度(方法 A)		D785	M92 L107	M92 L108		
悬臂梁冲击强度(缺口)/(kJ/m²)		D256	2.73	3.78	2.73	2.52
热变形温度/℃	0.455MPa	D648	188	191		191
	1.82MPa		182	185	185	185
最高使用温度/℃			149	149		149
线膨胀系数/K⁻¹		D696	1.7×10^{-5}	1.4×10^{-5}	1.4×10^{-5}	0.6×10^{-5}
燃烧值(O_2值)/%		D2863		35.0	39.5	
介电强度/(kV/mm)		D149		0.48	0.48	
相对介电常数(60Hz)		D150		3.55	3.65	
体积电阻率/Ω·cm		D257		10^{17}		
介电损耗角正切(60Hz)		D150		1.9×10^{-3}	2×10^{-3}	

表 3-48　国产聚砜性能

项目	上海曙光化工厂 S-100	大连塑料一厂 P7301	天津合成材料厂
相对密度	1.24	1.24	1.24
吸水性/%	<0.1	0.22～0.24	0.25
模塑收缩率/%	0.6～0.8	0.50～0.70	
拉伸强度/MPa	≥50	75～80	>70
弯曲强度/MPa	≥120	110～120	>100
冲击强度/(kJ/m²)	≥370	300～500	>100
压缩强度/MPa	≥85	80～90	>100
剪切强度/MPa	≥45		
拉伸弹性模量/GPa	≥2.5	2.0～2.5	
弯曲弹性模量/GPa		2.5～2.9	
布氏硬度/MPa	≥10	10～12	20
维卡耐热温度/℃	170～180		
马丁耐热温度/℃		145～155	170
热变形温度/℃	≥150	174	
长期使用温度/℃		150	
脆化温度/℃		100	
线膨胀系数/K⁻¹	5×10^{-5}	5×10^{-5}	
介电强度/(kV/mm)	≥15	15	20
体积电阻率/Ω·cm	1×10^{16}	1×10^{16}	1.5×10^{17}
表面电阻率/Ω	1×10^{15}	1×10^{16}	1×10^{17}
相对介电常数(1MHz)	3	3	3.4
介电损耗角正切(1MHz)	10^{-3}	6×10^{-3}	4.5×10^{-3}

表 3-49 国产玻璃纤维增强聚砜性能

项 目	上海曙光化工厂 S-215	项 目	上海曙光化工厂 S-215
相对密度	1.45	布氏硬度/MPa	≥10
收缩率/%	0.3~0.5	热变形温度/℃	≥165
冲击强度/(kJ/m²)	≥70	线膨胀系数/K^{-1}	5×10^{-5}
弯曲强度/MPa	≥140	相对介电常数(1MHz)	3
拉伸强度/MPa	≥80	介电强度/(kV/mm)	≥15
压缩强度/MPa	>90	体积电阻率/Ω·cm	$\geq 1\times10^{16}$
剪切强度/MPa	>45	介电损耗角正切(1MHz)	1×10^{-13}
拉伸弹性模量/GPa	3		

聚砜可采用注射、挤出、模压等方法成型加工。但是聚砜具有熔融黏度大、熔融温度高、分子链较刚硬、冷流性小等特点。最好采用长径比大的螺杆注射机，一般小制品也可用活塞式注射机。成型工艺条件见表 3-50~表 3-52。

表 3-50 聚砜注射成型工艺条件

项 目	数 值	项 目	数 值
树脂干燥	烘箱130℃,1h 鼓风烘箱120~140℃,10h 以上	喷嘴温度/℃ 模具温度/℃	270~300 100~120
料筒温度/℃	280~310	注射压力/MPa	117~135

表 3-51 聚砜挤出工艺条件

项 目	数 值	项 目	数 值
树脂干燥	鼓风烘箱120~130℃,10h 以上	长径比	20:1
螺杆直径/mm	65	料筒温度/℃	270~300
压缩比	(2.3~2.5):1	机头温度/℃	260~280

表 3-52 聚砜吹塑工艺条件

项 目	数 值	项 目	数 值
树脂干燥	鼓风烘箱120~130℃,10h 以上	模具温度/℃	90~110
螺杆压缩比	(2.0~2.5):1	吹塑压力/MPa	1~2
料筒温度/℃	270		

3. 应用

聚砜在耐高温和其他性能方面均能取代多种塑料，也可代替玻璃和金属（如不锈钢、黄铜、镍），其优点是质轻，且成本低。

聚砜广泛应用于电器电子领域、汽车及航空领域、食品加工领域和医疗器械领域，此外，它还适于制作工艺装置和清洁设备管道、蒸汽盘、波导设备元件、水加热器汲取管、教学监视箱、摄影箱、毛发干燥器、衣服蒸汽发生器、热发泡分散器、污染设备及过滤隔膜和罩等。

三、聚醚砜

1. 基本性能

聚醚砜（PES）分子是由醚键和砜基与苯基交互连接而构成的线型大分子。聚醚砜的耐热性及刚性要比聚砜（双酚 A）好得多。

（1）热性能 PES 的耐热性高，其玻璃化温度为 225℃，热变形温度高于 203℃，在 200℃时力学性能不发生变化。其中弯曲模量与温度的关系：PES 随温度上升，弯曲模量逐渐降低，而非结晶的 PES 即使达到它的玻璃化温度时其弯曲模量仍保持不变，而且在高温时其蠕变性、尺寸稳定性优良。用玻璃纤维增强 PES 在 180℃下拉伸强度与应力应变关系：加入 30%玻璃纤维增强后在 200℃高负荷下，4 个月变形为 0.005%以下。由此可推算出：

PES 拉伸强度下降至一半时，在 180℃下可使用 20 年；在 200℃下，可使用 5 年。故可推定 PES 的长期使用温度为 180℃，若加入 30％玻璃纤维增强后可为 190℃。另外它的耐低温性可达到 -150℃时制品不会脆裂。

(2) 力学性能　PES 的机械强度在热塑性塑料中是属于高的，如拉伸强度达 86MPa，弯曲强度弹性模量为 2700MPa，断裂伸长率为 80％，冲击强度（无缺口）为 93kJ/m²。

(3) 难燃性　PES 本身具有不燃性，如用厚 0.5mm 的试样进行试验，可达到 UL94 V-0 级标准。它不仅难燃而且在强制燃烧时，发烟量也很少。

(4) 耐药品性　PES 耐酸、碱等无机药品及溶液性能优良，对有机溶剂视具体情况而定。

PES 与其热塑性塑料一样，在成型时由于有残留应力，在受到外力作用和温度时会受到影响。经试验这种残留应力在 200℃以下尚不会出现问题，大于 200℃时将会引起破裂，因此在高温耐药品性环境中应采用玻璃纤维增强的 PES。

(5) 电性能　PES 具有优异的电性能，在 200℃时仍是一种性能稳定耐热型的绝缘材料。

聚醚砜的典型性能见表 3-53。

表 3-53　聚醚砜的性能

项　目		Ultrason E3010 纯料	Ultrason E1010G6 30％玻璃纤维	Ultrason KR4101 30％无机填料
密度/(g/cm³)		1.37	1.6	1.62
平衡吸水率(23℃)/％		2.1	1.5	1.5
拉伸强度/MPa		92	155	92
断裂伸长率/％		15～40	2.1	4.1
拉伸弹性模量/GPa		2.9	10.9	4.8
弯曲强度/MPa		130	201	148
弯曲弹性模量/GPa		2.6	9.2	4.9
悬臂梁冲击强度/(J/m)	缺口	78	90	21
	无缺口	不断	432	411
洛氏硬度(M)		85	97	84
T_g/℃		220		
热变形温度(1.84MPa)/℃		195	215	206
线膨胀系数/K⁻¹		3.1×10^{-5}	1.2×10^{-5}	1.7×10^{-5}
氧指数/％		38	46	44
体积电阻率/Ω·cm		$>10^{16}$	$>10^{16}$	$>10^{16}$
表面电阻率/Ω		$>10^{14}$	$>10^{14}$	$>10^{14}$
相对介电常数(1MHz)		3.5	4.1	4.0
介电损耗角正切		0.011	0.01	0.01

2. 成型加工工艺

PES 的成型工艺方法为注射、挤出、吹塑、压制等，也适于用熔融浇注或涂层工艺。现以注射成型工艺条件为例加以说明。

① 树脂需预干燥，干燥条件为 150℃、3h。
② 成型温度，螺筒为 330～370℃，机头为 350～380℃。
③ 模具温度为 140～160℃。
④ 注射压力为 70～150MPa。
⑤ 保压压力为 50～100MPa。

⑥ 注射速度为中速或高速。
⑦ 螺杆转速为 30～80r/min。
⑧ 一般不用脱模剂，必要时须用氟塑料系列耐高温的脱模剂。

3. 应用

PES 主要用于电子电器工业，汽车、机械行业，照明、光学等精密仪器行业，航空航天行业，此外，也用于制作医疗器械、化工设备、给水设备、过滤膜及框架的涂层（电镀层）等。

四、聚芳砜

1. 基本性能

聚芳砜（PASF）分子是由砜基、醚键相互与联苯基连接而成的线型大分子。主链上引入了高刚性的联苯基，大分子的刚性和稳定性比前两类聚砜高，材料的耐热性、熔体黏度也比前两类聚砜高。

识别特征如下。

（1）聚芳砜为透明琥珀色固体。与双酚 A 聚砜相比，聚芳砜稍重，热变形温度和连续使用温度均高出 100℃左右。

（2）高温强韧性和低温冲击强度、刚性、耐磨性等都好。

（3）耐燃性、抗氧化稳定性、耐低温性等突出，可在 -196～260℃长期工作。

（4）耐燃、自熄性、耐水解性、耐辐射性等优良。

（5）电绝缘性超过 H 级。

（6）化学稳定性好，耐碱、无机酸、烃类、燃料油、氟利昂等。

（7）熔体黏度大，成型性差。

国内生产厂家有吉林大学、长春应用化学所、苏州树脂厂，其产品性能见表 3-54。

国外生产厂家有美国 3M 公司。3M 公司产品性能见表 3-55、表 3-56。

表 3-54 国产聚芳砜的性能

项目		PAS360[①]	GF PAS360[②]
拉伸强度/MPa	室温	94	190.8
	260℃,900h	71.4	
冲击强度/(kJ/m^2)		>100	126.3
热分解温度/℃		460	
表面电阻率/Ω		5.7×10^{15}	1.57×10^{15}
体积电阻率/Ω·m		3.4×10^{16}	2.82×10^{15}
压缩强度/MPa		150	367.2
弯曲强度/MPa		>140	346
伸长率/%		7～10	
马丁耐热温度/℃		242	
热变形温度/℃		300	
热失重温度/℃		450	
相对介电常数(1MHz)		4.77	2.68
介电强度/(kV/mm)		84.6	27[③]
介电损耗角正切(1MHz)		6.5×10^{-3}	5×10^{-2}
燃烧性		自熄	
红外透光率/%		1.5～4	

① 吉林大学化学所产品。
② 苏州树脂厂增强聚芳砜。
③ 90℃测定。

表 3-55　美国 3M 公司 Astrel 360 的性能

项目		数值	项目		数值
相对密度		1.36	压缩弹性模量/GPa		2.4
吸水性/%		1.8	弯曲弹性模量/GPa	23℃	2.78
模塑收缩率/%		0.8		260℃	1.77
色泽		透明	伸长率/%	23℃	13
拉伸强度/MPa	23℃	91		260℃	7
	260℃	29.8	悬臂梁冲击强度(缺口)/(kJ/m)		0.163
压缩强度/MPa	23℃	126	洛氏硬度(M)		110
	260℃	52.8	Taber 磨耗/(mg/1000 次)		40
弯曲强度/MPa	23℃	121	玻璃化温度/℃		288
	260℃	62.7	热变形温度(1.82MPa)/℃		274
拉伸弹性模量/GPa		2.6			

表 3-56　美国 3M 公司 Astrel 380 薄膜性能

项目		数值	项目		数值
色泽		透明	热变形温度/℃		315
形态		无定形	可燃性		自熄
相对密度		1.35	吸水性/%		2.1
玻璃化温度/℃		310	相对介电常数(100Hz)		3.85
拉伸强度/MPa	未定向	91	介电损耗角正切	23℃,100Hz	4×10^{-3}
	定向	126		200℃,100Hz	9×10^{-3}
断裂伸长率/%	未定向	10	介电强度/(kV/mm)	室温	128
	定向	50		200℃	112
拉伸弹性模量/GPa		2.1			

2. 成型加工工艺

(1) 成型加工　成型前应在 135℃下干燥 3～5h。主要用模压、流延、浸渍、层合工艺；也可用注射、挤出、涂覆、电镀、粘接、印刷等成型工艺。表 3-57～表 3-60 示出聚芳砜的典型工艺条件。注射制品应在 160℃热空气中处理。

(2) 薄膜成型　薄膜成型方法是将固体含量为 40% 的硝基苯溶液，用二甲基酰胺或 N-甲基吡咯烷酮稀释到固体含量为 20%，在高温流延机上直接成膜（温度 200～250℃）。或者将经过沉淀、洗涤、干燥后的聚芳砜配成 20% 的溶液再成膜。

表 3-57　聚芳砜的干燥条件

工艺参数	数值
温度与时间	150℃,10～16h；或 205℃,6h；或 260℃,3h
备注	若物料干燥不充分，制品表面出现银斑或内部留有微小气孔

表 3-58　聚芳砜的模压工艺条件

工艺参数	数值	工艺参数	数值
模具温度/℃	360～380	卸模温度/℃	260
成型压力/MPa	7～14		

表 3-59 聚芳砜的注射工艺条件

工艺参数	数 值	工艺参数	数 值
模筒温度/℃	315~410	注射压力/MPa	140~280
模具温度/℃	230~260	成型周期/s	15~40

表 3-60 聚芳砜的挤出工艺条件

工艺参数		数 值	工艺参数	数 值
模筒温度/℃	后部	230~260	口模温度/℃	340~410
	中部	260~315	螺杆转速/(r/min)	20~90
	前部	315~340		

3. 应用

聚芳砜主要用作耐高温结构材料,如高速喷气机的机械零件,电器工业作耐高低温的 H 级绝缘材料、线圈骨架、印刷线路板、耐高温电容器、集成电路元件、电线涂覆等;还可作胶黏剂、涂料、纤维。聚芳砜加氟乙烯、石墨等作耐高温、耐磨结构材料,如高载荷轴承等,加云母后作高级绝缘材料,玻璃纤维增强层合塑料作耐高温结构材料。

第十一节 聚醚醚酮

一、简介

聚酮类塑料是指化学结构中带有醚、酮键的一类高分子材料。现已工业化生产的品种主要有聚醚醚酮(PEEK)、聚醚酮(PEK)、聚醚酮酮(PEKK)和酚酞型聚醚醚酮(PEEK-C)等。其中应用较为广泛、使用价值较高的只有 PEEK。本书仅对 PEEK 加以介绍。

聚醚醚酮(PEEK)的化学结构为:

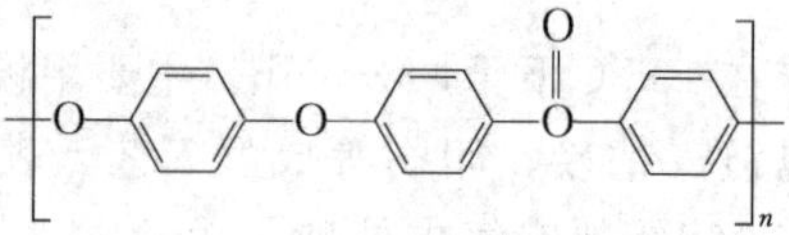

它是一种综合性能优良的结晶型耐高温热塑性工程塑料,也是聚芳醚酮类聚合物的一种。其长期的连续工作温度为 240℃,可在 200℃蒸汽中使用,且质地柔韧,冲击性能和伸长率优异,耐腐蚀、耐辐射、自熄性优良,燃烧时烟雾密度低,电性能优良。已在航空航天工业、原子能工业、武器装备和高尖端技术中应用。

二、主要性能

聚醚醚酮(PEEK)是高结晶型的芳香族线型热塑性工程塑料,它兼具芳香族热固性塑料的耐热性、化学稳定性及热塑性塑料的易加工性的特点,其综合性能优良,在常温下的机械强度高,但因其 T_g 仅 145℃,故在 T_g 温度处强度急剧下降,若以玻璃纤维、碳纤维、石墨、芳纶等增强则可在高温下使用,在 240℃下其强度几乎不变。

PEEK 的耐蠕变性、抗疲劳性、耐磨性优,热分解温度为 520℃,故长期使用温度为 240℃,其合金可耐 310℃,碳纤维增强 PEEK 为 300℃以上,耐热水、耐辐射性、耐化学性极好。PEEK 是聚醚酮类用量很大的一种。

PEEK 的性能与应用见表 3-61~表 3-64。

表 3-61 吉林大学 PEEK 树脂主要性能

项目	指标	项目	指标
相对密度	1.32	长期使用温度/℃	250
T_g/℃	143	相对介电常数(1MHz)	3.2~3.3
T_m/℃	334	介电损耗因数(1MHz)	0.0033
拉伸强度/MPa	94	体积电阻率/Ω·cm	10^{16}
弯曲强度/MPa	145	阻燃性(UL94)	V-0

表 3-62 湖北省化学研究所聚醚醚酮的性能

项目		测试方法	数值
相对密度		GB/T 1033—1986	1.26
吸水性/%		GB/T 1034—1998	0.60
吸油率/%			0.22
拉伸强度/MPa	常温	GB/T 1040—1992	86.3
	150℃		37.1
热分解温度(失重 5%)/℃		TMI-A 型天平,流动空气中	500
体积电阻率/Ω·cm		GB/T 1410—1989	$5×10^{16}$
介电强度/(kV/mm)		GB/T 1408.1—1999	51.3
相对介电常数(1MHz)		GB/T 1409—1988	2.18
介电损耗因数(100kHz)		GB/T 1409—1988	$1.72×10^{-2}$

表 3-63 英国帝国化学工业公司聚醚醚酮的性能

项目		数值	项目		数值
熔点/℃		334	冲击强度(缺口,摆锤式,25℃, 2.03mm)/(kJ/m)		1.387
玻璃化温度/℃		143			
结晶度(最大)/%		48	拉伸强度/MPa	缺口 0.254mm	33.8
相对密度(完全结晶)		1.32		缺口 0.508mm	33.8
吸水性/%		0.15		缺口 1.016mm	33.8
熔体黏度(400℃)/Pa·s		450~550		缺口 2.032mm	33.8
熔融热稳定性(400℃,1h,黏度变化)/%		<10	介电强度/(kV/mm)	薄膜(厚度 50μm)	16~21
拉伸强度/MPa		100		被覆电线(20℃,水中)	19
断裂伸长率/%		150	相对介电常数(1MHz)	50~10GHz,0~150℃	3.2~3.3
拉伸弹性模量/MPa	150℃	1000		50Hz,200℃	4.5
	180℃	400	体积电阻率(被覆电线,25℃,水中)/Ω·cm		$1×10^{13}$
弯曲弹性模量/GPa		3.5			

表 3-64 英国帝国化学工业公司晶型聚醚醚酮的性能

项目		数值	项目		数值
拉伸强度/MPa	23℃	91	蠕变/%	10MPa,150℃,7d	1.73
	100℃	66		5MPa,180℃,7d	1.70
	150℃	34	Taber 磨耗/(g/1000 转)		$6×10^{-3}$
弯曲弹性模量/GPa	23℃	3.9	模塑收缩率/%		1.1
	100℃	3.0	热变形温度(1.8MPa)/℃		148
	150℃	2.0	断裂伸长率/%		150

三、应用

PEEK 主要用作高性能增强塑料、挤出成型制品（电磁线、薄膜、纤维等）、注射成型制品（耐磨材料、电子电器制品、热水设备等）、粉末喷涂制品、加工成型制品等。

第十二节 聚 芳 酯

一、PAR 树脂

聚芳酯（PAR）又称 U-聚合物，是由对（间）苯二甲酰氯与双酚 A 缩聚而成。其结构为：

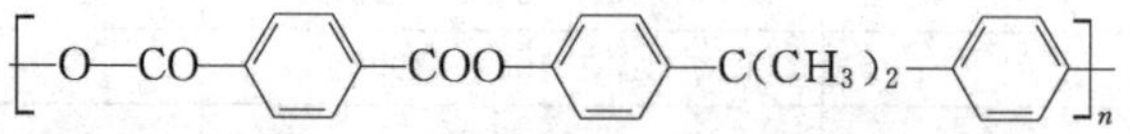

$$\left[-O-CO-\bigcirc\!\!\!-COO-\bigcirc\!\!\!-C(CH_3)_2-\bigcirc\!\!\!- \right]_n$$

1973 年，日本尤尼崎卡公司首先研制成功聚苯二甲酸双酚 A 型聚芳酯，商品名为 U-聚合物。1979 年，拜耳公司研制成功商品名为 APE 的聚芳酯。其他公司如通用电气公司、胡克公司和坦金（Teijin）公司也在从事于相同或相类似的聚芳酯开发工作。

1961 年，我国沈阳化工研究院开始研究聚芳酯，1966 年完成小试工艺研究。20 世纪 60 年代初期中国科学院化学研究所曾进行过探索性研究。20 世纪 60 年代中期，广州化工研究所进行过研究并做好扩大性试验。而后，由晨光化工研究院将其实现年产 26t 工业化生产。

PAR 结构与 PC 相似，其性能大体一样，但结构的差别也使 PAR 耐热性更好（T_g 为 193℃），且耐紫外线性、耐蠕变性优异，其基本性能特点如下。

① 为无定形、透明的、白色或浅黄色颗粒或粉末。
② 热稳定温度高，其分解温度高达 430℃。
③ 耐燃、耐焰，具有自熄性，燃烧时发烟量少，无毒。
④ 化学稳定性好；耐碱性、芳烃、酮类溶剂等性较差，不耐浓硫酸，可溶于卤代烃和酚类溶剂等。
⑤ 吸水性小，但耐热性差。

PAR 的性能见表 3-65～表 3-67。

二、增强 PAR 塑料

1. 主要品种与性能

（1）玻璃纤维增强系列　该系列产品是向 U-100 中添加玻璃纤维从而提高硬度和抗蠕变性能，并获得优异的尺寸稳定性。

（2）摩擦改良系列　U-聚合物没有聚甲醛、尼龙等的自润滑性。如分别向 U-100 和 X-1500 中添加氟树脂生成 L-品级和 AXF-品级合金，可较大幅度提高材料的耐摩擦和耐磨损性，应用实例如 CD 播放机的支架和伸展弹簧等。

表 3-65　国产聚芳酯的性能（晨光化工研究院）

项目	数值
外观	白色粉末或浅黄色粒料
相对密度	1.20
拉伸强度/MPa	>65

表 3-66 德国聚芳酯的性能

项目		测试方法	APE KL 1-9300
冲击强度/(kJ/m²)	无缺口	DIN 53453	不破裂
	缺口		22
悬臂梁冲击强度(缺口,3.2mm)/(J/m)		ISO-R180	280
极限弯曲强度/MPa		EN 20178—1994	62
弯曲弹性模量/GPa		ENISO 178	2.3
屈服拉伸强度/MPa		EN 20527	70
屈服伸长率/%		EN 20527	9
断裂拉伸强度/MPa		EN 20527	62
断裂伸长率/%		EN 20527	56
拉伸弹性模量/GPa		ENISO 178	2.1
球压硬度(H30)/MPa		DINISO 2039	110
维卡软化温度/℃			188
热变形温度(1.8MPa)/℃		ISO-75	165
体积电阻率/Ω·cm		VDE0303/3	$>10^{16}$
表面电阻率/Ω		VDE0303/3	$>10^{13}$
介电强度/(kV/mm)		VDE0303/3	>30
相对介电常数	50Hz	VDE0303/4	3.4
	1kHz		3.4
	1MHz		3.2
介电损耗因数	50Hz	VDE0303/4	2.4×10^{-3}
	1kHz		4×10^{-3}
	1MHz		17×10^{-3}
抗电弧径迹性/(kHz/F)		VDE0303-1	225

表 3-67 日本聚芳酯的性能

项目	测试方法(ASTM)	U-100	U-1060	U-4015	U-8000
相对密度	D792	1.21	1.21	1.24	1.26
拉伸强度/MPa	D638	72	75	83	73
裂断伸长率/%	D638	50	62	63	95
弯曲强度/MPa	D790	97	95	115	113
弯曲弹性模量/GPa	D790	1.88	1.88	2.01	1.90
压缩强度/MPa	D695	96	96	98	98
悬臂梁冲击强度(缺口3.175mm)/(kJ/m)	D256	0.30	0.38	0.35	0.32
拉伸蠕变变形速率(10.5MPa,100℃,24h)/%		1.7	1.8	1.9	
Taber磨耗/(mg/1000转)	D1044	6	6		
洛氏硬度	D785	125	125	124	125
热变形温度(1.86MPa)/℃	D648	175	164	132	110
阻燃性	D635	自熄	自熄	自熄	自熄
体积电阻率/Ω·cm	D257	2×10^{16}	2×10^{16}	2×10^{16}	2×10^{16}
耐电弧性/s	D495	129	129	120	123
相对介电常数(1MHz)	D150	3	3	3	3
介电损耗因数(60Hz)	D150	1.5×10^{-2}	1.5×10^{-2}	1.5×10^{-2}	1.5×10^{-2}
模塑收缩率/%	D1239	0.8	0.8	0.8	1.0

（3）精密成型系列　以 U-8400 为基础，用特殊的矿物填料增强的材料，可以同时满足高刚性、低翘曲、低各向异性、高平滑性、高正圆度等要求。主要应用于照相机的镜筒、薄膜压板、钟表齿轮、文字盘、复印机的进纸器以及 FDD 夹具等。

增强 PAR 的性能见表 3-68、表 3-69。

表 3-68　日本玻璃纤维增强聚芳酯（UG 系列和 AX 系列）的性能比较

项　目	UG-100-30	UG-1060-30	UG-4015-30	UG-8000-30	AX-1500-20	AXNG-1502-20	AXNG-1500-20
相对密度	1.44	1.44	1.45	1.46	1.31	1.33	1.51
吸水性/%	0.24	0.23	0.18	0.13	0.65	0.65	0.60
拉伸强度/MPa	135	138	140	144	130	125	125
断裂伸长率/%	2.5	2.5	2.4	2.3	9	7	7
弯曲强度/MPa	136	138	150	156	150	140	140
弯曲弹性模量/GPa	5.8	5.9	6.5	7.5	5.8	6.2	7.3
悬臂梁冲击强度（缺口）/(kJ/m)	100	110	110	130	60	50	50
热变形温度/℃	180	169	141	121	175	170	165
体积电阻率/Ω·cm	4.6×10^{16}	4.6×10^{16}	4.0×10^{16}	2.8×10^{16}	10^{14}	10^{14}	10^{14}
相对介电常数（1MHz）	3.0	3.0	3.0	3.0	3.6	3.6	3.6
介电损耗因数（1MHz）	1.5×10^{-2}	1.5×10^{-2}	1.5×10^{-2}	1.5×10^{-2}	4×10^{-2}	4×10^{-2}	4×10^{-2}
介电强度/(kV/mm)	35	41	32	40	30	25	25
阻燃性（UL94）	V-0	V-0	V-2	V-2	HB	V-2	V-0
模塑收缩率/%	0.3	0.3	0.3	0.3	0.4	0.4	0.4
线膨胀系数/K^{-1}	3.5×10^{-5}	3.5×10^{-5}	3.5×10^{-5}	3.5×10^{-5}	5.0×10^{-5}	5.0×10^{-5}	5.0×10^{-5}

表 3-69　西德增强聚芳酯 APE KL 1-9301 的性能

项　目		数　值	项　目	数　值
密度/(g/cm³)		1.44	断裂伸长率/%	3.9
冲击强度/(kJ/m²)	非缺口	40	拉伸弹性模量/GPa	6.9
	缺口	8	球压硬度(H30)/MPa	170
弯曲强度/MPa		66	线膨胀系数/K^{-1}	2.5×10^{-5}
弯曲弹性模量/GPa		7.8	维卡软化温度/℃	192
屈服拉伸强度/MPa		108	热变形温度(1.8MPa)/℃	183
断裂拉伸强度/MPa		107		

2. 加工性能

玻璃纤维增强聚芳酯的制造工艺流程与玻璃纤维增强聚碳酸酯基本相同。

增强聚芳酯可用注射、挤出等成型方法加工成管、板、薄膜以及各种制件。具体条件见表 3-70。

不同牌号的 U-聚合物，其注射温度和模具温度是不同的，详见表 3-71。

3. 应用

（1）电器零件　聚芳酯特别适用于耐热、耐燃和尺寸稳定性高的电器零件，如电极板、垫片、连接器、线圈架、继电器外壳、热敏电阻箱等。

(2) 机械零件 制作具有良好耐磨性的齿轮、衬套、轴承架等。
(3) 照明零件 可制成透明的白炽灯和荧光灯的夹具、灯罩,透明灯的照明器,汽车前灯的反光罩等。
(4) 医疗器材和包装材料 聚芳酯透明无毒且抗冲击,所以可制成眼药瓶,也可用于包装薄膜等。

表 3-70 增强聚芳酯注射成型条件

项 目		TS-5050	TS-7030	U-1060
粒料干燥	温度/℃	110~120	110~120	100~120
	时间/h	>12	>12	>6
料筒温度/℃	前部	310~330	340~360	330~350
	中部			330~350
	后部	280~290	290~300	230~250
模具温度/℃		120	120	120~140
注射速率				低~高
背压/MPa				6~12
注射压力/MPa		70~120	80~120	110~130
保持压力/MPa				50~110
成型周期/s				15~30

表 3-71 不同牌号 U-聚合物的注射成型温度

项 目	U-100	U-1060	U-4015	U-8000
料筒温度/℃	325~345	330~350	300~320	260~300
模具温度/℃	120~140	120~140	100~120	80~100

注:注射 U-聚合物制件必须注意,粒料必须预热干燥,U-100、U-1060 和 U-4015 干燥条件为 100~120℃、4~6h 或更长些;U-8000 的干燥条件为 80~100℃、6h 或更长些。加料漏斗温度为 80~100℃。

第十三节 液晶聚合物

液晶聚合物 (liquid crystal polymer, LCP) 有热熔性 LCP 和热致性 LCP。热熔性 LCP 多数用于纺丝,著名的芳纶 (Kevlar) 就是热熔性 LCP,可作为工程塑料应用的是热致性 LCP。

一、主要性能

液晶聚合物的外观一般为米黄色,也有呈白色的不透明的固体粉末。密度为 1.4~1.7g/cm^3。液晶聚合物具有高强度、高模量的力学性能,由于其结构特点而具有自增强性,因而不增强的液晶塑料即可达到甚至超过普通工程塑料用玻璃纤维增强后的机械强度及其模量的水平;如果用玻璃纤维、碳纤维等增强,更远远超过其他工程塑料。

液晶聚合物还具有优良的热稳定性、耐热性及耐化学药品性,对大多数塑料存在的蠕变缺点,液晶材料可忽略不计,而且耐磨、减摩性均优异。

Xydar 及 Ekonol 型 LCP 的热变形温度为 275~350℃,是目前热塑性塑料中热变形温度最高者之一。

液晶塑料热稳定性高。Xydar LCP 在空气中于 560℃分解。它耐锡焊,可在 320℃焊锡中浸渍 5min 无变化。

液晶塑料的耐候性、耐辐射性良好,具有优异的阻燃性,熄灭火焰后不再继续燃烧。其阻燃等级达到 UL94 V-0 级水平。Xydar LCP 是防火安全性最好的特种工程塑料之一。

LCP 还具有优良的电绝缘性能,突出的耐腐蚀性能。

LCP 的性能与应用见表 3-72～表 3-74。

表 3-72 LCP 产品分类(依耐热性分)

类型		热变形温度(1.86MPa)	适用范围	产品规格型号	竞争产品
I		300℃以上	超耐热	Xydar-RC,FC 系列 スミカスーパーE4000 系列 スミカスーパーE5000 系列	PEEK PA1,P1
II	a	240℃以上(安装耐热性 280℃,相当 10s 以上)	SMT 安装 (280℃,10s)	Xydar-300 系列,G,M スミカスーパーE6000 系列 Vectra 系列 ノパキユレート E345G30	PA-46 PSS 芳香族 PA
	b	200℃以上	一般安装 高强度(弹性率拉伸等) 精密成型(低黏度,低线性膨胀率)	Vectra A 系列 ロッドラン 5000 系列 ノパキユレート E335 UENO-LCP2000 系列	PBT POM PC PCT
III		200℃以下	高强度(弹性率拉伸等) 精密成型(低黏度,低线性膨胀率)	ノパキユレート E335,E322 ロッドラン 5000 系列 UENO-LCP1000 系列	

注:上述分类与以往的分类形式有所不同,与产品的基本结构无关,以热变形温度为标准。

表 3-73 日本产 LCP 的性能

牌号		E2008	E-6008	RC-210	HAG-140	HBG-140	A130	C-130	2030G
填料		石墨 40%	石墨 40%	玻璃纤维 30%	玻璃纤维 40%	玻璃纤维 30%	玻璃纤维 30%	玻璃纤维 30%	玻璃纤维 30%
密度/(g/cm³)		1.69	1.70	1.60	1.70	1.69	1.62	1.62	1.61
吸水性/%		0.02	0.02	<0.1	0.02	0.02	0.05		
拉伸强度/MPa		100	122	140	100	120	215	165	180
断裂伸长率/%		7.0	4.8	1.7	7.0	5.6	2.2	2.0	1.8
弯曲强度/MPa		108	116	160	100	142	255	220	210
弯曲弹性模量/GPa		1.03	1.15	1.36	1.08	1.36	1.5	1.4	1.35
悬臂梁冲击强度/(kJ/m)	缺口	0.05	0.06	0.11	0.05	0.06	0.14	0.12	0.15
	无缺口	0.20	0.25	0.62	0.20	0.30			
洛氏硬度		R104	R103	R77	R105	R101	M80		M82
线膨胀系数/K⁻¹		2.0×10^{-5}	1.3×10^{-5}	1.2×10^{-5}	1.5×10^{-5}	2.1×10^{-5}	0.3×10^{-5}		0.8×10^{-5}
体积电阻率/Ω·cm		10^{15}	10^{15}	11×10^{15}	10^{15}	10^{15}	3×10^{16}	3×10^{16}	10^{15}
相对介电常数(10^3Hz)		4.0	4.4		4.3	4.6	4.0	4.1	
介电损耗因数(10^3Hz)		0.009	0.022		0.014	0.023	0.019	0.018	
介电强度/(kV/mm)				25			24	23	
耐电弧性/s		136	130	188	135	130	137	131	

表 3-74 日本 LCP 产品的耐热等级（热变形温度,℃）

生产厂商	I >275	275~250	II 220~250	III <220	产品
日本石油化学	RC,FC,MG	G,M	MC-350		Xydar
住友化学工业	E5000 E4008	E6008	E7006L		スシカスーパ-LCP
聚合塑料		E130	A130 B130 C130		Vectra
三菱工程塑料			E345G30	E335G30	Novaccurate
尤尼崎卡			LC5000 系列	LC5030G	ロツドラソ
东丽			L201G	L204M	シベラン
杜邦	7130	6130,6330			Zenite
上野制药			2030G	1030G	UENO-LCP

二、加工特性

LCP 的成型温度高，因其品种不同，熔融温度在 300~425℃ 范围内。LCP 熔体黏度低，流动性好，与烯烃类塑料近似。LCP 具有极小的线膨胀系数，尺寸稳定性好。成型加工条件见表 3-75。

表 3-75 LCP 的成型加工条件

成型温度/℃	300~390	压缩比	2.5~4
模型温度/℃	100~260	成型收缩率/%	0.1~0.6
成型压力/MPa	7~100		

三、应用

LCP 可用于电子电器工业，可用于制作办公机械、精密仪器、汽车零部件等。

此外，Xydar LCP 和 Ekonol LCP 已经用于微波炉灶容器，这种炉灶要耐高低温，LCP 完全可以达到要求。还可以做印刷电路板、人造卫星电子部件、喷汽发动机零件、塑料容器、体育用品、胶片、纤维和医疗用品等。

新应用方面包括：可以加入高填充的液晶塑料作集成电路封装材料，以代替环氧树脂作线圈骨架的封装材料；作光纤电缆接头护套和高强度元件；代替陶瓷作化工用分离塔中的填充材料等。

LCP 还可以与聚砜、PBT、聚酰胺等塑料共混制成合金，制件成型后其力学强度高，以替代玻璃纤维增强的聚砜等塑料，既可提高力学性能，又可提高使用强度及化学稳定性等。目前正在研究将 LCP 用于宇航器外部的面板、汽车外装的制动系统等。

第四章 热固性塑料

热固性树脂是指在受热或在固化剂的作用下，能发生交联而变成不熔不溶状态的树脂。这种树脂在制造或加工过程中的某些阶段受热可以软化。而一旦固化，加热也不能使其再软化。在热固性树脂中添加增强材料、填料及各种助剂所制得的塑料称为热固性塑料。

热固性树脂及塑料的主要性能和用途见表4-1。

表4-1 热固性树脂及塑料的主要特性和用途

名　　称		特　　性	用　　途
酚醛树脂		电绝缘性能和力学性能良好，耐水性、耐酸性和耐烧蚀性能优良	用于制作电气绝缘制品、机械零件、黏结材料及涂料
环氧树脂		粘接性和力学性能优良，耐化学药品性（尤其是耐碱性）良好，电绝缘性能好，固化收缩率低，可在室温、接触压力下固化成型	用于制作力学性能要求高的机械零部件、电气绝缘制品、黏结剂和涂料
不饱和聚酯树脂		可在低压下固化成型，其玻璃纤维增强塑料具有优良的力学性能，良好的耐化学性和电绝缘性能，但固化收缩率较大	用于制作建材、结构材料、汽车、电器零件、纽扣，还可作涂料、胶泥等
有机硅树脂		耐热性和电绝缘性能优异，疏水性好，但力学性能差	用于制作电气绝缘材料、疏水剂、脱模剂等
聚氨酯		耐热、耐油、耐溶剂性好，强韧性、粘接性和弹性优良	用于制作隔热材料、缓冲材料、合成皮革、发泡制品
氨基树脂	脲醛树脂	本身为无色，着色性好，电绝缘性良好，但耐水性差	用于制作电器零件、食品器具、木材和胶合板用黏结剂
	三聚氰胺树脂	本身为无色，着色性好，硬度高，耐磨耗性良好，电绝缘性和耐电弧性优良	用于制作电器机械零件、化妆板、食器及黏结剂和涂料等

第一节 酚醛塑料

一、酚醛树脂

1. 主要品种

酚醛树脂是由苯酚、甲酚或二甲酚等酚类化合物与醛类化合物如甲醛缩聚而成，由于两种组分的配比和催化剂的不同，所得产品的性质和用途也不同。若以弱酸催化反应，则用于制备酚醛模塑料、线型酚醛清漆和聚氯乙烯、聚酰胺、丁腈橡胶、二甲基苯甲醛的改性酚醛树脂；若以氨催化，则用于酚醛石棉耐酸或酚醛棉纤维模塑料、酚醛层压塑料和苯胺改性酚醛模塑料；用氢氧化钠催化的，用于酚醛石棉、酚醛碎布和苯酚糠醛等的模塑料；而以氧化锌催化的则用于高邻位酚醛树脂、快速成型酚醛模塑料。通常所见的酚醛塑料是由苯酚和甲醛在盐酸、草酸、氨或氢氧化钠催化下缩聚而成的酚醛树脂，加上填料及其他添加剂配合而成。

2. 酚醛树脂的性能

酚醛树脂一经固化即具有网状结构，质地很硬，这是热固性树脂的通性。

(1) 物理性能　非填充的酚醛树脂呈微褐色透明状，但大多数是添加填料的制品，因而是不透明的。非填充树脂的相对密度为1.25～1.30，模塑料则为1.25～1.90。

(2) 力学性能　酚醛塑料的拉伸强度和压缩强度均高，但弯曲性能差，易被弯折断，且冲击强度较低，属脆性材料，加纤维状填料后可大幅度提高。

(3) 温度特性　酚醛树脂本身的温度特性较低，然而填料能影响材料的热性能。例如，填充石棉、玻璃纤维布的制品耐热性高，但加水粉填料的制品耐热性较差。

(4) 电气特性　酚醛树脂电气绝缘性良好，其介质损耗角正切较大。酚醛树脂的电气特性因填料种类的不同而有较大的变化。

(5) 化学特性　酚醛树脂稍受强碱与氧化性酸的侵蚀，几乎不受有机溶剂的侵蚀。酚醛树脂比环氧树脂与聚邻苯二甲酸二烯丙酯（DAP）等树脂容易吸湿，吸湿后电气绝缘性下降。

国内酚醛树脂的性能见表 4-2。

表 4-2　国内酚醛树脂的性能

指标名称	热固性酚醛树脂	热塑性酚醛树脂
外观	棕色黏稠液体至半固体	无色或微红色脆性固体
树脂黏度（25℃，涂 4 杯）/s	5～10	
游离酚含量/%	≤18	9
固含量/%	57～62	>95
凝胶时间	90～120s(160℃) 14～24min(130℃)	60～90s(150℃) (加入 14% 六亚甲基四胺)

3. 应用

含不同填料酚醛树脂的特性及用途见表 4-3。

表 4-3　含各种填料酚醛树脂的特性及用途

填料[①]	特性	用途
木粉	价格低廉 填料混合容易 耐热、耐水、收缩率大 电性能一般 成型性良好	电器零部件，箱与盒，因价廉用途广泛
亚硫酸盐纸浆	提高冲击强度 吸水率小，电气特性比木粉填料制品好	高级电器零部件，电路零件，绕线筒，夹具
棉绒	改善冲击强度 电气特性比木粉好	高级电器产品
布、纤维的细片	抗冲击性能优异 机械强度高	机械零件，齿轮，滑轮，轴等
石棉	提高耐热性 提高耐药品性 收缩率与热膨胀系数降低，吸湿性增大 与树脂的混合性不好	耐热电器，机械零部件，开关，真空管底座
云母粉	提高耐热性 电气绝缘性好，介质损耗角正切低 与树脂混合困难	最高级电器零部件，电视调谐器等
石英粉	提高耐热性 提高电气绝缘性，介电损耗角正切低 机械强度低 易磨损模具 耐电弧	高频绝缘零部件
石墨	摩擦系数低	无油轴承、齿轮

① 填料量为 50%～70%。

二、酚醛模塑料

1. 主要品种

苯酚和甲醛在盐酸或草酸等酸性催化剂作用下缩聚成线型酚醛树脂，再配入木粉等填料、环亚甲基四胺、脱模剂、着色剂等，经塑炼、滚压、粉碎而成，因早期酚醛模塑料主要用作电绝缘材料，因此俗称电木粉。

酚醛树脂不加填料时是透明状，因机械强度差，所以一般都加填料。填料有木粉、布片、纤维、云母粉、玻璃纤维等。尤其是添加纤维质的酚醛树脂，其机械强度大为增加。纤维质填料添加量多半是与树脂等量。当填充纤维质70%时，制品冲击值最大。若填料用量过多时，成型材料的流动性就变差；若填料用量太少，流动性过于好，反而使成型困难。随着填料量的变化，材料性能将有大幅度的变化。

（1）冲击强度　纤维质填料达70%时为最高值。若再增加填料反而使冲击强度降低。

（2）弯曲强度　纤维质填充量50%～70%时为最大，或少或多时均较易被弯折断。

（3）压缩强度　填料量40%～60%时压缩强度为最大。

（4）吸水量　一般由填料的品种而定。填料量增加，吸水率增大。加石棉、木粉等，吸水率增加显著；加云母、玻璃纤维等，吸水率增加不多。

（5）电气绝缘性　以云母为基材的石英粉末填料的制品，电气绝缘性好。另外，用合成纤维填料的制品，电气绝缘性也比较好。但用纸浆或木粉为填料的制品，电气绝缘性差。总之，此特性与吸水率有关。

（6）价格　木粉、纤维类填料价廉；云母、玻璃纤维与合成纤维填料价昂贵。

酚醛模塑料按用途分为十二类，其特征与用途见表4-4。

表4-4　酚醛模塑料的特征与用途

类别	型号	特征	用途
日用(R)	R121、R126、R128、R131、R132、R133、R136、R137、R138	综合性能好，外观、色泽好	日用品、文教用品，如瓶盖、纽扣等
电器(D)	D131、D133、D141、D151	具有一定的电绝缘性	低压电器、绝缘构件，如开关、电话机壳、仪表壳
绝缘(U)	U165、U1501	电绝缘性、介电性较高	电讯、仪表和交通电气绝缘构件
高频(P)	P2301、P3301、P7301	有较高的高频绝缘性能	高频无线电绝缘零件、高压电器零件、超短波电讯、无线电绝缘零件
高电压(Y)	Y2304	介电强度超过16kV/mm	高电压仪器设备部件
耐酸(S)	S5802	较高的耐酸性	接触酸性介质的化工容器、管件、阀门
无氨(A)	A1501	使用过程中无NH_3放出	化工容器、纺织零件、蓄电池盖板、瓶盖等
温热(H)	H161	在湿热条件下保持较好的防霉性、外观和光泽	热带地区用仪表，低压电器部件，如仪表外壳、开关
耐热(E)	E431、E631	马丁耐热温度超过140℃	在较高温度下工作的电器部件
冲击(J)	J1503、J8603	用纤维状填料，冲击强度高	
耐磨(M)		耐磨特性好，磨耗小	水表轴承密封圈、煤气表具零件
特种(T)	T171、T661	根据特殊用途而定	

2. 主要性能

酚醛模塑料的技术指标应符合GB 1404—1995的规定（表4-5）。

表 4-5 酚醛模塑料技术指标

指标名称			指标 通用(A)						
			PF2A1	PF2A2	PF2A3	PF2A4	PF2A5	PF2A6	PF1A2
对模塑料测试的性能	体积系数	≤	3.0	3.0	3.0	3.0	3.0	3.0	3.0
	流动性①								
对试样测试的性能	密度/(g/cm³)	≤	1.45	1.45	1.45	1.45	1.60	1.45	1.45
	弯曲强度/MPa	≥	70	70	70	70	70	60	60
冲击强度②/(kJ/m²)	缺口	≥	1.5	1.5	1.5	1.5	1.5	1.8	1.3
	无缺口	≥	6.0	6.0	5.0	6.0	6.0	8.0	6.0
热变形温度/℃		≥	140	140	120	140	140	140	120
燃烧性能(炽热棒法)③									
绝缘电阻/Ω		≥		10^8	10^{10}	10^9	10^9	10^8	10^{10}
介电强度(90℃)/(MV/m)		≥		3.5	3.5	3.5	3.5	3.5	3.5
介电损耗角正切(1MHz)		≤		0.1	0.08	0.1			0.8
漏电起痕指数/V		≥							
游离氨/%		≤							0.02
收缩率/%			供需双方商定						
吸水性/mg		≤	60	50	50	40	40	50	50
吸酸率/%		≤					0.5		

指标名称			指标					
			耐热/℃			电气(R)		
			PF2C3	PF2C4	PF2E2	PF2E3	PF2E4	PF2E5
对模塑料测试的性能	体积系数	≤	4.0	3.0	3.0	4.0	3.0	3.0
	流动性①							
对试样测试的性能	密度/(g/cm³)	≤	2.0	2.0	1.85	1.95	1.90	1.90
	弯曲强度/MPa	≥	60	50	45	50	80	70
冲击强度②/(kJ/m²)	缺口	≥	2.0	1.0	1.0	1.3	1.5	1.5
	无缺口	≥	3.5	3.5	2.0	3.0	5.0	6.0
热变形温度/℃		≥	155	150	140	140	120	140
燃烧性能(炽热棒法)③								
绝缘电阻/Ω		≥	10^8	10^8	10^{12}	10^{12}	10^{12}	10^{12}
介电强度(90℃)/(MV/m)		≥	2.0	2.0	5.8	5.8	7.0	5.8
介电损耗角正切(1MHz)		≤			0.020	0.020	0.020	0.020
漏电起痕指数/V		≥	175		175	175	175	175
游离氨/%		≤						
收缩率/%			供需双方商定					
吸水性/mg		≤	40	30	15	15	10	15
吸酸率/%		≤						

① 流动性指标和试验方法由供需双方商定。
② 冲击强度可以在缺口冲击强度和无缺口冲击强度中任选一种,仲裁时以缺口冲击强度为准。
③ 燃烧性能系指 3min 后使炽热棒离开试样,在 30s 内试样上不应有可见的火焰。

3. 成型加工

酚醛模塑料主要采用压缩模塑和传递模塑，但改进配方和设备结构后，可注射、挤塑、可机加工、粘接。

热固性酚醛树脂在注射料筒中加热，使物料成为黏度不大的塑性熔体，并输往前端通过喷嘴射入模内。在料筒中是起预热作用。注射入模后，在模内开始硬化并完成硬化过程。物料在料筒中的温度一般在110℃以下。通过喷嘴时，物料温度最大限度在125℃以内，免得过早发生硬化。螺杆长径比为14～20，采用的压缩比较小，一般为0.8～1.4，这是为了避免物料可能在料筒内硬化。模具的温度影响硬化时间与制品的性能。酚醛树脂注射成型条件列于表4-6。

表4-6　酚醛树脂注射成型条件

材 料 名 称	模具温度/℃	注射压力/MPa
一般用酚醛树脂	160～190	60～150
木粉填料酚醛树脂	165～210	65～135
石棉填料酚醛树脂	165～210	65～135
云母填料酚醛树脂	165～195	55～130
玻璃纤维填料酚醛树脂	165～200	35～130

4. 应用

(1) 电气方面应用　酚醛层合板制电机、风扇的底板、印刷底板、接线板、插座、接线柱、绕线管、开关盒、无线电与电视机零部件等。

(2) 机械方面应用　酚醛层压板热压方式很盛行，可制无声齿轮、凸轮等滑动零部件。尽管聚甲醛与尼龙66等热塑性工程塑料在某些方面能代替酚醛树脂，但由于冷压法等新加工方法的出现，使酚醛树脂在机械零件应用方面重新得到发展。玻璃布酚醛层压板可用于车辆、交通工具。酚醛树脂与石棉及布可制成汽车刹车片等。

此外，用于铸造技术方面的壳模铸造黏结剂，还可作导弹材料及涂料等。

三、酚醛层压模塑料

苯酚、甲醛以氨水催化缩聚，经脱水后加乙醇，成甲阶段线型酚醛树脂浸渍液，将棉布、纸、玻璃布、石棉布、木片等片状填料浸渍该树脂液，干燥后即可在热压机上成型。

浸渍树脂的外观为深棕色黏性液体，固含量一般为50%～55%。

酚醛层压模塑料制品及其性能见表4-7，表4-8为各种碎屑酚醛模塑料性能。

表4-7　酚醛层压模塑料制品及性能

品 种	基 材	性 能
电工用布质层合板	棉布	力学性能好
机械用布质层合板	棉布	力学性能好
电工用纸质层合板	绝缘纸	电性能和耐油性较好或力学性能较好
玻璃布层合板	玻璃布	机械强度或耐热性较好；电性能较好，机械强度及耐热性中等；冲击强度较高或电性能较好
卷压制品	纸筒	电性能较好
模压制品	纸或布棒	机械性能较好
石棉布基层合板	石棉布	耐热性优，介电性能较低
木材片基层合板	木片	耐磨性好，机械强度高，易加工，但吸水性大，化学稳定性差
酚醛棉纤维模塑料	棉纤维	冲击强度高，绝缘性好，用于电工、机械零件

表 4-8　各种碎屑酚醛层压模塑料性能

项目		碎布	碎木	碎纸
相对密度		1.4~1.5	1.3~1.4	1.35
压缩强度/MPa			20~100	
弯曲强度/MPa		60~100	100~110	60
冲击强度/(kJ/m²)		10~20	14~25	8.5
布氏硬度/MPa			200~260	
摩擦系数	水润滑 0.7MPa		$5 \times 10^{-3} \sim 0.1$	
	油润滑 2.6MPa		$4 \times 10^{-3} \sim 2 \times 10^{-2}$	
吸水性/%		0.4~0.8	1.8~2.0	0.7
马丁耐热温度/℃		≥110		120
表面电阻率/Ω		10^9	$10^{10} \sim 10^{12}$	10^9
体积电阻率/Ω·cm		≥10^9	$10^{10} \sim 10^{12}$	10^9
介电强度/(kV/mm)		≥10	6~8	9.0
介电常数(3MHz)			6.5~7.5	
介电损耗角正切(3MHz)			$8 \times 10^{-2} \sim 9 \times 10^{-2}$	

四、改性酚醛模塑料

1. 苯胺改性酚醛模塑料

苯胺改性酚醛模塑料为黑色、棕色或本色粉粒状固体物。可用热压和注塑法制成各种形状的制品。制品耐弱酸，不溶于水，可溶于部分有机溶剂，遇强碱可侵蚀。具有较好的耐热性、耐水性和高频电绝缘性。无氨类酚醛模塑料在长期使用过程中不放出氨。

苯胺改性酚醛模塑料的主要生产厂家为上海塑料厂、衡水市化工厂、长春市第二化工厂、常熟塑料厂、重庆合成化工厂等。上海塑料厂苯胺改性酚醛模塑料性能见表 4-9。

表 4-9　上海塑料厂苯胺改性酚醛模塑料的性能

指标名称		PF2A3 1601	PF2A3 2101	PF2A3 8101	PF2E3 2701	PF2E5 6601
密度/(g/cm³)	≤	1.45	2.0	2.0	1.6	1.5
比体积/(mL/g)	≤	2.0				
收缩率/%		0.50~1.0			0.50~0.90	0.50~0.90
吸水性/(mg/cm²)	≤	0.50			0.25	0.025
马丁耐热温度/℃	≥	115	130	130	140	140
拉西格流动性/mm		100~200	80~180	80~180	80~180	80~180
冲击强度/(kJ/cm²)	≥	5.0	3.0	3.0	4.0	4.0
弯曲强度/MPa	≥	65			55	55
表面电阻率/Ω	≥	5×10^{13}	1×10^{13}	1×10^{13}	1×10^{13}	1×10^{13}
体积电阻率/Ω·cm	≥	5×10^{12}	1×10^{13}	1×10^{13}	1×10^{13}	1×10^{13}
介电强度/(kV/mm)	≥	13	12	12	12	12
介电损耗角正切(50Hz)	≤	0.08				
介电损耗角正切(10^6Hz)	≤				0.010	
介电常数(10^6Hz)	≤				5.5	

2. 聚氯乙烯改性酚醛模塑料

聚氯乙烯改性酚醛模塑料为黑色或棕色粉粒状固体物，可用热压法制成各种形状的制品，具有较好的机械强度和耐水、耐酸及介电性能。能溶于部分有机溶剂，遇强碱可侵蚀。

表 4-10 为上海塑料聚氯乙烯改性酚醛模塑料的性能。

表 4-10 上海塑料聚氯乙烯改性酚醛模塑料的性能

指标名称		PF2S1-4602	PF2S1-5802
密度/(g/cm³)	≤	1.9	1.5
收缩率/%			0.40～0.80
马丁耐热温度/℃	≥		110
吸水性/(mg/cm²)	≤	0.5	0.30
拉西格流动性/mm		80～200	100～200
吸硫酸性/%	≤		0.50
冲击强度/(kJ/m²)	≥	3.5	5.0
弯曲强度/MPa	≥		55

3. 丁腈橡胶改性酚醛模塑料

丁腈橡胶改性酚醛模塑料为褐色或黑色粉粒状固体物，在热压下塑制成各种形状制品，具有较高的冲击强度、电绝缘性能、耐油性能和耐磨性能。耐弱酸，不溶于水，溶于部分溶剂，遇强碱可被侵蚀。

主要生产厂家为上海塑料厂、衡水市化工厂、长春市化工二厂等，其性能见表 4-11。

表 4-11 三种丁腈橡胶改性酚醛模塑料的性能

指标名称		PF2A6-1503[①]	PF2A6-1603[②]	PF2A6-9603[①]
密度/(g/cm³)	≤	1.45	1.60	1.60
比体积/(mL/g)	≤	2.0	2.0	
收缩率/%		0.50～1.0	0.50～0.90	0.50～0.90
马丁耐热温度/℃	≥	125	125	125
吸水性/(mg/cm²)	≤	0.80	0.40	0.30
拉西格流动性/mm		100～200	100～190	100～190
冲击强度/(kJ/m²)	≥	8.0	8.0	8.0
弯曲强度/MPa	≥	60	50	60
表面电阻率/Ω	≥	$1×10^{12}$	$1×10^{12}$	$1×10^{12}$
体积电阻率/Ω·cm	≥	$1×10^{11}$	$1×10^{11}$	$1×10^{11}$
介电强度/(kV/mm)	≥	12	13	13

① 符合 GP 1404—78 标准；
② 符合衡水市化工厂企业标准。

丁腈橡胶改性酚醛模塑料主要用于制造在湿热条件下使用的振动频繁的电工产品绝缘构件或有金属嵌件的复杂制件，如真空管插座、电磁开关支架等。

4. 苯乙烯改性酚醛注射模塑料

苯乙烯改性酚醛注射模塑料又称苯乙烯改性酚醛注射塑料，具有良好的防霉、防潮性能和较好的力学性能。成型加工比压制法和传递法容易，且模塑周期短、生产效率高。

主要生产厂家为哈尔滨绝缘材料厂，其产品性能见表4-12。

表4-12 哈尔滨绝缘材料厂苯乙烯改性酚醛注射模塑料的性能

项　目		数　据	项　目		数　据
密度/(g/cm³)	≤	1.5	冲击强度/(kJ/m²)	≥	6.0
比体积/(mL/g)	≤	1.8	弯曲强度/MPa	≥	70
收缩率/%		0.8～1.3	表面电阻率/Ω	≥	1×10^{12}
马丁耐热温度/℃	≥	110	体积电阻率/Ω·cm		10
吸水性/(mg/cm²)		0.04	介电强度/(MV/m)	≥	13
拉西格流动性/mm	≥	200			

苯乙烯改性酚醛注射模塑料适用于制作电器、仪表、电讯和湿热带地区的电工产品。

五、纤维增强酚醛模塑料

1. 玻璃纤维聚乙烯醇缩丁醛改性酚醛模塑料

玻璃纤维聚乙烯醇缩丁醛改性酚醛模塑料具有高的机械强度、耐热性能、介电性能和耐腐蚀性能，为红棕色，可配色。生产厂家为山东化工厂（牌号FX-501、FX-502、FX-503、FX-505、FX-511、FX-530、FX-531）、重庆合成化工厂（牌号BXS-651）、长春化工二厂（牌号FB-701、FB-711）、哈尔滨绝缘材料厂（牌号4330）、常州253厂（牌号FB-2、FB-3）、扬州化工厂（牌号351-1、351-2、351-4、351-5、351-6、351-7）、株洲玻璃钢厂（有类似FX-501产品）等。有关牌号的性能见表4-13。

表4-13 玻璃纤维聚乙烯醇缩丁醛改性酚醛模塑料的性能

指标名称		BXS-651	FB-701	FB-711	4330-1	FX-501	FX-502	FX-503
密度/(g/cm³)		1.9	1.7～1.8	1.7～1.8	1.75～1.85	1.65～1.85	1.70～1.85	1.65～1.80
收缩率/%	≤		0.15	0.15		0.15	0.15	0.15
吸水性/(mg/cm²)	≤		0.10	0.10		20	20	40
马丁耐热温度/℃	≥	200	200	200	200	280	280	200
拉西格流动性/mm			80～200	80～200				
冲击强度/(kJ/m²)	≥	80	25	20	35	45	150	30
弯曲强度/MPa		150	100	80	120	130	500	90
压缩强度/MPa	≥	80			100			
拉伸强度/MPa		100				80	300	60
布氏硬度/MPa	≥	3						
表面电阻率/Ω	≥		1×10^{12}	1×10^{12}	1×10^{12}	1×10^{12}	1×10^{12}	
体积电阻率/Ω·cm	≥		1×10^{12}		1×10^{12}	1×10^{10}	1×10^{10}	
介电强度/(kV/mm)	≥		13		13	14	14	
水分挥发物/%		3～7	3～7	3～7		3.0～7.5	3.0～6.5	3.0～7.5

FX-501适用于制造机械强度和电绝缘性能要求高的产品和制件，如手柄、退弹器、破甲弹垫板、火箭弹中的喷管、引信体、挡药板等。

FX-502适于制造定向机械强度要求较高的制件以及耐热、防湿、防腐、绝缘性能良好的电器零件，如接插件、接线板、灯座、尾喷管、引信击针杆等。

FX-505 适于制造机械强度，特别是冲击强度要求较高的结构部件，如火箭弹高压引信绝缘件、引信体等部件。

FX-530 适于制造较大型的薄壁零部件、结构复杂及带有金属嵌件的制品，如反坦克导弹、壳体、绝缘内套、弹壳等。

FX-511 适于制造电绝缘性能和机械性能要求较高的零部件，如压电引信绝缘体等。

FB-701 用于绝缘性和机械强度要求较高的电器和机械零件。

FB-711 用于一般机械零件。

4330-1 用于高强度绝缘结构件。

BXS-651 可代替木材、钢材及其他金属材料，用于轻工、农机产品。

2. 玻璃纤维增强尼龙改性酚醛模塑料

该类塑料具有高的机械强度、耐热性能、介电性能和耐化学性能。主要生产厂家为北京 251 厂等，其产品的性能见表 4-14。

表 4-14 北京 251 厂玻璃纤维增强尼龙改性酚醛模塑料的性能

项 目	数 据	项 目	数 据
拉伸强度/MPa	130～140	介质损耗角正切(1MHz)	2.27×10^{-2}
弯曲强度/MPa	240～320	介电常数(1MHz)	6.06
压缩强度/MPa	210～220	热导率/[W/(m·K)]	0.53～0.63
冲击强度/(kJ/m²)	150～170		

该产品适用于制造机械强度要求高、耐热、耐磨的产品和制件。

3. 玻璃纤维增强环氧改性酚醛模塑料

该类塑料工艺性能好，制品有较高的机械强度，较好的热稳定性和尺寸稳定性。其中 SX-506 塑料比目前大量使用的 FX-501、FX-503 玻璃纤维聚乙烯醇缩丁醛改性酚醛模塑料强度高。SX-580 比 SX-506 塑料流动性好，冲击强度高。其品种性能见表 4-15。

表 4-15 玻璃纤维增强环氧改性酚醛模塑料的性能

指标名称		SX-506	SX-580
密度/(g/cm³)		1.7～1.8	1.75～1.85
吸水性/(g/dm²)	≤	0.1	0.1
收缩率/%	≤	0.15	0.15
弯曲强度/MPa		200	200
压缩强度/MPa	≥	150	150
冲击强度/(kJ/m²)	≥	55	100
马丁耐热温度/℃	≥	200	200
介电强度/(kV/mm)	≥	13	13
表面电阻率/Ω	≥	10^{13}	10^{13}
体积电阻率/Ω·cm	≥	10^{13}	10^{13}
挥发物/%		3～7.5	3～4.5

SX-506 适用于模压较高机械强度的军用和民用产品，SX-580 适用于模压强度较高的大

型薄壁零件。

4. 玻璃纤维增强环氧改性甲酚甲醛模塑料

该类塑料属于高冲击型玻璃纤维模压塑料，模塑工艺性能好（中国兵器工业集团第五三研究所的 FHX-301 塑料还可采用传递模塑成型），制品物理力学性能优良，特别是冲击强度高。

主要生产厂家为中国兵器工业集团第五三研究所等，其品种性能见表 4-16。

表 4-16　中国兵器工业集团第五三研究所玻璃纤维增强环氧改性甲酚甲醛模塑料的性能

指标名称	测试方法	FHX-301	FHX-304
弯曲强度/MPa	GB 1042—70	501	502
拉伸强度/MPa	GB 1040—70	172	179
冲击强度/(kJ/m^2)	GB 1043—70	456	520
马丁耐热温度/℃	GB 1035—70	280	>150
吸水性/(g/dm^2)	GB 1034—70	0.037	0.022
密度/(g/cm^3)	GB 1033—70	1.74	1.77
布氏硬度/MPa		437	580
收缩率/%	WJ 433—65		0.03
表面电阻率/Ω	GB 1044—70	2.2×10^{14}	7.5×10^{13}
体积电阻率/Ω·cm	GB 1044—70	1.5×10^{14}	5.0×10^{14}
介电强度/(kV/mm)	GB 1048—70	13.6	13.1

注：1. 将浸渍烘干的预浸料剪成长度为 30mm，非定向模压而成。
2. 拉伸强度仅供参考。

本品适用于制作几何形状复杂、冲击强度要求较高的产品及零部件，如高膛压前膛弹引信零部件等。

5. 玻璃纤维增强酚醛注射料

玻璃纤维增强酚醛注射料既可注射成型，又可模压成型。具有中等强度的力学性能和良好的电绝缘性能，贮存期长，注射模塑时流动性和在料筒内的稳定性优良。

主要生产厂家为中国兵器工业集团第五三研究所（牌号 FX-801、FX-802）、济南华兴机械厂（牌号 FX-802）、航空工业总公司秦岭公司（牌号 FBMZ-7901）、哈尔滨绝缘材料厂（牌号 FX-801）等。其有关牌号性能见表 4-17。

玻璃纤维增强酚醛注射料可以注射加工成型各种形状复杂的中小型零部件，但对尺寸要求很严格、几何形状不对称的产品不适用。该塑料也可用一般模压法生产大中小型制品，如各种电器、仪表的壳体以及低压电器零部件、某些军工产品的包装筒等。

FX-801 不适于制造有金属嵌件和与火药接触的产品，因该塑料制造的产品中残留有少量游离氨，对金属嵌件有腐蚀作用，对火药有不良影响。另外，该塑料耐热性和出模刚性较 FX-802、FBMZ-7901 差。FX-802 对金属嵌件和火药无不良影响。FBMZ-7901 较 FX-802、FX-801 的电绝缘性能好，适合于对电绝缘要求较严格的产品。

表 4-17 玻璃纤维增强酚醛注射料的性能

指标名称		测试方法	FX-801[1]		FX-802[2]	
			注射成型	模压	注射成型	模压
密度/(g/cm³)			1.68～1.82	1.68～1.82	1.70～1.80	1.73～1.83
吸水性/%	≤	GB 1034—70	0.5	0.3	0.30	0.20
马丁耐热温度/℃	≥	GB 1035—70	140	150	200	230
弯曲强度/MPa	≥	GB 1042—70	120	200	80	90
冲击强度/(kJ/m²)	≥	GB 1043—70	20	100	16	30
表面电阻率/Ω	≥	GB 1044—70	10^{11}	10^{12}	10^{12}	10^{12}
体积电阻率/Ω·cm	≥	GB 1044—70	10^{10}	10^{11}	10^{11}	10^{11}
介电强度/(kV/mm)	≥	GB 1048—70			10	10
收缩率/%	≤	WJ 433—65	1.0	0.15	1.0	0.3
挥发分/%	≤	WJ 436—65	2～6	2～6	1～4	1～4
含胶量/%			36～44	36～44	37～45	37～45
贮存期	≥		6个月	6个月	夏季3个月	夏季3个月
外观		目测	黄色到棕色的细棒状,不得有过湿、过干、黏结现象		黄色到棕色颗粒状塑料	

指标名称		测试方法	FBMZ-7901[3]		
			注射成型	模压	定向模压
密度/(g/cm³)			1.60～1.75	1.60～1.75	1.60～1.75
吸水性/%	≤	GB 1034—70			0.05
马丁耐热温度/℃	≥	GB 1035—70	230	280	280
弯曲强度/MPa	≥	GB 1042—70	100	150	250
冲击强度/(kJ/m²)	≥	GB 1043—70	20	75	150
表面电阻率/Ω	≥	GB 1044—70	10^{12}	10^{12}	10^{12}
体积电阻率/Ω·cm	≥	GB 1044—70	10^{12}	10^{12}	10^{12}
介电强度/(kV/mm)	≥	GB 1048—70	13	13	13
收缩率/%	≤	WJ 433—65			0.15
挥发分/%	≤	WJ 436—65			3～7
含胶量/%					
贮存期	≥				
外观		目测			

① FX-801 为细棒状料,料长 20mm。
② FX-802 为粒状料,长 15～20mm,截面积为 (2.5×2.5)mm²。
③ FBMZ-7901,定向模压料长为 115～120mm,非定向模压料长为 35～45mm。

第二节 环氧塑料

一、主要品种

环氧树脂(EP)是主链上含有醚键和仲醇基,主链两端有环氧基($-\mathrm{CH}-\mathrm{CH_2}$带O环)的一大类聚合物。将环氧氯丙烷与双酚 A 或多元醇缩聚得初期缩聚物,再与胺类或聚酰胺类、聚硫类或有机酸酐固化剂等作用,使环氧基开环,进行加聚反应,生成硬质的环氧树脂。

环氧树脂根据其结构和组分不同,大致可分为缩水甘油酯醚类、缩水甘油酯类、缩水甘油胺类、脂肪族类、脂环族类及元素环氧树脂六大类,见表4-18。

表4-18 环氧树脂的品种及其特点

分 类	品 种	特 点
缩水甘油酯醚类	双酚A环氧树脂(E型环氧树脂)	黄色或棕色透明液体,与固化剂组合可得各种性能的塑料;成型收缩率为热固性塑料中最小的,尺寸稳定性优,热膨胀系数小;耐磨耗,强韧,可挠性好,耐应力开裂;树脂流动性好,与金属、非金属粘接性好;耐热性、电绝缘性、化学稳定性好,但溶于二甲苯、甲乙酮等溶剂
缩水甘油酯醚类	酚醛环氧树脂	树脂为高黏度(5Pa·s)液体,固化物密度大,热稳定性和机械强度高,浇注塑料的热变形温度达300℃,电性优;可浇注、传递模塑、模压;用作耐高温层压结构件、防电弧、耐热、绝缘、防腐部件
	四酚基乙烷环氧树脂	热变形温度高,耐化学性好
	间苯二酚甲醛环氧树脂	热变形温度高达300℃,耐焰、耐浓硫酸特好,可常温固化
	甘油环氧树脂	浅黄色液体,能溶于水、醇、醚,固化物韧性、冲击强度好,黏结强度大,可做黏合剂。与双酚A环氧树脂混用可降低黏度,增加固化物韧性,提高冲击和剪切强度
	季戊四醇环氧树脂	水溶性,与双酚A环氧树脂混用可降低黏度,可黏合潮湿表面
缩水甘油酯类	四氢邻苯二甲酸二缩水甘油酯	黏度低,反应活性高,固化物机械性能好
	间苯二甲酸二缩水甘油酯	粘接强度大,耐候性、电性能优良
缩水甘油胺类	三聚氰胺环氧树脂	化学稳定性好,耐紫外光优,耐候性、耐油性、耐电弧性好,能自熄
	苯胺环氧树脂	用于环氧导电胶
脂环族	二氧化双环戊二烯	提高环氧树脂的耐热、耐候、耐电弧性,拉伸、压缩强度高,长期高温下力学、电气性能不变,特别耐紫外线
	二氧化双环戊烯基醚	耐高温,高强度,高延伸率
脂肪族	环氧化聚丁二烯	琥珀色黏稠液,易溶于苯、甲苯、乙醇、丙酮、汽油,高温下可保持力学性能,热稳定性、粘接性、耐候性、电绝缘性好,层压制品冲击强度高
元素环氧树脂	有机硅改性双酚A环氧树脂	具有SI和EP的综合性能,电性能、力学性能优异,耐热、防潮、耐水、耐海水
	有机钛改性双酚A环氧树脂	防潮性、电绝缘性和耐热老化性优于双酚A环氧树脂,用于H级电机、潜水电机的线圈浸渍,高温下介电损耗大幅度减小,同时热稳定性也提高
	卤代双酚A环氧树脂	有自熄性

二、主要性能

(1) 物理力学特性 树脂本身是褐色透明体,可加填料或不加填料制成物品。相对密度为1.16～1.7。机械强度高,并结合其优良的电绝缘性,广泛用于电器与机械材料。特别是含有玻璃纤维填料的FRP,能制成高强度的层合制品,此外,因与金属粘接力强,可与嵌入其中的模具熔合为整体。

(2) 温度特性 热变形温度随固化剂的不同而有较大幅度的变化。添加有玻璃纤维的制品,达到107～232℃,可作为H级绝缘材料使用。遇火可缓慢地燃烧。

(3) 电气特性 介电强度、体积电阻率高。作为低频绝缘材料比较理想。介电损耗角正切0.002～0.1左右。由于吸湿性低,即使在高湿度环境下,绝缘性仍很稳定。同时耐电弧性能也较好。

(4) 化学特性 耐药品的能力，根据固化剂的种类不同而异。一般用胺类、聚胺、聚酰胺类固化剂的环氧树脂耐化学药品性能较差。然而用酸酐固化剂的环氧树脂耐化学药品性能较强。吸湿性小（0.04%～0.5%），在潮湿条件下电气绝缘性能仍保持优良。

(5) 成型材料的加工特性 用压缩模塑、注射成型等加工方法效率均很高。环氧树脂注射成型时，模具温度为120～150℃，注射压力0.7～10MPa。近年来采用低压成型，可成型电器零部件及包封材料与环氧玻璃钢等制品。采用浇注成型时，可按黏结剂的配方，使用液体树脂来制包封制品。环氧树脂与玻璃纤维的黏附性良好，与聚酯一样可以采用长丝缠绕成型技术。环氧树脂成型时挥发组分少，收缩率小，一般为0.1%～0.9%。要注意，对于成型材料不宜长期保存。若长期保存，会渐渐固化。

三、应用

环氧树脂、聚酯与酚醛树脂相比，其吸湿性小，电气绝缘性好。一般用于绝缘层压板、印刷底板、接线柱、绕线管、浇注部件及集成电路等。环氧树脂在机械方面应用也很广泛，如齿轮、凸轮、轴承、玻璃纤维增强塑料制品、设备衬里及金属夹板芯层，此外，将环氧树脂与沥青混合，可作飞机跑道与桥上铺饰。环氧树脂还可制防锈涂料与绝缘涂料等。

第三节 不饱和聚酯

一、主要品种与特性

不饱和聚酯（unsaturated Polyester, UP）是由不饱和二元羧酸（或酸酐）或饱和二元羧酸（或酸酐）与多元醇（一般为饱和二元醇）缩聚而成的线型高聚物。相对分子质量通常为1000～3000。在高分子主链中既含有酯键（—$\overset{O}{\underset{\|}{C}}$—O—），又含有不饱和双键（—CH=CH—）。它与乙烯基单体共聚，可交联成体型结构。习惯上把不饱和聚酯与乙烯基单体的混合物叫做不饱和聚酯树脂。

按树脂的化学结构分类，不饱和聚酯可分为顺丁烯二酐型、间苯二甲酸酐型、双酚A型、含卤素型和乙烯基酯型等。

按性能分类，不饱和聚酯可分为通用型、韧性不饱和聚酯、柔性不饱和聚酯、耐腐蚀型、低收缩性型、阻燃型、透明型、耐热型和胶衣等。树脂类型及代号见表4-19。

表4-19 树脂分类

类型		简要说明
通用	G型	一般的机械强度
	IG型	一般的机械强度，耐热性比G型好
耐热	HE型	高耐热性和一般的机械强度
	HM型	中等耐热性和一般的机械强度
耐化学	CEE型	最好的耐化学性和一般的机械强度
	CE型	好的耐化学性和一般的机械强度
	CM型	中等的耐化学性和一般的机械强度
耐燃	SE型	高阻燃性和一般的机械强度
	SM型	自熄性和一般的机械强度

二、不饱和聚酯树脂

1. 通用型不饱和聚酯

聚酯树脂是一种具有不同黏度的淡黄色至琥珀色透明液体。在引发剂和促进剂的作用下，能在室温固化，得到三相交联体型结构的热固性聚合物。通用型不饱和聚酯树脂具有良好的工艺性能，能迅速渗透玻璃纤维材料，一般凝胶时间较长，可有足够的时间进行铺层、滚压、除气泡等操作。凝胶后有一定的修边时间，可进行刀削修边，其制品刚性较大。

其性能指标见表 4-20，国内主要生产厂家及产品性能见表 4-21。

表 4-20　通用型不饱和聚酯树脂的技术指标

项目	306、306A、307、314			191				8001	
	天津合成材料厂			天津合成材料厂			常州 253 厂	济南树脂厂企业标准	
品级	优级品	一级品	二级品	优级品	一级品	二级品		一级品	二级品
外观	透明浅黄-黄色液体	透明浅黄-黄色液体	浅黄-棕黄色液体	透明浅黄色液体	透明浅黄色液体	浅黄色液体	透明浅黄色液体	浅黄-黄色液体	浅黄色液体
黏度/Pa·s	1～2	1～3	0.5～3.5	1～2	1～3	0.5～3.5	0.2～0.5	1～2	1～3
凝胶时间(25℃)/min	6～8	4.5～10	4.5～20	6～8	4.5～10	≤20	12～25	4～9	3～10
酸值/(mgKOH/g)	23～31	23～31	31～39	35～43	35～43	43～46	28～36	36～45	40～50
固体含量/%							60～66		
贮存期	20℃以下6个月 30℃以下3个月	20℃以下6个月 30℃以下3个月	30℃以下1个月	20℃以下6个月 30℃以下3个月	20℃以下6个月 30℃以下3个月	30℃以下1个月	80℃ 24h	20℃以下4个月 30℃以下2个月	30℃以下1个月

项目	4315	296	104	3193	309	189
	昆山玻璃钢化工厂	常州 253 厂企业标准		上海新华树脂厂企业标准		常州 253 厂企业标准
品级						
外观	浅黄色透明液体	透明淡黄色液体	透明淡黄色液体	黄色-深黄色透明半固体	浅黄或暗褐色透明液体	透明淡黄或棕黄色液体
黏度/Pa·s		0.5～1.2	0.35～0.65	1.5～2.5	1～3(100℃)	0.25～0.45
凝胶时间(25℃)/min	30	8～20	10～22		0.3～1.3	8～25
酸值/(mgKOH/g)	17～25	15～25	25～33	≤40	≤5	20～28
固体含量/%	60～64		62～68			59～65
贮存期		20℃以下6个月	20℃以下6个月	20℃ 12个月	20℃ 6个月	20℃ 6个月 80℃ 24h

2. 韧性不饱和聚酯

该产品的特点是具有高度的柔韧性。适于室温低压成型，它的冲击强度比通用型不饱和聚酯树脂高，但其他性能均较低，浇注塑料具有较好的韧性。182 聚酯很少单独使用，主要用于加入其他不饱和聚酯树脂中调节黏度，以改进韧性和加工性。它适于室温接触成型，也可热压成型。

其性能指标见表 4-22，国内主要生产厂家及产品性能见表 4-23。

表 4-21 通用型不饱和聚酯树脂的牌号、原料、特性及生产厂家

牌号	原料	特性和用途	生产厂家
306 301	顺丁烯二酸酐、邻苯二甲酸酐、乙二醇和苯乙烯	可制备纤维增强塑料、快干水泥、耐酸地面	天津合成材料厂 济南树脂厂 江西前卫化工厂
306A	顺丁烯二酸酐、邻苯二甲酸酐、乙二醇、环己醇和苯乙烯		天津合成材料厂 岳阳化工总厂涤纶厂 济南树脂厂
307	顺丁烯二酸酐、邻苯二甲酸酐、丙二醇和苯乙烯	可制备纤维增强塑料、快干水泥、耐酸地面	天津合成材料厂 岳阳化工总厂涤纶厂 上海新华树脂厂
314	除使用 306 牌号的原料外，再加正丁醇作封端剂		天津合成材料厂 济南树脂厂 无锡树脂厂
191	除使用 307 牌号原材料外，再加紫外线吸收剂	固化物坚韧，透明，表面粗糙度低，耐光老化；可用于透光玻璃纤维增强塑料制品、半透明平板、瓦楞板，还可作木材、机器壳体涂层等	天津合成材料厂 岳阳化工总厂涤纶厂 常州 253 厂 济南树脂厂 无锡树脂厂
8001	邻苯二甲酸酐、顺丁烯二酸酐、环氧丙烷和苯乙烯	固化物坚硬，刚性大，纤维增强塑料具有强度高、电绝缘性好、减振、透过电磁波等优点，在车船、机械制造、电器、军工、建筑等方面用作结构材料	天津合成材料厂 济南树脂厂
4315 296	顺丁烯二酸酐、邻苯二甲酸酐、丙二醇、乙二醇和苯乙烯	性能与 307 基本相同，但价格便宜	江苏昆山县玻璃钢化工厂 常州 253 厂
104	顺丁烯二酸酐、邻苯二甲酸酐、一缩乙二醇和苯乙烯	固化物机械强度高，耐热性好，用于制造安全帽、汽车部件、机器罩壳等	常州 253 厂
325	顺丁烯二酸酐、癸二酸、丙二醇和苯乙烯	韧性较好，适于玻璃纤维增强塑料和浇注制品	上海新华树脂厂
189	乙酰化乙二醇、顺丁烯二酸酐、邻苯二甲酸酐和苯乙烯	黏度低，耐水，耐化学腐蚀，适宜手糊成型玻璃钢船体等制品	常州 253 厂 无锡树脂厂
3193	顺丁烯二酸酐、邻苯二甲酸酐、乙二醇和己二酸	韧性较通用型聚酯好，可与环氧树脂并用，适于作玻璃纤维增强塑料，电气绝缘浇注材料等	上海新华树脂厂 江西前卫化工厂
315	顺丁烯二酸酐、邻苯二甲酸酐、一缩二乙二醇、丙二醇、甘油和苯乙烯	韧性比通用型聚酯好，适于作玻璃纤维增强塑料、浇注制品	上海新华树脂厂
309	邻苯二甲酸、甲基丙烯酸、二缩三乙二醇	耐热性比通用型聚酯好，适于作玻璃纤维增强塑料、胶黏剂、清漆等	上海新华树脂厂
302	蓖麻油、顺丁烯二酸酐	可用作电气绝缘浇注材料和环氧树脂的增韧剂	江西前卫化工厂

表 4-22 韧性不饱和聚酯树脂性能指标

项目	711			7541			194
	天津合成材料厂						常步 253 厂
品级	优级品	一级品	二级品	优级品	一级品	二级品	
外观	透明浅黄色液体	透明浅黄色液体	浅黄色液体	透明浅黄至黄色液体	透明浅黄至黄色液体	浅黄至黄色液体	透明淡黄色液体
黏度/Pa·s	1~2	1~3	0.5~3.5	1~2	1~3	0.5~3.5	0.65~1.15
凝胶时间(25℃)/min	6~8	4.5~10	≤20	6~8	4.5~10	4.5~20	8~20
酸值/(mgKOH/g)	23~31	23~31	31~39	17~25	17~25	17~25	17~25
贮存期	20℃以下 6 个月 30℃以下 3 个月	20℃以下 6 个月 30℃以下 3 个月	30℃以下 1 个月	20℃以下 6 个月 30℃以下 3 个月	30℃以下 3 个月	30℃以下 1 个月	20℃以下 6 个月 80℃24h

第四章　热固性塑料

表 4-23　韧性不饱和聚酯树脂的牌号、原料、特性与生产厂家

牌号	原料	特性和用途	生产厂家
196	顺丁烯二酸酐、邻苯二甲酸酐、一缩二乙二醇、丙二醇和苯乙烯	固化后,树脂坚韧,适宜作汽车车身、机械罩壳、安全帽等	天津合成材料厂,常州 255 厂,北京师大五七工厂,岳阳化工总厂,济南树脂厂,251 厂,无锡树脂厂等
711	顺丁烯二酸酐、邻苯二甲酸酐、一缩二乙二醇和苯乙烯		天津合成材料厂
7541	顺丁烯二酸酐、邻苯二甲酸酐、环氧丙烷、二元醇和苯乙烯	固化物冲击强度高、耐热、耐腐蚀、耐水及透光性能好,用作耐冲击玻璃钢制品、电器制品及 80℃ 以下的耐腐蚀玻璃制品	天津合成材料厂 济南树脂厂
302	蓖麻油、顺丁烯二酸酐	韧性好,可作电绝缘浇注制品和环氧树脂的增韧剂	江西前卫化工厂 常州 253 厂
315	一缩二乙二醇、丙二醇、顺丁烯二酸酐、邻苯二甲酸酐和苯乙烯	韧性较好,主要用于制作塑料纽扣	上海新华树脂厂
325 335	丙二醇、甘油、邻苯二甲酸酐、癸二酸、二缩三乙二醇、丙二醇、顺丁烯二酸酐、苯二甲酸酐和苯乙烯		上海新华树脂厂

3. 柔性不饱和聚酯树脂

该类聚酯比韧性不饱和聚酯相对分子质量低、黏度小、性柔,有高度韧性。

其性能指标见表 4-24,国内主要生产厂家及产品性能见表 4-25。

表 4-24　柔性不饱和聚酯树脂技术指标

项目	182			304	304
	天津合成材料厂				上海新华树脂厂
品级	优级品	一级品	二级品		
外观	透明浅黄色液体	透明浅黄色液体	淡黄色液体	琥珀色半流体	黄到深黄色黏稠液体
黏度(25℃)/Pa·s	0.5~1.5	0.5~2	0.3~2		≤0.75(50%苯乙烯溶液)
凝胶时间(25℃)/min	6~8	5~9	5~20		
酸值/(mgKOH/g)	16~23	16~23	23~27	20~25	≤30
贮存期	20℃以下 6 个月,30℃以下 3 个月	20℃以下 6 个月,30℃以下 3 个月	30℃以下 1 个月		20℃以下 12 个月

表 4-25　柔性不饱和聚酯树脂的牌号、原料、特性及生产厂家

牌号	原料	特性和用途	生产厂家
182	顺丁烯二酸酐、邻苯二甲酸酐、一缩二乙二醇、苯乙烯	柔韧,主要用于改性其他层压和浇注聚酯	天津合成材料厂 济南树脂厂
304	顺丁烯二酸酐、邻苯二甲酸酐、蓖麻油、乙二醇	柔韧,能与环氧树脂共聚,作内增塑料,作无溶剂漆,用于电绝缘浸渍漆	天津合成材料厂 上海新华树脂厂 江西前卫化工厂
303	顺丁烯二酸酐、邻苯二甲酸酐、一缩二乙二醇、苯乙烯	柔韧,黏度低,施工方便,适于作玻璃纤维增强塑料	江西前卫化工厂
305	蓖麻油改性不饱和聚酯、甲苯稀释剂、苯乙烯交联剂	电绝缘浸渍漆,作环氧树脂增塑剂	江西前卫化工厂

4. 耐腐蚀不饱和聚酯树脂

(1) 间苯二甲酸型不饱和聚酯树脂　该树脂耐化学腐蚀性能好,在室温下对有机溶剂、多种盐类和低浓度的酸、碱均有良好的抵抗能力;在大气中室温固化时表面不发黏;对玻璃

纤维有良好的浸润能力；对钢的黏结性好；有较高的热变形温度；耐水性好，其玻璃纤维层压制品在沸水中经48h后，弯曲强度保持率大于80%；具有较好的介电性能等。其技术指标见表4-26，国内主要生产厂家及其产品性能见表4-27。

表4-26 间苯二甲酸型不饱和聚酯树脂技术指标

项 目	199				272
	天津合成材料厂				常州253厂企业标准
品级	优级品	一级品	二级品		
外观	黄至棕黄色液体	黄至棕黄色液体	棕黄色液体	淡黄或棕黄色液体	透明黄色液体
黏度/Pa·s	1.5~2.5	1.5~3	1~4	0.42~0.78	0.25~0.45
凝胶时间(25℃)/min	7~9	6~12	6~30	11~21	8~20
酸值/(mgKOH/g)	35~43	35~43	43~46	21~29	12~20
固体含量/%				58~64	56~62
贮存期	20℃以下6个月 30℃以下3个月	20℃以下6个月 30℃以下3个月	30℃以下1个月	20℃以下6个月 80℃24h	25℃以下6个月 80℃24h

表4-27 间苯二甲酸型不饱和聚酯树脂的牌号、原料、特性及生产厂家

牌号	原 料	特性和用途	生产厂家
199	间苯二甲酸、反丁烯二酸、丙二醇、苯乙烯	耐腐蚀性好、耐热性较高，适于制造化工设备、耐蚀涂层、衬里等以及其他要求耐热性较高的玻璃钢制品	常州253厂、天津合成材料厂、济南树脂厂、北京师范大学
272	间苯二甲酸、顺丁烯二酸酐、二醇、苯乙烯	适用于单丝缠绕的高性能制品，浸渍性好，固化后有很好的力学性能和一定的耐蚀性	常州253厂
新型间苯二甲酸不饱和聚酯	间苯二甲酸、乙二醇、新戊二醇、顺丁烯二酸酐、苯乙烯	耐蚀性好，耐热性高，力学性能和柔韧性较好，耐水，制品收缩率小，适于制造耐蚀玻璃纤维增强塑料，如SMC、BMC、缠绕成型等	西安绝缘材料厂
199A	对苯二甲酸、顺丁烯二酸及二醇类、苯乙烯	耐热性好，耐蚀性好，适于制作玻璃纤维增强塑料，电器浇注制品的耐蚀衬里	天津合成材料厂

(2) 双酚A型不饱和聚酯树脂　该类聚酯是目前用量最大的耐蚀性树脂，约占耐蚀玻璃钢的70%，其特点是在较高温度下耐蚀性优良，对酸(除铬酸外)、碱的耐蚀性能优于通用型和间苯二甲酸型不饱和聚酯，特别是耐碱性优良。此外，还具有优良的综合性能。其技术指标见表4-28、表4-29。

表4-28 双酚A型不饱和耐蚀性聚酯树脂技术指标

项 目	3301			197
	天津合成材料厂			常州253厂
品级	优级品	一级品	二级品	
外观	浅黄至黄色液体	浅黄至黄色液体	黄色液体	浅黄至黄色液体
黏度/Pa·s	1~2	1~3	0.5~4	0.4~1.05
凝胶时间(25℃)/min	8~10	6~12	6~30	10~30
酸值/(mgKOH/g)	16~23	16~23	23~27	9~17
固体含量/%				47~58
贮存期	20℃以下6个月，30℃以下3个月	20℃以下6个月，30℃以下3个月	30℃以下1个月	20℃以下6个月，80℃24h

第四章 热固性塑料

表 4-29 双酚 A 型不饱和聚酯树脂手糊玻璃钢的性能

项 目	323[①]	3301[②]	项 目	323[①]	3301[②]
弯曲强度/MPa	317	230~240	压缩强度/MPa	146	130~160
拉伸强度/MPa	259	160~200	马丁耐热温度/℃	290	300
冲击强度/(kJ/m²)	309	270~320	含胶量(质量分数)/%	45 左右	30~60

① 新华树脂厂 323 不饱和聚酯，增强材料为 0.23mm 中碱斜纹玻璃布。
② 3301 为天津合成材料研究所不饱和聚酯。

（3）对苯二甲酸型不饱和聚酯树脂　该树脂浇注料的弯曲强度为 83.3~98.1MPa，冲击强度 9.17kJ/m²，热变形温度 106℃，其玻璃钢弯曲强度为 313.6~392MPa，冲击强度为 490~588kJ/m²，马丁耐热温度为 190℃。耐热性可与双酚 A 型耐腐蚀不饱和聚酯树脂 3301 相媲美，其耐酸耐碱性能高于通用聚酯，而耐有机溶剂性能更是其他类不饱和聚酯树脂无法比拟的。所以它是一种高耐热性、耐溶剂性、耐腐蚀、耐液体和气体透过性及电性能、力学性能较好的一种树脂。天津合成材料厂对苯二甲酸型不饱和聚酯技术指标见表 4-30。

表 4-30 天津合成材料厂对苯二甲酸型不饱和聚酯技术指标

树 脂	外 观	黏度(25℃)/Pa·s	酸值/(mgKOH/g)	凝胶时间(25℃)/min	固体含量/%
199A#	黄色液体	0.35~0.60	18~30	5~10	62~66
测试标准	GB/T 8237—1987	GB/T 7193.1—1987	GB/T 2895—1982	GB/T 7193.6—1987	GB/T 7193.3—1987

5. 耐腐蚀阻燃不饱和聚酯树脂

该树脂由耐腐蚀不饱和聚酯与阻燃剂配合制成。并将阻燃元素直接连接到不饱和聚酯链上，使其兼备防腐阻燃特性。常州 253 厂所产各种树脂浇注体的氧指数见表 4-31。

表 4-31 常州 253 厂各种树脂浇注体的氧指数　　　　　　　　单位：%

树脂品种	浇注体氧指数	树脂品种	浇注体氧指数
199	22	197-107M	26
197	22	107M	28
197-107H	27	199-107M+T	32

6. 透明性不饱和聚酯树脂

以苯乙烯溶解而得到的聚酯树脂黏度低，适于室温接触成型。其铸塑料的折射率接近于玻璃的折射率，故由这种聚酯制得的玻璃纤维增强塑料有良好的透光率。以苯乙烯和甲基丙烯酸甲酯混合单体溶解制得的聚酯树脂黏度特别低，适于室温接触压力成型，由其制得的玻璃纤维增强塑料有好的透光性和耐气候性。其技术指标见表 4-32，国内主要生产厂家及其产品牌号见表 4-33。

7. 阻燃自熄性不饱和聚酯树脂

其技术指标及部分产品牌号、生产厂家见表 4-34、表 4-35。

8. 耐高温不饱和聚酯树脂

此类树脂适用于热固化低压成型，其玻璃钢在 260℃有良好的强度保持率与稳定的高频介电性能，并且在 260℃下经 200h 后，性能无显著下降。缺点是成型时固化工艺条件要求严格，并需较长时间后固化。其技术指标见表 4-36。国内主要生产厂家及其产品性能见表 4-37。

表 4-32 透明性不饱和聚酯技术指标

项目	195	75-农-6	C-1	191		
	常州 253 厂	武汉理工大学	华东理工大学	天津合成材料厂		
外观	清澈透明或微黄色液体	无色透明或颜色很淡的液体	无色或微黄色透明液体	透明浅黄色液体	透明浅黄色液体	浅黄色液体
透光率/%	79~82	84~86				
折射率		1.5135(25℃)	1.47~1.52(25℃)			
酸值/(mgKOH/g)	27~35	42~38		35~43	35~43	43~46
黏度/Pa·s	0.12~0.22	50~90	27	60~120	60~180	30~210
凝胶时间/min	30~35 (25℃)	5~10 (82℃)	8.5(按 SPI 标准测定)	6~8 (25℃)	4.5~10 (25℃)	≤20 (25℃)
贮存期	25℃ 3 个月 80℃ 24h			20℃以下 6 个月 30℃以下 3 个月	20℃以下 6 个月 30℃以下 3 个月	30℃以下 1 个月

表 4-33 透明性不饱和聚酯树脂的牌号、原料、特性及生产厂家

牌号	原料	特性及用途	生产厂家
195（光稳型）295	丙二醇、顺丁烯二酸酐、邻苯二甲酸酐、苯乙烯、甲基丙烯酸甲酯	树脂为透明液体，其浇注体折射率与 E 玻璃纤维相近，适宜制造高透光率玻璃钢板材，用于建筑、太阳能热水器等	常州 253 厂 无锡树脂厂
191（光稳型）	顺丁烯二酸酐、邻苯二甲酸酐、丙二醇、苯乙烯、紫外线吸光剂	低黏度光稳定性树脂，对玻璃纤维有良好浸渍性能，适宜制造半透明瓦及其他接触成型制品	常州 253 厂 天津合成材料厂 济南树脂厂 无锡树脂厂 岳阳化工总厂
透光 1	顺丁烯二酸酐、邻苯二甲酸酐、丙二醇、苯乙烯	可制透明玻璃钢，透光率达 70%~80%，用于建筑采光、太阳能工程等	济南树脂厂 天津合成材料厂 济南树脂厂
550			
75-农-6	类似 195，其中增加了紫外线吸收剂	树脂为透明液体，其浇注体折射率与 E 玻璃纤维相近，适宜制造高透光率玻璃钢板材，用于建筑、太阳能热水器等	武汉理工大学
丙烯酸型不饱和聚酯 C-1	丙烯酸或甲基丙烯酸及基酯类为主要原料	树脂与玻璃纤维折射率相近，透光率高，有好的光稳性、耐候性和耐热性	华东理工大学
515	丙二醇、顺丁烯二酸酐、邻苯二甲酸酐、光稳剂 UV-9、甲基丙烯酸、苯乙烯	农用温室采光玻璃钢、水泥制品的防护罩	北京师范大学

表 4-34 不同牌号阻燃自熄性不饱和聚酯树脂的技术指标

项目	7901	302	7331	ZX
	天津合成材料厂企业标准	常州 253 厂企业标准		华东理工大学
品级				
外观	浅黄色液体	淡黄色液体		黄棕色
黏度(25℃)/Pa·s	1.5~4.5	0.75~1.35	0.5~0.9	6~7
凝胶时间(25℃)/min	4.5~9.5(SPI法)	11~35	10~20	
酸值/(mgKOH/g)	<20	20~28	18~25	<50
固体含量/%		70~76	63~68	70
贮存期	80℃ 24h	25℃ 6 个月 80℃ 24h		

续表

项 目	ZX$_1$	802		8201
	华东理工大学	常州253厂		济南树脂厂
品级		一级品	二级品	
外观		次白色浑浊糊状液体		浅黄色液体
黏度(25℃)/Pa·s	120～200	0.6～1.2	1～2.5	0.8～2.5
凝胶时间(25℃)/min		11～21	3～9	3～10
酸值/(mgKOH/g)	≤30	触变指数≥1.4	38～45	40～50
固体含量/%	65			
贮存期			20℃ 4个月 30℃ 2个月	30℃ 1个月

表 4-35 阻燃自熄性不饱和聚酯树脂的牌号、原料、特性及生产厂家

牌号	主要原料	特性及用途	生产厂家
302	HET酸酐、乙二醇、一缩二乙二醇	具有自熄性,较好的耐光性,适宜接触成型及要求自熄的玻璃钢制品	常州253厂 天津大学(研制)
7901	含卤素的二元醇、顺丁烯二酸酐、邻苯二甲酸酐、阻燃剂	加工工艺性良好,可用手糊、喷射、缠绕及模压等加工方法制成玻璃钢制品,其固化方法同通用聚酯,该树脂除具有阻燃性外,还有较高的力学性能、电绝缘性能、耐蚀性能等	天津合成材料厂 济南树脂厂

表 4-36 耐高温不饱和聚酯技术指标

项 目	TM-1			198	3198	改性198
	岳阳化工总厂			常州253厂	上海新华树脂厂	北京251厂
品级	优级	一级	二级			
外观	浅黄至黄色液体	浅黄至黄色液体	浅黄至棕色液体	透明淡黄色液体	浅黄至黄褐色液体	橙黄色透明液体
黏度/Pa·s	1～2	1～3	0.5～3.5	0.45～0.98		0.5～1.1
凝胶时间(25℃)/min	6～8	4.5～10	4.5～20	8～12		8～25
酸值/(mgKOH/g)	17～25	17～25	25～35	20～28	≤42	19～29
固体含量/%				61～67		
贮存期	20℃以下 6个月 30℃以下 3个月			30℃以下 1个月	20℃以下 6个月 80℃24h	

表 4-37 耐高温不饱和聚酯树脂牌号、原材料组成、特性及生产厂家

牌号	原材料组成	特性和用途	生产厂家
198	丙二醇、顺丁烯二酸酐、邻苯二甲酸酐和苯乙烯	适于低压成型,其玻璃钢在260℃以下强度保持率高、介电性能优良,缺点是成型时固化工艺条件要求严格	常州253厂 济南树脂厂 天津合成材料厂 上海新华树脂厂 岳阳化工总厂
3198		比198有较高的耐热性和强度	上海新华树脂厂
改性198			北京251厂
TM-1	对苯二甲酸(酐)、顺丁烯二酸(酐)、丙二醇、乙二醇、苯乙烯	耐热性好,办学性能、耐蚀性优异	岳阳化工总厂
W$_2$-1	酚醛型环氧树脂、甲基丙烯酸、苯乙烯	耐热性好,耐蚀性、力学性能优良	华东理工大学

第四节 聚氨酯塑料

一、主要品种

聚氨酯树脂是在分子链上含有重复氨基甲酸酯基团 $-[-N-C-O-]-$（其中N上带H，C上带双键O）的高分子聚合物，又称为聚氨基甲酸乙酯（PUR）。按其单元多元醇所含官能团的多少，又分为线型热塑性聚氨酯树脂和体型热固性聚氨酯树脂等。

(1) 按物理形态分类　可分为泡沫塑料、弹性体、涂料、合成革和胶黏剂五类。

(2) 按加工方法分类　可分为浇注型、热塑性和混炼型三类。

(3) 按原料分类　可分为聚酯型和聚醚型两类。

二、主要性能

聚氨酯弹性体具有较高的机械强度，在宽广的硬度范围内仍具有较好的弹性、耐磨、耐油、耐低温、耐臭氧和耐辐射等性能。浇注型和热塑性弹性体具有很高的机械强度。但浇注型在弹性、低温脆性和耐臭氧方面不如其他二者。热塑性弹性体在压缩永久变形和耐热老化方面不如其他二者。混炼型弹性体在机械强度和耐酸性方面不如其他二者。

聚酯型弹性体的强度高，耐候性、耐油性、耐热性好，但加工性能、耐寒性、耐水解性差。聚醚型中以聚四氢呋喃聚二醇为原料者是聚氨酯中综合性最好的。聚己内酯型耐水性和耐寒性较好，其他性能介于聚酯型和聚醚型之间。

聚氨酯型弹性体是一种介于橡胶与塑料之间的新型材料。浇注型聚氨酯适宜制造结构复杂的大型制件；热塑性聚氨酯适宜制造大量生产的复杂的小型制件；混炼型聚氨酯适宜制造橡胶类的一般制件。

三、成型加工性能

三种类型聚氨酯的加工方法各有特点，浇注型聚氨酯类似于液体橡胶；热塑性聚氨酯与热塑性塑料相同；混炼型聚氨酯则与一般橡胶加工工艺相同。

浇注型聚氨酯（CPU）弹性体的成型加工方法有常压浇注、真空浇注、离心浇注、旋转浇注、模压成型、反应注射成型等。

常压浇注最简单。常用的是将预聚物和扩链剂的混合物浇注到预热至 80~120℃ 的常压开口模具中。

真空浇注基本上同常压浇注，但需在真空下成型。此法用于制备形状复杂的，以及不允许混入气泡的制品。

离心浇注是将液体混合物在离心机中，借旋转的离心力把物料挤入模具。旋转速率一般为 500~2000r/min。此法适于制造薄片状和复杂形状的制品，也可制造增强材料。

旋转浇注可制得中空球状物。液体混合物注入模型后，模具沿两轴旋转，速率一般以 2~15r/min 为宜。

反应注射模塑（RIM）是 20 世纪 60 年代末期首先由原联邦德国拜耳公司开发的。其工艺是，将多元醇和异氰酸酯等组分经计量进入混合头，在混合头中碰撞混合，然后高速注射到模具中，快速固化，脱模取出制品。注射压力低于普通热塑性塑料成型压力，一般为 0.3~3.5MPa，但混合头中的压力可达 14~20MPa。反应注射模塑技术在提高产量、改进质量、节约原料、降低设备投资、节约能源和降低成本等方面，取得了较好效果。

四、应用

聚氨酯弹性体在汽车、电器、机械、医疗及制鞋等工业中，可以制造各种机械零件、轮胎、运输带、摩擦轮、轴封、密封环、电气绝缘件、人造革、鞋底等。

五、聚氨酯泡沫塑料

聚氨酯泡沫塑料分为软质和硬质两类。

聚氨酯软质泡沫和硬质泡沫在聚氨酯塑料中占有重要的地位，它们占聚氨酯总消费量的80%以上。其中软质品约占60%，硬质品和半硬质品占40%。

软质聚氨酯泡沫塑料质地柔软、容量低、弹性大、吸声、隔热、耐油、耐寒，在工业和日用中用途极为广泛。硬质聚氨酯泡沫塑料比刚性大、容重小、隔热、吸声，在工业、建筑、船舶、车辆、机器、仪表等方面，大量用作消声、隔热、减震和包装材料。此外，还有半硬质泡沫、整皮模塑泡沫体、冷固化高回弹泡沫等。

1. 软质泡沫塑料

(1) 软质聚醚型聚氨酯泡沫塑料 它具有良好的绝热、隔声、回弹及抗震性能。在原料组分中引入阻燃元素或加入阻燃剂，可使制品具有自熄性或阻燃性。

GB 10802—1989 标准根据软质泡沫塑料表观密度的大小分成 JM-15、JM-20、JM-25 和 JM-30 四种型号。每种型号有优等品、一等品和合格品三档。其性能见表4-38。

表 4-38 软质聚醚型聚氨酯泡沫塑料性能（GB/T 10802—1989）

指标名称		优 等 品				一 等 品				合 格 品			
		JM-15	JM-20	JM-25	JM-30	JM-15	JM-20	JM-25	JM-30	JM-15	JM-20	JM-25	JM-30
表观密度/(kg/m³)	>	15.0	20.2	25.0	30.0	15.0	20.0	25.0	30.0	15.0	20.0	25.0	30.0
拉伸强度/kPa	>	90	100	100	100	85	90	90	90	80	85	85	85
伸长率%	>	220	200	180	180	200	180	160	150	180	160	140	130
75%压缩永久变形/%	<	5.5	5.0	4.5	4.0	7.0	7.0	6.0	6.0	10.0	10.0	10.0	10.0
回弹率%	>	40	45	45	45	36	40	40	40	30	35	35	35
撕裂强度/(N/cm)	>	3.50	3.50	2.50	2.50	3.00	3.00	2.20	2.20	2.50	2.50	1.70	1.70
压缩25%硬度/N	>	70	85	85	95	60	80	80	90	50	75	80	80
压缩65%硬度/N	>	120	130	140	180	120	120	140	160	90	120	130	140
65%/25%压陷比	>	1.5	1.5	1.5	1.8	1.5	1.5	1.5	1.7	1.4	1.4	1.5	1.5

GB 10802—1989 标准还规定了软泡片材长度、宽度、厚度尺寸和极限偏差，对外观质量中的孔径、色泽、条纹、刀纹、裂缝、气孔、两侧表皮、污染等项目也作了规定。

国内主要生产厂家有天津市聚氨酯塑料制品厂、上海久泰储能材料有限公司、北京泡沫塑料厂、南京金叶聚氨酯有限公司（中国石化集团金陵石油化工有限责任公司塑料厂）、成都市塑料七厂、南通馨源海绵公司、上海乔福泡绵有限公司、圣诺盟控股集团东亚海绵厂、联大实业（香港）有限公司、奥特宝家饰（深圳）有限公司、江苏金坛和梦海绵有限公司、江苏省启东市超锐特种海绵厂、山西省阳泉市泡沫塑料有限公司、大连聚氨酯泡沫塑料厂等。

(2) 软质聚酯型聚氨酯泡沫塑料 可根据不同要求，改变原料组分和配方达到所需的性能。与同密度的聚醚型软质泡沫塑料相比，软质聚酯型聚氨酯泡沫塑料有较好的拉伸强度和耐油性，但其耐水解性及耐低温性较差。

软质聚酯型聚氨酯泡沫塑料性能见表4-39。

表 4-39　软质聚酯型聚氨酯泡沫塑料性能（GB/T 10802—1989）

指标名称		一等品	合格品	指标名称		一等品	合格品
密度/(kg/m³)	>	35.0	35.0	75%压缩永久变形/%	<	10.0	10.0
拉伸强度/kPa	>	200	160	回弹率/%	>	25	20
伸长率/%	>	350	300	撕裂强度/(N/cm)	>	6.00	5.00

国内主要生产厂家有大连聚氨酯泡沫塑料厂、天津市聚氨酯塑料制品厂、上海久泰储能材料有限公司等。

（3）高回弹性聚氨酯泡沫塑料（HR 泡沫，冷模塑泡沫）　高回弹泡沫塑料属于特殊的软质聚氨酯泡沫塑料，以高回弹性为性能特征，它具有优良的力学性能（高回弹性、低滞后损失）；较高的压缩负荷比值，故有优良的乘坐舒适性；优良的耐疲劳性能；类似乳胶表面的手感；良好的透气性及阻燃性能。

通常它比普通软质聚氨酯泡沫塑料密度大、回弹大、负载能力强。

高回弹性聚氨酯泡沫塑料的性能指标和外观指标分别见表 4-40 和表 4-41。

表 4-40　高回弹性聚氨酯泡沫塑料的物理性能指标（GB/T 2080—1995）

型号		HR-Ⅰ	HR-Ⅱ
密度/(g/m³)		40~65	≥65
拉伸强度/kPa	≥	80	100
断裂伸长度/%	≥	100	90
落球回弹率/%	≥	60	55
撕裂强度/(N/cm)		1.75	2.50
干热(140℃,17h)老化后拉伸强度最大变化率/%	≥	±30	±30
湿热(105℃,100% RH,3h)老化后拉伸强度最大变化率/%		±30	±30
压缩25%的硬度/N	≥	120	180
压缩65%的硬度/N		315	468
75%压缩永久变形(70℃,22h)/%	≤	10	10
65%/25%压缩比	≥	2.6	2.6
主要用途		家具、床垫、坐垫、靠垫	摩托车坐垫

表 4-41　高回弹性聚氨酯泡沫塑料外观指标（QB/T 2080—1995）

项目	要求
色泽	基本均匀一致
气味	不允许有刺激皮肤、令人厌恶的气味
硬皮	不允许有影响装饰后外观的硬皮
气孔	不允许有尺寸大于 6mm 对穿孔和大于 10mm 的气孔
裂缝	不允许有裂缝
凹陷	不允许有深度大于 2mm 的凹陷，凹陷面积不超过制品使用面积的 7%
污染	不允许有明显污染

国内主要生产厂家有江苏省化工研究所有限公司、江苏省启东市超锐特种海绵厂、上海三花泡沫塑料有限公司、南京金陵石化德赛化工技术有限公司、南京金叶聚氨酯有限公司、浙江德丰聚氨酯公司、张家港飞航实业有限公司、广州市番禺华创聚氨酯有限

公司、山东省蓬莱市祥和化工厂、天津易伦聚氨酯科技有限公司、山东东大化学工业集团聚氨酯厂等。

(4) 组合聚醚/多异氰酸酯冷熟化高回弹性泡沫塑料　通常由组合聚醚和多异氰酸酯两个组分组成冷熟化高回弹泡沫组合料。

由高回弹组合料制得的泡沫塑料具有优良的力学性能、较高的压缩负荷比、坐感舒适性、优良的抗疲劳性能、类似乳胶表面的手感、良好的透气性及阻燃性能。生产泡沫塑料时生产周期短、效率高、耗能低，可取代传统的热熟化聚氨酯泡沫塑料。

组合聚醚为浅黄或乳白色黏稠液体，呈碱性。

南京金陵石化德赛化工技术有限公司和张家港飞航实业有限公司的该类产品的性能见表4-42、表4-43。

表4-42　南京金陵石化德赛化工技术有限公司组合聚醚/多异氰酸酯冷熟化高回弹性泡沫塑料性能

项目		性能		项目		性能	
模塑密度/(kg/m³)		40	65	75%压缩变形(70℃,22h)/%	≤	10	10
拉伸强度/kPa	≥	80	100	压缩25%时硬度/N	≥	120	120
伸长率/%	≥	100	90	压缩65%时硬度/N	≥	320	470
回弹率/%	≥	60	60	65%/25%压缩比	≥	2.6	2.6
撕裂强度/(N/cm)	≥	1.8	2.1				

表4-43　张家港飞航实业有限公司高回弹泡沫塑料性能

	项目	性能	FH-501	FH-503
模塑参数	料温/℃		22±2	22±2
	A/B料质量比		100/(35~40)	100/(42~47)
	模具温度/℃		48~60	50~65
	脱模时间/min		5	5
典型泡沫性能	密度/(kg/m³)		≥55	38~43
	回弹率/%		≥52	≥55
	伸长率/%		≥95	≥100
	拉伸强度/kPa		≥120	≥110
	撕裂强度/(N/cm)		≥2.5	≥2.5
	压缩25%硬度/N		≥145	≥90
	压缩65%硬度/N		≥400	≥230
	65%/25%压缩比		2.7	2.5

2. 硬质聚氨酯泡沫塑料

硬质聚氨酯泡沫塑料由多官能度低相对分子质量聚醚多元醇与PAPI为主的原料反应制得，是一种高度交联的热固性聚合物。

该制品的最大特点是，可根据使用要求，通过改变原料的规格、品种和配方，合成所需性能的产品。该产品质轻（密度可调），比强度大，绝热和隔声性能优越，电气性能佳，加工工艺性好，耐化学药品，吸水率低，亦可制得自熄性产品，济南正恒聚氨酯材料有限公司硬质聚氨酯泡沫塑料制品性能见表4-44。

表 4-44　济南正恒聚氨酯材料有限公司硬质聚氨酯泡沫塑料制品性能

项　目	硬质泡沫板材	聚氨酯保温管材
密度/(kg/m³)	30～200	30～60
压缩强度/MPa	0.2～2.0	≥0.15
拉伸强度/MPa	0.15～0.35	0.25～3.8
弯曲强度/MPa	0.4～0.5	
闭孔率/%	>93	≥93
吸水率/%	≤3	<3
热导率/[W/(m·K)] ≤	0.019	0.02
氧指数/%	26～30	
规格	长25m,宽1100mm	φ15～1020mm,厚30～100mm
使用温度/℃	−70～120	−196～160
尺寸稳定性/%		<3

冰箱、冰柜用硬质聚氨酯泡沫塑料执行中国轻工总会制订的中华人民共和国行业标准 QB/T 2081—1995《冰箱、冰柜用硬质聚氨酯泡沫塑料》，详见表 4-45。

表 4-45　冰箱、冰柜用硬质聚氨酯泡沫塑料性能指标（QB/T 2081—1995）

项　目	性能指标	项　目	性能指标
表观密度/(kg/m³)	28～35	闭孔率/% ≥	90
压缩强度/kPa ≥	100	低温尺寸稳定性(−20℃,24h)平均线性变化率/% ≤	1
热导率/[W/(m·K)] ≤	0.022	高温尺寸稳定性(100℃,24h)平均线性变化率/% ≤	1.5
吸水率/% ≤	5		

六、聚氨酯填充改性料

聚氨酯填充改性料的主要品种与性能见表 4-46～表 4-48。

表 4-46　美国液氨加工公司的 Verton PUR 的性能与用途

牌　号	特点和用途
TA-7004	注塑增强级,20%聚芳基酰纤维增强的制品
TF-700-10	注塑增强级,50%短切玻璃纤维增强的制品
TF-1004	注塑增强级,20%短切玻璃纤维增强,适合高抗冲击性的制品
TF-1006	注塑增强级,30%短切玻璃纤维增强,适合高抗冲击性的制品
TF-1008	注塑增强级,40%短切玻璃纤维增强,适合高抗冲击性的制品
TFL-4036	注塑增强级,45%玻璃纤维和聚四氟乙烯填充增强改性,适合润滑性的制品
TFL-4536	注塑增强级,32%玻璃纤维和硅树脂填充增强改性,适合润滑性的制品
TL-4030	注塑增强级,15%氟树脂填充改性,适合润滑性的制品
TL-4410	注塑增强级,2%硅树脂填充改性,适合润滑性的制品

表 4-47　美国陶氏化学公司的 PU 填充改性料的性能与用途

牌　号	特点和用途
236355、DRO-120、236365、236375、236380、ARO-120、236390、DRO-140、ARO-140	注塑和挤塑级,20%～40%亚硫酸钡改性,用于不透射线制品
Hi-Flex SMC	含30%玻璃纤维,其尺寸稳定性好,柔性和冲击强度为标准SMC的2倍,表面质量优,成型用模具成本低

表 4-48　美国赫斯公司 Kimplast PUR 的性能与用途

牌　号	特　点　和　用　途
PTUE202	注塑和挤塑改性级,8%硅料填充改性,适合耐磨蚀的制品
PTUE205	注塑和挤塑改性级,25%硅料填充改性,适合耐磨蚀的制品
PTUE302	注塑和挤塑改性级,10%硅料填充改性,适合耐磨蚀的制品
PYUE332	注塑和挤塑改性级,25%碳纤维和硅料填充增强改性,适合高冲击的制品

第五节　有机硅塑料

一、有机硅树脂

由三官能团单体和双官能团单体按一定比例水解、预缩聚,生成线型有机硅氧烷,当加入炭黑、陶瓷、石棉、石英粉、白炭黑等填料,再热压成型后即成热固性塑料制品。

有机硅树脂含有无机主键—Si—O—结构和有机侧链（一般为甲基、乙基、乙烯基、丙基、苯基和氯代苯基等）,因而既具有无机高聚物的耐热性,又具有有机聚合物的韧性、弹性和可塑性。一般具有耐热性、耐寒性、耐水性、高介电性。硅树脂的特性取决于它的三维支链结构,为获得所期望的性能,在聚硅氧烷主链上引入不同的有机基团。例如,引入甲基可改进憎水性、表面硬度和耐燃性;苯基提供耐热性、高柔软性、耐水性和与有机溶剂的相容性;乙烯基的引入较易产生交联,其分子结构强韧;甲氧基和烷氧基促进低温交联。有机硅聚合物的特点和用途见表 4-49～表 4-52。

表 4-49　有机硅聚合物的特点与用途

品种	玻　璃　树　脂	模　塑　料①	层　合　塑　料
制法	甲基三乙氧基硅烷在微量酸存在下缩聚而成	甲基三乙氧基硅酸经酸性催化缩聚物加填料混炼后粉碎而成	苯基三氯硅烷和甲基三氯硅烷水解,缩聚
特点	1. 溶于乙醇中呈无色至微黄色透明液 2. 树脂可溶于醇、酯、酮类和苯、甲苯中,固化后耐化学性极优 3. 可低温固化,固化后硬度高,耐磨、耐热、耐候、耐辐射、耐紫外线、无毒、透明、憎水防潮	1. 电绝缘性、耐电弧性优 2. 耐水防潮,耐高温性优异,石棉填充料可在-50～250℃长期使用（短时可耐 650℃） 3. 有一定的物理力学性能,成型收缩率小,尺寸稳定性好 4. 在 150℃下有较好的流动性	1. 耐热性优,可在 250℃长期使用 2. 电绝缘性优异,介电损耗低、耐电弧、耐熔 3. 吸水率低
成型	涂覆、浸渍、浇注	可浇注、模压、注塑、粘接、贴合、封装	浸渍-层合、涂覆,可机加工
用途	飞机风挡、玻璃窗、车厢玻璃、太阳镜、涂覆铝、铜件可作防腐、电器元件的绝缘涂层	理想耐电弧制件,做灭弧罩、火车头电器配电盘、印刷线路板、电阻换向开关、仪器的插按件	H级电机的槽模绝缘、高温继电器壳、雷达天线罩、线路接线板、印刷电路板、飞机防火墙、耐热管材

① 由苯基、甲基三氯硅烷和二甲基二氯硅烷水解、缩聚而成无溶剂树脂,加填料混炼成模塑料,其熔体流动性好,固化速率快,可注塑、浇注、模压、传递模塑。固化物成型收缩率小,尺寸稳定性好,耐热性好,可在-60～250℃长期使用,在高温下机械、电绝缘性能降低小,耐电弧、电气性优,憎水、防潮、耐臭氧、耐候、化学稳定性等都很好,介电性能也优异。塑料制品主要用于封装电子元件、半导体晶体管、集成电路等。

二、有机硅模塑料

1. 无溶剂有机硅模塑料

表 4-50　成都有机硅中心有机硅聚合物技术指标和用途

牌号	技术指标				用途
	外观	黏度(25℃)	折射率(25℃)	固体含量/%	
665 有机硅环氧树脂	淡黄色至黄色均匀液体,允许有乳白光	<30s(涂4杯黏度计)		≥50	电机绕组的表面漆,线圈匝间黏结剂和特种高温涂料
6-2 硅酮压敏黏合剂	淡黄至深褐色透明液体,允许有乳白光	90~500mPa·s		48~52	电机行业中绝缘材料的粘接,用作氟材料的防粘胶布的压敏黏结剂
SAR-5 甲基硅树脂				27.5~32.5	主要用于电子工业中显像管阳极保护层涂料
SAR-8 有机硅树脂		15~65s(涂4杯黏度计)		≥50	耐高温,绝缘,阻燃,粉云母板的黏结剂
1060 有机硅树脂	深褐色液体	>15s(涂4杯黏度计)		≥50	耐高温保护层
252 瓷粉处理剂			1.470~1.480		瓷粉处理剂
SAR-2 甲基硅树脂				30±2.5	ABS、AS 塑料表面,无机玻璃表面的保护涂料或染色涂料
SAR-3 甲基硅树脂				35~42	有机玻璃表面的保护涂料

表 4-51　美国道康宁公司浸渍用硅树脂技术指标

项目	DC-996	DC-997	项目		DC-996	DC-997
固体含量/%	50	50	热失重(25℃,3h)/%		4	5
颜色	暗棕色	暗棕色	开裂寿命(250℃)/h	≥	750	1000
黏度(25℃)/Pa·s	0.1~0.2	0.1~0.2	弯曲寿命(250℃)/h	≥	250	250
干燥时间 ≤	3h(150℃)	3h(200℃)	介电强度/(kV/mm)		40~80	40~80
溶剂	二甲苯	二甲苯				

表 4-52　日本东芝有机硅公司低温干燥浸渍用硅树脂性能

项目	TSR-108	项目	TSR-108
树脂溶液外观	浅黄色透明液体	干燥时间	12min(150℃)
漆膜外观	表面平滑有光泽	体积电阻率/Ω·cm	2.5×10^{16}
密度(25℃)/(g/cm³)	1.016	介电强度/[kV/(0.1mm)]	8.1
黏度(25℃)/Pa·s	0.092	弯曲性(250℃,ϕ3mm)/h	>1000
固体含量/%	56	热失重(250℃,72h)/%	3
酸值/(mgKOH/g)	1.9		

无溶剂有机硅模塑料具有良好的传递模塑流动性,固化速率较快,成型收缩率小,尺寸稳定性好。固化后的有机硅模塑料制品具有良好的耐高低温性能,可在-60~250℃温度范围内长期使用,短期耐热可达350℃。高温下,它的力学性能降低很小。此外,它还具有优良的耐电弧和电晕、耐化学药品、憎水防潮、耐臭氧、耐气候老化等特征。其介电性能十分优异,在很宽的温度、频率范围内变化很小。

中蓝晨光化工研究院二分厂无溶剂有机硅模塑料的技术指标见表 4-53。

表 4-53 中蓝晨光化工研究院二分厂无溶剂有机硅模塑料技术指标

指 标 名 称	CZ-610 树脂	CZ-620 树脂
外观	浅黄色固体 体状树脂	乳白色固体 体状树脂
运动黏度(25℃)/(mm²/s)	7~15 (50%甲苯溶液)	2.7~4 (25%甲苯溶液)
羟基含量/%	2.5~5	2.5~5

2. 有机硅模塑料

有机硅模塑料是以硅树脂为基料，添加适量的石棉、石英粉、白炭黑、硬脂酸钙等填料，经双辊混炼机混炼而成的热固性有机硅模压混合料。该混合料在室温下呈现石棉纤维纹的片状物料，在150℃下具有较好的流动性，能快速固化。经成型加工的塑料制品，具有优异的耐电弧、电气绝缘、耐高温特征，以及良好的物理力学性能。

国产有机硅模塑料的技术指标见表 4-54。

表 4-54 国产有机硅模塑料的技术指标

项 目		晨光化工研究院			上海树脂厂
		CS-301	KMK-218	GS-33	34-2
密度/(g/cm³)		1.8			1.8~2
收缩率/%	≤	0.5	1		
马丁耐热温度/℃	≥	300	250	300	250
线膨胀系数/K⁻¹				$(4.4~4.5)\times10^{-5}$	
拉伸强度/MPa				20~22	
冲击强度/(kJ/m²)	≥	5	4.5	4~4.2	4.5
弯曲强度/MPa	≥	25	30	40~42	30
耐电弧/s	≥	180	180	180	180
表面电阻率(室温浸水24h)/Ω	≥	1×10^{10}	1×10^{9}	9×10^{4}(干态)	$10^{9}\times10^{10}$
体积电阻率(室温浸水24h)/Ω·cm	≥	1×10^{11}	1×10^{10}	6×10^{15}(干态)	
相对介电常数				4.5~4.7	
介电强度/(kV/mm)	≥	5	5	10	5
拉西格流动性/mm	≥	160	140~180		
贮存期(30℃)/d		120	120		

第六节 氨基塑料

氨基塑料是指含有氨基或酰氨基的单体与甲醛缩聚而成的热固性塑料。

一、脲醛塑料

脲醛塑料（UF）由尿素与甲醛缩合，再与α-纤维素或其他填料，以及脱模剂、着色剂、固化剂等经捏和、辊压、粉碎而成模塑粉。

1. 脲醛塑料的特征

① 模塑料为无臭、无味、无色（一般为白色）半透明粉料。

② 模塑制品硬度大，冲击强度低，难燃，有自熄性，防霉性、耐电弧性优。
③ 耐候性、耐热性差，使用温度小于60℃。
④ 耐油、耐溶剂性好，但不耐酸、碱和热水。
⑤ 与α-纤维素等填料粘接性强，着色性好，固化速率快，价格便宜。

2. 脲醛塑料的成型加工

脲醛膜塑料的熔体流动性很好，可用模压、传递模塑、层合、贴合、发泡粘接等成型加工，也可用热固性注塑剂注塑。

以α-纤维素为填料的脲醛模塑料，其模压和注塑的温度分别为135～175℃和143～160℃，成型压力为14～140MPa，其成型收缩率为0.006～0.014cm/cm。

脲醛模塑料的吸水性较大（约0.6%），因而成型前必须预干燥。

脲醛塑料的牌号、性能与应用见表4-55～表4-59。

表4-55 脲醛树脂的性能

指标名称		578-1脲醛树脂	301改性脲醛树脂	TQT(RBCM)脲醛树脂
		上海新华树脂厂	天津市大盈树脂塑料有限公司	乌鲁木齐石化总厂
外观			淡棕黄色透明黏性液体	无杂质透明液体
固含量/%		58～62	60±5	60～68
黏度(涂4杯)		50s(25℃)	1.5～4Pa·s(20℃)	160～500mPa·s
游离醛/%	≤		6	0.5
酸值/(mgKOH/g)	≤	2	1	2

表4-56 脲醛树脂的技术指标

项 目		5011脲醛树脂	301改性脲醛树脂	302改性脲醛树脂
		上海新华树脂厂	天津树脂厂	长春化工三厂
外观			淡棕黄色透明黏性液体	黄至棕色黏稠状液体
固体含量/%		55±2	55～65	
黏度		60～150s(25℃,涂4杯)	0.5～1Pa·s(20℃)	10min(20℃,涂4杯)
游离醛/%	≤		10	5
pH值		7～8.5	6.7～7	6.7～7.2
用途		层压板、胶合板、家具及其他木材黏结	本制品、木器家具黏结等	铸造、热芯混砂用

3. 应用

脲醛模塑料的模压、注塑制品主要用作日用品，如钢扣、餐具、化妆品容器、玩具等，工业用品如电器中的开关、插座、照明器具、外壳等。浸渍纸、棉布、玻璃布等浸渍脲醛树脂可层合制贴面装饰板、层合材料。用甘油醚化的脲醛树脂，加乳化剂、泡沫稳定剂、固化剂后，可模压发泡，脲醛泡沫塑料质轻、价廉，隔音、隔热效果好，不燃，但强度很差，只能作夹芯层。

二、三聚氰胺甲醛模塑料

1. 三聚氰胺甲醛塑料的特征

① 无臭、无味、无毒的浅色粉料，着色性好。
② 表面硬度高，有光泽，耐刻划性好。
③ 有自熄性，价格便宜，冲击强度优于酚醛塑料，耐应力开裂性好。

表 4-57 脲醛塑料粉的性能 (GB/T 13454—1992)

项目		A1 脲醛塑料粉				A2 半透明脲甲醛塑料粉
		一级品		二级品		
		粉状	粉粒状	粉状	粉粒状	
外观		成型制品应表面光滑,色泽鲜艳均匀,允许有一定的杂色点,其分布在直径100mm圆板两面的表面上,直径0.3~0.5mm的不超过2点,直径0.3mm以下的不超过15点		成型制品应表面光滑,允许有一定的杂色点。其分布在直径100mm圆板两面的表面上,直径0.5~1mm的不超过2点,直径0.3~0.5mm的不超过30点		成型制品应表面光滑,色泽鲜艳均匀,允许有一定的杂色点,其分布在直径100mm圆板两面的表面上,直径0.3~0.5mm的不超过2点,直径0.3mm以下的不超过15点
耐沸水性		直径100mm左右圆板在沸水中煮30min立即取出检查,表面无糊烂现象,允许有轻微褪色,表面用指甲刮后无破损,但允许有轻微皱皮				
密度/(g/cm³)	≤	1.5		1.5		1.5
比体积/(mL/g)	≤	3	2	3.5	2.5	3
水分及挥发物①/%	≤	4	4	5	5	
吸水性/%	≤	0.5	0.5	1	1	
收缩率/%		0.4~0.8	0.4~0.8	0.4~0.8	0.4~0.8	0.4~0.8
马丁耐热温度/℃	≥	100	100	90	90	90
拉西格流动性/mm		140~200	140~200	140~200	140~200	140~200
冲击强度/(kJ/m²)		8	7	6	6	7
弯曲强度/MPa	≥	900	900	800	800	900
介电强度/(kV/mm)	≥	10	10			
表面电阻率/Ω	≥	1×10^{11}	1×10^{11}			
体积电阻率/Ω·cm	≥	1×10^{11}	1×10^{11}			

① 质量分数。

表 4-58 脲醛塑料粉技术指标 (GB/T 13454—1992)

指标名称		UF1P-A UF1G-A	UF1P-C UF1G-C	UF1T-A	UF5P-C	UF1P-E UF1G-E
拉西格流动性/mm		140~200	140~200	140~200	140~200	140~200
挥发物/%	≤	4.0	4.0	4.0	4.0	4.0
弯曲强度/MPa	≥	80	80	60	70	80
冲击强度(缺口)/(kJ/m²)	≥	1.5~2.1	1.5~2.1	1.4~1.6	1.3~1.8	1.5~2.1
热变形温度/℃	≥	115	115	100	95	115
吸水性(冷水)/mg	≤	100	100		150	100
模塑收缩率/%		0.60~1.00	0.60~1.00	0.50~1.20	0.60~1.00	0.60~1.00
水中24h后绝缘电阻/MΩ	≥		10^4		10^4	10^4
介电强度/(MV/m)	≥		5.0~9.0		5.0~7.0	5.0~9.0
耐漏电起痕指数/V	≥		600		600	600
耐炽热/级			1		1	1
氧指数/%	≥					30~35

表 4-59　天津树脂厂脲醛模塑料粉性能与用途

牌号	特点和用途	牌号	特点和用途
A1	用于制造瓶盖、纽扣等日用品及日用电器件	A3	氨基塑料粉,食用粉。用于塑料制品、日用电器
A2	半透明,用于塑制各式纽扣和日用品	A4	用于工业电器

④ 耐热性、耐水性、耐焰性均好,高温、高湿下尺寸稳定性变化大,但耐溶剂性好,耐碱性较好。

⑤ 玻璃纤维填充的模塑制品电性能、耐电弧性、力学性能、冲击强度均高;而石棉填充的则耐热性、尺寸稳定性好。

表 4-60～表 4-63 为三聚氰胺甲醛塑料粉的牌号、组成和性能。

表 4-60　三聚氰胺甲醛塑料粉牌号、组成、特性

类别或牌号		A_3	A_4	A_5	A_{5-3}	T_{9607}	4220
组成	树脂	脲三聚氰胺甲醛树脂	三聚氰胺脲甲醛树脂	三聚氰胺脲甲醛树脂	三聚氰胺甲醛树脂	酚改性三聚氰胺甲醛树脂	三聚氰胺甲醛树脂
	主要填料	α-纤维素	α-纤维素	α-纤维素	石棉纤维	α-纤维素无机填料	石棉
特性		成型速率快,产品表面光泽度好,耐酸、耐沸水	产品色泽鲜艳,有较好的电绝缘性、耐电弧性、耐沸水性,成型速率快	产品外观鲜艳美观,耐沸水性好,有优越的电绝缘性、耐电弧性,并有良好的力学性能	产品色泽鲜艳美观,耐沸水性好,电绝缘性和耐电弧性比 A_5 还好,物理力学性能良好	具有高的耐泄漏痕迹性和滞燃性	具有较高的介电性能和耐电弧性能

表 4-61　三聚氰胺甲醛塑料粉的性能①

项目		A_3 脲三聚氰胺甲醛塑料粉		A_4 三聚氰胺脲甲醛塑料粉		A_5 三聚氰胺甲醛塑料粉		A_{5-3} 三聚氰胺甲醛塑料粉	4220
		粉状	粉粒状	粉状	粉粒状	粉状	粉粒状		
外观		同 A_2		同 A_2		同 A_2			
相对密度	≤	1.5	1.5	1.5	1.5	1.5	1.5	1.6～1.8	1.75
比体积/(mL/g)	≤	3	2	3	2	3	2	2	
水分及挥发性/%	≤	4	4	4	4	4	4		
吸水性②/%	≤	0.3	0.3	0.2	0.2	0.15	0.15	0.1	0.1
收缩率/%	≤	0.4～0.8	0.4～0.8	0.4～0.8	0.4～0.8	0.4～0.8	0.4～0.8		0.3～0.6
马丁耐热温度/℃	≥	110	110	120	120	130	130	140	150
拉西格流动性/mm		110～190	110～190	110～190	110～190	110～190	110～190	110～180	130～160
冲击强度/(kJ/m²)	≥	7	6	7	6	7	6	1.5	5
弯曲强度/MPa	≥	90	90	90	90	90	90	60	60
介电强度/(kV/mm)	≥	10	10	10	10	10	10		12
表面电阻率/Ω	≥	$1×10^{11}$	$1×10^{11}$	$1×10^{11}$	$1×10^{11}$	$1×10^{11}$	$1×10^{11}$	$1×10^{12}$	
体积电阻率/Ω·cm	≥	$1×10^{11}$	$1×10^{11}$	$1×10^{11}$	$1×10^{11}$	$1×10^{11}$	$1×10^{11}$	$1×10^{12}$	
游离甲醛析出量/(mg/L)	≤	30	30	30	30	30	30	12	
耐电弧(6～6.5mA,5mm)/s								600	60

① A_3、A_4、A_5 为 HG2—887—76;A_{5-3} 为天津树脂厂企标;4220 为哈尔滨绝缘材料厂企标。

② 吸水性:A_3 同 A_2;A_4、A_5、A_{5-3} 直径 100mm 左右圆板在沸水中煮 60mm,立即取出检查,表面无糊烂现象,允许有轻微褪色,表面用手指甲刮后无破损,但允许有轻微皱皮。

表 4-62 上海欧亚合成材料有限公司产品主要技术指标

指标名称		EA-7709J
密度/(g/cm³)		1.6~2.0
弯曲强度/MPa		50~70
冲击强度/(kJ/m²)	缺口	1.5~2.0
	无缺口	4.5~6.0
热变形温度/℃		150~175
耐炽热/℃		960
绝缘电阻/Ω		10^9~10^{11}
介电强度/(MV/m)	逐级法 90℃	3.0~3.5
	常态	7~9
介电损耗角正切(1MHz)		0.03~0.10
相对漏电起痕指数		1
耐电弧性/s		4
模塑收缩率/%		0.04~0.09
吸水性/mg		20~80
流动性/mm		60~180

表 4-63 玻璃纤维增强三聚氰胺甲醛模塑料的性能

指标名称	东方绝缘材料厂	西北工业大学和东方绝缘材料厂		哈尔滨绝缘材料厂	上海天山塑料厂
	模压料	快速模压料	注射料(模压值)	模压料	模压料
外观		模塑成型后表面平滑,无气泡和开裂		表面光滑无杂质	表面光滑,不能有玻璃纤维露出
密度/(g/cm³)	≤2	1.86~1.9	1.84~1.89	≤2	≤2
吸水性/%	≤0.05	0.03~0.08	0.074~0.015	≤0.1	≤0.1
马丁耐热温度/℃	>170	>160	>160	≥160	≥160
冲击强度/(kJ/m²)	>100	230~290	230~250	≥40	≥35
弯曲强度/MPa	>120	440~600	390~460	≥80	≥80
表面电阻率/Ω	>1×10^{11}	5.7×10^{13}~10×10^{13}	8.7×10^{12}~47×10^{12}	>10^{11}	≥10^{11}
体积电阻率/Ω·cm	>1×10^{11}	2.2×10^{13}~4.4×10^{13}	1.5×10^{13}~3.7×10^{13}	>10^{11}	≥10^{11}
介电强度/(kV/mm)	>0	14.7~15.5	16~17	>10	≥8
耐电弧性(6~6.5mA)/s	>60	>60	>60	>60	≥120
收缩率/%	>0.3				≤0.3

2. 三聚氰胺甲醛塑料的成型加工

三聚氰胺甲醛模塑料的熔体流动性好,所以成型容易,可模压、传递模塑、层合,也可以注塑、粘接。

以纤维素填充的三聚氰胺甲醛模塑料的模压和注塑成型温度为 140~188℃ 和 145~170℃,成型压力为 562~140MPa,其成型收缩率为 0.005~0.015cm/cm。

3. 应用

三聚氰胺甲醛模塑料的模压、注塑制品主要用作耐电弧性电器零件,如矿井用电器开关、灭弧罩、防爆电器零件等,大量制作食品容器、餐具、厨房用具,也作一般电器部件和外壳。层合制品用作家具、室内表面装饰板。以氨水催化缩聚的三聚氰胺甲醛树脂乙醇液浸渍玻璃纤维后模压成的增强塑料用于制造防爆开关、千伏级矿用电器、电焊钳头、高压开关内大型配件等。

第五章 功能塑料

第一节 导电塑料

一、简介

导电塑料分为高分子自身具有导电性能的塑料材料和利用导电填料改性制得的复合型导电塑料。前者主要包括聚苯乙炔、聚苯胺、聚吡咯、聚噻吩、聚乙烯咔唑等（表5-1），后者则又分为复合型导电塑料和掺混型导电塑料。

表5-1 典型的导电高聚物

名 称	缩写	分子结构	发现年代	$\sigma_{max}/(S/cm)$
聚乙炔	PA	$\mathrm{\!-\!\!-\!HC\!=\!CH\!\!-\!\!-\!}_n$	1977	10^3
聚吡咯	PPy	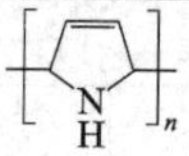 (吡咯环结构)	1978	10^3
聚噻吩	PTH	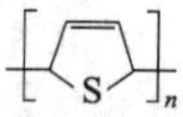 (噻吩环结构)	1981	10^3
聚对亚苯	PPP	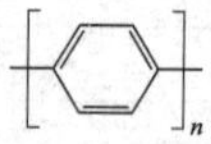 (对亚苯结构)	1979	10^3
聚苯乙炔	PPV	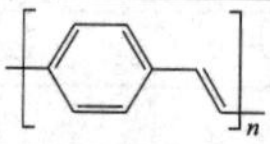 (苯乙炔结构)	1979	10^3
聚苯胺	PANI	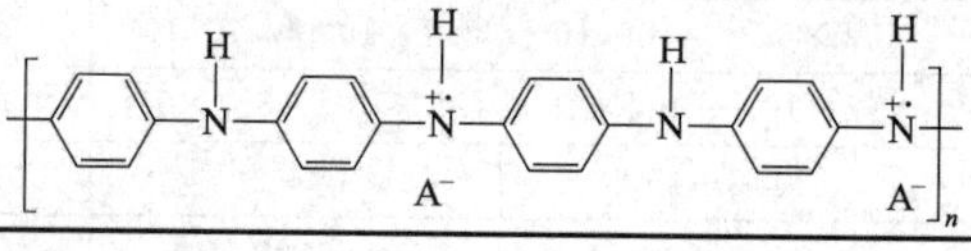 (聚苯胺结构)	1985	10^2

二、导电塑料的性能与应用

导电塑料的性能与应用见表5-2～表5-11。

表5-2 中科院化学研究所导电塑料的性能与应用

牌号（或基体树脂）	拉伸强度/MPa	电导率/(S/cm)	特 征	应 用
聚吡咯 I	50	119	柔软，对温度敏感，可模压、压延成型	可用于制造变色开关、二次电池，压延制导电薄膜
聚乙炔		10^4	光泽好、柔软，可模压、压延成型	可用于制造太阳能电池、显示器、雷达隐身零件，压延制导电膜
聚对苯乙炔		10^3	力学性能好，可挠曲，电路发光，可模压、压延成型	可用于制造半导体管传感器，电路光器件，可压延制薄膜
聚苯胺		0.2	导电性差但化学可逆性好，电荷贮存能力较强，耐候，可模压成型	可用于制造化学传感器、半导体、二次电池
聚吡咯 II		4×10^2	不熔，结晶粉末，耐600℃高温，力学性能较差，可烧结或流延成型	可用于制造半导体管、光电元件、离子交换膜

第五章 功能塑料

表 5-3 北京化工大学导电塑料的性能与应用

牌号(或基体树脂)	电导率/(S/cm)	特 性	应 用
聚丙烯	1.0	对温度敏感,有非线性电压特性,可模压、注射成型	可用于制造小导体、温度传感器压敏专用件,也可制电磁屏蔽件(屏蔽效果30Db)
聚苯胺	0.5	导电好,电化学性能好,可涂覆制薄膜	可用于高能大容量二次电池的阴极、电色显示、传感器、电磁屏蔽件

表 5-4 北京航空材料研究所导电塑料的性能与应用

牌号(或基体树脂)	电导率/(S/cm)	特 性	应 用
改性聚吡咯Ⅰ		含PE,导电好,对温度敏感,机械强度高,可模压成型	可用于制造变色开关、二次电池、导电薄膜和电磁屏蔽件
改性聚吡咯Ⅱ		含PS,耐热,机械强度高,可模压成型	可用于制造变色开关、二次电池、电磁屏蔽件
聚吡咯/碳导电复合材料	3.5~200	含碳纤维,机械强度高,耐热性好,化学稳定,用二次电镀法制得的材料,可二次机械加工	可用于制造电色显示件、变色开关、传感器零件和电磁屏蔽件

表 5-5 华东理工大学导电塑料的性能与应用

牌号(或基体树脂)	电导率/(S/cm)	特 性	应 用
聚噻吩乙炔	49	掺入碘,黑色,呈金属光泽,导电高且在一个月内无变化,光学性能独特,机械强度较好,可用流延法制膜,喷涂法制纤维	可用于致光件、化学传感器上
可溶性共轭席夫碱	10^{-4}	棕色粉,耐热(320℃不熔化),溶于硫酸,(含碘的)耐候性好,用流延或浇注制膜	可用于传感器、半导体件
含硫席夫碱	2.3×10^{-3}	粉状,放在空气中2个月其电导率无变化,可模压成型	可用于传感器、微型电机零件
聚氯化乙烯	1.9×10^{-4}	内含碱金属硫氰酸盐和增塑剂,用流延法或浇注法制膜	可用于制造电子显示器、化学传感器、自动调光玻璃

表 5-6 沈阳化工大学导电塑料的性能与应用

牌号(或基体树脂)	电导率/(S/cm)	特 性	应 用
聚N-十二烷基-3-苯基吡咯	0.1	溶于有机极性溶剂,可用流延法或化学氧化法制半透明膜,机械强度较高	可用于半导体元件、太阳能电池、化学传感器等

表 5-7 中科院长春应用化学研究所导电塑料的性能与应用

牌号(或基体树脂)	电导率/(S/cm)	特 性	应 用
聚对苯	5.5	溶于有机极性溶剂,可用流延法或化学氧化法制半透明膜,机械强度较高	可用于制造半导体、二次电池、化学传感器、微型电器
聚N-甲基苯胺	4×10^{-5}	黑色粉末,热成型或溶液涂覆制薄膜	可用于化学传感器、二次电池、半导体上
交联聚氧化乙烯	6.8×10^{-4}	粉末,溶于极性有机溶剂,导电性较差,可流延或浇注成膜,也可模压成型	可压制成型制全固态二次电池、电化学显示器、化学传感器、滤波器
聚苯醚磺酸锂-聚乙二醇共混物	8×10^{-5}	含高氯酸锂,机械强度高	可用于全固态二次电池、全固态电化学显示器、传感器、调光器上
聚硅氧烷-聚醚接枝共聚物	5×10^{-5}	粒状,耐热,可浇注或流延法制膜,也可模压成型	可用于全固态二次电池、全固态电化学显示器、传感器、调光器上
梳形CBM	6×10^{-6}	可用浇注法制膜	可用于全固态二次电池、电化学显示器、传感器、调光器上

表 5-8　四川大学导电塑料的性能与应用

牌号(或基体树脂)	电导率/(S/cm)	特　性	应　用
聚乙二醇	10^{-3}	含多苯基多异氰酸酯(PAPI)、碳酸丙酯/N-甲基乙酰胺(PC/N-MA)和高氯酸锂,用流延制膜	可用于全固态二次电池、离子传感器
聚甲基丙烯酸多缩乙二醇-聚氯乙烯-三氟甲磺酸锂复合物	3.9×10^{-5}	溶于乙醇、甲醇,可浇注法生产的薄膜,具有抗蠕变性	可用于全固态塑料二次电池、化学传感器、滤波器及调光玻璃上
聚甲基丙烯酸甲酯-丙烯酸-聚氧化乙烯-高氯酸锂复合物	8.3×10^{-5}	溶于乙醇,成膜性好,质柔软,机械强度高,用流延法或浇注法制薄膜	可用于化学传感器、调光玻璃、滤波器上

表 5-9　美国尔特普公司 RTP 导电塑料的性能与应用

牌号(或基体树脂)	密度/(g/cm³)	体积电阻率/Ω·cm	特　性	应　用
383(PC)	1.28	10^{-2}	碳纤维含量20%,机械强度高,耐热,伸长率小	可用于制造导电工程件
385(PC)	1.32	10^{-3}	碳纤维含量30%,机械强度高,耐热性更好	可用于制造导电工程件
2282HEC(PEEK)	1.42	10^{-1}	碳纤维含量15%,耐高温(468℃),机械强度高	可用于制造军工、航空、工程上的导电零件
1382HEC(PPS)	1.45	10^{-2}	碳纤维含量15%,耐高温(468℃),机械强度高,伸长率小,可注射成型	可用于制造军工、航天上的导电零件
1383HEC(PPS)	1.50	10^{-3}	碳纤维含量20%,耐热,机械强度比1382HEC更高	可用于制造军工、航天上的导电零件
1483HEC(PES)	1.51	10^{-2}	碳纤维含量20%,机械强度高,耐高热(385℃)	可用于制造军工、航空、航天上的导电塑料件
ESDC-300(PC)	1.23	10^{-2}	碳黑含量2%,抗冲击性好,耐磨,耐热高(258℃),机械强度高	可用于家用电器上的导电件
ESDC-301(PC)	1.36	10^{-2}	炭黑含量10%,耐磨耗,耐高温(268℃),机械强度高,抗冲击	可用于制造工业上传动导电件
ESDC1080(PBTP)	1.36	10^{-2}	碳纤维含量15%,机械强度高,耐热性好	可用于制造工程上导电件
ESDC2180(PI)	1.30	10^{-2}	碳纤维含量10%,耐高热(440℃)	可用于制造工程上导电件

表 5-10　美国塞莫菲尔公司导电塑料的性能与应用

牌号(或基体树脂)	密度/(g/cm³)	体积电阻率/Ω·cm	特　性	应　用
E-20NF-0100(PBTP)	1.38	10^{-1}	碳纤维含量20%,机械强度高,耐热性极好(418℃),抗冲击,可注射成型	可用于制造航空、工程上导电件
E-30NF-0100(PBTP)	1.43	10^{-2}	碳纤维含量30%,机械强度高,抗冲击和耐热比 E-20NF-0100 高,可注射成型	可用于制造航空、工程上导电件
R10NF-0560	1.29	10^{-1}	碳纤维含量10%,阻燃,机械强度高,可注射成型	可用于制造工程、军工导电件
R15NF-0100(PC)	1.36	10^{-3}	碳纤维含量15%,阻燃,机械强度高,可注射成型	可用于制造工程、军工导电件

表 5-11　日本大丰工业公司导电塑料的性能与应用

牌号(或基体树脂)	电导率/(S/cm)	特　性	应　用
POM	10^{-2}	耐磨耗(1.5～2.5g),自润滑(摩擦系数 0.19～0.24),机械强度高,耐热,成型性好,可用于注射、模压、挤出成型	可用于制造录像机磁带盘、复印机传动件、滑动轴承和集成电路接头

第二节 抗静电塑料

一、简介

能减弱甚至消除静电的塑料，称为抗静电塑料。当塑料的表面电阻率在 $10^9\Omega$ 以下就不会产生静电。塑料制品若有静电，会吸附灰尘，不但影响美观，而且对计算机会产生错误动作，在印刷、涂布上会影响加工，在矿井里会引发爆炸。

二、性能与应用

抗静电塑料的性能与应用见表 5-12～表 5-23。

表 5-12 大庆石化总厂研究院抗静电塑料的性能与应用

牌号（或基体树脂）	表面电阻率/Ω	特性	应用
LLDPE	2.5×10^9	抗静电效果好，柔软，延伸性好，机械强度一般，成型性好，可吹塑制膜、注射成型	可用于制造抗静电日用品

表 5-13 四川联合大学抗静电塑料的性能与应用

牌号（或基体树脂）	表面电阻率/Ω	电导率/(S/cm)	特性	应用
（软）PVC	$10^4\sim10^9$		掺入炭黑、阻燃剂，机械强度高，成型性好，可注射或挤出成型	可用于制造化工、仪表、电器件，建材件和抗静电实验室的工作服
（硬）PVC		10^{-8}	掺入炭黑，机械强度高（拉伸强度42MPa），缺口冲击强度高($11.5kJ/m^2$)，耐热一般（维卡软化点 83.5℃），可挤出成型管、板型材	可用于制造电子、电器、化工、国防上需抗静电的材料

表 5-14 成都高分子材料工程国家重点实验室抗静电塑料的性能与应用

牌号（或基体树脂）	表面电阻率/Ω	特性	应用
HIPS	10^{11}	抗静电持久，机械强度高，可挤出或注射成型	可用于制造需永久抗静电的仪器、仪表外壳，工程箱体，建筑型材

表 5-15 天津尼龙树脂厂抗静电塑料的性能与应用

牌号（或基体树脂）	电导率/(S/cm)	特性	应用
MCPA	1.7×10^{-9}	内含硫酸盐，除保持原浇注尼龙（MCPA）的特性外，还具有脱模好、收缩均匀和无气泡的优点	浇注件经二次机械加工后可制抗静电用的工程、生活用品

表 5-16 清华大学高分子材料研究所抗静电塑料的性能与应用

牌号（或基体树脂）	表面电阻率/Ω	特性	应用
POM	10^{12}	含聚乙二醇，而且耐摩擦，耐水洗（表面电阻率随环境湿度变化极小），可挤出或注射成型	可用于制造抗静电的仪表罩壳、工程箱体、实验室桌等

表 5-17 美国陶氏化学公司抗静电塑料的特性与应用

牌号（或基体树脂）	特性	应用
EPS	抗静电	可用于制电子仪表包装
EPE	抗静电	发泡后可制电子仪表软包装

表5-18 美国动力公司（Dynamics Co.）抗静电塑料的性能与应用

牌号（或基体树脂）	表面电阻率/Ω	特性	应用
ABS	10^9	使用寿命长,成型性好,机械强度高,可注射或挤出成型	可用于制造家用电器上的抗静电件

表5-19 美国液氮加工公司抗静电塑料的性能与应用

牌号（或基体树脂）	表面电阻率/Ω	特性	应用
PC	10^6	阻燃,抗静电性好,机械强度高,耐高温	可用于制电子、仪器抗静电的包装匣、外壳

表5-20 美国尔特普公司RTP的特性与应用

牌号（或基体树脂）	特性	应用
EPS-C2280(PPS)	含10%碳纤维,机械强度高,耐热518℃	可用于航天、军工抗静电件

表5-21 日本旭化成工业公司抗静电塑料的特性与应用

牌号（或基体树脂）	特性	应用
EF500(POM)	含碳纤维,机械强度高,耐磨性能好	可用于制造工程上抗静电的传动件

表5-22 日本三菱瓦斯化学公司Iupilon的性能与应用

牌号（或基体树脂）	电导率/(S/cm)	特性	应用
CF2020(PC)	10^{-2}	含20%碳纤维,机械强度高,耐热260℃,阻燃V-2级,可用注射、挤出成型	可用于制造工程用的抗静电件

表5-23 日本积水化学公司（Sekisui Plastics Co., Ltd.）抗静电塑料的性能与应用

基体树脂	表面电阻率/Ω	特性	应用
PETP	2×10^6	含氧化锑锡粉,抗静电性稳定,耐热,透光,机械强度好,可用甲乙酮溶解涂布成膜	可制超静室的窗帘、集成电路制品包装,还可固体显示器、光电转换开关、电子照相记录和光存储的零件

第三节　电磁屏蔽塑料

一、简介

能抑制电磁波干扰的塑料称为电磁屏蔽塑料。当塑料的体积电阻率小于$10^2\Omega\cdot cm$时,可满足电磁干扰,一般屏蔽效果可达30dB以上。

电磁屏蔽塑料成型方便,电磁屏蔽效果可以任意调节,广泛地应用在电子仪器、航空、航天工业上,以及生活中的磁卡、电视天线等。

二、性能与应用

电磁屏蔽塑料的性能与应用见表5-24～表5-30。

表5-24 广州电器科学研究所电磁屏蔽塑料的性能与应用

基体树脂	电磁屏蔽效果(YOMHZ)/dB	特性	应用
PP	68	含铜丝网,用压制法制成板状,板平整有光泽,吸水性0.6%,硬度高(布氏硬度294MPa),耐热好(马丁耐热温度148℃),机械强度高(拉伸强度52MPa、弯曲强度80MPa、冲击强度62kJ/m²)	可用机械二次加工制电子设备壳体、大型电磁屏蔽墙板、外科手术治疗仪

表 5-25　美国莫比尔公司（又称美孚公司）电磁屏蔽塑料的性能与应用

牌号	基体树脂	电磁屏蔽效果/dB	特性	应用
ME2540	ABS	54~65	含铝片，机械强度高，成型性好，可用注射、挤出成型	可用于制家用电器、计算机、仪表的电磁屏蔽件
ME6540	ABS	45~50	含铝片，机械强度高，成型性好，可用注射、挤出成型	可用于制家用电器、计算机、仪表上的电磁屏蔽件

表 5-26　美国尔特普公司 RTP 的性能与应用

牌号	基体树脂	密度/(g/cm³)	特性	应用
683	ABS	1.13	含 20% 碳纤维，机械强度高，耐温 178℃，可用注射、挤出成型	可用于制电器仪表外壳或型材
685	ABS	1.18	含 30% 碳纤维，机械强度比 683 稍高，耐温 198℃，可用注射、挤出成型	可用于制电器仪表外壳和型材
687	ABS	1.24	含 40% 碳纤维，机械强度比 685 稍高，可用注射成型	可用于制电器仪表壳、家电件
ESLD-C680	ABS	1.09	含 10% 碳纤维，机械强度比 683 稍低，可用注射、挤出成型	可用于制普通电磁屏蔽件
1482HEC	PES	1.47	含 15% 碳纤维，机械强度高，耐温高（380℃），可用注射成型	可用于航天、航空、军工上电磁屏蔽的结构件
2282HEC	PEEK	1.42	含 15% 碳纤维，机械强度高，耐温高（468℃），可用模压成型	可用于航天、航空、军工上电磁屏蔽的结构件

表 5-27　美国塞莫菲尔公司电磁屏蔽塑料的性能与应用

牌号	基体树脂	密度/(g/cm³)	特性	应用
D10NF-0100	ABS	1.09	含 10% 碳纤维，力学性能好，耐热 190℃，成型性好，可用注射、挤出成型	可用于制家电、仪表上的电磁屏蔽件
D20NF-0100	ABS	1.14	含 20% 碳纤维，机械强度高，耐热 195℃，成型性好，可用注射、挤出成型	可用于制家电、仪器仪表上的电磁屏蔽件
D30NF-0100	ABS	1.19	含 30% 碳纤维，机械强度高，耐热 210℃，可用注射或挤出成型	可用于制耐高温需电磁屏蔽的工程件

表 5-28　日本阿隆化成公司（Aulon Chemical Co., Ltd.）电磁屏蔽塑料的特性与应用

基体树脂	特性	应用
AAS[①]	含金属纤维的粒料，电磁屏蔽好（100MHz 下 67dB，500MHz 下 48dB，1000MHz 下 32dB），热变形温度 90℃，拉伸强度 40MPa，伸长率 7%，弯曲强度 60MPa，悬臂梁冲击强度 80J/cm，洛氏硬度 103，可注射或模压成型	可用于制电子仪表的外壳、工程件

① AAS 为丙烯腈-丙烯酸酯-苯乙烯共聚物。

表 5-29　日本三菱瓦斯化学公司（Mitsubishi Gas Chemical Co., Ltd.）电磁屏蔽塑料的性能与应用

牌号	拉伸强度/MPa	冲击强度/(J/m)	体积电阻率/Ω·cm	热变形温度(1.82MPa)/℃	特性	应用
铝合金纤维/PPO	58	84	<10⁻¹	109	阻燃、电磁屏蔽效果好，可注射、模压成型	可用于制造电磁屏蔽外壳、航空和军用电磁屏蔽件
黄铜纤维/PPO	68	74	<10⁻¹	112		

表 5-30　日本钟纺人造丝纤维公司（Kanegafuchi Rayon Co., Ltd.）电磁屏蔽塑料的性能与应用

牌号	基体树脂	密度/(g/cm³)	电磁屏蔽效果/dB	特性	应用
PE125-1	PC	1.87	60~80	含20%~27%铁,机械强度高,耐热142℃,可用注射成型	可用于制工程上用的电磁屏蔽件
PE125-2	PC	1.92	70~90	含20%~27%铜,力学性能比PE125-1高,耐热143℃,可用注射成型	可用于制工程上用的电磁屏蔽件
PE125HP	PP	1.66	70~90	含20%~27%铜,机械强度比含铁的高,耐热88℃,可用注射或挤出成型	可用于制普通电磁屏蔽件
FE125HP	PP	1.77	60~80	含20%~27%铁,机械强度一般,耐热88℃,可用注射或挤出成型	可用于制普通电磁屏蔽件
FE125MC	PA6	2.13	68~80	含20%~27%铁,耐热179℃,机械强度高,可用注射或挤出成型	可用于制电器仪表外壳、雷达上电磁屏蔽件
FE125MC	PA6	1.84	70~90	含20%~27%铜,耐热183℃,机械强度高,可用注射或挤出成型	可用于制电器仪表外壳、雷达上电磁屏蔽件
FE125MC	ABS	1.78	60~90	含铜丝,力学性能好,耐热179℃,可用注射或挤出成型	可用于制电器仪表的外壳,及有电磁屏蔽要求的型材

第四节　压电塑料

一、简介

对物质施加外部应力时,物质即产生与应力成正比的电荷,反之对物质施加电压时,其物质将产生与电压成正比的形变,物质的这种性质,称之为压电性。具有压电性的塑料,则称之为压电塑料（piezoplastics）。

压电塑料按其处理方法不同,大致可分为三种。

(1) 不需进行极化处理,只进行拉伸定向,即可获得压电性的高分子,如纤维素蛋白质、合成多肽等具有旋光性的一类材料。

(2) 采用某种方法对有极性的塑料进行极化处理,从而显示压电性的塑料,如聚偏二氟乙烯（PVDF）及其共聚物、聚氟乙烯、尼龙等。这一类压电塑料又称驻极体。

(3) 将塑料与无机压电体混合后,与(2)一样使之驻极体化,如聚偏二氟乙烯（PVDF）/锆钛酸铅（PZ）;或者由压电陶瓷与树脂基体制成的压电复合材料。

二、性能与应用

压电塑料的生产厂家国内的有中国兵器工业第五三研究所、中科院上海有机化学研究所,国外的主要为日本三菱油化公司,产品为Pecm压电塑料,其性能与应用见表5-31。

表 5-31　Pecm 压电塑料的性能与应用

牌号	压电常数 d³¹/(C/N)	压电常数 G³¹/[(V·m)/N]	机电耦合系数/%	声阻抗/[(Pa·s)/m³]	介电常数(100kHz)	体积电阻率/Ω·cm	应用
LT86	3×10^{-12}	8×10^{-3}	25	8×10^4	45	$>10^{12}$	超声波用
N65	17×10^{-12}	26×10^{-3}	8	7×10^4	25	$>10^{12}$	通用型
M165	43×10^{-12}	65×10^{-3}	—	—	25	$>10^{12}$	用于低频产品
NC44	30×10^{-12}	28×10^{-3}	15	9×10^4	120	$>10^{12}$	用于高强度产品上

压电塑料主要应用于电子音响设备的元器件，磁带录音机的零部件等。PVDF 压电薄膜还可应用压电引信。以各种途径开发的压电塑料，有着广泛的应用，图 5-1 表示压电塑料的最新应用。

压电塑料柔软，抗冲，易成型，广泛地用于医疗设备、音响设备、信息处理和计量测试中。

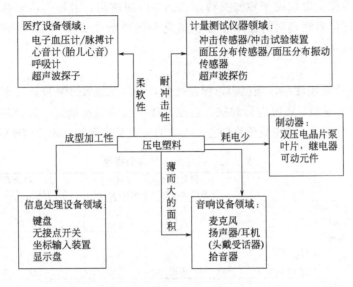

图 5-1 压电塑料的最新应用

第五节 磁性塑料

一、基本概念

高分子磁性材料是一种记录声、光、电等信息并能重新放出功能的高分子材料。主要分为结构型和复合型两种。所谓结构型是指高分子材料本身具有强磁性者；复合型是指以塑料或橡胶为胶黏剂，将磁粉混入其中而制成的磁性体。

目前，结构型高分子磁性材料尚处于探索阶段。通常，所谓磁性塑料（magnetic plastic）就是指复合型高分子磁性材料中以塑料为胶黏剂的磁性体，俗称为塑料磁铁。

二、分类

磁性塑料主要由合成树脂与磁粉构成。合成树脂起胶黏剂的作用。磁性塑料所填充的磁粉主要是铁氧体类和稀土类两种。

磁性塑料所用材料如下。

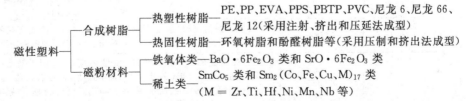

磁性塑料的分类如下。

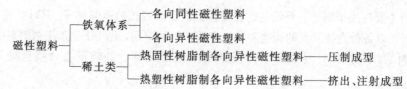

磁粉塑料的性能主要取决于磁粉材料,当然与所用树脂、磁粉的填充率及成型加工方法也有密切关系。评价磁性塑料的技术指标包括剩余磁通密度 Br、矫顽力 bHc、内禀矫顽力 iHc 和最大磁能积 $(B \cdot H)_{max}$。

三、性能

磁性塑料的特点是密度小,强度高,保磁性强,易加工成尺寸精度高、薄壁复杂形状的制件,且可与元件整件成型,还可进行焊接、层压和压花纹等二次加工。其制品脆性小,磁性稳定,且易于装配。它的另一优点是价格便宜。表 5-32～表 5-39 列出了磁性塑料的典型磁性。

表 5-32 磁性塑料的典型磁性

类别	种类		剩余磁通密度 Br/kG①	矫顽力 bHc/kOe②	最大磁能积 $(B \cdot H)_{max}/MG \cdot Oe$	密度 d /(g/cm³)
铁氧体类	塑料(各向同性)		1.5	1.1	0.5	3.5
	塑料(各向异性)		2.6	2.4	1.7	3.5
稀土类	热固性塑料 压制成型	1对5型③	5.5	4.5	7.0	5.1
		2对17型③	8.9	7.0	17.0	7.2
	热塑性塑料 注射成型(2对17型)		5.9	4.2	7.2	5.7
	挤出成型(1对5型)		5.3	4.4	6.2	5.0

① kG—千高斯,1G(高斯)=10^{-4}T(特斯拉)。
② kOe—千奥斯特,1Oe(奥斯特)=$(1000/4\pi)$A/m(安/米)。
③ 1对5型为 $SmCo_5$ 型;2对17型为 $Sm_2(Co、Fe、Cu、M)_{17}$ 型。

表 5-33 北京化工大学磁性塑料的性能与应用

牌号	基体树脂	密度/(g/cm³)	最大磁能积/[(MT·A)/m]	特性	应用
暂无	LDPE		$(2.8\sim4.7)$①$\times 10^{-2}$T	含锶铁氧体磁粉,机械强度好,耐候,压制充磁而得	可用于磁卡、微型电机、仪表的磁性件
暂无	普通级 CPE		$(2.5\sim4.3)$①$\times 10^{-2}$T	含锶铁氧体磁粉,机械强度较好,用压制充磁即成。用于电磁开关、磁卡、家用电器,也可用压延成型充磁卷材	可用于运输、造船、容器上
暂无	耐热级 CPE		$(2.5\sim4.3)$①$\times 10^{-2}$T	添加耐热助剂和磁粉,耐热高(160℃下经60min无失重、生锈和裂纹),可用注射、挤出成型	可用于制冰箱磁性密封条电机磁铁、磁保健仪器,制抗辐射屏蔽件
暂无	PP	3.6	8000	含锶铁氧体,布氏硬度120MPa,抗冲强度1.5kJ/m²,磁性较好(剩磁0.21T,矫顽力127000A/m),可用注射、挤出成型	可用于制旋转控制器、薄型异型磁铁、电磁开关
暂无	EVA		$0.027$①~ 0.042T	含锶铁氧体磁粉,耐候,耐臭氧,模压充磁即可	可制薄型磁铁、电磁开关、旋转控制器、磁保健用具
暂无	PA1010	6.15	0.732	含钕铁硼磁粉,压缩强度64MPa,抗氧化,磁性好(剩磁强度0.667T),用注射、挤出成型	可制旋转控制器、异型或薄型磁铁等
暂无	PA12	5.15	0.0334	含钕铁硼磁粉,机械强度好(拉伸强度15MPa,弯曲强度65MPa,悬臂梁缺口冲击强度4.2kJ/m²),耐热95℃,磁性好(剩磁0.44T,矫顽力305kA/m),可用模压、注射成型	可用于制电机、离合器、办公机器、电磁警报器、液压传感器的磁性件

① 表面磁感应强度。

第五章 功能塑料

表 5-34 中科院长春应用化学研究所磁性塑料的性能与应用

基体树脂	密度/(g/cm³)	最大磁能积/[(T·A)/m]	特 性	应 用
MMA/S	2.07	3700	含锶铁氧体磁粉,硬度高(洛氏184),135℃下不变形,尺寸稳定(线膨胀系数 $1.16×10^{-4}℃^{-1}$),表面光洁,绝缘好,保磁性强(剩磁0.1860T,矫顽力87500A/m),可用模压充磁	可用于家电、办公机械、磁保健器械上
聚丁二炔[①]			似金属光泽黑色粉末,20K时磁饱和(0.14emμ/g)剩磁强度0.025T,矫顽力 $2.35×10^4$A/m,并在150~190℃下仍保持强磁性,此料与其他树脂掺混,可用模压或注射成型	可用于制小型磁零件,用于家电器上

① 中科院物理研究所、北京理工大学也生产。

表 5-35 中科院成都有机化学研究所磁性塑料的特性与应用

基体树脂	特 性 与 应 用
S/MME	含铁氧体磁粉,耐酸,可直接制分离材料(如免疫分析、细菌分离),也可与其他材料掺混,作为磁记录、磁共振显像材料

表 5-36 中科院化学研究所磁性塑料的性能与应用

牌号	基体树脂	相对密度	特 性	应 用
暂无	A[①]	1.25	含硫酸铁磁粉,黑色粉末,不溶于有机溶剂,耐热(300℃不分解),磁性不高[剩磁是普通磁铁 1/500,矫顽力(27.3℃)$8×10^2$A/m,(266℃)$3.7×10^4$A/m],采用烧结法成型	可用于电子、磁疗仪上

① A—聚2,6-亚吡啶基二亚甲基己二胺。

表 5-37 北京司南磁性塑胶厂磁性塑料的特性与应用

牌 号	KF801-60M	KF801-70M	KF-E10	KF-E12	KF-E15
剩磁/T	0.0551	0.0868	0.22	0.23	0.25
矫顽力/(kA/m)	41.4	63	147	149	177
内禀矫顽力/(kA/m)	208	216	190	190	248
最大磁能积/(kT/m³)	0.574	1.38	9.05	9.51	11.4
拉伸强度/MPa	78	78	78	60	60
热变形温度/℃	120	120	120	120	120
基体树脂	PA6/66	PA6/66	PA6	PA6	PA6
特性与应用	粒料,注射制各向同性或各向异性的制品	粒料,注射制各向同性或各向异性的制品	粒料,注射制各向同性或各向异性的制品	粒料,注射制各向同性或各向异性的制品	粒料,注射制各向同性或各向异性的制品

表 5-38 日本 MG 公司（MG Co.,Ltd.）磁性塑料的性能与应用

牌号	密度/(g/cm³)	剩余磁通密度/kG	矫顽力/(kA/m)	内禀矫顽力/(kA/m)	最大磁能积/(kT/m³)	特 性	应 用
RN-5	5.5~5.7	4.5~5.0	3.5~4.0	>7.0	4.5~5.7	含稀土类合金,磁性高,模压成型	可用于制小型电机、磁轴承装置、收录机、音箱、传感器、继电器等
RN-6	5.7~5.9	5.1~5.6	3.7~4.2	>7.0	4.5~6.5		
RN-7	5.9	5.4~5.9	4.1~4.9	>7.0	6.5~7.5		
RN-8		5.7~6.2	4.7~5.3	>7.0	7.5~8.5		
RE-6	5.5~5.7	5.1~5.6	3.7~4.2		5.5~6.5	含稀土类合金,磁性高,模压成型	可用于制小型电机、磁轴承装置、收录机、音箱、传感器、继电器等
RE-7	5.7~5.9	5.4~5.9	4.1~4.6		6.5~7.5		
FS₂-24300[①]	5.0	5.7	3.9	5.2	7.0		
FS₂-24300[②]	5.1	5.5~5.9	4.5~5.2	>7.0	7~8		

① FS₂-24300 日本住友公司生产。
② FS₂-24300 日本帝人公司生产。

表 5-39　日本三井东压化学工业公司（Mitsui Toatsu Chemical Ind. Co., Ltd.）
磁性塑料的性能与应用

牌号	密度 /(g/cm³)	剩余磁通密度/kG	矫顽力 /(kA/m)	内禀矫顽力 /(kA/m)	最大磁能积 /(kT/m³)	特性	应用
MFP-4	4.0	3.7～4.2	2.9～3.3	>7.0	3.0～4.0	磁性高，可用于模压或注射成型	可用于制小型电机、收录机、话筒、传感器、保健器具等
MRP-5		4.2～4.7	3.3～3.7	>7.0	4.0～5.0		
MRP-6	4.8	4.7～5.2	3.7～4.1	>7.0	5.0～6.0		
MRP-7		5.2～5.6	4.1～4.4	>7.0	6.0～7.0		
MRP-8	5.4	5.6～6.0	4.4～4.7	>7.0	7.0～8.0		
MRP-9		6.0～6.4	4.7～5.1	>7.0	8.0～9.0		
MRP-R6		4.2～5.2	3.3～4.1	>6.0	4.0～6.0		
MRP-R8		5.2～6.0	4.1～4.7	>6.0	6.0～8.0		

四、应用

磁性塑料现已广泛用于电子电器工业以及日用品领域。如转动机械的微型精密电动机、步进电动机、同步电动机和小型发电机的转子和定子等零部件，音响设备的扬声器、耳机、拾音器、麦克风（传声器）、电话机、电视机、收录机和录像机等零部件，仪器仪表和通信设备的传感器及各种继电器的零部件；电冰箱、磁疗器械、玩具、文具、装饰品和体育用品的零部件等。

第六节　塑料光纤

一、简介

塑料光纤也称聚合物光纤（plastic optical fiber，缩写为POF），它是由导光芯材与包层包覆成的高科技纤维之一。因为POF对光的传输损耗比玻璃光纤大，一般不能用作远距离光信号传输，但可在100m近距离内使用。由于POF芯径较粗，数值孔径大，可挠性好，能弯曲成各种形状，质量轻，易加工，连接容易，故应用范围日渐广泛。POF过去仅用作汽车上传光、路标指示，机器内或机械之间数据传输等。但目前由于制造POF材料的优化，传输损耗降低技术的进步，POF可适用于机关、企事业办公区域光通信网络的配线，称作LAN体系。

按照制造POF所用的材料来分，有聚甲基丙烯酸甲酯（PMMA）、重氢化聚甲基丙烯酸甲酯、氟聚合物、聚苯乙烯（PS）、聚碳酸酯（PC）等POF。其中最有开发前途的是重氢化、PMMA和全氟化聚合物的POF。

按照折射率分布形式来分，POF又可分为跃阶型（SⅠ型）与折射率分布型（GⅠ型）。

SⅠ型POF拥有折射率均匀的纤芯，是在该纤芯与外包层的界面上，通过全反射传输光信号。由于光信号在纤芯与包层界面处折射率发生阶级状态变化，光信号通过多模传输，传输模分散性大。在100mm传输距离之内，传输速率约为100Mb/s。

GⅠ型POF，在与光纤轴垂直的截面上，折射率逐渐变化，形成抛物线型的折射率分布。光的传输速率在折射率较低的部分较快，在折射较高的部分较慢，光信号射出的时间较少发生差异，传输模分散极小。在200m传输距离之内，传输速率可达2.5Gb/s。今后，面向21世纪光纤通信网络的发展，GⅠ型POF是LAN体系不可缺少的材料。

根据用途又可分为以下几种。

(1) 通信用POF　其特点是损耗低、频带宽。主要用于短距离通信传输，光LAN及多媒体通信。

(2) 耐热 POF　其特点是能耐较高温度。为了适应多媒体技术的发展和应用，在许多短距离通信系统和移动体通信中如汽车、舰船及飞机等的机舱内，驾驶室内，由于电动机或发动机的高速运转，要求 POF 能耐高温 120～150℃。

(3) 照明显示　用粗径 POF。

(4) 像素光纤　主要是制作医用内窥镜。

按芯材的不同，可将塑料光纤分为三类：一是以聚甲基丙烯酸甲酯（PMMA）为芯材的光导纤维；二是以聚苯乙烯为芯材的光导纤维；三是以重氢化 PMMA（PMMA-d_8）为芯材的光导纤维。

二、性能与应用

塑料光纤的性能与应用见表 5-40～表 5-42。

表 5-40　日本三井石油化学公司 TPX 产品的性能

项目	试验方法	RT-18	RT-20	DX-810	DX-845	RO-15	DX-830	DX-836
外观		无色透明	无色透明	无色透明	无色透明	白色不透明	白色不透明	白色不透明
密度/(g/cm³)	ASTM D1505—2003	0.835	0.840	0.830	0.835	0.835	0.840	0.845
熔点/℃		235	230	235	235	235	240	240
熔体流动速率/[g/(10min)]	260℃ 50N	26	26	70	8	26	26	8
拉伸强度/MPa		25	22	26	26	25	24	24
拉伸断裂强度/MPa		17	16	20	23	18	21	22
断裂伸长率/%		40	55	10	30	30	10	15
弯曲强度/MPa		40	30	46	43	40	34	42
弯曲弹性模量/MPa		1300	800	1700	1500	1410	1800	1800
悬臂梁冲击强度（缺口)/(J/m)		30	30	20	50	40	50	60
洛氏硬度		80	70	90	85	85	90	85
透比度/%	ASTM D1746—62T	90	90	90	90			
雾度/%	ASTM D1746	1.5	2	4.0	2			
折射率		1.463	1.463	1.463	1.463			
线膨胀系数/K^{-1}	ASTM D696—2003	11.7×10^{-5}	11.7×10^{-5}	11.7×10^{-5}	11.7×10^{-5}	11.7×10^{-5}	11.7×10^{-5}	11.7×10^{-5}
热导率/[W/(m·K)]	BS874A	0.1675	0.1675	0.1675	0.1675	0.1675	0.1675	0.1675
比热容/[J/(g·K)]	C351—61	1.97	1.97	1.97	1.97	1.97	1.97	1.97
热变形温度(0.46MPa)/℃		100	105	140	100	100	100	100
燃烧速率/(cm/min)	ASTM D635—2003	2.54	2.54	2.54	2.54	2.54	2.5	2.45
模塑收缩率/%		1.5～3.0	1.5～3.0	1.5～3.0	1.5～3.0	1.5～3.0	1.5～3.0	1.5～3.0
相对介电常数(0.1kHz～1MHz)	ASTM D150—1998	2.12	2.12	2.12	2.12			
体积电阻率/Ω·cm	ASTM D257—1999	>10^{16}	>10^{16}	>10^{16}	>10^{16}			
介电强度/(kV/mm)	ASTM D149-55T—1997	27.6	27.6	27.6	27.6			
吸水率/%	ASTM C570	0.01	0.01	0.01	0.01	0.01	0.01	0.01

表 5-41 国产 PC 树脂的性能

项 目		测试方法	T-1230	T-1260	T-1290	TX-1005
相对密度		GB/T 1033—1986	1.2	1.2	1.2	1.2
吸水率/%		GB/T 1034—1998	0.2~0.3	0.2~0.3	0.2~0.3	0.2~0.3
屈服拉伸强度/MPa		GB/T 1040—1992	60	60	60	58
断裂拉伸强度/MPa		GR/T 1040—1992	58	58	58	50
伸长率/%		GR/T 1040—1992	70~120	70~120	70~120	60~120
弯曲强度/MPa		GB/T 9341—2000	91	91	91	90
拉伸弹性模量/GPa		GB/T 1040—1992	2.2	2.2	2.2	2.1
弯曲弹性模量/GPa			1.6	1.7	1.7	
压缩强度/MPa		GB/T 1041—1992	70~80	70~80	70~80	60~75
剪切强度/MPa			50	50	50	50
冲击强度/(kJ/m^2)	无缺口	GB/T 1043—1992	不断	不断	不断	
	缺口		45	50	50	60
布氏硬度/HB			95	95	95	90
Taker 磨耗/(mg/100 次)			10~13	10~13	10~13	
热变形温度/℃		GB/T 1035—1970	126~135	126~135	126~135	115~125
马丁耐热温度/℃			115	115	105	
模塑收缩率/%			0.5~0.8	0.5~0.8	0.5~0.8	0.5~0.8
长期使用温度/℃			-60~120	-60~120	-60~120	
脆化温度/℃		GB/T 5470—1985	-100	-100	-100	
熔点/℃			220~230	220~230		
玻璃化温度/℃			145~150	145~150	145~150	
热导率/[W/(m·K)]			0.142	0.142	0.142	
比热容/[kJ/(kg·K)]			1.09~1.26	1.09~1.26	1.09~1.26	
线膨胀系数/K^{-1}		GB/T 1036—1989	$(5\sim7)\times10^{-5}$	$(5\sim7)\times10^{-5}$	$(5\sim7)\times10^{-5}$	$(5\sim7)\times10^{-5}$
光线透过率/%			85~90	85~90	85~90	
折射率			1.5872	1.5872	1.5872	
耐辐射			变棕红	变棕红	变棕红	
耐电弧性/s			10~120	10~120	10~120	10~120
介电强度/(kV/mm)		GB/T 1408.1—1999	18~22	18~22	18~22	18~22
体积电阻率/Ω·cm		GB/T 1410—1989	5×10^{16}	5×10^{16}	5×10^{16}	5×10^{16}
相对介电常数(1MHz)		GB/T 1409—1989	2.8~3.1	2.8~3.1	2.8~3.1	2.8~3.1
介电损耗因数(1MHz)		GB/T 1409—1989	1×10^{-2}	1×10^{-2}	1×10^{-2}	1×10^{-2}
自熄性			自熄	自熄	自熄	自熄

表 5-42 国外生产的聚四氟乙烯性能

项目		测试方法（ASTM）	美国联合化学公司 Halon TFE G80-G83	美国杜邦公司 Teflon TFE	法国于吉内居尔芒公司 Soreflon
模塑收缩率/%		D955—2000		3~7	3~4
熔融温度/℃			331	327	
相对密度		D792—2000	2.14~2.20	2.14~2.20	2.15~2.18
吸水率（方法 A）/%		D570—1998		<0.01	<0.01
折射率		D542—2000	1.35	1.35	1.375
拉伸屈服强度/MPa		D638—2002	2.76~44.8	13.8~34.5	17.2~20.7
屈服伸长率/%		D638—2002	300~450	200~400	200~300
拉伸弹性模量/MPa		D638—2002	400	400	400
弯曲弹性模量/MPa		D790—2003	483	345	483
压缩屈服强度/MPa		D695—2002	11.7	11.7	11.7
压缩弹性模量/MPa		D695—2002		414~621	
洛氏硬度			50~65	50~55	50~60
悬臂梁冲击强度(缺口 3.2mm)/(J/m)		D256—2002	107~160	160	160
荷重形变(13.8MPa,50℃)/%			9~11		9~11
热变形温度/℃	0.46MPa	D648—2001	121	121	121
	1.82MPa		48.9	55.6	48.9
最高使用温度/℃	间断		260	288	299
	连续		232	260	249
线膨胀系数/K^{-1}		D696—2003	$9.9×10^{-5}$	$9.9×10^{-5}$	$9.9×10^{-5}$
热导率/[W/(m·K)]			0.27	0.25	0.25
燃烧性（氧指数）/%		D2863—2000		≥95	≥95
相对介电常数	60Hz	D150—1998	2.1	2.1	2.0~2.1
	1MHz		2.1	2.1	2.0~2.1
介电损耗因数	60Hz		$<3×10^{-4}$	$<2×10^{-4}$	$<3×10^{-4}$
	1MHz		$<3×10^{-4}$	$<2×10^{-4}$	$<3×10^{-4}$
体积电阻率/Ω·cm		D257—1997	10^{17}	$>10^{18}$	$>10^{18}$
耐电弧性/s		D495-55T—1999	不耐电弧	>300	>420

第七节　透明类塑料

一、简介

透明类塑料是指日常光线透过率在 80% 以上的一类高分子材料，它广泛应用在光学部件、包装、建筑、医疗用品、光导纤维及光盘材料等方面。

衡量透明类塑料性能好坏的指标有：透光率、雾度、折射率、双折射及色散等。

透光率是透过材料的光通量与入射到材料表面上的光通量的百分数（%），透明类塑料的透光率越高，其透明性越好。由于反射、吸收和散射的原因，任何材料的透光率都达不到100%，光学玻璃的透光率也只有95%左右。以 PMMA 为例，其透光率为93%，剩余4%为反射光，3%为吸收和散射光。

雾度是塑料散射光通量与透过光通量之比的百分数，它是衡量透明或半透明材料不清晰或浑浊的程度；雾度越大，材料的清晰度越小。

折射率是衡量塑料折射大小的指标。塑料的折射率在1.5左右，用于透镜的塑料，希望其折射率大一点，可减少其厚度。

双折射是平行方向与垂直方向折射率的差值，它表征塑料光学的各向异性程度。用于光学材料的塑料，要求双折射越小越好，以防产生图像变异。

色散也是一种光的损失，用阿贝数表示；它与材料的折射率有关，折射率越大，阿贝数越小。

一种好的透明塑料要求为：高透光率、低雾度、高折射率、小双折射、小色散。

透明类塑料有：PMMA、PC、PS、PET、PEN、PES、BS（K树脂）、AS（SAN）、NAS、PMP、EVOH、J.D、HEMA、CR-39、mPP、mPE、聚降冰片烯、透明尼龙、透明环氧树脂等。其中，PMMA、PC、PS、PET、PEN、PES、EVOH、mPP、mPE、AS 等已在其他部分介绍，本部分只介绍其他种类。

二、聚 4-甲基-1-戊烯

1. 聚 4-甲基-1-戊烯简介

聚 4-甲基-1-戊烯 PMP 是以丙烯的二聚体 4-甲基-1-戊烯为单体。通过定向聚合制成的等规聚合物。聚 4-甲基-1-戊烯的英文全称为 poly-4-methyl-1-pentene，简称 PMP，商品名 TPX，习惯上也称为 TPX。PMP 是1966年英国 ICI 公司开发的，1975年日本三井石化公司购买 ICI 技术建成6000t/a 的装置，它是目前唯一的 PMP 生产厂。

PMP 是一种高透明性、耐药品性好、低密度的塑料材料品种，它可分为结晶与非晶、透明与不透明两类。

2. 结构性能

（1）一般性能　PMP 的相对密度为0.83，是热塑性塑料中密度最小的种类。PMP 的透明性很好，透光率为90%，介于 PMMA 和 PS 之间；其紫外线透过率仅次于玻璃而居第二位；其折射率为1.463，属于偏低者；其阿贝数为56.4，有些偏大。PMP 的吸水率极低，其耐水性也好。

（2）热学性能　PMP 热变形温度从透明到不透明为80~145℃之间，维卡软化点为179℃；玻璃化温度 T_g 为20~30℃，结晶熔点 T_m 为240℃；线膨胀系数为 $12\times10^{-5}℃^{-1}$，热导率为 0.167W/m·K。

（3）力学性能　PMP 的刚性大，高于100℃时，其刚性超过 PP；高于150℃时，其刚性超过 PC。PMP 的拉伸及蠕变性能介于 HDPE 和 PP 之间，20℃时断裂伸长率为15%；其力学性能随温度变化小，在205℃时，仍具有可使用的机械强度；在接近熔点时，仍可保持形状稳定。

由于 PMP 的 T_g 为20~30℃，因此其制品在低温至常温时（30℃以下）使用，断裂伸长率小、冲击性能差、强度大致同 PE；在30℃以上使用时，其柔性增加、断裂伸长率和冲击强度增大。

（4）电性能　PMP 的电性能优良，好于其他聚烯烃塑料。体积电阻率与 F4 相似；介电常数为2.12，在塑料中最小，且不随温度和频率变化；介电损耗角正切也小，仅为

1.5×10^{-4}。

(5) 环境性能　PMP 的耐药品性好，能耐无机酸、碱等化学试剂，但易受强氧化剂侵蚀，轻质烃和氯代烃会使其溶胀。PMP 的耐紫外线性不好，时间长久会变黄；在室外使用时，应加炭黑和其他光稳定剂；加入二氧化钛会提高热稳定性。

3. 成型加工

(1) 加工特性　PMP 成型前不必干燥处理，其成型收缩率纵向为 2%～2.5%，横向为 0.5%～1.5%。PMP 的加工温度较高，且熔融温度范围较窄，加工中要特别注意温度的调节。其熔体黏度较低，黏度对剪切速率的依赖性大体同 PP。

(2) 加工方法　PMP 可采用通用的加工方法加工，如注塑、挤出及吹塑等。PMP 的注塑温度为 260～300℃，模具温度为 70℃。PMP 在挤出时应选用螺杆的 L/D 大于 20。

4. 应用范围

PMP 的应用比例为医疗器械 45%、家用电器 35%、薄膜 10%、餐具 5%。

PMP 的具体用途有医疗器械如注塑器等、实验室用具、食品容器、汽车部件、照明灯具、高压电缆等。

三、苯乙烯/丁二烯共聚物

1. 苯乙烯/丁二烯共聚物简介

苯乙烯/丁二烯共聚物（BS 或 K 树脂）为 25%苯乙烯与 75%丁二烯的嵌段共聚物，习惯上又称为 K 树脂（美国 Phillips 公司的商品名），其结构为：苯乙烯为连续相丁二烯为分散相的星形排列。BS 最早由美国的 Phillips 公司于 1972 年开发；目前，德国的 BASF 和日本的旭化成两公司也生产。

2. 结构性能

BS 树脂最大的特点为透明性好，其透光率可达 90%～95%，接近于 PS 的透明性；BS 具有 GPPS 的物理性能，且抗冲击性能远远好于 PS，只比 ABS 和 HIPS 稍差一点，热变形温度略低于 GPPS。BS 的其他性能具体参见表 5-43 所示。

表 5-43　BS 的性能指标

性　能	K-01[①]	K-03、04、05
相对密度	1.01	1.01
拉伸强度/MPa	28	24
断裂伸长率/%	10	100
弯曲强度/MPa	47	37
Izod 冲击强度/(J/m)	22	—
热变形温度(1.82MPa)/℃	79	71
透光率/%	90～95	90～95
介电常数(10^3 Hz)	2.5	2.5
介电强度/(kV/mm)	12	—
吸水率/%	0.08	0.09

① K-01 为一般型，K-03～05 为抗冲击型。

3. 成型加工

BS 可用 GPPS 的加工方法加工，如可注塑、挤出及压延等。

BS 树脂的成型加工条件与 PP 相仿，其成型用机头和模具与 PVC 相近。BS 注塑的熔融温度为 204～232℃，模具温度为 10～60℃。

4. 应用范围

BS 大量用于透明包装材料，如蛋糕盒、水果及蔬菜的包装。BS 可用于自动售货机的透明罩，带铰链的透明盒，装饰品及玩具等。BS 还可以用于医疗器材，这是由于其在消毒过程中性能不变。

四、苯乙烯/丙烯腈共聚物

1. 苯乙烯/丙烯腈共聚物简介

AS 为苯乙烯与丙烯腈的共聚物，又称为 SAN。它是一种优秀的透明材料。AS 开发于 1936 年，目前的生产厂家有：美国的 Dow 和 Monsanto 公司、日本的旭道和孟山都，我国的上海高桥化工公司化工厂（5000t/a）和兰州化学公司合成橡胶厂等。

2. 结构性能

AS 的外观呈水白色，可为透明、半透明或不透明状态，它无毒，相对密度为 1.06～1.08，透光率为 87%～94%，折射率为 1.57，成型收缩率为 0.2%～0.5%。

AS 抗冲击性好，但对缺口敏感；机械强度和透明性能与 PS 相当，耐应力开裂性好于 GPPS，耐划伤性好，刚性较高，尺寸稳定性高。

AS 对非极性物质如汽油、煤油和其他芳香化合物具有较高的化学稳定性，耐水、耐无机酸、碱、洗涤剂及氯化烃类等，但能被有机化合物溶胀，溶于酮类溶剂中。AS 的耐候性中等，老化后发黄。AS 的具体性能见表 5-44 所示。

表 5-44 AS 的性能

性能	AS	性能	AS
相对密度	1.06～1.08	弯曲强度/MPa	96～131
拉伸强度/MPa	62～83	Izod 冲击强度/(J/m)	96～145
断裂伸长率/%	1.5～3.7	体积电阻率/(Ω·cm)	10^{16}
热变形温度/℃	87～104	介电损耗角正切(10^3Hz)	0.0012～0.007

3. 成型加工

AS 树脂的加工性能好，它可采用通用的加工方法加工，如注塑、挤出及吹塑等。AS 在加工前需要干燥处理，干燥温度为 70～85℃，干燥时间为 2h。

AS 注塑的料筒温度为 180～270℃，模具温度为 65～75℃。挤出成型的料筒温度为 180～230℃。

4. 应用范围

AS 的应用大部分是利用其透明性，如灯具类、笔、透镜、信号灯与车灯外壳、打火机、速度表玻璃、玩具、酒杯、工艺品、装饰品及包装材料等。

AS 还用于家电配件、仪表盘、按钮、电器零件、蓄电池外壳及日用品等。

五、聚降冰片烯

聚降冰片烯是指分子内含有环状降冰片基团的聚合物，它属于环烯烃类聚合物（其他环烯烃还有二环戊二烯、环己二烯、环庚二烯等）。

1. 聚降冰片烯

(1) 优良的光学性能　聚降冰片烯的透光率为 92%；折射率为 1.51，接近 PMMA、但高于 PC。

(2) 较高的耐热性能　聚降冰片烯的热变形温度为 162℃，这在塑料中是很高的耐热温度，它比 PMMA 高 80℃、比 PC 高 20℃。

(3) 低吸水性　由于聚降冰片烯属于烷基结构，因而吸水率低。其吸水率为 PMMA 的 1/5，与 PC 相似。其吸水后尺寸变化仅为 0.04%，而 PMMA 为 0.36%。

(4) 表面硬度高　聚降冰片烯的表面硬度比 PMMA、PC 都高，具有很高的抗划痕性。

(5) 黏合性好 易于涂层处理。

聚降冰片烯的其他具体性能如表 5-45 所示。

表 5-45 聚降冰片烯与 PMMA、PC 的性能比较

性　　能	聚降冰片烯	PC	PMMA
相对密度	1.08	1.19	1.19
吸水率/%	0.4	0.4	2.6
折射率	1.51	1.58	1.49
透光率/%	92	90	93
雾度/%	1.5	1.7	1.3
阿贝数	57	30	58
双折射/mm	<20	<60	<20
热变形温度/℃	162	140	81
成型收缩率/%。	0.6~0.8	0.5~0.7	0.5~0.7
线膨胀系数/$\times 10^5 K^{-1}$	6.1	6.2	6.9
拉伸强度/MPa	75	64	70
断裂伸长率/%	15	120	10
洛氏硬度(M)	125	123	125
莫氏硬度	2H	B	3H
介电强度/(kV/mm)	28.9	30.6	20.6
体积电阻率/$10^{16} \Omega \cdot cm$	6	3	5
介电常数	3.24	3	3
耐电弧/s	123	116	180

聚降冰片烯尤其适合于制造透镜，它透明性高、耐高温、耐湿性好、对温度变化不敏感。

2. 聚降冰片烯的改性品种

由于环烯烃的聚合活性很低，采用传统催化剂反应比较困难。由于茂金属催化剂的开发，使环烯烃无需开环和加氢即可聚合，还可与乙烯、丙烯等共聚。环烯烃的共聚物一般称为 m-COC，是一类优秀的光学材料。

乙烯与环烯烃的茂金属共聚物，其吸湿性近于零（小于 0.01%），韧性大，透明度高（透光率 91%），折射率为 1.53，可用于光盘、透镜及医用制品。

日本三井油化公司用茂金属催化剂合成了降冰片烯与乙烯的共聚物，它不仅透明性好，且透湿度仅为 PVC 的 1/10，可用于医疗及包装。

日本瑞翁公司也开发了乙烯与降冰片烯的共聚物，其光学性能超过 PC，与 PMMA 相当，玻璃化温度为 171℃，拉伸强度为 63.4MPa，比 PC 轻 10%，吸湿率小，主要用于光盘、透镜、光纤及液晶显示屏等。

六、纤维素类透明塑料

包括乙酸纤维素和硝酸纤维素两类。

1. 乙酸纤维素

乙酸纤维素为将纤维素用乙酸或含催化剂的乙酸活化处理，再用乙酸和醋酐混合物以硫酸或过氯酸等为催化剂进行乙酰基化反应而成，并可分成三乙酸纤维素和二乙酸纤维素两种。其英文名称为 cellulose acetate，简称 CA。

乙酸纤维素最早于 1905 年由德国 Bayer 公司生产，我国保定第一胶片厂、上海群力塑料厂、哈尔滨塑料厂及无锡电影胶片厂等生产，它是目前纤维素塑料中应用最广泛的一种。

乙酸纤维素为白色粒状、粉状或棉花状固体；具有坚硬、透明及光泽好等优点，其折射

率为 1.49，透光率为 87%；拉伸强度为 1.3~61MPa，悬臂梁冲击强度为 21~277J/m，热变形温度为 43~98℃，体积电阻率为 $10^{13}\Omega\cdot cm$，介电常数（10^6Hz）3.2~7，介电损耗角正切（10^6Hz）为 0.01~0.1。

三乙酸纤维素较二乙酸纤维素强韧，拉伸强度大几乎一倍，耐热性高，宜制造电影胶片；二乙酸纤维素较易溶解于浓盐酸和丙酮而不溶于二氯甲烷和氯仿；三乙酸纤维素则不溶于盐酸和丙酮，但可溶二氯甲烷和氯仿。

乙酸纤维素的加工方法有两种：一为配成溶液用以生产薄膜、片材等；二为与增塑剂如 DOP 等配合后混炼，再进行挤出和注塑，其中注塑温度为 170~255℃，注塑压力为 MPa。

三乙酸纤维素广泛用于胶片、薄膜及磁带等制品，二乙酸纤维素用作香烟过滤嘴、手柄、自行车把、笔杆及眼镜框等。

2. 硝酸纤维素

硝酸纤维素是将纤维素用硝酸和硫酸组成的混合酸硝化得到的含醇纤维素材料，英文名称为 cellulose nitrate，简称 CN。硝酸纤维素最早于 1872 年由美国 A.D.P 公司投产，是第一个天然改性塑料材料，又称为"赛璐珞"；我国有上海赛璐珞厂、泸州化工厂及浙江乒乓球厂等生产；硝酸纤维素至今还有一定的应用市场。

硝酸纤维素为白色无味固体、相对密度 1.38、坚韧、色鲜艳；透明性好，折射率为 1.50，透光率为 88%；吸水性小，尺寸稳定性高；连续使用温度为 60℃，拉伸强度 48~55MPa，介电常数为 7.0~7.5，介电损耗角正切为 0.09~0.12。

硝酸纤维素在加工中需加入增塑剂如樟脑、溶剂如酒精和丙酮等助剂。

常用的加工方法为浇注成型，将配好的溶液经浇注和干燥即可。

其他加工方法为先在捏合机中于 36℃充分混合，然后在压滤机中于 60℃下压滤，最后用压延、压制及挤出等方法加工成不同形状的制品。

硝酸纤维素可用于文教用品如乒乓球、三角尺、笔杆及乐器外壳等，日常用品如玩具、化妆品盒、眼镜框、伞柄、自行车把及刀柄等。

七、其他透明类塑料

1. CR-39

CR-39 为双烯丙基二甘醇碳酸酯的聚合物，属热固性树脂，但可浇注成型。CR-39 的相对密度为 1.32，吸水率为 0.2%，CR-39 具有优异的光学性能。它的透光率高，可达到 91%；它的折射率为 1.50，与高折射单体二烯丙基邻苯二甲酸酯共聚后，折射率提高到 1.546；耐热性好，热变形温度可达 140℃；它的阿贝数为 58，它的双折射小，硬度好，耐冲击性好。

CR-39 的缺点为：耐磨性不好，但可用涂层方法改善；折射率稍低，可用共聚方法改善。

CR-39 为一种高档光学材料，非常适合于眼镜片的制造。在美国，用 CR-39 制造跟镜片已占整个镜片的一半以上。

2. J.D

J.D 为聚醚砜的衍生物，其具体组成为：双烯聚苯醚砜、苯乙烯、甲基丙烯酸甲酯。J.D 同 CR-39 一样，也属于热固性树脂，可用浇注方法成型。

J.D 的相对密度为 1.19，吸水率仅为 0.06%。J.D 的光学性能很好。其透光率达到 92%；折射率可调，且最大折射率可达 1.62，是透明塑料中最大的；其色散较小，阿贝数仅为 27。

J.D的硬度较大,洛氏硬度在138~332范围内,莫氏硬度可达到6H;其成本仅为PMMA的1/2,CR-39的1/6,是一种可与CR-39相竞争的光学塑料。

J.D主要用于镜片的制造,由于其折射率大,镜片厚度可大大降低,是一种很有前途的光学塑料材料。

3. HEMA

HEMA是一种常用的隐形眼镜透明塑料材料,其具体组成为甲基丙烯酸羟乙酯。HEMA的聚合方法为:以二甲基丙烯酸乙二醇酯(EGDMA)为交联剂,先使HEMA聚合成水凝胶状物质,再加入聚乙烯吡咯烷酮,使其吸水率从39%增大到60%,具体配方如下。

(1) 化学催化加温聚合配方

| HEMA | 5 | 水 | 0.3 | 1%过硫酸铵水溶液 | 0.1 |
| 甘油 | 1 | EGDMA | 0.009 | | |

(2) 紫外线辐射聚合配方

| HEMA | 5 | 甲基丙烯酸丙烯酯 | 0.01 | 二苯甲酯(光敏剂) | 0.01 |
| 甲基丙烯酸丁酯 | 0.5 | (交联剂) | | | |

隐形眼镜对材料的性能要求很高,除应具备一般透镜所要求的性能外,还要求具有良好的吸水性,氧气透过性,弹性及韧性,与人体的生理相容性等。

HEMA的吸水率高达39%~60%,可有效提供人眼需要的水分;它的透光率高达97%,比光学玻璃还要高;与人体的生理相容性好,折射率为1.43~1.45,相对密度1.16~1.17。

第八节 形状记忆塑料

一、简介

形状记忆塑料是指具有初始形状的制品经形变固定后,通过响应参数的刺激,又可使其恢复原始形状的一类高分子材料,英文简称为SMP。

按形状记忆塑料的响应参数不同,可分为不同种类。响应参数为温度场时,称为热致形状记忆塑料,可广泛用于医疗器械、泡沫塑料、坐垫、光信息记录介质及报警器等;响应参数为电能时,称为电致形状记忆塑料,主要用于电子通讯及仪器仪表等领域如电子集束管、电磁屏蔽材料等;响应参数为光能时,称为光致形状记忆塑料,主要用于印刷材料、光记录材料及光驱动分子阀等;响应参数为化学能时,称为化学致形状记忆塑料,具体品种有部分皂化的聚丙烯酰胺、聚乙烯醇和聚丙烯酸混合物膜,可用于蛋白质或酶的分离膜、化学发动机等特殊领域。由于受温度控制的方法简单,加工容易,因而应用广泛,是目前形状记忆塑料中开发最活跃的一种,本书以热致形状记忆塑料为主介绍。

热致形状记忆塑料是指在一定温度下变形,并能在室温下固定大部分形变且长期有效,当再升至某一特定温度时,制品很快恢复到形变前形状的一类高分子材料。

为什么形状记忆塑料具有形状记忆功能呢?这是因为形状记忆塑料具有特殊的多相结构,一般由防止树脂流动和记忆原来形状的固定相和随温度变化能发生软化-硬化可逆变化的可逆相组成;固定相的作用在于原始形状的记忆与恢复,而可逆相的作用是保证制品可以改变形状。

热固性塑料的固定相为交联结构,可逆相为结晶态或玻璃态。

热塑性塑料的固定相为结晶态、玻璃态或聚合物之间的相互缠绕和吸附,而可逆相为结晶态和玻璃态。

例如，形状记忆聚氨酯以软段连续相为可逆相，以部分结晶的硬段作为物理交联点形成物理交联的为固定相。

形状记忆塑料的加工包括三个阶段：记忆形状、制品变形和形变恢复。

① 记忆形状 也称为一次成型，它是将树脂加热熔化，固定相和可逆相均处于软化状态，熔体注入模具中，冷却即可得到原始形状。

② 制品变形 也称为二次成型，它将一次成型的原始形状制品加热至临界形变温度如可逆相的玻璃化温度 T_g，此时的可逆相开始软化而固定相不会变形；在适当的外力作用下，可逆相发生压缩或拉伸形变；在外力保持下冷却，冷却后外力解除，可逆相的形变仍然得以保持。

③ 形变恢复 将二次成型制品加热至形变恢复温度如可逆相的玻璃化温度 T_g 时，可逆相开始软化，借助于材料内部链段的热运动，可逆相的形变开始恢复，称为形状记忆。

二、形状记忆塑料的品种

某些非晶态结构聚合物具有形状记忆功能，它利用这些非晶态聚合物在 T_g 附近发生由塑性体向橡胶体的形态转变，从而产生形状的变化。

形状记忆塑料与形状记忆金属合金（SMA）比较，其优点如下。

① 形变需要的应变力小，SMP 仅为 4MPa，而 SMA 为 500MPa。

② SMP 的加工性能好。

③ SMP 的相对密度小。

④ SMP 的耐化学腐蚀性好。

⑤ SMP 的形变量大。

形状记忆塑料与形状记忆金属合金（SMA）比较，其缺点如下。

① 响应速率比 SMA 慢得多。

② 目前无法使用电激励。

③ 在使用上有许多限制。

④ 在韧性及刚性上差，需用玻璃纤维、有机纤维增强改性。

目前已开发的形状记忆塑料有：聚氨酯弹性体（TPU）、聚降冰片烯、反式 1,4-聚异戊二烯（TPI）、苯乙烯/丁二烯共聚物（BS）、交联聚乙烯（XLPE）等。

(1) 聚氨酯弹性体（TPU） TPU 由异氰酸酯、多元醇和扩链剂聚合而成，为含有部分结晶的线型聚合物。TPU 具有软、硬交替排列的嵌段结构，由于软、硬段之间的热力学不相容性，使体系发生微相分离。其中硬段聚集成微晶区，起到物理交联点的作用，可作为固定相；软段的 T_g 或 T_m 高于室温，则可作为可逆相，从而具有形状记忆功能。

三菱重工业公司于 1988 年开发出第一例形状记忆 TPU，其形变恢复温度为 −30～70℃，可在广阔的范围内选择原料以调节 T_g 的高低，以得到不同响应温度的形状记忆 TPU，目前已制成 T_g 为 25℃、35℃、45℃、55℃的 4 个品种。

日本三菱化成公司开发了一类液态聚氨酯系列 SMP，分为热塑性和热固性，可加工成片、膜及注塑制品。在 40～90℃的温度范围内，可发生形变恢复。

形状记忆 TPU 的加工性好（可用注塑、挤出和吹塑等方法加工），形变量高达 400%，此外还具有质轻价廉、着色容易、耐重复形变好等优点。

TPU 的具体性能请参见第五章：一般用途塑料部分。

(2) 聚降冰片烯 聚降冰片烯于 1984 年由法国的 CDF Chimie 公司开发成功；日本的

杰昂（Zeon）公司又进一步开发，生产出系列产品；我国的中国矿业大学和中科院化学所都开展研究并取得一定的成果。

聚降冰片烯由环戊二烯和乙烯通过双烯加成反应制成，其相对分子质量高达 300 万，比普通塑料高 100 倍；T_g 为 35℃，介于塑料和橡胶之间。聚降冰片烯的固定相为超高分子链的缠绕交联，可逆相为 T_g 上下发生玻璃态和橡胶态可逆变化的结构。

聚降冰片烯属热塑性塑料，可用注塑、挤出及吹塑等方法加工，但由于相对分子质量太大，因此加工较为困难。

除聚降冰片烯外，降冰片烯与它的烷基化、烷氧基化、羧酸衍生物等的无定形或半结晶共聚物也有形状记忆功能，其相对分子质量为 30 万～400 万，T_g 为 -90～200℃，可通过调节共聚单体的比例来控制 T_g 的大小。

聚降冰片烯的具体性能请参见第六章第四节：透明塑料部分。

(3) 反式 1,4-聚异戊二烯（TPI） TPI 由日本可乐丽公司开发于 1988 年，它由异戊二烯-1,4 聚合而成，主链中含有双键，T_m 为 60～70℃，结晶度为 40%。

形状记忆 TPI 以用硫黄或过氧化物交联得到的网状结构为固定相，以能进行熔化和结晶互相变化的部分结晶相为可逆相，形状记忆温度为 40℃。

TPI 具有形变速率快、形变恢复力大及形变恢复精度高等优点，其缺点为耐热和耐候性不好。

TPI 具有橡胶的加工性能，加工中需要硫化处理，具体加工配方如表 5-46 所示。

表 5-46 TPI 的加工配方　　　　　　　　　　　　单位：质量份

配　　方	1	2	3	4	5
反式 1,4-聚异戊二烯	100	100	100	70	100
顺式 1,4-聚异戊二烯	—	—	—	30	—
轻质 $CaCO_3$	30	150	150	30	30
环烷系操作油	—	—	150	—	—
ZnO	5	5	5	5	5
HSt	1	1	1	1	1
硫黄	0.5	0.5	0.5	0.5	0.5
过氧化二异丙苯	3	3	3	3	—
硫化促进剂	—	—	—	—	3
恢复率（直径）/%	100	98.3	97.9	100	99.6
恢复率（长度）/%	100	98.3	95.3	100	99.5

由于形状记忆 TPI 具有形变最大、加工成型容易、形状恢复温度可调整、耐溶剂好、耐酸碱、绝缘性好、耐寒性好及耐臭氧性好等优点，应用范围特别广泛，可用于土木建筑、机械制造、电子通讯、印刷包装、医疗卫生、日常用品及文体娱乐等各个领域。

(4) 苯乙烯/丁二烯共聚物（BS） BS 于 1988 年由日本的旭化成公司开发，其固定相为高熔点（120℃）的聚苯乙烯结晶部分，可逆相为低熔点（60℃）的聚丁二烯结晶部分。

BS 可在 120℃时用注塑、挤出及模压等方法加工；制品的形变恢复温度为 60℃，形变量高达 400%；形变恢复快，在常温保存时自然恢复极小；重复形变时，恢复率有所下降，但至少可用 200 次以上。

BS 的综合性能好，具体性能请参见第五章第七节：透明类塑料。

(5) 交联聚乙烯（XLPE） XLPE 为 PE 的交联产物，它是 1981 年开发的第一个热致形状记忆高分子材料。XLPE 通过辐射或化学方法使非晶区交联，控制适当的交联度和结晶度，可获得形状记忆性能。XLPE 属结晶型塑料，其相应温度为 100～130℃，可用其制造热收缩管材。

三、形状记忆塑料的用途

（1）医疗器材　形状记忆塑料可用于固定创伤部位的器材以代替传统的石膏绷带，另外还可用于医用组织缝合器材、防止血管阻塞器材及止血钳等。

（2）包装材料　形状记忆塑料主要用于热收缩包装材料，如啤酒、饮料、电池等产品的包装。它可用于容器衬里材料及容器外层的印刷薄膜。

（3）异径管材的连接　将形状记忆塑料制成管接头，用于连接不同口径的管材。

（4）其他用途　形状记忆塑料还可用作建筑紧固销钉，先装配后紧固；保险杠及安全帽，冲击变形后，可重新加热恢复；火灾报警感温装置，自动开闭阀门等。

第九节　可降解塑料

一、简介

可降解塑料又称为可分解塑料，它是指在一定使用期内具有与其相对应普通塑料制品一样的性能，而在完成一定功能的服役期后，在特定环境条件下，其物理化学结构发生重大变化，能迅速分解并与自然环境同化的一类聚合物。

按降解塑料的降解机理不同，可将其分为：光降解塑料、生物降解塑料、光-生物降解塑料及水解塑料。目前开发的降解塑料主要为生物降解塑料、光降解塑料和生物-光降解塑料。生物降解塑料是指在自然界微生物如细菌、霉菌及藻类作用下可分解成小分子化合物的一类塑料；光降解塑料为在自然光的作用下可发生分解的一类塑料；生物-光降解塑料为两者的复合体。

目前，已开发的生物降解塑料种类很多，而且有许多品种已获得具体应用。生物降解塑料主要以脂肪族聚酯和天然高分子材料的研究最广泛，其他还有聚酯化酰胺或醚、聚氨酯及聚乙烯醇等。

二、品种与特性

这是研究得最早最广泛并获得实际应用的一类生物降解塑料，它又可分为：微生物合成聚酯类、聚交酯类、脂肪族聚酯类及聚 ε-己内酯等。

微生物合成聚酯类生物降解塑料是最早开发的一类生物降解塑料，早在 1927 年就发现在适当条件下微生物可以合成降解聚合物。目前，已开发的微生物合成聚酯类生物降解塑料种类有：聚 3-羟基丁二酸酯（PHB）、聚 3-羟基戊二酸酯（PHV）、聚 3-羟基丁二酸酯/3-羟基戊二酸酯共聚物（P3HB/3HV）、聚 3-羟基丁二酸酯/4-羟基丁二酸酯（P3HB/4HB）。

1. 聚 3-羟基丁二酸酯（PHB）

（1）聚 3-羟基丁二酸酯简介　PHB 是在缺乏氧、磷、氮和硫等生命养料的环境中，某些细菌在发酵期间内形成的一种降解聚合物，因此也称为微生物合成类生物降解塑料。

PHB 的具体合成过程为：首先，在发酵容器内加入各种基质如葡萄糖、沼气、二氧化碳和氢气等；随后，引入带有定量碳组成的细菌，再配以细菌生长所需的充足养分，使细菌在反应器内大量繁殖；当反应进行到一定程度后，将养分抽回，使细菌生长受到限制，即转变成聚合物 PHB。

目前，PHB 产品只有英国的 ICI 公司制造，它们的发酵、萃取及提纯工艺最先进。但因 PHB 的价格太高，使其应用受到限制。

（2）性能及加工　PHB为一种热塑性聚酯材料，它具有很高的立构规整性，结晶度可达80%～90%，以离散球晶的形式产生在细菌的细胞质中。

PHB的性能介于PVC和PET之间，其熔点为180℃，可进行挤出和模压成型。但PHB容易发生热分解反应，长期置于熔点温度之上，易于发生生物降解反应，使相对分子质量下降50%。因此，在具体加工时，常把羟基戊酸酯和其他共聚物成分作为PHB的内增塑剂，以改善其加工性能。但加入内增塑剂会使PHB的结晶及部分物理性能下降，加入外增塑剂则可改善其延展性和结晶性。

作为一种聚酯，由于氢键的作用，PHB很容易与PA、PC、PET、PBT等以任何比例共混。PHB还可用$CaCO_3$进行填充，并可加入光亮剂、UV稳定剂等。

（3）应用范围　PHB目前主要用于医药、农业及消费包装三个方面。特别是在医药上，PHB显示出特有的性能。在矫正外科手术中，PHB塑料作为药物基质被植入人体内，以控制药物的释放；当药物释放完毕后，PHB在人体内自然降解，最终产品为3-羟基丁酸，在人体血液中它为一普通的代谢物，不会给人体带来任何副作用。PHB可制成外科手术缝合线，用于眼科手术中，可无需拆线工作。

2. 聚3-羟基丁二酸酯/3-羟基戊二酸酯（P3HB/3HV）

P3HB/3HV为3-羟基丁二酸酯和3-羟基戊二酸酯的共聚物，20世纪70年代由英国ICI公司首先开发，它以丙酸、葡萄糖为碳源食物，通过发酵制成。日本Monsanto公司接着开发P3HB/3HV，其结构式为：

$$\underset{x}{[O-CH(CH_3)-CH_2-CO]}\underset{y}{[O-CH(CH_2CH_3)-CH_2-CO]}$$

P3HB/3HV中的HV含量高时，共聚物的柔软性好，冲击性高，但杨氏模量低。

P3HB/3HV有不加增塑剂型、交联型、填料增强型等品种。

P3HB/3HV的力学性能好，可从软到硬；耐热性优良。

第六章 塑料选用的基础

第一节 简 介

由于塑料原料丰富、制造加工方便、劳动生产率高、成本低、性能优异，因而得到了广泛的应用。在国民经济建设中的作用日益增大，成为重要的工程用材料之一。塑料选材是应用塑料的关键。

塑料种类很多，目前已达 300 余种，其中常用的近 40 种，面对如此繁多的品种，如何正确地选择塑料材料，以满足不同产品及其工艺的要求，是一项较为复杂的系统工程。计算机辅助设计（CAD）技术的应用与发展，给塑料件设计及塑料材料选择带来了福音。为简化材料选择的工作量，通常多以塑料的实用性能来分类塑料件。塑料的主要实用性能是比强度高，电气绝缘，减声消音，耐磨、耐腐蚀等。可将塑料制成结构零件、传动零件、耐磨零件、绝缘件、耐腐蚀零件等。

一、基本原则

塑料选材是在制品设计或配方设计过程中必须进行的一项工作，主要依据塑料制品最终使用环境、使用性能要求对塑料材料进行选择。这是一项细致而技术性较强的工作，为此塑料选材应坚持如下基本原则。

1. 满足塑料制品最终使用性能与耐久性的原则

塑料选材的目的是使所用的材料能够顺利地制成制品，制品能满足使用性能要求，并在使用过程中，不发生故障，且满足使用期限要求。能满足上述条件的选材，则是成功的，否则是失败的。

2. 抓住主要矛盾的原则

塑料材料选用时，要考虑的因素较多，除了制品的使用性能要求和使用环境要求，还应重点了解并分析塑料自身的性能。加以塑料品种较多，选择起来比较麻烦，应通过对塑料材料自身性能的了解与分析，找出主要矛盾加以解决，解决了主要矛盾，其他矛盾则迎刃而解了。

3. 充分发挥改性技术和助剂作用的原则

众所周知，任何材料都有其长处，自然也存有缺陷与不足，十全十美的材料是没有的。塑料材料也是如此，与金属和无机非金属材料（如玻璃和陶瓷）不同，其工艺性能好，可采用改性技术和助剂对其进行改性提高综合特性，弥补其缺陷或不足，使选材范围变宽，选材难度变小。

4. 降低成本的原则

在塑料选用时，除考虑制品性能外，还应考虑材料的价格问题，选用性价比合理的材料才能是成功的选择。选材时，应充分考虑原材料的来源、成本，在同等性能条件下，应选择原材料来源广、产地近、价格低廉的原材料。

5. 注意制品特性的原则

塑料制品除通用性能外，每一制品由于其使用性能和使用环境的要求，均具备其独特的性能。在作为结构部件时，注意材料的力学性能，对强度与刚性要求较严格；若作为热机部件时，则对材料的耐热性要求较高；户外用部件则对材料的耐化学适应性要求较严格；作为光学部件时，则对材料的光学性能要求高等。注意制品性能，是成功选材的重要环节。

6. 综合平衡的原则

从选材，制品设计，生产加工质量检查，实际应用的检查，每一个环节都对塑料制品性能有大致的要求，但每一个环节也有不同的要求，这样也给塑料选材带来诸多麻烦。作为选材人员，必须具备综合的平衡的能力，严格选材程序，加强改性技术，强化质量管理，注意售后服务与监测，形成闭环管理，使每一制品使用情况做到心中有数，借鉴前人经验，注意经验积累，就能使选材成功概率更大。

7. 在选材中注意高新技术应用的原则

由于塑料选材复杂，光靠经验和人的记忆很难积累，完成难度相对较大，应注意将高新技术用于塑料的选材之中。如运用计算机选材是最好的方法，加之目前网络技术比较发达，计算机技术十分普及。计算机选材技术也已应用多年，已形成性能可靠的技术，不言而喻，计算机辅助选材技术，可取得事半功倍的效果。

二、塑料材料的选用方法

以前的选材方法是无规律的盲目性选取。近年来，人们开发出一些带有规律性的选材方法，虽说规律性不是很强，但可引导选材过程少走一些弯路，多走一些捷径。在这些选材方法中，较常用的有：轮廓模型法、统计数量化综合法、价值分析法和计算机辅助选用法，本书中分别做简单介绍。

（一）星形轮廓模型法

星形轮廓模型法是一种比较简单、直观的选材方法，它是在所选材料集中在几种性能相近的品种基础上的一种方法。因此，它不是一种直接的选材方法，而是在基本确定的很少材料中的精确的间接选材方法。

首先根据制品的使用要求和性能指标选定评价项目，并对每个项目进行分析和评价，确定各项评价项目的分值，并分别用阿拉伯数字 5、4、3、2、1 表示，分别代表优、良、可、差、劣 5 个等级。

然后，用星形轮廓图进行评价选材。具体方法如下（图 6-1）。

① 选定制品需要评价的性能指标项目，具体如强度、冲击及耐药品性等。

② 画两个同心圆，在内外圆之间标出要评价的各个项目如硬度、耐热等，每个项目用一条射线从内圆处指向圆心。

热性能
通用聚苯乙烯

热性能
丙烯腈-苯乙烯共聚物

热性能
ABS塑料

图 6-1　星形轮廓模型图

③ 在内圆中又画 4 个同心圆,将射线分成 4 等份,用五个圆周线与射线的交汇点来表示各个项目的得分值。

④ 按标准对每个项目评出得分值(按 5 个等级评定),并在对应的每个项目的分射线上标记一个点。

⑤ 将所有评分点用直线连接起来,即构成星形轮廓图。

图 6-1 为用于壳体待选的三种塑料材料 PS、HIPS、ABS 的星形轮廓模型图,它们共选了 11 个评价项目,并将得分列于图 6-1 中。它们星形轮廓模型图中的星形图越接近圆形,说明其各项指标越平衡,综合性能越好。从图 6-1 中可以发现,ABS 材料的综合性能好于其他两种材料,是壳体材料的首选品种。

星形轮廓模型图法也有其局限性。因为实际选材时,往往需要强调几项突出的指标。如在 ABS、PS、HIPS 三种材料中,如要求透明性好,则要选用 PS 或 HIPS;如要求价格低,则要选用 PS。

(二) 统计数量化综合法

统计数量化综合法同星形轮廓模型图法一样,也为一种间接的选材方法。它是在初选基本满足使用性能要求的前提下,再对预选的材料进行综合评价。其具体评定方法同星形轮廓模型图法相似,只不过不用图而用统计计算表罢了。

统计数量化综合法的具体步骤如下。

① 确定需要评价的项目,如拉伸强度、体积电阻率等。

② 以预选的几种材料作为评价方案,如 ABS、HIPS、PS 等。

③ 确定评价项目的重要性系数(加权法),不太重要的次要性能的重要系数为 1,而主要性能的重要系数要大于 1;如对壳体而言,冲击强度为主要性能,其重要性系数可定为 3。

④ 确定各项目的评分标准。

⑤ 计算各个项目的得分。

⑥ 用各个项目的得分与其对应的重要系数相乘,然后累计叠加,计算各个项目的总得分,列于综合评价表中。

⑦ 从综合评价表中选取得分最高的材料作为首选材料。

例如,仍以 ABS、HIPS、PS 三种待选的壳体材料为例,用统计数量化综合法进行选材。

选定主要性能如冲击强度的重要系数为 3,相关性能如价格、加工性、静态强度的重要系数为 2,其他次要性能的重要系数为 1。参考图 6-1 中的各项性能的得分,分别乘以重要系数,列于表 6-1 中。从表 6-1 中可以看出,总得分最高者为 ABS。因此,对于壳体材料应首选 ABS。

统计数量化综合法与星形轮廓模型图法相比,增加了重要性系数,突出了主要性能;因而准确性又更进了一步。

(三) 价值分析法

以上两种方法将价格列在性能中比较,虽然统计数量化综合法增加了重要系数,但对价格的重要性考虑不够。价值分析法将价格(成本)和性能分开,计算性能与成本的比值,即通常所说的性能/价格比。要提高制品的价值,其途径为提高性能或降低成本,以提高性能价格比;目的在于以最低的成本,来实现产品的最佳性能。价值分析中的价值如下式计算:

$$价值 = \frac{功能}{成本} = \frac{使用性能}{成本}$$

表 6-1 用于壳体几种材料的统计数量化综合表

材料 性能	ABS	HIPS	PS
冲击强度	4×3	2×3	1×3
价格	3×2	3×2	5×2
加工性	4×2	4×2	5×2
静态强度	3×2	2×2	1×2
硬度	4×1	5×1	5×1
耐磨	4×1	3×1	2×1
耐热	3×1	3×1	2×1
耐低温	5×1	2×1	1×1
耐药品	4×1	4×1	3×1
耐候	2×1	3×1	3×1
尺寸稳定性	5×1	5×1	5×1
总计得分	55	49	46

通过价值分析法，可以发现哪些是高性能、低成本的制品，哪些是成本高、性能差的制品；以采取相应改进措施，既保证质量，又避免浪费。

对于多部件的复杂产品，可以通过计算价值系数来选择需要改进的零部件，其方法有多种，这里以强制决定法为例进行说明。

强制决定法的评价步骤如下。

① 计算功能评价系数。采用两两比较法，将两个零件中功能比较重要的记 1 分，次要的记 0 分，然后计算功能评价系数：

$$功能评价系数 = \frac{某一零件的功能评分}{全部零件的功能评分}$$

② 计算成本系数

$$成本系数 = \frac{某零件的目前成本}{产品目前整体成本}$$

③ 计算价值系数

$$价值系数 = \frac{功能评价系数}{成本系数}$$

④ 以价值系数作为选择改进对象和功能分析的参数，得出如下结论。

a. 价值系数接近 1 的，说明功能与成本分配是恰当的；

b. 价值系数小于 1 的，说明功能与成本分配不当，成本过高，需要改进；

c. 价值系数大于 1 的，说明功能与成本分配不当，功能过高，这时要检查功能是否可靠，如确因技术先进，质量可靠，则可无须提高成本。

⑤ 如果通过市场预测和同类产品比较，要把产品成本降低时，可按功能评价系数来分配预计成本。

$$零件降低成本指标 = 零件目前成本 - 零件预计成本$$
$$零件预计成本 = 功能评价系数 \times 总目标成本$$

⑥ 从零件降低成本指标可以分析实施方案及降低指标实现的可能性。

⑦ 采用上述的统计数量化方法对实施防盗进行综合评价，选择最优方案开展工作。

下面举一个具体计算实例：某产品由 A、B、C、D、E、F、G、H、I 等 9 个零件构成，整体的目前成本是 239 元，各零部件的功能评价系数和成本如表 6-2 所列。试用价值分析法判别各零部件的功能/成本分配是否合理？假如通过市场预测要把成本价格降至 200 元，应如何分配各部件的成本？

表 6-2　功能评价系数表

零件名	两两比较结果									功能评分	功能评价系数
	A	B	C	D	E	F	G	H	I		
A	×	1	1	0	1	1	1	1	1	7	0.194
B	0	×	1	0	1	1	1	1	1	6	0.167
C	0	0	×	0	1	1	1	0	0	3	0.083
D	1	1	1	×	1	1	1	1	1	8	0.222
E	0	0	0	0	×	0	1	0	0	1	0.028
F	0	0	0	0	1	×	1	0	0	2	0.056
G	0	0	0	0	0	0	×	0	0	0	0
H	0	0	1	0	1	1	1	×	1	5	0.139
I	0	0	1	0	1	1	1	0	×	4	0.111
										Σ＝36	Σ＝1.00

注：D零件的功能评价系数最大，最重要，其次是A、B零件；
G零件和E零件的数值最小，不重要，如果结构上允许，可以和其他零件合并，若能满足性能要求，尽量用廉价材料。

表 6-3　各项评价指标

零件名称	功能评价系数 (1)	目前成本 (2)	成本系数 $(3)=\dfrac{(2)}{\Sigma(2)}$	价值系数 $(4)=\dfrac{(1)}{(3)}$	分配预计成本 (5)=(1)×总目标成本	降低成本指标 (6)=(2)−(1)
A	0.194	47	0.197	0.98	38.8	8.2
B	0.167	72	0.301	0.555	33.4	38.6
C	0.083	18	0.075	1.11	16.6	1.4
D	0.222	15	0.063	3.52	44.4	−29.4
E	0.028	16	0.067	0.42	5.6	10.4
F	0.056	11	0.046	1.22	11.2	−0.2
G	0	5	0.021	0	0	5
H	0.139	25	0.105	1.32	27.8	−2.8
I	0.111	30	0.126	0.33	22.2	7.8
合计	1.00	2.39	1.00		200(目标成本为200)	39

按上述步骤计算，将结果列于表6-2和表6-3中。由此二表中可以发现如下结论。

a. 零件A、C的价值系数接近1，说明功能与成本基本恰当，但零件A仍可酌量改进。

b. 零件B、E、I的价值系数小于1，说明功能与成本分配不当，成本过高，为改进对象；B零件若因客观条件大幅降低成本有困难，则可酌量处理。

c. 零件D、F、H的价值系数大于1，说明功能高于成本分配，特别是对于D零件，应检查其功能是否可靠，如果可靠，就不必提高成本；零件F、H的功能若能保证，也不必提高成本。

用价值分析方法分析产品和零件，还要根据实际情况加以分析。无论在选材和改换原产品的材料时，都应首先从保证质量和满足使用性能要求两方面考虑。另外，还应注意材料的货源与市场价格波动等因素是否会严重影响理论分析的正确性能。

（四）计算机辅助选用法

随着计算机技术的应用越来越广泛，人们开始建立塑料品种的性能数据库，进而开发出计算机辅助选择塑料材料系统。

1. 计算机辅助选用法的基本原理

本系统是在人工智能和专家系统技术基础之上开发出来的，它根据塑料制品的使用条件和使用环境来选择合适的塑料材料；因为，塑料对于不同的使用条件和不同的使用环境是十分敏感的，不同的条件和环境会产生不同的反应。具体原理为：在全面分析条件和环境的基础上，综合出几个主要的条件和环境要求，并取其极限值作为工程上对材料的性能要求；然后，以此性能为基础选材；所选材料要满足具体使用条件和环境的性能要求，并兼顾制品的外观、成本、安全、加工等其他性能。

本系统主要针对工程塑料并将其分为结构制品、摩擦制品、绝缘制品及耐腐蚀制品四大类。

本系统采用全汉化交互式人机界面及下拉式菜单系统，可以用鼠标选取或通过键盘的↑↓→←键和 return 键来选取菜单项。

本系统实施智能化材料选择的推理方式为正向推理方式（其他两种为：逆向推理方式、双向推理方式），这种推理方式从已知的事实出发，按照一定的控制策略，从初始数据推出结论。其具体工作原理为：首先提供一组事实，存放在事实库中，然后推理机进行如下工作。

① 扫描规则库，找出与当前事实库相匹配的规则，构成冲突集。

② 利用冲突解决策略，由冲突集中选出一条规则，执行其操作部分，更新事实库。

③ 利用更新后的事实库重复1、2的操作，不断地扩大、修改事实库，反复推理，直到不在有规则或问题得到解决为止。

在有些情况下，全部规则处理完后，推理机仍未能找出解，这时就要在正向推理过程中加入解的扩展功能（即降次解）。这主要源于塑料材料的可改性能，可通过共混、共聚、增强、增韧、添加不同助剂和进行不同的加工工艺等方法改性。因而，在未求出最合适解的前提下，可以提供最接近要求的材料，经改性处理后可达到要求。

在推出解的前提下，使用者可在数据库中进一步到智能化选择出的符合要求的材料相应的型号、生产厂家、性能参数及加工工艺条件等数据。

综合以上各种情况，智能化选择的结果会出现以下几种情形。

① 只有一种塑料材料可满足要求。

② 同时有几种塑料材料可满足要求；此时，要求用户根据实际情况如成本、加工等其他因素考虑，最后确定一种最合适的品种。出现这种结果的原因为：多种塑料都可满足选择的判断要求，选择的判断数据太少；可根据不断积累的知识进一步将选择细化，使选择的结果集中在一种或两种塑料材料上。

③ 没有塑料材料可满足性能要求。此结果出现的原因为：建库的塑料品种太少，判断回答的结果有冲突。

④ 没有完全满足的塑料品种，但给出一些接近的塑料材料即降次解；可通过改性的方法，使其性能完全达到要求。

2. 计算机辅助选材系统

该系统包括如下几个部分。

(1) 主菜单系统　包括三个主要模块，根据使用需要分别运行其管理系统，界面如图 6-2 所示。

(2) 智能化选择模块　智能化选择模块是本系统的核心部分，运用专家知识、依据设计准则和材料品种的数据库进行合理选择。在选择执行智能化选择后，系统将要求用户对于所要制成的产品成本属于哪一类进行选择，具体如图 6-3 所示。

① 结构制品的选择　在选取要制成的产品属于结构制品后，系统要求用户对于结构制品的应用范围进行选择，具体运行过程如图 6-4 所示。

图 6-2 系统主菜单界面

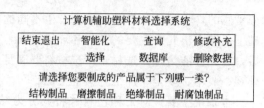

图 6-3 智能化选择模块

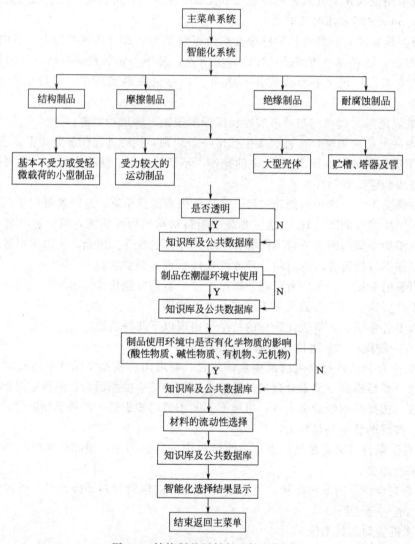

图 6-4 结构制品用材料选择流程图

② 摩擦制品的选择 依据摩擦环境的不同，可分为无油润滑和有油润滑、滚动摩擦和滑动摩擦等情况，参考图 6-4 的流程选取。

③ 绝缘制品的选择 依据使用环境的不同，可将电器绝缘制品分为：高压、中压、低压、高频、中频、低频、有无电弧、电容器介质等几种情况。然后，参考图 6-4 的流程选取。

④ 耐腐蚀制品的选择 除依据不同的腐蚀介质类选取外，还要考虑制品的结构和施工方法。根据制品的结构可分为全塑结构和复合结构、衬里结构和涂层结构等。参考图 6-4 的流程选取。

(3) 数据库查询模块 在塑料智能化选择之后，再根据实际应用材料的一些许用计算指标来进一步确定选用什么样牌号的材料，由此需要对数据库的查询工作。

数据库查询模块根据使用的需要分为：力学性能、热学性能、电学性能、流动性能、任选数据五大功能。使用者根据自己的需要，查询相应的功能。具体步骤为：在屏幕的提示下输入查询材料的代码，随后系统将逐一显示所选材料的 30 多种性能数据。其界面图如图 6-5 所示。

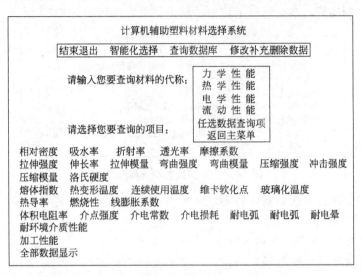

图 6-5　系统的一个复合式下拉菜单界面

（4）数据库管理模块　随着塑料新品种、新牌号的不断出现，必然面临着对旧数据库和知识库的扩充更新。为此，应建立开放式的数据库和知识库系统，用户可以对数据库和知识库进行方便的补充、修改和删除。在进行数据库的扩充过程中，程序可以对用户输入的材料品种、牌号生产厂家进行内部比较，发现库中存有相同牌号、生产厂家的同一塑料品种时，将提醒用户，从而避免重复输入造成数据的重叠。对数据的补充，采用相应的填充表格式数据管理程序，用户只需在相应的数据段名称后填入相应的数据即可，具体见图 6-6 所示。

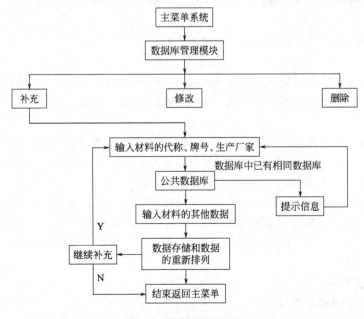

图 6-6　数据扩充流程图

3. 计算机辅助塑料材料选择系统应用

用计算机辅助塑料材料选择系统，选取一种制造汽车挡风玻璃的材料，具体选取步骤如下。

① 在系统主菜单中点取"智能化选择项"，系统下拉出子菜单。

② 点取结构制品后，系统继续下拉出一层子菜单，具体如图 6-7 所示。

```
计算机辅助塑料材料选择系统
结束退出   智能化选择   查询数据库   修改补充删除数据
请选择您要制成的产品属于下列哪一类？
结构制品  摩擦制品  绝缘制品  耐腐蚀制品
请选择结构制品属于下列哪一类应用范围？
基本不受力或受轻微载荷的小型制品，受力较大的运动制品，
大型壳体，贮槽、塔器、管路等。
```

图 6-7 汽车挡风玻璃选择菜单

③ 点取大型壳体后，随后系统将要求使用者就以下几项判断进行回答，并将在交互式基础上进行材料的选择。

a. 所需材料是透明的吗？(Y/N)，点 Y。

b. 材料在潮湿环境中使用吗？(Y/N)，点 Y。

c. 材料使用的化学环境：

酸性环境，如不存在则点 N，如存在则输入物质名称；

碱性环境，如不存在则点 N，如存在则输入物质名称；

有机物，如不存在则点 N，如存在则输入物质名称；

无机物，如不存在则点 N，如存在则输入物质名称。

d. 材料的使用温度下限：室温、低于 0℃、较高 (40～80℃)、大于 80℃。

选择低于 0℃。

e. 材料的使用温度上限：室温、低于 0℃、较高 (40～80℃)、大于 80℃。

选择较高 (40～80℃)。

f. 所需材料的流动性：好、一般、无要求。

选择一般。

④ 系统根据以上判断依据，从知识库和公共数据库中匹配求交，最后给出满足上述条件的材料为：PC。在给出选择结果的同时，因 PC 的黏度大，熔点高，系统说明 PC 的加工性不能满足要求。

⑤ 最后，点"查询数据库"，根据汽车玻璃的具体性能要求，查询材料的性能数据库，查取如耐热温度、冲击强度、耐磨性、硬度、耐候性，透光率等性能。

在数据库中查出 PC 的加工工艺条件及加工要求。

汽车用玻璃要求材料的性能为：刚性高、耐冲击、环境稳定性好（耐阳光、紫外线、酸雨、洗涤剂等）、耐热性较好、耐低温性好、重量轻、耐划痕等。PC 正具备这些性能，完全符合汽车挡风玻璃的使用性能和环境性能的要求，是一种理想的玻璃材料，国外目前正逐步用它取代无机玻璃。

三、塑料选用程序

（一）塑料选用的基本程序

由于合成树脂和塑料工业的高速发展，塑料品种和品级数量日趋增多，特别是随着掺

混、合金化改性、增强、填充和纳米改性技术在工程塑料中的应用，使工程塑料品级繁多。

塑料的品种既然是如此繁多，它们的性能又具可变性，因此，塑料应用的选材常常要从塑料中许多性能的综合平衡来考虑（包括工艺与成本），而且某些性能数据如耐磨损性、抗冲击性尚不能完全预测其使用性，有时又缺乏准确可靠的设计公式，因此，大多数塑料的选材过程是比较复杂的。为了能选择出性能和加工工艺均符合使用要求的、又尽量能恰如其分地量材使用的品种就要求采用系统、综合的分析方法来选材。

一个完整的设计过程，应从构思、草图开始（图 6-8）。选材在设计过程中是个关键步骤，对于指定部件的选材，最主要的是考虑部件的功能和决定部件功能的有关材料性能，同时还要考虑诸如部件的特点和禁忌、使用时的外界条件、有无临界条件、使用寿命和使用方式、维修方法、制品尺寸和尺寸精度、成型加工工艺、生产数量、生产速度、成本、原料来源和经济效益等。

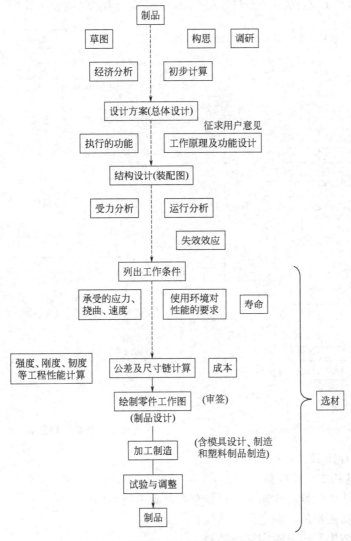

图 6-8 设计过程中选材阶段示意图

设计中应充分考虑各种因素的影响，对防止产品使用过程中出现故障或失效是很重要的。这些因素包括两方面，一方面是使用环境介质和环境条件，如构件承受的载荷和自重，冲击和振动等机械作用的影响；接触的气体、液体、固体及化学药品；曝露的大气环境（气温、湿度、降雨、阳光、冰雪以及有害气体等）的影响；贮存环境条件和长期贮存的影响；此外，除静态破坏影响外，还要考虑摩擦升温、蠕变、成型收缩等引起的变形、应力松弛以及反复应变而引起的疲劳，高应变率引起的力学性能变化等。另一方面是搬运、勤务处理或操作时，制品可能遭到外力作用，甚至是意外的外力作用的影响。充分考虑这些因素才能明确所要求的综合性能。

了解生产数量是为了从经济上考虑恰当的成型加工方法。比如所需数量是几个至几十个，就不必要制造模具，可直接用板材或棒材加工；需要数量是几百个左右时，可酌情采用简易模具或树脂-金属模、低熔点合金模等；当需要量更多时则应采用正规的模具成型。图6-9和图6-10列出主要选材因素（材料性能、材料货源和经济核算）以及与使用寿命相关的因素。这些因素的主次要根据实际要求而定，比如，设计的部件若急于使用，则考虑材料货源是主要的；如要设计宇航零件，则性能因素是最重要的；如设计通用产品，则应综合考虑性能和成本。

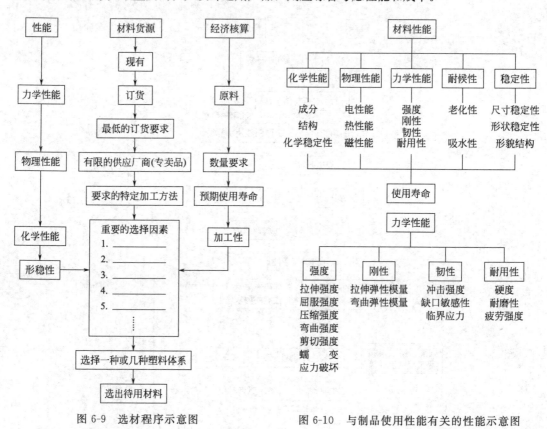

图6-9 选材程序示意图　　图6-10 与制品使用性能有关的性能示意图

（二）选材程序步骤说明

（1）对制品的初步设计构思

① 进行初步功能设计，绘制制品形状草图，确定制品形状。

② 分析制品功能作用，确定制品功能。

③ 分析制品结构形式，确定制品结构。

④ 分析制品使用寿命，确定与使用性能和使用寿命相关的材料性能，并将其表列出来。

⑤ 选定制品加工工艺和后处理工艺。

⑥ 形成制品设计选材方案，必要时加以评审。

(2) 选材

① 选材方法

a. 根据制品的使用环境条件选材。

b. 根据制品的受力状态选材。

c. 根据制品耐热性、耐久性等选材。

d. 根据制品所要求的功能特性选材。

e. 根据成型加工工艺选材。

f. 根据计算机仿真模拟结果选材。

② 选材步骤

a. 分析制品的使用环境影响因素及其相关工程塑料性能和加工性，筛选出几种材料。

b. 通过经验分析、专家分析或计算机模拟分析从中选出的候选材料。

c. 通过实际试制，制造出样品，在类似使用条件下进行模拟试验，或进行理化测试，对此性能根据结果确定材料。

d. 进行制品样品设计与试制。

e. 测试制品标志物化性能和动态性能，依据测试结果评价材料。

f. 确定材料技术规格和检验方法。

g. 形成选材方案，必要时加以评审。

有时上列步骤可以缩短，尤其是在制品要求简单，或新制品与老制品的差别很小的时候。然而，有时选材步骤更为复杂，特别是在新产品开发应用时，或在塑料所承受的应力很复杂的情况下，系统、综合的分析方法不仅是可靠的成功办法，而且是节省开发费用的途径。

(三) 选材注意事项

① 必须对选用塑料的性能有较全面的了解，然后根据使用条件去考虑配方、工艺和制品设计等。

② 塑料一般导热性低，选用和设计时要充分注意。

③ 塑料的线膨胀系数一般比金属大，有的易吸水，因此尺寸变化较大，选用和设计时要考虑恰当的配合间隙和公差范围。

④ 有的塑料有应力开裂的倾向，选用和设计时要尽量减少应力，制品设计要避免应力集中，或作适当的后处理，并要严格控制加工工艺。

⑤ 有的塑料有蠕变和后收缩或变形的倾向，选用和设计时应充分注意。

⑥ 各种塑料有一定的使用强度范围和允许接触的介质以及能承受的压力和速率极限，选用和设计时应该考虑。

四、塑料选材应考虑的主要因素

1. 制品要求的使用性能
   - 制品的使用条件——包括受力条件、电能状况、透过性、透明性、精度及外观等。
   - 制品的使用环境——包括环境温度、环境湿度、接触介质及环境的光、氧、辐射等。

2. 原料的可加工性
   - 加工难易性
   - 加工成本
   - 加工废料
   - 加工精度
   - 加工形状

3. 制品的成本

4. 原料的来源

(一) 塑料材料的适应性

任何一种材料都不可能尽善尽美,总会存在这样或那样的不足,从而限制了在某些特定场合的应用。例如,金属材料的耐腐蚀性不好,玻璃和陶瓷材料的韧性不好,木材的强度及防腐蚀性低。塑料材料作为一种新型高分子材料,在众多材料中具有很多突出的性能,也有其自身的局限性,但同其他材料相比,其局限性较小,应用范围较广。

1. 各种材料的性能比较

目前应用的材料有金属、玻璃、陶瓷、水泥、石材、塑料、橡胶及纤维等,按材料的性质不同可进行如下分类。

材料 ┬ 金属材料——钢、铁、铝、铜、铅、锌及合金等
     └ 非金属材料 ┬ 无机材料——玻璃、陶瓷、石材、水泥等
                  └ 有机材料——木材、天然橡胶、塑料、合成橡胶、合成纤维等

不同品种材料的性能比较如表 6-4 所示。

表 6-4 不同品种材料的性能

性能\材料	钢	铝	铜	玻璃	陶瓷	木材	HDPE	PC	30%GF PA610
相对密度	7.8	2.8	8.4	2.6	2.1~2.94	0.28~0.9	0.95	1.21	1.45
线膨胀系数/×$10^{-5}K^{-1}$	1.2	2.4	1.8	0.58	0.3~0.6	0.9~2.4	13.4	7.0	3.28
热导率/[10^2W/(m·K)]	0.6	2.1	3.8	0.5	0.4	0.0011	0.0044	0.019	0.022
拉伸强度/MPa	550	470	390	6~8	20~260	—	29	65	256
冲击强度/(J/m)	70	168	46	脆	脆	—	30	54	177
比强度	70	168	46	3	10~86	—	30	54	176

从表 6-4 中可以看出,不同材料的性能大不相同。在强度方面,以金属材料最好,特种陶瓷和纤维增强工程塑料次之;在比强度方面,以金属铝和增强工程塑料最好;冲击强度以金属、塑料为好;在耐热方面,以陶瓷、金属和陶玻璃最好,塑料次之,木材最小;密度以塑料和木材最小,木材中以泡桐最轻,塑料中以泡沫塑料最轻;线膨胀系数以塑料最大,陶瓷最小;导热性以塑料、木材最小,玻璃、陶瓷次之,金属最大。

2. 塑料材料不适用的场合

塑料材料虽具有很多优点,其综合性能又最好,但它并不是无所不及的万能材料。在有些使用条件要求苛刻的场合,塑料往往不能使用,只能由其他材料取而代之。

一般情况,在下列使用条件下,建议不宜选用塑料材料而应选用其他材料。

(1) 要求材料强度特别高 用超强纤维增强的工程塑料虽强度会大幅提高,并且比强度高于钢。但在大载荷应用场合,如拉伸强度超过 300MPa 时,塑料材料仍满足不了需要。此时只好用高强度金属材料或超级陶瓷材料了。

(2) 要求耐热温度高 塑料的最高使用温度一般不超过 400℃,而且大多数塑料的使用温度都在 100~260℃ 范围内;只有不熔聚酰亚胺、液晶聚合物、聚苯酯、聚苯并咪唑(PBI)、聚硼二苯基硅氧烷(PBP)的热变形温度可大于 300℃。因此,如果使用环境的温度长期超过 400℃,几乎没有塑料材料可供选用;如果使用环境的温度短期超过 400℃,甚至达到 500℃ 以上,并且无较大的负荷,有些耐高温塑料可短时使用。不过以碳纤维、石墨

或玻璃纤维增强的酚醛等热固性塑料很特别,虽然其长期耐热温度不到 200℃,但其瞬时可耐上千度高温,可用做耐烧蚀材料,用于导弹外壳及宇宙飞船面层材料。

(3) 要求尺寸精度高 由于塑料材料的成型收缩率大且不稳定,塑料制品受外力作用时产生的变形大,热膨胀系数比金属大几倍。因此,塑料制品的尺寸精度不高,很难生产高精度产品。不同塑料材料可生产制品的精度如表 6-5 所示,从表中可以看出,对于 1、2 级精度的制品,建议尽可能不要选用塑料材料,而选用金属或高级陶瓷。

表 6-5 不同塑料材料对应的产品精度

精度等级	可用塑料材料品种
1	无
2	无
3	PS、ABS、PMMA、PC、PSF、PPO、PF、AF、EP、UP、F4、UHMW、PE、30%GF 增强塑料等,其中以 30%GF 增强塑料的精度最高
4	PA 类、氯化聚醚、HPVC 等
5	POM、PP、HDPE 等
6	SPVC、LDPE、LLDPE 等

(4) 高绝缘性材料 在超高压电力输送环境中,要求绝缘材料的耐电晕性特别突出。而塑料材料除 PE、PI 及 XLPE 的耐电晕性较好外,其他塑料的耐电晕性都不好。但 PEPI 及 XLPE 的耐电晕性只可用于 550kV 以下的高压,对于超过 550kV 以上的超高压绝缘材料,几乎没有一种塑料材料可以满足需要了。此时,建议选用云母等其他绝缘材料。

(5) 高导电材料 塑料材料素以绝缘性能好而著称,但近年来开发出不少导电性塑料品种,具体有聚乙炔、聚苯胺、聚吡咯、聚噻吩等,这些导电树脂的导电性能接近于导电金属。但在目前的开发阶段,塑料导体仍存在诸多不足。例如,导电性能不高,强度低,原料价格十分昂贵,成型加工困难。为此,在最近一段时期内,除非使用环境特殊需要(如质轻、形状复杂、耐腐蚀等),建议不用塑料材料做高导电材料,而选用导电金属材料。

(6) 高磁性材料 传统的磁性材料一直为铁氧体和稀土两类。近年来开发的磁性塑料材料一直为树脂与磁粉的复合材料,其磁性不高,只能用于对磁性要求不高的场合。最近,对磁性塑料材料的开发已取得一些进展,有报道已合成的磁性树脂如下。

① 聚双 2,6-吡啶基辛二腈,磁性可与磁铁相匹敌,颜色为黑色;
② 金属钒与四氰乙烯的聚合物,可在 77℃ 以下保持较好的磁性;
③ 聚碳烯、聚席夫碱的铁螯合物。

但真正用做高磁性材料的还没有,只是处于研究开发阶段。因此,建议目前不要选用塑料材料用做高磁性材料,而低磁性材料可选用复合磁性塑料材料。

3. 塑料适用场合

在下列所介绍的各种情况下,建议选用塑料材料。

(1) 要求制品轻质 塑料材料的相对密度在 0.83～2.2 范围内,在众多材料中只比木材的相对密度稍高一点(木材的相对密度在 0.28～0.98 范围内),而且泡沫塑料材料的相对密度会更低,其相对密度在 0.1～0.4 范围内,高发泡塑料制品的相对密度甚至比 0.1 还要低许多。

为此,在制品特别强调轻重,而木材又不能满足需要时,一般选用塑料或泡沫塑料。

(2) 要求制品比强度高 比强度为材料的强度与材料的相对密度比值。在各种材料中,塑料材料具有最高的比强度,比特种合金铝还要高。在一些既要求减重又要求高强度的中、低载荷使用环境中,塑料材料是最合适的材料品种,如各种交通工具中的结构部件,都可用相应的塑料代替。在汽车工业中,塑料结构件的使用量已达到 6% 以上,而且正逐步增长;

在飞机、轮船及航天工具上,使用塑料材料减重的意义更巨大。

(3) 制品的形状复杂　在各种材料中,塑料具有易加工的特点,它适于成型形状复杂的制品。

对于形状复杂的制品,宜采用易加工的塑料材料,用注塑方法成型。例如一个汽车用油箱,用金属材料制造,由 5 个部件组成,需要 23 道工序,加工费占 50%;用塑料材料制造,有三个部件组成,只需 3 道工序,加工费仅为 20%~30%。

(4) 中低载荷作用下的结构制品　由于塑料材料在强度上不及高强度金属材料和特种陶瓷材料,且其强度值随温度、湿度的升高而迅速下降。所以,它不适于连续高温且有载荷作用场合使用,只适用于中低温度下、中低载荷作用的结构制品。例如,上述使用条件下的齿轮、轴承等。

(5) 要求制品的耐腐蚀性好　塑料具有很高的耐腐蚀性,其耐腐性仅次于玻璃及陶瓷材料。不同品种塑料的耐腐蚀性不同,在塑料中聚四氟乙烯的耐腐蚀性最好,可耐各中强酸、强碱及强氧化剂;其他塑料大都不耐强酸、强碱及强氧化剂。

一些化工管道、容器及需要润滑的结构部件都宜应用耐腐蚀塑料材料制造。

(6) 要求综合性能好的制品　在所有材料中,塑料材料的综合性能最高。以 PC 及 PSF 为例,在其大分子中,同时具有刚、韧、硬的性能,即同时具有拉伸、弯曲、压缩、剪切、冲击、耐磨,又具有耐腐蚀、电绝缘性优异等优点。因此,在一些要求综合性能好的制品,如力学性能、热性能、电性能、环境性都要求时,应选用塑料材料。

(7) 要求具有自润滑性的制品　很多塑料品种都具有优异的自润滑性,如 PA、POM、UHMWPE、PI 及 F4 等。在很多场合,摩擦接触的结构制品禁止使用润滑剂,以防止污染,如食品、纺织、日用及医药机械等。用自润滑性塑料材料制造运动型结构制品,不经润滑即可正常运动,而且可避免污染。如我们日常生活用的拉链,常选用 PA、POM 等自润滑材料制造。

(8) 要求制品具有防震、隔热、隔音性能　塑料尤其是泡沫塑料同时具有优异的防震、隔热、隔音性能,只有木材具有相近的性能,而其他材料都无可比拟。

在防震应用上,软质 PU、PE、PS 泡沫塑料最为常用。其中软质 PU 泡沫塑料常用于体育器材,而 PE、PS 常用于防震包装。

在隔热应用中,常用硬质 PU、PS、PF 和脲醛等泡沫塑料。

在隔音应用中,PS 泡沫塑料最常用。

(二) 塑料制品的使用性能

塑料制品的使用性能即塑料制品在实际使用中需要的性能。我们在选用塑料材料时,首先要考虑的是塑料制品需要什么样的使用性能,也就是说塑料制品的使用性能是我们选用材料的首要考虑因素。我们所选塑料材料本身具有的性能必需满足制品的使用性能要求,这样用这种材料制造的制品才可达到产品的设计目的。

对于一个特定的塑料制品而言,往往需要很多性能。在具体选用时,首先须将众多性能分为主要性能、相关性能和次要性能。这样在选用时可分清主次,抓住主要矛盾,将选用过程简单化。

塑料制品的主要性能、相关性能和次要性能的重要性不同,其排列依次如下:

主要性能——它是决定制品使用性能的关键性能,是材料必须具备的性能;

相关性能——它是为制品主要性能服务的辅助性能,是材料最好有的性能;

次要性能——它是与制品使用性能关系不大的性能,是材料可有可无的性能。

例如，用于高压绝缘的塑料制品，在其要求的使用性能中，各种性能的作用如下：

主要性能——包括材料的耐电晕性能及介电性能；

相关性能——包括材料的体积电阻率、介电常数、介电损耗、耐候性能、耐热性能等；

次要性能——包括材料的力学性能、阻燃性能、加工性能、成本高低、表面性能等。

塑料制品的使用性能是由其使用条件和使用环境两种因素决定的，在不同的使用条件和使用环境中，塑料制品要求的使用性能不同。如同为一种齿轮制品，在重载荷作用下，要求其机械强度、耐磨性十分高；在食品及纺织机械中，为防污染不能用润滑剂，要求其具有自润滑性；在高温环境中，要求其耐热性要好；在电力设备中，要求其电绝缘性要好；在化工设备中，要求其耐腐蚀性要好；在核动力设备中，要求其耐辐射性要好；在矿井中，要求其具有抗静电性，以防产生电火花引起瓦斯爆炸。

1. 塑料制品的使用条件

塑料制品的使用条件主要包括塑料制品的受力情况、电能状况、透过性要求、透明性要求、尺寸精度要求、外观及可装饰性、材料可改性性能等。

(1) 塑料制品的受力情况　塑料制品的受力情况是指制品在使用过程中受载荷作用的状况，受力情况包括受力类型、受力性质、受力状态和受力大小四种。

① 受力类型　制品所受力的类型不同，制品要求的性能也不同，相应地对所选材料的性能要求也不同。常见的受力类型及对材料的性能要求如下：

拉伸力——如绳索、拉杆等制品，要求材料的拉伸强度要高；

压缩力——如垫片、密封圈等制品，要求材料的压缩强度要高；

冲击力——如汽车保险杠、仪表盘等制品，要求材料的冲击强度要高；

弯曲力——如体育器材的单、双杠等制品，要求材料的弯曲强度要高；

扭曲力——如传动轴等制品，要求材料的扭曲强度要高；

剪切力——如螺栓等制品，要求材料的剪切强度要高；

摩擦力——如轴承、导轨、活塞等制品，要求材料的抗磨损性要高。

压力——如饮料瓶、上水管、煤气管等，要求材料的耐爆破强度要高。

② 受力性质　受力性质是指制品所受作用力的可变化性。如果所受的作用力为不变化的则称为恒定力，如果所受的作用力为变化的则称为非恒定力。非恒定力又可分为渐增（减）变化和周期性变化两种，对于渐增（减）变化的应力称为渐增（减）应力，而对于周期性变化的应力则称为间歇力。

对于受恒定力或渐增（减）力作用的制品如螺母、垫片、密封环等，要求所用材料的耐蠕变性能要好；即在长期载荷作用下，制品的尺寸变化应尽可能小。常用的材料有：PPO、ABS、PSF、PC、POM 及相应的玻璃纤维增强工程塑料。

对于受间歇力作用的制品如齿轮、凸轮、活塞环等，要求所用材料的耐冲击性和耐疲劳性要好，以保证长期使用。常用的材料有：PC、PA、PPO、POM、PET 及 PBT 等。

③ 受力状态　受力状态是指制品受力作用时与施予力物体之间的接触状况。接触状况可分为两种：一种为静止接触，如垫片、螺母等制品；另一种为摩擦接触，如密封圈、轴承、齿轮等。其中，摩擦接触又包括滚动摩擦接触和滑动摩擦接触两种。

对于摩擦接触的受力制品，不仅要求所选材料的力学性能要好，而且要求所选材料具有高耐磨损性、低摩擦系数及自润滑性。常用的耐磨塑料材料有：PA、POM、PI、POB、PBT、PEEK 及 UHMWPE 等，常用的低摩擦塑料材料有：F4、UHMWPE、POB、PA、PBT，常用的自润滑性的塑料材料有：PA、POM、F4、PI 及 UHMWPE 等。

④ 受力大小　受力大小是指制品所受载荷的高低，一般习惯上将受力大小分为大、中、小三种。由于塑料材料的强度不及金属材料高，并且塑料材料的强度随温度升高而迅速下降。因此，塑料材料不适用于高温、高载荷作用的受力制品，而只适用于常温下中、低载荷作用的受力制品。对于受力较大的塑料制品，一般都需要对材料进行纤维增强改性处理，以提高其强度。

(2) 塑料制品的电性能　塑料制品的电能情况是指制品使用场合所受电能的状况，如交流或直流、电压的高低、频率的大小等。制品在不同的电能作用下，对材料的电学性能要求不同。

① 塑料制品在高压下使用　要求材料具有优秀的耐电晕性，并且介电强度、体积电阻率要高，介电常数、介电损耗要小。适合的材料只有 PE、XLPE 及 PI 等。

② 塑料制品在常温中、低压下使用　大多数非强极性和高吸水性塑料材料都可以选用，如 PVC、PP、PS、ABS、PF、AF、EP、UP、POM、PC 及 PMMA 等。

③ 塑料制品在高温中、低压下使用　只有少数耐热塑料材料可满足需要，如 F4、PI、PPS、PPO 及 PSF 等。

④ 塑料制品用于绝缘开关　电绝缘开关要求材料的耐电弧性好，几种耐电弧性好的塑料材料如下：

F3＞F4＞SI＞共聚 POM＞HDPE＞AF＞PF＞EP＞PSF＞聚苯酯＞PAR＞PBT＞PI＞PC。

⑤ 塑料制品用于电容器介质　要求塑料材料的介电常数要大，介电损耗要小并且不随频率升高而增大。常用的材料有：PET、PP、PS、F4、PC 及 PI 等。

⑥ 塑料制品在高频下使用　在高频下，应该选用电性能不随频率升高而下降的塑料材料，以保证高频下的电性能。适用的品种有：PE、PP、PS、F4、F46、P I、SI 及 PPO 等。

(3) 塑料制品的尺寸精度要求　塑料制品的尺寸精度不如金属等材料高。因此，对于高精度（如 1、2 级精度）要求的制品不宜选用塑料材料。

塑料制品的精度受原料的收缩率、吸水率、蠕变、线膨胀系数及耐溶剂性等因素制约。

① 原料收缩的影响　一种材料的收缩率越大，其相应制品的尺寸精度就越低。塑料原料的收缩率一般比其他材料大，因而只能生产一般精度的制品。不同塑料品种的收缩率相差很大，其中，结晶型塑料的收缩率为 1% 左右，而非结晶型塑料的收缩率为 0.5% 左右。所以，结晶型塑料制品的尺寸精度不如非结晶型塑料的尺寸精度高；在生产较高精度的制品时，尽可能选用收缩率低的非结晶型塑料原料。

有的塑料原料收缩率不稳定，如 POM 塑料的收缩率制品成型后几周还要变化，准确收缩率难以精确计算，很难生产高精度的制品。所以，在生产较高精度的制品时，不选用收缩率值不稳定的塑料材料。

塑料材料进行增强或无机填充改性后，其收缩率会大大降低，一般可下降 1～4 倍。如纯 PP 的收缩率为 1%～2.5%，而 30%GF-PP 的收缩率则下降为 0.4%～0.8%，下降了 3 倍多。再如，纯 PA1010 的收缩率为 1.3%～2.3%，而 30%GF-PA1010 的收缩率为 0.3%～0.6%，下降了 4 倍多。因此，在生产较高精度的制品时，尽可能选用经过改性处理的塑料原料。

塑料的收缩率还与加工条件、制品设计及模具设计等因素有关。如快速冷却和高压注射可降低收缩率。这些因素在生产较高精度的制品时，应引起注意。

② 原料蠕变的影响　蠕变是制品在受力状态下所产生的形变。如果在高载荷作用下，

蠕变会引起大的尺寸变化,从而严重影响制品的尺寸精度。如一个拧紧的螺母,会在几个月后变松。

如要生产在长期载荷作用下的较高精度制品,一定要选用耐蠕变性好的塑料材料,如PPO、ABS、PSF及PC等。

另外,纯塑料材料经增强或填充改性后,其耐蠕变性能会大大提高,可用于生产在长期载荷作用下的较高精度制品。如纯PET的蠕变值为10%,加入23%的玻璃纤维后,其蠕变值下降为2%。

③ 原料线膨胀的影响　原料的线膨胀又称为热膨胀,它是指制品在温度升高时的尺寸变大的现象。与其他材料相比,塑料材料的线膨胀系数大,比金属可大几倍,比玻璃、陶瓷及木材都要大。因此,塑料制品在温度变化时,易引起的较大的尺寸变化,不适用于生产高温下使用的高精度制品。

纯塑料原料进行增强或填充改性处理后,其线膨胀系数可下降2~3倍。如纯PA6的线膨胀系数为$8.3×10^{-5}K^{-1}$,而30%GF-PA6的线膨胀系数为$(1.2~3.2)×10^{-5}K^{-1}$。

④ 原料吸水的影响　塑料材料在吸水后引起体积膨胀,导致尺寸增大,严重影响塑料制品的尺寸精度。为此,在潮湿环境中应用的塑料制品,如尺寸精度要求高时,不宜选用高吸水性塑料,具体如PA、PES及PVA等。

⑤ 原料溶胀的影响　除氟塑料外,大部分塑料原料在相应的溶剂中都会产生溶胀现象,引起制品体积的增大。因此,对于与化学介质接触的塑料制品,要选用介质不能引起其溶胀的塑料材料制造,以保证制品在使用中的尺寸精度。如在脂肪烃、芳香烃及卤代烃介质中,不宜选用聚乙烯材料,它们长时间接触发生溶胀现象。

(4) 塑料制品的渗透性要求　塑料制品的渗透性是指气体、液体的在其中的透过大小,对于渗透性大的材料称为透过材料,而对于透过性小的材料则称为阻隔材料。在不同的应用场合下,对制品的渗透性大小要求不同。

① 透过性制品　透过性制品包括微孔材料及选择性透过材料,它们主要用于液体或气体的过滤和分离。具体制品有:富氧膜、离子交换膜、渗透膜、反渗透膜、扩散渗透膜、微孔过滤膜等。

② 阻隔性制品　阻隔性制品常用于碳酸性饮料、食品保鲜包装等包装材料,如汽水瓶、啤酒瓶、真空袋等。可选用的材料有:EVOH、PVDC、PAN、MXD6、PEN、PET、PA以及PE/EVOH/PE、PE/PA/PE等复合材料。

(5) 塑料制品的透明性要求　有些场合需要制品具有透明性能,如农用大棚膜及地膜,各种透镜、灯罩及窗,透明包装材料如饮料、服装及工艺品的包装,光传播材料如光纤,光记录材料如光盘等。

不同塑料材料的透明性大不相同,具体排列如下:

高透明性材料　PMMA、PC、PS、PET、J.D、CR-39、HEMA、AS、TPX、聚降冰片等;

中等透明性材料　PVC、PP、PE、EP等;

不透明性材料　ABS、POM等。

(6) 塑料制品的外观要求　不同塑料材料制成制品的外观不同,如用ABS、PP、MF、PS等原料制成的制品表面光泽性好,用PS、ABS为原料制成的制品色泽鲜艳,而用PF制成的制品只能为深颜色。

经过填充或增强改性制品的外观性能往往下降。因此,要求外观性能高时,尽可能不要填充。

现在已开发出塑料用光亮剂，加入塑料中可明显提高其表面光泽。

制品的颜色也很重要。不同的国家不同的民族所钟情的吉祥颜色也不同，如阿拉伯国家都以绿色为吉祥色。不同的产品对颜色的要求也不同，如在绝缘电缆中，不同的颜色代表不同的极相。为此，制品的颜色往往根据用户的需要来制定。

另外，如制品达不到外观性能要求，还可进行抛光、电镀等二次表面处理，以提高其表面光泽。

2. 塑料制品的使用环境

塑料制品的使用环境包括环境温度、环境湿度、接触介质及环境光、氧、辐射等。塑料制品在不同的使用环境中，对其要求的性能不同。如在高温下要求材料耐热温度高；在潮湿环境中，要求其耐水性要好。

(1) 环境温度　环境温度即塑料制品使用场合的温度。由于塑料材料的耐热性不及金属等其他材料，所以，环境温度越高，可用塑料的品种越少。在具体选材时，要注意环境温度不能超过材料的热变形温度、使用温度和脆化温度三种中的任何一个。热变形温度主要改变塑料制品的尺寸，而使用温度和脆化温度则改变塑料制品的性能。

① 热变形温度　环境温度如超过材料的热变形温度，制品会发生严重变形，从而丧失其使用功能。所以在具体选用时，所选材料的热变形温度一定要高于使用环境温度。

② 使用温度和脆化温度　随使用环境温度的升高，塑料的大部分性能变坏，具体如拉伸强度、压缩强度、弯曲强度、刚性、硬度、耐蠕变、耐磨性、耐溶剂性、体积电阻、介电强度、介电损耗等；也有少部分性能变好，如断裂伸长率、冲击强度、介电常数等。当然，随使用环境温度的下降，塑料的上述性能变化与温度升高正好相反。当温度升高（下降）到某一特定值（热变形温度以下）时，虽然制品没发生变形，但材料的性能随之下降到某一临界值；低于临界值时材料的性能则满足不了制品的需要，习惯上将升高到临界值时对应的温度称为塑料制品的使用温度，而将温度下降到临界值时对应的温度称为塑料制品的脆化温度。

在具体选材时，不仅从制品的外形尺寸变化上考虑热变形温度，还要考虑使制品丧失使用性能的使用温度和脆化温度。几种温度中哪一种造成塑料制品的破坏，就选哪一温度为最高使用环境温度。例如，选用的 A 树脂生产拉杆，其热变形温度为 100℃，但当温度达到 80℃时，其拉伸强度下降至最低要求；温度再升高，虽制品没产生大的变形，但拉伸强度已满足不了实际需要；造成制品破坏的为使用温度，选用时应以使用温度为主；因此，此制品的最高使用环境温度为 80℃。再如，同样为 A 树脂，用于电绝缘制品，当温度升高到 120℃时，其电绝缘性能仍可满足实际需要，但此时制品已严重变形；造成制品破坏的为热变形温度，选用时应以热变形温度为主；因此，此制品的最高使用环境温度为 100℃。又如，在严寒的冬季或在南北极地区，由于温度十分低，往往造成塑料的冲击强度满足不了需要，制品变得十分脆，丧失了使用价值；此时，造成破坏的为脆化温度，选用时应以脆化温度为主。

下面举几个温度对塑料性能影响的例子。

a. 力学性能　几乎所有热塑性塑料的机械强度（冲击强度例外）都随温度升高而明显下降，只有热固性塑料和热塑性塑料中的 PPO、PSF 及 PC 等变化较小。

b. 电性能　随温度升高，塑料的电绝缘性能变差。如体积电阻率和介电强度下降，介电常数和介电损耗升高。只有 PP、F4、F46 的电性能不随温度升高而变化，可用于高温绝缘。

例如，温度从 23℃升高到 80℃，PA1010 的体积电阻率从 $10^{14}\Omega\cdot cm$ 下降到 $10^{11}\Omega\cdot cm$，LDPE 的介电损耗角正切从 3×10^4 上升到 4.2×10^4。

c. 耐腐蚀性能　在高温下，塑料材料的耐腐蚀性能大大下降。许多在常温下对塑料不起作用的溶剂，在高温下会使塑料制品溶胀或溶解。例如，常温下 PP 可耐所有溶剂，但温度在 80℃ 以上，PP 制品可为非极性脂肪烃、芳烃等溶胀或溶解。

(2) 环境湿度　环境湿度对低吸水性的塑料制品的使用性能影响小，如 PO、EP、POM、PVC、PPO 及 PSF 等制品；对 SI 及 F4 制品而言，它不受湿度影响。但对于高吸水性塑料如 PA、PVA 等制品则影响很大，尤其对力学性能和电绝缘性能的影响更大。

① 机械强度　除冲击强度外，塑料材料的强度都随环境湿度的升高而下降。例如，PA66 的吸水率从 2% 升高到 6% 时，其拉伸强度则从 60MPa 下降到 40MPa；再如，PA1010 的吸水率从 0.4% 上升到 1.2% 时，其弯曲强度则从 60MPa 下降到 40MPa。

② 电性能　随湿度升高，材料的电绝缘性变差，体积电阻率和介电强度下降，介电常数和介电损耗升高。例如，PA1010 的湿度从 0.3% 升高到 0.4% 时，其介电常数从 3.6 增大到 4。

(3) 接触介质　塑料制品可接触的介质有：水、试剂、生物、人类及物体等。塑料制品与接触介质之间会产生相互作用，从而造成塑料制品或接触介质的破坏。

① 介质对塑料制品的影响　有些介质会造成塑料制品丧失其使用性能，具体如下。

对于腐蚀性介质如浓硫酸、高锰酸钾等，它们会对塑料制品产生强烈的降解等破坏作用；对于一些强极性溶剂，它们会对塑料制品产生应力开裂、溶胀及溶解等破坏作用。

对于高潮湿环境或在水中，强吸水性塑料会发生水降解反应。

对于微生物介质如细菌、真菌、霉菌及藻类，它们会对塑料制品产生生物降解破坏作用，使高分子聚合物变成小分子化合物。

② 塑料制品对介质的影响　有些塑料制品与人体接触时，会造成人体的伤害。为防止意外伤害的发生，应采取如下具体措施。

对于与人体接触的物品如日用品、玩具等，要求无毒或低毒。

对于人类食用的食品、药品用包装材料、医疗器械等以及化妆品包装材料，要求绝对无毒；不仅树脂绝对无毒，添加剂也要无毒；而且，加工环境也要清洁、卫生，以防加工中污染。

对于长期与人体接触或植入人体内用作人体器官的医用塑料制品，除要求绝对无毒外，更要求塑料制品与人体的生理相容性要好、抗血栓性好、无致癌嫌疑等。

对于瓶体、管道等压力容器，要求其耐爆破压力要高，以防爆炸引起人体的伤害。

对于日用品、装饰材料、建筑材料等塑料制品，要求其阻燃性和防止火灾蔓延性要好；以防燃烧的火焰、熔滴及释放的毒气使人类烧伤、烫伤或中毒；为此，应选择难燃或自熄性、发烟量少、燃气无毒或毒气性小的材料。

对于电器用绝缘材料，其介电性能、耐热性、阻燃性一定要超过规定指标以上适当幅度，以增加其安全系数，以防电压、电流过高引起局部发热或击穿。发热会导致火灾事故，击穿会导致人体触电。

(4) 环境的光、氧及辐射　塑料制品周围存在的光、氧及辐射线等会引起塑料的降解反应，导致塑料制品性能下降，从而大大缩短其使用寿命。

① 光、氧的作用　光、氧的存在会引起塑料制品的降解。对于 PE、PP、PS、ABS、PA、POM、PU 及 PMMA 等易产生光、氧老化的塑料材料，尤其是其制品长期在户外使用，如地膜、棚膜、太阳能装置及汽车保险杠等，要求必须加入抗氧剂及光稳定剂或选用抗光、氧作用的塑料材料。

② 辐射的作用　辐射也会导致塑料制品的降解，而且绝大多数塑料材料的耐辐射性都不好，只有氟树脂、聚酰亚胺、聚苯硫醚、聚醚醚酮、液晶聚合物、超高分子量聚乙烯、聚

砜、聚偏氟乙烯、聚苯酯等少数几种塑料品种的耐辐射性能较好。所以，在有辐射源存在的使用场合，如核电站使用的塑料配件，必须选用前面提到的耐辐射性塑料材料。如核电站用高温电缆，常选用聚酰亚胺或聚苯硫醚制造。

（三）塑料的加工性能

塑料的加工性能是指其树脂转变成制品的难易程度。不同树脂品种的加工性能大不相同，有的树脂很容易加工，而有的树脂则很难加工。在具体选用树脂时，一定要考虑所选树脂的加工性能如何。一般要考虑的内容有：树脂的可加工性、加工成本、加工废料三方面问题。

1. 塑料的可加工性

不同树脂品种的可加工性能不同。在选材时，如几种树脂其他性能相近，此时必须考虑其可加工性，应尽可能选用那些易加工的树脂品种。有时不得不选用难加工树脂，要详细考虑其加工特性，以制定正确的加工方法。

一般可将难加工树脂分为如下三类。

（1）**易热分解类树脂** 易热分解类树脂是指熔融温度与分解温度接近或熔融温度超过分解温度的一类树脂。具体有 PVC、PVDC、CPE、PVF 及纤维素等，其中 PVC 为最典型的代表品种；PVC 的熔融温度为 170℃，而其热分解温度为 140℃；因此 PVC 树脂在熔融之前就已经分解，难以用熔融的方法加工。

在易分解类树脂的加工中，必须加入增塑剂以降低熔融温度或加入热稳定剂以提高热分解温度，从而使其分解温度在熔融温度以上，差距越大越好。常用的增塑剂有：苯二甲酸酯类、脂肪族二元酸类、磷酸酯类、环氧化合物类等，常用的热稳定剂有：铅盐类、金属皂类、有机锡类、有机锑类及稀土类等。

另外，POM、TPU、PA 等在加工中易发生热氧化降解，常加入抗热氧稳定剂如抗氧剂等。

（2）**热固性树脂** 热固性树脂包括 PF、AF、EP 及 UP 等，其纯树脂的性能不好，而且熔融黏度特别低，几乎成为流体，因此难以用熔融方法加工，属难加工类树脂。

在热固性树脂的加工中，要加入可使大分子交联（又称为固化）的助剂即固化剂（又称为交联剂），以及固化促进剂等。常用的固化剂有：胺类、酸酐类、咪唑类等，以及硫黄类和过氧化物类（CPE 用）。

热固性树脂常用压制方法加工成型。近年来开发出可注塑的 PF 及 AF 料，其注塑工艺比较难控制，且需用专用注塑机。因此，除非塑料制品形状特别复杂和精度要求较高，否则尽可能不用注塑方法加工。

（3）**高熔融黏度类树脂** 高熔融黏度类树脂包括 F4、UHMWPE、PPO 及聚苯酯等。这类树脂的共同特点为：在达到熔融温度时，树脂处于熔融状态，但由于其熔融黏度十分高，虽熔融但不流动，具有类似金属的非黏性流动特性。

高熔融黏度类树脂一般采用烧结或冷挤压的方法加工成坯料，再用机械手段加工成具体尺寸的制品。因此，高熔融黏度类树脂难以加工出复杂形状的制品。

如果塑料制品的性能要求不高，可对高熔融黏度类树脂进行共混改性，即在其中混加易加工树脂。例如，在 PPO 中混入 PS 等，可使 PPO 用常规方法加工，但原有性能会下降。

2. 塑料的加工成本

塑料的加工成本包括加工设备成本和加工能耗两个方面。其中加工能耗又包括加工前的干燥处理、加工中的加工温度高低、加工时间长短、制品的后处理等。

在具体选材时，对塑料的加工成本主要考虑如下几方面因素。

(1) 加工设备成本方面

① 要选用设备投资小的塑料加工设备　塑料有很多加工方法，主要有：压延成型、注塑、挤出、中空吹塑、压制成型、真空吸塑成型等。不同塑料加工方法的设备投资大小不同，而且相差往往很大。下面将不同塑料加工方法的设备投资由大到小排列（以中型设备为例）：

压延成型（1000k）＞注塑（500k）＞挤出（300k）＞中空吹塑（250k）＞压制成型（40k）＞真空吸塑成型（20k）。

注：k 为单位成本，大约为 1000 元左右。

在具体选材时，尽可能选用加工设备投资少的成型方法。例如，生产一次性饮水杯，既可注塑也可吸塑成型；从设备投资上考虑，要采用吸塑成型方法加工。又如，同是 HDPE 面包用周转箱，可用注塑和压制两种方法加工，但压制方法投资小，建议尽可能选用压制方法加工。

② 要选用本公司现有的塑料加工设备　利用现有设备，可大大节省设备投资。例如，要生产 PVC 农用大棚膜，可用压延和挤出吹塑两种方法加工；而本公司现有压延设备，则应选用压延法生产 PVC 膜。虽然挤出吹塑法的投资远少于压延法，但毕竟要增加新的投资。

(2) 加工能耗方面　尽可能选用加工能耗低的加工方法，具体应注意如下几方面。

① 尽可能选用不需干燥可直接加工的塑料原料　如 PE、PP、PVC 及 F4 等塑料原料都不需干燥；而大部分工程塑料和透明性塑料如 ABS、POM、PA、PC、PMMA、PS、PET、AS 及 MPPO 等都需要干燥，这势必要增加能耗。常见几种塑料材料的干燥条件如表 6-6 所示。

表 6-6　常见几种塑料材料的干燥条件

塑料材料	干燥温度/℃	干燥时间/h	塑料材料	干燥温度/℃	干燥时间/h
PS	70～80	1.5～2	POM	110	2～3
ABS	80～85	2～4	PET	真空干燥 130～135	3～4
PMMA	首先 100～110	4	MPPO	100～110	2
	然后 70～80	2	PES	160	3
PA	80～100	10～36	PSF	120	5
PC	普通烘箱 110～120	25～48		或 160	2～3
	真空干燥 110	10～25			
	沸腾床干燥 120～130	1～2			

② 尽可能选用不需加工后处理的塑料原料　有些刚性分子链聚合物如 POM、PS、PC 及 MPPO 等，制品中容易残留内应力，在使用中易产生应力开裂现象。为此，对这些材料要进行加工后处理，以消除残留内应力，这也会引起能耗的增大。常见塑料制品的后处理条件如表 6-7 所示。

表 6-7　几种塑料制品的后处理条件

塑料制品	后处理温度/℃	后处理时间/h	塑料制品	后处理温度/℃	后处理时间/h
POM	130	4～8	ABS	70～80	2～4
PC	100～120	8～24	PS	65～85	1～3
PA	高于使用温度 10～20	0.5～1	PSF	150	5

③ 尽可能选用加工温度低的塑料原料　塑料的加工温度越低，加工中的能量消耗则越低。在塑料材料中，PC、MPPO 等通用工程塑料或特种工程塑料的加工温度高，加工能耗也高，尽可能少选。

④ 尽可能选用对加工设备磨损和腐蚀小的塑料原料　以延长设备的使用寿命，降低设备的年折旧成本。

(3) 加工精度方面　不同的塑料加工方法，制成制品的精度不同。注塑的制品精度最高，而真空吸塑成型的制品精度最低，不同成型方法的成型精度由大到小的顺序如下：

注塑＞挤出＞注吹成型＞挤吹成型＞压制成型＞压延成型＞真空吸塑成型

在具体选用材料时，要视制品的尺寸精度要求来确定加工方法。

(4) 加工形状方面　不同加工方法加工的制品形状不同。从制品形状复杂程度上看，注塑可制成形状复杂的制品。从制品尺寸大小上看，压延成型、真空吸塑成型、压制成型、缠绕成型可制成大面积的制品；如大型化工贮罐及游船等，都可用缠绕成型制成。

3. 塑料加工的废料

不同的加工方法，产生的废料比例大小不同；不同的塑料材料，废料的可利用率不同。我们在具体选用时，应尽可能选用产生废料少的加工方法和废料可重复利用的塑料原料，以最大限度地增加原料利用率。在这方面，具体应注意如下几方面问题。

① 对于透明性塑料制品，其加工废料不能重复使用。因重复使用会影响制品的透明性。

② 对于卫生性要求很高的塑料制品，其加工废料不能重复使用。因重复使用会影响制品的卫生性。

③ 对于易分解性树脂，其加工废料不能重复使用。因废料已产生分解，重复使用会影响制品的性能。

④ 对于其他品种的塑料材料，其加工废料可多次重复使用，如POM塑料，加工废料可加入30%，并可循环使用10次左右；再如，MPPO塑料，废料可加入20%，可循环使用5次以上。

⑤ 对于不同的加工方法，废料的产生率不同，具体大小顺序如下：

真空吸塑成型＞挤出吹塑成型＞注塑＞压延成型＞压制成型＞挤出。

其中，以真空吸塑成型一次性口杯为例，其废料率高达30%。

(四) 塑料制品的成本

在具体选用塑料材料时，要首选成本低的原料，以制成物美价廉的塑料制品，提高其在市场上的竞争力。

塑料制品的成本的构成主要包括原料的价格、加工费用、使用寿命、使用维护费等。其中，塑料的加工费用在前一节已介绍，本节只介绍其他三方面因素。

1. 塑料原料的价格

塑料原料的价格指在原料市场上所购得树脂并运输到厂所花费的成本。不同塑料原料的价格相差很大，有的为几倍，最高的甚至上百倍。而且，价格的不稳定因素很多，不同原料在不同时期内的价格变化也很大。

塑料原料的价格对塑料制品的成本影响最大。对于注塑制品，一般原料的价格可占产品总成本的60%～70%；对于挤出制品，一般原料的价格可占产品总成本的70%～80%。

在具体选用塑料原料时，如果几种原料的性能接近，则应首先选用价格低的原料。即使价格低的原料在少数非主要性能上可能满足不了制品的要求，但因价格低也应尽可能选用；至于少数性能的缺陷，可通过适当的改性处理来弥补。

下面简单介绍一下各种塑料原料的大致价格区域。

① 低价位塑料　大部分通用热塑性塑料材料和通用热固性塑料材料都属于低价位原料，它们主要包括：PE、PP、PS、PVC、PF、ABS、AF、EP、UP及PET等。这些原料的价格大致在0.5k～1.0k(k代表价格单位，1k大约为1000元左右，具体随市场变化)的范围

内，其价格大小顺序如下：

PP＜HDPE＜PS＜PVC＜LDPE＜LLDPE＜PET＜PF＜EP＜AF＜UP。

② 中价位塑料 通用工程塑料如 POM、PA、PC、MPPO、PBT、PMMA、EVA、ABS 及 PU 等都属于中价位塑料。它们的价格大致在 1.2k～4.0k 范围内，其价格大致排列顺序为：

ABS＜EVA＜POM＜PMMA＜PBT＜PA6＜PA66＜PC＜PA610＜MPPO＜PA1010。

其大致价格范围如下：

ABS(1.2～1.5)k/EVA(1.2～1.5)k/POM(1.3～1.8)k/PMMA(1.5～1.8)k/PBT(1.9～2.6)k/PA6 (1.9～2.7)k/PA66(2.3～2.8)k/PC(2.5～2.8)k/PA610 3.5～3.8k/MPPO(3.8～4)k/PA1010(5～5.4)k。

③ 高价位塑料 高价位塑料原料大都为一些具有特殊功能的材料，因而除非特殊需要，在一般情况下尽可能不选用；而应尽可能选用一般工程塑料的改性品种，成本增加不高，但性能可以满足。

高价原料主要包括：F4、F3、F4.6、PPS、PI、PSF、PES、PEK、PEEK、LCP 及聚苯酯等。它们的价格大都超过 4k，其中 F4 的价格范围为 (10～13)k，PI 的价格约为 40k。

2. 塑料制品的使用寿命

在考虑产品的价格时，往往只考虑产品成本的整体价格，而不考虑产品的单次使用价格。单次使用价格指产品在使用寿命内，每使用次数的产品价格，它与产品的使用寿命长短有关，使用受命越长，其单次使用价格越低。例如，LDPE 农用大棚膜，普通 LDPE 大棚膜的价格为 10k，使用周期为农作物一茬，其单次使用价格为 10k；而长寿 LDPE 大棚膜的价格为 15k，其使用周期为二茬，其单次使用价格为 7.5k。由此可见，长寿 LDPE 大棚膜的单次使用价格低比普通 LDPE 大棚膜的单次使用价格低 25%。

在选材时，应尽可能选单次使用价格低的塑料材料。具体选用方法为：首先尽可能选用长寿的塑料原料，其次选择添加防光、氧、热及生物降解剂的抗老化改性塑料材料。

3. 塑料制品的维护费用

塑料制品的维护费用指产品在使用过程中为保证正常运行而必须产生的费用。例如，用作齿轮和轴承的塑料制品，往往需要加入润滑剂润滑以保证正常运行，并且延长其使用寿命。

在具体选材时，要尽可能选择那些不用进行维护的原料。例如，可用于生产齿轮的原料很多，如 PA、POM、PC、PBT、布基 PF 及 MPPO 等。但从维护费用一项考虑，PA、POM 具有一定的自润滑性，在齿轮运行过程中可少加润滑剂或不加润滑剂。因此，齿轮用塑料材料选 PA、POM 最合适。

（五）塑料原料的来源

塑料原料的来源指原料在市场上是否容易购得。我们在具体选用塑料材料时，应尽可能选择那些来源广泛、可随时随地买得到的塑料品种。否则，原料的性能再好，市场上买不到，也只能是'巧妇难为无米之炊'罢了。

在具体选材时，如从塑料原料的来源上考虑，应注意如下几点。

① 尽可能利用工厂现有的库存原料 这样可降低原材料的占有成本，盘活固定资本，提高企业资金流动率。

②尽可能选择通用的塑料材料　通用塑料材料的生产厂家多，可很方便购得。

③尽可能选用已进入生产成熟期的塑料原料　因为，处于开发初期的任何产品，在性能上往往存在这样或那样的不足；同时，由于开发初期的开发费用投入多，生产规模小，导致生产成本偏高。

④尽可能选用市场上不紧俏的原料　紧俏的原料，往往不易购得，且价格偏高。

⑤尽可能选用产地近的原料　产地近的原料，一方面可节省运输费用，缩短运输时间；另一方面，由于运输时间短，可以每次少进，以降低资金占用率。

⑥尽可能选用国产原料　这不仅是一个扶植民族工业的爱国问题，更重要的是成本问题。与国产原料相比，国外原料一是增加了进口关税和跨洋过海的运费，二是发达国家的劳动力成本高。因此，进口原料的价格往往偏高，虽然其在性能上比国产原料要好一些，但其性能/价格比还是偏高。

⑦最后才考虑选用进口原料。

第二节　塑料性能与选材关系的分析

一、简介

塑料之所以能获得如此广泛应用，已成为国民经济建设中支柱材料之一，究其原因是塑料不仅具有日用消费所需要的特性，易于成型加工，成本低廉，可制成各式各样五彩缤纷色彩斑斓的商品，满足人们的日常生活需要，正以不可阻挡的发展趋势大批量取代传统金属、陶瓷玻璃和木质材料等，另外，塑料还具有优越的工程特性，其比强度、比模量比金属和陶瓷等材料高得多，有良好的耐腐蚀、耐磨蚀、不锈蚀、绝缘保温、隔声隔热等性能，尽管其钢性与强度不如金属材料，但可通过增强、增韧、填充和其他改性手段，提高其使用温度和刚性，使其满足工程结构的需要，塑料的可配制性、可调制性是其获得强度、刚性和功能特性的重要性能。经过长期的改性研究和应用实践，塑料，特别是工程塑料已成为工程结构材料中不可缺少的材料，目前正在逐步获得工程结构部件、受力部件、关键构件等应用的机会，可以说，工程塑料已成为国民经济建设和国防建设中重要的结构材料之一。

二、塑料的性能

1. 简介

聚合物材料在不同应用场合下，会经受各种外力和环境的综合作用。因此首先要详细了解使用条件及其对材料性能的要求，然后根据性能要求选材并进行设计。但是根据材料性能数据选材时，制品设计者应该注意，塑料和金属之间有明显的差别，对金属而言，其性能数据基本上可用于材料的筛选和制品设计，然而，黏弹性的塑料却不一样，各种测试标准和文献记载的聚合物性能数据是在许多特定条件下的，通常是短时期作用力或者指定温度或低应变速率下的，这些条件可能与实际工作状态差别较大，尤其不适于预测塑料的使用强度和对升温的耐力，因此，所有的塑料选材都要把全部功能要求转换成与实际使用性能有关的工程性能，并根据要求的性能进行选材。

通常根据性能选材的方法有：对塑料性能分项考虑、比较候选材；同时考虑多项性能综合评价的选材。

2. 密度

塑料基材的相对密度一般都在 0.91（聚丙烯）～2.2（聚四氟乙烯）的范围内。但若制成泡沫塑料，相对密度就会减少到 0.04 或更低；填充无机材料或金属等材料能使相对密度达到 3 左右。塑料比金属的相对密度小（铝 2.7，钢 7.8），这是塑料的优点之一。用它们来制造水上运输船舶和漂浮物、飞机和宇宙飞行器、导弹等就是利用这一优异特性以及其他性能。图 6-11 和图 6-12 列出了各种工业材料和各种塑料的相对密度比较。

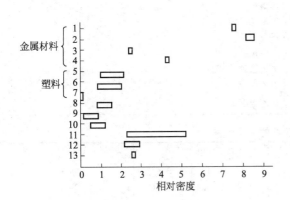

图 6-11　各种工业材料的相对密度比较

1—钢铁；2—黄铜；3—铝；4—钛；
5—热固性树脂；6—热塑性树脂；
7—泡沫塑料；8—橡胶；9—木材；
10—竹子；11—陶瓷；12—玻璃；
13—水晶

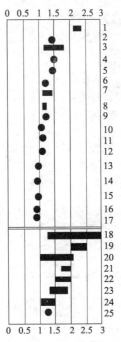

图 6-12　各种塑料的相对密度比较

1—氟塑料；2—聚酰亚胺；3—聚氯乙烯；4—聚甲醛；
5—氯化聚醚；6—聚砜；7—乙酸纤维素；8—甲基
丙烯酸酯树脂；9—聚碳酸酯；10—尼龙；11—聚
苯乙烯；12—聚苯醚；13—聚乙烯；14—乙烯-乙
酸乙烯共聚物；15—离子聚合物；16—聚丙烯；
17—聚异质同晶体；18—酚醛及其增强塑料；
19—醇酸树脂；20—环氧及其增强塑料；
21—有机硅树脂；22—氨基树脂；
23—DAP 树脂；24—不饱和
聚酯；25—聚氨酯

3. 色泽与透明度

塑料有可能在很广的范围内着色，而且有的塑料表面有光泽，不需机械加工就能得到成型制品，这对简化工艺、降低成本是很有利的。此外，由于有些非结晶型的树脂是透明的，所以适于在光学上和装饰上应用。若使用填料掺混，则会失去透明性。对于层压塑料，可用表面有光泽的树脂制作塑料装饰板；还可在塑料表面组合金属箔和其他塑料膜或通过表面电镀、喷镀、蒸镀、表面陶瓷化和表面涂饰、改质等技术来获得各种用途的表面、改善表面性能。表 6-8～表 6-10 分别列出了各种材料的折射率、透明塑料的光学性能以及各种塑料的光弹性常数。

表 6-8 各种材料的折射率

材 料 名	折射率	材 料 名	折射率
聚氯乙烯(硬质成型品)	1.52~1.55	不饱和聚酯浇注品 硬质	1.52~1.57
聚乙酸乙烯酯(成型品)	1.45~1.47	不饱和聚酯浇注品 软质	1.53~1.55
聚乙烯醇(成型品)	1.49~1.53	环氧树脂浇注品	1.61
聚偏氯乙烯(成型品)	1.60~1.63	丙烯酸酯类树脂浇注品	1.50~1.57
聚乙烯 高密度	1.54	玻璃 铀玻璃	1.51
聚乙烯 低密度	1.51	玻璃 硼硅酸玻璃	1.48
聚丙烯	1.49	玻璃 铝玻璃	1.55
聚苯乙烯 一般用成型品	1.59~1.60	水晶	1.544
聚苯乙烯 耐热用成型品	1.57~1.60	方解石	1.658
苯乙烯共聚物 AS	1.57	刚玉	1.768
苯乙烯共聚物 MMS	1.533	尖晶石	1.723
甲基丙烯酸酯树脂 成型品	1.49	合成刚玉	1.768
甲基丙烯酸酯树脂 浇注品	1.48~1.50	合成尖晶石	1.727
聚酰胺、尼龙 66 成型品	1.53	合成金红石	2.616
聚碳酸酯	1.586	金刚石	2.417
聚甲醛	1.48	玻璃纤维	1.548
聚四氟乙烯树脂	1.35	维尼龙纤维	1.562
聚三氟氯乙烯树脂	1.43	尼龙纤维	1.53~1.57
全氟乙烯丙烯树脂	1.338	天然橡胶(NR)	1.52
酚醛树脂 浇注品	1.58~1.66	丁腈橡胶(NBR)	1.52
酚醛树脂 成型品(无基材)	1.5~1.7	丁苯橡胶(SBR)	1.535
尿素树脂成型品	1.54~156	苯乙烯	23.5%

表 6-9 透明塑料的光学性能

物 质	相对密度	折射率	透光率/%
聚甲基丙烯酸甲酯	1.19	1.49	94
醋酸纤维素	1.30	1.49	87
乙酸纤维素	1.38	1.50	88
聚乙烯醇缩丁醛	1.15	1.48	71
聚苯乙烯	1.06	1.60	90
聚碳酸酯	1.2	1.586	93
烯丙基二甘醇碳酸酯树脂(CR-39)	1.32	1.504	92
氯乙烯	1.20	1.52~1.55	
聚偏氟乙烯		1.60~1.63	
水玻璃	2.50	1.52	91

注：用作光学塑料的透光率一般要求 80% 以上。

表 6-10 各种塑料的光弹性常数

材 料	弹性模量 E/MPa	弹性常数 $C/(10^{-7}mm^2/N)$	光弹性感度 α/(mm/N)
赛璐珞	2400	13	0.024
聚酯树脂	2800	14	0.025
DAP 树脂	300	41	0.075
环氧树脂	200	54	0.099
酚醛树脂	3500	50	0.092
聚碳酸酯	3000	55	0.10
丙烯酸酯树脂	3200	4.8	0.0046

4. 硬度

塑料的硬度比一般金属差得多，而且目前还没有一种能通用于金属和塑料的硬度测定计，所以不能作定量比较。图 6-13 是一些材料的硬度的近似比较。尽管塑料表面比金属软，但对于许多方面的应用，塑料的耐磨损性还是令人满意的，例如热固性的三聚氰胺甲醛树脂和酚醛树脂层压板可用作桌面，前者的棉纤维增强塑料可用作轴承滚珠等。为了进一步提高塑料的表面硬度和耐磨性，以适应某些应用如光学材料和制品的需要，可以通过表面处理和改性技术，如有机与无机的表面涂层或表面镀层，表面陶瓷化等，其表面性能将会大大改善。

5. 力学性能

因为塑料与金属的特性不同，设计受力的塑料零部件时，必须考虑塑料的特点，认真进行结构设计和合理选材。一般塑料的特点是：

① 塑料受热膨胀，线膨胀系数比金属大很多；

② 一般塑料的刚度比金属低一个数量级；

③ 塑料的力学性能在长时间受热下会明显下降；

④ 一般塑料在常温下和低于其屈服强度的应力下长期受力，会出现永久形变；

⑤ 塑料对缺口损坏很敏感；

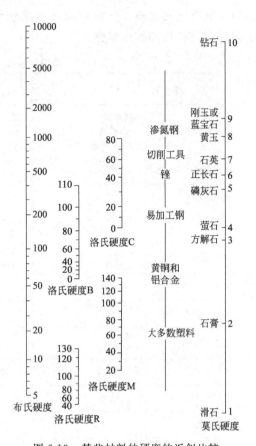

图 6-13 某些材料的硬度的近似比较

⑥ 塑料的力学性能通常比金属低得多，但有的增强塑料的比强度和比模量高于金属，如果制品设计合理，会更能发挥其优越性；

⑦ 一般增强塑料的力学性能是各向异性的；

⑧ 有些塑料会吸湿，并引起尺寸和性能变化；

⑨ 有些塑料是可燃的；

⑩ 塑料的疲劳数据目前还很少，需根据使用要求加以考虑。

根据塑料的特性，不能简单地直接代用金属材料，必须按所选塑料的性能和特点，重新设计。

下面分项介绍塑料这些特点和有关力学性能，以便设计时筛选合适的材料。

（1）塑料强度　一般工程塑料的拉伸强度和压缩强度比金属低，尤其是比工具钢和高强度钢低得多，但也有一些金属如铝、锌、铜、镁的力学性能则与工程塑料差别很小，如果制品设计恰当，充分发挥塑料的优点并适当加强受力部位，塑料也能用于制造受力结构件。表 6-11 列出一些塑料的拉伸强度、压缩强度和弯曲强度。图 6-14 系各种材料的拉伸强度比较。塑料基材的拉伸强度一般在 10～100MPa 范围内，玻璃纤维增强材料性能皆有提高，见表 6-12～表 6-14，并且其提高效率与增强纤维的形态有关，见表 6-15。当与玻璃纤维、芳纶或碳纤维以及几种混杂纤维复合时，拉伸强度可以大幅度提高（表 6-16），增强塑料在高应变速率（动态）破坏时，其强度也有提高（表 6-17）。此外，使增强的纤维定向或使聚合物定向结晶，能使沿定向方向的强度大幅度提高，通常用粒状或小球状填料制成的增强塑料，其压缩强度有所提高，而拉伸强度和伸长率下降，为此，出现了混合增强材料,例如在加入小球状填料(玻璃微球)的同时,添加短玻璃纤维以求同时提高其拉伸和压缩强度。

表 6-11 塑料的拉伸强度、压缩强度和弯曲强度

	塑料名称		拉伸强度/MPa	伸长率/%	弯曲弹性模量/GPa	压缩强度/MPa	弯曲强度/MPa
热塑性树脂	苯乙烯类树脂	通用级	45~63	1.0~2.5	2.8~3.5	80~110	69~98
		AS 树脂	66~84	1.5~3.5	2.8~3.9	98~119	98~133
		ABS 树脂	16~63	10~140	0.7~2.8	17~77	25~94
	乙酸纤维素①	成型品	13~59	6~70	0.45~2.8	15~25	14~112
	硝化纤维素①		49~56	40~45	1.3~1.5	15~24	63~77
	尼龙①	6	71~84	25~320	1.0~2.6	46~85	56~112
		66	49~84	25~200	1.8~2.8	50~91	56~96
	聚乙烯①	高密度	21~38	15~100	0.4~1	22	7
		低密度	7~14	90~650	0.11~0.24	—	—
	聚丙烯①		33~42	200~700	1.1~1.4	42~56	42~56
	聚乙烯醇缩丁醛		3.5~21	150~450	—	—	随增塑剂变化
	氯乙烯树脂	硬质	35~63	2~40	2.4~4.2	56~91	70~112
		含增塑剂	7~24	200~400	—	7~12	—
	聚偏氯乙烯		49	100~300	1.2~8.4	70	—
	聚甲醛①		61~70	15~40	2.4~2.8	126	84~98
	聚碳酸酯		56~66	60~100	22	77	77~91
	聚四氟乙烯①		14~31	200~400	0.4	119	—
	聚苯醚	成型品	70~77	25~100	2.5~2.7	—	98~110
热固性树脂	酚醛树脂	无填充	49~56	1.0~1.5	5.2~7	21~70	84~105
		填充木粉	45~70	0.4~0.8	5.6~12	154~252	59~84
		填充石棉	38~52	0.18~0.50	7~12	140~240	56~98
		填充玻璃纤维	35~70	0.2	23.1	120~182	70~420
	三聚氰胺甲醛树脂	无填充	—	—	—	—	—
		填充α纤维素	49~91	0.6~10	8.4~9.8	175~301	70~112
	脲醛树脂	填充α纤维素	42~91	0.5~10	7~10	175~310	70~112
	不饱和聚酯	无填充	42~91	<5	2.1~4.2	91~250	59~161
		填充玻璃纤维	175~210	0.5~5.0	5.6~14	105~210	70~280
		填充合成纤维	31~42	—	—	140~210	70~84
	DAP 树脂	填充玻璃纤维	35~63	—	10.5~15	175~203	66~203
	呋喃树脂	填充石棉	21~31		11.6	70~91	42~63
	环氧树脂	无填料(铸型)	28~91	3~6	2.4	105~175	93~147
		填充玻璃纤维	98~210	4	2.1	210~260	140~210
	聚酰亚胺	膜状	176.6	70	35	—	—
	丙烯酸酯树脂	成型品	49~77	2~10	3.1	84~126	91~119
		苯乙烯共聚物	63	4~5	3.1~3.5	77~105	112~133
	软钢	结构用,含 0.1%~0.2%C	380	30	200	380	

① 表示结晶型聚合物。

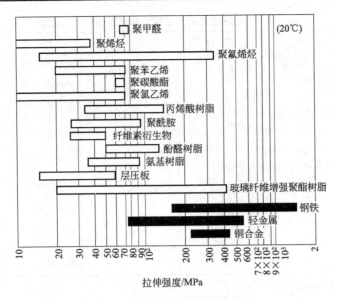

图 6-14 各种材料的拉伸强度比较

表 6-12 以 30%玻璃纤维增强下列树脂后性能的变化（基本树脂性能为 1 计算）

树 脂	物理性能			力学性能			热性能	
	相对密度	吸水率(24h)/%	成型收缩率	拉伸强度	弯曲强度	弯曲弹性模量	热变形温度(1.86MPa)	线膨胀系数
ABS	1.24	0.33	0.20	2.71	1.85	4.00	1.19	0.21
苯乙烯-丙烯腈树脂	1.18	0.40	0.25	1.74	1.49	3.55	1.14	0.48
聚苯乙烯	1.20	1.16	0.16	1.80	1.80	2.82	1.15	0.27
聚碳酸酯	1.19	0.46	0.33	2.17	2.07	3.53	1.13	0.19
聚砜	1.16	0.90	0.43	1.76	1.60	3.16	0.06	0.26
聚甲醛	1.15	1.42	0.25	1.47	1.35	3.49	0.41	0.28
聚丙烯	1.25	1.50	0.28	1.95	1.63	4.44	2.10	0.23
聚乙烯(高密度)	1.21	1.00	0.11	2.50	11.5	6.00	2.16	0.22
尼龙 6	1.20	0.61	0.27	1.94	2.26	3.00	2.51	0.37
尼龙 6/6	1.20	0.60	0.26	2.20	2.53	3.17	3.26	0.40
尼龙 6/10	1.20	0.50	0.26	2.46	2.66	3.92	3.11	0.30
热塑性聚酯	1.17	3.00	0.22	1.87	1.79	3.00	2.46	0.20
改性聚苯醚	1.19	0.92	0.33	2.18	1.60	3.33	1.17	0.26

表 6-13 用玻璃纤维或石棉增强塑料与未增强基材的物理性能比较（数字为倍数）

项 目		尼龙(20%玻璃纤维)	聚苯乙烯(20%玻璃纤维)	ABS(20%玻璃纤维)	聚碳酸酯(20%玻璃纤维)	SAN(20%玻璃纤维)	PPE(20%玻璃纤维)	聚甲醛(20%玻璃纤维)	HDPE(20%玻璃纤维)	PP(石棉)	改性PPO(20%玻璃纤维)
拉伸强度		2.5	2.0	2.0	1.6	1.6	2.0	1.2	3.3	1.1	1.9
冲击强度	缺口										
	常温	4.0	8.0	一般常温冲击比低温差	一般常温冲击比低温差	6.0	2.0~2.5 高①	1.2~1.8 高①	4.0 高①	2.0 高①	0.8
	低温	7.0	16.0								
弯曲强度		2.0	1.5	1.8	1.5	1.5	1.5	1.1	高	0.7	1.4
热变形温度		2.2	1.2	1.1	1.1	1.1	1.8	1.6	2.0	1.0~1.3	1.3
线膨胀系数		0.16	0.55	0.50	0.23	0.47	0.50	0.4	0.2	0.5	0.4

① 未增强的材料低温冲击强度低，增强后性能大大改进。

表 6-14 几种增强塑料的玻璃纤维含量对性能的影响

特性	变化	特性	变化	特性	变化
拉伸强度	↗ PA	热变形温度	↗ PA / ↗ POM	成型流动性	↘
伸长率	↗ POM ↘	比热容	→ PC	耐候性	→
弯曲强度	↘	热导率	↘	耐化学性	→
弯曲弹性模量	↗	线膨胀系数	↘	耐开裂性	↗ PC / → PA,POM
冲击强度	↗ PA / → PC / ↘ POM	耐老化性	—	体积电阻率	→
疲劳特性	↗	吸水率	↘	介电强度	↘
蠕变特性	↘	成型收缩率	↘	耐电弧性	↘
磨耗特性	↘	导向性	↗	介电常数	↗
密度	↗	外观	↘	燃烧性	↘

注：PA 为尼龙；PC 为聚碳酸酯；POM 为聚甲醛。

表 6-15 各种玻璃纤维增强塑料复合效率和纤维效率

1. 复合效率

复合材料的形态	纤维形态	纤维形态	全纤维面积 (A_r/A_c)	基体断面积 (A_m/A_c)	理论强度 /MPa	实际强度 /MPa	复合效率 η_e [①]
长丝缠绕		连续	0.77	0.23	2179	1265	58
交叉层压板		连续	0.48	0.52	1385	510	37
交叉层压板		连续	0.48	0.52	1385	302	22
织物层压板		连续	0.48	0.52	1385	402	29
短切纤维		不连续	0.13	0.87	427	105	25
玻璃薄片复合板		不连续	0.70	0.30	1163	141	12

2. 纤维效率

复合材料的形态	纤维取向	纤维形态	纤维的断面积	P_f/P_c	复合材料的破坏强度 /MPa	有效纤维应力 /MPa	纤维效率 η_f [②]
长丝缠绕		连续	0.77	1.00	1265	1645	59
交叉层压板		连续	0.24	0.90	506	1912	68
交叉层压板		连续	0.24	0.90	302	1132	41
织物层压板		连续	0.20	0.88	402	1772	63
短切纤维		不连续	0.43	0.38	105	928	33
玻璃薄片复合板		不连续	0.70	1.00	141	199	7

① $\eta_e = \dfrac{(\sigma_c)_{\exp}}{(\sigma_c)_{th}}$，$(\sigma_c)_{\exp}$ 为复合材料的强度（实验值）；$(\sigma_c)_{th}$ 为复合材料的强度（理论值）。

② $\eta_f = \dfrac{\dfrac{\sigma_c}{A_f} \times \dfrac{P_f}{P_c}}{\sigma_f} \times 100$，$\sigma_f$ 为纤维强度　P_f 为纤维的载荷分布值

σ 为复合材料的强度　P_c 为复合材料的载荷分布值

A_f 为纤维断面积

表 6-16　玻璃纤维、玻璃纤维/碳纤维混杂增强复合材料的性能比较

性　　能	全玻璃纤维(布)	玻璃纤维/碳纤维 3:1	玻璃纤维/碳纤维 1:1	玻璃纤维/碳纤维 1:3
密度/(g/cm³)	1.95	1.88	1.82	1.69
拉伸强度/MPa	616	65	686	805
拉伸弹性模量/MPa	37100	63000	86800	14100
弯曲强度/MPa	645	1085	1225	1295
弯曲弹性模量/MPa	35700	63700	79100	11200
层厚剪切强度/MPa	66.5	75.6	77	84

注：基体为聚酯树脂，纤维体积分数为65%。

表 6-17　不同复合材料的动态和静态拉伸强度比较

复合材料种类 (纤维体积分数)	静态(S)或动态(D)	应变速率/s⁻¹	拉伸强度/MPa	相应拉伸强度的应变 ε_p/%	断裂时的总应变 ε_t/%	断裂时单位体积吸收的能量 E_{ab}
玻璃/聚酯 (缎纹织布 42.3%)	S	1.04×10⁻³	33.1 (1.71)	4.16 (1.63)	(2.19)	0.784 (4.58)
	D	1.81×10³	56.6	6.8	9.1	3.59
玻璃/聚酯 (缎纹织布 39.6%)	S	1.05×10⁻³	28.1 (1.67)	4.37 (1.81)	(2.31)	0.721 (4.73)
	D	1.79×10³	46.8	7.9	10.1	3.41
玻璃/环氧树脂 (缎纹织布 39.4%)	S	1.17×10⁻³	32.5 (1.65)	4.77 (1.45)	(1.64)	0.904 (2.78)
	D	2.12×10³	53.5	6.9	7.8	2.51
玻璃/环氧树脂 (平纹织布 43.3)	S	0.95×10⁻³	34.4 (1.71)	3.56 (2.11)	(2.42)	0.720 (3.74)
	D	1.90×10³	58.8	7.5	8.6	2.69
碳/环氧树脂 (平纹碳纤维布 53.0)	S	0.99×10⁻³	56.5 (1.19)	3.30 (0.67)	(0.99)	0.995 (1.13)
	D	1.86×10³	67.1	2.22	3.26	1.12
玻璃/尼龙 66 (短切纤维 30.3%)	S	0.99×10⁻³	13.9 (0.71)	4.05 (0.42)	0.341 (0.53)	(0.39)
	D	0.67×10³	9.9	1.70	2.14	0.132
碳/尼龙 66 (短切纤维 30.0%)	S	1.00×10⁻³	9.3 (1.22)	2.86 (0.59)	(0.70)	0.163 (0.80)
	D	0.70×10³	11.3	1.68	2.00	1.130

注：括号内的数据为动静态的比值。

(2) 塑料刚度　在工程术语中，常以拉伸弹性模量来表示材料的刚度。然而聚合物材料不能严格地遵循胡克定律，聚合物的应力-应变图中没有完全的弹性应变区，通常以低应变区的应力-应变曲线斜率来作为弹性模量，普通塑料的弹性模量在橡胶与金属之间，即 $3\times10^3 \sim 1\times10^5$ MPa 左右。图 6-15 列出了各种聚合物的弹性模量范围，图中数据表明，刚度最高的聚芳酰胺纤维模量为 117GPa，酚醛的弹性模量约为 35GPa，而金属模量较低的铝，其弹性模量为 69GPa，钢的模量约为 207GPa。因此就意味着，若采用一般的塑料，要使塑料零件的刚性达到钢零件的水平，就必须使零件的厚度加大，或采用加强肋等措施。从直观看来，好像用模量低的塑料制造结构件不如金属，但是，用高强高模量纤维增强的复合材料，强度和模量则显著地提高，如高模量石墨/环氧复合材料的弹性模量为 385GPa，比锰钢和铝合金还高（锰钢为 196GPa，铝合金只有 70GPa）。如果以比模量看，则发现某些增强塑料的比模量等于甚至超过铝和钢（图 6-16）近几年来，发展了一类液晶聚合物，这类聚合物在熔融状态或剪切力的作用下能形成高度取向的晶型聚合链。这些聚合物是由紧密排列的纤维

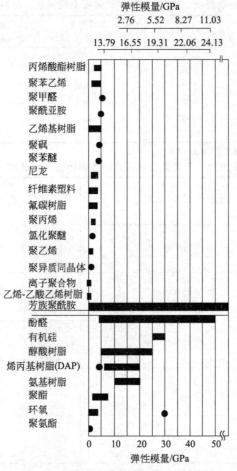

图 6-15 各种聚合物的弹性模量范围

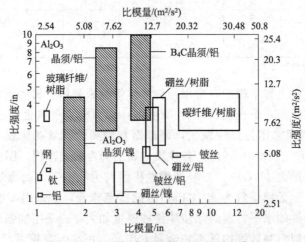

图 6-16 各种复合材料的比强度和比模量

型棒状分子链构成的,这种结构使其具有"自增强"特性,从而具有极高的强度,耐热、耐候、耐燃、电性能等综合性能也优于其他工程塑料。表 6-18 比较了液晶聚合物 Xydar、Vectra、与均聚甲醛、尼龙 6、PC、PEEK(聚醚醚酮)、PPS 等工程塑料性能。另外,把结晶型聚合物通过不同方法使其定向结晶，从而大大提高了强度和模量，如聚乙烯的理论拉伸模量可达 240GPa，比现有的聚芳酰胺还高。但目前实际上还未达到这个理论数值。

表 6-18 可熔体加工的液晶聚合物与一般工程塑料的性能比较

性 能	Xydar	Vectra	均聚甲醛		尼龙 6		PC		PEEK		PPS	
				20%①		30%~35%①		30%①		30%①		40%①
拉伸强度/MPa	112	189	68.0	59.0（破坏）	—	12~68	66.0	133	70.0	165.0	66.0	140.0
			（破坏）									
拉伸弹性模量/GPa	8.4~9.8	21.0	3.6	7.0	2.6	9.8	2.4	8.1	—	8.9	3.4	7.7
弯曲强度/MPa	133.5	—	91.4~98.4	105.4	110.0	230	95.0	160	—	241.8	98.4	213.7
弯曲弹性模量/GPa	11.2~13.3	—	2.67~3.02	5.13	2.71	9.1	2.39	7.7	3.93	8.8	3.86	12.6
悬臂梁冲击强度/(J/m)(缺口)	128~208	53.34	64~122.7	42.7	35~53.34	122.67~160.0	85.34	106.7	85.34	144.2	26.7	74.7~80.1
伸长率/%	4.8~4.9	—	7.5~13	7	30~100	—	110	5	50~150	3	1~2	1~4
热变形温度(1.86MPa)/℃	336~355	260	124~127	157	68~85	210~216	132	146	160	313	250	251~263
介电强度/(kV/mm)	—	31.2	20	19.6	—	16	15.2	—	—	—	15.2	15~18
相对密度	1.35	—	1.42	1.56	1.35~1.42	1.35~1.42	1.2	1.4	1.30	1.51	1.3	1.6

① 玻璃纤维质量分数。

（3）塑料的冲击强度 聚合物受到高速应力作用时，相当于受到冲击力作用，冲击破坏所消耗的功，理论上应等于高速拉伸试验中应力-应变曲线下所围的面积。因此，高的冲击强度与高的拉伸强度和大的断裂伸长率相关。所以可通过改善这两个因素来提高材料的冲击强度。

一般塑料的冲击强度比金属低，但聚碳酸酯、聚甲醛、尼龙、纤维素塑料、ABS、PET、PBT 等工程塑料在常温或较低温下富有韧性。热固性塑料一般是脆性的，但经增韧改性或用纤维或织物增强可大幅度地提高性能。图 6-17 列出了各种塑料的冲击强度。塑料对缺口冲击强度很敏感，一般工程塑料的缺口冲击强度低于 $50kJ/m^2$，并显示脆性。如果没有缺口，则许多塑料具有优良的冲击强度。因此，设计时要考虑锐角、螺纹和其他应力集中的缺口影响，并应尽量避免尖棱尖角，防止刮划、缺口损伤或穿孔等。

聚合物的冲击性能可以通过改变分子结构和形态，如共聚和共混改性或加入增塑剂来改进。但是大多数相对分子质量小的增塑剂会慢慢挥发使塑料变脆，有时增塑剂的散逸还会引起制品的尺寸变化。因此，设计承受冲击载荷的零件最好使用少加或不加增塑剂的耐冲击材料。

（4）塑料的蠕变 聚合物长时间受外力作用会发生应力松弛现象。分子滑移取向重排便产生永久形变，形变随时间的延长而逐渐增加，这种现象对未增强的塑料更为明显。如果结构零件随着使用时间而变形，必然会影响其使用性能。因此选材时应引起注意，影响蠕变的因素有聚合物的结构、环境温度及作用力大小等，分子链柔韧性对蠕变影响很大，玻璃化转变温度可作为大致衡量的根据。采用纤维增强复合时才可能使蠕变变形减少，图 6-18 列出一些工程塑料的蠕变曲线，从图中可以看出，主链含芳环的刚性分子链和交联的高聚物耐蠕变性较好。但必须注意，温度升高时会明显地促进蠕变变形和蠕变破坏。因此每种塑料都有一个使用温度范围。热变形温度只是表征材料短时间受温度影响的指标，对于受长期载荷和温度影响的应用场合，使用蠕变数据更为合适。

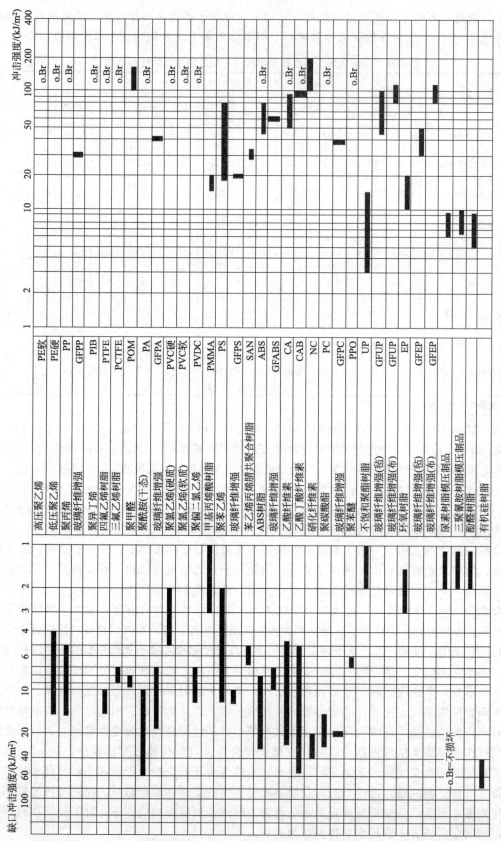

图 6-17 各种塑料的冲击强度

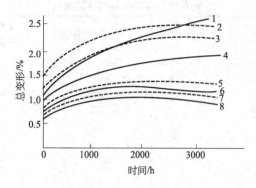

图 6-18　几种工程塑料的蠕变性能比较（23℃）
1—ABS；2—尼龙；3—聚甲醛；4—ABS（耐热级）；5—改性聚苯醚；
6—聚碳酸酯；7—聚苯醚；8—聚砜

（5）塑料的疲劳强度　当部件在交变应力作用下使用时，必须认真研究材料的疲劳特性。采用金属材料作受周期交变应力的零件时，通常用疲劳强度作为设计应力，对塑料零件也应使用相同的办法。但是目前已知的塑料疲劳数据不多，图 6-19 列出一些塑料的疲劳特性，表 6-19 列出一些塑料的疲劳强度。设计金属零件时，如果该金属材料尚未测得疲劳数据时，通常可采用拉伸强度的 50% 来代用。但对于塑料却没有合适的相似数据可采用，因为许多聚合物材料的疲劳极限强度只是静态拉伸强度的 20%～30%。如果没有材料疲劳数据供设计采用，就要选择足够的安全系数，并考虑到滞后效应和环境效应，还要特别注意消除应力集中的缺口和棱角。

影响聚合物材料疲劳性能的因素除应力大小、频率高低等因素外，还有温度、材料的力学衰减和化学结构因素等。

温度对不同聚合物的疲劳寿命的影响程度不一样。如聚甲基丙烯酸甲酯的疲劳寿命，在温度由 -34.4℃ 变到 26.7℃ 时，将下降 58%；而布基酚醛塑料在同样条件下只下降 25%。

材料疲劳性能与其本身的力学衰减大小（内耗）有很大关系，由于衰减，可以使材料或制品温度比周围环境温度高得多，这时材料的疲劳寿命就缩短。

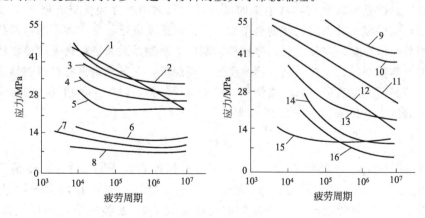

图 6-19　塑料的疲劳特性
1—脲醛；2—DAP；3—醇酸树脂；4—乙酸乙烯树脂；5—丙烯酸树脂；
6—聚丙烯；7—聚乙烯；8—聚四氟乙烯；9—酚醛；10—环氧；
11—PETP；12—尼龙（干）；13—聚苯醚；14—聚碳酸酯；
15—乙烯-三氟氯乙烯共聚物；16—聚砜

表 6-19　各种塑料的疲劳强度

塑料名称		10^7 的疲劳强度/MPa	疲劳强度/拉伸强度 α	疲劳强度/弯曲强度 β
热塑性塑料	聚氯乙烯树脂	17	0.29	0.15
	苯乙烯树脂	10.2	0.41	0.20
	纤维素衍生物树脂	11.3	0.24	0.19
	尼龙 6	12.0	0.22	0.24
	聚乙烯	11.2	0.50	0.40
	聚碳酸酯	10.0	0.15	0.09
	聚丙烯	11.2	0.34	0.23
	甲基丙烯酸树脂	28.3	0.35	0.22
	聚甲醛树脂	27.4	0.37	0.25
	ABS 树脂	12	0.30	—
热固性塑料	不饱和聚酯 缎纹玻璃布	90	0.22	—
	不饱和聚酯 平纹玻璃布	70	0.23	—
	不饱和聚酯 玻璃毡	30	0.47	—
	不饱和聚酯 无	16	0.4	—
	酚醛树脂 缎纹玻璃布	120	0.31	—
	酚醛树脂 粗布	25	0.33	—
	酚醛树脂 纸	25	0.29	—
	环氧树脂 缎纹玻璃布	150	0.37	—
	环氧树脂 无纺布	250	0.44	—
	环氧树脂 浇注件	16	0.27	—

疲劳寿命还与材料或制品本身存在的缺陷有关,因为疲劳破坏一般是由于裂纹逐渐扩展而形成的。由于裂纹扩展的快慢与材料的耐撕裂能力有很大关系,耐撕裂的材料中裂纹扩展较慢,疲劳寿命相应也长。用玻璃纤维或碳纤维增强的塑料,疲劳寿命能显著地提高,一般能使聚合物材料强度增加的因素也能使疲劳寿命增加。

(6) **塑料的摩擦性能**　塑料一般有自润滑性,其干燥状态下的动摩擦系数在 0.02~0.5 范围内,特别是结晶型聚合物,其中聚四氟乙烯的自润滑性尤为优异。但是,当温度升高时,一般塑料的摩擦系数和磨耗速度会增大。当滑动速度固定不变,而不断增加载荷时,可以发现,当载荷增加到一定程度时,摩擦件的温度、摩擦系数和磨耗速度就急剧增大,如果在这种情况下继续摩擦,摩擦件就会因温度过高而烧坏,尤其是高聚物材料耐热性较差,更容易因温度过高而发生变形,熔融或烧焦。对于一种材料,发生这种情况时的滑动速度 v 与摩擦表面上的压力 p 的乘积为一常数,即:

$$pv=C$$

所以选材时测定其 pv 极限很必要。图 6-20 列出几种自润滑性塑料的 pv 值及 $p-v$ 关系,从图中可以看出,铸型尼龙的 pv 值较大。添加填料可以提高聚合物材料的 pv 值。图 6-21 列出一些塑料的摩擦系数和磨耗的比较。表 6-20 系各种塑料的磨耗量比较。图 6-22 列出各种聚合物在不同滑动速度下的摩擦特性,从图中曲线可以看出,一般摩擦系数随滑动速度略有增加,但有的塑料当滑动速度高于某一数值后,摩擦系数会逐渐减小。有的塑料加入纤维填料如石棉纤维、碳纤维、芳纶及适量的其他填料或铜丝后可制得高摩擦系数的刹车片。

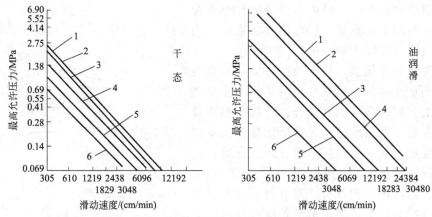

图 6-20　几种自润滑性塑料的 pv 值及 p-v 关系（23℃ 50％相对湿度）
1—铸型尼龙；2—加 MoS_2 的尼龙；3—尼龙 66；4—加陶瓷的
氟塑料；5—氯化聚醚；6—聚四氟乙烯

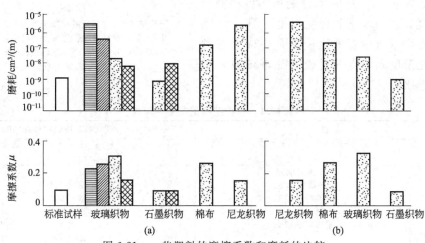

图 6-21　一些塑料的摩擦系数和磨耗的比较
（a）填料/聚合物；（b）酚醛树脂

表 6-20　各种塑料的磨耗量比较

塑　料　名	Taber 磨耗试验　载荷 9.8N CS-17 轮 磨损/(mg/10^3 周期)	塑　料　名	Taber 磨耗试验　载荷 9.8N CS-17 轮 磨损/(mg/10^3 周期)
增强 PP(K7000)	34	酚醛树脂	47
PP	19	聚四氟乙烯	14
PP(含石棉)	45	超高分子量 PE	3
PP(含滑石粉)	37	尼龙 6（含 30％质量分数玻璃纤维）	12(千)
ABS	22		
AS	21	聚碳酸酯（含 30％质量分数玻璃纤维）	38
聚碳酸酯	14		
聚甲醛	13	聚甲醛（含 20％质量分数玻璃纤维）	40
聚苯醚	17		
尼龙 6	5		

综上所述，虽然塑料不如大多数金属的强度高，但如果考虑到其他性能如相对密度小，加工成本低，易成型等特点，且具有某些特性，塑料仍可作为较好的备选材料。至于强度较低的问题可以通过设计计算截面厚度或通过局部加强来弥补。对于有特殊性能要求的应用场合如高比强、绝缘、绝热、耐瞬时高温、耐腐蚀、自润滑等，塑料就比金属更为优越。

（7）塑料的热性能　温度对高聚物材料性能影响很大，特别是对线型高聚物的性能影响尤为显著。热固性塑料有交联结构，一般在200℃以下其机械强度变化不很大，但高温会分解，不会熔化，所以不能再加工。热塑性塑料中，结晶型聚合物与非结晶型聚合物有些差异。塑料一般在玻璃化转变温度下是刚硬的，在玻璃化转变温度以上则容易变形。通常用热变形温度来表征塑料耐力学形变的界限温度，一般在37～200℃范围内，但塑料与玻璃纤维等增强材料复合时，可使材料的热变形温度有较大提高。由于塑料在高温下会热裂解产生各种气体，而且大多数分解气体对人体有害，所以从环境污染和对人体安全性上应当加以注意。表6-21～表6-24分别列出各种塑料的热变形温度、使用温度和脆化温度。图6-23系各种塑料的连续耐热温度的比较，图6-24系各种塑料的玻璃化温度和熔点的比较，图6-25系各种塑料的热导率比较。

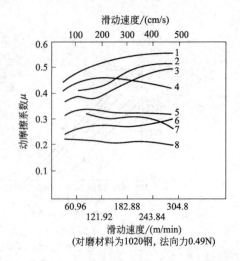

图 6-22　各种聚合物在不同滑动速度下的摩擦特性

1—聚酰亚胺；2—聚酰亚胺＋聚四氟乙烯；3—聚甲醛；4—聚酰胺-酰亚胺；5—聚四氟乙烯＋玻璃纤维；6—尼龙；7—聚四氟乙烯；8—聚四氟乙烯＋石棉

表 6-21　各种塑料的热变形温度

材料		热变形温度[ASTMD-648(1.86MPa)]/℃
酚醛树脂	木粉填充	125～170
	纸基层压板	120～150
脲醛树脂	α-纤维素填充	125～145
蜜胺树脂	α-纤维素填充	125～195
聚酯树脂	玻璃纤维填充	80～180
环氧树脂	注射成型	50～120
有机硅树脂	玻璃纤维填充	260
聚氯乙烯（硬质）		54～74
偏二氯乙烯树脂		54～66
聚苯乙烯	一般用	66～91
	耐冲击用	＜99
苯乙烯-丙烯腈共聚物		85～93
ABS树脂		74～107
甲基丙烯酸树脂		60～88
聚乙烯	高密度	43～52(60～82)
	中密度	32～41(49～66)
	低密度	(41～49)
聚丙烯		60～70(99～110)
聚四氟乙烯		56　　(121)
聚三氟乙烯		(126)
聚碳酸酯		133～157
聚甲醛		110　　(158)
乙酸纤维素		44～109
烯烃离子型聚合物		88
尼龙6		55～60(150)
尼龙6(玻璃纤维增强)		195(210)
尼龙66		60～65(180)
尼龙66(玻璃纤维增强)		243(252)
尼龙61		54
尼龙610(玻璃纤维增强)		222(225)
尼龙12		50(140)

注：（ ）内的数字为0.46MPa下的值。

表 6-22 各种塑料的使用温度

1. 长期耐热温度(90d 以上)

材　料	长期耐热温度(90d 以上)/℃	材　料	长期耐热温度(90d 以上)/℃
酚醛树脂　未填充	120～130	甲基丙烯酸树脂	120～130
酚醛树脂　石棉填充	160	GP 聚苯乙烯	100
不饱和聚酯树脂(浇注)	90	高压聚乙烯薄膜	80
烯丙基树脂(浇注)	90	成型聚乙烯咔唑	120
环氧树脂	95～100	聚四氟乙烯薄膜	>250
成型聚氨酯	110	聚三氟氯乙烯	>200
硬质聚氯乙烯	80～90	有机硅树脂(石棉填充)	>250
软质聚氯乙烯	60～70	乙酰化纤维素	80
氯乙烯-乙酸乙烯共聚物	80	硬质橡胶(未填充)	100

2. 耐用温度

材　料	填充材料	反复使用温度/℃	连续使用温度/℃
酚醛树脂	石棉	180	150
呋喃树脂	石棉	150	120
聚酯树脂	玻璃纤维	135	105
环氧树脂	玻璃纤维	150	120
ABS 树脂		80	−20～70
高密度聚乙烯		120	−20～105
聚氯乙烯Ⅰ		75	−40～65
聚氯乙烯Ⅱ		70	−20～60
聚偏二氯乙烯		80	−40～70
聚四氟乙烯		260	−268～230
聚三氟氯乙烯		230	−196～200
聚偏二氟乙烯			−184～150
氯化聚乙烯		150	120
聚丙烯		150	120

3. 连续耐热温度

材　料	热变形温度 (1.86MPa)/℃	连续耐热温度/℃ UL 746	电试验结果
纤维增强 PET	240	150	150
纤维增强 PBT	213	130	150
改性 PPO(未增强)	130	100	50～60
改性 PPO(增强)	157	110	
聚碳酸酯(未增强)	140	110	110
（增强）	145	125	120
纤维增强 PA6	195	110	120
纤维增强 PA66	240		120
酚醛树脂	130～170	150	150
BMC	180	130	170

温度对高聚物力学性能的影响。一般说来塑料的弹性模量、压缩强度、弯曲强度和硬度随温度上升而降低，在大多数情况下，冲击强度和伸长率随温度升高而有所提高。此外，温度升高还会加速化学的侵蚀和化学作用。促进老化，甚至发生高温分解。因此，如果所设计的塑料零件不是在常温下使用，就不能用常温下的力学性能数据来设计计算。

高聚物的受热形变一般都遵循热胀冷缩的规律。温度变化时，塑料制品会发生长度和体积的变化，通常以线膨胀系数来表征这一特征。当所设计的塑料零件需要与金属零件配合时，应考虑两者线膨胀系数的匹配，否则就会产生严重变形，一旦配合尺寸设计不当，动配合的轴与轴套就会因而卡住不动。普通金属的线膨胀系数范围在 $(9～23)\times 10^{-6} K^{-1}$，塑料的线膨胀系数范围在 $(9～290)\times 10^{-6} K^{-1}$（图 6-26），大多数无填料塑料的线膨胀系数为钢的 10 倍，填充无机填料或金属粉可以调节其线膨胀系数范围。

表 6-23 热固性树脂的最高使用温度

树脂名称	符号	种类	填充材料	最高使用温度/℃
三聚氰胺树脂	MF	层压板	玻璃纤维	75(100)①
		成型材料	纤维素	120
			无机填料	140
酚醛树脂	PF	层压板	棉布	115(85)②
			纸	120(70)③
			尼龙布	75
			无机填料	140
		成型材料	无机填料以外的填料	140(150)①
			无机填料	150(160)④
三聚氰胺/酚醛树脂		成型材料	相对密度<1.55	130
脲醛树脂	UF	成型材料	纤维素	90
不饱和聚酯树脂	UF	浇注料		120
		层压板	无机填料	140
		成型材料	无机物以外的填料	120
			无机粉末	140
			玻璃纤维	155
环氧树脂	EP	浇注料	—	120
		层压板	无机物以外的填料	110(90)③
			无机物	130(140)④
		成型材料		130
苯二甲酸二烯丙酯树脂	PDAP	层压板	无机物	140
		成型材料	无机物以外的填料	130
			无机物粉末	150
			玻璃纤维	155
二甲苯树脂		浇注用	—	140
聚酰胺酰亚胺树脂		薄膜		180
有机硅树脂	Si	层压板	无机填料	180(220)③
		成型材料		180(240)④
聚酰亚胺树脂		薄膜	—	210
		层压板		190
聚丁二烯		浇注用成型材料	无机填料	120
				130
聚苯醚		层压板	无机填料	180
聚氨酯		成型材料	软质	—
			硬质	—

① ( ) 值适用于热绝缘制品。
② ( ) 值适用于厚度<0.8mm 的制品。
③ ( ) 值适用于难燃制品、厚度<0.8mm 的制品。
④ ( ) 值适用于热绝缘和被覆线引出密封用制品。

表 6-24 各种塑料的脆化温度

聚合物		脆化温度/℃	聚合物	脆化温度/℃
聚乙烯	低密度	−85~−55	氟橡胶	−50
	中密度	<−70	尼龙 66	−85~−60
	高密度	<−140	尼龙 6	−85~−60
聚丙烯		−35~−10	聚氨酯橡胶	−85~−60
聚甲基丙烯酸甲酯		90	聚甲醛	−76~−120
聚氯乙烯(硬质)		81	聚碳酸酯	<100
聚乙烯醇缩丁醛		−40	天然橡胶	−58
聚偏二氯乙烯		−30~0	SBR(22%ST)	−58
聚四氟乙烯		<−180	NBR	−65~−35
聚三氟乙烯		>−30	硅橡胶	−90
EFP 氟碳树脂		−90	聚异丁烯	−50~−45

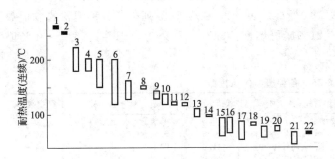
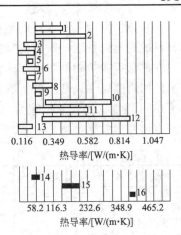

图 6-23 各种塑料的连续耐热温度的比较
1—聚四氟乙烯；2—硅橡胶；3—石棉填充酚醛树脂；4—三氟化乙烯树脂；5—木粉、棉浆填充的酚醛树脂；6—布、绳填充的酚醛树脂；7—云母填充的酚醛树脂；8—环氧树脂；9—聚酰胺；10—聚碳酸酯；11—聚甲醛；12—浇注型不饱和聚酯树脂；13—聚丙烯；14—α-纤维素填充的三聚氰胺树脂；15—高密度聚乙烯；16—聚偏二氯乙烯；17—浇注、模压的甲基丙烯酸树脂；18—低密度聚乙烯；19—软质聚氯乙烯；20—α-纤维素填充的脲醛树脂；21—硬质聚氯乙烯；22—浇注型酚醛树脂

图 6-25 各种塑料的热导率比较
1—聚甲醛；2—聚烯烃；3—聚氟化烯烃；4—聚苯乙烯；5—聚碳酸酯；6—聚氯乙烯；7—甲基丙烯酸树脂；8—聚酰胺；9—纤维素衍生物；10—酚醛塑料；11—氨基塑料；12—层压板；13—玻璃纤维增强聚酯；14—钢铁；15—轻金属；16—铜合金

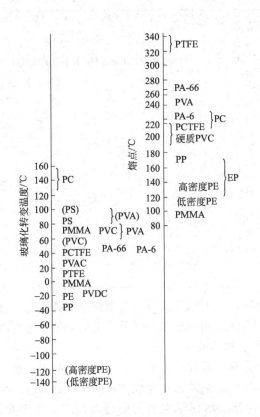
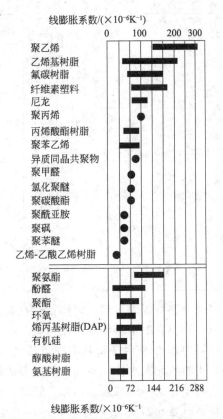

图 6-24 各种塑料的玻璃化温度和熔点的比较

图 6-26 各种塑料的线膨胀系数

(8) 燃烧性 若所设计的塑料零件有可能接触火焰或长期高温环境工作时,选材时应考虑材料的耐燃烧性能,常用的建筑材料、家用电器材料都应选择难燃、少烟和自熄性材料。热固性树脂不像热塑性塑料那样会熔化,但会燃烧,有的离开热源后仍会继续燃烧。为了表征塑料的耐燃烧性,常用氧指数及 UL-94 标准。表 6-25 和表 6-26 列举了各种塑料的氧指数和 UL-94 性能。一般氧指数为 18%～21%属可燃性,22%～25%为自熄性,26%～30%以上是难燃性塑料。

表 6-25 各种塑料的氧指数

塑料名称	氧指数/%	塑料名称	氧指数/%	塑料名称	氧指数/%
聚甲醛	14.9	丁酸纤维素(2.8%水分)	19.9	尼龙66(水分8%)	30.1
聚氧化乙烯(聚环氧乙烷)	15.0	Arylon(聚砜-ABS掺混料)	20.6	聚砜 P1700	30.4
聚甲醛(玻璃纤维30%)	15.6	ABS 树脂(玻璃纤维20%)	21.6	PVC	31.5
乙酸纤维素(0.1%水分)	16.8	纸基酚醛层压板	21.7	PVF	43.7
聚甲基丙烯酸甲酯	17.3	聚碳酸酯	22.5	PVC Geon 101	45.0
聚丙烯	17.4	聚丙烯(阻燃)	23.7	环氧玻璃钢 GE11635	49.0
聚苯乙烯	17.8	Noryl(聚苯醚)	24.3	FR4	
乙酸纤维素(4.9%水分)	18.1	尼龙66	30.1	云母填充酚醛 Plenco343 B317	52
聚丙烯(玻璃纤维30%)	18.5	环氧玻璃钢(层压)	24.9		
ABS 树脂	18.8	ABS 树脂(阻燃)	25.2	聚偏氯乙烯	60
丁酸纤维素(0.06%水分)	18.8	Noryl(阻燃)SE-100	27.4	聚四氟乙烯	95.0
聚乙烯	19.0	聚丙烯(阻燃)Avisun2356	29.2		
AS 树脂	19.1	聚碳酸酯(玻璃纤维20%)	29.8		

表 6-26 几种常用塑料的氧指数和 UL-94 性能

塑料名称	氧指数/%	UL-94	说明
一般聚氯乙烯	24～25	V-1～V-0	氧指数在 25 以上则 UL 的水平燃烧试验合格
硬质聚氯乙烯	35～38	V-0	
聚乙烯	18～19	HB	
阻燃聚乙烯	24～30	V-1～V-0	氧指数在 27 以上则 UL 的垂直燃烧试验合格
聚丙烯	17.4	HB	
阻燃聚丙烯	24～30	V-1～V-0	
聚苯乙烯	17.8	HB	
阻燃聚苯乙烯	24～30	V-1～V-0	
ABS 树脂	18.8	HB	
阻燃 ABS 树脂	23～8	V-1	
聚酯	18～19	HB	
阻燃聚酯	23～30	V-1～V-0	
聚甲基丙烯酸甲酯	17～18	HB	
尼龙66	30.1	V-2	
聚甲醛	14.9	HB	
聚碳酸酯	24.8	V-2	
PPO	27～29	V-1～V-0	
改性 PPO	24.3	PB～V-2	
聚四氟乙烯	95	—	

许多聚合物可以通过加入阻燃剂或在聚合物分子上引入卤素或与阻燃单体共聚的方法来达到自熄性,也有的聚合物本身结构就具有自熄性。例如聚苯乙烯是易燃的,但使它与丙烯腈共聚制得的苯乙烯-丙烯腈共聚物,其阻燃性就得到改善。

(9) 化学性和吸水性 不同种类塑料的耐化学药品性差异很大,当塑料制品用作接触化学药品,酸碱介质等的装置、容器、管道、内衬时,必须考虑此性能,并选择耐相应的化学药品的材料。表 6-27 列出一些塑料的耐化学性能。耐化学性能好的塑料已广泛用于涂装、表面涂膜和内衬材料等。

表 6-27 一些塑料的耐化学性能

塑料种类		吸水率[①]/%	弱酸	强酸	弱碱	强碱	活性气体	油	丙酮	苯	四氯化碳	乙醇	酯	醛	溶剂
AAS			○	△	◎	◎			△	×	×	△	○	×	丁醇、丙醇、乙酸乙酯
ABS		0.18~0.45	◎	△	◎	◎	被二氧化硫侵蚀	△(汽油)	×	×	×	△	○	△	丙酮、环乙烷、乙酸乙酯二氯甲烷
AS		0.20~0.30	◎	△	◎	◎	抵抗性强	◎	×	△	△	○	×		丙酮、乙酸乙酯
PPO	普通	0.06						○		×	○		×		四氯化碳
	改性	0.07													
聚甲醛	均聚	0.25	△	×	△	×	被氧化侵蚀		◎	◎	◎	◎	◎		特殊
	共聚	0.22			○	○									
尼龙 6		1.33~1.90													
尼龙 66		1.5	○	×	○[+]		耐氯气	○	◎	◎	◎	◎	◎		苯酚、甲醛、间甲苯酚
尼龙 12		0.25													
聚碳酸酯		0.15	◎	△	◎	×	抵抗性强	△(汽油)	×	×	△	◎	×	×	二氯甲烷、三氯乙烷
聚砜		0.22						◎	×	×	×		苯		
聚苯乙烯															
	通用	0.03~0.10	◎	△	◎	◎	耐氯气	△	×	×	×	○	×		甲苯、二噁烷、乙酸乙酯
	耐冲击	0.05~0.06													
聚丙烯		<0.01	◎	△	◎	◎	被氯化侵蚀	○	◎	◎	◎	◎	◎	○	高温的甲苯、环己烷
高密度聚乙烯		<0.01	◎	△	◎	◎	被氯化侵蚀	○(60℃汽油×)	×	×	×	◎	×		甲苯、石油醚、三氯甲烷
硬质聚氯乙烯		0.07~0.4	◎	○	○[+]		耐氯气、二氧化硫	○(60℃汽油×)	×	×	×	◎	×		环乙酮、二噁烷

① ASTM-D570(3.175mm 板，24h)。

注：◎表示安全；○表示基本安全；△表示部分侵蚀；×表示侵蚀，不适用（都在无载荷状态下）；○[+]表示被氢氧化钙（水泥等）侵蚀。

对要求在潮湿环境下使用，特别是在此场合要求制品尺寸和强度变化小时，应选择吸湿性小的材料。并根据临界尺寸来计算体积尺寸的变化。不同塑料的吸水性差别很大，除特种的吸水性树脂外，一般吸水率在 5% 以下。图 6-27 系各种塑料吸水量的比较。

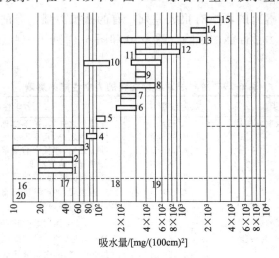

图 6-27 各种塑料吸水量的比较

1—聚氯乙烯树脂；2—酚醛树脂（未填充，11~16 型）；3—苯乙烯共聚物；4—聚甲基丙烯酸酯；5—聚氨酯（注射成型制品）；6—硬质织物；7—三聚氰胺树脂（150~157 型）；8—酚醛树脂（31~83 型）；9—脲醛树脂（130、131 型）；10—乙酸丁酯；11—醋酸纤维素；12—聚酰胺；13—硬质纸板；14—硬纸板；15—酪朊树脂；16—聚乙烯；17—聚异丁烯；18—聚苯乙烯；19—聚丙烯；20—聚四氟乙烯

（10）耐久性　如果希望塑料制品经久耐用、除了合理设计外，选材时不仅考虑材料的力学性能和其他使用性能，还应考虑老化性能和尺寸稳定性。图 6-28 和图 6-29 列出各种塑料室外曝晒后的拉伸强度保持率和伸长率变化。表 6-28 列出通用热塑性塑料室外使用的推断寿命。

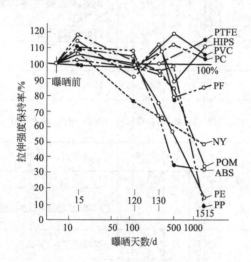

图 6-28　各种塑料的拉伸强度保持率与曝晒天数的关系

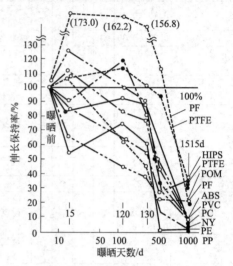

图 6-29　各种塑料的伸长率与曝晒天数的关系

表 6-28　通用热塑性塑料室外使用的推断寿命

塑料	室外使用推断寿命/a	塑料	室外使用推断寿命/a	塑料	室外使用推断寿命/a
中冲击性聚苯乙烯	2~3	玻璃纤维增强 ABS 树脂	1~3	无机物增强的聚丙烯	1
AS 树脂	4~5	AAS 树脂	4~5(6~7)	聚乙烯	1
高刚性 ABS 树脂	2.5~3.5	ACS 树脂	4~5(6~7)	聚氯乙烯	3~4
中冲击性 ABS 树脂	2~3	聚碳酸酯	7~8		
高冲击性 ABS 树脂	1.5~2	聚丙烯（通用级）	1		

注：括号内数字为添加稳定剂的配方。

放射线辐射对各种塑料的影响有很大差别，有的抵抗力强，有的易受损伤。表 6-29 列出放射线对各种塑料的力学性能的影响。图 6-30 和图 6-31 列出一些热固性和热塑性塑料耐辐射的相对稳定性。

表 6-29　放射线对各种塑料的力学性能的影响

序号	塑料的种类	放射线量 Ci/kg	力学性能的变化
1	含矿物填料的酚醛及呋喃树脂	2.58×10^6	除着色之外，几乎不变化
2	聚苯乙烯	$2.58 \sim 10^6$	除着色之外，几乎不变化
3	改性苯乙烯聚合物	$2.58 \sim 10^6$	冲击强度、伸长率与聚苯乙烯的影响相同
4	苯胺甲醛树脂	2.58×10^6	拉伸强度稍有降低
5	聚乙烯、尼龙	$2.58 \sim 10^6$	冲击强度降低，拉伸强度提高，聚合物变脆
6	聚酯	1.29×10^5	拉伸强度，冲击强度降低，有细小的裂纹添加矿物填料可提高耐辐射性
7	含纤维素填料的酚醛树脂	7.74×10^5	变脆，拉伸强度、冲击强度降低
8	三聚氰胺甲醛树脂、脲素树脂	5.16×10^5	拉伸强度、冲击强度降低一半
9	酚醛树脂	2.58×10^5	拉伸强度、冲击强度降低一半
10	聚偏氯乙烯 氯乙烯-乙酸乙烯共聚物	12.9×10^4	软化、变黑，放出 HCl，拉伸强度降低
11	酪朊树脂，聚甲基丙烯酸甲酯，氟塑料、纤维素衍生物	2.58×10^4	拉伸强度、冲击强度约降低一半，力学性能显著劣化

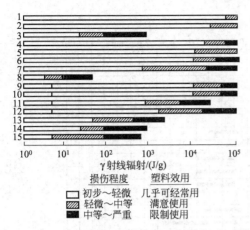

图 6-30 热固性塑料（树脂）耐辐射的相对稳定性
1—酚醛玻璃层压品；2—酚醛石棉塑料；3—无填料酚醛；4—环氧、芳香类固化剂；5—聚氨酯；6—玻璃纤维增强不饱和聚酯；7—矿物填充不饱和聚酯；8—无填料不饱和聚酯；9—玻璃填充有机硅；10—矿物填充有机硅；11—无填料有机硅；12—呋喃树脂；13—三聚氰胺甲醛树脂；14—脲甲醛塑料；15—苯胺甲醛塑料

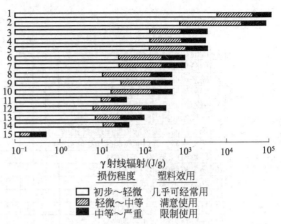

图 6-31 热塑性塑料（树脂）对辐射的相对稳定性
1—聚苯乙烯；2—聚乙烯基咔唑；3—聚氯乙烯；4—聚乙烯；5—聚乙烯醇缩甲醛；6—聚偏氯乙烯；7—聚碳酸酯；8—聚三氟氯乙烯；9—聚乙烯醇缩丁醛；10—醋酸纤维素；11—聚 α-氯化丙烯甲酯；12—聚甲基丙烯酸甲酯；13—聚酰胺（尼龙）；14—氯乙烯-醋酸乙烯共聚物；15—聚四氟乙烯

此外，塑料制品由于成型时产生内应力，固化时产生的体积收缩，以及伴随湿度变化和温度变化而发生的收缩或膨胀，就不一定能保持其尺寸的稳定性。为了尽量减少这些尺寸变化，可以采用消除内应力的措施，以及使制品充分固化、填充无机填料或增强材料，减少湿度和温度对制品的影响等方法。

（11）电性能　塑料由于其固有的电绝缘性，使它具有多方面的用途。为了合理选用材料，也要了解材料在电场作用下的介电、电导及绝缘强度等特性。通常用介电常数（ε）和介电损耗（$\tan\delta$）来表示高聚物的介电特性。不同材料的介电常数有很大差异，小的到 2 左右，高的达到 8 以上。图 6-32 比较了各种塑料的介电常数范围。表 6-30 列出各种高聚物的介电损耗角正切，可根据用途不同选用不同材料。例如，若需高频加热时，希望介电损耗大；相反，若想减小高频回路的介电损耗时，则希望介电损耗小。

表 6-30　各种高聚物的介电损耗角正切

高聚物	介电损耗角正切（$\tan\delta$）		
	60Hz	10^3 Hz	10^6 Hz
聚乙烯			
高密度	0.0002	0.0002	0.0003
低密度	0.0005	0.0005	0.0005
聚丙烯	0.0005	0.0002~0.0008	0.0001~0.0005
聚苯乙烯	0.0001~0.0003	0.0001~0.0003	0.0001~0.0004
聚四氟乙烯	<0.0002	<0.0002	<0.0002
聚碳酸酯	0.0009	0.0021	0.010
聚己内酰胺	0.014~0.04	0.02~0.04	0.03~0.04
尼龙 66	0.010~0.06	0.011~0.06	0.03~0.04
聚甲基丙烯酸甲酯	0.04~0.06	0.03~0.05	0.02~0.03
聚氯乙烯	0.08~0.15	0.07~0.16	0.04~0.14
聚偏二氯乙烯	0.007~0.02	0.009~0.017	0.006~0.019
ABS	0.004~0.034	0.002~0.012	0.007~0.026
聚甲醛	0.004		0.004

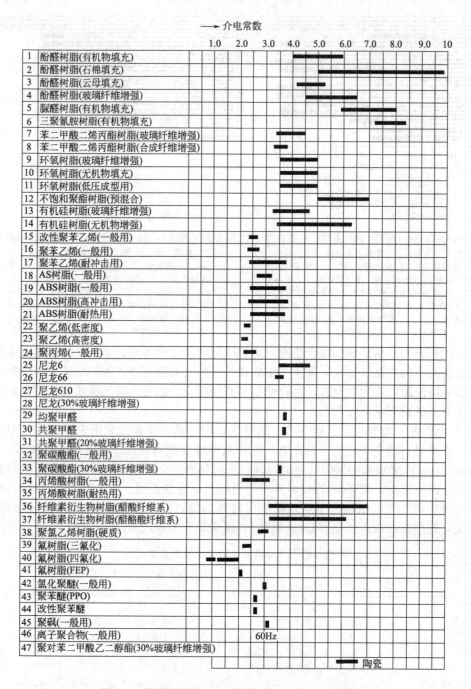

图 6-32 各种塑料的介电常数（在 1MHz 时的特性）

塑料在高电压下的介电强度范围是 11.8~30kV/mm，由于在高电压下使用时，介电强度不够高就会在表面产生电弧而使材料破坏，因此，用于高电压的选材时应考虑被选材料的耐电弧性。图 6-33 和图 6-34 分别比较了各种材料和各种塑料的体积电阻率，图 6-35 和图 6-36 分别比较了各种材料和各种塑料的介电强度。

（12）各向异性　增强塑料的性能随受力方向的变化而变化，这就是各向异性。织物增强酚醛塑料的强度沿织物纤维方向的强度比层间强度高得多，因此设计零件时应注意避免层

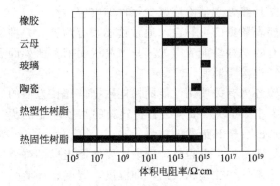

图 6-33　各种材料的体积电阻率

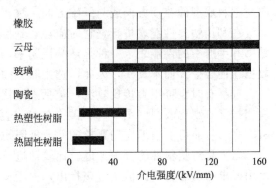

图 6-35　各种材料的介电强度

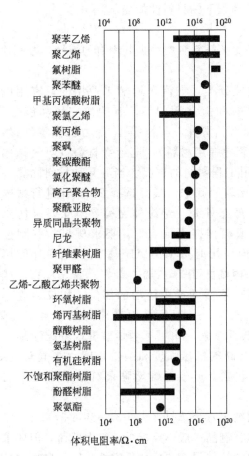

图 6-34　各种塑料的体积电阻率

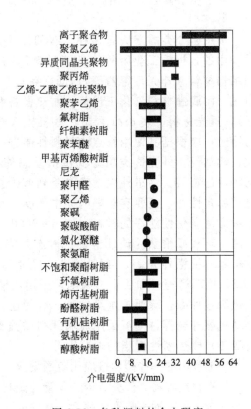

图 6-36　各种塑料的介电强度

间承受载荷，并充分发挥增强纤维承受应力的能力，利用增强塑料的强度可设计性使得到的制品高强轻量。未增强塑料也会因成型加工过程而使制品呈现出各向异性，如在厚的挤出塑料板上切割圆片或打孔，加工后的圆片或圆孔会变形，这是由于塑料板在挤出时高聚物分子部分定向和挤出后冷却和收缩不均匀性导致形成内应力，当机械加工时，就会引起变形，这种情况可以像金属消除残余应力一样，通过热处理来解决。此外，由于塑料成型时，分子链会沿流动方向部分定向，会使制品各向异性，当冷却和应力松弛时会因收缩不匀而变形。但如果制品设计和浇道合理，在一般情况下对产品性能影响不大。

总之，塑料大多数具有各向异性性质，因此在成型加工时，最好把零件受力的主轴线方向与塑料成型的流动方向或与纤维方向一致,并且热处理消除或减少零件的内应力。

在利用塑料性能表进行选材时应注意到性能表数据的可靠性。通常性能表有两种,一种是书和手册中的性能表,一种是产品说明书。有的塑料性能表(尤其是产品说明书)所列的数据往往会夸大而不真实,因此,选用时必须经过检验监制。

选材有时也可用直接比较法,包括直接比较各项有关使用性能的性能数据。比较方便的是用指标直观比较图(图 6-33~图 6-36),这类图表可以直接看出各种塑料的某项性能的优劣顺序。从而可以根据应用要求的性能极限挑选出合格和最优的材料。

以上是对塑料性能分项考虑、比较而进行的选材,可以粗略地选取主要性能指标都符合使用要求的初选材料。但是应该指出,由于使用条件往往是相关的,即温度、湿度、环境受力状态和时间等都会使性能和尺寸变化,甚至会由于忽视这些互相影响因素而导致塑料零件过早损坏。因此,设计人员还必须考虑各种影响因素下的材料性能变化。

三、塑料的应用

为了便于普通工业用途的选材,而把现有的主要塑料种类根据其固有的特性,按用途进行分类。

按用途分类的方法有多种,有的按应用领域分类,如汽车运输工业用的,家用电气设备用的,机械工业用的,建筑材料用的,宇航和航空用的等;有的按应用功能分类,如结构材料(外壳、容器等),低摩擦材料(轴承、滑杆、阀衬等),受力机械零件材料,耐热、耐腐蚀材料(化工设备、耐热设备和火箭导弹用材料),电绝缘材料(电气结构制品),透光材料。表 6-31 列出一些机械部件采用工程塑料的情况。当有几种材料同属一类用途时,应根据其使用特点和材料性能进一步比较和筛选。最好选择 2~3 种进行试验比较,比如说,外壳这类用途就包括动态外壳、静态外壳。绝缘外壳等,因此要求使用不同特性的塑料。动态外壳是经常受到剧烈振动或轻微撞击的容器,要求材料除有刚性和尺寸稳定性外,还要有较好的冲击强度。在室内应用时可采用 ABS 塑料,在户外使用时应考虑耐老化性能好的材料,如 AAS(丙烯腈-丙烯酸酯-苯乙烯共聚物)或 MAAS,或用酚醛、环氧或聚酯的玻璃钢等。静态外壳是用在不活动或少活动的部位,如仪表壳、收音机和电视机外壳等。要求形状和尺寸稳定、美观,一般可采用高冲击强度聚苯乙烯、ABS、聚丙烯等;如要求透明则可采用乙酸丁酸纤维素、聚甲基丙烯酸酯或聚碳酸酯。至于绝缘性外壳,除要求绝缘性外,有的还要求有高的机械强度和冲击强度,如电动机罩、电动机械外壳等,则可采用玻璃纤维增强聚碳酸酯,玻璃纤维增强聚对苯二甲酸丁二酯(PBTP)或热固性树脂的玻璃钢等。

现把常用的一些塑料按应用范围划分,并归纳出六个选材(表 6-31~表 6-37)。

(1) 制造容器、外壳、盖、导管的塑料　这类制品一般不要求承载很大载荷,但要求有良好甚至优良的冲击强度和硬度、良好的或适中的拉伸强度和尺寸稳定性,以及良好的外观和耐环境性,并要求材料的价格适中。对另有特殊性能要求的应专门考虑。

如果采用金属制造时,一般是采用钢板、型钢、铸铝或冲切铝、轻合金或压铸金属。这些材料强度较高,刚硬度也好。但是,当遇到下列情况和要求时,采用塑料更为合适。

① 必须防止共振而且要求传声小。
② 要求有一定的弹性变形以防止由于偶然碰撞而引起的凹痕。
③ 制品形状复杂,用金属加工工艺生产有困难。
④ 制品不希望后加工。
⑤ 要求制品整体电绝缘(或部分绝缘)和绝热,或整体着色要求透明、半透明。

表 6-31 部分机械部件采用工程塑料的情况

工程塑料	座钟运转机构	手表运转机械	计时表	秒表传动零件	计速表驱动齿轮	里程表号码器	汽车风挡刮水器齿轮	门锁底座	卷尺盒零件	无线电可变电容	电视机调谐器	磁带录音机驱动部件	风扇网罩	洗衣机驱动凸轮	缝纫机凸轮	汽油计量表	气体计量表	功率表	水量表	电话机传动齿轮	复印机传动齿轮	计算机齿轮、凸轮
聚甲醛	○	○	○	○	○	○																
尼龙 6										○	○											
尼龙 66	○		○		○																	
尼龙 610	△	△		△		△	△					△		△	△							
尼龙 12																						△
ABS	○		○			○																
聚碳酸酯	○		○			○																
改性聚苯醚	△		△			△																
增强 PBTP				△																		
聚砜	○		○		○																	○
聚苯醚	△		△		△													△	△			
改性聚甲醛				△					△									△	△			

注:○表示现已采用的材料;△表示正要采用或拟采用的材料。

表 6-32 用于制造外壳、盖、容器、导管的塑料及其性能

材料	拉伸强度/MPa 范围	代表值	缺口冲击强度/(kJ/m) 范围	代表值	弯曲弹性模量/GPa 范围	代表值	线膨胀系数/×10⁻³ K⁻¹	连续耐热温度/℃	可燃性	成型性	吸水率(24h)/%	耐酸性	耐碱性	耐溶剂性	耐油性	备注
ABS	17.5~63	35	0.016~0.66	0.33	1.68~2.59	1.68	5.75~10.3	60~122	慢	良	0.1~0.3	良	优	可	良	制品具有极好的光泽、表面硬而光滑
高冲击聚苯乙烯	17.5~22	30	0.026~0.19	0.055	1.61~3.5	1.61	3.96~10.1	69~82	慢	良	0.03~0.2	良	优	差	可	成型温度低
聚丙烯	25.5~39.9	38.9	0.016~0.16	0.055	1.05~1.39	1.26	6.14~11.2	100~160	慢	良	0.01~0.03	优	优	良		可耐消毒的温度,具有较高的弯曲强度、耐应力开裂、质量轻(仅次于聚甲基戊烯)
高密度聚乙烯	20~48.3	29.4	0.022~0.77	0.66	0.91~1.54	1.4	11.7~30.1	78~124	慢	优	<0.01	优	优	良	良	相对密度小,耐磨性高
乙酸丁酸纤维素	18.2~48.3	38.5	0.044~0.35	0.115	0.42~2.6	0.91	10.8~18	60~110	慢	优	0.9~2.8	差	差	差	良	透明
聚甲基丙烯酸甲酯或改性丙烯酸酮塑料	35~63	38.5	0.026~0.16	0.11	1.96~2.52	1.96	5.4~10.8	60~91	慢	优	0.2~0.4	良	优	可	良	耐紫外线和耐污染
聚丙烯酸酯和聚氯乙烯复合物		46		0.83		2.8	6.3	74	不燃	优	0.06	优	良	优	优	坚韧、耐候,具有良好的热成型性
不饱和聚酯玻璃钢	56~386	116	0.39~0.99	0.83	7~26.1	10.5	1.8~2.52	93~288	慢不燃	良	0.1~2	良	可	良	良	对非金属黏结性优良,容易修理
环氧玻璃钢	329~700	252	0.55~1.37	0.68	14~35	17.5	0.56~1.08	122~205	慢不燃	良	0.02~0.08	良	优	优	良	坚韧、对许多材料能黏结而且黏结力强
聚 4-甲基戊烯		28		0.043			11.7	200	慢	良	0.01	优	优	良	良	透明,相对密度最小(0.83)、耐药品、耐消毒高温,但抗紫外线老化差,不宜户外使用
丙烯腈-丙烯酸酯共聚物		66.8	0.053~0.18		2.9~45	3.43	6.65			良		可	良	可	良	

表 6-33　低摩擦零件（轴承、轴衬、滑杆、导杆、阀衬、易磨损面）**用塑料及其性能**

材料	耐磨性磨耗/(10^{-3} mg/周)	弯曲弹性模量/($\times 10^2$ MPa)	pv值干态连续/($\times 10^2$ MPa·m/s)	热变形温度(0.46 MPa/℃)	热导率/[W/(m·K)]	线膨胀系数/$\times 10^{-5}$ K^{-1}	24h吸水率/%	是否滑黏	摩擦系数 无油	摩擦系数 油润滑	备注
聚四氟乙烯(PTFE)	7	—	0.4~1(0.64)	122	0.245	9.0	0	否	0.04	0.04	可在-195~250℃下使用，对黏性材料不粘，不磨损擦伤，能吸收磨蚀粒子，化学惰性，不能用注射、挤压成型，表面未经处理，不能粘接
全氟乙丙烯共聚物	13.2	6.65	0.24~0.36	<122	0.202	8.3	<0.01	否	0.08	0.08	易注射成型和挤压成型加工，与黏性材料不粘，化学惰性
聚四氟乙烯织物	—	—	2~20	—	0.245	14.4	0	否	0.02~0.25	0.02~0.25	低速下能承受高载荷，但不能处于重的静载荷下，要求配合间隙小，运转速度不能超过6096cm/min，也很少用于超过1524cm/min
尼龙6,尼龙66	6~8	1.0~28	0.8~1.2(0.9)	172~183	0.202~0.288	8.2~12.8	0.4~3.3	是	0.15~0.40	0.06	能吸收和吞没磨蚀粒子，不擦伤，可成型大型制件
含填料（玻璃增强）PTFE	8~26	8.4~14	2~14	>122	0.245~0.288	5.4~17.5	0	否	0.16~0.28	0.06	耐高载荷，适于低速运转使用
浇注尼龙(MC)	—	30.5	—	204~218	—	8.3	0.6~1.2	—	0.15~0.45	—	强度和耐磨、减摩性能比一般尼龙高，或浇注成型
聚甲醛	6~20	22~29	0.8~1.2	157~170	0.231~0.274	8.1~10.1	0.12~0.14	否	0.15~0.35	0.1	耐疲劳、蠕变、耐磨性比尼龙更好，摩擦系数低而稳定，强度好，是无填料热塑性塑料是最坚硬的
氯化聚醚	—	11.3	0.72	141	—	8.0	0.01	—	—	—	耐腐蚀、摩擦性能与聚甲醛相当，但强度稍差
自润滑聚甲醛	5~12	—	7.2	150	—	—	—	否	0.10	0.05	高pv值，低摩擦系数，内润滑，可注射模塑
填充PTFE的聚甲醛	—	29	3.0	165	0.245	8.8	0.6	否	0.12	0.07	耐蠕变性好，耐磨耗性优良，最适于在高载荷、低速运转下应用
低压聚乙烯	6	9.1~15.4	—	60~82	0.49	11.7~30.1	<0.01	是	0.21	0.1	强度、刚性和耐热性比尼龙、聚甲醛、氟塑料差，但在常温和低温下有较低的摩擦系数，不擦伤，适于做小载荷、低速度和低温下工作的摩擦零件
聚苯醚	—	27	—	193	—	5.7~5.9	0.06~0.13	—	0.18~0.23	—	强度高、耐热、收缩率小，但有应力开裂倾向
聚酰亚胺	—	31.5	—	360	—	5.5~6.3	0.1~0.2	—	0.17	—	能在260℃下长期工作，间歇使用温度达480℃，机械强度和耐磨性好，高温高真空下稳定，加入PTFE粉或其纤维，摩擦性能更好
石墨纤维/聚酰亚胺（含碳纤维质量分数45%）	—	—	—	>360	—	—	—	—	0.08~0.13	—	用于耐温达340℃的球形轴承（载荷35MPa）
超高分子量聚乙烯	8	压缩弹性模量 7.7	—	80	—	7.2	<0.01	—	0.11	—	强度和耐热性比低压聚乙烯好

⑥ 要求耐腐蚀和耐湿气，不生锈。

考虑以上的特点、比较适宜的材料如表6-32所示。有时，一种材料不能满足要求，往往需要塑料和其他材料复合，例如需要控制蠕变或挠曲变形或特别耐磨耗时，可把带螺纹的金属嵌入塑料件中，如果要求结构壳体能经受碰撞时，可考虑采用金属和塑料的复合板或在金属表面上复合材料。

(2) 轴承、轴衬、导杆、阀衬等易磨损部件的选材　这类应用要求材料需具有低的摩擦系数甚至无润滑时摩擦系数也低，耐腐蚀性好，并具有适中至良好的形稳性、耐热性和耐腐蚀性。以往采用铜锑锡合金、青铜、铸铁、预润滑的木材、石墨等。但是，当遇到下列情况和要求时，采用塑料更为合适。

① 有腐蚀或磨耗。
② 加工时，润滑剂会污染产品。

表6-34　用作重应力传动机械零件的塑料（如齿轮、凸轮、齿条、联轴节、辊子等）

材料	拉伸强度/MPa	冲击强度（缺口）/(×10⁻² kJ/m)	耐磨性磨耗/(10⁻³ mg/周)	疲劳极限/MPa	弯曲弹性模量/×10² MPa	热变形温度/℃ 载荷0.46MPa	热变形温度/℃ 载荷1.85MPa	耐酸性	耐碱性	耐溶剂性	耐油性	机械加工性	备　注
尼龙	49.7~88.2	3.3~22	6~8	21	1.05~28	172~186	62~74	可	优	优	优	优	强度高、耐冲击、耐磨、耐疲劳、耐油、减震、音小、不擦伤、低摩擦，可成型大型制件，但吸水率高，影响尺寸稳定性
MC尼龙	77~98	4.3~17.6	—	—	30.5	204~218	93~218	可	优	优	优	优	强度高，摩擦磨耗性能优于其他尼龙，可浇注成型，适于成型大型制品
聚甲醛	61.6~70	6.6~7.7	6~20	35	22~29	157~170	110~125	差	优	优	优	优	耐疲劳和蠕变，有优良的低温强度，摩擦系数低，吸湿性小，尺寸稳定。但成型收缩率大
填充PTFE纤维的聚甲醛	48.3	4.7	—	—	29	166	100	差	差	优	优	优	自润滑、摩擦系数低、耐蠕变、优良的磨耗寿命
聚碳酸酯	63~73.5	66~88	7~24	14	23~27	140~145	133~138	优	良	良	可	优	极好的耐蠕变性和冲击韧性，尺寸稳定性好，成型精度高、透明，脆化温度-100℃，低温强度好，吸水性小，但有应力开裂
聚酚氧	63	—	—	—	29	—	87	可	优	良	可	优	与聚碳酸酯相似，有较高的冲击韧性和极高的成型精度，不易开裂，但耐热性低
聚苯醚	54.6~67.2	25	—	—	25~28	110~138	100~129	优	优	良	可	优	耐蠕变强度高，耐酸、碱和水，尺寸稳定性好，高、低温性能好。一般用聚苯乙烯改性
填充织物的酚醛	63~112	5.5~13.7	—	—	56~99	>162	162	可	可	优	优	可-优	坚硬、耐热、耐蠕变性好
增强PETP（玻璃纤维30%，体积分数）	110~133	8.2~27.2	—	—	77~84	240	213	良	良	良	优	优	强度高、耐腐蚀、耐热，能在150℃下长期使用，吸水率低，尺寸稳定性好，摩擦系数低，耐应力开裂，但冲击强度不及聚碳酸酯。玻璃纤维增强PBTP与其性能相当

表 6-35　用作化工设备的塑料和耐热塑料

材　料	拉伸强度/MPa	冲击强度(×10⁻²kJ/m)	脆性点/℃	弯曲强度/MPa	耐热性/℃ 范围	耐热性/℃ 连续	热变形温度(0.46MPa)/℃ 范围	热变形温度(0.46MPa)/℃ 连续	可燃性	耐强酸	耐强碱	耐溶剂性	备　注
氟塑料(聚四氟乙烯和聚全氟乙丙烯)	10.5~31.5	13.7~38	−250	11~14	205~283	—	72~127	122	不燃	优	优	优	在宽广温度范围内力学性能良好,摩擦系数低,不吸湿、耐腐蚀,聚全氟乙丙烯可注射成型
聚三氟氯乙烯	32.2~37.5	17~40	−240	52~65.1	—	205	93~200	130	不燃	优	优	优	透明,可注射成型,不吸湿、耐辐射和耐蠕变
氯化聚醚	42	2.2	−13~−29	35	—	143	—	148	自熄	优	优	优	耐腐蚀,耐磨蚀性良好,可用火焰喷涂法涂在金属表面上
聚二氟乙烯	49	—	<−62	—	—	149	—	148	自熄无滴落	优	优	良	可注射模塑和挤压,耐酸、碱
硬聚氯乙烯	35~63	2.2~11	—	70~112	50~70	—	55~75	—	自熄	优	优	良	耐腐蚀,可用各种方法成型,但耐热性比上列品种差,适于普通温度下使用,价格低廉
聚丙烯(或掺和物)	23.5~39.9	1.6~17	−12	42~56	110~160	135	102~116	99	慢	优	优	良	是仅次于聚甲基戊烯的最轻塑料,耐蠕变和耐应力开裂
高密度聚乙烯	20~38.5	2.2~77	−130~−60	25~40	78~124	120	61~83	80	慢	良	优	良	耐腐蚀和耐磨蚀性良好。常温下摩擦系数低,比水轻,但强度、耐热性、刚性较差
聚酰亚胺	73.5	4.9	—	>100	262~482	263	—	>243	不燃	侵蚀	侵蚀	优	在宽广温度范围内力学性能和物理性能良好,能在260℃下长期工作,耐辐射性优良,但价格高
聚苯醚	81.2	7.2	—	98~132	—	122	—	180	自熄无滴落	优	优	优	强度高,耐热性良好,成型收缩率低,具有优良的综合性能,甚至在较高温度下性能也良好,一般用聚苯乙烯改性,纤维增强
聚砜	71	6.5	—	108.2~127	149~147	155	—	181	自熄	优	优	稍差	热变形温度较高,高温下耐蠕变,能在155℃下长期使用,用10%(体积分数)玻璃纤维增强能改善耐环境应力开裂
聚芳砜	91.4	6~10	—	120	—	260	—	274	自熄	优	优	差	耐热性优良,能在260℃下长期使用,高低温性能良好,绝缘性好,耐辐射,耐溶剂性稍差
环氧玻璃钢	238.2~700	55~137	—	70~420	122~205	133	149~288	188	慢~不燃	良	良	优	易于制造大型制件,黏结性能好,能与其他材料牢固黏结,易于修补
酚醛塑料、呋喃塑料	21~56	11~19.8	—	70~420	—	149	(1.85MPa)149~260	—	不燃	良遇氧化性酸易分解	侵蚀	良	有各种配方和增强塑料以适应各种特定的应用要求

表 6-36 用作电气结构零件的塑料及其性能

材料	冲击强度(缺口)/($\times 10^{-2}$ kJ/m) 范围	代表值	弯曲强度/MPa 范围	代表值	介电强度/(kV/mm) 范围	代表值	体积电阻率/$\Omega \cdot cm$ 范围	代表值	介电损耗角正切($\tan\delta$) 范围	代表值	连续耐热湿度/℃ 范围	代表值	备注
DAP	16.5~33	—	70~140	14	14.8~15.7	13.8	10^{14}~10^{16}		0.002~0.01	0.009~0.017	163~262	—	湿气对介电性能影响很小,具有优良的尺寸稳定性
醇酸树脂	8.3~66	14	49~119	70~105	11.8~13.8	13.8	10^8~10^{16}	10^{14}	0.003~0.06	0.017	135~147	—	具有优良的尺寸精度和均一性,固化收缩率低
氨基树脂	8.3~66	39	70~161	98	12.6~16.9	14.2	10^{11}~10^{12}		0.033~0.32	0.08	77~205	—	表面坚硬、不易刮损、无色
环氧树脂	2.2~165	44~82	84~420	140~182	13.8~21.7	14.8	10^{14}~9×10^{15}	9×10^{15}	0.01~0.08		205~262	—	对金属或非金属黏结牢固,耐化学性良好,封嵌包胶时收缩率低
酚醛树脂	1.7~149	18.7	70~3150	—	11.8~16.7	11.8	10^{11}~10^{13}	5×10^{11}	0.005~0.5	0.18	148~288	205	成型方便、可注塑或模塑,耐热性好
聚碳酸酯	66~88	77	77~91	84	15.7~17.3	17.3	$(0.9~2.1)\times10^{16}$	2×10^{16}	0.0007~0.001	0.0009	122~132	127	透明
不饱和聚酯	8.3~132	—	42~175	91~140	13.6~16.5		10^{12}~10^{15}		0.008~0.041		122~177		可采用刚性或软质,易着色,能透过雷达频率(中波-超短波)的无线电波
聚苯醚	8.3~10.5	—	98~105		15.7~19.7			10^{14}		0.35	—	194	在宽广温度和频率范围下电性能保持稳定,耐化学性良好
有机硅树脂	1.7~55	36	49~126	84	13.8~15.7	13.8	$(3.4~10)\times10^{13}$		0.006~0.03	0.022	150~372	246	耐热性优良,长时间受热后其强度和电性能变小

③ 组件必须在高于或低于普通润滑剂的适用温度下工作。
④ 要求无保养操作。
⑤ 用塑料可避免复杂的润滑体系。
⑥ 迫切要求减重时。
⑦ 要求电绝缘。
⑧ 要求减弱声响、噪声。
⑨ 要求尽量减少擦伤和刻痕。
⑩ 体系高载荷、低速运行会挤出普通润滑剂;
⑪ 滑黏性不适宜时。

根据上述要求,作为轴承低摩擦零件的合适塑料如表 6-33 所示。但是,当工作温度长期超过 260℃或有很大的径向载荷、止推载荷时,或是需要连续高速运转,以及长期要求轴的偏斜极小或要求轴的磨损先于轴承的磨损时,应考虑用其他材料。有时(尤其是遇到下列情况)可考虑用塑料和其他材料组合,如:①需要尽快散发热量;②要求蠕变极小;③仅用塑料不能承受太高载荷等。

表 6-37 用作透光零件、透明板和模型的塑料及其性能

材料	拉伸强度/MPa	冲击强度（缺口）/(10^{-2} kJ/m)	弯曲弹性模量/($\times 10^2$ MPa)	连续耐热温度/℃	雾度/% 范围	雾度/% 代表值	透光率/% 范围	透光率/% 代表值	紫外线影响	成型性	耐酸性	耐碱性	耐溶剂性	耐油性	备 注
丙烯酸酯塑料	38.5~73.5	2.2~2.8	24.5~35	66~110	1~3	1	91~93	92	无	良~优	良	可	可	可	具有较高折射率、透光性好，低温性能优良
聚苯乙烯	35~63	1.4~2.2	28~35	66~80	>3	—	75~93	—	轻微至开裂	差	良	优	差	可	折射率高，低温性能优良，脆性、力学性能差，应力开裂大
中等抗冲击聚苯乙烯	22~47.6	3.3~16	21~53	69~82	—	—	10~55	30	轻微	良	良	优	良	良	半透明
乙酸纤维素	13.5~77	6.6~32	7.7~28	83~93	2~15	9	75~95	83	轻微	良	差	差	可	良	二次加工容易
乙酸丁酸纤维素	18~47.5	4.4~35	4.2~13	61~105	1~4	3	80~92	88	无至轻微	差	差	差	良	优	可深延成型
硬质聚氯乙烯	38.5~63	1.4~6.6	27~38	66~105	3~4	4	—	89	轻微	良~优	良	良	良	良	耐腐蚀性良好，介电性优良，耐电压优良，印刷性良好
聚碳酸酯	63~73.5	66~88	23~27	122~133	>10	—	75~85	80	变色	优	良	良	可		耐蠕变性好，尺寸稳定性良好
离子聚合物	35	28~27	2.8	72	—	3	—	95			良	优	良	优	坚硬、透明性优良
烯丙基二甘醇碳酸酯树脂（CR-3）	38~48	1~2	17~23	100				92					优		透明性、耐磨性、抗冲击性、耐化学性好，采用浇注成型，但价格高，可用于透镜

（3）重应力机械零件（如齿轮、凸轮、齿条、联轴器、辊子等）的选材 这类应用要求材料的机械强度高、尤其要求具有高的弯曲、拉伸和冲击强度，在升高温度时仍具有良好的耐疲劳性和稳定性，机械加工性良好，尺寸稳定、能模塑成型精度公差的制品。以往是采用铸铁、钢、黄铜等，但是，当遇到下列情况和要求时，考虑用塑料更为合适。

① 迫切要求减重。
② 使用环境沙尘多，有磨蚀和腐蚀。
③ 尽量减小声响或振动。
④ 希望有综合性能。

根据上述要求，比较合适的塑料如表 6-34 所示。但是，如果要求承受重载荷、工作温度高，以及迫切要求降低材料成本时，应考虑用其他材料。如果要求高耐冲击、耐弯曲而且要求成本低时，可以考虑采用塑料与其他材料（如金属）组成的结构增强塑料。

（4）化工设备用塑料和耐热塑料的选材 这类应用要求材料耐化学腐蚀、吸湿性小，有的还要求耐高低温，具有一般到良好的力学强度，以往是采用不锈钢、钛、铌和其他贵金属。但是当遇到下列情况和要求时，可考虑用塑料更为合适。

① 特别要求耐腐蚀，而不锈钢又不能满足要求。
② 要求既耐腐蚀又耐磨损。
③ 迫切要求降低成本或延长化工设备的使用寿命。

④ 要求减少保养，便于维修。

⑤ 要求绝热，隔热以及耐瞬时高温或烧蚀（为了选材方便，也可将耐热塑料另分一类）。

根据上述的要求，比较合适的塑料见表6-35。此外，还有不饱和聚酯玻璃钢用于大型手糊制品；酚醛或改性酚醛塑料用于耐高温，耐烧蚀，或既耐热又要求具有较高强度的制品。但是，如果要求的机械强度不高，工作温度长期超过290℃，而且在高低温变动范围很宽的情况下要求尺寸稳定性良好时，应考虑新型增强塑料或用其他材料，如果工作条件要求强度很高，而且要有极好的耐腐蚀性，或者要求在升高温度下耐腐蚀，或者需要借助塑料在高温下慢慢烧蚀来保护金属免受损坏，则可考虑用塑料和其他材料组成的增强塑料（如石墨、耐热树脂与填料或石棉、碳纤、SiO_2纤维等组成的增强塑料）。

（5）电气结构零件塑料选材　这类应用要求材料在低至中频下电绝缘性优良，具有高的强度和抗冲击性能，良好的耐疲劳性和耐热性，在升高温度情况下，尺寸稳定性良好。以往是用陶瓷、玻璃或云母，但是，当遇到下列情况和要求时，考虑用塑料更为合适。

① 有冲击载荷。

② 迫切要求减重。

③ 尺寸精度要求较严格，陶瓷、玻璃等无机绝缘材料加工达不到要求时。

④ 要求制造形状复杂的导体-绝缘体组合成整体的制品或零件（如印刷电路、集流环组件、灌封或封嵌件等）。

根据上述的要求，比较合适的塑料见表6-36，此外，还有聚酯（PETP、PBTP）氟塑料、聚苯醚、聚砜聚酰亚胺、聚酰胺酰亚胺、酚醚树脂——新型酚醛树脂。聚对二甲苯也是较好的绝缘材料。作为一般绝缘材料还可采用聚乙烯、聚丙烯、聚苯乙烯，聚氯乙烯可用于制造一般电线电缆绝缘。其中聚碳酸酯用于要求高冲击强度的透明零件；浇注环氧树脂或模塑料可包封电子和电气元件，适用于要求对环境有最大抗耐能力的场合。组合电器组件的包封可以用有机硅橡胶和环氧树脂组合封来获得更佳的性能；模塑的环氧树脂用于在宽广的温度范围内要求尺寸稳定的零件；三聚氰胺甲醛塑料用于要求具有较大硬度的零件；有机硅聚合物用于要求耐高温的场合；氨基塑料用于要求价格低廉的场合；酚醛层压材料用于冲切和模冲零件等。但是，如果工作温度极高，或压缩载荷很高时，应考虑用其他材料。

（6）透光零件、透明板和模型的塑料选材　这类透明或带色的半透明材料要求透光性良好，具有良好至优良的二次成型性和成型加工性，不易碎（耐冲击）、并有一般至良好的拉伸强度。过去大多数采用玻璃，但是玻璃存在一些缺点，特别是不能满足下列使用要求。

① 制品要求耐冲击、耐振动、不易击碎。

② 要求具有一定的可弯曲性。

③ 要求有更高的比强度。

④ 材料必须是天然半透明而不应通过表面处理来达到半透明。

⑤ 要求易于成型形状复杂的制品等。

根据上述的要求，比较合适的塑料见表6-37，其中丙烯酸酯类塑料推荐作一般应用，特别适用于光学、装饰和室外应用。浇注的丙烯酸酯板料，具有较高的强度和透明性，可制造中、低精度透镜，挤压成型用的丙烯酸酯塑料价格较低（尤其是制造薄的制品），并且有较好的二次成型性；在透明塑料中聚碳酸酯具有最高的强度，可制作透明的面罩、防护眼镜或防护板。乙酸丁酸纤维素具有优良的耐冲击性，并可深延成型；透明聚氯乙烯具有最佳的二次成型性和印刷适应性；乙酸纤维素塑料可用作可弯曲的透明板和防护板；中等抗冲击的聚苯乙烯和硬质聚氯乙烯塑料是价格低廉的透明和半透明材料；聚苯乙烯可制作价格最低的模塑透明部件。烯丙基二甘醇酯树脂（CR-39）是目前光学上主要使用的热固性塑料，其透明性，耐磨性，抗冲击性及耐化学性都很好，采用表面镀膜或涂有机硅酮膜来提高其表面硬度和耐磨性，能连续耐100℃，短期内耐50℃。但尚有吸湿性较大等问题，目前主要用于制作镜片。

但是，如果要求制品具有极好的耐化学性或者要求适应高的工作温度，或在工作条件下有磨损，在宽广的温度范围内要求有极好的尺寸稳定性，则应考虑对塑料进行表面处理或采用其他材料。

随着新材料的不断出现，选材表也要不断补充修改，以利于提高制品质量。降低成本。如轴承、轴瓦等低摩擦材料，以前一直使用布基酚醛层压品，但近年来则采用尼龙和聚甲醛，要求摩擦系数更小和更耐热时可选用含氟塑料粉末或纤维增强的聚甲醛或聚酰亚胺。

第七章 通用制品的塑料选用

第一节 管材的塑料选用

一、管材对塑料的性能要求

管材对所用塑料材料的性能要求如下：成本低廉；加工成型容易；耐应力开裂性好，尤其对于受压管材；具有适当的冲击强度；对压力管材，要求材料的耐压强度高；如给水管材，楼层高度不同，要求的耐压强度也不同，一般可分成 0.4MPa、0.6MPa、1.0MPa、1.6MPa、2.0MPa 五个级别，农业喷灌管的耐压级别有 0.4MPa、0.6MPa 两种；对于输送介质压力高的管材，要选用耐压高的材料，如 XLPE、PB 等材料的耐压强度都比较高；对于供暖管，要求耐热温度在 100℃以上；对于输油管，要求耐油性好，常用 HDPE、PA11 及 PA12 等；对于地埋管材，要求刚性高，常用 U-PVC 及 HDPE 等；对于寒冷地区，要求耐低温性好，U-PCX、PP 及 PB 等应尽可能少用；对于输送可燃介质的管材，要求抗静电性和阻燃性都要好；对于长距离输送气体的管材，阻隔性要好，以防造成渗透损失；对于高温输送的管材，要求材料的保温性要好，可用夹心或发泡管材；对于医用及上水输送管材，要求管材的卫生性要好。如用 PVC 材料，要选用无毒树脂及添加剂。具体要求为 PVC 树脂中的 VC 单体含量小于 1.0mg/kg；铅的萃取值，第一次小于 1.0mg/L，第三次小于 0.3mg/L；锡的萃取值，第一次小于 0.02mg/L；镉的萃取值，三次萃取液每次不大于 0.01mg/L；汞的萃取值，三次萃取液每次不大于 0.001mg/L。

用不同塑料材料制成的管材具有不同的性能及价格，以 ϕ16mm 上水管材为例，其性能见表 7-1。

表 7-1 几种上水管材的性能

管材种类	使用温度/℃	耐爆破压力/MPa	热导率/[W/(m·K)]	连接方式
XLPE 铝塑复合管	−75～110	7.0	0.45	①
HDPE 铝塑复合管	−40～60	7.0	0.45	①
UPVC 管	−30～65	1.6	0.16	②③④
XLPE 管	−75～110	4.0	0.40	①⑦
PP-C 管	−35～95	3.2	0.24	⑤①
PB 管	−30～100	6.9	0.17	③
ABS 管	−40～100	1.0	—	③
ABS/PC 管	−40～110	1.2	—	③⑥
HDPE 管	−40～60	1.0	0.41	⑤
铜管	—	—	38	⑥
镀锌管	—	—	6	⑥

注：①夹紧式；②承插式；③黏合式；④法兰式；⑤热熔式；⑥螺纹式；⑦卡环式。

二、管材常用塑料

同塑料薄膜用材料一样，几乎所有的塑料材料都可以制造塑料管材。但最常用的管材原料不外乎几种，它们是 HPVC(PVC-U)、SPVC(PVC-C)、XLPE、HDPE、LDPE、LLDPE、PP、ABS 及 PB 等。上述塑料中以 PVC 用量最大，占 2/3 以上，HDPE 次之，其他用量都较小。

1. PVC

PVC 是一种用途最广、用量最大的塑料管材原料，它的用量可达整个管材用塑料的 2/3 以上，几乎可制成各种类型的管材如下水管、上水管、穿线管、波纹管及缠绕管等。

PVC 原料的价格低廉，制品的软硬程度和透明性高低都可通过配方进行调整，而且可调整幅度大，还具有强度高、耐化学腐蚀性好、抗静电好、阻燃性好、印刷及焊接性能好等优点。

(1) U-PVC(HPVC) 上水管　用于 U-PVC 上水管的 PVC 树脂中 VC 单体的含量应小于 1mg/kg，通常选用卫生级的 SG-4 或 SG-5 型树脂；各种助剂都应无毒或极低毒性，如热稳定剂采用无毒品种金属皂类、有机锡类、有机锑类及稀土类；必需使用铅盐类稳定剂时，一定要控制加入量，以使含铅量不超过规定的标准；U-PVC 中常用的无毒或低毒稳定体系有：铅盐类与钙/锌液体复合稳定体系，稀土类加少量铅盐体系，有机锡（有机锑）金属皂类协同体系。

U-PVC 上水管材参考配方（质量份）如下：

PVC(卫生级、SG-5)	100	京锡 4432	0.8～1
Ca/Zn(CZ310)	1～3	碳酸钙	8
硬脂酸钙	2～4	石蜡	1～1.5
京锡 8831	2～3		

(2) U-PVC 下水管　PVC 下水管对树脂及添加剂的要求都不高，一般选用 SG-5(SG-4) 型树脂和铅盐类稳剂。为降低下水时的噪声，常制成三层共挤芯层发泡管或螺旋管。

下面举两例 PVC 下水管的配方。

① 普通下水管（质量份）：

PVC(SG-5)	100	硬脂酸钡	1.2
三碱式硫酸铅	4	石蜡	0.8
二碱式硬脂酸铅	1	炭黑	适量
硬脂酸铅	0.8	碳酸钙	5

② PVC 低发泡管（质量份）：

PVC(SG-5)	100	发泡剂	0.4～0.6
稳定剂	4～5	填料	5～10
润滑剂	2～2.5	其他助剂	5～10

(3) PVC 透明软管　配方中应含有适量的增塑剂，各种助剂都为透明性，具体配方如下（质量份）：

PVC(SC-2)	100	MBS	5～10
DOP	30	C-102	3
DBP	15	HSt	0.3

(4) PVC 可弯建筑穿线管　PVC 穿线管有波纹管和硬管两种，波纹管可自由弯曲，但内壁的波纹使穿线施工困难；PVC 硬管不能弯曲，为解决可冷弯曲问题，需设计特殊配方。

在 PVC 可弯穿线管中加入大量 CPE 弹性改性剂，赋予其可弯曲性；加入适量的轻质碳酸钙，可保证弯曲不反弹；加入钛白粉，可掩盖冷弯曲时产生的发白现象。

典型的 PVC 可弯曲穿线管配方（质量份）：

PVC(SG-5)	100	三碱式硫酸铅	4～6

二碱式亚磷酸铅	2～3	石蜡	0.6～0.8
硬脂酸铅	0.5	CPE	10～12
硬脂酸钡	0.3～0.5	轻质碳酸钙	8～10
硬脂酸钙	0.65～0.9	钛白粉	2

(5) PVC 波纹管　配方中要有 CPE 冲击改性剂和加工改性剂 ACR201，以保证管材刚中带柔，具体配方如下（质量份）：

PVC(SC-5)	100	硬脂酸钡	1
CPE	3	ACR201	2
三碱式硫酸铅	2	碳酸钙	3
二碱式亚磷酸铅	1.5	硬脂酸	1.5
硬脂酸铅	1.5		

(6) PVC 缠绕管　配方中需加入适量的增塑剂，具体配方如下（质量份）：

PVC(SG-4)	100	硬脂酸铅	1.2
DOP	2～8	硬脂酸钡	1
三碱式硫酸铅	1.5～4	石蜡	1

2. PE

PE 是仅次于 PVC 的第二大管材用塑料材料，PE 中的 HDPE、LDPE、LLDPE、XLPE 及 UHMEPE 都可为管材原料，但最常用的为 HDPE。

按具体的发展历程，可将 PE 管材原料分成如下几代。

第一代为 LDPE、HDPE。第二代为 MDPE，改善了第一代的耐应力开裂性，并有较高的长期静压强度，性能达到现行 PE80 级材料要求。第三代为 PE100，为目前国内外承压管道用料的最高级别，具有非常卓越的耐应力开裂性能、熔体流动性、耐候性、长期耐热性和低内壁摩擦性，可有效地提高流量。目前国内只有上海石化可生产 PE100 原料。第四代为 UHMWPE(超高分子量聚乙烯)，具有极高的耐磨性、低温性和冲击性能，主要用于矿粉等高磨损性材料的输送。第五代为 XLPE(交联聚乙烯)，具有高刚性、耐蠕变及耐应力开裂等性能，耐热温度在 100℃ 以下。第六代为 PE-RT(增强耐热聚乙烯)，具有高强度和高耐热性能，可用于热水管和供暖管。

PE 原料具有耐化学腐蚀性能好、韧性好、价格低及耐应力开裂性好等优点。不同品种的 PE 又具有各自的特点。

LDPE、LLDPE 的柔软性好、韧性好，适于低压管和软管的制造。

HDPE 的刚性较高，耐压性较好，可适于中等压力管如中低层建筑给水管等，还可生产波纹及缠绕管，在 PE 中它最常用。

XLPE 管因分子间发生交联而使其耐压性大大提高，如可从 HDPE 的 1MPa 升高到 7MPa；耐热性也大幅提高，可从 60℃ 提高到 115℃。XLPE 适于高耐压的高温输送管材。

UHMWPE 具有优异的耐磨性、韧性、耐低温性、抗黏附性及自润滑性，主要用于耐磨类固体粉末的输送，如粮食及矿粉等。UHMWPE 的加工困难，需加入助挤剂或与 LCP 原位复合共混以改善加工性能。生产 UHMWPE 管需要用专用设备，如山东潍坊塑料机械厂生产 UHMWPE 管材加工设备。

PE-RT 为增强耐热聚乙烯开发于 20 世纪 90 年代，是新型耐高温非交联聚乙烯管道料，适合于热水的输送，可用于散热器片的生产。这种树脂是一种采用特殊的分子设计和合成工艺生产的新型聚乙烯产品，属于一种性能稳定的中密度聚乙烯，它是乙烯和辛烯的共聚产物。在分子结构上，它的主链是由线型聚乙烯构成，而辛烯的较短分子链构成其支链，在聚合反应中对聚乙烯分子链上支链的数量和分布进行适度控制，使得由其制成的管道具有耐热性能和优良的耐长期静压能力。目前通过权威 BODYCOTE 认证的 PE-RT 原料只有陶氏化学的 DOWLEXE2344E 和 2388、韩国的 SK 化学的 YUCLAIR DX800 两种。

(1) 普通 LDPE 管　普通 LDPE 管具有半透明、柔韧、耐腐蚀、电绝缘性好、耐低温性好及抗冲击性好等优点，可用于低压自来水、下水、农业灌溉、化工、绝缘护套等。原料为 LDPE，MI 为 0.2~7g/10min。对于农业滴灌管，选 MI 为 0.5~3g/10min 的 LDPE，或用 LDPE/LLDPE(80/20) 共混料。

(2) HDPE 煤气管　HDPE 具有一定的耐压性，又具有良好的力学性能、电学性能、耐化学腐蚀性能、耐水和耐寒性能，常用于煤气管材。具体选择 MI 为 0.25~0.5g/10min 的 HDPE，为 PE100 级树脂。具体生产厂家有：大庆的 6100M、6300M、5000S，齐鲁的 2480，扬子的 6100M、6500B、5000S、5200S，北京燕山的 6500B、5200B、5000S，茂名的 2400、2401 等。

(3) LLDPE 管　LLDPE 管材具有优良的耐应力开裂性、较高的刚性和耐热性能，可用于农业排灌及上水等液体的输送，其成本低于 LDPE 管。

(4) XLPE 热收缩管　XLPE 有辐射交联、过氧化物交联、硅烷交联三种交联方法，硅烷交联方法可具体参见电缆部分内容，这里介绍辐射交联方法。

辐射交联热收缩管是利用 γ 射线对已挤出的 LDPE 管坯进行辐照处理，经过交联处理后的 PE 在结晶熔融温度下呈橡胶状弹性体，在此温度范围内施加外力使之变形，在外力作用下冷却，使变形固定下来，形成热收缩管材。在具体使用时，再次加热到结晶熔融温度以上，因除去外力，内在的变形因素因结晶消失而立即收缩，恢复到原来的形状。

3. PP

纯 PP 的低温脆性太差，在 0℃ 以下就难以用作管材。为此，纯 PP 不经改性处理难以用作管材原料。PP 的改性可分为物理改性和化学改性。

(1) PP 的物理改性　PP 的物理改性为在 PP 中加入冲击改性剂，常用的有 LDPE、EPDM、丁二烯橡胶及 POE。几种改性 PP 的配方见表 7-2。

(2) PP 的化学改性　PP 的化学改性为丙烯单体与乙烯单体共聚的产物，称为 PP-C。PP-C 又可分为无规共聚物 PP-R 和嵌段共聚物 PP-B 两种。二者在性能上相差不多，只是 PP-B 的价格较低。

表 7-2　改性 PP 管材的典型配方　　　　　　　　　　单位：质量份

组　分	1	2	3	组　分	1	2	3
PP	100	100	100	抗氧剂 1010	0.5	0.5	0.5
LDPE	15	—	15	DLTP	0.5	0.5	0.5
丁二烯橡胶	—	15	10	炭黑	—	0.5~1	—
碳酸钙	30	25	30	亚磷酸酯	—	—	0.5

PP-C 具有较好的低温冲击韧性，可在 −35~95℃ 温度范围内长期使用。

PP-C 的缺点为耐候性和耐应力开裂性不如 PE 好。

目前国内有盘锦乙烯的 P340 和 P340-1、北京燕山石化和江苏扬子乙烯等生产 PPR 管材材料。

4. ABS

ABS 的韧性、刚性、抗蠕变性和耐磨性都很好，但耐压性不高，耐爆破压力仅为

1MPa，用 ABS/PC 共混改性后可达到 1.2MPa；ABS 的耐候性不好，使用寿命不如 PE 长，要提高其寿命，需加入抗氧剂和光稳定剂。

ABS 常用于低层建筑的供水及化工管材。

5. PB

PB 为聚丁烯塑料，其管材在高温下力学性能优良、耐蠕变性和环境应力开裂性突出、耐腐蚀性好，又具有良好的耐压性能；它在常温下可耐 6.9MPa 的爆破压力，与 XLPE 的耐压强度相当，可用作耐压力管材，常用于热水的输送。

PB 管材的热导率低，仅为 PE 的 1/3，可用作保温管材。

6. F4

F4 管为一种高耐腐蚀管材，几乎可耐所有介质；F4 的耐热性也很好，可耐 360℃的高温。其缺点一是加工困难；二是价格太高，为普通 PVC、HDPE 价格的十倍以上。

F4 管的加工通常采用推压法，具体工艺流程为：F4＋助挤剂→混合→制坯→推压→干燥→烧结→冷却→制品。F4 树脂选用乳液法聚合物，对小规格管材选用压缩比较大的树脂；对于大、中规格的管材，选用压缩比比较小的树脂。

7. PA 类

常用 PA11、PA12 两种材料生产 PA 管材，其优点为耐油性好，在汽车中可广泛用于输油管。其他有时用 PA6、PA1010 或浇注尼龙制管，但越来越少用。

8. 氯化聚醚

氯化聚醚的耐腐蚀性仅次于 F4，对一般的酸、碱、盐及溶剂都稳定，其价格远低于 F4。因此，它常用于要求耐腐蚀性不十分苛刻又要求耐热、绝热的化工管材。一般选用特性黏度为 0.8～2.0dL/g 的氯化聚醚树脂，用挤出方法生产。

三、塑料给水管系统

室内自来水给水管过去和现在普遍采用镀锌钢管（俗称白铁管），管件也是采用镀锌管件，高档的则采用铜管或不锈钢管，相应配铜管件或不锈钢管件。镀锌钢管与管件沿用至今已达几百年，虽然解决了量大面广的城市农村输水给水大问题，然而也产生了锈蚀污染水质，特别是热水的电化学腐蚀严重，加重了水质污染变黄。所以钢管镀锌现在看来不是一个理想的防止水质锈污的方法。至于不锈钢管与铜管，虽然防腐蚀防锈性能优异，然而价格比镀锌钢管高出好几倍，所以只能用于宾馆商厦高档次场合，还不能普遍应用。

由于塑料耐化学腐蚀、不生锈、加工方便、价格适中，多数塑料无毒，所以近 30 年来愈来愈被人们所重视，逐步推广用于自来水给水系统，并广泛用于净水工程中。

塑料给水管大致有下列几类：

① 无毒硬聚氯乙烯管材与管件；

② 高密度聚乙烯管材与管件；

③ 其他热塑性塑料管材与管件，含聚丙烯、交联聚乙烯、聚丁烯、ABS、氯化聚氯乙烯等；

④ 衬塑钢管与衬塑管件，涂塑钢管与涂塑管件；

⑤ 五层铝塑复合管（交联聚乙烯-胶黏剂-铝-胶黏剂-交联聚乙烯）。

（一）无毒硬聚氯乙烯给水管系统

硬聚氯乙烯给水管材规格见表 7-3，中国国家标准中的给水硬聚氯乙烯管材、管件的物理及力学性能表 7-4。

表 7-3　给水硬聚氯乙烯管材规格表

外径 d_e/mm		壁厚 δ/mm			
		额定压力/MPa			
		0.63		1.00	
基本尺寸	允许偏差	基本尺寸	允许偏差	基本尺寸	允许偏差
20	0.3	1.6	0.4	1.9	0.4
25	0.3	1.6	0.4	1.9	0.4
32	0.3	1.6	0.4	1.9	0.4
40	0.3	1.6	0.4	1.9	0.4
50	0.3	1.6	0.4	2.4	0.5
63	0.3	2.0	0.4	3.0	0.5
75	0.3	2.3	0.5	3.6	0.6
90	0.3	2.8	0.5	4.3	0.7
110	0.4	3.4	0.6	5.3	0.8
125	0.4	3.9	0.6	6.0	0.8
140	0.5	4.3	0.7	6.7	0.9
160	0.5	4.9	0.7	7.7	1.0
180	0.6	5.5	0.8	8.6	1.1
200	0.6	6.2	0.9	9.6	1.2
225	0.7	6.9	0.9	10.8	1.3
250	0.8	7.7	1.0	11.9	1.4
280	0.9	8.6	1.1	13.4	1.6
315	1.0	9.7	1.2	15.0	1.7

表 7-4　给水硬聚氯乙烯管材与管件的物理及力学性能

项目	指标	
	管材	管件
相对密度	1.35～1.46	1.35～1.46
拉伸强度/MPa	≥45.0	
维卡软化温度/℃	≥76	≥72
液压试验	4.2倍公称压力	4.2倍公称压力
纵向回缩率/%	≤5	
扁平试验	无裂缝	
丙酮浸泡	无分层及碎裂	
落锤冲击试验	1.0℃,10次冲击无破裂 2.0℃,冲击 TIR<5% 20℃,冲击 TIR<10%	
吸水性/(g/m²)	≤40.0	≤40.0
坠落试验		试样无破裂
烘箱试验		无任何起泡或拼缝线开裂现象

中国国家标准 GB 10002.1—88 和 GB 10002.2—88 中对生活饮用给水用硬聚氯乙烯管材和管件的卫生性能要求如下。

① 不得使水产生气味、味道和颜色。

② 铅的萃取值：第一次小于 1.0mg/L，第三次小于 0.3mg/L；锡的萃取值：第三次小于 0.02mg/L；镉的萃取值：三次萃取液每次不大于 0.01mg/L；汞的萃取值：三次萃取液每次不大于 0.001mg/L；氯乙烯单体含量：≤1.0mg/kg。

③ 所用原料中氯乙烯单体含量应小于 5mg/kg，所用助剂应确保管材和管件长期卫生性能。

由于硬 PVC 给水管材与管件的原料是化学混合物，非单一的化合物，因而要求混合物中每个组分都是无毒或毒性在安全范围内。所以关于管材用 PVC 树脂可选用经汽提过的疏松型 PVC 树脂 SG5（GB/T5761—93），残留氯乙烯（VCM）含量不大于 5mg/kg（ppm）（GB/T 5761—93 中的优等品产品尚不可使用）；管件用 PVC 树脂可选用经汽提过的疏松型 PVC 树脂 SG7（GB/T 5761—93）残留氯乙烯（VCM）含量不大于 5mg/kg（ppm）。关于稳定剂、润滑剂、加工助剂、增韧剂等添加剂也都要选用无毒或符合卫生要求的产品。

另外，为了使硬 PVC 给水管达到卫生性能要求，在成型加工手段上也必须采用低剪切作用排气式异向双螺杆挤出机进行成型生产，而且保证生产过程中排气操作，借以降低管材中氯乙烯单体含量。凡用含铅等重金属稳定剂者，其热稳定性优越，但如采用异向双螺杆挤出机成型，由于它剪切发热小，物料在料筒内停留时间短，因而在配方中可不用或少用含铅稳定剂。

（二）高密度聚乙烯给水管系统

高密度聚乙烯给水管国内至今尚未系统开发，也无标准可循，只有 GB 15558.1—1995 燃气用埋地聚乙烯管材技术标准和 GB 15558.2—1995 燃气用埋地聚乙烯管件技术标准。

德国已于 1997 年制订了高密度聚乙烯饮用水管技术标准 DIN 8074—1997，见表 7-5。

表 7-5　德国 HDPE 饮用水管标准

外径/mm	系列 5		外径/mm	系列 5	
	壁厚/mm	单重/(kg/m)		壁厚/mm	单重/(kg/m)
10	2.0	0.051	140	12.8	5.11
12	2.0	0.064	160	14.6	6.67
16	2.0	0.091	180	16.4	8.42
20	2.0	0.117	200	18.2	10.4
25	2.3	0.171	225	20.5	13.1
32	3.0	0.279	250	22.8	16.2
40	3.7	0.430	280	25.5	20.3
50	4.6	0.666	315	28.7	25.7
63	5.8	1.05	355	32.3	32.6
75	6.9	1.48	400	36.4	41.4
90	8.2	2.12	450	41.0	52.4
110	10.0	3.14	500	45.5	64.6
125	11.4	4.08			

HDPE 管不同于硬 PVC 管，它可以像电缆一样卷绕成盘，根据此特点在安装时省去了不少管接头。

德国 HDPE 管一般多采用德国 Hoechst 公司出产的 Hostalen GM 5010T2，其物理及力学性能见表 7-6。

表 7-6　Hostalen GM 5010T2 的物理及力学性能

性能	测试方法	指标
密度/(g/cm^3)	DIN 53479	0.953～0.955
熔体指数/(g/10min)	DIN 53735	0.4～0.7
拉伸屈服强度/MPa	DIN53455；	22
屈服伸长率/%	ISO/R527；	15
拉伸断裂强度/MPa	测速 125mm/min	32
断裂伸长率/%		＞800
弯曲强度/MPa	DIN 53452	28
扭转刚度/MPa	DIN 53447	240
弯曲蠕变模量/MPa		800
球压痕硬度/MPa	DIN 53456(负荷 132.4N)	40
邵氏硬度	DIN 53505	60
悬臂梁冲击强度(+23℃，-40℃)/(J/m^2)	DIN 53453	不断
线膨胀系数(20～90℃)/K^{-1}	DIN 52328 ASTM D 696	$1.7×10^{-4}$
热导率(20℃)/[W/(m·K)]	DIN 52612	0.43
体积电阻率/(Ω·cm)	DIN 53482	＞10^{16}
表面电阻率/Ω	DIN 53482	＞10^{13}
介电强度/(kV/cm)	DIN 5348	200
介电常数	DIN 53483	2.50
介电损失角正切	DIN 53483	
50Hz		$6×10^{-4}$
10^5 Hz		$6×10^{-4}$

HDPE管的成型设备可采用$L/D=25:1$排气式单螺杆挤出机,模头可采用分流梭式,管径最大可做到$\phi 250mm$,$\phi 250mm$以上。

模头尺寸分档可参照下列模头系列数据:

1　　　$\phi 10\sim 75mm$　　　　4　　　$\phi 355\sim 710mm$
2　　　$\phi 50\sim 160mm$　　　5　　　$\phi 630\sim 1000mm$
3　　　$\phi 140\sim 400mm$　　　6　　　$\phi 1000\sim 1600mm$

HDPE管的定型一般采用:

① 内压定型法　管端用浮塞塞柱,从模芯通入压缩空气,管子离模芯进入冷却水冷却的定型套;

② 真空定型法　管子离开模芯后,进入板式真空定型槽或进入筒式真空定型槽,边抽真空边水喷淋冷却。凡小口径管子多用真空定型法,大口径管多用内压定型法。

HDPE管件都用注塑法成型。

纯塑料给水管的材质除了硬聚氯乙烯(UPVC)、高密度聚乙烯(HDPE)外,还有交联聚乙烯、聚丙烯(PP)、聚丁二烯(PB)以及ABS等。

(三) 五层铝塑复合管系统

上水管发展至今,无论在材质方面或是在结构方面,以及在安装施工方面都不断有革新与提高,到20世纪80年代,德国开发了五层铝塑复合管系列,即聚乙烯-胶黏剂-铝管-胶黏剂-聚乙烯五层铝塑复合管。它与其他上水管相比具有下列特点:①耐多种化学品腐蚀、耐酸、耐碱、永不生锈;②清洁、无毒、卫生、防止水质污染;③耐高温,长期使用温度为95℃;④耐高压,长期工作压力为1MPa;⑤抗氧及其他气体渗透;⑥抗静电;⑦保温性好,管壁不结露不结霜;⑧既具有金属的刚性,又可轻易弯曲,所以安装时既节省了管扣,又节省了管件;⑨管子长度特长,经济性高;⑩内壁光滑阻力小,不易结垢,有利于提高流量;⑪管子可着成多种颜色,安装后无需油漆;⑫重量轻,运输携带方便;⑬施工简便、快速;⑭使用寿命长达50年;⑮价格便宜(综合评估);⑯可用简单金属探测器探测出埋于地下或埋于混凝土中的管子位置。

铝塑复合管还可在多种液体与气体的输送场合中应用。例如,可广泛应用于冷水、热水、室内取暖热水系统、压缩气体、电力套管,并广泛应用于各行各业如:化工、轻工、食品、医药卫生、净水工程、纺织印染、电气、机械、农业等领域。应用中,既可露面安装、也可埋于地下、墙内以及混凝土中。

铝塑复合管的规格见表7-7。

表7-7　铝塑复合管的规格

规格	外径/mm	内径/mm	壁厚/mm	单重/(g/m)	长度/(m/卷)
14×2	14	10	2.0	80	100
16×2	16	12	2.0	95	100
18×2	18	14	2.0	115	100
25×2	25	20	2.5	180	100
32×3	32	26	2.0	279	100

技术特性:

长期使用温度　　　　　　95℃　　　　热导率　　　　　　0.45W/(m·K)
长期工作压力　　　　　10×10^5Pa　　热膨胀系数　　　25×10^{-6}m/(m·K)
管子最小弯曲半径　　　　≤5D

每米管子在各种温差 Δt(℃)时的热膨胀长度见表 7-8。

管件材料一般采用黄铜，如遇化学腐蚀性介质，则必须采用不锈钢。

表 7-8　各种温差 Δt（℃）时管子的热膨胀长度

Δt/℃	10	20	30	40	50	60	70	80	90	100
热膨胀长度/mm	0.25	0.50	0.75	1.00	1.25	1.50	1.75	2.00	2.25	2.50

为了铝塑复合管同镀锌钢管（白铁管）相连接，还需配备相应规格的外螺纹直接头、内螺纹直接头，甚或再配备内螺纹直角弯头和内螺纹三通。

四、塑料排水管系统

塑料排水管可以分成建筑室内排污管系统、工业废水排放管系统、城市埋地排水管系统、建筑用雨水管系统。

UPVC 排水管所用原料有：PVC 树脂、稳定剂、增韧剂、润滑剂、加工助剂、填充剂、着色剂等。PVC 树脂可选用 SG5 型疏松型聚氯乙烯树脂（中国国家标准 GB/T 5761—93 SG5）；稳定剂一般采用铅盐（三碱式硫酸铅、二碱式硬脂酸铅、二碱式亚磷酸铅、硬脂酸铅等）；增韧剂可选用氯化聚乙烯（CPE）、三元核壳结构丙烯酸酯类、甲基丙烯酸甲酯-丁二烯-苯乙烯共聚物（MBS）、ABS 等；润滑剂可选用硬脂酸钙、硬脂酸、石蜡等；加工助剂可采用 M-80 ANS 树脂等；填充剂加入的目的是降低成本，可选用轻质碳酸钙等，必须控制其细度，而且必须经硬脂酸处理；着色剂必须加入少量增塑剂，用三辊磨研磨成均匀浆料后，按配比精确称量后才加入。

成型设备最好选用异向排气式平行双螺杆挤出机或锥形双螺杆挤出机。现在使用设备的工艺师们普遍认为锥形双螺杆加工挤出的管材型材质量优于用平行双螺杆所得产品。其实不然，锥形双螺杆的设计构思是为螺杆尾部安装大型推力轴承创造更大的空间，其目的并不是为螺杆塑化段造成更有效的压缩性。众所周知，螺杆对物料形成有效的压缩性，是靠螺杆前后螺槽体积有大小，遂产生了压缩比。不同物料通过实验可求得它的最佳压缩比，此最佳压缩比平行双螺杆和锥形双螺杆两者都能建立，不是锥形双螺杆独占优势。相反，锥形双螺杆和锥形料筒加工复杂，造价高。螺杆料筒材质要求耐化学腐蚀、耐磨，最好采用双金属，即芯层与表层采用不同材质。芯层只要一般 45 号中碳钢，表层喷涂 X-合金。

由于异向双螺杆挤出机挤出功能优异，具有输送效率高、分散混合作用强、剪切发热小、受热温度均匀、能量利用率高等优点，所以国外挤塑 PVC 等热敏性塑料普遍应用异向排气式双螺杆挤出机。国内限于经济力量，加工厂又是小厂，星罗棋布，尚难以做到。近年来，有些企业利用单螺杆挤出机进行料筒的简单改造，即将圆形料筒改造成椭圆形料筒，椭圆的长轴与短轴相差 1~2mm。经过这样改造，分散混合作用明显提高，这种简易改造的单螺杆挤出机既能实现 PVC 粉料加料，同样可以生产出质优管材。当然，在配方上有异于双螺杆塑塑，倒如稳定剂要多加，加工助剂不能少。

定型方法：凡 ϕ200mm 以下小口径管子一般多采用真空定型法；凡大口径管子多采用管塞内压法。真空定型法中可选用水环式真空泵。

五、硬聚氯乙烯雨水管、槽系统

UPVC 雨水管、槽与配件生产用原料、设备、模具等与 UPVC 排水管及管件无多大区别，所不同者，雨水管、槽及配件的使用环境是在室外，需经日晒雨淋及大气腐蚀的考验，特别是需要光稳定（耐紫外线辐射）。

第二节 板、片、卷、革材制品的塑料选用

一、板材制品的塑料选用

（一）常用塑料板材主要品种与分类

塑料板材与片材的主要区别在于厚度增大，硬质板材的厚度大于 0.5mm 以上，而软质板材的厚度大于 2mm 以上。

塑料板材的用途比塑料片材大，除少部分用于吸塑基材外，大部分直接使用，这一点不同于塑料片材。

（1）按板材加工方法分类　可分成挤出法、压延法、层压法和浇注法四种。其中挤出法和压延法同塑料片材相同，这里只介绍层压法和浇注法。

① 层压法　可分热塑性塑料层压法和热固性塑料层压法两种。

热塑性塑料层压法以 PVC 树脂为主，其工艺流程为：压延成型一定厚度的 PVC 硬质片材→PVC 片材在层压机中热压成型→冷却定型→PVC 板材。

热固性塑料层压法用热固性树脂和织物状增强基材为原料，其工艺流程为：先配好热固性树脂涂胶液→基材浸热固性树脂胶液→浸胶基材干燥除溶剂→浸胶基材加热固化层压成型→冷却定型即可。热固性塑料层压板的树脂可为酚醛树脂、不饱和聚酯树脂、环氧树脂等，织物状增强基材可为玻璃布、牛皮纸、棉布、石棉布及高级纤维等。热固性塑料层压板习惯上以所用基材和树脂的名称命名并冠以"层压"二字命名，如纸基酚醛树脂层压板、玻璃布基环氧树脂层压板等。同种树脂而使用不同种基材的层压板的性能差别很大，以牛皮纸或玻璃布为基材的层压板绝缘性能好，常用于电机及电器的印刷电路板；以帆布为基材的层压板的机械强度高，可代替金属用于无声齿轮、轴瓦等零件；以石棉为基材的层压板耐热及耐磨性好，可用于刹车片及离合器等耐磨材料；以聚酰胺纤维、石墨、氧化硅织物等为基材的层压板具有高耐热性能，可作为导弹外壳、宇宙飞船舱面层和防热罩的耐烧蚀材料。

② 浇注法　主要适用于 PMMA 和 PA6 的板材成型。它先将反应单体和催化剂一起预聚成预聚浆，浇注到平板玻璃型腔中，在适当的温度下聚合即为 PMMA 板材。

浇注法 PMMA 板的透明性极高，制品内无内应力、呈各向同性、双折射小，非常适合于用作光学透镜材料。

（2）按板材内部结构分类　可分为实心板、空心板和发泡板三类。

① 实心板　内外密度相等且无泡孔的一类板材，优点为强度高，刚性大。

② 空心板　内部为空心和加强筋结构的一类板材，如 PVC 装饰板；优点为节省材料，成本低廉，且具有隔声、隔热及不易变形等性能。

③ 发泡板　内部含有泡孔结构的一类板材，如 PS、PE 发泡板材等；优点为隔声、隔热性能好。

（3）按板材的用途分类　可分为装饰类、建筑类、广告美术类、玻璃类、防腐类、绝缘类、二次成型类等。

① 装饰类　主要有 PVC 板、铝塑复合板（可用于内、外墙及棚顶材料）、PE 天花板等。

② 建筑类　PS 发泡隔墙板及 PC 屋顶透明板等。

③ 日用类 PVC、PMMA 板。
④ 玻璃类 汽车窗、飞机窗、广告橱窗等玻璃，常用 PC、PMMA 透明板。
⑤ 防腐类 用于化工储罐，常用 PVC、ABS 等。
⑥ 绝缘类 印刷电路板，常用酚醛树脂、环氧树脂板等。
⑦ 二次成型类 用于二次热成型，有 PVC、ABS、PM-MA 等。
(4) 按板材原料种类分类 可分为单层板和复合板两类。
① 单层板 用一种材料制成的一类塑料板材。
② 复合板 用两种以上材料制成的一类板材，如铝塑复合板等。

(二) 塑料板材类制品常用材料及其用途

常用的塑料板材用材料有：PVC、PMMA、PC、ABS、PF、EP、PI、PS、PE 及 PP 等，其中后三种常用于发泡板材。

(1) PVC PVC 是一种常用的塑料板材原料，它可生产软质、硬质、透明及不透明等各类板材；它既可用挤出法生产，也可用压延法生产。

① PVC 挤出硬板 PVC 挤出硬板包括工业用板材、透明板材和彩色装饰板材三类，工业用板材主要用于化工防腐材料，透明板材主要用于包装材料、设备视窗等，彩色装饰板材用于装潢材料。

PVC 挤出硬板具有厚度精度高的优点，但因冷却效果差等原因，板材厚度不宜超过 15mm。

PVC 挤出硬板的典型配方如下（质量份）：

	工业用板材	彩色装饰板材	透明板材
PVC(SG-4 或 SG-5)	100	100	100
增塑剂	—	—	1
铅系稳定剂	3~4	—	—
有机锡稳定剂	—	3.5	3.5
润滑剂	0.4	0.5	0.4
ACR	3.5~5	3~5	3~5
MBS	—	3	2
碳酸钙	5~10	—	—
着色剂	适量	适量	—

② PVC 挤出软板 PVC 挤出软板的柔软性和弹性都很好，不透明软板主要用于铺地材料，透明软板主要用于防寒门帘。以 PVC 铺地材料为例，其典型配方如下（质量份）：

PVC(SG-2 或 SG-3)	100	碳酸钙	40~45
增塑剂	45	着色剂	适量
铅系稳定剂	2~2.5		

③ PVC 层压板 PVC 层压板为不透明类板材，可分软质和硬质两种；其中软质 PVC 层压板主要用于防水、防腐和铺地材料；硬质 PVC 层压板主要用于防腐材料。PVC 层压板用 PVC 压延的软或硬片材经加热压制而成。PVC 压延软或硬片材的典型配方如下（质量份）：

	软片材	硬片材
PVC(SG-1)	100	—
PVC(SG-3)	—	100

增塑剂	30～40	—
三碱式硫酸铅	3～4	5～7
硬脂酸钙	0～1	—
硬脂酸钡	—	1～2
轻质碳酸钙	15～20	1～5
氯化石蜡	10～12	—
硬脂酸		0.5
石蜡		0.5

④ PVC 挤出发泡板　PVC 挤出发泡板具有隔热、隔音、防潮及防腐等优点，广泛用于代木材料，用于建筑、汽车、飞机、轮船的壁板、隔板、天花板及装饰板等。PVC 挤出发泡板的典型配方如下（质量份）：

PVC(SG-14)	100	复合润滑剂	0.2～0.4
铅系稳定剂	4～6	增强剂	2～5
ACR	10～20	轻质碳酸钙	5～10
增塑剂	2～4	AC 发泡剂	0.1～0.3

(2) PMMA　PMMA 板材是塑料中透明性最好的材料，又具有良好的硬度、电绝缘性、机械强度、黏合性和二次加工性，广泛用于交通工具的窗玻璃、光学材料、工艺品和广告材料。

PMMA 板材可用浇注法和挤出法两种方法生产。

① PMMA 浇注板材　浇注法是生产 PMMA 板材最常用的方法。这种板材的无残留内应力，光学性能优异，最适用于光学领域的应用。如用于光学仪器以及飞机、汽车及船用玻璃等。

PMMA 浇注板材的典型配方如表 7-9 所示。

表 7-9　PMMA 浇注板材的典型配方

板材厚度/mm	甲基丙烯酸甲酯/份	偶氮二异丁腈/份	邻苯二甲酸二丁酯/份	硬脂酸/份	甲基丙烯酸/份
1～1.5	100	0.06	10	1	0.15
2～3	100	0.06	8	0.6	0.1
4～6	100	0.06	7	0.6	0.1
8～12	100	0.25	5	0.2	0.1

② PMMA 挤出板材　挤出法生产 PMMA 板材不如浇注法常用，只是在 20 世纪 80 年代后期才开发成熟，美国和日本的用量目前已占一半。PMMA 挤出板材的光学性能不如浇注法板材，耐热性和硬度也稍差，优点为价格低。

挤出法要求 PMMA 的流动性要好，一般选用 MI 为 1.5～3.5g/10min 的纯树脂直接生产即可。

(3) PC　PC 板材常用挤出法生产，由于具有很高的透明性能和抗冲击性能，习惯上又称为阳光板，广泛用于光学照明和玻璃，如用作大型灯罩、探照灯罩、防爆灯罩等以及广告橱窗、汽车、飞机的窗玻璃等。

PC 板材选用 K 值 56 以上的 PC 纯树脂为原料，可不加助剂直接生产。

(4) ABS　ABS 板材用挤出法生产，其优点为冲击强度高、耐热性好、表面光洁、易涂敷和电镀、易进行二次加工等。ABS 板材的直接应用较少，常用板材进行热成型加工成各类制品，如电冰箱内衬等。

ABS板材选用MI为0.3～3.5g/10min的ABS树脂,加入适量硬脂酸锌润滑剂即可。

(5) 热固性塑料

① PF　不同的基材选用不同配方的胶液,具体配方如下(质量份):

a. 木基层压板胶液配方

| 苯酚 | 100 | 氨水(25%) | 6 |
| 甲醛 | 38.5 | 乙醇 | 100 |

b. 玻璃布基层压板胶液配方

| 聚乙烯醇缩丁醛 | 20 | 乙醇(96%) | 180 |
| 苯酚甲醛树脂 | 30 | | |

② EP　层压用胶液的具体配方如下(质量份):

| F-44型环氧树脂 | 100 | 丙酮 | 200 |
| 顺丁烯二酸酐 | 30 | | |

(6) PS　PS有密实板、低发泡板和高发泡板三种,其中以发泡板最为常用。

① PS密实板　PS密实板采用T型机头挤出法生产,以纯GPS为原料,树脂的MI为0.5～3.0g/10min。

PS密实板可通过更换压花辊压制出各种花纹,广泛用于室内装潢的天花板、隔板、花纹玻璃板、照明板、灯罩、交通标志及牌匾等。

② PS低发泡板　PS低发泡板以挤出发泡法生产,因具有质轻、不易变形、可锯、可刨等优点,常作为仿木材料,用于家具和装饰材料,如PS低发泡板可用于各类装饰条。PS低发泡板选用GPS树脂,加入化学发泡剂偶氮二甲酰胺及碳酸氢钠等。

③ PS高发泡板　PS高发泡板以EPS为原料,采用模压法生产,具体生产工艺流程为:预发泡→熟化→模压成型→冷却→制品。PS高发泡板常用于建筑隔热墙板。

(7) PE　PE板材常为发泡制品,可分为低发泡和高发泡两种,用挤出发泡法成型加工。PE低发泡板主要用作装饰材料如天花板,而高发泡板则主要用作坐垫和漂浮材料。

PE发泡天花板的具体配方(质量份):

LDPE	100	硬脂酸	0.3
轻质碳酸钙	120	硬脂酸锌	1
偶氮二甲酰胺	4.5	抗氧剂CA	0.3
过氧化二异丙苯	0.6		

(8) PP　PP板材常为低发泡制品,主要用于仿木材料。采用挤出发泡法生产,树脂为PP/LDPE共混物。

(三) 其他板材制品的塑料选用

1. 塑料地板

塑料地板在现代住宅装饰中仍然走俏。其原因一是图案多样(仿木纹、仿天然石材纹理)可以达到以假乱真的程度,能满足人们崇尚大自然装饰的要求;其二是材料性能好,耐水、耐腐。其三是脚感舒适,特别是弹性塑料地板,柔软性好,解决了某些传统建材的冷、硬、响、灰的问题。与木质地板相比,塑料地板隔声、易清洁,与陶瓷砖相比,不打滑,冬天无阴冷感;其四是可大规模、自动化生产,生产效率高,质量稳定、成本低、易维修。再有就是质地轻、施工简便在厨房、卫生间、走道、洗衣房、贮藏室等地面均可铺弹性塑料卷材地板。在一些商业中心、机场候机楼等公共建筑还可铺块状塑料地板并按需要组拼成各种丰富多彩的图案。

塑料地板分地砖、卷材地板、双层或三层涂刮法地板。对于地板的要求主要是耐磨和尺寸稳定,因而配方中含填料量较大,一般为150%～200%。主体树脂PVC,多数选用XS-

4，或 XS-5 型。配方中加入松香可加大填料含量，减少气泡产生。若是双层或三层涂刮地板，其面层一般厚度为 0.5mm，而且质量较好。底层含填料量较多，一般为 1～1.5mm，双层和三层涂刮地板配方参见表 7-10。

表 7-10 双层、三层涂刮地板配方（质量份）

原料 \ 地板	双层		三层		
	面层	底层	面层	中层	底层
PVC XS-3	100		100		
回收料		100		100	100
苯二甲酸二辛酯	25	30	12	5	5
苯二甲酸二丁酯			15		5
烷基磺酸苯酯	20	20			
氯化石蜡	10	5	3	5	5
三碱式硫酸铅	4	4		2	2
硬脂酸钡	2	2	1.8	2	2
硬脂酸镉			0.9		
硬脂酸	0.5	0.5		1	1
碳酸钙		150		150	200
表面活性剂			1		

2. 护墙用硬聚氯乙烯披叠板系统

硬 PVC 披叠板的生产工艺过程：先将 PVC 树脂和多种添加剂（热稳定剂、紫外线吸收剂、润滑剂、加工助剂、增韧剂、填料、着色剂等）按设计好的配方配比加热混合均匀，然后用异向双螺杆挤出机挤出成型片材，再用木纹刻花辊轧成单面木纹花纹，最后经后成型成披叠板形状，再经切割、修剪、检验包装得最终成品。

加拿大 Mitten Vinye Inc. 的硬 PVC 披叠板的特性如下。

（1）耐久性　保证使用 50 年。

（2）耐腐蚀性　耐酸、耐油、耐海水、耐晒、耐雨淋、耐炎夏高温、耐寒冬低温。

（3）耐电性　耐雷击、不导电。

（4）耐冲击　耐足球足力射击的冲力等。

（5）表面不吸水（木材吸水），表面不出汗（金属表面出汗）。

（6）美观性　披叠板着色是着在材料内部，即里里外外都着色，与颜料涂层相比，要厚上 40 倍；表面不生锈、不被侵蚀、不会风化成碎片碎屑剥落。

（7）安装简便　只要在砌筑墙体时按披叠板尺寸等距嵌上木条，施工人员只需用简易工具与材料（钢锯、旋凿、铁锤、木螺钉、嵌线与黏合剂）即可轻而易举地快速施工。

（8）易于清洁　用肥皂水与刷子即可清洁披叠板表面，使它恢复原有面貌。

3. 塑料平托盘（仓垫板）

联运平托盘（俗称仓垫板）广泛用于公路、铁路、水运、航空等不同运输方式的联运和应用铲车进行的贮运装卸作业，还有更为量大面广的工矿企业和商业仓库贮运。

现有托盘的材质多用木材与钢材，尤以木材为主。用高密度聚乙烯（HDPE）加工平托盘的优点是质轻、强度高、不吸水、可着成不同颜色用以区分不同货物贮运、可用蒸汽清洁、不需维修、使用寿命长（10～15 年）而且成型方便。因此不仅以塑代木而且胜于木，用塑料制作平托盘是托盘材质上的重大变革。

参照木制联运平托盘国家标准 GB 2934—82、GB 4995—85，平托盘外部尺寸（长度×宽度）及技术条件如下。

用途　堆置 209L(55 加仑)桶和袋装货物。
尺寸　1219mm×1219mm×146mm，四向，13 支脚。
重量　34kg。
材料　HDPE 注塑（整体式）。
使用温度　−40～+120℃（120℃仅为蒸汽清洁用）。
使用寿命　10～15 年。
静载　209L 桶　4000kg；
　　　袋装货物　11000kg。
颜色　黑色、橘黄色。

4．人造大理石装饰板

我国人造大理石装饰板大多数采用聚酯型法生产，用该法制得的人造大理石装饰板，物理化学性能好，花纹容易设计，且用途广。聚酯型法人造大理石是以不饱和聚酯树脂及有关助剂为胶黏剂，再加入方解石粉、石英砂、大理石粉等无机填料和颜料，经搅拌、混合、成型、脱模、修整等工艺加工而成。它是有机与无机复合型人造大理石。它具有优良的物理、化学性能，与天然大理石相比，它强度高，容量小，耐腐蚀，化学稳定性好，并能加工成薄型装饰材，安装施工方便等。

5．钙塑泡沫装饰板

钙塑泡沫装饰板是由树脂（常用聚乙烯树脂）、填料、润滑剂、发泡剂、交联剂、颜料等，经搅拌、混炼、拉片、模压、发泡、真空成型等工艺加工而成。表面有各种浮雕花纹图案和穿孔图案。品种有普通板和难燃板两类。它具有耐水、质轻、吸声、造型美观、立体感强，可钉、可锯、可刨等二次加工性好，施工方便等优点。适用于礼堂、饭店、商店、影剧场等建筑物室内顶面装饰用。

钙塑泡沫装饰板的性能与规格见表 7-11。

表 7-11　钙塑泡沫装饰板产品规格、性能

规格/mm	性能指标					
	容量/(kg/m³)	吸水性/(kg/m²)	耐温性/℃	压缩强度/MPa	拉伸强度/MPa	断裂伸长率/%
一般板 500×500	≤250	≤0.05	−30～60	≥0.6	≥0.8	≥50
难燃板 500×500	≤300	≤0.01	−30～80	≥0.35	≥1.0	≥60
500×500×6	≤250	≤0.05	−50～60	≥0.6	≥0.8	≥50
500×500×5	≤300	≤0.04	−30～60	≥0.7	≥0.9	≥50

规格/mm	性能指标				
	热导率/[W/(m·℃)]	热收缩率/%	氧指数/%	自熄性/s	吸声系数 ($\frac{赫}{吸声系数}$)
一般板 500×500	0.074	≤0.8	—	—	$\frac{125}{0.08}, \frac{500}{0.34}$ $\frac{1000}{0.16}, \frac{2000}{0.14}$
难燃板 500×500	0.081	≤0.5	>30	预热 10s，离火自熄时间不大于 25s	
500×500×6	0.074	≤0.8	—	—	—
500×500×5	0.075	≤0.75	—	—	—

6．聚氯乙烯塑料天花板

聚氯乙烯塑料天花板是由聚氯乙烯树脂、增塑剂、稳定剂及有关助剂和颜料等，经捏和、混炼、压延、真空成型等工艺加工而成的凹凸浮雕图形的顶面装饰材料。它具有防潮、隔热、难燃、质轻、可锯、可钉二次加工性，易安装等优点。用于礼堂、会议室、商店、住宅等建筑物的室内顶面装饰。

其性能与规格见表 7-12。

表 7-12 聚氯乙烯塑料天花板的产品规格、性能

规格/mm	性能指标						
	容重/(kg/m³)	吸水率/%	耐热性/℃	拉伸强度/MPa	延伸率/%	阻燃性	热导率/[W/(m·℃)]
500×500×0.5	1300~1600	<0.2	60不变形	28	100	离火自熄	0.174

二、片材制品的塑料选用

塑料片材类制品是指软制品厚度在 0.25~2mm 范围、硬制品厚度在 0.07~0.5mm 范围的一类平面材料。

塑料片材主要用于二次加工材料，如 PVC、PP、PS 类塑料片材大都用作真空吸塑成型的基材，成型一次性杯子、冰淇淋盒、托盘及罩壳等制品。只有少量塑料片材可直接应用，如 BOPS 透明塑料片用于贴体包装的覆盖材料等，PET、PE 片材则大都直接应用。

1. 塑料片材类制品的分类

按不同的分类方法可将塑料片材类制品分成如下几类。

(1) 按塑料片材的生产方法分类　按塑料片材的生产方法不同可将其分为挤出法和压延法两种。

① 挤出法　用 T 型机头挤出片材后，经冷却、拉伸和三辊压光后即可，PP、PS 和 PET 三种材料常用挤出法生产片材。

② 压延法　将树脂熔融后加入压延辊中，经过压延、冷却即可，PVC 片材常用压延法成型。

(2) 按塑料片材的结构分类　按塑料片材的结构不同可将其分为密实类和发泡类两种。

① 密实类　片材内部不含有泡孔的一类制品。

② 发泡类　片材内部含有大量泡孔加高的一类制品，PS、PE 及 PP 常用于生产发泡片材。

2. 塑料片材类制品常用材料

最常用于生产塑料片材的塑料材料有 PVC、PP、PS、PET 及 PE 等，其中 PVC、PP 及 PS 片材常用于吸塑料基材，PET、PE 片材往往直接应用，PS、PE 常用于发泡片材的生产。

(1) PVC　PVC 是最常用的片材原料，在片材中用量最大。常用的 PVC 片材为硬片，可分透明和不透明两种，并以透明片材最常用。PVC 片材主要用于吸塑成型的基材。

PVC 片材的优点：透明性好、透光率可达 90% 左右，表面光泽好，力学性能好，阻隔性能好，二次加工性好，软硬度可调，成本低廉。

PVC 片材的缺点：使用温度低，制品易产生晶点。

PVC 片材可用压延和挤出两种方法加工，但以压延法常用。

① PVC 压延法硬片材　可生产普通型、无毒型、软质、硬质、透明、半透明、彩色不透明各类片材，以透明硬片为例，其配方如下（质量份）：

PVC(SG-5)	100	硬脂酸钙		0.2
DOP	1	硬脂酸锌		0.1
MBS	3～5	硬脂酸		0.2
环氧大豆油	1～3	高碳醇		1
京锡 8831	2	MBB		3～5
亚磷酸苯二异辛酯	0.5			

② PVC 挤出硬片　用 T 形机头法生产，以彩色不透明片为例，其配方如下（质量份）：

PVC(SG-6)	100	硬脂酸		0.3
三碱式硫酸铅	5	脂肪醇		2
二碱式亚磷酸铅	5	MBS		5～10
钙/锌复合粉	0.3	着色剂		适量

（2）PP　PP 片材具有透明性好、耐热温度高（可经受 100℃高温处理）、价格低等优点。但其热成型性能不好，纯 PP 片材只适于气压成型，为使其具有良好的热成型性，需在 PP 树脂中混入少量 LDPE。

PP 片材采用 T 形机头挤出成型法生产，为提高 PP 片的透明性：一是加入适量的透明成核剂（常用山梨糖醇系列），二是采用骤冷的冷却方法。

PP 挤出片材的配方组成为：PP(MI 为 $0.5\sim1g/10min$)＋5～10LDPE＋0.1～0.5 成核剂。

（3）PS　PS 片材包括抗冲击片材（HIPS）、双向拉伸片材（BOPS）和发泡片材（EPS）三种，都采用 T 型机头挤出成型的方法加工。

① HIPS 片材　为不透明材料，它在 HIPS 树脂中加入钛白粉，制成白色片材。HIPS 的热成型性优良，冲击性好，不易破碎；常用于杯类吸塑制品的成型如牛奶杯和一次性饮料杯等。

② BOPS 片材　为高透明材料，采用纯 PS 树脂生产。因进行双向拉伸处理，使其原有的脆性大为改善。BOPS 具有高透明性、高光泽度、印刷性良好、耐油和油脂、无毒无味、保香性好、防雾性好（有少量水分也不结雾珠）、易于透湿（盒内有少量水蒸气，可通过片材散逸）等优点，可广泛用于生产吸塑制品如盘、碟、杯、盒及药托等，还可用于泡罩包装和包装盒的透明窗材料。BOPS 的透过性大，对于需要防潮、隔氧的食品、药物长期包装效果不佳。

BOPS 片材采用 T 形机头挤出成型方法加工，MI 以 $1\sim5g/10min$ 为宜。

③ EPS 片材　EPS 片材采用通用 PS 为原料，MI 以 $1\sim8g/10min$ 为宜，加入物理或化学发泡剂如氟利昂、碳酸氢钠等。具体配方如下（质量份）：

GPS	100	滑石粉（成核剂）	0.9
氟利昂（发泡剂）	10～20	硬脂酸钙（润滑剂）	0.1

采用 T 型机头挤出法加工，具体工艺流程如下：（GPS＋硬脂酸钙＋滑石粉）在混合机内混合均匀→第一级挤出机挤出并在融熔段加氟利昂→过滤网转换器→第二挤出机塑料加工→冷却→制品。

EPS 片材具有保温性好、使用温度高（可耐瞬间沸水）、因密度小而成本低、热成型性能好等优点，主要用于吸塑成型，加工成快餐饭盒、方便容器、超市托盘等，也有少量用于防震包装垫片。EPS 片材吸塑制品的回收困难，会造成所谓"白色污染"，需开发环保型可降解性 EPS 片材。

（4）PET　PET 片材有两大用途：一是因透明性好、阻隔性高、卫生性好、力学性能良好、热成型性好等优点而用于包装材料，如药品和医疗器械的泡罩单个包装，五金工具、工艺品、日用品的泡罩包装，食品用杯、盘的容器；二是因表面装饰性（可印刷、涂覆、金属化等）优良、表面光洁度高等优点而用于工业用片，具体如照相胶片、电影胶片、X射线胶片、磁盘、磁卡的基材等。

常用PET片材为用无定形PET树脂，特性黏度为0.6～0.7dL/g，经T形挤出机头挤出并骤冷而制成的非晶透明片材，也称为APET片材，厚度通常在0.2～0.6mm。

除APET片材外，还可在PET树脂中加入成核剂，制成结晶度较高、不透明的白色PET片，成为CPET片材；CPET的主要优点为使用温度范围广，可在−20～210℃范围内使用，因热成型性能差，主要用于工业片材。

(5) PE PE主要用于制造发泡片材，采用挤出发泡法生产，产品俗称为"珍珠棉"。PE发泡片材的优点为柔软性好、韧性高、可有效吸收冲击能，因而常用于防震包装衬垫，具体配方如下（质量份）：

| LDPE | 100 | 过氧化二异丙苯 | 0.6 |
| 偶氮二甲酰胺 | 15 | 硬脂酸锌 | 1 |

三、防水卷材的塑料选用

高分子防水卷材，系包括高分子聚合物防水卷材，橡胶防水卷材，高分子聚合物与橡胶共混防水卷材三类，此处仅介绍几种PVC及CSPE防水卷材。

1. 聚氯乙烯（PVC）防水卷材

聚氯乙烯（PVC）防水卷材有：PVC-焦油、普通PVC、红泥PVC、橡胶或树脂改性PVC等品种。这类产品的质量及使用性能基本接近。其中尤以普通PVC防水卷材的产量最高，应用最普遍。

普通PVC防水卷材，系以PVC树脂为基料，添加各种助剂、填料、经专用设备挤出、压延、卷取等工序制成。

产品的耐候性、防水性、耐久性能较好。其性能与规格见表7-13。

表7-13 聚氯乙烯（PVC）防水卷材性能指标

指标名称		指标
规格	每卷长度/m	10.0
	宽度/m	1.0
	厚度/mm	1.2
拉伸强度/MPa	纵向	1.8
	横向	1.6
断率伸长率/%	纵向	>120
	横向	>120
撕裂强度/(N/cm)	纵向	500
	横向	400
低温柔性(−25℃,绕φ30mm棒弯曲)		无裂纹
温度线性变形(80℃,168h)		1.13
抗冲击性(500N)		无裂纹

2. 氯化聚乙烯（CPE）防水卷材

氯化聚乙烯（CPE）防水卷材有非增强型、增强型和橡胶共混型三个品种。

(1) 非增强型氯化聚乙烯（CPE）防水卷材 氯化聚乙烯（CPE）防水卷材是以含氯量为30%～40%的氯化聚乙烯弹性体与助剂、填料，经专用设备挤压成型。产品具有优良的耐候性、耐臭氧、热老化、耐油类、耐化学腐蚀及抗撕裂等性能。其性能与规格见表7-14。

表 7-14 氯化聚乙烯（CPE）防水卷材（非增强型）性能指标

指标名称		指标
规格	每卷长度/m	20.0
	宽度/m	0.9～1.0
	厚度/mm	0.8～1.5
拉伸强度/MPa		≥5.2
抗撕裂强度/MPa		≥2.5
伸长率/%		≥100.0
尺寸变化量/mm		<0.3
热老化系数[(70±2)℃,168h]		0.9～1.2
耐臭氧老化[(40±2)℃,拉伸25%,168h]		不老化

(2) 氯化聚乙烯（CPE）-橡胶共混防水卷材　氯化聚乙烯-橡胶共混防水卷材，系采用氯化聚乙烯树脂与氯丁橡胶共混接枝，使其形成"高分子合金材料"的防水卷材。产品具有优良的耐水性、耐候性、高强度、高弹性和高延伸率及优异的耐老化性和低温柔性，对基层的伸缩，裂缝的适应性强，其质量指标已达到日本对三元乙丙橡胶防水卷材的质量标准。性能与规格见表 7-15。

表 7-15 氯化聚乙烯-橡胶共混防水卷材性能指标

指标名称		指标
规格	每卷长度/m	20.0
	宽度/m	1.0
	厚度/mm	1.0～1.2
拉伸强度/MPa		≥7.40
断裂伸长率/%		≥400
直角撕裂强度/MPa		≥2.5
耐臭氧老化(75×10^{-8},40℃,拉伸40%,168h)		无裂纹
脆性温度/℃		−40.0
不透水性(>0.3MPa,10h)		不透水

3. 氯磺化聚乙烯（CSPE）橡胶共混型防水卷材

氯磺化聚乙烯（CSPE）橡胶共混防水卷材是以氯磺化聚乙烯（CSPE）、橡胶、助剂、填料等，经专用设备混炼、压延、卷取等工序制成。产品具有卓越的耐候性、耐化学性、耐臭氧和不透水性，使用温度范围宽。拉伸强度高，对基层变形适应性强。性能与规格见表 7-16。

表 7-16 氯磺化聚乙烯（CSPE）橡胶共混型防水卷材性能指标

指标名称		指标
规格	每卷长度/m	20.0
	宽度/m	1.0
	厚度/mm	1.0～1.5
拉伸强度/MPa		≥10.0
断裂伸长率/%		≥100.0
耐5%HCl、饱和碱溶液、饱和盐水(15天)		合格
低温柔性(−25℃,绕φ10mm棒弯曲)		无裂纹
耐热性(80℃,5h,下垂)		<2.0
耐臭氧老化试验(40℃,1×10^{-5},拉伸25%,168h)		不起鼓,不老化

四、塑料革类制品的塑料选材

（一）人造革类

人造革是将聚氯乙烯或其他树脂与助剂配制成混合物，涂覆或贴合在基材上，再经加工而制成的一种复合材料。人造革具有与天然皮革相近的特点，其优点为耐腐蚀、防水、防潮、防蛀、柔软、耐磨及来源广泛等，缺点为透气性差、耐寒性低及手感一般等。

除普通人造革外，近年来又开发了柔软革、耐寒革及透气革等新型人造革类材料，可以满足各种场合的需要。人造革可代替皮革和织物广泛用于服装、鞋类、帽类、手套、箱包、家具、装饰材料、铺炕材料及贴墙材料等。

可用于制造人造革的塑料材料主要为PVC，近年来又开发了PO革和尼龙革等新品种，但仍以PVC革占绝对主流。

1. PVC人造革

PVC是最常用的人造革材料，PVC人造革的优点为价格低、软硬度可调、品种多及生产方法多等，缺点为耐寒性低及透气性差等。

PVC人造革的配方设计要点为：PVC树脂是面层选用乳液法PVC，底层选用悬浮法SG-4型；增塑剂为加入60~90份DOP、DBP、M-50、环氧酯及DOA等；稳定剂为铅盐、有机锡及金属皂类都可用，面层常用铅盐，底层选用金属皂类。

按成型方法的不同，PVC人造革可分成如下几类。

（1）直接刮涂法PVC人造革　直接刮涂法是将PVC树脂与增塑剂等助剂配制成糊，用刮刀或辊筒直接刮涂在经过预处理的基材上，然后在烘箱内经熔融、塑化、压花、冷却等工序而制成的人造革。

（2）间接刮涂法PVC人造革　间接刮涂法是将PVC乳液树脂与增塑剂等助剂配制成的糊状物，用刮刀或逆辊涂覆法涂到一个循环运转的载体（不锈钢带或离型纸）上，通过预热烘箱使其在半熔融状态下与布基贴合，再进入主烘箱内塑化或发泡，冷却后从载体上剥离下来，再经压花及表面涂饰处理即可。

（3）压延法PVC人造革　将悬浮法PVC树脂首先压延成薄膜，再与基材贴合制成的革制品为压延法人造革。

（4）挤出压延法PVC人造革　挤出压延法是将悬浮法PVC树脂及助剂通过挤出和双辊压延成膜，然后直接与布基在压力辊下贴合制成。

（5）圆网涂布法PVC人造革　圆网涂布法是将PVC乳液树脂配成的糊状物通过圆网涂刮到布基上而成的一类革类制品。此法生产的人造革色泽鲜艳、浮雕感强。

2. LDPE人造革

聚乙烯人造革为一种泡沫革类制品，它以LDPE为原料，配以改性树脂、交联剂、润滑剂及发泡剂等，经压延工艺成膜后与布基贴合而成，聚乙烯人造革远不如PVC人造革常用，只用于制造箱包及帽口等。

3. PA人造革

尼龙人造革是用PA6或PA66树脂溶液涂覆于织物基材上，用湿式成膜的方法制成连续多孔性结构的革类制品。它具有强度高及透湿好等优点，但弹性差及柔软性不好，只用于书籍装钉、杂记本及塑料鞋等。

尼龙人造革用氯化钙/甲醇溶液，将PA6和PA66溶解成溶液。

4. 尼龙帆布革

尼龙帆布革又称为牛津革，它是在尼龙布（牛津布）表面上涂一层PU作底层，再于其上涂一层氯磺化聚乙烯橡胶或PVC层。橡塑尼龙帆布革的强度高、耐磨，适宜做箱包及座套等。

氯磺化聚乙烯橡胶尼龙帆布革的原料为：牛津布，厚度为 0.25～0.30mm；氯磺化聚乙烯（A×52-42 型），固体含量为 45%；PU 牌号为 4070K。

(二) 合成革类

合成革为以 PU 为面层材料的一类革类制品，它为在织物或无纺布上浸涂 PU 胶乳，用干法或湿法凝固成膜，再经整饰后即成为光面革、绒面革及漆面革等。

与人造革相比，合成革的优点有柔软性好、耐曲折、弹性高、透湿和透气性好、手感好等，比人造革更接近天然革，属高级革类制品。将合成革与天然革放在一起，连专家也难以区分。

PU 合成革可广泛代替天然皮革，用于鞋类、服装、箱包、家具、球类等。

PU 合成革可分为干式法和湿式法两种。

(1) 干式法 PU 合成革　干式法 PU 合成革采用间接涂刮法生产，具体生产工艺为：PU 溶液涂在离型纸上形成革层，经加热干燥后挥发掉溶剂，在革层上涂覆粘接层，趁湿贴合在基材上，再经干燥处理后，进行表面处理即可。

(2) 湿式法 PU 人造革　湿式法 PU 人造革是将 PU 树脂溶解到如 DMF 等溶剂中，用此溶液浸渍或涂覆基材，然后放入与溶剂有亲和性而与 PU 树脂不亲和的液体中，将溶剂提取后即成湿式膜，并在其中形成多孔。

(3) PU/PVC 复合合成革　这是近年来开发的一种新型合成革，它既具有 PU 革的表面滑爽、透气、耐溶剂的优点，又具有 PVC 革加工方便及价格低的优点，适于制作沙发、鞋及箱包等。

PU/PVC 复合合成革多用离型纸法生产，具体生产工艺为：先在离型纸上涂 PU 面层，经干燥冷却后，再涂 PVC 层，最后干燥冷却即可。

第三节　门窗型材的塑料选用

一、简介

塑料门窗 20 世纪 60 年代起始于联邦德国，因其具有独特的节能、隔热、防腐、阻燃、美观、维修保养简便等一系列优点，首先在欧洲迅速推广。

我国 20 世纪 80 年代引进的制造塑料门窗的设备和技术几乎全属欧洲体系，90 年代开始引进了美国体系塑料门窗技术的设备。所以，我国的塑料门窗工程项目可谓是具有欧美两大体系特色的高起点的工程项目。

以德国、奥地利为代表的欧洲塑料窗多为重型窗，型材壁厚为 2.8mm，$12\sim14kg/m^2$，而北美塑料窗多为轻型窗，型材壁厚 1.8mm，$7kg/m^2$。

窗型设计应考虑建筑设计之需要、民族风俗习俗、气候条件（如风速、风压、最高温差、最低温差、雨量、盐雾等）、社会环境、治安情况和生活水平等因素。如欧美，基本很少用纱窗，这与他们卫生环境、空调普及有关。我国南方地区蚊虫较多，空调普及率不高，不装纱窗是不现实的。

窗型和窗的功能确定后，塑料异型材的型腔设计至关重要。它直接影响窗的性能和成本。型腔的腔室数分为单、二、三腔，这应考虑隔热、隔音的要求；如寒冷地区，窗玻璃采用中空玻璃，则选用三腔为好。型腔设计中，新规定的壁厚与窗型组合、气候条件、五金配件及标准体系有关，不能一概而论，如窗的中竖框型材，其强度和刚度主要靠增强筋而不是单靠塑料壁厚增加,又如窗铰链钉固定处,如不与金属增强筋联结,单靠壁厚,其固定也嫌不足。

在异型材挤出工艺中,一般真空定型器只能冷却外表面,型腔内筋无法用水冷却,为使型腔内外同时均匀冷却,从而提高型材产量和质量,德国首创了型腔内通冷却水冷却的特有技术。在模头处有三根直径 6mm 的细管子可通入冷却水。此项技术的关键是模头内冷却水通入后,对流道设计及熔融树脂流变特性的影响,对此都要作相应的修正。

二、技术要求

塑钢窗建筑性能指标如表 7-17 所示。

表 7-17　塑钢窗建筑性能指标举例

指标名称	门窗系列	可达到指标	级别	测试标准
抗风压强度/MPa	50	≥15	5	GB 7106—86
	58	≥35	1	
	80	≥30	2	
防空气渗透性/[$m^2/(m·h)$]	50	≤0.5	1	GB 7107—86
	58	≤0.5	1	
	80	≤2.5	3	
防雨水渗漏性/MPa	50	≥3.5	2	GB 7108—86
	58	≥5.0	1	
	80	≥2.5	3	
隔声量/dB		26~31	4	GB 8485—87
保温性能/[$W/(m^2·K)$]	50	≤5.00	4	GB 8484—87
	58	≤5.00	4	
	80 双玻	≤3.00	2	

表 7-18　新老塑料门窗系列产品对比

指标	新60平开	新50平开	新60推拉	老50平开	老58平开	老85推拉
壁厚/mm	2.2	2.2	2.2	2.7	2.7	2.7
主腔室/mm	40×20	40×20	40×20	40×17	45×20	40×17
排水腔	有	有	有		有	
抗风压	Ⅲ	Ⅳ	Ⅲ	Ⅳ	Ⅲ	Ⅳ
保温性	优	良	良	一般	良	一般
用塑料量/(kg/m^2)	8	7	7.5	7	7.5	8.5
五金件		综合型			一般	
主腔室数量	3	2	2	1	2	1
主型材数量	11	5	4	3	3	3

从表 7-18 的对比可知新开发的三个系列的经济性较好,性能也有保证,适合中国国情,目前已通过部级鉴定。

三、塑料异型材的选用

异型材挤出成型工艺及配方欧美大体相同。欧洲配方中,改性体系有 EVA、ACR、CPE,而且以 CPE 为主。美国配方主张使用 ACR,从抗冲和成型性而言,ACR 优于 CPE。

在稳定剂方面,欧洲偏重于铅盐系列,而美国偏向有机锡系列。从发展趋势看,目前正向低毒、高效 K-Zn 类稳定剂过渡。

塑料窗异型材用的主体树脂一般采用 K 值为 65～68 的 SG-5 型树脂。

塑料异型材用材料有 PVC、UP、ASA 和 ABS 等，但以 PVC 为主，尤其是我国几乎全用 PVC。

塑料异型材对材料性能的要求具体有如下几点。

① 强度要求　具有足够的拉伸强度、弯曲强度、刚性和冲击强度。PVC 的冲击强度如要求较高，需加入增韧改性剂如 CPE、ACR；为提高 PVC 的刚性，常加入适量的硬质填料 $CaCO_3$ 等。

② 使用温度　一般要求为 -40～$70℃$。

③ 耐老化性　要求耐光、氧和紫外线的作用，保持 50 年使用寿命。

④ 尺寸稳定性　在使用中不发生翘曲变形和尺寸变化。

⑤ 不变色性　经日晒、风吹、雨淋后不变色。

⑥ 良好的加工性。

⑦ 成本低廉。

根据以上性能要求，PVC 在具有配方设计时应注意如下几点。

① PVC 树脂　从强度和加工两方面考虑，一般选用 K 值为 65～68 的 SG-5 型树脂。树脂的分子量越高，强度越高，但加工越困难。

② 冲击改性剂　主要改善冲击性能，可用材料有 CPE、ACR、EVA、ABS、MES、NBR、EPDM、MPR、TPU 及 TPEE 等，以及增韧剂与有机刚性材料如 PS、PP、PMMA、MMA/S、SAN 等的协同体系。最常用的增韧剂为 CPE 和 ACR 两种，各国的侧重不同，欧洲和中国以 CPE 为主，而美国以 ACR 为主。改性剂的加入量视需要在 CPE 为 6～12 份、ACR 为 4～6 份。选用 CPE 时，要选用游离氯含量小的牌号，以免暴晒发黄。

③ 热稳定剂　为改善加工性而必须加入，铅系、金属皂类、有机锡类，有机锑类及稀土类都可用，但以高效、无毒、价廉为首选，中国及欧洲以铅盐为主，而美国以有机锡为主。热稳定剂的加入量为 5 份左右，单螺杆挤出机用量多一点，而双螺杆挤出机用量少一点，需要注意的是用 EVA 时，不用铅稳定剂；用 CPE 时，不用锌稳定剂，有机锡类不要与铅盐和铅皂并用，以免制品发黄。

④ 润滑剂　改善加工性和制品表面性能，分内外两种，常以硬脂酸及蜡类并用。

⑤ 光稳定剂　对于用于户外的塑料异型材，应加入光稳定剂，以增加耐候性能，防止快速老化。金红石型钛白粉为最常用的稳定剂，它对紫外光有较强的屏蔽作用；紫外光吸收稳定剂需另行加入，具体有 UV-531 和 UV-9 等。

⑥ 加工改性剂　最好加入以改善加工性能，具体为 ACR 1～2 份，双螺杆挤出机可比单螺杆挤出机少加一点。

⑦ 填料　目的降低成本和提高刚性，常用轻质碳酸钙，需进行偶联剂处理。

不同用途的塑料异型材具体性能要求略有不同，因此其配方也稍有差别，下面分别介绍不同型材的具体配方。

(1) 窗用 PVC 异型材　这是最常用的一类塑料异型材，它具有外形美观、尺寸稳定、耐腐蚀、抗老化、耐冲击、阻燃、保温等优点。分欧式和美式两种，欧式型材的壁厚为 2.8mm、而美式型材的壁厚 1.8mm。腔数采用单腔、双腔和三腔多种形式，按不同地区选取。

窗用 PVC 异型材可分为普通型、抗冲击型和户外型三种，具体配方如下。

① 抗冲击型配方一（质量份）

PVC(SG-5)	100	钛白粉（金红石型）	4～6
复合铅盐稳定剂（含内、外润滑剂）	4.5～5.5	ACR	2～3
CPE	8～12	CaCO$_3$	4～8

此配方的加工工艺如下：捏合，按 PVC、稳定剂、CPE、ACR、钛白粉、CaCO$_3$ 加料顺序投料到高速混合机内，出料温度 120℃ 左右，冷却到 30～40℃ 即可使用；挤出，料筒温度，1 区 165～170℃，2 区 165～170℃，3 区 165℃，4 区 170℃，5 区 170～175℃，6 区 180～185℃，7 区 185～190℃，8 区 185～190℃；螺杆转速 20～25r/min；冷却水温 15℃。

② 抗冲击型配方二（质量份）

PVC(SG-5)	100	ACR	6～8
三碱式硫酸铅	3	CaCO$_3$	3
二碱式亚磷酸铅	1.5	二氧化钛	4
钡/镉稳定剂	2	ACR	0.4
硬脂酸铅	1.6	硬脂酸	0.5
硬脂酸钙	1		

③ 抗冲击型配方三（质量份）

PVC(SG-5)	100	DOP	1
CPE	6	CaCO$_3$	4
三碱式硫酸铅	3.5	二氧化钛	1
二碱式亚磷酸铅	1	硬脂酸	0.2

④ 抗冲击型配方四（质量份）

	单螺杆	双螺杆
PVC(SG-5)	100	100
三碱式硫酸铅	5～7	2.5
二碱式亚磷酸铅	—	1.5
硬脂酸铅	0.7	0.5
硬脂酸钙	0.8	1.0
CPE	5～10	8
ACR	2	2
CaCO$_3$	4	5
二氧化钛	4	4
硬脂酸	0.4	0.4
石蜡	0.3	—
聚乙烯蜡	—	0.3

⑤ 普通 PVC 型材（质量份）

PVC(SG-5)	100	硬脂酸钙	1
三碱式硫酸铅	3	CaCO$_3$	10
二碱式亚磷酸铅	1	二氧化钛	2
硬脂酸铅	1	硬脂酸	0.8

(2) PVC 装饰板　PVC 装饰板具有质轻、韧性好、色泽鲜艳、光洁度高、耐老化、阻燃、防潮及防蛀等优点，用于家具、地板、墙板、天花板等装饰板材。具体配方如下（质量份）：

PVC(SG-5)	100	ACR	2
三碱式硫酸铅	4	活性重质碳酸钙	50
二碱式亚磷酸铅	2	DOP	4
硬脂酸铅	1	CPE	5
硬脂酸钙	1	钛白粉	2

(3) PVC 楼梯扶手　PVC 楼梯扶手具体配方如下（质量份）：

PVC(SG-5)	100	硬脂酸钙	0.5
三碱式硫酸铅	4	硬脂酸	0.2
二碱式亚磷酸铅	1	石蜡	0.2
硬脂酸铅	0.5		

（4）PVC 地板条　PVC 地板条配方如下（质量份）：

PVC(SG-5)	100	硬脂酸钡	1
三碱式硫酸铅	4	轻质碳酸钙	40
CPE	4	DOS	2
硬脂酸铅	0.5	硬脂酸	0.6

（5）PVC 发泡型材　PVC 发泡型材配方如下（质量份）：

PVC(SG-5)	100	硬脂酸钡	0.7
三碱式硫酸铅	3	轻质碳酸钙	15
钙/锌稳定剂	4	AC 发泡剂	0.5
硬脂酸铅	0.7	DOP	8

四、不同档次异型材

（一）共挤出型材

色彩装饰性及耐候性对塑料窗的市场竞争力至关重要，可以通过以下几个方面来实现。

1. 有色 PVC 型材

现时的型材以白色型材占主要位置。对于室内装饰，通过均匀地混入着色剂即可。但应注意由于着色剂的加入，使其加工性变差，而提高温度又会加速物料分解，尤其古铜色型材更加严重，在配方及工艺上应更加合理和完善。

2. 共挤出技术

共挤出技术可把材料的各种特点结合在一起，应用得好时，能得到最佳的性能与价格比。

塑料熔体在模具中共挤出的成败关键在于共挤出机头，即开始在独立流道中流动的几种熔体流应在出口前于机头中汇合，并一起挤出。所以，几种共挤熔体流的流量和黏度决定着共挤熔体边界层的位置。具体地说，共挤出机头设计必须考虑诸如多层流动在共同流道中的压力损失，熔体流动速率和温度场分布，多层流动中的稳定性等。因而，不同功能的共挤出产品的机头设计也应有不同的要求。

（1）PVC/PVC 色母料共挤出　用含颜料 2∶8(PVC 载体) 的色母料在 PVC 型材表面共挤一层 0.5mm 厚的表面层，以丰富型材色彩，可达到装饰的效果。一般每吨价格要提高 2000 元（注：应采用进口颜料，目前国产颜料短期就会发生不均匀褪色）。

（2）PVC/PMMA 双色共挤出　在 PVC 型材朝室外一面上共挤一层 0.2～0.5mm 着色性好，耐候性好的 PMMA 改性料。每吨型材成本提高 4000～5000 元。

由于 PMMA 熔融流速比 PVC 快 3 倍，需用可调流速的特殊口模，同时挤出机螺杆及定型装置也需改进。国内有盐城、淄博博威、吉林淞城等厂家在生产。

（3）ABS/ASA 材料共挤出　由于 ABS 塑窗具有较高的冲击强度，热变形温度（HDT）可达 98℃，尺寸稳定性好，但耐候性差。在 ABS 型材表面共挤一层厚度为 $5\mu m$ 的 ASA，既可提高耐候性，又可丰富色彩装饰性。

（4）PVC/PVDF 共挤出　因 PVDF 耐候性极好，在 PVC 型材上共挤出这样材料是最理想的，但因成本较高，只适用于特殊需要的某些领域。

（5）软、硬 PVC 共挤出　其典型产品也是一种窗框异型材。它有一条软质衬垫作为硬质 PVC 型材的一部分。硬质部分可保持尺寸精确性和必要的刚性，软质部分通过在轻微压力下的变形起到密封作用。而单一硬度的窗框型材，大多数着眼点落在密封性上，一般在略长些时间的冷、热交变气候的影响下,往往很快就会因收缩、变硬而失去原有的功能。

(6) 芯部发泡共挤出　此种共挤出技术是在芯部由发泡材质组成的发泡异型材表面共挤出硬质塑料。其装置是在一口模的外边上接上一个140℃的油浴箱,这样,由于熔体中发泡的作用,芯部发泡而外表面呈硬质。采用此工艺还可以通过调节型芯,改变流变截面积,而获得不同发泡倍率的芯部发泡共挤出制品。

此外还可进行新旧料共挤出,以回收部分不合格型材料头。在型材性能和质量要求不高的部位,应用废料共挤出的产品,可节约纯原料7%,降低产品成本5%。但应绝对禁止将回收废料与纯原料混合在一起用于异型材的挤出生产线中,这不但对异型材质量产生不利影响(颜色变化、力学性能降低、公差波动、表面不纯等),而且由于原料均匀性变化,也会导致挤出失败。这里提出的"对型材性能与质量要求不高的部位"是指贴近墙面型材的一面,可采用新旧料共挤出技术。

(二) 低发泡 PVC 型材

PVC 低发泡材料由于其内部为孔状结构,故隔音、保温性好,是一种具有卓越仿木性能的新型建筑材料。可用于建筑物的门板上,也可用于建筑物外墙及室内装修上,更适用于建筑物轻体隔断墙上。其密度为 $0.4 \sim 0.8 \mathrm{g/cm^3}$,低于一般木材,但同木材一样,可锯、刨、开孔和粘接等,在防火、防潮、防蛀及隔音等性能方面明显优于木材。

一般选用 PVC 树脂为国产 XS-4,XS-5,其黏度特性适合低发泡加工条件。若 PVC K 值增加(聚合度增加),黏度增大,不利于成型加工及泡孔生成。而 K 值降低,意味着黏度降低,气体易从表面逸出,影响制品质量,当然,过低的聚合度也说明主体材料力学性能亦较低。通常 XS-4,XS-5 树脂的 K 值为 $65 \sim 70$,平均聚合度 $1100 \sim 1300$。

众所周知,PVC 树脂熔体缺乏弹性,加入发泡剂后熔体发泡时,产生的膨胀压力易造成泡孔破裂,故需加入改性剂。显然,对改性剂的要求是要能改善树脂黏弹性和流变性,提高发泡体外壁的柔软性,以有利于泡孔大小的均匀一致,同时也提高了产品的冲击强度。改性剂有 ABS、MBS、EVA、CPE 和 ACR。试验证明,ACR 的效果最好,易于分散,可改善加工性能,提高熔体的弹性和强度。

由于 AC 发泡剂单位质量发气量大,分解时放出的气体和分解残渣无毒、无害,与熔体相容性又好,所以是目前广泛应用的发泡剂。按发泡的工艺要求,发泡剂的分解温度应介于 PVC 树脂塑化温度和降解温度之间,而纯 AC 发泡剂的分解温度为 200℃,显然较高。实验证明,可通过加入适量的活化剂和促进剂,如金属盐类、硬脂酸钙等加以调整,这样,可使 AC 发泡剂分解温度由 200℃ 降至 $160 \sim 185$℃,与 PVC 熔融温度相一致。

另外,适当加入一些无机填料如 TiO_2、超细 $CaCO_3$ 等不但能降低成本,同时还能起到发泡孔成核作用。这对成型加工,改善泡孔质量,提高发泡制品强度均有一定好处。

低发泡 PVC 型材的生产工艺流程见图 7-1,典型配方见表 7-19。

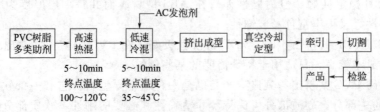

图 7-1　低发泡 PVC 型材的生产工艺流程图

表 7-19 低发泡 PVC 型材典型配方　　　　　　　　　单位：质量份

原　料	RPVC-EF	RPVC-EF-105	原　料	RPVC-EF	RPVC-EF-105
PVC(XS-4,XS-5)	100	100	ACR(301)	7～10	8
AC	0.4～0.8	0.3	轻质碳酸钙	6～10	8
三碱式硫酸铅	2～4	4.5	PO 液体石蜡	0.5	0.7
二碱式硬脂酸铅	0.5～1	1	硬脂酸	0.5	
硬脂酸铅	0.6	0.5	颜料	适量	适量
硬脂酸钡	0	0.5			

第四节　薄膜制品的塑料选用

一、主要品种与特点

塑料薄膜是指厚度在 0.254mm 以下（硬薄膜为 0.073mm 以下）平整的片状类塑料制品。塑料薄膜诞生于 19 世纪后叶，第一个塑料薄膜是用改性纤维素材料制作的。

塑料薄膜可应用于农业、工业、包装及日用等各个方面，在许多尖端领域如医用材料、分离材料、航空、航天等都有塑料薄膜的用武之地。

与传统的纸制薄膜相比，塑料薄膜的优点为加工容易、防潮、耐油、柔软、透明、强度高、耐撕裂、热封性好及可反复使用等。

目前，塑料薄膜正朝着功能化、超薄化、多层化方向发展。最薄的塑料薄膜厚度仅有 0.001mm 左右，复合塑料薄膜的层数已达到八层之多，功能化塑料薄膜如收缩膜、缠绕膜、防锈膜、阻隔膜、降解膜及分离膜等层出不断。

(1) 农业用膜　农业用膜包括农用地膜和农用棚膜两类。农用地膜用于农作物的地面覆盖，常选用 LDPE、LLDPE、LDPE/LLDPE、LDPE/mLLDPE、LLDPE/mLLDPE 及 LDPE/LLDPE/HDPE 制作，有时选用少量的 EVA、PET 材料制作，农用地膜又可分为普通地膜、光选择性着色地膜、保温地膜等；对于耐老化地膜多以 70％的 LLDPE/LDPE 共混原料为基材，对除草地膜一般以 EVA 为基材。随着环境的要求越来越高，近年来开始推广降解塑料地膜，可用材料为 PLA、PHA、APC 及 PBS 等，因价格和综合性能的原因，要有一个漫长的普及过程。

农用棚膜用于大棚的覆盖，常选用 PVC 及 LDPE 制作，农用大棚膜又包括无滴膜、长寿膜及保温膜等。由于 PVC 棚膜保温性好，初始强度高及透光性好于 PE，过去国内塑料棚膜一直以 PVC 为主。但近年来，PE 的成本降低，生产加工简便；而 PVC 配方复杂，增塑剂的毒性、迁移性、吸尘性等问题，用量越来越少，目前北方应用以 PVC 较多。

目前国内可用于农用大棚膜基础树脂的有 PVC、LDPE、LLDPE、mLLDPE 及 EVA 等，国外除上述树脂外还用 PET、离子型交换树脂和氟塑料等。

对基础树脂的总体要求为：良好的可见光透过率，以利用阳光进入大棚内进行光合作用；优良的力学性能，保持大棚膜的足够强度；优良的耐老化性，保证其使用寿命；有利于流滴剂、防雾剂、保温剂等助剂发挥效能；具有较低的催化剂残联量，不应含有活性金属离子；具有较低的结晶度。

(2) 包装用膜　包装用膜的种类很多，可分为轻包装膜、重包装膜和功能包装膜三类。

① 轻包装膜用于轻包装物的包装，常用材料为 LDPE、LLDPE 及 PP 等。

② 重包装膜用于重包装物的包装，常用材料为 HDPE、LLDPE、mLLDPE、PVC 及

PP 等。

③ 功能包装膜用于包装物有特殊要求的包装，具体品种有热收缩膜、缠绕膜、气垫膜、阻隔膜、降解膜、扭结膜、防滑膜及保鲜膜等。

a. 热收缩膜　这种膜在制造时，采用聚合物分子链拉伸定向原理设计，通过拉伸、交联及骤冷等方法，使之保持较大的内应力；在具体使用时，受热升温到一定温度时，冻结于膜内的内应力开始松弛，在宏观上产生较大的收缩，从而牢固地将包装物束缚住，达到包装的目的。

可用于制造热收缩膜的材料有 PVC、LDPE、LLDPE、PP、PET、PETG、PP/LLDPE/PP 及 LLDPE/PP/LLDPE 等，不同材料的热收缩温度等不同，不同塑料材料制成的热收缩膜收缩率不同，例如 PVC 为 40%～60%、PETG 为 78%、OPS 为 65%。

热收缩膜主要用于单件物品的包装，也可用于整件物品的包装。随着环保要求越来越高，PVC 因环保问题市场份额逐渐减少，而以 PE 和 PP 为主要原料的多层环保无毒型热收缩膜发展势头强劲。

b. 缠绕膜　塑料拉伸缠绕膜简称缠绕膜，最早于 20 世纪 70 年代开发于欧美地区，我国则于 20 世纪 80 年代开始生产。缠绕膜的主要特征有两点：一是具有拉伸性及拉伸回缩功能，二是具有良好的自黏性。

缠绕膜具有拉伸强度高、自黏性好、透明度高、保洁性能可靠、相对密度小、韧性强、使用方便等特点，是今后国内包装材料发展的方向。缠绕膜的应用很广泛，主要用于工业包装如家电、机械、化学品和建筑材料，农业包装如玉米秸秆等青贮饲料，超市用包装如食品、水果、蔬菜等保鲜包装。缠绕膜可对单个物品包装，但更多地用于多个物品的集合包装。

我国的塑料缠绕膜以三层共挤流延工艺为主，薄膜的厚度为 20～50μm。而北美已生产 5 层以上复合薄膜，还有 9 层甚至 11 层和 14 层的复合薄膜，厚度达到 0.1μm。

可用于生产塑料缠绕膜的原料有 mPE、LLDPE、LDPE、EVA、PVC 及 PB 等。因 PVC 的保持力差，16h 后聚烯烃的保持力为 65%，而 PVC 仅为 30%，我国已基本不用 PVC。传统的 LDPE 缠绕膜原料，目前用量也很有限。EVA 通常含有 3%～12% 的醋酸乙烯。目前使用最多的缠绕膜用原料为 mLLDPE 和 LLDPE 两种原料。

缠绕膜有工业用和家用两个系列。

工业用缠绕膜常称为缠绕膜，它以 LLDPE 或 LLDPE/EVA 为原料，加入增黏剂或增黏母料，用流延法制成。随拉伸程度的增大，其回缩率相应增大，具体如下：

伸长率/%	100	200	300
回缩率/%	62	67	90

LLDPE 工业用缠绕膜的拉伸强度为 20MPa 或更高，伸长率为 500%，直角撕裂强度为 1000N/cm。

家用缠绕膜常称为自黏膜，它以 LDPE 为原料，也需加入增黏剂或增黏母料，用流延法制成。

c. 气垫膜　又称为气泡膜，它是在两层或三层薄膜中间含有部分气泡夹层结构的多层复合薄膜，复合膜常用材料为 LDPE，生产方法为共挤复合法。由于各层膜间的气泡存在，使其具有很好的吸收冲击能量的功能，是一种优良的缓冲包装和隔音包装材料。

按不同的需要，气垫膜可分为 Z、Y、Q 三种类型。Z 型，重包装用，泡径 10～25mm，泡高 3～10mm；Y 型，一般包装用，泡径 4～15mm，泡高 3～7mm；Q 型，轻包装用，泡径 3～10mm，泡高 2～5mm。

d. 阻隔膜　阻隔膜是对气体、液体具有低透过性的一类薄膜，主要用于真空保鲜包装，具体如熟食、牛奶、碳酸饮料及啤酒的包装等。阻隔膜的单一阻隔材料为 PVDC、EVOH、PA-MXD6、PVA 及 PEN 等。塑料与塑料的复合薄膜有 LDPE/LDPE/LDPE、LDPE/PET/LDPE、LDPE/PA/LDPE、PET/EVOH/PET 等，目前已从 2 层发展到 7 层，阻隔性大大提高，使食品的保鲜期大大延长。塑料与其他材料复合薄膜有塑料镀铝膜，阻隔效果好，目前很常用，缺点为不透明而看不到被包装物；塑料镀二氧化硅膜，阻隔性好，又透明，是发展方向，但因制造难度大，我国目前仍以进口为主，国内已有开始投资生产的单位。

e. 降解膜　在完成使用寿命后可自动分解成小分子化合物的一类材料，有生物降解和光降解两类，我国以生物降解为主。2004 年以前开发的普通树脂添加降解材料制成的部分降解塑料膜已逐级被淘汰出市场。目前降解膜的研究方向以完全生物降解塑料为主，研究热点为 PLA、PHBV、PBS、PCL、PVA 及 APC 等。目前以简化合成工艺、降低成本和提高完善性能为主，我国已取得很多成果，并有部分企业开始生产，相信不久的将来就会用于包装方面。另外，我国在天然降解高分子材料方面也取得了可喜的进展，以淀粉为主的系列生物降解产品已获得应用。降解膜主要用于垃圾袋、轻包装袋及一次性使用薄膜。

f. 扭结膜　这种膜在包装物的封口处不用热合、缝合、捆扎等方法封口，而直接用包装膜相互扭结在一起的方法即可固定。常用的扭结膜材料为 BOPS、OHDPE、OPVC、CPP、PET 等，它扭结效果好，不易回弹，生产方法为挤出双向拉伸。扭结膜最常用于糖果的包装。

g. 保鲜膜　在树脂中加入植物生长抑制剂及防雾剂等制成的一类塑料薄膜，它可使包装的水果、蔬菜、熟食等食品不迅速过熟和腐烂，延长保存期限，是近年才开发的新型包装材料。可用于塑料保鲜膜的材料有三类：LDPE、PVC、PVDC。

（3）工业用膜　包括电绝缘膜、电容器膜、磁带和录像带膜、导电膜、土工膜、分离膜及防锈膜等。

① 电绝缘膜　通用的电工绝缘膜以 PVC 膜为主，可用于低压电线接头裸线部分的包扎，而高压电线接头用交联 PE 热收缩管材。特殊电绝缘膜有 PI 及 PPS 等，用于耐高温场合。

② 电容器膜　用于电容器的介质膜，要求材料介电常数大、介电损耗小，常用材料为 PP、PET、PC、PS、PE、F4 及 PI 等。

③ 磁带和录像带膜　以前以醋酸纤维素为主，目前以 PET、PETG 为主。

④ 导电膜　用作电极材料如蓄电池的电极、整流元件、太阳能电池材料等，具体导电膜有聚吡咯膜、聚苯胺膜、聚亚苯基膜及聚乙炔膜等。

⑤ 土工膜　用于输水槽、沟、渠、水坝、地铁的防渗水，材料以 HDPE、LDPE 及 PVC 为主，土工膜的厚度比较大，一般可达 0.5mm。

⑥ 防锈膜　常以 PVC 为原料制作，为在 PVC 热收缩膜上涂一层防锈材制成；使用时收缩包装在易锈金属的表面，可达到防锈的目的。

⑦ 盐膜　用于海水制盐的覆盖，材料为 PVC。

（4）日用膜　包括彩虹膜、装饰膜及拟纸膜等。

① 彩虹膜　它是 20 世纪 80 年代由美国 Mearl 公司开发的一种特殊装饰膜，其厚度为 0.0076～0.0127mm。它由两种透明而各具不同折射率的聚合物如 PP、PE、PS、PMMA、EVA 等经交替共挤出（用旋转机头）而制成，此薄膜的两种树脂在径向交替分布，不加任何颜色即可产生五彩斑斓的色彩。彩虹膜可用于礼品包装、灯罩、壁纸、工艺美术品、广告装潢及舞台布景等。

② 装饰膜　选用 PVC 材料制作，常用于桌布、雨衣、本皮及证件皮等。

③ 拟纸膜　在 HDPE、PP 中加入适量填料如碳酸钙、白土及滑石粉等，以增加膜表面的粗糙度和吸水性，可用作书写纸及购物袋、垃圾袋及水果包装袋等。

二、薄膜常用塑料

几乎所有的塑料材料都可用于制作塑料薄膜，但受价格、性能及加工等因素制约，常用的薄膜用塑料材料有 PVC、LDPE、HDPE、LLDPE、茂金属 PE、PP、PS、EVA、PET、PA、PC、EVOH、F4 及 PI 等。其中 PVC、PE、PP 三大材料可占 90% 以上，并且以 PE 用量最大，品种最多。不同材料制作的薄膜性能不同，具体参见表 7-20。

表 7-20　各种薄膜的性能

性　能	材　料
透明膜	玻璃纸、CPP、OPP、BOPP、PVC、PS、BOPS、BOPA、PET
刚性膜	HDPE、OPP、PET、PVC
阻水膜	LDPE、HDPE、LLDPE、PVDC、OPP、CPP、BOPP、PET
阻气膜	PVDC、PVA、PAN、EVOH、PA、PET
耐油膜	PET、PA、PVDC、OPP、EVA
耐低温膜	PE、EVA、OPP、PET、PA、PVC
耐高温膜	HDPE、OPP、CPP、PET、PA
热封膜	PE、EVA、PVC、PVDC、CPP
印刷膜	PET、PA、OPP

不同用途的塑料薄膜对材料的性能要求不同，农用薄膜要求透光性要好、寿命要长，普通包装薄膜要求撕裂强度和拉伸强度要好，阻隔包装要求薄膜的阻气性要好，高档包装要求薄膜的光泽、印刷性、透明性都要好，电工膜要求优良的电绝缘性能，分离膜要具有气液选择透过性能。

下面介绍几种重要的塑料薄膜材料。

1. PE

PE 是最常用的薄膜类材料，可占薄膜用量的一半以上；在 PE 原料中有 65.5% 用于生产薄膜产品；PE 薄膜主要用挤出吹胀法加工，少量用 T 型机头挤出法和压延法。

PE 的种类很多，具体有 LDPE、HDPE、LLDPE 及茂金属 PE 等，不同品种的 PE 具有不同的性能。

LDPE 的柔软性、开口性、透明性、韧性及热合性好，但强度不高；主要用于轻包装、气垫膜、地膜、棚膜、热收缩膜及缠绕膜等。

LLDPE 的耐穿刺性、热封性及韧性都好，其他性能介于 LDPE 和 HDPE 之间；主要用于地膜、大棚膜、缠绕膜、农用保鲜膜、果套、轻包装膜及重包装膜等。

HDPE 刚性好、强度高、耐热性好（可进行 100℃ 煮沸灭菌处理），但耐冲击性、柔软性、封口性、透明性及抗撕裂性不如 LDPE；主要用于重包装膜、食品杂货袋、拟纸膜、撕裂膜、编织袋内衬膜及背心袋（马甲袋）等。

mLLDPE 为茂金属 PE，是第四代聚乙烯品种。它的相对密度低、产品纯度高、抗污染能力强、透明性好、耐穿刺性好、强度高、冲击性能好、低温热封性、热封温度范围宽，是一种很有前途的后起之秀；目前因价格较高和加工较难，主要用于同 LDPE、LLDPE 共混，随着 mLLDPE 价格的降低和单独加工技术的成熟，单一 mLLDPE 薄膜的产品越来越多。

PE 的典型产品如下。

(1) LDPE 普通包装膜　选用 MI 为 2~7g/10min 的 LDPE 树脂，为防止静电吸附，常加入抗静电剂，使表面电阻在 $10^{10}\Omega$ 以下。薄膜厚度为 0.02~0.1mm，推荐使用温度

−60~60℃，不适于蒸煮等高温条件下使用，但可进行冷冻处理。LDPE 普通包装膜可用于轻包装如服装、纺织品、日用小商品、冷藏和冷冻食品及编织袋内衬等。

(2) LDPE 地膜　选用 MI 为 4~7g/10min 的 LDPE 树脂，薄膜厚度为 0.005~0.014mm，宽度为 600~1000mm。降解型地膜需在配方中加入适量降解母料，地膜用于农作物的覆盖，具有保温、保水、保肥等作用，可使农作物提早播种并提高产量。

(3) LDPE 大棚膜　选用薄膜级 LDPE 树脂，增强型用 LDPE（50%~75%）/LLDPE（25%~50%）共混，长寿型在配方中加入 0.3~0.5 份光稳定剂和 0.1~0.2 份抗氧剂，无滴型加入无滴母料。

(4) HDPE 包装膜　选用 HDPE 薄膜级树脂生产，可用于重包装，既可冷冻又可进行煮沸灭菌处理，常制成马夹式购物袋。HDPE 膜经过纵向拉伸处理后，可制成扭结膜和撕裂膜，扭结膜可用于糖果、烟酒、糕点、医药的包装，撕裂膜可用于捆扎材料。

(5) LDPE 热收缩膜　选用 MI 为 2~5g/10min 的 LDPE 树脂，热收缩率可达 30%~50%。可用一泡法、二泡法和辐射交联法生产。一泡法为挤出膜管在大的吹胀比和牵引比作用下，一次拉伸出成型；二泡法为将挤出的膜管稍微吹胀，立即冷却，已成型的薄膜经加热到高弹态后再进行第二次吹胀、拉伸；辐射交联为工艺同二泡法相似，只是在二次吹胀前要用紫外线照射，使之产生 7%~9% 凝胶值的交联。我国大部分采用二泡法，一泡的吹胀比为 1.2~1.5，冷却水温为 15~20℃，加热温度为 150℃左右，二泡的拉伸比和吹胀比为 2.5。

(6) PE 防滑膜　选用 LDPE/HDPE 共混料，加入破碎剂 1~4 份、填料 15~30 份、硬脂酸锌和白油各 1~1.5 份。常采用共挤法，内层为纯树脂薄膜层，外层为粗糙的防滑层。

2. PVC

PVC 是仅次于 PE 的第二大塑料薄膜用原料，PVC 薄膜的生产以压延法为主，挤出吹胀法为辅。由于 PVC 薄膜的低毒性和废弃物处理难等问题，近年来用于包装材料已经萎缩，主要用于地膜和日用膜。

PVC 膜用于地膜的优点为透明性好、无滴性好，用于日用膜的优点为印刷性好。PVC 的主要缺点为耐低温性不好，大部分配方有低毒性，不易与食品接触，不易生产太薄的薄膜。

PVC 膜目前主要用于农用大棚膜、装饰膜、雨衣膜、本皮膜、绝缘膜、热收缩膜、缠绕膜及盐膜等。

下面介绍几种典型 PVC 薄膜的生产。

(1) PVC 玻璃纸膜　PVC 玻璃纸膜为硬质 PVC 透明包装薄膜，膜厚度为 0.19mm，用挤出吹塑法和 T 形机头挤出法生产。PVC 玻璃纸膜的透明性高、扭结稳定、抗撕裂性好、阻隔性优异，主要用于糖果的扭结包装、香烟及其他食品的外包装，可与纤维素玻璃纸相媲美。具体配方如下（质量份）：

PVG(SG-6)	100	稳定剂	2~4
MBS	5~10	滑爽剂	0.5~1
ACR	1~3	润滑剂	3~4

(2) PVC 热收缩膜　PVC 热收缩膜的透明性好、电绝缘性优良、收缩温度低、价格低，可分成 D 型——电绝缘包装、Y 型——一般物品包装、S 型——接触食品包装三类，目前主要用前两类，并以干电池包装为主。PVC 热收缩膜采用挤出吹塑法生产，以干电池包装用为例其配方如下（质量份）：

PVC(SG4 或 SG-5)	100	DBP	3
MBS	4	有机锡稳定剂	2
DOP	4	环氧树脂	2

螯合剂	0.5	碳酸钙	0.2
硬脂酸	0.2		

(3) PVC 防锈膜　PVC 防锈膜为在 PVC 透明热收缩膜的内表涂上一层防锈涂料而制成。防锈涂料的配方如下（质量份）：

EVA(VA 含量 25%～31%)	3～9	溶剂（乙酸乙酯、丙酮和环烷烃的混合物）	83～93
防锈剂	2～4		
		增黏剂	1～4

(4) PVC 木纹膜　以 PVC 压延膜为基膜，印上木纹图案，与 PVC 透明膜复合，最后压上具有木质感的"棕眼"纹，即制成木纹膜。可将其贴在塑料板、木板、钢板上面，制成人造木板。基膜的配方如下（质量份）：

PVC	100	硬脂酸钡	1～1.5
增塑剂	80～90	硬脂酸锌	0.5
氯化聚氯乙烯	40	碳酸钙	25
三碱式硫酸铅	2.5	石蜡	0.2

(5) PVC 压延膜　PVC 压延膜可用于大棚膜、盐膜、电绝缘膜等，以大棚膜为例，其具体配方如下（质量份）：

PVC(SG-2)	100	硬脂酸锌	0.2
DOP	37	螯合剂	1
DOS	10	双酚 A	0.2
环氧树脂	3	六磷胺	5
硬脂酸钡	1.5	三嗪-5	0.3
硬脂酸镉	1.2		

(6) PVC 吹塑膜　PVC 吹塑膜可用于大棚膜、包装膜及收缩膜等。以大棚膜为例，其具体配方如下（质量份）：

PVC(SG-2 或 SG-3)	100	硬脂酸钡	1.8
DOP	22	硬脂酸镉	0.6
DBP	10	有机锡	0.5
DOS	6	石蜡	0.2
环氧大豆油	4	碳酸钙	0.5

3. PP

PP 为第三大薄膜用塑料材料，具有高光泽、高透明及高耐热（可 121℃ 蒸煮灭菌）等优点，主要用于工业如电容器膜、珠光膜、扭结膜、热收缩膜和高档包装用膜。PP 膜可用挤出吹塑和 T 形挤出机头两种方法生产，并可分为不拉伸、单向拉伸（OPP）和双向拉伸（BOPP）三种。PP 经过拉伸处理后，其拉伸强度、冲击强度、透明性、阻隔性及表面光泽等都会大幅提高。

下面介绍几种典型 PP 膜的生产。

(1) 吹塑 PP 包装膜（IPP）　采用挤出下吹水冷法，适于生产直径 ϕ300mm 以下的小包装膜，属于不拉伸膜。树脂可选用 MI 为 6～11g/10min，如北京燕山的 PP2600 可生产一般包装膜、PP2630 可生产耐寒包装膜。IPP 膜主要用于服装、纺织品、食品及日用品的小包装。

(2) 挤出流延平膜（CPP）　采用 T 形挤出机头法生产，选用 MI 为 10g/10min 的 PP 树脂，具体有北京燕山的 PP2705 和 PP2635，后者耐寒性好，属于不拉伸膜。此膜的优点为透明好、光泽高、无内应力，主要作为复合膜的基材和服装、纺织品、食品、医药等产品的包装。

(3) 双向拉伸膜（BOPP）　采用 T 形挤出机头法生产，选用 MI 为 2～4g/10min 的 PP 树脂，先制成 PP 厚片。经第一次预热（150～155℃）后，先进行纵向拉伸（拉伸温度 155～160℃）；再于 160～165℃ 下进行横向拉伸；最后，于 160～165℃ 进行热定形处理即可。BOPP 膜的拉伸强度可达 100MPa，是普通 LDPE 膜的 10 倍；BOPP 膜的不足之处为热封性能差。BOPP 膜主要用于电容器膜和高档包装膜（如香烟、药品、服装等）。

第五节 中空制品的塑料选用

一、简介

塑料中空容器一般由吹塑成型或滚塑成型制得。中空容器的主要特征是可加盖密封；盖以螺旋盖为主，并常和密封衬盖配套使用。一般情况下，中空容器具有一个口，有时也具有多个口，并配有多只密封盖。中空容器多用于液体物质的包装，当然也可用于固态物质如药片、腌菜等的包装。目前应用得比较多的塑料中空容器是聚乙烯（PE）、聚丙烯（PP）、聚氯乙烯（PVC）、聚对苯二甲酸乙二醇酯（俗称涤纶，即 PET）、聚酰胺（俗称尼龙，即 PA）以及聚碳酸酯（PC）容器。常用塑料中空容器的性能和用途见表 7-21。

表 7-21 常用塑料中空容器的性能和用途

聚合物及商品名		密度/(g/cm³)	拉伸屈服强度/MPa	弯曲弹性模量/MPa	Izod 冲击强度/(J/m)	热变形温度(0.45MPa)/℃	主要用途例
HDPE	G60-25-119①	0.960	32				牛奶、水、果汁瓶，润滑油瓶，化妆品及药瓶
	HP55-50①	0.955	28				
	F-621G①	0.953	29				
	DMDA 6400②	0.961	30	1724	123	99	牛奶、水、果汁瓶
PP（无规共聚物）	RLX-020③	0.903	29	1103	48	96	糖浆、化妆品瓶食品容器
	RMN-020③	0.909	31	1241	48	102	
	Fortilene 4111④	0.898	27	690			单层、多层瓶挤出吹塑食品容器
	Fortilene 4101④	0.898	27	690			
	SD-351⑤	0.900	26	931	85	71	透明热灌装食品容器
	2R-2A⑥	0.900	27	938		88	辐射消毒药品容器浆液、食盐水等用瓶
	23M-2	0.900	29	1000		90	
	PD 9302K⑦	0.900	31	966	48		食品容器
	P5L2K-025⑧	0.900	35	1310	43	100	注吹热灌装食品容器注吹广口容器
	P5M6K-023	0.900	33	1483	53	89	
	Fina 7635M	0.900	29	1043	64	96	注拉吹食品、化妆品瓶与药品瓶
	Fina 7835M	0.900	29	1043	59	96	
PVC	BF Goodrich Geon	1.33	45	2552	916	70	食用油、化妆品瓶、食用油、日化产品瓶
	FVC 9206 OR⑨	1.31	42		133	61⑪	
	PVC 9153	1.31	43		534	65⑪	
PET	PETP 12440⑩	1.4	172				饮料及食品瓶
PC	GE Lexen PK2870	1.2	62	2345	747	138	饮水罐
PA	GE Gelon A100	1.18		2759	80		热灌装与酸性食品容器

① Soltex Polymer 公司的 Fortiflex 系列商品。　② Union Carbide 公司的 Unival 系列商品。
③ Philips 公司的 Marlex 系列商品。　　　　　④ Soltex Polymer 公司的 Fortilene 系列商品。
⑤ Himont USA 公司的 Pro-Fax 系列商品。　　⑥ Rexene 公司的 Rexene PP 系列商品。
⑦ Exxon 公司的 Escorene 系列商品。　　　　⑧ Eastman 公司的 Tenite 系列商品。
⑨ Georgia Gulf 公司的 PVC 系列商品。　　　⑩ Eastman 公司的 Kodapak 系列商品。
⑪ 载荷为 1.8MPa(ASTM D-648)。

吹塑法有挤出-吹塑法、挤出-拉伸-吹塑法、注射-吹塑法、注射-拉伸-吹塑法四种，其中拉伸吹塑法生产的制品具有强度高、刚性高、韧性好、阻隔性好、光泽度高、透明度高等优点。吹塑法容器的缺点为壁厚不均匀。

① 挤出-吹塑法　成型简单，可生产复合容器，原料有PE、PP、PVC、PS及PET等。

② 挤出-拉伸-吹塑法　性能优异，原料有PP及PVC等。

③ 注射-吹塑法　制品精密度高，瓶口密封性好，适于小型和形状复杂程度一般的容器成型，原料有PET、PE、PP、PS及PA等。

④ 注射-拉伸-吹塑法　制品精密度高，性能优异，气体、液体阻隔性好，原料有PET、PVC及PC等。

滚塑法又称为旋转成型法，滚塑法容器的优点为壁厚均匀、无内应力、无接缝线、节省原料及可成型形状较复杂制品等，缺点为成型效率低、成本高。适于生产大型容器如储罐、奶桶、农药桶、燃料箱、垃圾箱、水箱、邮箱及邮筒等，以及小批量产品。可用于滚成型的原料有HDPE、LDPE及LLDPE等。

塑料中空容器主要以液体物质包装为主，也可用于固体物质如药品和腌菜的包装。

可用于塑料中空容器类制品的材料有PE、PP、PVC、PET、PS、PA及PC等，其中以PE、PVC及PET三种最常用。不同材料的塑料中空容器用途不同，具体见表7-22所示。

表7-22　不同材料的塑料中空容器的用途

材料	拉伸强度/MPa	Izod冲击强度/(J/m)	热变形温度/℃	用途
HDPE	28～32	123	99	牛奶、水、果汁、化妆品、药品、润滑油、植物油、酒
PP	26～35	43～85	102	化妆品、食品、药品、水
PVC	42～45	534	70	食用油、化妆品
PET	172	—	—	药品、保健品、饮料、啤酒
PC	62	747	138	饮水罐、奶瓶、热饮水瓶
PA		80	—	热罐装和酸性食品

(1) PE　PE可用吹塑法和滚塑法生产，但主要以吹塑法为主，滚塑法较少用。由于拉伸法对PE容器的改性效果不大，一般常用非拉伸吹塑成型法加工。PE容器以挤出-吹塑法最常用，尤其适于大型容器；而注射-吹塑法少用，并局限于小型容器。

PE既可生产大型容器，也可生产小型容器，其容量范围可达100mL～200L。PE原料有HDPE、LLDPE及LLDPE三种；LDPE强度小，比较柔软且透明，适于生产小型容器和使用中受挤压的容器，并可生产折叠包装容器；HDPE强度和刚性大，适于生产大、中型容器；LLDPE强度和刚性居于HDPE、LDPE两者中间，其耐应力开裂性好，适于盛装易引起应力开裂的物质；当然，几种PE材料共混也是一种明智的选择。

PE容器的优点为：耐水性好、耐化学腐蚀性好、卫生性能好、耐冲击性能高、可在-50～60℃广阔的温度范围内使用、成型方便及成本低。PE容器的缺点为：透明及光泽一般，对氧气和二氧化碳等气体的阻隔性小，不易盛装芳烃、脂肪烃（汽油）及强酸等物质。

HMWPE容器是汽车燃油箱的首选材料，为提高PE容器的汽油阻隔性能，可采用表面氟化处理形成对汽油高阻隔性氟化层和表面磺化处理形成对汽油高阻隔性的磺化层。此外，还可用复合和共混等方法改善阻隔性。已开发比较著名的共混阻隔树脂有美国杜邦公司开发的Selar RB，由特殊改性的PA呈一种微小的片状形态分布在HDPE中，起到提高HDPE阻隔性的作用，其阻隔烃化合物气体的性能比HDPE高20倍，尤其对汽油有高阻隔性；Selar RBM为美国杜邦公司开发的更新一代燃油箱塑料，它以5%～7%的EVOH代替PA与HDPE共混，

EVOH 呈盘状分散于 HDPE 中，其阻隔性能更高，尤其是能耐高甲醇含量的汽油。已开发的复合制品有 HDPE-PA/HDPE、HDPE/EVOH/HDPE 三层复合材料，其耐油性极佳。

在具体选择 PE 牌号时，不同成型方法和容器体积选用不同的牌号：挤出-吹塑法，大型容器可选 MI 为 0.05～1.2g/10min 的 HDPE 和 MI 为 0.3～4g/10min 的 LDPE，小型容器的 MI 可适当大一些；注塑-吹塑法，选 MI 为 1～6g/10min 的 LDPE；滚塑成型法，HDPE 有辽化的 GD7760、日本三井的 2100GP、杜邦的 7140 等，LDPE 有北京燕山的 2F7B、杜邦的 1724 等，LLDPE 有日本住友的 GA401、美国陶氏的 2440 等。

(2) PVC PVC 容器的性能可通过配方变化而进行调解，具有优异的透明性、较低的雾度、接近 PET 的气体阻隔性、高度光泽及较好的耐冲击性，但随着近年来 PET 材料价格的大幅下降，PVC 树脂又面临环保问题，因此 PVC 瓶面临强有力的竞争，应用范围和产量都有逐渐萎缩的趋势。

PVC 容器具体可分为通用型、耐冲击型和无毒型三种。通用型、耐冲击型主要用于化妆品和洗涤剂的包装，无毒型主要用于食品（如饮料、水和油）和药品的包装。

PVC 瓶可用挤出-吹塑法、注射-吹塑法、注射-拉伸-吹塑法成型。

成型 PVC 容器的原料既可以自己配制，也可采购专用料，如齐鲁石化和上海天原的矿泉水瓶料、食用油瓶料、化妆品瓶料及洗涤剂瓶料等。对无毒 PVC 容器，在自己配制时要注意树脂和助剂的卫生性能，树脂要选用 SG-3、SG-4 卫生级（VC 单体含量小于 1mg/kg），增塑剂用量较小、稳定剂要无毒。下面举两个具体无毒透明参考配方（质量份）：

① PVC(卫生级)	100	双二正辛基锡	3
DOP	1	MBS	6
DPOP	1.5	硬脂酸	0.5
环氧大豆油	2		
② PVC(卫生级)	100	硬脂酸	0.3
MBS	10～15	硬脂酸钙	0.5
AMS	1～2		

(3) PP PP 是中空容器常用的材料，PP 容器的优点为：耐热性好、可在 100℃长期使用、适于热罐装，透明性好，强度高，耐水性好，卫生性能好，成本低。PP 容器的缺点为：耐低温性能差、在 0℃左右即变脆，成型性差，熔体黏度低，型坯抗垂延性差，不适于吹塑大型容器。

由于 PP 的加工性能不如 PE 及 PET，阻隔性能不如 PET 及 PVC，因此其应用面较小。由于具有耐高温及价格两方面的优势，仍有一定的潜在市场。

PP 可用挤出-吹塑、挤出-拉伸-吹塑、注射-吹塑方法成型，但以挤出-拉伸-吹塑最为常用。PP 经拉伸后，力学性能、韧性、透明性、阻隔性、光泽性都可大幅度提高，瓶壁可以减薄 30% 左右，使成本降低 1/3。不同材料拉伸前后阻隔性能变化如表 7-23 所示。

表 7-23 不同材料拉伸前后阻隔性能变化

塑料品种	O_2 透过率 /[($cm^3 \cdot mm$)/($m^2 \cdot d \cdot MPa$)]		CO_2 透过率 /[($cm^3 \cdot mm$)/($m^2 \cdot d \cdot MPa$)]		H_2O 透过率 /[($g \cdot mm$)/($m^2 \cdot d \cdot MPa$)]	
	非拉伸	拉伸	非拉伸	拉伸	非拉伸	拉伸
PAN	3～10	1.5～2.5	6～8	4～5	5～8	3～5
PET	40～45	18～35	100～110	60～80	30	15～20
PVC	60～70	30～55	100～110	75～90	8	6
PP	800～900	350～450	3000～3200	1700～1800	1～1.5	0.4～0.7
HDPE	1000～1100	500～600	3500～3700	1200～1400	2	1.5
PS	1800～1900	1500～1600	10000～12000	7000～8000	30～35	2

用于中空容器的 PP 原料可为均聚和共聚两种，其中挤出-吹塑法和挤出-拉伸-吹塑法选用 MI 为 0.5~1.5g/10min 的树脂，注射-吹塑选用 MI 为 2~4g/10min 的树脂。

（4）PET　PET 瓶是中空容器的后起之秀，是近年来发展最快的塑料制品，容积可为几百毫升到 30 升。与其他中空类容器相比，PET 瓶具有如下优点：力学性能好，PET 瓶的刚性和拉伸强度明显高于其他塑料瓶；阻隔性能好，PET 瓶对氧气和二氧化碳的阻隔性在制瓶塑料中最好；壁厚低，由于 PET 的高刚性和高强度，可以制成壁厚小的瓶体；透明性高，PET 的透光率可达 90% 以上，雾度小于 3%，对包装物的展示性好；卫生性能好，适于食品及药品的包装。

PET 瓶的缺点为耐热温度在 60℃以下，不能用热罐装，但可用与 PEN 和 PA 共混的方法改进。

PET 瓶主要用于碳酸饮料、矿泉水、纯净水、调味品、食用油、化妆品、洗涤剂、药品及农药等包装。

可用于 PET 瓶生产的树脂为注射级，黏度高低都可以采用。PET 瓶的生产方法可用挤出-吹塑法、注射-吹塑法和注射-拉伸-吹塑法；但注射-拉伸-吹塑法可大幅度提高 PET 瓶的性能，降低瓶壁厚度和成本，所以常用注射-拉伸-吹塑法。

（5）PA　PA 中空容器的优点为高强度、刚性高、耐热性好及耐油性好，可用于生产 PA 中空容器的 PA 有 PA6、PA11、PA12，其中 PA11、PA12 的耐油性十分优异，可用于汽车燃油箱。

PA 中空容器可用吹塑的方法生产，如用 PA6 可用于生产大型中空容器。

（6）PC　PC 中空容器具有冲击性优良、透明性好、强度高、表面硬度高、不易磨损、卫生无毒、耐热温度高达 138℃及可高温消毒等优点，但因价格太高而限制了其大量应用，目前主要用于矿泉水和纯净水周转桶、耐热旅行水瓶及耐热婴儿奶瓶等。

二、聚乙烯类中空容器

聚乙烯类中空容器可由吹塑、滚塑或焊接聚乙烯板材等方法制得。吹塑是聚乙烯中空容器最常使用的方法，滚塑次之，焊制容器则很少使用。由于拉伸吹塑对聚乙烯容器性能改善效果不大，市售聚乙烯吹塑中空容器都是非拉伸吹塑容器；其中以挤出吹塑产品较为常见，注射吹塑尚局限于药品等用的小型瓶类。从聚乙烯容器的容量看，其跨距很大，从容量几毫升的吹塑药瓶到容量 $20m^3$ 以上的滚塑容器均有工业化生产。常用的聚乙烯中空容器，容量在 100mL 到 200L 之间。

聚乙烯有高密度聚乙烯（HDPE），低密度聚乙烯（LDPE）和线型低密度聚乙烯（LLDPE）等几个大类。基于不同聚乙烯自身的特点，决定了它们在中空容器中的不同的应用。LDPE 的强度较差，刚性较小，但比较柔软，透明性较好，适于制作小型以及使用中需挤压的容器。HDPE 强度高，刚性大，是大、中型中空容器的比较理想的材料。LLDPE 的强度和刚性居于 LDPE 和 HDPE 之间，其耐应力开裂性特别优良，对于盛装易引起容器产生应力开裂的物质，采用 LLDPE 是十分有利的。在工业生产中，也常采用几种聚乙烯树脂的掺合料或者加入特定添加剂以达到调节中空容器性能或者改善物料成型加工性的目的。此外，许多公司还开发了具有某些特殊性能的、用于特定需要的专用吹塑（或滚塑）级聚乙烯，以满足生产中空容器的特定需求。

聚乙烯类中空容器具有许多共同的特征，主要可列举出如下几个方面。

（1）防潮、防湿性优良。

（2）耐化学腐蚀性好。聚乙烯耐多种酸（几乎全部非氧化性酸）、碱、盐及有机化合物的侵蚀，但会因脂肪烃、芳烃以及卤代烃等的作用而溶胀；汽油、芳烃等物质对聚乙烯容器有较大的渗透作用。

（3）卫生性能好，无毒、无味，可直接接触食品及医药品。

（4）具有良好的机械强度，特别是具有优良的作为容器材料所需的耐冲击性能。

（5）具有广阔的使用温度，可在-50℃到60℃的温度区间内长期使用；HDPE容器的使用温度甚至可达80℃左右，其瞬时使用温度达100℃左右。

此外，和其他塑料相比，聚乙烯还具有成型方便，容器成本低廉的优点。

作为中空容器应用，聚乙烯的较为明显的缺陷如下。

① 容器的透明度及光泽欠佳，对商品的展示效果不甚理想。倘用于销售包装，必须在造型设计及表面装饰上下工夫，以提高顾客对商品的购买欲。

② 氧气等的透过性大，盛装保存需要隔绝氧气等气体的物品时，使用效果较差。

③ 不宜用于芳烃（如苯、二甲苯）、脂肪烃（如汽油）以及氧化性强酸（如98%的硫酸）等物质的盛放。当用于盛装这些物品时，会产生容器溶胀，内容物逃逸，聚乙烯氧化降解，容器破裂等弊病。

聚乙烯容器的应用领域极为广泛，可以在食品［例如牛奶（含酸奶）、腌菜、果汁等］、药品（药片、口服制剂等）以及化工产品（如日化产品、化学制剂、化工原料等）等多种领域应用。

三、聚丙烯容器

聚丙烯（PP）是中空容器常用的塑料之一。用于制造中空容器的聚丙烯有均聚聚丙烯和共聚聚丙烯二种，其中共聚聚丙烯常采用丙烯与乙烯的共聚物，乙烯含量在10%以内。

聚丙烯与聚乙烯同属聚烯烃类塑料，其中空容器与聚乙烯中空容器有许多共同点，主要者列举如下。

① 耐化学性能好，防潮防湿性优良，综合物理力学性能良好。

② 卫生性能好，可直接与食品药物接触。

③ 原料来源丰富，成本比较低廉。

和聚乙烯中空容器相比，聚丙烯中空容器有许多独到的优点。

① 耐热性好，可在100℃长期使用，适于热灌装。

② 透明性好，并可利用双向拉伸吹塑的加工方法，使聚丙烯中空容器的透明性进一步提高，据文献介绍，采用特定牌号的聚丙烯，经双向拉伸吹塑，可制得透明性接近于PET的聚丙烯瓶。

③ 强度高，聚丙烯的拉伸强度、弯曲强度等均明显高于聚乙烯，刚性及表面硬度等也优于聚乙烯。

和聚乙烯相比，聚丙烯中空容器的主要局限如下。

① 耐低温性能较差，均聚聚丙烯中空容器在0℃左右即表现出一定的脆性。一般地讲，聚丙烯中空容器不宜于在低温下使用。采用共聚聚丙烯可以改善中空容器的耐寒性。耐寒性最佳的共聚聚丙烯中空容器甚至可在接近于-40℃的低温环境下使用，但原料成本明显提高。

② 成型性较差，不宜吹制大型中空容器。聚丙烯熔体的黏度较低。采用挤出吹塑时，型坯抗垂延性较差，成型性能不如聚乙烯，故不宜吹制大型及特大型中空容器。

典型吹塑用聚丙烯与聚乙烯的性能比较如表7-24。

拉伸吹塑聚丙烯瓶被认为是最有发展前途的塑料容器之一。经双向拉伸吹塑加工的聚丙烯瓶,其机械强度明显地高于非拉伸瓶。由于强度提高,瓶子的壁厚可设计得更薄。从而节约瓶的单耗(可节约原料30%左右)。聚丙烯拉伸瓶的阻隔性能较之非拉伸瓶也有比较明显的改善,其阻隔水蒸气透过的性能,则更是常用包装容器中最好的一种。几种塑料瓶的渗透性能,如表7-25所示。

表7-24 典型吹塑用聚丙烯与聚乙烯的性能比较

性 能	ASTM测试方法	HDPE			LDPE	LLDPE	PP		
		共聚物	均聚物	高分子量共聚物			均聚物	共聚物	透明级共聚物
密度/(g/cm^3)	D792	0.955	0.960	0.955	0.923	0.930	0.905	0.900	0.900
MI①/(g/10min)	D1238	0.70	0.65	<0.10	2.0	0.8	1.6	2.3	2.0
拉伸屈服强度/MPa	D638	18	26	20	8	13	35	30	28
弯曲模量/MPa	D790	1380	1655	1205	240	275	1445	895	895
熔点/℃		128	130	127	110	122	165	147	143

① MI的测定条件为PP:230℃,2160g负荷;PE:190℃,2160g负荷。

表7-25 几种塑料瓶的透气和透湿性

塑料品种	透O_2量/[(cm^3·mm)/(m^2·24h·0.1MPa)]		透CO_2量/[(cm^3·mm)/(m^2·24h·0.1MPa)]		透H_2O量/[(g·mm)/(m^2·24h)]	
	非拉伸	拉伸	非拉伸	拉伸	非拉伸	拉伸
PAN	0.3~1.0	0.15~0.25	0.6~0.8	0.4~0.5	0.5~0.8	0.3~0.5
PVC	6~7	3~5.5	10~11	7.5~9.0	0.8	0.6
PET	4~4.5	1.8~3.5	10~11	6~8	3	1.5~2
PP	80~90	35~45	300~320	170~180	0.10~0.15	0.04~0.07
PS	180~190	150~160	1000~1200	700~800	3~3.5	2
HDPE	100~110	50~60	350~370	120~140	0.20	0.15

聚丙烯瓶可用于食品(果汁、糖浆等)、医药品及非食品(洗涤剂、化妆品等)等多种物质的包装。但由于聚丙烯的挤出吹塑成型加工性能较聚乙烯差,拉伸吹塑性能不如PET,且对氧的阻隔性能不如PET瓶及PVC瓶,目前中国国内聚丙烯瓶的应用面尚比较小。由于双向拉伸聚丙烯瓶具有高透明及耐高温等性能上的明显优势,故有广阔的潜在市场。

四、聚氯乙烯容器

聚氯乙烯(PVC)容器由聚氯乙烯为基础的复合物制得。复合物中除聚氯乙烯之外,还含有润滑剂、增韧剂、稳定剂、成型加工性能改性剂、增塑剂等多种助剂。聚氯乙烯容器的性能,可以通过配方中助剂的种类和用量的变化而加以调整,具有较大的可变性,可较好地适应应用上的特定需要。但同时也存在着配方技术含量高,掌握比较困难的问题。

聚氯乙烯瓶按其性能大体上可分为三种,即通用型、耐冲击型以及无毒型。通用型吹塑级聚氯乙烯配合料成本比较低廉,成型加工性能良好,制得的容器具有良好的物理及力学性能,很好的透明性和高的光泽度,较好的耐冲击性能,主要用于化妆品及洗涤剂等商品的包装。耐冲击型聚氯乙烯瓶着重考虑了增韧剂的选择与应用,它保有普通聚氯乙烯瓶的基本特性,并具有更高的耐冲击性,不易破裂,但成本较普通聚氯乙烯瓶要高,应用领域与普通聚氯乙烯瓶大致相同。无毒型聚氯乙烯瓶主要考虑了直接接触食品、药物时的卫生性能的需要,制得的瓶中氯乙烯含量要低于1mg/kg(ppm),故采用含氯乙烯单体少的所谓食品级聚氯乙烯;同时选用稳定剂、润滑剂等各种助剂时,必须考虑符合接触食品要求的无毒性问题。此外,还必须考虑助剂的味道是否会对所包装的商品产生不利影响。无毒型聚氯乙烯瓶主要用于食品(如矿泉水、饮料、食用油等)以及药品包装。中国的一些生产聚氯乙烯树脂的大型企业如齐鲁石化公司、上海天原公司均开发、生产供各种聚氯乙烯瓶用的专用粒料，如矿泉水瓶料、食用油瓶料、化妆品瓶料、洗涤剂瓶料等，供吹塑塑料制品厂选择应用。

PVC 类塑料的成型加工性能虽不及 PE 类塑料，但仍为塑料中成型加工性能最好的品种之一。它可采用常规的挤出（或注射）吹塑成型法制瓶，亦可制拉伸吹塑瓶。PVC 瓶具有原料价格比较低廉，综合物理及力学性能良好的优势，特别是具有高透明、低雾度的特性，为所包装的商品提供了极好的展示性，具有很好的促销功能。同时它具有一般聚烯烃容器所不具备的接近于 PET 瓶的良好的阻隔 O_2 和 CO_2 的性能，对食品等需隔氧贮存的商品有良好的保存性，因此曾被视为最理想的包装材料之一。但随着近年来 PET 瓶级切片价格上的大幅度下调，以及价格低廉、操作方便的 PET 二步法吹瓶设备的普及，在饮料、日化产品以及食用油包装等方面的应用，PVC 瓶遇到了 PET 瓶的有力的竞争。在废弃瓶的回收应用方面，PVC 瓶比 PET 瓶、PE 瓶等困难，其焚烧处理需要耗费能量并产生氯化氢等有害气体。因此，PVC 瓶的应用及其在包装方面的重要性有下降的趋势。

五、热塑性聚酯瓶

聚对苯二甲酸乙二醇酯（PET）瓶简称热塑性聚酯瓶，亦称涤纶瓶。

PET 与聚烯烃及 PVC 等高聚物明显不同，其分子链中有苯环存在，比较刚硬，且分子间的作用力较强（分子链中有—COOR 基，具有较大的极性），因而赋予了 PET 良好的刚性、强度及对非极性气体的良好的阻隔性能。由于 PET 分子链规整性强，它是典型的结晶型高分子化合物，可通过结晶处理，大幅度地提高其耐热性。同时，由于 PET 分子链的刚硬性，其结晶速率较慢，人们又可以比较方便地通过快速冷却的方法，得到基本上处于非晶态的、高透明、易拉伸的 PET 瓶坯；通过拉伸处理，得到高强度、高透明的 PET 拉伸吹塑瓶，适应透明包装的需要。PET 瓶还可通过与其他高聚物渗和或者多层化加工，进一步提高容器的耐热性、阻隔性等性能，拓宽应用领域。因此，PET 瓶作为中空容器中的一个后起之秀，已为塑料界与包装界的人士倍加重视。PET 瓶是近年来发展最快的塑料制品之一。

PET 树脂虽然可采用直接挤出（或注射）吹塑成型，制得非拉伸中空容器，此外，人们也曾采用直接吹塑的方法，制备眼药水瓶之类的小型 PET 瓶，但由于 PET 容易采用拉伸吹塑的方法成型，且经拉伸吹塑可大幅度提高 PET 瓶的性能，降低 PET 瓶的单耗，更有利于它在性能及成本上与其他中空容器间的竞争，因此现在使用的 PET 瓶基本上都是拉伸吹塑制品。从容量上看，应用最多的是几百毫升到 2L 的小型瓶，也有大到容量达 30L 左右的大瓶。

PET 容器的特征如下。

（1）机械强度高　PET 瓶，特别是常用的拉伸 PET 瓶的强度明显地高于其他常用的塑料瓶。

（2）阻隔性能良好　PET 瓶的阻隔性，特别是对氧和二氧化碳气的阻隔性能是比较突出的。

（3）单耗低，质量轻　由于 PET 瓶强度高可以做得很薄，因此 PET 瓶的单耗低，质量轻，有利于降低成本，提高与其他塑料容器的竞争能力，同时有利于降低商品的运输费用。

（4）保香性能好　PET 瓶对于多种有香味物料，如华尼拉香料、大蒜制剂、咖啡粉、可可、红茶等，保香性突出，对柠檬香料、咖喱粉等亦有较好的保香性。

（5）良好的耐药品性　PET 耐多种化学物质的侵蚀，耐油、耐有机溶剂、耐酸性能良好并具有一定的耐碱性，PET 的耐药品性。

（6）所装商品的展示性好　PET 瓶具有很高的透明性，透光率达 90% 以上，雾度小于

3‰且光泽度高，其外观可与优质玻璃瓶媲美。

（7）卫生性能好　PET瓶符合FDA和中国食品卫生标准要求，可直接与食品、药品接触。

（8）回收应用及处置方便　PET瓶是被普遍公认的有利于环境保护的一种塑料制品，可以通过如下几种途径，有效地处理其废弃物。

① 通过净化、熔融造粒回收利用，其回收粒子可用于生产PET短切纤维或复制PET塑料制品。

② 通过化学降解可制备单体，用以重新合成PET或者用作生产其他化工产品的原料。

③ 焚烧处理回收热能。PET焚烧时产生的热量约为焚烧PE时的一半［约23MJ/kg（5500kcal/kg）］不会损坏焚烧炉，且不产生危害环境的毒物，只生成二氧化碳和水。

六、其他塑料中空容器

1. 聚碳酸酯容器

聚碳酸酯（PC）是一种常用的工程塑料，常通过注射成型的方法制造机电设备的零部件，近年来也用于制造中空容器。作为容器，聚碳酸酯瓶的主要特点是抗冲击性能特别优良；高透明且表面硬度高，不易擦毛，使用过程中不易因表面糙化而降低透明性；无毒、无味、卫生性能好；耐高温，热变形温度高达138℃，不仅可高温热灌装，而且可经受高温消毒，多次反复使用。因此，尽管聚碳酸酯比较昂贵，聚碳酸酯瓶的成本较PE、PP以及PET瓶要高得多，仍得到了实际应用。聚碳酸酯瓶应用最为成功的领域是婴儿用的奶瓶以及净化水用的19dm^3桶。

聚碳酸酯瓶的主要缺点除价位较高外，是它对氧气的阻隔性较差，因此国外亦开展了聚碳酸酯多层瓶的研究。

2. 尼龙类中空容器

尼龙（PA）的主要特性是耐油，高强度，刚性高，耐热性也很好。制取中空容器时，可采用吹塑与滚塑的方法生产，其中，由己内酰胺单体滚塑聚合，生产中、大型尼龙6中空容器的工艺，可制得相对于吹塑成型更为质优价廉的产品，是燃料油（如汽油）的理想容器，具有较大的实用性。

由于尼龙本身的吹塑工艺性较差，原料价格又比较高，因此单独用于生产容器尚比较少。它在中空容器方面的应用主要是和聚烯烃树脂相配用，制造多层复合容器。

3. 多层复合容器

开发多层复合容器虽然可列举出多种目的，然而其主要目的则在于获得高阻隔性的塑料容器，同时降低其生产成本。

如前所述，聚烯烃类塑料，特别是其中的聚乙烯、聚丙烯，其综合物理及力学性能优良，成型方便，价格低廉，大量用于中空容器的生产；然而，其对氧的阻隔性能低下，使之不能很好适应于食品等多种需要隔氧贮存的物品的包装（甚至根本不能使用）。同时，它耐芳烃、卤代烃以及油类物质的性能亦较差，应用上受到限制。以EVOH为代表的"阻隔性树脂"和聚烯烃类塑料相反，对氧的透过有很好的阻隔性能，但价格相当昂贵，成型性亦不如聚烯烃类塑料。采用聚烯烃类塑料为主层，将阻隔性树脂设计为一个很薄的阻隔层（如器壁总厚的15％），则可制得高阻隔性的多层复合容器，其成本较全部采用阻隔性树脂的容器要低得多，阻隔性则与之相当，某些性能例如对水蒸气透过的阻隔性以及在高湿环境下对氧的阻隔性能，还较用纯阻隔性树脂生产的容器更为优越。在多层复合容器中，应用最多的高阻隔性树脂是EVOH；PVDC也可应用，但用量相当有限。PA仅属中等程度的阻隔性树脂，对氧的阻隔性能在 $30\sim50\mathrm{cm}^3\cdot\mathrm{mm}/(\mathrm{m}^2\cdot24\mathrm{h}\cdot\mathrm{MPa})$，但它对芳烃、油类（如汽油）等的阻隔性优，且成型亦比较容易，价格比较低廉，也是多层复合瓶中最常使用的阻隔性树脂之一。

多层复合瓶中所采用的阻隔性树脂和聚烯烃之间，通常不具备良好的亲和性，要使它们之间产生牢固地结合，还需选用适当的黏合性树脂。因此，多层复合瓶的结构一般至少在三层以上，有的高达六到七层。多层复合吹塑的技术性较强，设备及工艺均较为复杂，目前国内尚应用不多。

多层复合容器的主要应用领域是食品包装，如蛋黄酱、番茄酱、食用油等的包装，在汽车油箱方面的应用也具有巨大的潜在市场。此外在一些特殊商品的包装应用，例如含苯剂的农药瓶，已取得极其良好的效果。

第六节　其他通用制品的塑料选用

一、包装制品的塑料选用

（一）塑料周转箱

塑料周转箱是塑料包装材料中的一个重要组成部分，主要用于商品流通中的周转，也应用于商品生产过程中的零部件的周转，包括上、下工序间，车间与车间之间以及配套厂与总装厂之间的零部件的周转。塑料周转箱和大多数塑料包装材料不同，一般塑料包装材料多系一次性使用，取出产品之后，包装材料即完成其历史使命，作废弃物处置；而周转箱则在使用之后往往要回收重复使用多次，因此塑料周转箱在设计构思上，除了应考虑到它在使用过程中，要对所盛装的物品有良好的保护及贮运功能之外，往往还需要考虑空箱的堆放问题以节约仓贮面积，降低运输费用。

塑料周转箱通常由高密度聚乙烯或聚丙烯经注射成型而得。高密度聚乙烯耐低温性能突出，在 $-40℃$ 左右仍有较好的韧性，其耐候性亦优于聚丙烯，但耐热性、刚性及强度较聚丙烯稍逊。聚丙烯的主要特点是耐热性好（较 HDPE 要高 20℃ 左右），刚性大、强度高，主要缺点是耐低温性能较差，均聚聚丙烯在 0℃ 左右即呈现一定程度的脆性。因此，尽管共聚聚丙烯的价格较高，人们亦常采用耐寒性较好的共聚聚丙烯为周转箱的原料。聚丙烯性能上的另一缺陷是耐候性较差，在周转箱用聚丙烯中，配入紫外线吸收剂之类的助剂是十分必要的。由聚丙烯和高密度聚乙烯制得的周转箱有许多共性，如质轻、强度高、耐化学药品性能好、防湿防潮性好、无毒无味、卫生性能可靠、易于着色及表面修饰等，因此两种塑料的周转箱的应用领域常常相互渗透而无十分明显的界限。

周转箱的形状与结构应和所包装的物品相适应，几种典型的周转箱及其形状与用途如表 7-26 所示。

表 7-26　典型塑料周转箱的形状与用途

周转箱的形式	形　状	用　途	周转箱的形式	形　状	用　途
长方体型	全突缘型 上部突缘型 下部部分突缘型	瓶类搬运及工业零件周转 食品周转 食品周转	半壁型	长方体型 篮型	瓶类周转
侧壁倾斜型	手柄利用型 旋转型	农产品贮运 工业零件周转	展开型	折叠型、合页型与装配型	通用,农产品搬运

可用于生产塑料周转箱的材料有 HDPE 和 PP 两种，要求 MI 为 3～10g/10min。HDPE 和 PP 两种材料各有特长。HDPE 的耐低温性好，耐冲击性好，但耐热性和强度稍逊于 PP。PP 的耐热性好、强度高及刚性大，但耐低温性不好，不适于寒冷地区使用；另外，其耐候性不好，不适于户外使用。为改善两种材料的不足，常用 PP 与 HDEP 共混，以解决两者的耐热性和耐低温性；另外共聚 PP 的耐低温性能好，虽价格稍高，也经常采用。

在具体选用树脂时，要求注射用 MI 为 3～10g/10min，热挤冷压用 MI 为 3～7g/10min。如选 PP 为材料，需加入适量的紫外光吸收剂，以提高耐候性。

生产塑料周转箱的方法有注射法和热挤冷压法。注射法适于成型复杂形状的大批量制品，其优点为生产效率高、制品尺寸精度高；热挤冷压法适于形状简单的小批量低价制品，其优点为设备投资少，并可适于流动性较差原料的成型，如高填充塑料的成型。

（二）钙塑瓦楞箱

钙塑瓦楞箱的基本结构与瓦楞纸箱相同，它是由钙塑纸经压楞、黏合制得瓦楞板之后，经剪裁加工制成。钙塑瓦楞纸通常以高填充的聚乙烯为原料，其填充剂一般为碳酸钙，填充剂含量在 40% 以上。大量填充剂的应用，有利于降低产品成本，提高其市场竞争力，同时还能明显提高产品的刚性，改善使用效果。钙塑瓦楞箱可反复利用，废弃物还可回收复制应用，是一种比较受人们欢迎，应用广泛的包装材料。

钙塑瓦楞箱和纸质瓦楞箱的性能基本相同，如表 7-27 所示，但其防水防潮性能远优于纸质瓦楞箱。钙塑瓦楞箱的湿强度高，对于包装液体商品是一大突出的优点，即使液体包装容器破裂，液体物质与钙塑箱接触，它仍能保持良好的强度，对所包装的商品起到良好的保护作用，这对于那些包装破损后，危险性较大的液态商品，比如农药，更具有特别重要的意义。因此，化工部门已指定液态农药类商品必须采用钙塑箱作为外包装。

表 7-27 钙塑瓦楞箱和纸质瓦楞箱的性能

项目	空箱抗压/N		瓦楞纸平面抗压/MPa	纸剥离强度/N	跌落试验/次		撞击试验/次	空箱质量/kg
	干态	水淋 5min			底着地	模头着地		
钙塑瓦楞箱	5100	5100	20	50	>50	10	>5	1.1
牛皮纸瓦楞箱	2500	700	7.0	9.0	>50	10	>5	0.8

钙塑箱还具有无毒、无味、卫生性能好的优点，它不易发霉，耐腐蚀性强，对于食品包装也是十分有利的。

钙塑箱与牛皮纸瓦楞箱相比，其性能上的一个比较明显的缺欠是表面摩擦系数较低，码堆性能较差。

钙塑箱的抗压强度高，除与传统的牛皮纸瓦楞箱相竞争用于农药（已全部采用钙塑箱）、化学试剂、日化产品、食品、日杂商品等产品的外包装之外，还部分进入原来采用木箱包装的一些领域。

1. 规格

通用箱尺寸如表 7-28 所示。

表 7-28 通用钙塑瓦楞箱的尺寸　　　　　　　　　　　　　　　　　　单位：mm

序号	长×宽	偏差	序号	长×宽	偏差
1	600×400		4	400×200	
2	500×400	+5	5	300×200	+5
3	400×300		6	200×200	

钙塑瓦楞纸的规格应符合：瓦楞纸板厚度≥4mm；瓦楞筋数≥13根/100mm。

2. 技术要求

（1）钙塑瓦楞纸箱的空箱抗压力：A级≥5000N；B级≥4000N。

（2）钙塑瓦楞板的力学性能符合表7-29要求。

表7-29 钙塑瓦楞板的力学性能

项 目		指 标		测试方法
		A级	B级	
拉伸力/N	≥	350	300	GB 1040—92
断裂伸长率/%	≥	10	8	GB 1040—92
平面耐压缩力/N	≥	1200	900	GB 1041—92
垂直压缩力/N	≥	700	550	GB 1041—92
撕裂力/N	≥	80	60	HG 2—167—65
低温耐折①		－40℃不裂	－20℃不裂	

① 在盛工业乙醇的保温瓶中，加入适量干冰，使温度降至给定温度，温度允许波动±2℃。试样置于冷介质中15min后取出，用两块木板夹住，立即进行90℃弯折，然后再以相反方向进行180℃弯折，弯折试验在300s内进行完毕，观察弯折处是否有裂痕。

（3）钙塑箱的外观要求 箱体表面平整，同一规格、同一批产品的颜色基本一致。

（4）箱钉规定 箱钉采用有镀层的低碳扁丝制成。

3. 选材

塑料瓦楞箱的生产方法：第一步，先将塑料原料与助剂经捏合、塑料混炼、压延成片材；第二步，将片材经压楞、与另两层平片热熔黏合制成三层复合的瓦楞板；第三步，将瓦楞板剪裁后用热熔焊接或黏合的方法制箱。

可用于生产塑料瓦楞箱的塑料材料有HDPE及LDPE两种，具体配方组成为：

树脂　HDPE/LDPE共混；

填料　轻质碳酸钙，加入量大；

其他　稳定剂、抗氧剂、紫外线吸收剂等。

具体配方参考实例如下（质量份）：

	表面纸	瓦楞纸		表面纸	瓦楞纸
LDPE	15	10	硬脂酸钡	0.5	0.5
HDPE	45	40	抗氧剂 CA	0.05	0.05
轻质碳酸钙	40	50	抗氧剂 DLTP	0.025	0.025
硬脂酸锌	0.5	0.5	紫外线吸收剂 UV531	0.1	—

（三）聚苯乙烯泡沫塑料包装箱

聚苯乙烯泡沫塑料具有很好的隔热保温性能，以之制成的保温箱用于鱼、虾等水产品以及鲜花、水果等商品的包装，结合冷藏、冷冻库贮存，可以使所包装的商品在脱离冷藏（或冷冻）链的情况下，较长时间内保持在一个比较适宜的较低的温度环境中，从而有效地延长了其保鲜、保质期，改善了商品的流通条件，带来十分可观的经济效益。因此，近年来聚苯乙烯泡沫塑料周转包装箱的应用日渐增多。

① 聚苯乙烯泡沫塑料包装箱由聚苯乙烯发泡珠粒制得，其软化温度较低（仅88℃左右），实际最高使用温度仅75℃左右，因此聚苯乙烯泡沫塑料包装箱只适于在较低的温度下使用，一般用于室温及低温领域。

② 聚苯乙烯泡沫塑料的热导率随密度的下降而降低，当密度降到$32kg/m^3$时，热导率达到最低值，密度再降低，热导率反而有上升的趋势。因此从隔热的角度看，聚苯乙烯泡沫

包装箱的密度以 32kg/m³ 左右为最好。

③ 聚苯乙烯泡沫塑料的压缩强度与其密度之间存在有密切的相关关系。聚苯乙烯泡沫塑料的密度降低，其压缩强度减小，如表 7-30 所示。

表 7-30 聚苯乙烯泡沫塑料的密度与压缩强度

密度/(kg/m³)	20	22	24	26	28	30
压缩强度/MPa	5.5	6.2	6.9	7.6	8.2	8.9

④ 聚苯乙烯泡沫塑料密度小时，单位体积耗用原料较少，在一定密度范围内，密度小时按体积计的成本较低。因此，聚苯乙烯泡沫塑料包装箱有时取较小的密度（例如 25kg/m³），而不取 32kg/m³ 的密度。

（四）旅行箱

旅行箱为旅行中盛装衣物、文件及日用品的包装箱，软质旅行箱用帆布和皮革制作，硬质旅行箱用塑料和塑皮复合制作。硬质旅行箱的优点为防盗及防压。

塑料旅行箱的制作材料为 ABS 和 PP，其优点为外表美观、表面易装饰处理及冲击强度高等。

塑料旅行箱制作方法为：挤出成片→片材热成型需要形状箱体→箱体组合（用五金件、黏合等方法），或者采用注塑方法一次成型。

（五）塑料保温箱

塑料保温箱用 PS 泡沫塑料制成，其保温性能十分好，相对密度在 0.032 时热导率最低。主要用于冷藏品和高温品的包装，可在 75℃ 以下使用。具体可包装的产品有雪糕、水产、水果、鲜花及食品（如盒饭、馒头、包子等）等。

PS 塑料保温箱用 PS 发泡珠粒经热压制而成，具体成型工艺为：PS→浸渍发泡剂→预发泡珠粒→熟化→加热压制→塑料保温箱。

（六）塑料吸塑类制品的选材

塑料吸塑类制品是一类开放式杯、盒、托盘、泡罩等小型包装容器，主要用于食品、冰淇淋、水果、工艺品、五金件及玩具等轻质包装材料。

塑料吸塑类制品的生产方法有阴模法、阳模法、阴模柱塞助压法、对模法等，其中阴模法和对模法适于浅制品如托盘、快餐饭盒及泡罩等，阳模法适于较深制品如冰淇淋盒及果冻盒等，阴模柱塞助压法适于更深制品如水杯等。

可用于吸塑成型的塑料材料有 PVC、PP、PS、PE、ABS、PMMA 及 PC 等。其中纯 PP 的热成型性较差，只能用阴模柱塞助压法也称为正压法，用少量 PE 共混可改善热成型性能。不同塑料片材的热成型温度如表 7-31 所示。

表 7-31 不同塑料片材的热成型温度

塑料	HPVC	HDPE	LDPE	PS	ABS	PP	PMMA	PC
温度/℃	140～170	135～150	120～135	150～175	150～180	150～180	150～160	175～210

PVC、PP 及 PS 片材为常用的吸塑材料，主要用于杯、盒及托盘等制品的成型。PMMA、ABS 及 PC 等厚片常用于成型泡罩类制品。

（七）塑料编织袋

塑料编织袋是以塑料扁丝为原料，通过编织加工制成塑料布，再经缝制而制成的包装袋。

塑料扁丝是由塑料粒子（例如聚丙烯）先经熔融挤出加工制得膜，再经剖切加工、单向拉伸而制得。厚膜的制备有T膜法及吹胀法两种，其中以T模法制得的薄膜厚度精度较高，扁丝质量较好。但这种方法所用设备成本高，一次性投资比较大。由于扁丝在制造过程中，经过单向拉伸处理，所以它具有很高的拉伸强度。

塑料编织袋起初是作为传统的包装麻袋的代用品而开发的。在实际使用过程中，它体现了许多麻袋所不可比拟的优越性，例如高度的耐水防潮性、耐化学腐蚀性、防蛀、防霉性等，而且在扁丝的制备过程中，还可根据使用的需要，在熔融挤出制扁丝之前，在塑料中配入各种助剂，例如紫外线吸收剂、紫外线屏蔽剂、消光剂、抗氧剂以及着色剂等，以改进扁丝的特性，因此塑料编织袋的应用与发展极为迅速。现在塑料编织袋已远远超越麻袋的代用品的地位，而成为一大类品种繁多，应用广泛的塑料包装材料。

塑料编织袋就其袋的形式而言，可分为普通编织袋、涂塑编织袋和纸塑编织袋等三种基本类型，此外还有大型柔性集装袋等。

塑料编织袋按材质分，主要有聚丙烯类、高密度聚乙烯类、线型低密度聚乙烯类几种。聚丙烯类编织袋，其扁丝由聚丙烯或者主要由聚丙烯制得。在相同厚度条件下，聚丙烯扁丝较之聚乙烯扁丝有更高的强度和更大的刚挺性，因此，聚丙烯编织袋较聚乙烯编织袋有更高的强度与刚挺性。在聚乙烯编织袋中，线型低密度聚乙烯编织袋的强度略低于高密度聚乙烯，其柔软性则优于高密度聚乙烯编织袋，是几种编织袋中柔软性最好的。此外，几种塑料编织袋在耐光、耐候性方面亦存在着较大的差别。虽然它们同属聚烯烃塑料，耐候性均比较差，但其中聚丙烯的耐候性明显低于聚乙烯。因此，当塑料编织袋，特别是聚丙烯编织袋，在室外光照条件下使用时，一定要考虑使用含紫外线吸收剂或紫外线屏蔽剂等助剂的耐候性配方，否则其使用寿命将急剧下降。

（八）打包带

打包带是包装材料中常见的一种捆扎束缚件，主要用于外包装，多用于瓦楞箱和软包装的捆扎与加强。打包带按材质分，有金属打包带与塑料打包带二种。本节介绍的对象是塑料打包带。塑料打包带有通用塑料类（聚乙烯类、聚丙烯类、聚氯乙烯类）与工程塑料类（聚酯类、尼龙类）两大类。

1. 聚烯烃类打包带

聚烯烃类打包带是最常用的通用塑料型打包带，主要是聚乙烯打包带和聚丙烯打包带。其中，聚乙烯类打包带通常采用高密度聚乙烯，聚丙烯打包带多采用均聚聚丙烯。

聚烯烃类打包带的优点是综合物理及力学性能良好，特别是防潮防湿性能突出，成型制造及使用方便，价格低廉，主要缺点是强度较低，蠕变性较大。

在聚烯烃类打包带中，聚丙烯打包带强度高（是通用塑料打包带中强度最高的品种），其耐热性也比较好，在较高的温度下（例如100℃左右），亦有一定的强度，因此可在较高的温度下使用。虽然普通聚丙烯制品低温性能欠佳，但聚丙烯打包带因生产过程中，经过单向拉伸加工处理，故可在低温下使用（在-60℃仍有一定强度）。聚丙烯打包带的主要缺点是耐候性较差，在光、特别是紫外光的作用下容易发生降解老化，因此普通聚丙烯打包带不宜在露天环境中使用。当打包带需长期暴露在阳光下时，应采用耐候配方的聚丙烯。

聚乙烯打包带的强度及抗蠕变性不及聚丙烯打包带，耐热性也比聚丙烯打包带低（一般长期使用温度不超过60℃）。但聚乙烯打包带较聚丙烯打包带的优点主要是耐光、耐候性较好，耐低温性能更佳。此外，其柔软性比聚丙烯打包带要好。但就一般应用而言，聚乙烯打包带这些优点并非影响打包带应用的主要因素；因此聚乙烯打包带的应用不及聚丙烯打包带广泛。

2. 聚氯乙烯打包带

聚氯乙烯系非结晶型聚合物，拉伸成型加工对其产品力学性能的提高幅度远不如结晶型聚合物（聚乙烯、聚丙烯以及聚酯、尼龙等）大，因此，尽管硬聚氯乙烯本身强度较高，但其打包带的强度却较聚丙烯打包带及聚乙烯打包带要低，使用性能上的竞争力不强。同时，聚氯乙烯打包带还受到环境保护问题的困扰。因此聚氯乙烯打包带虽然曾作为塑料打包带的先驱，得到开发应用，但目前已不多见。

几种通用型塑料的打包带性能对比见表 7-32。

表 7-32 几种通用型塑料打包带的性能对比

项目		PE 打包带	PP 打包带	PVC 打包带
宽度/mm		15.5±0.5	15.5±0.5	12.5±0.5
厚度/mm		0.4±0.1	0.4±0.1	0.7±0.1
断裂拉力/N	>	1700	2000	1500
延伸率/%	<	25	25	25

3. 聚酯打包带

聚酯（PET）打包带是塑料打包带中性能最好的品种，其主要特征如下。

① 强度高、其强度约为钢质打包带的 1/2；

② 延伸率低，为 2%~3%；

③ 抗蠕变性好，捆扎后蠕变量小，弹性恢复能力强；

④ 有缺口时，缺口不易扩展，因而亦不易断裂；

⑤ 抗湿性能较好，不会因受潮而产生大的蠕变。

PET 打包带，既适用于硬质物件的捆扎，也可用于趋于膨胀的货物的集成包装。而且 PET 打包带的成本亦不太高，是一种有良好发展前景的新型打包带。

4. 尼龙打包带

尼龙（PA）打包带的强度也很好，和 PET 打包带相当，同时它还具有弹性回复与抗蠕变能力强的优点，可长期紧紧地束缚在被包装物件上，特别适合于捆扎集合后趋于下沉的物件的包装。

尼龙打包带与 PET 打包带相比，受潮后强度及抗蠕变性有比较明显的下降，同时还具有出现缺口时（比如受损伤）容易断裂的缺点，其延伸率亦比 PET 打包带要高、对应力的长期保持能力较 PET 打包带要差。此外，尼龙打包带是塑料打包带中成本最高的品种，这亦是影响其推广应用的一个不利因素。

（九）塑料结扎绳

市售塑料结扎绳一般系聚丙烯扁丝（即撕裂薄膜），用它代替传统的纸绳以及棉、麻绳带，用于缚扎商品，收到了很好的效果。

目前市售普通聚丙烯结扎绳，通常耐光耐候性较差，长期在光照，特别是长期在紫外光照射下，容易产生光老化降解，导致强度大幅度下降，甚至失去使用价值。其次是普通塑料结扎绳的纤维化倾向比较严重，即容易开裂分成很细的纤维，以致使用不便。要解决上述问题，需要在配方及生产工艺上作适当调整，有一定的技术含量。

聚丙烯结扎绳的性能参考指标如下：

拉伸强度 0.02~0.03N/dtex

伸长率 <70%

纤度 444.4tex（4000den）

厚度　0.045～0.055mm
宽度　35～55mm

二、鞋的塑料选用

塑料鞋的优点为：价格低、成型容易、耐水性好、耐油性好、耐各种化学腐蚀性好、耐霉烂、耐各种细菌侵蚀、耐磨性好、表面光洁度高、色泽鲜艳及品种繁多等。

（一）鞋底材料

早期的鞋底材料为用PE及PVC制成的密实性制品，它虽具有美观、耐水及耐腐蚀等优点。但存在弹性小、柔软性差、耐磨性小及防滑性低等缺点，近期已很少采用。目前的塑料鞋底材料有两类：低档采用PE、PVC的发泡制品，它解决了PE、PVC密实制品弹性小和柔软性差的缺点，但耐磨性和防滑性一般；高档采用EVA、PU及SBS的发泡或密实制品，它的弹性、柔软性差、耐磨性、防滑性都好。目前的鞋材料除少数橡胶材料外，几乎全部为塑料材料。

（1）PE　PE常用发泡制品制作鞋底材料，它具有柔软、保暖隔热、不易龟裂及色泽鲜艳等优点，但存在弹性差、耐磨性差及易打滑等缺点。

PE发泡鞋底一般选用MI为2g/10min左右的LDPE树脂，与HDPE比，它具有柔软性好和发泡性能优异的优点。为增加柔软性、回弹性和耐寒性，并改善发泡性能，需要加入EVA或顺丁胶作为改性剂。发泡剂用AC、交联剂用DCP、发泡助剂用三盐和氧化锌。

常用的LDPE鞋底典型配方如下（质量份）：

	凉鞋	布鞋	拖鞋
LDPE	70～80	70～80	70～80
EVA	20～30	20～30	20～30
AC	3.5～4	3～4.5	4～4.5
DCP	0.8～1	0.8～1	0.8～1
三碱式硫酸铅或氧化锌	1～1.5	1～1.5	1～1.5
硬脂酸钡	0.5～0.8	0.5～0.8	0.5～0.8
石蜡或硬脂酸	1～1.5	1～1.5	1～1.5
轻质碳酸钙	3～10	3～10	3～10

（2）PVC　PVC鞋底常为密实制品，优点为价格低，但存在柔软性差、无弹性、耐寒性不好、耐磨性差等缺点，现在应用已越来越少。PVC鞋底常用热挤冷压方法生产。

PVC配方选用SG-4树脂，增塑剂为60～70份，单鞋用DOP和DBP，棉鞋还需用耐寒增塑剂，具体配方如下（质量份）：

	单鞋	棉鞋		单鞋	棉鞋
PVC(SG-4)	100	100	二碱式亚磷酸铅	0.8～1.2	0.8～1.2
DOP、DBP	60～63	53～58	硬脂酸钡	1.2～1.5	1.2～1.5
DOS	—	4～6	石蜡	0.3～0.5	0.3～0.5
环氧酯	—	4～5	碳酸钙	2～3	2～3
三碱式硫酸铅	1.5～1.8	1.5～1.8			

（3）EVA　EVA鞋底常用发泡材料，具有耐磨、耐低温、高弹、防滑、柔软等优点，具体配方如下（质量份）：

① 发泡鞋底

EVA(VA15%～20%)	100	三碱式硫酸铅	1
DCP	0.8～1	硬脂酸	0.8
AC	5.6		

③ 微孔鞋底

EVA	60	LDPE	25
天然橡胶	16	微孔鞋底边角料	80

DCP	1	DOP	2
氧化锌	5	发泡剂 H	3.8
硬脂酸	1	群青	0.18

（4）PU　PU鞋底具有轻便、弹性好、耐磨、耐寒、耐油及不易走形等优点，PE鞋底选用PU浇注体材料，经浇注发泡而成，具体参考配方如下（质量份）：

聚醚多元醇(羟值)	100	有机硅泡沫稳定剂	0.1
1,4-丁二醇	12	三亚乙基二胺	0.4
水	0.1	辛酸亚锡	0.03
F-11	6	MDI	70.3(指数102)

（5）SBS　SBS鞋底具有耐老化、耐磨、耐寒、弹性好、不打滑等优点。可用于旅游鞋、凉鞋、布鞋及皮鞋的底材，是一类高档的新型材料。

岳阳石油化工总厂生产的SBS适于鞋底材料，具体牌号为YH-791、YH-795、YH-805等。SBS一般可直接加工，如为改善某些性能，还可加入改性剂、软化剂、填充剂、防老剂等。

改性剂可选用聚丙烯、聚苯乙烯、聚乙烯及EVA等，聚丙烯可提高硬度，聚苯乙烯可提高硬度、耐磨性、耐撕裂及耐屈挠等性能，聚乙烯可提高硬度、耐磨性及耐候性等，EVA能提高耐臭氧性。软化剂可用环烷油、变压器油、凡士林及植物油等，最高用量达70~80份。填充剂可用碳酸钙及陶土等，用量20~60份。防老剂可用抗氧剂AC和264及助抗氧剂DLTP，紫外线吸收剂UV-P、UV-327及防老剂SP等。润滑剂用硬脂酸及硬脂酸锌等，用量0.3~1份。

SBS的具体配方如下（质量份）：

① SBS	100	抗氧剂264	1
PS	40	机油(7#)	35
碳酸钙	20	钛白粉	2
防老剂 SP	1	硬脂酸锌	0.5
② SBS	100	碳酸钙	15
PS	15	抗氧剂	0.5
环烷油	20		
③ SBS	100	碳酸钙	35
EVA	50	二氧化钛	6
环烷油	25	硬脂酸锌	0.5

（二）鞋面材料

全塑凉鞋、拖鞋、工矿鞋和雨鞋的鞋面材料为PVC或PE，其余鞋面材料都为合成革材料，合成革材料具有与天然皮革非常相似的特点，属高档鞋面材料。

（三）全塑鞋

塑料全塑鞋是指鞋底和鞋面都为塑料材料制成的鞋制品，主要为凉鞋、拖鞋、雨鞋和工矿鞋，常用材料为PVC及LDPE等。

1. 全塑凉鞋

全塑凉鞋常用材料为PVC和LDPE树脂，可分为透明和不透明、发泡和不发泡、一般色和珠光色几类。成型方法可有注塑法和压制法两种。

下面介绍几例具体参考配方（质量份）。

① 注塑不发泡全塑凉鞋

	不透明鞋	透明鞋	珠光鞋
PVC(SG-4)	100	100	100
DOP、DBP	58~61	54~58	54~60

环氧酯或环氧大豆油	—	3～4	3～4
三碱式硫酸铅	1.2～1.8	—	—
二碱式亚磷酸铅	0.5～0.8	—	—
有机锡	—	1～1.5	1～1.5
硬脂酸钡	1.5～1.8	1.5～2	1.5～2.5
硬脂酸镉	—	0.5～0.8	0.5～0.8
碳酸钙	3～10	—	—
珠光粉或浆	—	—	0.7～0.9

② 注塑发泡全塑凉鞋 注塑发泡全塑鞋的鞋底发泡而鞋面不发泡。

PVC(SG-4)	100	Cd/Ba	1～1.5
DOP、DBP、M-50、环氧树脂	72～78	AC	1～1.5
三碱式硫酸铅	0.8～1.3	$CaCO_3$	3～5

③ 压制全塑凉鞋 压制全塑凉鞋的底和面分开成型。PVC用SG-3型，增塑剂60～80份，发泡剂5～6，具体如下：

PVC(SG-4)	100	AC	6
DOP	20	三碱式硫酸铅	3
DBP	30	硬脂酸	0.8

2. 全塑拖鞋

全塑拖鞋可用PVC或EVA材料，鞋底一般发泡，而面不发泡。成型方法有注塑和压制两种。底用PVC的SG-4型，以利于成型；面用PVC的SG-3型，以保证强度。

以下为压制PVC全塑拖鞋配方（质量份）。

	鞋底	鞋面
PVC(SG-4)	100	—
PVC(SG-3)	—	100
DOP	40	30
DBP	30	30
环氧酯	—	6
三碱式硫酸铅	3	—
硬脂酸钡	0.5	1
月桂酸二丁基锡	—	2
硬脂酸镉	—	0.6
硬脂酸	0.5	—
AC	5.2	—
珠光粉	—	1～1.5

3. 全塑雨鞋和工矿鞋

全塑雨鞋和工矿鞋SG-2～SG-4型用PVC树脂，用注塑法成型，以下为全塑雨鞋和工矿鞋的配方（质量份）。

	鞋底	鞋面
PVC(SG-2～SG-4)	100	100
DOP、DBP、DOS	65～70	75～80
环氧酯	4～5	5～8
亚磷酸三苯酯螯合剂	1～2	1～2
Cd/Ba/Zn	2～3	2～4
硬脂酸钡	0.8～1.5	0.8～1.5
硬脂酸	0.2～0.5	0.2～0.5

三、日用制品的塑料选用

（一）塑料拉链

1. 拉链材料的性能要求

拉链材料应具有如下性能：良好的耐磨性能，以保证足够的寿命；低摩擦系数和优异的自润滑性能，以保证滑动自如；耐蠕变性和耐疲劳强度高，以保证配合牢固；尺寸精度高，以保证配合默契准确；耐热性好，以保证耐热水和水蒸气的洗涤；耐腐蚀性好，可耐各种洗涤剂，以适应各种手段的清洗；外表美观。

2. 拉链材料的选用

① P66 它是最早的塑料拉链材料，至今仍占有着细小拉链市场。PA66 常以挤出拉伸法成型加工，首先将 PA66 挤出拉伸成丝，然后经缠绕成型为拉链制品；PA66 的成型加工速率快，生产效率高。

在性能上，PA66 具有优良的耐磨性和低摩擦性，自润滑性能好，耐蠕变及耐疲劳性都好。与 POM 比较，它的自润滑性好于 POM，但耐磨性及耐疲劳性不如 POM 好。

② POM POM 主要用注塑方法成型，具有配合尺寸精度高的优点，并可成型大尺寸的拉链；在大尺寸拉链市场占有主流。

在性能上，POM 的摩擦系数和磨耗量均很小，其摩擦系数仅为 PA66 的 1/3，适于长期滑动的部位；POM 的自润滑性好，滑动无噪声；耐疲劳及耐蠕变都好，其中耐疲劳为塑料中最好的，耐磨性大于 PA66 三倍之多。

③ GFPET 用 GFPET 粗单丝制作拉链，最早始于 1975 年。纯 PET 的耐热和力学性能都不高，但进行玻璃纤维增强后，各种性能会大幅度提高，特别适合作为拉链材料 GFPET 的成型方法灵活，可用注塑和挤出两种方法。

在性能上，GFPET 的耐蠕变性、耐磨性和摩擦性都好于 PA66 和 POM，耐疲劳性与 POM 相当；耐低温性好，适于寒冷地区使用；价格比 POM 低 50%，比 PA66 低 160%。缺点为自润滑性比 PA66 和 POM 稍低。

下面将几种塑料拉链材料的性能比较如表 7-33 所示。

表 7-33 几种塑料拉链材料的性能比较

项目	铝	PA	POM	GFPET
使用寿命/双次	2500	5000	6000	10000
拉链强度	40	50	50	50~70
耐 100℃ 沸水性	不变形	变形	变形	不变形
着色性	不好	好	一般	好
手感	不好	光滑	一般	光滑
用料量/(kg/10^4m)	144	60	55	50
价格	中	高	中	低

（二）餐具

与传统的陶瓷餐具相比，塑料餐具具有不易破碎、使用安全、质轻及成型容易等优点，尤其适合于旅行及野餐等场合和病人、老年人及小孩等特殊群体。

餐具对所用塑料材料的性能要求有：耐热性要好，可盛装耐热包装物，可耐蒸煮洗涤和消毒处理；耐化学腐蚀性好，可耐盛装物腐蚀，可耐洗涤剂侵蚀；表面硬度高，使用中不易划伤；色彩美观。

最适于制造餐具的塑料材料为蜜胺塑料，其次为聚丙烯塑料。蜜胺塑料适合于高档餐具，它具有耐热性好，表面坚硬及色彩鲜艳等优点。

（三）日用品

日用品对塑料材料的要求为：价格低、外表美观及成型加工容易等。

① 梳子 要求材料的抗冲击性好、色泽美丽及外表光亮，最好具有防静电功能。低档梳子一般选用 HDPE、PP 及 PS 等，高档梳子一般选用 ABS、PA 及布基酚醛等。

② 衣架　要求材料的刚性和强度都要高，价格要低。最常用材料为 PP 及少量 HDPE。

③ 头饰　要求材料的色泽鲜艳，表面光泽高，耐候性好。常用材料为 PMMA、电玉及 UP 等。

④ 纽扣　要求材料的色泽鲜艳、表面光泽高、表面硬度高、耐热水洗煮及耐洗涤剂腐蚀等。常用材料为 PMMA、ABS、电玉、UP 及硝酸纤维素等。

⑤ 日杂　要求材料的价格低，成型加工容易。肥皂盒和调味盒选用 PE、PS 及 ABS 等；洗衣板选用 PVC 及 PE 等；盆、桶等选用 HDPE 及 PP 等；椅、凳选用 PP 等；眼镜架选用硝酸纤维素等；乒乓球选用硝酸纤维素等；照相、电影胶片、录音带选用醋酸纤维素及 PET、等；文具（尺、笔杆）选用 PS、PMMA、硝酸纤维素及醋酸纤维素等；香烟过滤嘴材料选用乙酸纤维素和 PP(F-401)，PP(F-401) 为加入降解剂改性处理牌号，使其熔体指数高达 400g/min，便于纺丝；地毯选用 PP 纤维。

⑥ 办公用品、家电　如电视机壳、显示器壳、键盘、打印机壳、电话机壳、传真机壳及复印机壳等，一般都选用抗冲击的 HIPS 及 ABS 等。

（四）文体用品

① 塑料毛笔　塑料毛笔各个部件所用塑料不同，具体见表 7-34 所示。

表 7-34　塑料毛笔各个部件所用塑料

名称	塑料品种	名称	塑料品种
笔帽	LDPE、HDPE、ABS、PMMA	贮水	醋酸纤维
笔头	聚氨酯	贮水包皮	LDPE
过渡	尼龙丝＋环氧树脂	笔堵	ABS、PMMA
笔杆	PS、ABS、PMMA		

② 聚丙烯铅笔　以 PP 和无规 PP 为基材，加入适量的发泡剂和填充剂，具体配方见表 7-35。

表 7-35　聚丙烯铅笔配方　　　　　　　　　　　　单位：质量份

PP	无规 PP	填充剂	石蜡	AC 发泡剂
85	15	—	1	0.7
75	25	—	1	0.7
75	25	碳酸钙 20	1	0.7
65	35		1	0.7
65	35	滑石粉 20	1	0.7
65	35	滑石粉 30	1	0.7
65	35	滑石粉 15、碳酸钙 20	1	0.7
55	45	滑石粉 15、碳酸钙 20	1	0.7

③ PVC 塑料扑克牌　采用压延法生产，具体配方如下（质量份）：

PVC	100	硬脂酸铅	1
DOP	3	金红石型钛白粉	24
硅酸铅	10		

④ PVC 搪塑玩具　具体配方如下（质量份）：

PVC(悬浮型)	70	DBP	45
PVC(乳液型)	30	硬脂酸钙	3
DOP	45	硬脂酸钡	1

⑤ 塑料棋　常选用注塑级的 PP、HDPE、PS 等制造。

⑥ 塑料球　中空级 LDPE 掺入 5%～15% 的 HDPE，用挤出吹塑法加工。

⑦ 羽毛球　注塑级 LDPE 掺入 5%～15% 的 HDPE，用注塑方法加工。

⑧ 羽毛球杆　选用碳纤维增强双酚 A 型环氧树脂或 PA 生产，具有模量高、强度高、

质量轻等优点。

⑨ 塑料救生衣　选用聚乙烯泡沫塑料，具体配方如下（质量份）：

LDPE	100	碱式硫酸铅	3.5～4
AC	15～20	DCP	0.8～1

⑩ 复合磁性塑料玩具　选用环氧树脂为基材，加入大量的磁粉，具体配方见表7-36。

表7-36　复合磁性塑料玩具配方　　　　　　　　　　　　　单位：质量份

原料	配比	原料	配比
双酚A型环氧树脂(E44)	100	偶联剂KH550	5～10
液体650聚酰胺树脂	30～50	锶或钡铁氧体磁粉	80～83
多乙烯多胺	10		

四、泡沫制品的塑料选用

1. 泡沫塑料简介

泡沫塑料是一种含有无数微孔的塑料制品。泡沫塑料的特点是质轻、隔热、隔音、高回弹性和低成本性，具体特点如下。

① 质轻　质轻这是泡沫塑料最主要的一大特点。一般非发泡塑料制品的相对密度为 0.90～1.40，而发泡塑料制品的相对密度比其低几倍甚至几十倍，最低可达到 10^{-3} 倍。

② 隔热　泡沫塑料制品内的气孔可有效地阻止或延缓热传导，从而达到隔热的目的。其中隔热性优良的泡沫塑料有 PU 及 PF 等，不同密度泡沫塑料的热导率如表7-37所示。

表7-37　不同密度泡沫塑料的热导率

泡沫塑料	相对密度	热导率/[0.01～0.03W/(m·K)]	泡沫塑料	相对密度	热导率/[0.01～0.03W/(m·K)]
PS	0.016	0.039		0.032	0.023
	0.025	0.035		0.064	0.025
	0.032	0.032		0.096	0.043
PVC	0.035	0.028	PE	0.038	0.046
	0.045	0.035	PF	0.034	0.039
PU	0.016	0.040	脲醛	0.008	0.030

从表7-37可以看出，泡沫塑料的热导率与泡沫密度大小有关。泡沫塑料的热导率随泡沫密度的下降呈倒抛物线变化；在一定密度范围内，随密度的下降，热导率也随之下降；达到最低热导率后，随密度的再下降，热导率反而升高。这可能是因为泡沫密度下降到一定程度后，导致泡孔不稳定，从闭孔型向开孔型转化等原因。

③ 防震　泡沫塑料制品受到冲击时，泡孔中的气体可通过滞流（对开孔泡沫塑料而言）和压缩（对闭孔泡沫塑料而言）等作用使冲击能散逸，以较小的速度进行传递并逐渐终止冲击载荷，从而达到防震的目的。

④ 隔声　泡沫塑料的隔声能力主要从两方面达到：一是通过气孔中气体的滞流与压缩，使声波同上述冲击能一样散逸；二是通过增加物体本身的刚性来消除由声波冲击物体而引起的共振而产生的噪声。

⑤ 高回弹性　主要指软质聚氨酯泡沫塑料，其回弹性可达85%以上。

⑥ 低成本性　泡沫塑料可降低单位体积内需要树脂的用料量。

泡沫塑料的种类很多，具体可以分成如下几类。按泡沫塑料的密度可分为高发泡塑料、中发泡塑料、低发泡塑料。按泡沫塑料的硬度可分为软质泡沫塑料、半硬质泡沫塑料、硬质泡沫塑料。按泡沫塑料制品内气孔是否连通可分为开孔泡沫塑料和闭孔泡沫塑料。按泡沫塑料制品表面状态可分为普通泡沫塑料和结构泡沫塑料。

2. 泡沫塑料的选用

几乎所有的热塑性和热固性树脂都可以制成泡沫塑料,但以下几种树脂的泡沫塑料因性能好而常用,具体品种有:PU、PS、PVC、PE、PP 及 PF 等,其产量可占整个泡沫塑料的 90% 以上。

不同树脂生产的泡沫塑料具有不同的特点,具体性能和用途如表 7-38 所示。

表 7-38 几种泡沫塑料的性能和用途

品 种	相对密度	特 点	用 途
PS	0.016～0.6	硬至半硬、闭孔	防震、绝热、隔音、仿木
PVC	0.032～0.73	软～硬、开～闭孔	绝热、隔音、体育、漂浮
PE	0.0048～0.48	软、闭孔	防震、漂浮、仿木
PU	0.016～0.57	软～硬、开～闭孔	防震、隔音、隔热、高弹
PF	0.0016～0.5	硬而脆、闭孔	隔热、隔音
脲醛	—	硬而脆、闭孔	隔热、隔音

不同种类泡沫塑料的用途不同,具体选用可分成如下几个方面。

1. 绝热

普通塑料制品的热导率大都在 0.15～0.22W/(m·K) 范围内,而泡沫塑料的热导率则一般在 0.01～0.04W/(m·K) 范围内,比普通塑料制品低 15～50 倍之多,具有十分优异的隔热性能,因而常用作绝热材料。

常用作绝热泡沫制品的树脂有硬质 PU、PF、脲醛和 PS 几种,隔热性能大小依次为:硬质 PU>PF>PS。其中硬质 PU 的热导率为 0.01～0.03W/(m·K),PF 的热导率为 0.02～0.04W/(m·K),仅次于硬质 PU,而 PS 稍差一点。

因绝热用泡沫塑料大都在较高温度下使用,在具体选用时要注意不同品种的耐热温度。PS 为 80℃、PU 和脲醛为 95～100℃、PF 为 120～130℃、PVC 为 60～70℃。因此,在低温时宜选用 PS、PVC,在高温时宜选用 PU、PF。

脲醛泡沫塑料的隔热性很好,又具有阻燃、价格低、来源广等优点;但因其脆性大、吸水严重,从而影响广泛应用。现在,现场发泡成型方法,可广泛用于建筑隔热,使房屋热损失降低 70%;虽在我国应用不多,但在美国却很通用。

在实际应用中,具体的隔热泡沫塑料制品有:保温箱如冷藏箱、海鲜箱为 PS 珠粒泡沫制品;快餐饭盒为 PS 低发泡制品;房屋顶棚、屋墙等为 PS 珠粒泡沫板,PF 泡沫制品、脲醛泡沫塑料;电冰箱背板保温层、管材保温护层为硬质 PU 泡沫材料。上述泡沫塑料的具体配方如下(质量份)。

① 无氟硬 PU 泡沫配方

聚醚多元醇	100	胺类	2
异戊烷	10	二月桂酸二丁基锡	0.01
水	2	PAPI	146
泡沫稳定剂	2		

② 硬 PU 喷涂保温管

聚醚	100	硅油	2
二乙基乙醇胺	1	三氟氯甲烷	38
二月桂酸二丁基锡	0.1	PAPI	117

③ PS 珠粒泡沫板配方

PS	100	石油醚	8～10
水(分散介质)	160～200	聚乙烯醇	0.08～0.15

④ PF 泡沫配方

PF(3000～5000Pa·s)	100	表面活性剂	2.4
F-11 替代物	14.5	聚乙二醇(改性剂)	20
对甲基苯磺酸(40%水溶液)	7.5		

⑤ PS 细孔快餐盒片材

PS	100	碳酸氢钠	0.1
氟利昂	10～20	柠檬酸	0.1

2. 隔声

泡沫塑料具有优异的隔声性能，在隔声应用领域的地位越来越重要。

隔声泡沫塑料的具体应用在如下几个方面：在电影院、剧院、演歌厅等墙壁装饰材料和天花板材料，采用隔声性能好的泡沫塑料用于吸音，以防回音，影响音质；在建筑房屋的内间隔墙，用泡沫材料制作，具有隔声效果。

常用的隔声用泡沫塑料材料有：PU 软质泡沫塑料材料、PS 珠粒板、PVC（乳液）、PF 及 PE 等，其具体配方如下（质量份）。

① 高发泡 PE 天花板

LDPE	100	DCP	0.75
轻质碳酸钙	100	三碱式硫酸铅	1.5
AC 发泡剂	8	硬脂酸锌	2.5

② PVC 硬隔热板材

PVC(高分子量乳液)	100	顺丁烯二酸酐	20
甲苯二异氰酸酯	59	苯乙烯	10
AC 发泡剂	10		

3. 防震

泡沫塑料制品是一种很好的减震材料，可用做高档包装材料，如用于易碎品、家用电器及精密仪器的包装材料。

可用于防震的泡沫塑料材料有 EPS、PE、软质和半软 PU 等，具体配方如下（质量份）。

① 半硬 PU 泡沫塑料

聚醚多元醇(伯羟基、平均聚合度 4500)	100	叔胺	0.1
水	1.8	二苯基甲烷二异氰酸酯	41
有机锡热稳定剂	0.1		

② PE 软质卷材

LDPE(MI=2g/10min)	100	DCP	0.6
AC 发泡剂	15	硬脂酸锌	1

③ EPS 发泡箱

PS(相对分子质量 5.5 万～6 万)	100	肥皂粉	2～3
水(分散介质)	160～200	通入氮气/MPa	0.03～0.05
石油醚	8		

4. 利用高回弹性

高发泡倍率的泡沫塑料大都具有较好的回弹性，有的品种还具有高回弹性，可用于体育器材、鞋底、沙发及坐垫等方面。

具有高回弹性的泡沫塑料有 PU 和 PE 两种，并以软质 PU 泡沫塑料最为常用。

下面介绍高弹性泡沫塑料的具体配方（质量份）。

① 软质 PU 泡沫塑料坐垫

聚醚(平均聚合度 3000)	100	水	3

三亚乙基二胺	0.3	稳定剂	1
三乙胺	0.4	改性甲基二异氰酸酯	46.4
非芳香胺	0.6		

② PE 泡沫坐垫

LDPE(MI=2g/10min)	100	三碱式硫酸铅	3
EVA	20	硬脂酸钡	1.5
AC 发泡剂	5.5	硬脂酸	1.5
DCP	1		

5. 利用轻质性和闭孔性

漂浮材料要求泡沫塑料的相对密度要小,并且必须为高发泡倍的闭孔泡沫塑料。可用于漂浮泡沫塑料的树脂主要有 PVC、PE 及 PS 等。

下面介绍几种漂浮同泡沫塑料的具体配方(质量份)。

① PE 救生衣芯材配方

LDPE(MI=2g/10min)	100	AC 发泡剂	20
DCP	1	三碱式硫酸铅	4

② PE 游泳圈配方

LDPE(MI=2g/10min)	100	三碱式硫酸铅	5
轻质碳酸钙	12~15	硬脂酸锌	2.5
DCP	1	抗氧剂	0.15
AC 发泡剂	15~20	紫外线吸收剂	0.15

③ PVC 漂浮材料配方

PVC(高分子量乳液)	100	偶氮二甲酰胺	10
DCP	80	4,4'-二磺酰肼苯醚	15
TTP(磷酸三甲苯酯)	20	铅盐稳定剂	7
ESO	5		

五、实验室用品的塑料选用

实验室用品制造中所选用塑料涉及的范围主要有聚烯烃塑料、乙烯基塑料、丙烯酸塑料、聚酰胺、聚碳酸酯、氟塑料、聚醚酯、氨基树脂、聚氨酯和聚硅氧烷等,主要的品种有 ABS、AL、AS、CTFE、EVA、FEP、MA、MAS、MF、PA、PC、PE、PFA、PMP、PP、PS、PVC、PVF、SI、TFE 等。此外,酚醛树脂、环氧树脂以及纤维素塑料也仍有使用。因此说实验室用塑料几乎涉及各种领域的塑料类别,主要从强度、透明度、耐腐蚀性、耐溶剂性、耐热性、密封性、柔软性等角度来考虑选材。

第八章　工程与结构制品的塑料选用

第一节　机械制品的塑料选用

一、选材原则

1. 材料力学性能满足机械使用性能要求的原则

机械零部件（如同轴承、齿轮、活塞、叶轮、支架、轨道等）对材料的力学性能要求比较严格。所谓力学性能主要是指材料的拉伸强度、弹性模量、冲击强度、耐蠕变性和耐疲劳性能等。选材时，应对塑料制品的工作环境、工作状态、受力类型和受力状态进行详细正确的分析。必要时，在进行小型实验的基础上，选择合适的工程塑料品种。

2. 材料耐磨性满足机械使用性能和特种要求的原则

机械零部件（如轴承、活塞等）通常在摩擦环境下工作，材料必须具备良好的耐磨性，这是机械零部件选材的最基本要求。选材时，务必选用摩擦性能较好的工程塑料。必要时，对塑料加以改性。通常添加二硫化钼、聚四氟乙烯粉末和纤维增强材料等提高塑料的耐磨性。

3. 材料的耐热性满足使用性能要求的原则

机械用塑料零部件通常被用作运动部件，在高速运动中会生成大量的热量，若塑料本身耐热性不好，加之其本身又不导热，会造成机械塑料零部件损坏。选材时应加以考虑，必要时采用纳米改性来提高材料的耐热性。

4. 材料的化学性能满足使用性能要求的原则

由于机械塑料零部件使用环境和使用的介质千变万化，腐蚀程度各不相同，选材时，应本着以满足零部件使用环境条件和使用性能要求为准则，选用那些耐腐蚀、耐老化性能好的塑料品种。必要时，对所选用的几种塑料进行人工加速老化实验，以获取可靠的选材依据。

5. 材料的成型加工性能满足成型工艺条件要求的原则

众所周知，塑料材料要经过不同的成型方法制成制品方可应用，其成型方法众多，不同的成型方法对塑料的加工性能要求不尽相同。这一点与金属材料截然不同。塑料选材时，必须将材料性能、成型工艺和设计要求通盘考虑，这是塑料选材的特点。选材时，在基本可满足制品使用性能的基础上，尽量选用工艺性好易加工的塑料品种和加工工艺。尽量降低其制造成本。

6. 实现性能/价格比优化的原则

任何塑料制品，其价格和成本问题是必须考虑的重要因素。机械塑料制品也是同样。选材时，在能够基本满足使用性能的前提下，应尽量选用那些原材料易得，来源广泛的塑料品种，以降低制品成本，实现性能/价格的优化，取得良好的经济效益。

二、承力制品的塑料选用

（一）制品需要的相关性能

(1) 拉伸强度、弯曲强度及模量　这几种性能较好的塑料品种有：POM、PA、PC、PPO、PSF 及 PI 等，以及相应的玻璃纤维增强材料和 PET、PBT、PP 等的玻璃纤维增强材料。

(2) 冲击强度　以 PC 为最好，POM、PPO、PSF 等次之，PP、HPVC、PA6、PA66、氯化聚醚等品种的低温脆性大。

(3) 耐蠕变性　热固性塑料的耐蠕变性能好于热塑性塑料，热塑性塑料中 PC、PPO、PSF、PI 及 PAR 的耐蠕变性较好，而 ABS、PA、HPVC、POM 的耐蠕变性不好。

(4) 耐疲劳性　几种塑料的耐疲劳性大小为：POM＞PBT、PET＞PA66＞PA6＞PP，纯 PC 的耐蠕变性不好，但玻璃纤维增强后可大幅增高，接近 POM。

(5) 尺寸稳定性　PC、PPO、PSF、PI、PAR、PES、PPS 的尺寸稳定性好，可适用于三级以上精度的塑料制品选用；而 PA、POM 以及高结晶型塑料的尺寸稳定性都不高，只适用于五级以下精度的塑料制品选用。

上述塑料品种在进行增强改性后，相关性能都有明显的改善。其中拉伸强度、弯曲强度、模量、耐蠕变性、耐疲劳性及尺寸精度都大幅度甚至成倍增加。如 POM、PA、PPO、PC、PET、PBT、PP、PSF、PPS 等塑料用 30％玻璃纤维增强后，其拉伸强度都增加一倍以上，原来不属于工程塑料薄膜的 PP、PET、PBT 经增强后可变成工程塑料；再如 PA 经 30％玻璃纤维增强后，其耐蠕变性提高四倍；又如 PC 经 30％玻璃纤维增强后，其耐蠕变性提高 5～7 倍，耐疲劳性提高 5 倍。因此，在选材时要注意有的塑料品种虽纯树脂性能达不到要求，但改性后有可能完全满足需要。

对有的受力制品除上述性能外，还要考虑耐热性、耐磨性、摩擦性、热膨胀系数、自润性及环境适应性（耐腐蚀性、耐应力开裂性、耐老化性）等性能。

(二) 制品使用的环境

制品使用的环境不同，对所选材料的性能要求也不同。所以，在具体选材时，首先要弄清制品周围的使用环境状况如何。环境状况主要指塑料制品载荷的大小、载荷的性质、环境温度、环境湿度及接触介质等。

① 载荷的大小　塑料制品所受载荷的大小不同，所选材料的性能要求不同。

对于低载荷制品，则选用强度一般的通用工程塑料即可，也可选用玻璃纤维增强或未增强的 ABS、PP、PET、PBT、HPVC、HDPE、PS 及 PMMA 等。

对于高载荷制品，则要选用通用工程塑料或高强度的玻璃纤维增强工程塑料及特种工程塑料；除考虑强度外，还要求具有优异的耐蠕变性。

② 载荷的性质　载荷的性质包括载荷的恒定性、载荷的摩擦性等。

恒定受力指塑料制品受固定不变力作用，如轴承、支架、耐压管道等，这类制品往往对材料的疲劳强度要求不高。间歇受力指塑料制品受周期力作用，如齿轮、凸轮、活塞环等，这类制品要求具有优异的冲击强度和耐疲劳性能。

载荷的摩擦性指载荷对制品是否有接触摩擦力作用，支架等受力产品不受摩擦力作用，而摩擦传动制品如轴承、滑轮等则受摩擦载荷的作用。摩擦受力制品所选材料要求具有优异的耐磨性及低的摩擦系数。

③ 使用环境　塑料受力制品的使用环境包括环境温度、环境湿度及接触介质三种。

环境温度对塑料的强度影响很大，几乎所有的热塑性塑料材料的强度都随环境温度的升高而下降，而且有的下降幅度较大；以 PI 为例，在 23℃时拉伸强度为 172MPa，300℃时拉伸强度 69MPa，500℃时拉伸强度为 28MPa。相对而言，热塑性塑料中的 PPO、PSF 及 PC

的强度对温度依赖性较小，而热固性塑料的温度依赖性更小。所以，使用环境温度较高时，要选用高温下仍保持较高强度的塑料品种。

环境湿度对吸水性较大塑料品种的强度影响大。如 PA 类塑料制品的强度随环境湿度的升高而下降，它不适用于在潮湿环境中使用。

接触介质的性质对塑料制品的性能影响也很大。对于有润滑的场合，润滑油有时能引起应力开裂；对于与腐蚀性介质接触的塑料制品，有时能因腐蚀而引起强度下降。所以，对于有接触介质的塑料制品，要注意介质对其性质是否有影响。

三、机械制品耐磨性能与塑料选用

由于机械用塑料制品多数在摩擦条件下工作，塑料本身的耐磨性和摩擦性能的好坏直接影响机械塑料制品的使用性能与使用寿命。可以说，机械用塑料选材，实质上是耐磨塑料的选用。

1. 工程塑料是机械零部件耐磨材料选材的必然

很多塑料具有优良的摩擦特性，如减摩、耐磨、抗咬合、易磨合、埋没异物和低噪声等，并有一定的抗载荷能力，因此完全符合机械用塑料的基本要求。只要使用得当，其使用寿命远比金属摩擦材料长，节约能源和贵金属材料而且很少需要保养，经济效益明显。由于塑料还有另外的可贵特性——耐腐蚀，因而它可以解决强腐蚀环境中的摩擦材料的选择这个关键问题。不少塑料具有自润滑或者水润滑的特点，使它们在无油润滑的机械中及某些有水介质的环境中获得重用。可见许多塑料不仅是优良的通用固体抗摩材料，而且是优良的特种环境下的固体抗摩材料。有些塑料除了直接用作摩擦副材料外，还常作固体润滑膜中的载体（或粘接剂）。此外，聚四氟乙烯常作为固体润滑剂添加于摩擦材料中。

近年来，使用塑料这种固体抗摩材料不但解决了一些尖端机械设备的自润滑问题，而且在通用机械设备上也取得了不少成绩。

机器的零部件因摩擦磨损导致失效而必须更新或修理的，占零件总数的 60%～80%。可见摩擦是造成能量损耗的根本原因。利用塑料实现有效的减摩和无油润滑可以大量地节约能源。

总之，用作机械摩擦材料是塑料的一大用武之地。

塑料及增强塑料用作摩擦材料，从 20 世纪 60 年代起，发展极为迅速。到目前为止，可供使用的摩擦塑料或其增强塑料品种已有数十种之多，除了常用的尼龙、聚甲醛、氟塑料、聚酰亚胺及其填充增强塑料和某些夹布酚醛塑料外，高密度聚乙烯、四氟填充的聚碳酸酯和聚砜、氯化聚醚等也可适当地使用，而热塑性聚酯、聚苯硫醚及某些耐高温塑料等则是较新的摩擦塑料。

事物总是一分为二的。塑料作摩擦材料也有一定的局限性，例如易蠕变，力学性能较差，承载能力（pv 值）较低，有些塑料摩擦系数尚嫌高和尺寸稳定性不够，特别是较低的耐温性，比金属高几倍或十几倍的线膨胀系数和比金属小很多的热导率，限制了它们的应用。这一切在选用塑料作摩擦材料时必须有所估计。正因为塑料有这样那样的缺点，所以除了将塑料改性，制成多种增强塑料之外，在摩擦副的结构设计上还要加以配合，以弥补它的不足之处；在使用时要适当进行冷却和润滑。

鉴于塑料用作摩擦材料的优点和缺点，一般地说，在选材、结构设计和使用都得当的情况下，塑料摩擦件还是十分优越的。这也是为什么它会在摩擦领域里应用越来越广泛的根据。

2. 塑料的摩擦、磨损和润滑特性

两个物体在共同的界面上相对移动,便会产生摩擦。通常描述这种摩擦现象的参数常用摩擦系数 μ,它反映了物体相对移动过程中的能量的损耗程度。另外,由于摩擦,物体会发生磨损。磨损是摩擦的结果,反映摩擦件的消耗程度和寿命的,所以也是描述摩擦现象的重要参量。

人们使用摩擦件,除了在制动、防滑和磨削加工等摩擦中要求有足够大的摩擦系数,几乎总是希望摩擦件能减摩和耐磨。为了取得减摩和耐磨的效果,常常除了选用优良的摩擦件材料和摩擦结构外,还采用润滑这个手段,即在摩擦件中注入适当的液体润滑剂或者在摩擦件材料中添加某些固体润滑剂。有时,在摩擦件界面上覆以固体润滑膜,以适应不同的工程要求。

实践和理论分析都表明,在塑料对金属的摩擦件中,由于大多数塑料具有低的剪切强度和高的屈服应力,所以通常具有较小的摩擦系数,μ 值在 0.1~0.4 范围内;而且除了氟塑料,塑料与金属对摩时的 μ 值小于自身对摩时的 μ 值。有些塑料还是优良的自润滑材料。几种塑料对钢的摩擦系数列于表 8-1。

表 8-1 几种塑料对钢的摩擦系数 μ

材 料	μ 值	材 料	μ 值
聚四氟乙烯	0.05	聚氨酯	0.32(动摩擦)
共聚甲醛	0.15		0.37(静摩擦)
聚碳酸酯	0.39	酚醛	0.16(动摩擦)
热塑聚酯	0.13~0.23		0.26(静摩擦)
聚酰亚胺(石墨粉)	0.24		

在塑料对金属摩擦时,磨损主要由刨削磨损、黏着磨损和磨粒磨损所造成。因此,一般地说,材料越硬越耐刨削,即刨削磨损越小,例如 MC 尼龙、聚甲醛和填充酚醛都比四氟塑料耐磨;材料的软化点越高,越耐黏着磨损,例如低软化点的有机玻璃和聚苯乙烯的耐磨性不佳。塑料通常有埋没异物的特性,磨粒磨损不占主要地位,但材料硬度对磨粒磨损的影响和对刨削磨损的影响相反。综上所述,具有适中硬度和高软化点的塑料往往就是耐磨材料。

四氟塑料和聚酰亚胺等塑料有一定的自润滑特性,因而常作为一种固体润滑剂添加于其他基体中。

然而,除了在非采用不可的条件下,将塑料用作无油润滑轴承和活塞环等摩擦制品之外,大多数塑料摩擦件还是需要适当润滑的。因为它们在干摩擦时允许承受的载荷和滑动速度都是十分有限的;而在有油润滑下运转时,其性能往往数十倍地提高(表 8-2),而且其摩擦特性很稳定。与金属不同的是,大多数塑料的润滑要求较低,无论在半干、半液等工作条件下都工作得很好,甚至可用水或有腐蚀性的某些工作介质润滑。

表 8-2 润滑对塑料轴承 pv 值的影响

润滑条件	无油润滑	装配时给油	间断给油	连续润滑
pv 值之比值	1	1.5~2.5	3.0~5.0	6.0~7.5

塑料中填充聚四氟乙烯,不仅可以保持其润滑性,即低的摩擦系数、磨损系数,而且可以提高承载能力,如表 8-3 所示。填充石墨和二硫化钼,能改善塑料的力学性能和热物理性质,因此有可能提高塑料在高速运转时的承载能力,不过与塑料品种有关。

表 8-3 某些塑料的摩擦、磨损性能及 pv 值

材　料 塑料＋聚四氟乙烯 （体积分数）	摩擦系数 μ		pv 极限值/(MPa·m/s)		磨损系数 K[①] (10^{-10} cm^2· min·kg·h)
	静态 (0.28MPa)	动态 (0.28MPa, 0.26m/s)	甲种试验法 (0.51m/s)	乙种试验法 (0.51m/s)	
共聚甲醛	0.21	0.14	1.26	1.08	65
共聚甲醛＋15	0.15	0.07	4.50	1.98	20
尼龙 66	0.26	0.24	0.90	0.72	200
尼龙 66＋15	0.18	0.10	9.90	2.52	18
尼龙 6	0.26	0.22	0.90	0.70	200
尼龙 6＋15	0.19	0.09	9.90	2.52	15
聚碳酸酯	0.38	0.31	0.18	0.09	2500
聚碳酸酯＋15	0.15	0.09	7.05	2.52	75
氯化聚醚	0.33	0.30	0.72	0.36	600
氯化聚醚＋15	0.12	0.08	6.30	3.60	20

① 磨损系数 K 是衡量材料磨损性能的，K 越大，说明越容易磨损。

3. 抗摩塑料的选用

机械工程上有各种不同的摩擦环境，它们对材料的性能、机械零部件结构及其工作状态的要求各不一样。但不管哪种情况，在选材和设计前都要估算其工作 pv 值，然后根据它的大小和其他的条件与要求进行选材和结构设计（包括润滑系统的设计）。

倘若不同材料，不同结构型式和不同摩擦条件下的 pv 许可值都是已知的或有据可查的话，则选用工作就很简单了，只要让工作 pv 值小于许用 pv 值即可。然而事实上这是不可能的，因为迄今通过试验载入文献的各种情况下的许可 pv 值十分有限，要应付各种各样的工程实际需要是不可能的。此外，多数的数据出自标准条件试验，与应用实际有一定的出入，因此塑料的选用工作，目前基本上还是凭经验的，必要时还得由实地试验决定。

单纯一种塑料作摩擦件，存在着上面讲过的固有缺点，因此只在条件缓和或者要求不高的场合应用，而在多数情况下采用增强塑料。例如纯四氟塑料因蠕变严重、不耐磨和承载能力极低而很少单独使用；但它经玻璃纤维与铜粉等填充之后，性能大为提高，可用于较重载荷和较快速度的场合，特别是多种无油润滑的环境中。含 20％的聚四氟乙烯的聚砜塑料比纯聚砜摩擦系数大为下降，耐磨性大为提高，从而使原来不能使用的聚砜可应用于某些摩擦环境中。表 8-4 中列举了一些国外典型的塑料基复合摩擦材料的摩擦性能。

下面就几种典型的机械零部件工作环境的选材问题作一般性讨论。

① 一般说，机械工程上较苛刻的摩擦环境要算无油润滑了。此时大多存在较大的摩擦热和材料磨损，因此通常或者选用自润滑性良好的耐磨和耐热塑料或填充塑料，例如在金属基体上烧结多孔青铜并浸渍耐磨耐热塑料，也可在金属基体上粘接或喷涂塑料（包括填充塑料）。有的干脆在已成金属机械零件的表面涂覆某些塑料涂层；还有的则用现存的定型的塑料带、膜和块状产品，由用户自行粘贴或紧固于摩擦零件的表面。

在条件十分苛刻的场合，还要采用专门的甚至复杂的冷却装置，给予配合。

对高压压缩机的活塞环等要求较高，条件较苛刻的场合，选材要有试验基础。因为这种场合，一要无油润滑，二要有密封作用，即保证在活塞来回运动中既紧贴又不损伤缸套镜面，不是任何材料都能办到的。在这种情况下，摩擦生热一定较多，而且压缩机的压缩介质又都是较高温度的，故活塞环的工作温度也是高的。这里不仅要选耐高温的聚四氟乙烯和聚酰亚胺等自润滑塑料作基体，而且在基体中尚需添加能增强和改善热物理性能的填充料，其填料的种类和数量都须细致地选定和设计。通常在四氟塑料的基体中添加具有增强、改善热物理性能等填充效应，改善磨合作用和耐磨性能的填充料如铜粉、二氧化硅、铅粉、氧

化铅、氟化钙和玻璃纤维等。其中，玻璃纤维的综合作用最大，耐磨性最多可提高 1000～2000 倍，极限 pv 值可提高 10 倍左右。然而铝粉和与铝对磨的情况应该避免，因为它给摩擦副以过多的磨损。聚酰亚胺和其他耐高温塑料中，除了添加某些能增强、改善热物理性能和磨合作用的填充料之外，还常添加聚四氟乙烯粉末或纤维，以期减摩和抗磨，提高自润滑能力。然而玻璃纤维、多数金属氧化物、云母、滑石粉、石棉和硅藻土等，虽对聚酰亚胺有一定程度的增强和稳定尺寸等作用，但往往使其不耐磨；颗粒填料还会使材料脆化，因此一般不宜采用或酌情处理。

表 8-4　增强（填充）塑料与金属材料的摩擦性能比较

材料名称	代号	填料	摩擦系数 μ	极限 pv 值 $\times 10^5$/(Pa·m/s)				磨损率 $\times 10^{-2}$ /[mm²/(N·m)]	最大滑动速度/(m/s)
				范围	0.05m/s	0.5m/s	5.0m/s		
聚四氟乙烯			0.06～0.7		0.40	0.61	0.921	4.000	0.5
聚四氟乙烯		15%玻璃纤维	0.09		3.4	8.7	5.0	1.4	2
聚四氟乙烯		15%石墨	0.12		3.6	6.0	9.4	6.8	
聚四氟乙烯		55%青铜 5%二硫化钼	0.13		4.4	4.4	4.4	1.0	
聚四氟乙烯	Du	青铜 20%铅	0.04～0.25	3.5～35				0.3～2.0	4
聚四氟乙烯	twate-B	50%青铜 二硫化钼 玻璃纤维	0.03～0.09					0.02①	15
聚四氟乙烯	VB60	60%青铜	0.07～0.18		5.2	6.4	9.4	50	
聚缩醛	Derlin		0.014～0.35		1.4	1.2	0.9	12.5	5
聚缩醛			0.18	1.5				12.5	5
聚缩醛		22%聚四氟乙烯	0.15		13.8	4.1	1.7	3.2	
聚缩醛		15%聚四氟乙烯 30%玻璃纤维	0.28		4.3	4.2	2.6	3.8	
环氧涂层	SKC-3	二硫化钼 固化剂等	0.64～0.12					0.008①	
戴瓦合金	DeVa	二硫化钼 金属粉	0.09～0.15	5～10				20	2
耐磨铸铁			0.18～0.22	1～120					2～5
锡青铜			0.16	40～200					8～10
钢	45		0.8						

① 指标为 600km 滑动行程中的磨耗值（mm）。

加入石墨、二硫化钼和碳化纤维等固体润剂，在提高耐磨性的效果上，有润滑比无润滑要好得多。但有时在无润滑时，添加比不添加还不耐磨。

② 工程上绝大多数摩擦环境是允许润滑的。此种情况下摩擦系数大幅度地下降，不易生热，加上润滑油有冷却作用，因此可选用的塑料就广泛得多了。填充四氟和聚酰亚胺等自润滑材料也广泛地应用于润滑工作条件下的高温环境中。氟塑料还特别适用于强腐环境。作为一般用途，常用的还是尼龙（尤其是 MC 尼龙）、聚甲醛及其填充材料和夹布酚醛等。其中聚甲醛和四氟塑料填充的缩醛更适用于水湿环境和有高抗蠕变要求或载荷较重的场合。单纯的聚砜、聚苯醚、聚苯硫醚、聚芳砜、聚对羟基苯甲酸、聚苯并咪唑以及它们的四氟塑料与碳纤维填充使用于温度较高的环境中。须注意的是，作为高温摩擦材料，不仅要有高的耐温性，而且要有优良的高温摩擦特性。碳纤维增强塑料具有优良的摩擦特性，可望得到广泛的应用。氯化聚醚和聚苯硫醚用于腐蚀环境更为合适。在能使用高密度聚乙烯的情况下，可算是最经济的。

在载荷较重的运转速度较快的条件下即工作 pv 值较高时，一方面选用承载能力较大的摩擦材料，另一方面必须选取和设计有较高承载能力的摩擦副结构和润滑条件。国外常使用这样一种材料：钢背上浇一层多孔青铜，再衬上尼龙或聚缩醛，它具有很高的承载能力。

在很多允许适当润滑的动密封场合，除了考虑摩擦作用，还得考虑密封性。由于摩擦与密封是矛盾的，因而需要认真地协调。此时常常可望获得边界摩擦条件，它既不会因干摩而易损，也不会因液体摩擦而泄漏。这里的摩擦特点是具有较高的温度，因此常用的材料是填充四氟塑料、酚醛和聚酰亚胺等耐高温材料。在条件缓和及温升不高的条件下可以用尼龙类塑料，如速度较缓慢的往复式压气机活塞杆的防漏密封就是一例。然而必须注意，被密封的介质对摩擦材料不应有侵蚀作用。

对于如机床导轨面层等涂层类摩擦材料的选用，还要考虑材料对基体的附着力。有强附着力的环氧涂层是常用的导轨涂层材料。据实验证明，它具有防爬行性好，静摩擦系数小于动摩擦系数，成型精确、方便和不必精加工等优点。典型的商品有西德的SK-3环氧抗摩涂层。

③ 还有一种摩擦场合与上述所有场合相反，它要求摩擦材料具有大的摩擦系数，如刹车块。摩擦系数一大，自然发热很厉害，甚至会烧焦材料。这就是为什么常选既有大的摩擦系数又能耐高温的石棉酚醛材料制作刹车块的原因，当然也可用其他的高温耐磨和大摩擦系数材料。

最后还得指出，机械用塑料选材不能单从摩擦特性出发，对材料其他性能也是不能忽视的。果真忽视的话，往往要发生摩擦破坏形式以外的破坏，如活塞环材料因力学性能差而发生提前断环等。此外，材料是否因吸水吸油后膨胀而失效等都应有所估计。

4. 机械制品常用塑料

在机械工业中，机械零部件，如轴承、齿轮、活塞、管件、叶轮、壳体、支架、手轮、手柄等，用量很大，用金属材料制造加工比较复杂，其加工费用常远远地超过材料的成本费用。而采用工程塑料制备，制造费用会大幅度地下降。常选用的塑料品种（见表8-5、表8-6）有通用塑料或工程化通用塑料，这些塑料目前用得较少，主要使用的是工程塑料或高性能增强塑料等。

表 8-5　几种工程塑料与常用金属机械耐磨材料的摩擦磨损情况

材　料	载荷/kg	试验时间/min	摩擦系数	磨痕宽度/mm
尼龙66	23	180	0.50	4.8
MC尼龙	23	180	0.45	5.0
聚甲醛	23	180	0.31	5.5
聚氯醚	23	180	0.38	5.5
聚四氟乙烯(F-4)	23	30	0.13～0.16	14.5
20%玻璃纤维填充F-4	25	180	0.23	5.3
聚酰亚胺	23	180	0.43	3.5
聚苯并咪唑	33	180	0.27	3.2
锡基巴氏合金	30	60	0.80～0.95	18.9
铅青铜	30	30	0.31～0.48	19.3
高铅锡磷青铜	30	120	0.25～0.32	16.6

从表8-5中可以看到，在所列塑料中F-4的摩擦系数最低，仅0.13～0.16。不过它的耐磨性很差，因此往往需要填充改性才能作为轴承等减摩耐磨材料。也可利用它来填充其他各种塑料，以获得良好的自润滑轴承材料。几种用F-4改性的工程塑料的摩擦、磨损性能见表8-6。

四、经典制品的塑料选用

（一）一般结构零件用塑料的选用

表 8-6 几种 F-4 改性的工程塑料摩擦磨损性能

材料	载荷/kg	时间/min	摩擦系数	磨痕宽度/mm	磨损量/mg
聚甲醛加 5 份 F-4	30	180	0.18	3.2	0.4
聚甲醛加 5 份 F-4 纤维	30	180	0.25	3.2	1.5
尼龙 66 加 5 份 F-4	30	180	0.50	9.7	33.1
聚酰亚胺加 20 份 F-4	25	200	0.26	4.5	—
聚砜加 30 份 F-4	23	180	0.19	3.3	—
酚醛塑料加 20 份 F-4	23	180	0.15	2.5	—

表 8-7 一般结构零件用塑料的特性及应用实例

塑料品种	特性	适用范围与应用实例
高密度聚乙烯（低压聚乙烯）	良好的韧性、化学稳定性、耐水性和自润滑等。但耐热性较差，在沸水中变软，有冷流性及应力开裂倾向性	在常温下或在水及酸、碱等腐蚀性介质中工作的结构件例如机床导轨、滚子框、底阀、衬套等
超高分子聚乙烯	相对分子质量在 100 万左右，力学性能优于高密度聚乙烯，例如冲击韧性与耐疲劳性，且有良好的耐应力开裂性 缺点是成型工艺性差，不能用注射法成型	代替某些木材、皮革、硬橡胶和青铜等，例如纺织机上的皮结、齿轮和垫圈等
氯乙烯-乙酸乙烯共聚体	改进了聚氯乙烯的热塑流动性及柔韧性等。成型精度高，对模型的轮廓可以高度传真，尺寸稳定性好	能制各种盖板、罩壳、管道以及小型风扇叶轮等，例如水表壳体、水轮、密纹唱片、计算尺和印刷版等
改性聚苯乙烯	丁苯改性的可以克服聚苯乙烯的脆性 有机玻璃改性的聚苯乙烯，有良好的透明度、耐油、耐水性均较好 丙烯腈改性苯乙烯，简称 SAN，有良好的冲击性能、刚性、耐腐蚀性和耐油性	能制各种仪表外壳、纺织用纱管和电信零件等，可制造透明罩壳如汽车用各类灯罩和电气零件等 广泛用于耐油、耐化学药品的机械零件如仪表面盖、仪表框架、罩壳以及电池盒等
苯乙烯-丁二烯-丙烯腈三元共聚体（ABS）	冲击韧性与刚性都较好，吸水性低，是热塑性塑料中最容易在表面镀饰金属的一种。变换组成的配比可以得到不同的韧性和耐热性，但耐老化性差	小型泵叶轮、化工贮槽衬里、蓄电池槽、仪表罩壳、水表外壳、汽车挡泥板和热空气调节管等。泡沫塑料夹层板可做小轿车车身
苯乙烯-氯化聚乙烯-丙烯腈三元共聚体（ACS）	与 ABS 的性能很相近，但比 ABS 有较好的耐老化性能	特别适宜于在室外使用的零部件
聚丙烯	比高密度聚乙烯有较高的耐热性、强度与刚度，优良的耐腐蚀性、耐油性，几乎不吸水	可用作机械零件，如法兰、管道、接头、泵叶轮和鼓风机叶轮等。由于其优越的耐疲劳性，可以代替金属铰链，例如连盖的聚丙烯仪表盒子，可以一次注射成型
聚 4-甲基戊烯	是塑料中最轻的一种（相对密度 0.83），有优越的透明性，比有机玻璃和聚苯乙烯的耐热性高，长期使用温度为 125℃，抗蠕变性不及聚苯乙烯，耐老化性较差	由于成本较低，有发展前途，可代替有机玻璃用于工作温度较高的场合，并可用于医疗器械、交通运输及电气工业的零件，如印刷电路和同心连接器等
乙丙塑料	具有聚乙烯和聚丙烯综合的优良性能，比聚乙烯有较高的耐热性和硬度，比聚丙烯有更高的冲击强度和疲劳强度	可应用于聚丙烯不能满足要求的场合
酚醛玻璃纤维压塑料	具有耐热性、刚性，绝缘性能好，耐水性强，不发霉，但成型较慢	电气零件如自动空气断路器手柄、直接接触器绝缘基座等
三聚氰胺甲醛玻璃纤维压塑料	耐热性、刚性均好，成本较低，色彩鲜艳，半透明，耐电弧性好，对霉菌作用较稳定，但耐水性稍差	适用于耐电弧的电工绝缘结构制件，防爆电器设备配件和电动工具的绝缘部件等

主要包括各类壳体、紧固件、支架、管材、管件、手柄、方向盘等，这类零件大多不承受间歇载荷作用或承受的载荷比较低，没有摩擦接触，使用环境的温度又不高。因此，这类制品对材料的力学性能要求不高，耐蠕变性、耐疲劳性、耐磨性等一般即可。这类制品一般

选用 HPVC、HIPS、HDPE、PP、ABS、SAN、PMMA 及热固性树脂等,有特殊要求时也选用 PA、POM、PC 及 MPPO 等通用工程塑料,但因其价格(一般高一倍以上)较高应尽可能少用。ABS 和 HIPS 最常用于壳体类制品,它冲击性能好,表面光泽好,着色性好,表面容易进行电镀或喷涂等处理。经常曲挠的制品如铰链,常选用 PP 材料。

一般结构零件用塑料的特性及应用实例见表 8-7。

(二)齿轮类啮合传动制品用塑料的选用

这类制品包括齿轮、齿条、链轮、链条及凸轮等,它们都受间歇载荷的作用。下面以其典型产品齿轮为代表,具体介绍其材料的选用。

齿轮的具体性能要求为:较高的弯曲和接触疲劳强度;较高的冲击强度和一定的弹性;较低的摩擦系数和良好的耐磨性;较好的成型精度和尺寸稳定性;低的热膨胀系数和较小的吸水、吸油率;最好具有适当的自润滑性;具有一定的耐热性;应力开裂倾向要小。

传统的齿轮材料为合金钢等金属材料,其在强度和耐热性方面具有很大优势。以塑料为材料的塑料齿轮虽然强度不如金属材料,不适于太大载荷、太高耐热温度及高尺寸精度的场合使用,但具有传动平稳、噪声小、吸震、防冲击、无润滑或少润滑、加工容易及耐腐蚀等优点,广泛用于中低载荷齿轮的制造。

早期用于齿轮的材料为布基酚醛,它具有耐磨、自润滑、吸震及消音等作用,但其加工困难,又耗费大量棉布,近年来转而大量选用工程塑料甚至玻璃纤维增强工程塑料。

常用的齿轮材料有:PA6、PA9、PA11、PA66、PA1010、PA610、MC5(浇注尼龙)、GFPA、POM、PC、MPPO、PI、GFPET、GFPBT、PPS、UHMWPE 及布基酚醛等。

各种齿轮用材料的性能特点及适用范围具体参见表 8-8。

表 8-8 各种齿轮用材料的性能特点及适用范围

齿轮材料	性能特点	适用范围
PA6、PA66	有较高的疲劳强度和耐震性,但吸湿性较大	适用于中等或较低载荷、80℃以下温度、少润滑或无润滑条件下工作
PA9、PA610 及 PA1010	强度及耐热性较 PA6 略差,吸湿性小,尺寸稳定性好	同上,并可在湿度波动较大的情况下工作
MC$_5$	强度及刚性较前两类尼龙好,耐磨性也更好	适于大型齿轮的制造
GFPA 类	强度、刚性及耐热性均好,属增强尼龙,尺寸稳定性也高	适于高载荷、高温场合下使用,传动效率高。高速运转时,应加润滑油
POM	耐疲劳及刚性高于尼龙,吸湿性小,耐磨好,但尺寸精度低	适用于中等或较低载荷、100℃以下温度、少润滑或无润滑条件下工作
PC	成型收缩率小,产品精度高;但耐疲劳强度小,有应力开裂倾向	高速运转时,需加润滑油
GFPC	强度、刚性及耐热性均与 GFPA 相当,尺寸稳定性更好,但耐磨性稍差	适用于较高载荷和温度下使用,可用于制精密齿轮;运行速度较高时,用油润滑
MPPO	强度及耐热性都好,尺寸精度高,耐蒸汽性好,但有应力开裂倾向	适用于高温水或蒸汽中工作的精密齿轮
PI	强度及耐热性最高,但成本高	适于 260℃温度下长期工作的齿轮
GFPET 及 GFPBT	强度、耐热性及韧性均好,但无自润滑性	适用于高等或中低载荷、150℃以下温度、油润滑条件下工作
UHMWPE	耐磨性、摩擦系数小、自润滑性好	适于中载荷、无润滑工作的齿轮
PPS	强度高且均衡,耐热性好,尺寸稳定性高	适于中高载荷、240℃温度以下的油润滑齿轮
布基酚醛	耐磨性、自润滑性、吸震及消音性好,加工困难	适于低载荷齿轮

齿轮既可以用注塑方法直接一步成型；也可先加工成坯料，再用机械加工方法加工成成品。用注塑方法加工的齿轮不如用机械方法加工的齿轮精度高，但成型效率高。

（三）轴承类摩擦传动制品用塑料的选用

轴承类摩擦传动制品包括轴承、皮带轮、摩擦轮、滑轮及轴套等。其共同特点为一种运动物体通过摩擦带动另外一种物体运动，其代表品种为轴承。

塑料轴承的优点为自润滑性好、耐磨性高、摩擦系数低、特殊的抗咬合性、耐腐蚀性好、消声性好等；缺点为受冷热、吸水及吸油后尺寸变化大、耐热性差、散热慢、蠕变大、变形后易引起"抱轴咬死"现象等。塑料轴承适用于低负荷、低运动速度条件下使用。下面以轴承为例，介绍其具体选用方法。

轴承用材料的性能要求如下：优异的耐磨性及低的摩擦系数；良好的自润性；耐蠕变性好；极限 PV 值大；导热性好。

常用于轴承的塑料材料有：填充 F4、PA6、PA66、PA1010、PA12、PA612、PI、POM、PPS、PBI、PF、DX 及 DU 等。其中以填充 F4、PA 及 PI 最常用。

对于轴承用塑料材料而言，其 pv 值和耐磨性大小很重要，是设计工程塑料轴承的主要技术参数。pv 值为轴承上所受压力和其运行速度之积，p 为滑动轴承投影面上的压强 (Pa)，v 为轴颈表面的滑行线速度 (m/s)，其单位为 Pa·m/s。各种工程塑料都有自己的极限 pv 值、最高负荷能力、最高滑动线速度及最高工作温度。在具体选用时，不能超过材料的极限 pv 值，一般其实际 pv 值应控制在极限 pv 值的 $\frac{1}{2} \sim \frac{2}{3}$。不同轴承塑料的极限 pv 值如表 8-9 所示，耐磨性能如表 8-10 所示。

表 8-9 不同塑料的极限 pv 值

材料	极限 pv 值/(Pa·m/s)		
	0.05m/s	0.5m/s	5m/s
F46	0.2	0.3	0.4
F4	0.4	0.6	0.9
15% GF+F4	3.5	4.4	5.3
25% GF+F4	3.5	4.6	5.6
15%石墨+F4	3.5	6.0	7.8
60%青铜粉+F4	5.3	6.5	8.4
55%青铜粉+5% MoS_2+F4	—	9.5	—
20% GF+5%石墨+F4	3.0	5.3	6.7
15% GF+5% MoS_2+F4	3.0	4.0	4.4
25%无定形碳+F4	4.5	5.0	8.5
PA6	—	0.93	—
PA66	—	0.93	—
UHMWPE	—	1.26	—
PC	—	0.72	—
含油 POM	—	1.24	—
PU	—	0.53	—
DU	—	6.54	—
聚苯酯	—	2.5	—
PA6 或 PA66+20% GF	—	1.47	—
PA6 或 PA66+20% F4	—	3.0	—
氯化聚醚	—	0.71	—

表 8-10　不同材料的磨痕宽度

材　料	PA6	PA66	PA 1010	MC尼龙	POM	UHM WPE	PC	氯化聚醚	F3	F4	PI	PPO	PF层压
摩擦系数	0.6	0.5	—	—	0.31	0.19	0.37	0.38	0.3	0.13	0.36	0.39	—
磨痕宽度/mm	5.5	4.8～5.6	15	4.8	5.5	5.5	16.5	5.5	14～15	18.4	4	20	5.9

DU 和 DX 为塑料/钢背复合材料，其中 DU 为聚四氟乙烯/钢背复合材料，而 DX 为聚甲醛/钢背复合材料。塑料/钢背复合材料最早由英国的格力西金属有限公司于 1959 年开发成功，它兼有塑料与金属的双重优点，具有塑料的耐磨性、自润滑性及金属的高强度、低线膨胀系数的一种优质的结构类材料，可广泛用于边界润滑条件下低速、大负荷、频繁动作的受力制品如轴承以及轴承支架、滑动支承板、垫圈等。

塑料/钢背复合材料为三层复合结构，即钢背层+青铜烧结层+塑料层。

① 钢背层　作用为提供复合材料的强度，材料一般选用不锈钢材料，为利于与青铜烧结层的连接，在钢背上镀 0.02～0.04μmm 的铜层。

② 青铜烧结层　作用一为使塑料层与钢背层牢固结合；二为起到导热作用；三为一旦塑料层磨损，它起到耐磨作用，以保护复合基体不被破坏。青铜烧结层材料为青铜粉末，粒度为 100～150μm，烧结层厚度为 0.25～0.5mm。要求烧结层要多孔且空隙率不低于 30%，以利于塑料层渗透入此层。

③ 塑料层　作用为提供耐磨性和自润滑性、材料为聚甲醛或聚四氟乙烯，厚度为 0.25～0.5mm，为达到多贮油的目的，其表面应布满油穴。

塑料/钢背复合材料与金属材料比，其优点为：密度小；耐磨性及摩擦性好（DU、DX 与其他材料耐磨性比较如表 8-11 所示）；自润性好，可在干润滑状态下运行；耐腐蚀性好，可在各种介质中运行。

表 8-11　不同材料的耐磨性比较

材　料	试验时间/h	磨损量/mm	材　料	试验时间/h	磨损量/mm
DU	1000	<0.025	含油多孔青铜	105	0.25
DX	1000	<0.08	减磨石墨	24	0.125
含石墨青铜	158	0.25			

塑料/钢背复合材料与耐磨塑料材料比，其优点为：高强度；导热性好；线膨胀系数小，比聚四氟乙烯小 6 倍，比聚甲醛小 4 倍；极限 pv 值大；使用温度范围广，DU 可在 -200～280℃范围内使用。

DU 与 F4 的性能比较如表 8-12 所示。

表 8-12　DU 与 F4 性能比较

性　能	DU	F4	性　能	DU	F4
压缩强度/MPa	300	<36	工作温度/℃	-200～280	-200～250
拉伸强度/MPa	60～80	20～30	硬度(HB)	25～35	4.54
线膨胀系数/×10^{-5}K^{-1}	2	12～23	摩擦系数	0.15～0.30	0.04～1
热导率/[W/(m·K)]	42	0.21	极限 pv 值/(Pa·m/s)	6.54	0.2

（四）动密封制品用塑料的选用

这里所指的动密封塑料制品为高负荷、高磨损及温度较高条件下运行的密封制品，具体有：活塞环、导向环、支承环、密封环、垫圈、垫片、缓冲环等。密封制品对所用材料的性能要求很高，具体性能要求为：高耐磨性、低摩擦系数及良好的自润性；耐蠕变性好；耐腐蚀性好；耐热性好；导热性好；尺寸稳定性高；疲劳强度高；pv 值大。

传统的密封材料有合金钢、巴氏合金、青铜、石墨及二硫化钼等。用塑料材料作密封材料的优点为自润滑性好，不需加油即可工作，可减少工作环境的污染；摩擦系数低，可减少能量损耗，达到节能目的；耐磨性好，可降低对密封体的磨损，提高密封性，延长使用寿命；加工容易，可一次成型，而金属则需9～13道工序。

在具体选用时，下列情况宜选用塑料：耐磨与腐蚀并存时；电绝缘性要求高；不能用润滑油；要求运行噪声低无声运行；要求重量轻。下列情况不宜选用塑料，而选用金属等：工作温度超过260℃；连续高速运行；负荷特别高。

常选用的密封用塑料有：各种填充 F4、PI、PA6、PA66、PA1010、MC 尼龙、PF、PPS 及 UHMWPE 等。其中以各种填充 F4 最为常用，下面介绍几例具体配方。

配方一：无油润滑压缩机用活塞环

F4	65%	青铜粉	20%
GF	10%	石墨	5%

此配方的摩擦系数为0.14，磨痕宽度为0.11mm，热导率增加2～3倍，尺寸稳定性提高2倍，磨损率下降1000倍，耐负荷能力提高25%。

配方二：PI 密封材料

可熔 PI 粉	100	石墨	5
F4	20		

配方三：铅氟 POM 密封材料

POM 粉	100	抗氧剂1010	0.5
铅粉	15	双氰胺	0.2
F4	5		

此配方的摩擦系数为0.22，磨痕宽度为4.0mm。

配方四：PPS 密封材料

PPS	50%	二硫化钼	10%
石墨	40%		

（五）摩擦材料用塑料的选用

这里所指的摩擦材料主要为刹车片，广泛用于各类交通工具如汽车、轿车、飞机的制动器、离合器及轴承中。要求刹车片用材料的耐磨性很高，同时具有较高的耐热性，耐热温度要达到200℃以上。

适于制造刹车片的塑料材料有填充 PF 和 PI。

① 填充 PF 树脂，常选用甲阶热固性苯酚甲醛树脂，甲酚甲醛树脂少用，有时用 EP 改性的 PF 树脂。固化剂，常用六次甲基四胺，加入量为7%～12%。填充剂，常用氧化镁及氧化钙。改性剂，选用橡胶，加入量为2%～8%。纤维，常用石棉纤维，它既耐热又耐磨；此外，还选用棉纤维、金属纤维及碳纤维。填料，改进摩擦性的有机摩擦粉如 F4 及硅油等，改进导热性的有金属粉及氧化铝粉，改进耐磨性的有二硫化钼、石墨及重晶石等。

具体配方如下：

PF 树脂	10～15	二硫化钼	0～5
石棉纤维	30～50	石墨	1～5
橡胶	2～10	氧化镁/氧化钙	0～5
金属粉	2～25	氧化铝	0～2
重晶石	10～20	硫化锑	0～5
摩擦粉	0～10	瓷土/石粉	0～10

② 改性 PI 在 PI 中加入固体润滑剂如聚四氟乙烯、石墨及二硫化钼、液体润滑剂如硅

油、润滑油及机械油。

具体配方有：

PI　　　　　　　　　　　　87%　　　石墨或二硫化钼　　　　　　　　　13%

此配方的摩擦系数由0.33下降到0.11，磨损率下降10倍。

五、高精度制品的塑料选用

（一）简介

制品的精度是指塑料制品的实际尺寸或形状与设计者设计的尺寸或形状之间的差异，两者差异越小，说明其制品精度越高。

塑料制品的精度可分为加工精度和使用精度两种。

（1）塑料制品的加工精度　塑料制品的加工精度是指由于加工过程的原因而产生的尺寸公差或形变，这是决定塑料制品精度高低的最主要因素。

习惯上可将塑料制品的加工精度分为八个不同等级，不同等级要求的公差大小不同，其相应的尺寸公差国家标准 SJ 1372—78 有规定，具体可详见表8-13。

表8-13　塑件制品尺寸公差（SJ 1372—78）　　　　　　　　　单位：mm

基本尺寸	精度等级							
	1	2	3	4	5	6	7	8
约3	0.04	0.06	0.08	0.12	0.16	0.24	0.32	0.48
3～6	0.05	0.07	0.08	0.14	0.18	0.28	0.36	0.56
6～10	0.06	0.08	0.10	0.16	0.20	0.32	0.40	0.61
10～14	0.07	0.09	0.12	0.18	0.22	0.36	0.44	0.72
14～18	0.08	0.10	0.12	0.20	0.24	0.40	0.48	0.80
18～24	0.09	0.11	0.14	0.22	0.28	0.44	0.56	0.88
24～30	0.10	0.12	0.16	0.24	0.32	0.48	0.64	0.96
30～40	0.11	0.13	0.18	0.26	0.36	0.52	0.72	1.0
40～50	0.12	0.14	0.20	0.28	0.40	0.56	0.80	1.2
50～65	0.13	0.16	0.22	0.32	0.46	0.64	0.92	1.4
65～80	0.14	0.19	0.26	0.38	0.52	0.76	1.0	1.6
80～100	0.16	0.22	0.30	0.44	0.60	0.88	1.2	1.8
100～120	0.18	0.25	0.34	0.50	0.68	1.0	1.4	2.0
120～140		0.28	0.38	0.56	0.76	1.1	1.5	2.2
140～160		0.31	0.42	0.62	0.84	1.2	1.7	2.4
160～180		0.34	0.46	0.68	0.92	1.4	1.8	2.7
180～200		0.37	0.50	0.74	1.0	1.5	2.0	3.0
200～225		0.41	0.56	0.82	1.1	1.6	2.2	3.3
225～250		0.45	0.62	0.90	1.2	1.8	2.4	3.6
250～280		0.50	0.68	1.0	1.3	2.0	2.6	4.0
280～315		0.55	0.74	1.1	1.4	2.2	2.8	4.4
315～355		0.60	0.82	1.2	1.6	2.4	3.2	4.8
355～400		0.65	0.90	1.3	1.8	2.6	3.6	5.2
400～450		0.70	1.0	1.4	2.0	2.8	4.0	5.6
450～500		0.80	1.1	1.6	2.2	3.2	4.4	6.4

注：1. 表中公差值用于孔时取"+"号；用于轴时取"-"号；用于中心距时取"±"号，其值取表中数值之半。
2. 无公差值者，按8级精度取值。
3. 受模具活动部分影响的尺寸公差，取表中公差值与附加值之和。2级精度附加值为0.05mm，3～5级为0.1mm，6～8级为0.2mm。

从表8-13可以看出，1级精度为最高精度，8级精度为最低精度。对于不同的塑料原料，其可能达到的精度等级不同，具体可参见表8-14。

表 8-14 塑件精度等级的选用 (SJ 1372—78)

类别	塑料名称	建议采用的精度等级		
		高精度	一般精度	低精度
1	聚苯乙烯 ABS 聚甲基丙烯酸甲酯 聚碳酸酯 聚砜 聚苯醚 酚醛树脂粉 氨基塑料 30%玻璃纤维增强塑料	3	4	5
2	聚酰胺 6,66,610,1010 氯化聚醚 聚氯乙烯(硬)	4	5	6
3	聚甲醛 聚丙烯 聚乙烯(高密度)	5	6	7
4	聚氯乙烯(软) 聚乙烯(低密度)	6	7	8

从表 8-14 可以看出，1、2 级精度为精密级，塑料材料很难达到，一般不能采用。塑料只能用于 3 级以下的精度。

(2) 塑料制品的使用精度　塑料制品的使用精度是指其制品在加工以后所产生的尺寸公差或形变。塑料制品的使用精度高低与原料本身因素，如二次结晶、吸水、热膨胀及蠕变等因素有关；此外，还与使用环境的关系很大，在高温、潮湿及外力等环境因素作用下，其使用精度会下降。

(二) 影响塑料精度的因素

影响塑料制品精度的因素包括收缩率、吸水率、热膨胀系数及蠕变四个因素。

1. 塑料的收缩性

塑料的收缩性对塑料制品的尺寸精度影响最大。不同塑料原料之间的收缩率大不相同，其中热塑性树脂的收缩率可参见表 8-15，而热固性树脂的收缩率可参见表 8-16。从表 8-15、表 8-16 中可以看出，塑料的收缩率最大可达到 5% 左右，而最小仅为 0.006%。

(1) 加工后收缩　塑料的收缩又可分为成型加工收缩和加工后收缩两类。加工后收缩为制品脱模后一段时间内的收缩，与成型收缩相比，后收缩一般比较小。

后收缩产生的第一个原因为制品内部应力的松弛作用。对于分子链呈刚性的聚合物，制品的后收缩比较大；这主要是因为刚性分子链运动速度慢，其分子链从一种状态转变为另一种状态，需要一个较长时间的重新排列过程，因而后收缩时间比较长，而且后收缩率比较大。另一方面，刚性分子链易产生内应力，成型后会进行慢慢地应力松弛。例如以 PS 为例，其注塑制品脱模三个月后，还会发生 0.005% 的后收缩。引起后收缩的第二个原因为继续结晶。对结晶聚合物而言，制品出模时，并未达到完全结晶，在常温下仍可继续结晶，从而引起制品的微量收缩。另外，出模后塑料制品如进行退火处理，制品的应力松弛和后结晶会进一步加大，从而引起后收缩增加。

后收缩率一般可用下式估算：

$$\Delta L_a = L_t \alpha (t_p - t_w)$$

式中　ΔL_a——后收缩量，cm；

L_t——制品脱模30min后沿收缩方向的长度，cm；

α——塑料热膨胀系数，cm/(cm·℃)；

t_p——脱模时温度，℃；

t_w——工作环境温度，℃。

表 8-15 热塑性塑料的收缩率、吸水率及热膨胀系数

类型	塑料品种	收缩率/%	吸水率/%	热膨胀系数/$\times 10^{-5} K^{-1}$
结晶类塑料	LDPE	1.5～5.0	0.03	10.0～20.0
	LLDPE	1.5～5.0	0.03	14.0～16.0
	HDPE	2.0～5.0	0.03	11.0～13.0
	PP	1.0～2.5	0.01～0.03	5.8～10.0
	30%GFPP	0.4～0.8	0.05	2.9～5.2
	PA6	0.6～1.4	3.0	8.3
	30%GFPA6	0.3～0.7	0.9～1.3	1.2～3.2
	PA66	1.5	0.9～1.6	9.8
	30%GFPA66	0.2～0.8	0.5～1.3	—
	PA610	1.0～2.0	0.4～0.5	—
	30%GFPA610	0.2～0.6	0.17～0.28	—
	PA1010	1.3～2.3	0.2～0.4	1.28
	30%GFPA1010	0.3～0.6	0.4～1.0	—
	POM	2.0～2.5	0.4～0.45	9.9
	20%GFPOM	1.3～2.8	—	—
	PBT	0.44	0.035	—
	25%GFPBT	0.20	0.032	—
	PSF	0.5～0.6	0.12～0.22	5.5～5.9
	30%GFPSF	0.3～0.4	<0.1	—
	LCP	0～0.006	—	—
非结晶类塑料	PS	0.2～0.6	0.05	6.0～8.0
	HIPS	0.2～0.6	0.1～0.3	3.4～21.0
	20%～30%GFPS	0.1～0.2	0.05～0.07	1.8～4.5
	AS	0.2～0.7	—	3.6～3.8
	20%～40%GFAS	0.1～0.2	—	2.7～3.8
	ABS	0.3～0.8	0.35	9.5～13.0
	20%～40%GFABS	0.1～0.2	—	2.9～3.6
	PMMA	0.2～0.8	0.3～0.37	5.0～9.0
	PC	0.5～0.7	0.18	6.6
	10%～40%GFPC	0.1～0.3	0.09～0.15	1.7～4.0
	PET	0.13	—	—
	25%GFPET	0.10	—	—
	氯化聚醚	0.4～0.8	<0.01	—
	PES	0.5～0.8	1.8	5.5
	PPO	0.4～0.7	0.06	5
	PI	0.3	0.11	3～5
	HPVC	0.6～1.0	0.07～0.4	5
	SPVC	1.5～2.5	0.15～0.75	1

表 8-16 热固性塑料收缩率及热膨胀系数

成型材料		收缩率/%	热膨胀系数/$\times 10^{-5} K^{-1}$
树脂	增强材料		
酚醛	木粉	0.4～0.9	3.0～4.5
酚醛	玻璃纤维	0.01～0.4	0.8～1.6
脲醛	纤维素	0.6～1.4	2.2～3.6
蜜胺	纤维素	0.5～1.5	4.0
环氧	玻璃纤维	0.1～0.5	1.1～3.5
聚酯	玻璃纤维	0.1～1.2	2.0～3.3
DAP	玻璃纤维	0.1～0.5	1.0～3.6

一般情况下，制品的后收缩在脱模 30min 后基本完成。

(2) 平均收缩率　由于塑料的收缩大小受成型条件影响比较大，因而其收缩率不是一个固定值，而是一个范围，具体可参见表 8-15 和表 8-16。从表中可以看出，有时收缩率的变化范围很大，最大可相差 2~4 倍。所以说收缩率具有不准确性，因不同加工条件变化很大，很难测出准确的固定值。对于一个模具设计者而言，在具体设计时，一般可选取平均收缩率，即将表 8-15 和 8-16 所给的收缩率范围值进行平均，从而得到平均收缩率。当然，如果对具体成型方法十分清楚，也可以从表 8-15 和表 8-16 中所给的收缩率范围内取一个比较接近值。例如，以 HDPE 为例，其收缩率范围从表 8-15 中查出为 2%~5%之间，其平均收缩率为 3.5%；如果具体成型过程中，各种成型条件可使成型收缩率增大，则可选取 4%为具体收缩率；如果具体成型条件有利于成型收缩率的减小，则可选取 2.5%为具体收缩率。当然，后一种选取方法难度比较大。

2. 塑料的吸水性

塑料的吸水性可参见表 8-15。塑料的吸水性大小与其分子结构有关，分子中含有酯基或酰胺基结构的聚合物吸水率偏大，具体如 PA 类、PC、POM、PMMA、PES 及 PPO 等。

塑料的吸水性影响塑料的使用精度，即制品在潮湿环境中使用，由于吸水而引起尺寸增大。

塑料吸水性对尺寸精度的影响量不如收缩影响大。但有些吸水率大的品种，如 PA 也比较显著。如 PA66 的吸水率最大为 1.6%，而每 1%的吸水率就会引起 $\frac{1}{4} \sim \frac{1}{3}$ 的尺寸公差。

3. 塑料的热膨胀性

热胀冷缩是物体的大致规律。衡量其热膨胀程度可用热膨胀系数表示，具体可参见表 8-15 和表 8-16 所示。同金属相比，塑料的热膨胀系数大得多。例如，钢的热膨胀系数为 $1.2 \times 10^{-5} K^{-1}$，而 LDPE 的热膨胀系数竟高达 $10 \times 10^{-5} K^{-1}$，比金属高出近十倍。因此可以说，塑料的尺寸对温度十分敏感。例如某塑料制品在 20℃时，其尺寸变化为 0.1%；在 35℃时，尺寸变化增大到 0.15%；而在 -5℃时，尺寸则减少 0.25%。

塑料的热膨胀系数与熔体流动方向有关。与收缩不同的是，其纵向的热膨胀系数要比横向的热膨胀系数小，一般要小一半左右。

塑料的热膨胀只有在温度变化的环境中才会影响其尺寸的精度。而温度不变时，热膨胀对塑料的尺寸精度无影响。

4. 塑料的蠕变性

塑料的蠕变是指成型后的塑料制品在使用过程中，由于受到应力的作用，材料的形变随时间增加而逐渐增大的，从而产生永久形变的现象，进而引起塑料尺寸的变化，影响其尺寸精度。

塑料的蠕变受应力、温度及时间三个因素影响；应力越大，温度越高，时间越长，其相应的蠕变增大。下面介绍几种塑料的蠕变性。

① PA　PA 的蠕变较大，不适于生产精密工业配件。在 70℃温度下，其蠕变值高达 5%左右，尤其以 PA1010 最大，而 PA66 最小；PA 的蠕变受温度影响较大。

② POM　POM 的蠕变性适中，比 PA 小，但比 PSF 及 PC 大。在 50℃时，其蠕变值为 1%左右。

③ PC　PC 的蠕变是塑料中相当小的。在 70℃温度下，一般为 0.7%左右，并且超过 10d 后，几乎不随时间延长而增加。

④ PSF　PSF 是塑料中蠕变性最小的。在 50℃温度下，其蠕变值仅为 0.14%~0.2%。

⑤ ABS　ABS 的蠕变比较小。在 50℃温度下，其蠕变值为 0.4%～0.5%，仅比 PSF 大一点。

⑥ PET　PET 的蠕变对温度较敏感。在 23℃时，虽然纯 PET 的蠕变值小于 1%，而且 GFPET 的蠕变值几乎为零；但在 70℃，纯 PET 的蠕变值则高达 10%。PET 进行 GF 增强后的蠕变值大大下降，最低可下降到 2% 左右。

⑦ PE　PE 是塑料中蠕变最大的品种。在 50℃温度下，其蠕变值可达：LDPE 为 4%～5%，HDPE 为 4%。

几种材料蠕变大小顺序：LDPE、HDPE、PA、PET＞POM、PC＞PSF、ABS、PPO。

（三）高精度塑料的选用

1. 从塑料的收缩率方面考虑

收缩率是影响塑料制品精度的最主要的因素，尤其对于结晶类塑料而言，更是如此。

不同种类塑料的收缩率大不相同，从 LCP 的 0.005% 到 PE 的 5%，相差 1000 倍之多。为此，在生产高精度塑料制品时，可遵循如下原则。

（1）尽可能选用收缩率小的品种　具体有 LCP、ABS、PMMA、PC、PET、PBT、PSF、PES、PPO、PI、PAR 及 PPS 等。

在具体选用时，可从以下几个方面考虑。

① 尽可能选用非结晶类塑料品种，它的结晶度比较小，制品精度高。

② 尽可能选用热固性塑料品种，它的收缩率比结晶塑料小许多，仅比非晶塑料大少许。

③ 尽可能对所用材料进行填充或增强改性处理，以大幅度降低其收缩率。填充可使收缩率下降 40%～80%，增强可使收缩率下降 50%～90%。

（2）尽可能选用收缩率精确的品种　大多数塑料的收缩率不仅大，而且不稳定，时而大、时而小，难以精确计算。对高精度制品而言，一定要选择收缩率稳定并可精确计算的塑料品种。

（3）尽可能选用无后收缩的品种　塑料的后收缩持续时间很长，难以精确确定其数值，保证不了制品的精度。常见的后收缩大的塑料品种有 POM 及 PS 等刚性聚合物。

2. 从塑料的蠕变方面上考虑

对于在使用环境中受载荷作用的塑料制品，易产生较大的蠕变。塑料的蠕变值越大，在受力时其产生的变形越大，制品的精度越低。因此，对高精度塑料制品，应选择蠕变值小的塑料品种，具体有 PSF、ABS、PPO、PI、PPS、PAR、聚苯酯及 PEEK 等，热固性塑料的耐蠕变性也比较小。尽可能少选 HDPE、PA、PET、POM、PC 及氟塑料等，它们的蠕变值都比较大。

另外，填充和增强可明显降低塑料的蠕变性，可提高制品的精度。因此，对高精度塑料制品，应尽可能进行填充和增强改性。

3. 从塑料的热膨胀系数方面考虑

对于在高温环境中使用的塑料制品，塑料原料热膨胀系数的大小对其制品的精度影响比较大。因此，对高温下使用的高精度制品，应尽可能选择热膨胀系数小的塑料品种，具体品种有：热固性塑料、PVC、PA1010、PC、PBT、PI、PES、PSF、PPS、PPO、F4 及聚苯酯等。

另外，填充和增强可明显降低塑料的热膨胀系数，从而提高其制品的精度。填充和增强一般可使其热膨胀系数下降 50%～80%，如 PC 中加入 30% GF，其热膨胀系数可由 $7\times10^{-5}K^{-1}$ 下降到 $3\times10^{-5}K^{-1}$，下降 60% 左右。

4. 从塑料的吸水方面考虑

对于在潮湿环境中使用的塑料制品，高吸水性塑料品种会影响制品的精度。因此，应尽可能选择低吸水性塑料，不选用高吸水性塑料如 PA 类、PES 及 PAN 等。

六、精密仪器或设备制品的塑料选用

（一）打印机用塑料的选材

打印机为电脑的主要输出设备，目前可分为针式、激光、喷墨三类。

壳体选用 ABS、HIPS、PC/HIPS 合金、改性 PP 等，改性 PP 为具有耐热、阻燃、高流动性的新型材料。打印头选用 30%GF 增强 PA66。轴承选用含油 POM。滑轮选用 POM 或 30%GF 增强 POM。色带卡盒选用 ABS。压纸卷筒头选用 POM。压纸卷筒选用 TPU。压纸件选用 PC。印刷基板选用环氧树脂玻璃钢。皮带选用 TPU。传真机座选用 MPPO。

（二）复印机用塑料的选材

复印机为常用的办公自动化设备，它由约 700 个零件组成。为降低其制造成本，实现其小型化、形状复杂化、轻量化、高速化和低噪声化的目标，复印机采用更多的塑料零件是发展趋势，目前复印机中的 50%～60% 已实现塑料化。

复印机中使用的塑料材料主要为工程塑料和改性塑料，塑料作为复印机材料的不足在于力学性能低、耐热温度偏低、线膨胀系数大、尺寸精度低等，为此要对塑料原料进行必要的改性。主要的改性方法为：加入玻璃纤维以提高强度、耐热温度和尺寸精度，加入二硫化钼、石墨、润滑油或聚四氟乙烯以提高耐磨性和降低摩擦系数，加入导电炭黑或金属粉以赋予抗静电性能。

主要复印机零件用塑料的选材参考如下。复印机壳选用 ABS、HIPS、改性 PP、PC/ABS 及 PC/HIPS 等。复印机底盘、框架选用 GFPBT、改性 PC、PC、PPS、PEEK 等。镜筒和侧板选用 GFPC。滑轮选用 POM、含油 POM。

（三）电脑用塑料的选材

计算机的键盘要求用流动性、耐磨性、抗冲击性和尺寸稳定性的塑料材料，常用的有 ABS 和 HIPS 等。连接线和接插件用 PVC 为绝缘材料。显示器可用 ABS、HIPS、改性 PP 及 PVC/ABS 等。手提电脑的壳体选用 PC/ABS 为主。

（四）精密仪器的结构部件用塑料材料的选用

1. 传动结构部件

① 齿轮 齿轮为重要的传动材料，电子设备用齿轮的受力小，精度低（6～8 级），模数小（0.3～1mm）。塑料齿轮对材料的要求为弯曲强度高、冲击强度高、耐疲劳性好、耐磨性好、耐热性高、尺寸稳定性高、摩擦系数低和不开裂。早期用酚醛塑料，现在已改为尼龙、聚甲醛、聚碳酸酯、增强聚碳酸酯、氯化聚醚和聚砜等。

可用的尼龙有尼龙 6、尼龙 66、尼龙 1010、增强尼龙、MC 尼龙、石墨或二硫化钼填充尼龙等。纯尼龙只能用于尺寸小、受力小的齿轮；玻璃纤维增强齿轮，可受更大的力；无论哪种齿轮，填充石墨或二硫化钼可提高自润滑性。

聚甲醛的耐疲劳性和刚性高于尼龙，尺寸稳定性高，吸湿性较低。

聚碳酸酯的刚性好、尺寸稳定性高、吸湿性较低、耐热性高，这些好于尼龙和聚甲醛，适合制造精度高和耐热性高的齿轮。缺点为疲劳强度低、易开裂，不易用于金属嵌件。增强聚碳酸酯的耐磨性降低。

氯化聚醚耐腐蚀性优良、尺寸精确度高、耐磨性优于尼龙，但强度和刚性不如尼龙和聚甲醛，主要用于精密齿轮和耐腐蚀齿轮。

聚砜的耐热性高、尺寸精度、强度和刚性高，但耐磨性和摩擦系数不如尼龙和聚甲醛。

② 轴承 电子设备中重要的摩擦零件。塑料作为轴承材料，主要用于非精密轴承上。塑料轴承的优点为摩擦系数小、耐磨性高、自润滑性、耐腐蚀性好、低噪声等。塑料轴承用

塑料的性能要求为摩擦系数小、耐磨性好、尺寸稳定、耐热性高、蠕变小、导热性好等。常用的塑料为聚甲醛、尼龙、氟塑料、氯化聚醚和聚酰亚胺等。在上述塑料中填充石墨、氟塑料、青铜粉和二硫化钼，可提高其耐磨性、降低摩擦系数、提高导热性和尺寸稳定性。

③ 凸轮　凸轮也是一种摩擦零件，比轴承的运动速度低，作用为使电路的触点自动接通和断开。塑料凸轮的优点为摩擦系数小、耐磨性高、质量轻，常用材料为尼龙、聚甲醛和聚碳酸酯。

2. 固定部件

① 支架　塑料的强度低和尺寸稳定性较差，只能用于受力小和尺寸稳定性要求不高的中、小支架上。对材料的要求为高强度、高刚性和高尺寸稳定性，常用增强尼龙、聚碳酸酯、增强聚碳酸酯、聚砜和聚苯硫醚等。

② 底座　与支架相同，常用增强尼龙、聚碳酸酯、增强聚碳酸酯、聚砜和聚苯硫醚等。

③ 叶轮和风管　是通风机和通风管道的主要零件，叶轮常用增强尼龙和ABS，风管常用材料为不饱和聚酯、环氧玻璃钢和聚氯乙烯板材等。

④ 把手　包括电子设备的旋钮、手柄和把手已采用塑料材料，可用塑料为聚甲醛、聚碳酸酯、增强尼龙及增强聚酯等。

⑤ 铰链　可用ABS、聚碳酸酯、尼龙和聚甲醛等。

⑥ 螺钉连接　用聚碳酸酯、ABS、增强尼龙。

⑦ 夹紧连接　固定夹用增强尼龙，卡夹用酚醛塑料粉、HDPE、尼龙和聚碳酸酯等，扎带线用尼龙、聚乙烯和聚氯乙烯等。

3. 外观部件

① 外壳、外框　电子设备对外壳、外框的要求为美观、一定强度、韧性和耐腐蚀性、价格低。

受力小的外壳如收音机、电视机、仪表外壳等，选用HIPS、ABS、改性聚丙烯等。受力较大的外壳如航空仪表用接触器外壳等，选用DAP塑料、不饱和聚酯及玻璃纤维粉填充PVC改性酚醛塑料等。受力大的外壳选用氯化聚醚等。雷达、显像管屏幕外框选用玻璃钢、结构泡沫塑料和DAP塑料。

② 盖罩　大型盖罩用聚酯或环氧玻璃钢，小型盖罩用加工流动性好的尼龙、聚乙烯、聚丙烯和ABS等。

③ 度盘　选用有机玻璃。

④ 数字、符号　有机玻璃、ABS、AS、PET等易着鲜艳颜色的塑料。

第二节　汽车制品的塑料选用

一、简介

汽车塑料化基于三个主要理由，一是节能，二是提高功能，三是简化制造工序与工艺。

1. 汽车性能

汽车轻量化是汽车节能的一项重要措施。轻质材料有塑料、铝合金和高强度钢，其中以"塑料"和"高强度钢"进展很快，而尤以塑料最为被汽车制造业所吸引。

汽车塑料化当前的趋势是由作为普通的装饰件和软垫转向结构件和功能件。换言之，由汽车内部装饰扩展到汽车外部结构。因而由单一塑料转向塑料合金，纤维增强复合材料将登上汽车工业的宝座。展望未来，全塑料的汽车将为您服务。

美国 Franklin Associated Ltd 对汽车上 16 种配件由金属改用塑料后减轻重量对比（表 8-17）。

表 8-17 塑料配件的轻量化

配件名称	原来重量/kg	改用塑料后重量/kg	减轻重量/kg	轻量化率/%
空调器支架	3.18	0.91	2.27	71
盘式制动器活塞	0.82	0.41	0.41	50
发动机盖	16.34	12.26	4.1	25
后门	20.88	12.71	8.17	39
座椅架（2 座）	22.7	11.35	11.35	50
燃料箱	22.7	18.16	4.54	20
轮胎（4 只）	54.48	40.86	13.62	25
驱动轴	10.22	4.31	5.9	58
叶片弹簧	12.71	2.04	10.67	84
门梁	7.72	3.18	4.54	59
车身	209.29	94.43	114.86	55
车架	128.48	93.98	34.5	27
车门（4 扇）	70.82	27.69	43.13	61
前后保险杠	55.84	19.98	35.87	64
车头	43.58	13.17	30.42	70
车轮（4 只）	41.77	22.25	19.52	47
合计	721.53	377.69	344	47.7

上述 16 种配件实现塑料化后即可减轻重量 344kg/辆，轻量化率为 47.7%。

据报道，美国小汽车每辆使用塑料 1979 年为 83kg，1985 年上升到 90kg，1990 年达 116kg，各种塑料用量见表 8-18。

表 8-18 美国小汽车的各种塑料消耗量　　　　　　　　　　　　单位：kg

塑料名称		1979 年用量	1985 年用量	1990 年用量	增长率/%
环氧树脂		0	5	14	4.0
不饱和聚酯		56	65	117	6.9
聚碳酸酯		3	14	30	12.5
RIM 聚氨酯		23	32	59	9.1
热塑性聚氨酯		3	5	6	8.0
ABS		93	84	84	−0.8
苯乙烯类		8	7	7	−11
聚丙烯		155	191	240	4.1
纤维素		5	4	4	−0.9
尼龙		25	43	52	6
聚甲醛		10	10	11	1.2
酚醛		17	20	25	3.7
改性聚苯醚		7	7	10	2.9
饱和聚酯		10	13	17	5.2
聚乙烯		30	34	56	5.7
聚甲基丙烯酸甲酯		13	13	13	—
聚氨酯泡沫		128	117	120	−0.6
聚氯乙烯		86	76	75	−1.2
合计	每辆车塑料使用量/kg	83	90	116	
	平均每辆车重量/kg	1590	1300	1130	
	塑料化率/%	5.2	6.9	10.3	

2. 简化制造工序

以燃油箱为例，金属板冲压成型的燃油箱制造工序不下 20 道以上，而塑料燃油箱只须一次吹塑成型，大大简化了生产制造工序。其他汽车塑料配件不胜枚举。

其中，上海桑塔纳轿车塑料件一览表见表 8-19。

表 8-19　上海桑塔纳小汽车塑料件一览

零件名称	塑料品种	零件名称	塑料品种
燃油箱	UHMWHDPE、HMHDPE	方向盘开关壳体	ABS(分三种规格 O 型、A 型、B 型)、FRP
前后保险杠外壳	PP/EPDM、FRP	刮水器挡风薄膜	
前后保险杠饰条	软 PVC	车门锁拉杆按钮	
左右前轮罩壳	改性 PP	仪表板开关饰板	
左右遮阳板骨架	弹性体和滑石粉改性的 PP	仪表板开关饰条板	
左右遮阳板面料	软 PVC 薄片	车门头道密封压板	
左右遮阳板泡沫夹层	聚酯-聚氨酯泡沫塑料	仪表板插片	
空气导流板	滑石粉增强 PP	启动拉索手柄	
齿轮罩		靠背框架	
空气滤清器		仪表板右饰框	
冷却风扇叶片		仪表板左饰框	
空气分配器		空调出风口	
左右前门把手	特种 PP	百叶窗(2 件)	
仪表板两侧风道		出风口阀板	
夹箍		内盖密封片	
真空箱总成		后视镜内盖(2 件)	
通道附罩		拉手盖板(2 件)	
通风盖		衬里支架(2 件)	
贮液罐		车门搁手	
左右后门把手		散热器罩(左右各一)	
左右插座	玻璃纤维增强 PP	散热器格栅	
后坐垫泡沫总成	PUR 泡沫塑料	除霜器喷嘴(左右各一)	
后靠背泡沫总成		左边杂物箱	
坐垫头枕泡沫		杂物箱内饰总成	
前坐垫泡沫总成		手套箱内饰总成	
方向盘总成	聚氨酯(整体)发泡表面结皮	杂物箱中间饰板	
车门安全块密封圈		(一)仪表板表皮	拉伸 ABS 薄膜(改性)
调节旋钮密封圈		(二)仪表板夹层泡沫塑料	半硬聚氨酯泡沫塑料
泡沫塞			
密封圈		左前门槛饰板	PVC/AMBS
烟灰盒盖	ABS(分三种规格 O 型、A 型、B 型)、FRP	右前门槛饰板	
		车顶内嵌条	
左后柱内饰总成	表层 PVC	左前柱内饰总成	表层 PVC
右后柱内饰总成	表层 ABS	右前柱内饰总成	底层 ABS
车窗密封条	软 PVC、PUR	螺母塞	尼龙 66
座椅人造革	PVC 人造革、PU 革	塑料支架	
		支撑夹头	
左翼子板饰条	软 PVC、PUR	油管(左右二根)	尼龙 12
右翼子板饰条		备用油箱	
左前车门饰条	软 PVC	盖子	玻璃纤维增强尼龙 66（玻璃纤维含量=30%）
右前车门饰条		加速器踏板轴承套	
左后车门饰条		空调出风口操纵杆	
右后车门饰条		夹头(三件)	聚甲醛
前地板下层沙袋垫	PVC 薄膜	套管	
前地板外侧下层沙袋垫		角度杆(左右二件)	
排水板沙袋垫		锁拉杆	
方向盘法兰	尼龙 6	支承套	
排档手柄		隔套	
油管夹头		导向片(二片)	
车门内饰板夹头		护盖	
加速踏板限位器		导向杆(二件)	
前座椅调整杆轴套		保险杠支架(四件)	
嵌件凸块		滑块	
电线束夹头(六件)		支撑铆钉	
内扳手(左右二件)		固定夹	
摇窗球形把手		盖	
		电线束夹头(五件)	
软管夹头	尼龙 66	衬套	改性聚甲醛(抗冲击型)
隔套		前大灯总成	耐热型有机玻璃
内楔形垫块		后尾灯总成	
后围板孔盖板固定夹头		后牌照灯罩	
冷凝器保护栅支架		电线	表皮材料:氯丁橡胶
Y 型三通		车顶内饰	(1)EPS (2)PUR 硬泡
夹头		车轮饰盖	改性尼龙 66

二、汽车塑料制品的选用依据

(一) 汽车塑料件的特点

汽车塑料件,根据其主要用途,大体上可分为功能件和结构件两种。功能件是以利用材料的某些特殊的物理化学性质工作的独立件,如塑料含油轴承。结构件是以应用材料的力学性质工作的覆盖件、安装件、壳体、梁架等。不过这种划分也是相对的,往往是二者兼顾或以其中之一为主。

功能件或功能部位通常在确保所需的物化性能的基础上,还要满足一定的结构上的要求,如塑料折页、塑料片簧等。而结构件在保证一定力学性能的前提下也必须满足必要的物理性能方面的要求。随着塑料工业的发展,各种新型树脂的出现以及通过合金、共混、复合等改性手段得到的各种高性能材料也必然能够满足汽车行业对功能型塑料件和结构型塑料件及其所用材料提出的各种综合性能指标要求,逐步扩展塑料在汽车上的应用范围。

(二) 汽车塑料构件材料的主要性能项目选用依据

1. 高温弯曲模量

模量是分子链内化学键和分子链间次价力(氢键、范德华力)的宏观表现,因而,模量($E=\sigma/\varepsilon$)既反映材质内聚力的差别,也表征材料在弹性范围内的刚度,它比单纯应力、应变更能说明高聚物构件承受持续力作用的能力。

材料的分子量愈大,交联度愈高,玻璃化温度愈高,结晶度愈高,则其弹性模量也越高。

从微观看,由于高聚物的高分子链节缠结、分子取向、非分子掺混层次结构等的不均,更增加了材料的各向异性。另外,实用中汽车结构件大多处于复杂受力状态,如试件在弯曲变形时,其上部受压、下部受拉、中部受剪,E_u是$\sigma_拉$、$E_拉$、$\sigma_压$、$E_压$等的综合反映,因此,选用弯曲模量E_u作为评定塑料刚度的主要指标是适宜的。

非脆性高聚物在屈服前的弹性范围内,在长期高温加载时有蠕变和应力松弛行为。基于高聚物黏弹响应特性取决于各种分子运动的速率,时间和温度对各种分子运动也均具有同样相关性,高分子材料的松弛模量随时间及温度的变化具有时-温等效转化意义,因而常用提高材料高温下弯曲模量E_u作为限制蠕变与松弛发生、发展的有效手段。

热变形试验给出了一定应力(应变)水平下,材料热变形温度界限及随温度上升而弹性弯曲模量下降的关系。虽然热变形试验不能代替蠕变试验,但材料热变形温度愈高,材料在高温下弯曲模量愈大,则制品刚度大,其蠕变松弛愈小,在允许的变形下,可承受更大的载荷。E'_u直接和间接地反映了高聚物的高温下的力学特点,能有效地监控材料的静载下的力学特性。

2. 低温冲击韧性

对汽车塑料构件来说,低温冲击韧度a'_k也是判别材料动载力学行为的重要指标,其理由如下。

(1) 防止高聚物材料脆性破坏 高聚物在T_g以下呈脆性,在T_g以上一定温度范围内受高速冲击也呈脆性,且实验温度越低、加载速度越高,其脆性越严重。材料在突然的脆性失效中只吸收较低的能量,脆性破坏比韧性破坏有更大的危险性,因而,冲击韧度更应作为监控指标。

(2) 监察高聚物材料内部缺陷 断裂力学认为,高聚物材料在受外力作用下,由于分子热运动、微结构不均衡、内应力存在、各向异性、空穴、低分子物存在等缺陷,造成分子链节破坏形成初始裂纹,由于应力集中,裂纹聚集形成大的主裂纹,裂纹扩展,一旦裂纹以音速扩展时,断裂立即发生。因此,必须引入对材料内部缺陷最敏感的冲击韧度指标作为对材料平均应力水平的判断。

(3) 保证工程应用的可靠性 不同材料对制品表面粗糙状态及缺口、孔洞、拐角等所造成的敏感性不同，不同材料在不同温度下对缺口的敏感程度亦不同。目前尚不能用以能量表示的冲击值来直接对结构的力学特性进行计算，但冲击实验可以定性的对缺口、表面状态以及因此使材料由韧性变为脆性破坏作出反应，所以，冲击韧度对控制产品设计的安全程度有重大意义。

（4）标定高聚物材料承受动载的能力　高聚物材料，通常状况下具有弹性形变特点，在高应变速度条件下一般呈黏塑性质。目前，受冲击载荷的梁、受震动作用的杆件的力学行为均用黏塑性理论分析，用 a_k 可以定性地反映材料承受动载（含疲劳）的能力。

综上所述，E_u 和 a_k 可综合反应高聚物材料的力学水平，能较集中地反映汽车塑料构件对材料的性能要求。由于 E_u 和 a_k 是对立的两个方面，往往材料的冲击性能提高了，而弯曲模量就降低了。对既有耐热刚性的要求又有低温韧性要求的材料，也可以说对材质承受静载、耐蠕变有要求的同时又有承受动载耐疲劳的要求，因此，用 E_u 和 a_k 作为综合监控指标对材料加以评定可避免材料配方选择时的片面性。当然也不排除对具体结构件的其他特殊性能要求，如风扇材料应补充抗拉强度，内饰件应增加流动性和光泽要求。

（三）汽车塑料构件材料的选择分析

尽管高温弯曲模量 E_u' 和低温冲击韧性 a_k' 是区分和监控汽车构件材料所特有的、共性的、基本的力学指标。但是，由于高低温数据较少，而较通用的常温下的模量和冲击强度在一定程度上也能反映材料的基本性质。因此，一般也就以常温下的 E_u 和 a_k' 作为综合监控指标。

现以不同品种牌号的 PP、ABS 的 E_u 和 a_k 值归纳成的 E_u-a_k 聚集区的分布图，即图 8-1。及实践中应用实例分析归纳成的 PP、ABS 塑料在汽车构件上应用表，即表 8-20，作为在汽车塑料构件制作中正确选材的依据。

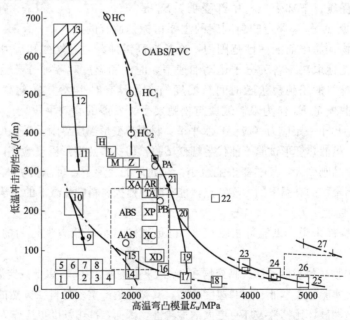

图 8-1　注塑用不同类别 ABS、PP 的 E_u 与 a_k 聚集区分布图

1—低等规度均聚 PP；2—低模量均聚 PP；3—中模量均聚 PP；4—高模量均聚 PP；5—低等规度共聚 PP；6—低模量共聚 PP；7—中模量共聚 PP；8—高模量共聚 PP；9—耐寒冷 PP；10—耐低温 PP；11—低弹性 PP；12—中弹性 PP；13—高弹性 PP；14—低填充 PP；15—耐低温填充 PP；16—中填充 PP；17—较高填充 PP；18—高填充 PP；19—低复合强化 PP；20—中复合强化 PP；21—高复合强化 PP；22—接枝复合强化 PP；23—低增强 PP；24—中增强 PP；25—高增强 PP；26—玻璃纤维增强 ABS；27—碳纤维增强 PP；H，L—高韧性 ABS；M，Z，T—高抗冲 ABS；PA，PB—可镀 ABS；XP—耐热 ABS；XC—耐高温 ABS；XD—耐热低冲击 ABS；HC—ABS/PC 合金；AR，XA，TA—汽车通用 ABS

表 8-20 PP、ABS 塑料在汽车构件上应用表

零、部件名称	材料类别	$E_u \times a_k$ /(10^3MPa× 10J/m)	热变形温度/℃ (0.45MPa)	$-30℃$悬臂梁缺口冲击值/(10J/m)	特殊物性要求	备注
前、后保险杠,保险杠端帽,货车挡泥板、挡泥延伸板	高弹 PP 中弹 PP 高韧 ABS	0.95×64 1.05×46 H(1.55×39)	110 110 99	10～18 6～10 28	耐候、耐热老化 耐候、耐热老化 耐候、极高低温冲击韧性	也可做轴承防尘密封件
导流板、整流板	低弹 PP AAS	1.1×33 2×11	105 106	4.5	耐老化、耐候 光泽或乌光	耐热 ABS 也可
加速器踏板贴面	低弹 PP	1.1×33	105	4.5	耐磨、难燃、耐油	
翼子板内衬挡泥罩	耐冷 PP	1.05×22	105	3	低温韧性、抗冲刷、耐盐	
硬塑方向盘	耐冷 PP	1.05×22	105	3	耐光、光泽、收缩率小、耐温度变化	
仪表板物品箱,工具箱、地毯防磨垫	耐寒 PP 共聚 PP	1.2×13 $1.2\times7.14\times7$	110 115	2.5 2	阻燃、防静电、弯折疲劳强度高 阻燃、防静电、耐弯折、无毒无臭	箱体含塑料合页
前柱、中柱下部内装饰板,车门槛装饰板,灯维修孔盖	耐寒 PP 共聚 PP 共聚 PP	1.2×13 1.2×7 1×7	110 115 110	2.5 2 1.5	防静电、难燃、耐磨、熔流良好 防静电、阻燃、熔流良好 防静电、阻燃、熔流良好	受重冲击内饰板受一般冲击的内饰板
转向器扩罩	共聚 PP 低填充 PP	1.2×7 2×8	115 115	2	耐光、阻燃、光泽 耐光、阻燃、尺寸稳定,光泽或乌光	耐热 ABS 也可 可喷涂型 PP (2×8)
车内、外后视镜壳体,天线零件,后视镜支座,镜片支架	共聚 PP 低填充 PP 耐热 ABS 可镀 ABS	1.2×7 2×8 XB(2.3×20) PB(2.5×23)	115 115 110 100	2 9 9.8	耐候、光泽、线胀温度系数不宜太大 耐候、高光泽、尺寸稳定 耐候、尺寸稳定、可粘接好 耐候、尺寸准确、可镀、可粘接	加热嵌合镜片 粘接镜片
散热器吹风扇	低填充 PP 共聚 PP	2×8 1.4×7	115 120	2.3	拉伸强度高、阻燃、耐候、光泽度好 耐热刚性、阻燃、耐候、光泽	在散热器上风处不受发动机烘烤
散热器护栅,车前外护栅,散热器罩	可镀 ABS 耐热 ABS 低填充 PP	PA(2.4×35) XB(2.45×18) 2×8	100 110 115	9～10 5	耐候、尺寸准确、电镀或真空蒸镀 耐候、尺寸稳定、光泽 耐候、尺寸较稳定、刚性好	AAS、AES、耐寒PP(1.2×13)也可
前柱、中柱、后柱上部内装饰板	低填充 PP 中充 PP 填	2×8 2.5×5	115 135		耐光、缓燃、抗静电、尺寸稳定 耐光、缓燃、防电、尺寸较准确	材料流动性高、制品壁薄
前大灯壳体,组合灯壳、牌照灯壳体	高充 PP 填 耐高温 ABS	3.4×2 XC(2.2×24.5)	135 120		难燃、尺寸稳定、熔流好、光泽 阻燃、尺寸准确、光泽或遮光	
通气格栅,遮阳板车轮装饰罩盖	耐热 ABS 合金 ABS/PC	PA(2.4×35) HC(2.1×4.1)	100 106	12 13.5	耐候、尺寸稳定、可电镀 耐候、耐翘曲、尺寸稳定	AES 也可
暖风机壳体,空调蒸发器壳体	低复合 PP 通用 ABS	2.9×8 AR(2.3×30)	130 100	5 11.5	难燃、尺寸稳定、流动性好 难燃、尺寸准确、光泽	
台式仪表盘、仪表装饰罩、防溅罐罩	中复合 PP 耐热 ABS	2.8×18 XB(2.2×19.5)	130 110	2 10	耐光、阻燃、耐冲击、尺寸准确 耐光、阻燃、光泽	光泽中填充 PP(2.5×5)也可
整体全塑仪表板主体、仪表板组装件通风口叶片	高复合 PP 耐冲 ABS 中复合 PP	2.6×27 T(2.15×31) 2.8×18	130 98 125	13 2	耐光、阻燃、尺寸准确、熔流良好 耐光、阻燃、成型性好、光泽 耐光、阻燃、尺寸准确、熔流良好	接枝复合强化PP 可喷涂粘接
电瓶托架,护板支架	高增强 PP	4.9×2	150		阻燃、高强度(长玻璃纤维层压结构)	中强度 PP (4.4×4)

如高弹性PP，因其具有耐候性好、冲击韧性高，所以多用来制造保险杠，但是，由于该材料模量低、无极性，因此也存在一些不足之处：制品壁厚，材料耗用多；易变形需金属支架支撑；高低温尺寸变化大，不易与其他高阻尼抗冲材料复合来进一步提高缓冲能力；以及不利于喷涂装饰等。

又如无机填充PP(填充滑石粉、云母或$CaCO_3$等)，主要用于内饰件和暖风机壳体等，由于其价格便宜、尺寸稳定性好，所以获得了较广泛的应用。但是普遍存在着耐冲击性偏低，外观质量较差，对于大型薄壁件、薄壳件尚有进一步提高材料流动性的问题。

再如FRPP，其强度高、刚性好，可作各种受力支架，但存在着纵向与横向收缩率差别大、易变形的缺点。

复合强化PP是一种有价值的材料（即PP经填充、增强、增韧，合金化），它代表着当前PP改性的新水平。如汽车整体仪表板选材由过去高温刚性PP逐步过渡到E_u和a_k值皆较高的、可喷涂、可粘接的仪表板，通过接枝、轻度交联，令其在分子链上以各种形式接上提高刚性、低温韧性、耐候性、强极性、阻燃的分子基团，力求实现聚合物分子间相互作用放热，同时聚合物分子内不同单体之间相互作用放热，从而改善共混聚合物两相界面状态，降低相分离自由能，达到原来不相容的共混物变为相容或部分相容。

三、塑料燃油箱的选用

在欧洲塑料燃油箱首先由德国大众汽车工业公司（Volkswagenwerk AG）于1973年开发成功大规模生产，车种由PASSAT开始。塑料燃油箱的开发成功是汽车制造公司（Volkswagenwerk AG）、原料生产公司（BASF）和设备制造公司（Krupp Kautex）大协作的结果。

塑料燃油箱和金属燃油箱相比有如下优点：

① 更能充分利用汽车的不规则空间作为塑料燃油箱的外形，因而燃油箱的体积可增大；
② 燃油箱的重量可减轻；
③ 塑料燃油箱耐化学腐蚀；
④ 较好的热绝缘，亦即遇火警时汽油柴油不会很快升温；
⑤ 简化生产制造工序；
⑥ 安全工况的改进。

不是所有塑料而是只有少数几种塑料适宜于制造汽车燃油箱。首先材料必须能长时间承受高温与低温交变负荷，甚至能承受-40℃下的骤然变形，经测试必须符合安全技术条件和政府颁布的标准。

对燃油箱而言，上述技术条件必须是在燃油箱长期恒定与燃料接触的条件下满足。

塑料燃油箱不但功能完好，而且适宜大规模生产，既经济又质量恒定。

燃油箱包含本体（容器）、过滤器颈、排气管进口、燃油管接口、液位指示装置、roll-over-test和活性炭容器管接口。

此外，必须考虑安置塑料燃油箱位置。

塑料燃油箱的功能不但容纳燃油，而且在意外事故中，易着火的燃油不致迅速逸出着火。这就需要将塑料燃油箱处于各种模拟实际环境中，而且施以各种可能的温度与负荷下做试验验证，时间至少延续10年以上。

图8-2是选材和确定制造方法的基本准绳。

按照以上提出的技术条件，聚酰胺和聚乙烯似乎接近需要。

(1) 聚酰胺（尼龙） 在室温下韧性好，而且对汽油柴油耐蚀，可在120℃长期使用，但在0℃以下韧性减弱发脆，为此若干受力点需安置金属嵌件，尼龙适宜多种成型方法，包括：注塑型、挤出、吹塑和回转成型。尼龙也可用单体浇注成型。

(2) 聚乙烯 聚乙烯和聚丙烯常用于制造汽车塑料件，德国大众汽车制造有限公司每月消耗约110t。通过一系列试验与尝试误差，高分子量高密度聚乙烯非常适宜于制造汽车燃油箱。它比尼龙的汽油渗透率低。它有许多优点：在低温甚至-40℃下仍不失其韧性。它易于吹塑成型，易于摩擦焊接、热元件焊接、高频焊接以及热空气焊接，由于它密度小，所以塑料燃油箱（即使是大容量）重量轻于金属薄板加工的燃油箱。

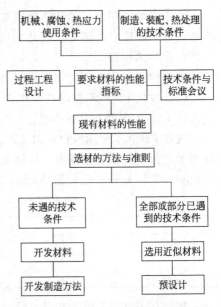

图8-2 选材和确定制造方法的基本准绳

根据实际使用条件予以比较以上两种塑料，首先在高温与低温条件下比较：聚乙烯在低温（-40℃）条件下远优于尼龙，但尼龙高于100℃，显示其物理力学性能无明显下降。但燃油箱使用条件常遇-40℃环境，却遇不到100℃以上高温环境。聚乙烯在高温下抗变形能力是适宜的。在永久载荷下，聚乙烯和尼龙两种塑料性能很相似。当选择时，热塑性塑料性能受温度和受力的影响必须考虑，亦即燃油箱安装在汽车上受力受地区四季气温影响。聚乙烯更显韧性，当施加冲击力时，聚乙烯较之尼龙更耐冲击。因此从这个性能观念出发聚乙烯更能承受突然冲击破坏。因此聚乙烯优越的耐冲击性能为一系列安全试验（跌落试验、落锤冲击试验和冲击试验）取胜（较之金属板材制作的燃油箱）具备了可靠的条件。

四、前后保险杠

世界轿车前后保险杠材质自20世纪70年代以来大量采用塑料材料，特别是热塑性弹性体，这是由于它吸收冲击能优越、综合物理力学性能良好、质量轻、加工方便、价格便宜。汽车保险杠属大件汽车塑料件，一般每只保险杠重4～6kg。选用塑料品种有下列多种：

① PP/EPDM 聚丙烯热塑性弹性体；
② PC 聚碳酸酯；
③ PU 热塑性聚氨酯；
④ RIM PU 反应注射成型聚氨酯；
⑤ SMC 片状模塑料；
⑥ MPPO 改性聚苯醚。

中低档轿车多用 PP/EPDM，高档小汽车则用 PU 或 PC，法国车 SMC 用得较多；德国普遍采用 PP/EPDM，高档车则用 PU；美国多用 PU 或 PC，近年来也转向 PP/EPDM；日本五大汽车制造商大多数都采用 PP/EPDM，其中 TOYOTA 转向 PP/EPDM 较晚。

最近几年情况发生了很大的变化。为了有利于废料的回收，目前国外正朝着采用单一的热塑性弹性体材料方向发展，可选用的 TPE 种类有 TPV、STPO、TPU、TPEE 及 TPA 等。2005年北美 TPE 的使用量已占到75%的份额，并以每年10%的速度增长，例如 GE 公司正用 TPE 取代 RIM-PU 材料，而福特公司也正逐渐停用 PC/PBT 而采用 TPE；欧洲在 TPE 的使用量上也毫不逊色，2004年的使用量也已占到80%的份额。

汽车保险杠用塑料的性能要求如下：在较宽的温度范围内，具有刚性高和冲击强度高；流动性好，以适合大型薄壁制品的成型；尺寸稳定性好；不涂饰也具有耐老化性；表面涂饰性好；耐溶剂性好。

主要的汽车保险杠用塑料材料如下。

(1) 改性 PP 汽车保险杠专用料　在我国改性 PP 一直是汽车保险杠的主导材料，使用量占到 70%，主要是其价格低。

改性 PP 汽车专用料以共聚 PP 为基础原料，加入 EPDM 或 POE 为增韧剂、加入滑石粉为增刚剂以及抗老化剂等，具体配方见表 8-21。国外共聚 PP 基础原料有 DSM 公司的 PP Stamylan P、Amoco 公司的 Acctuf 3950、Solovy 公司的 PP Elter P 等。

表 8-21　改性 PP 汽车硬质保险杠专用料

原　料	配　比	原　料	配　比
PP(2401)	13	抗氧剂 1010	0.1
PP(1430)	20	抗氧剂 DLTP	0.1
POE	12	滑石粉(2500)	30
PP-g-MAH	25	炭黑	2

混合方式以前为简单共混，目前正朝动态硫化共混方向发展，国内采用动态硫化共混法生产改性 PP 的有扬子石化公司研究院和南京金陵石化公司等。

国内外汽车保险杠改性 PP 专用料的性能见表 8-22。

表 8-22　国内外汽车保险杠改性 PP 专用料的性能

性　能	国内	国外	性　能	国内	国外
相对密度	0.91~0.97	0.90 左右	缺口冲击强度/(J/m)　23℃	600~750	600 左右
熔体流动速率/(g/10min)	2~14	1.7~11	－30℃	500~750	100 左右
拉伸强度/MPa	18~30	17~33	热变形温度/℃	90~120	80~105
断裂伸长率/%	300~800	142~760	洛氏硬度(R)	60~65	60~84
弯曲强度/MPa	14~28	19~30	成型收缩率/%	0.9~1.3	1.0~1.2

(2) PC/PBT 汽车保险专用料　PC 具有冲击强度高、刚性高、抗蠕变性和尺寸稳定性好等优点，但也存在加工流动性差、易应力开裂、缺口敏感、易老化和耐磨性低等缺点；而 PBT 正具有优良流动性和耐老化等优点。用 PC 和 PBT 或 PET 制成的合金与 PC 比耐药品性和加工流动性较好，与 PBT 比在尺寸稳定性和冲击强度改善；在 PC/PBT 合金中一般 PBT 的含量在 20%~30% 为宜，如冲击强度不够，还可加入具有核壳结构的弹性体如 ACR 或 MBS 等。

目前 PC/PBT 的 80% 用于汽车配件，除用于汽车保险杠外，还可用于车门把手和翼子板等，有时也采用 PC/PET 和 PC/ABS 合金代替 PC/PBT 合金，性能接近。

目前世界上生产 PC/PBT 汽车保险杠专用料的代表性公司有日本的帝人化成公司、日本的三菱人造丝公司和日本 GE 公司等。

五、挡泥板和车轮罩

挡泥板和车轮罩用塑料的性能要求为：具有较好的拉伸强度、断裂伸长率、低温冲击强度、耐撕裂强度、耐热性及耐老化性等。

挡泥板和车轮罩可用的塑料有 HDPE、增韧 PP、ABS、SMC、RIM-PU、PC/ABS、PPO/PA、PPO/ABS、PA/PP、RIM-PU(20%GF)、改性 PVC、改性 EVA 等，如 ICI 公司在 Maestro 货车上使用玻璃纤增强 PP 材料。其中合金为近年来开始应用的塑料，如 GE 公司已将 PPO/PA 合金 Noryl GTX 用于 VectorⅡ型车上，法国的 Atochem 开发的 PA/IP 合金 Orgalloy 和德国 BASF 公司开发的 PA/PPO 都是挡泥板和车轮罩的合适材料。

改性 PVC 为用 PVC 弹性体改性的新材料，PVC 树脂的聚合度在 2000 以上。

美国 GE 公司开发的牌号为 Noryl GTX 的 PPO/PA 合金是用于汽车翼子板最常用的热塑性塑料品种，但大量的热固性复合塑料也常用于制造翼子板，常用的为聚氨酯塑料。

法国标致-雪铁龙公司采用热塑性塑料制造翼子板，比钢材料减重 1kg，并具有更好的抗冲击性能。采用聚氨酯塑料的有法国标致 307 型轿车、意大利菲亚特轿车、德国大众的 Phaeton 牌号轿车、美国通用的雪佛兰汽车等。

六、车身面板

车身面板包括车身、门板、车顶几大部分。

塑料车身材料的性能要求为：具有合适的刚度、拉伸强度和低温冲击强度；尺寸稳定性好，各部件连接简单方便；成型加工性好；耐热性好，隔声和隔热性好；成本低廉。

常用的塑料车身材料有 FRP，它是玻璃纤维增强塑料，俗称"玻璃钢"，它以较低强度和模量的热固性树脂（常用不饱和聚酯）为基体，用较高模量和强度的玻璃纤维为骨架而制成。FRP 因具有强度高、耐腐蚀、加工性好和制造"A"级表面汽车外覆盖件等特点，成为汽车车身部件的首选塑料品种。以强度为例，FRP 的拉伸强度与低碳钢板接近，而比强度是低碳钢的 3~4 倍。典型的 FRP 的性能如表 8-23 所示。

表 8-23 典型的 FRP 的性能

性　能	指标	性　能	指标
玻璃纤维含量/%	30	拉伸弹性模量/MPa	6000~10000
相对密度	1.5~1.7	冲击强度/(J/m)	2.7~16.2
吸水率/%	0.25	弯曲强度/MPa	5~8
成型收缩率/%	0.2	巴氏硬度	60~80
拉伸强度/MPa	80~120	热变形温度/℃	200
断裂伸长率/%	0.5~2		

与金属车体材料相比，FRP 具有如下优点：质量轻，可降低汽车的自重，节油效果明显；成型加工容易，加工工序少，模具投资低；耐腐蚀性好，可适应各种苛刻的环境；热导率低，可实现隔声、隔热的效果，达到车内保温性好和噪声低的优点，又实现节能和环保的目的；减震性能好，乘坐舒适。

FRP 的成型方法很多，具体包括手糊工艺、喷射成型工艺、片状模塑工艺（SMC）、块状模塑工艺（BMC）、传递模塑工艺（RTM）、缠绕成型工艺、层压成型工艺、反应注射成型工艺（RIM）、拉挤成型工艺等。

七、窗玻璃

目前所用的汽车窗玻璃仍以钢化无机玻璃为主，其重量为塑料的 2 倍多，所以汽车窗玻璃塑料化是减轻汽车重量的有效手段。用塑料窗玻璃可以提高汽车的安全性能：一方面发生撞车事故时，人不会受破碎玻璃的伤害；另一方面塑料的减重降低了汽车的重心，提高汽车的行驶平稳性，降低了翻车的概率。塑料的隔热性能好，有利于车内温度的保持，达到节能的效果。塑料的隔音效果好，可有效地降低车内噪声。

对汽车窗玻璃所用塑料的性能要求为：尺寸稳定性好，表面耐划痕，抗紫外线老化，光学性能优异。

PC 的光学性能、尺寸稳定性和力学性能最适合用于汽车窗玻璃，但需要改进耐磨性和耐候性。国外主要通过表面处理以提高塑料的耐划性和耐候性，如采用硅系、钛系、陶瓷系表面硬化涂覆剂进行处理。德国拜耳公司和美国 GE 公司联合开发出第一个改性 PC 汽车窗玻璃塑料 Exatec 500，Battenfeld 公司和 Sunnerer Technology 公司也联合开发出低成本的改性 PC 窗玻璃塑料。

传统的安全玻璃以夹层玻璃为主，在两片无机玻璃中间夹一层厚度为 0.8mm 的聚乙烯醇缩丁醛（PVS）胶片，PVB 具有透明、无色、耐热、耐光、耐施、粘接性好、机械强度高等优点。具体选材时 PVB 选数均分子量 5800、重均分子量 21000、分散性 PD 为 3.7 的树脂，一般聚乙烯醇的含量为 15%～22%。如聚乙烯醇的含量较低时，应加入己二酸二乙酯或癸二酸二乙酯为增塑剂；如聚乙烯醇的含量较高时，用己二醇作为增塑剂。PVB 用挤出平膜发生产片材，机筒温度 130～140℃，机头温度 140～150℃，经过 140℃ 的热辊压延成片。

八、照明系统

汽车照明系统包括三部分即前、内、后灯，前灯如照明灯、后视灯、前方向指示灯，内灯为车内照明灯，后灯如后方向指示灯、刹车灯、尾灯。

灯的结构包括底座、发光系统和灯罩三部分，只有底座和灯罩两部分可用塑料制造。

塑料在汽车照明系统中的使用率目前已达到 90% 之多。

灯罩用塑料的性能要求为：良好的光学性能（透光率大于 90% 以上）、耐热达到要求（一般为 200℃）、耐冲击不易破碎、耐热老化性能好、耐环境应力开裂、耐光老化、耐磨性好、抗刮伤、线膨胀系数要尽可能低、成型收缩率接近于零、具有微观粗糙度不大于 0.25μm 的 A 级表面等，适合的塑料为 PC、PMMA 和 MS。塑料代替玻璃用于灯罩材料，主要是其抗冲击性能好，以 PC 为例，其冲击强度为 28～35kJ/m²，而玻璃仅为 0.5～1.5kJ/m²。但 PC、PMMA、MS 的耐候性、耐磨性和耐刮伤性和耐溶剂性不够，需要进行表面处理改性，在其表面上涂层以硬质材料如丙烯酸酯系、硅烷系、蜜胺系等，几种汽车灯罩塑料的性能见表 8-24。

表 8-24 几种汽车灯罩塑料的性能

项 目	无机玻璃	涂层 PMMA	涂层 PC
设计自由度	差	优	优
尺寸精度	中	优	优
耐热性	230℃	100℃	135℃
耐刮伤性	好	好	好
耐候和耐化学药品	好	好	好
冲击性能	差	是玻璃的 2 倍	玻璃的 10 倍
重量	差	玻璃的 1/3	玻璃的 1/3
透明性	优	优	优

底座部分的性能要求为：耐热 200℃、具有足够的强度、抗冲击性高，可根据各自的需要选用 PP、ABS、矿物填充 PA、PET、PBT、PC/ABS、PC/PBT、热固性塑料 BMC 等。

对于轿车的前照明灯配光镜的选材，考虑到大灯玻璃的透明性、耐热性、耐冲击性以及易于成型性，必须选用光学型透明 PC，要求透光率在 90% 以上，并且有长期抗黄色指数衰变的能力。由于 PC 的耐磨性差，必须进行超硬涂膜处理，进一步提高其抗划痕性和耐候性。

对于后排指示组合灯、汽车信号灯配光镜的选材，塑料的耐候性为重要指标，常选用耐候性好的 PMMA、MS 塑料，MS 常选用上海制笔厂的 372 牌号和 613 牌号。

对于反光镜支架选材，可选用 BMC 取代钢板材料。

底座材料选用填充改性 PP，它们之间用热熔胶粘接剂粘接。随着振动焊接技术的发展，底座材料开始采用耐热 ABS，这样灯壳和灯罩之间可采用振动焊接的方式，也便于材料的再生利用。

九、导流板

导流板通常具有轻量、高刚性、设计新颖并呈流线型等特点。根据不同车型的要求，一顶棚周边汽车装饰件的选材见表8-35。

表 8-35　顶棚周边汽车装饰件的选材

名　称	材　料
侧后围护板	织物、PVC膜＋PU泡沫塑料＋塑料板材
左右侧围护板总成	织物＋玻璃布＋PU半硬泡沫塑料＋玻璃布无纺布
左右侧围下护板总成	PVC革＋PU泡沫塑料＋纤维板
后围内护板总成	织物＋玻璃布＋PU半硬泡沫塑料＋玻璃布无纺布
后围上护板总成	织物＋玻璃布＋PU半硬泡沫塑料＋玻璃布无纺布
后围压条总成	PVC革＋PU泡沫塑料

十六、空调系统

空调（包括暖风机）是汽车重要的功能件，其总成大部分是由塑料注塑或吸塑而成。以斯太尔王暖风机、空调为例，其塑料件约重6kg，其上、中、下壳体由PP＋20％玻璃纤维增强或改性PP/POE/滑石粉注射而成，暖风管是由LDPE吹塑而成，转动板、臂、拨叉、齿轮等连接件则是由增强PA66注射而成。

十七、门锁系统

门锁包括内外手柄、连接部分和锁体三部分。塑料材料已成为汽车门锁的重要材料，可用的有PC、POM、PA、ABS、PP、PE及其改性品种。

① 外手柄　要求具有较好的耐候性，选用PC、PC/ABS及POM等，目前从成本考虑以POM居多。

② 内手柄　一般选用PA、POM、ABS和PP等。

③ 连接部分　选用耐磨性好的POM和PA。

④ 锁体　选用POM材料。

另外，为降低噪声，在金属材料上包覆TPU可达到消音和减震的目的，再配合PA、POM塑料部件，整个门锁就具有静音功能了。

十八、发动机及其周边零件

发动机及周边零件的塑料化要比内、外装饰件晚，原因为对塑料的性能要求太高，一般要求环境温度－40～140℃、高强度、高刚性、高模量、耐蠕变、耐砂石冲击、耐盐雾腐蚀、耐燃料油和润滑油及耐洗涤剂。发动机周边塑料化是从冷却系统的风扇和护风圈开始的，随后发展到进气管等。目前使用最多的为玻璃纤维增强PA，还有玻璃纤维增强PET、PBT、PPS及POM等，以及热固性塑料PF、SMC及BMC等。目前国内外汽车发动机周边部件塑料化使用情况见表8-36。

十九、汽车底盘

汽车底盘是汽车的支撑部件，它保证汽车的坚固性，并通过减震来提高汽车的舒适性。汽车底盘上目前应用的塑料件不多，要求材料的强度高、耐磨性和摩擦性好，一般POM、PBT应用较多。

全塑汽车底盘也不是幻想，世界第二台全塑汽车就使用全塑汽车底盘，2003年通用汽车也生产了塑料复合材料底盘的雪佛莱皮卡，2003年福特汽车也推出自己的塑料复合皮卡底盘。

二十、汽车刹车片

汽车刹车片常用增强酚醛塑料制造，传统的增强酚醛塑料为石棉增强酚醛塑料，但因石棉有致癌的嫌疑，正逐渐退出市场，目前的替代品种非石棉增强酚醛塑料为金属纤维增强酚醛塑料，又称为"半金属摩擦片"。

半金属摩擦片具有优异的耐热性、力学性能，摩擦系数大、磨损率低，是目前国内外积极开发的新型摩擦片材料。半金属摩擦片的性能指标为：相对密度为3，摩擦系数大于0.4，体积磨损率小于$6×10^{-7} cm^3/(kg·m)$，在350℃下制动有效。半金属摩擦片中的金属增强材料为钢纤维和铁粉，起到增强和耐热的作用，在配方中金属成分的含量达到一半左右，树脂要选用耐热、耐磨、对金属纤维粘接性好的改性酚醛树脂，具体配方见表8-37。

表8-36 国内外汽车发动机周边部件塑料化使用情况

系 统	零部件	所用材料
发动机机体	缸体上盖罩	PA66+GF+M、PA66+GF、PA6+GF、SMC、BMC
	固定支架	PA66+GF
吸气系统	吸气管	TPO、PP+GF、PA+GF
	空气过滤器壳	PP+GF、PA+GF
	缓冲罐	PA66+GF、PA6+GF
	进气歧管	PA66+GF、PA6+GF
	节流阀体	PA66+GF
冷却系统	散热器水室	PA66+GF、PA66/612+GF
	散热器支架	SMC、PA66+GF
	水泵出水管	PA66+GF、芳香族PA+GF
	耐热螺栓衬垫	芳香族PAR+GF、PPS+GF
	冷却风扇	PP+GF、PA66+GF、PA6+GF
	风扇护罩	PP+GF、PA66+GF、PA6+GF
油路阀门系统	油底壳	PA66+GF+M
	滤油器座	PP+GF
	加油口盖、油面尺	PA66+GF、PBT+GF、PET+GF
	同步皮带紧轮罩	PA66+GF、PA6+GF、PP+GF
	皮带张紧轮	PA66+GF
	链导槽	PA66+GF
	凸轮链轮（齿轮）	PF+GF
发动机装饰盖罩	装饰罩盖	PA6+GF+M、PA66+GF+M、PA66+M、PA6+M
电器系统	点火器圈	PBT+GF
	分电器盖	PPS+GF、PBT+GF、PF
	蓄电池座	PP+GF
	电自控器盒	PPS+GF、PBT+GF
燃油系统	燃油输出管	PA66+GF
	燃油喷射管	PA66+GF
	燃油过滤器壳	PA66+GF
	燃油管	PA11、PA12、氟塑料/PA（内外层复合）
	贮罐	PA66

注：GF为玻璃纤维，M为无机矿物填料。

表8-37 半金属摩擦片的典型配方

组 分	1#	2#	3#
改性酚醛树脂	10~20	10~20	20
钢纤维	10~50	15~30	30
铁粉	20~70	20~30	2
摩擦粉	0~18	10~20	10
橡胶	0~18	0	—
石墨	10~30	5~15	3
硫酸钡	0~15	1~5	—
重晶石	—	—	31
其他	—	10	10

第三节　防腐工程制品的塑料选用

一、简介

（一）塑料腐蚀的定义

所谓腐蚀是一种物质由于与环境作用而引起的破坏和变质的现象。塑料在化学介质环境的作用下，其外观、及力学性能劣化以致破坏的现象，称之为塑料的腐蚀或化学老化。化学老化是塑料老化的形式之一。

（二）塑料的腐蚀类型

塑料随种类、化学介质和环境条件的不同，可出现不同形式、不同程度的化学老化和侵蚀现象。如：外观（消光、变色、起皱、溶胀、溶解、开裂、分层等）变化；及力学性能（光学性能、电性能、重量、硬度、强度、模量、伸长率等）变化以及化学结构和性能的变化等。研究掌握塑料化学老化的规律，可以更科学、更合理地使用塑料，更好地利用塑料来解决防腐问题。

塑料腐蚀的基本原因，是由于化学介质向塑料内部渗透、扩散，产生溶胀、溶解、开裂或介质与塑料发生化学反应，导致了各种腐蚀现象的发生。

塑料腐蚀大体可分为：聚合物大分子内主价键的破坏；大分子间次价键的破坏。不过通常以这两类的复合破坏及大分子间次价键的破坏为多。

（三）塑料耐化学品能力的主要影响因素

1. 添加剂

塑料中除了高分子聚合物外，往往为了改善性能，还加有各种各样的添加剂（如增塑剂、稳定剂、增强剂、增韧剂、填充剂和加工助剂等）。由于添加剂的加入，会对其耐化学品性能产生一定影响。添加剂与塑料结合的形式以及添加剂本身的耐化学品性能会对塑料的相应性能产生影响，其影响程度和添加剂的品种、形态、数量和加工方法等有关。另外，添加剂对聚合物聚集态和大分子链节的热运动及化学介质渗透与扩散也将产生一定影响。部分聚合物及低分子有机化合物的溶解度参数分别见表8-38和表8-39。

2. 温度

随温度升高，聚合物大分子能量增加，运动加剧，分子间隙增大，化学介质渗透扩散加快、吸附增加；同时，反应速率加快，腐蚀加剧。

表 8-38　部分聚合物的溶解度参数

聚合物	SP	聚合物	SP	聚合物	SP
聚四氟乙烯	6.2	聚硫橡胶	9~9.4	聚氨酯	10
聚三氟氯乙烯	7.2~7.9	聚苯乙烯	9.1	聚甲醛	10.2
硅橡胶	7.3	氯丁橡胶	9.2	硝酸纤维素	10.6~11.5
乙丙橡胶	7.9	聚醋酸乙烯	9.4	醋酸纤维素	10.9
聚乙烯	7.9	有机玻璃	9.5	环氧树脂	11
氯磺化聚乙烯	8.0~10	聚氯乙烯	9.7	酚醛树脂	11.5
聚丙烯	8.1	聚丙烯酸甲酯	9.7~10.4	尼龙66	13.6
聚异丁烯	8.1	涤纶	9.7~10.7	尼龙6	13.7
丁苯橡胶	8.1~8.7	聚碳酸酯	9.8	聚丙烯腈	15.4
天然橡胶	8.3	聚苯醚	9.8	聚乙烯醇	23.4
聚丁二烯	8.6	聚偏二氯乙烯	9.8		
丁腈橡胶	8.7~10.3	三聚氰胺甲醛	9.6~10.1		

表 8-39 部分低分子有机化合物的溶解度参数

化合物	SP	化合物	SP	化合物	SP
硅氧烷类	5~6	甲苯	8.9	甲酸甲酯	10.15
正丁烷	6.6	戊酸	8.9	乙酰苯	10.35
丁二烯	6.8	丁基溶纤剂	8.9	吡啶	10.8
正戊烷	7.0	邻二甲苯	9.0	硝基乙烷	11.1
正己烷	7.2	三氯乙醛	9.0	正丁醇	11.4
三乙胺	7.3	醋酸乙酯	9.0	间甲酚	11.4
正庚烷	7.4	丁醛	9.0	间苯二酚	11.4
乙醚	7.7	苯	9.2	异丙醇	11.5
正辛烷	7.8	四氢呋喃	9.2	乙腈	11.9
甲基硅氧烷	7.82	丁酮	9.22	苯胺	11.9
十四烷	7.92	三氯乙烯	9.3	二甲基甲酰胺	12.0
环己烷	8.25	苯乙烯	9.3	正丙醇	12.1
醋酸正戊酯	8.3	苯二甲酸二丁酯	9.3	糠醇	12.5
醋酸异丁酯	8.3	四氯乙烯	9.4	醋酸	12.6
甲基异丙烯基甲酮	8.4	三氯甲烷(氯仿)	9.4	硝基甲烷	12.7
甲基异丙酮	8.4	甲丁酮	9.5	乙醇	12.8
甲基异丁酮	8.4	四氯乙烷	9.5	甲酚	13.3
戊基苯	8.5	醋酸甲酯	9.6	二甲基亚砜	13.40
醋酸丁酯	8.5	二氯乙烷	9.78	甲酸	13.5
四氯化碳	8.6	二氯乙烯	9.7	乙二醇	14.2
乙苯	8.7	丙酮	9.80	苯酚	14.5
溶纤剂醋酸酯	8.7	乙基溶纤剂	9.9	甲醇	14.8
对二甲苯	8.8	二溴乙烯	10.0	丙三醇	16.5
间二甲苯	8.8	二硫化碳	10.0	水	23.41

  有时温度稍高，反而有助于内应力的松弛，减少应力集中。温度变化过大过频，将产生热冲击，使装置寿命下降甚至损坏。

  热和应力对塑料的破坏可产生协同作用。如热可以增强大分子运动，从而在较低的应力下就发生变形和破坏，称热应力破坏。

  热和环境介质对塑料的破坏也可产生协同作用。如湿尼龙在 70℃ 下使用两个月即变脆，而干燥的尼龙在相同温度下使用两年后，其性能仍很稳定。这是因为前者在发生氧化反应的同时，还发生了主链水解反应。这是热和水介质共同作用的结果。

  通常大多数塑料的耐热温度都不太高，当塑料在介质中以接近临界温度使用时，必须注意热、应力、环境介质三重协同作用可能对塑料产生的破坏。

  3. 应力

  塑料是高分子黏弹性材料，在应力作用下，大分子链会沿受力方向产生运动，这将加快化学介质对塑料渗透、扩散和作用，另如在张应力下，键长增加、分子间隔变大，介质吸附量增大。这些都将导致塑料耐化学品性能下降。在应力场中，聚合物的活化能会发生变化，随应力增加，活化能降低，导致化学反应速率加快，称为"应力活化"。另一方面，当应力分布不均，特别是冲击能量集中在个别链段上时（在支化聚合物中的分支点、网络中的横链、在主链含有杂原子的地方以及季碳原子附近的刚性链节等处易产生应力集中），一旦超出临界应力（在化学介质环境中，临界应力较标准状态下降很多），使化学键断裂，并产生活性的自由基和离子自由基。因此，在塑料防腐工程中，对交变应力、冲击应力、应力集中等情况应多加注意。常用塑料耐腐蚀性能见表 8-40。

表 8-40 常用塑料耐腐蚀性能

介质	聚乙烯	聚丙烯	聚氯乙烯	聚四氟乙烯	ABS	氯化聚醚	聚苯硫醚	酚醛树脂	环氧树脂
硝酸	30,60,A <50,60,B >50,60,C 70,20,C	10,100,A 25,65,A 35,20,B 50,50,C	50,60,A 50,60,B 68,22,A 68,60,C	240,A	10,60,B 20,60,A 35,20,B 50,20,C	10,100,A 10,120,C 70,25,A 100,25,C	30,90,C 35,20,C	<5,60,B <5,110,C >5,25,C	<10,20,B <10,40,C >10,20,C
硫酸	50,60,A 75,20,B 75,60,B 90,60,C	10,100,A 30,65,B 60,50,A 90,20,A	50,60,A 75,22,A 90,60,B 95,60,C	240,A	30,20,A 30,90,C <75,60,B >75,20,C	80,120,A 90,66,B 95,25,C 98,25,C	40,72,B 60,沸,B 80,沸,C 98,20,C	50,沸,A 70,60,B 80,25,B >80,25,C	<20,66,A 70,40,C 75,20,C >75,20,C
盐酸	<36,60,A >36,60,B	<36,100,A >36,50,A 36,100,C	<35,60,A >35,60,B	240,A	38,60,A 38,90,C	38,120,A	35,25,A 沸,B	沸,A	20,66,A 37,40,C 37,90,B
氢氟酸	50,60,A 70,20,A 70,60,B	35,50,A 35,65,B 50,100,A	40,22,A 70,22,B 40,60,B 70,60,C	240,A	10,60,C 48,20,A	48,120,A 60,100,A 70,25,C	90,A	<5,60,B >5,25,C	20,A 不含硅酸盐填料
磷酸	85,60,A 90,20,A 90,60,C	50,65,A 85,65,B 95,50,A	90,60,A 100,22,C	240,A	20,20,A 40,20,A 40,60,B 70,60,C	90,120,A	沸,A	90,150,A	25,66,A 50,40,A 85,40,B
铬酸	30,20,A 30,60,C 50,60,B	40,65,A 50,65,B 80,65,C	<50,50,A 50,60,C >50,22,C	240,A	10,20,A 10,60,B 15,60,C	20,120,A 30,80,C 50,66,B	50,20,B 50,65,C	10,25,B 10,60,C >10,25,C	<10,40,B 30,20,B >30,20,C
高氯酸	15,20,A 15,60,B 30,20,B 70,20,C	10,65,C 70,20,B	10,22,A 10,60,B≪ 70,22,B >70,22,C	240,A	10,60,A 25,25,A 70,25,C	10,66,A 70,25,C	40,A	25,A 110,B	<70,20,C <70,40,C >70,20,C
甲酸	<50,60,A 100,20,A 100,60,B	<10,80,A <85,50,A <85,65,A	<50,60,B 100,22,A 100,60,C	240,A	5,60,A 20,60,B 50,25,C	120,A	沸,A	150,A	66,B 90,C
乙酸	10,60,A 30,20,A <70,60,B >70,60,C	<10,100,A <80,50,A 80,100,B 冰,65,C	<20,60,A <60,22,A <60,60,B 冰,22,C	240,A	20,25,A 20,60,B 30,25,B >30,25,C	80,120,A 冰,120,A	98,沸,A 冰,沸,A	<100,60,A 100,150,B	10,66,A 50,40,A >50,40,C >50,66,C
丙酸	60,60,A	25,A	25,60,A	65,A	60,A			<30,110,A	
丁酸	20,C	100,A	20,22,A	240,A	25,25,A	120,A		110,A	90,A
脂肪酸	60,B	25,A	22,A	240,A	60,A	120,A	90,A	150,A	90,A
乳酸	60,A	20,100,A 100,80,A	50,60,A 80,22,A	240,A	60,A	80,120,A	90,A	110,A	90,A
草酸	60,A	25,A	60,A	240,A	10,80,A	100,A	30,100,A	110,A	90,A
丁二酸	20,A	65,A	60,A	240,A				60,A	
苹果酸	60,A	65,A	60,A	240,A				60,A	
己二酸	20,A	25,A	22,A	240,A	60,A	120,A	90,A	150,A	90,A
柠檬酸	60,A	65,A	60,A	240,A	25,60,A	120,A	90,A	110,A	90,A
水杨酸	60,A	50,A	100,22,A	240,A	60,A	100,A		20,A	90,A
氢氧化钾	<20,60,A >20,60,B	100,A	60,A 100,70,B	240,A	60,A		60,沸,A	25,C	50,40,A 50,80,C
氢氧化钠	<20,60,A >20,60,B	<70,100,A 100,65,A	60,A 50,100,C	240,A	60,A	73,120,A	70,沸,A	25,C	50,40,A 50,80,C
氢氧化钙	60,A	100,A	60,A	240,A	60,A	120,A		110,B	90,A
氢氧化镁	60,A	100,A	60,A	240,A	60,A	120,A		25,C	90,A
氢氧化铝		100,A	60,A	240,A	60,A	120,A			90,A
氢氧化铵	60,A	100,A	60,A	240,A	25,A	120,A	浓,40,A	25,C	30,66,A
甲醇		60,B	60,A	240,A	25,A	100,A	60,A	20,A	66,A
乙醇	60,B	60,A	60,A	240,A	100,25,A	100,A	150,A	70,A	66,A
异丙醇	60,A	60,0,	60,B	240,A	25,A	25,A	90,A	110,B	66,A
丁醇	60,B	100,A	60,B	240,A	25,C	100,A	117,A	20,B	66,A
甲醛	40,60,A	100,A	60,A	240,A	37,65,A	37,120,A	90,A	<10,60,B	40,50,A
乙醛	25,B	90,A	40,22,A	240,A	40,65,A		25,A	25,A	90,A
乙醚	25,C	29,C	22,C	240,A	20,C		65,A	25,A	65,B
丙酮	20,C	100,B	22,C	240,A	50,25,C	66,0	90,A	110,B	66,B
甲乙酮	20,C	60,C	22,C	240,A	15,20,C	66,A	90,A	20,A	66,B
环己酮	20,C	20,C	22,C	240,A	20,C	25,A	90,A	20,A	25,C
丁烷			60,B	240,A	20,C				25,A
丁二烯	60,C	20,C	60,B	240,A	20,B	120,A	40,A		25,A
苯	20,C	50,B	60,A	240,A	20,C	66,B	90,A	60,C	25,A
甲苯	20,C	50,C	22,C	240,A	20,A	25,0	110,B	110,B	66,A
二甲苯	20,C	20,B	22,C	240,A	20,C	66,A	90,A	110,B	25,C
原油	50,B	60,A	60,A	240,A	20,A	100,A	90,A	60,B	100,A
石脑油			60,B	240,A	65,A				100,A
汽油	20,B	20,A	22,A	240,A	20,B	66,A	150,A	150,A	100,A
煤油	60,C	50,B	60,A	240,A	65,A	120,A	90,A	150,A	100,A
柴油	60,A	50,B	22,A	240,A	20,A	120,A	90,A		100,A
机油	20,C	60,A	22,A	240,A	20,A	120,A			100,A

注：表中第一个数据表示介质浓度（%），空白者表示介质浓度为 0~100%。"浓"表示浓溶液；表中第二个数据表示温度（℃），"沸"表示沸点温度；表中第三个数据是英文字母 A、B、C，它们分别表示耐腐蚀的三个等级，A 耐腐蚀（可以使用），B 尚耐腐蚀（一般不用，某些特定场合可谨慎使用），C 不耐腐蚀（不可使用）。

二、防腐蚀塑料的选择

(一) 选择的原则、方法和步骤

在防腐工程中,正确地选择防腐材料是非常重要的环节。由于装置处于各种腐蚀性环境之中,有时必须选用较昂贵的材料,其直接和间接费用较大;同时,一旦发生材料失效,直接和连带损失很大,因此在经济利益上关系重大。其次,化学介质种类繁多,随温度、浓度、压力、流体状态等的变化,腐蚀行为也各不相同。如果材料选择不当,对使用影响很大,特别表现在装置的长周期、安全运转和跑、冒、滴、漏,以及维护等方面问题。此外,设备结构也可能对腐蚀产生影响,所以正确的结构设计也非常重要。选材者需要具备相当的腐蚀和防腐蚀以及其他相关的知识,才能较好地解决选材问题。

1. 选择原则

选择的目的是保证装置能正常运转,有合理的使用寿命和最低的经济支出。因此,在任何一个"塑料-环境"体系中,对防腐塑料的要求如下。

(1) 化学原则　化学稳定性或耐蚀性能满足要求。

(2) 物理原则　力学性能(特别是长期的、特定环境条件下的性能)和工艺性等能满足要求。

(3) 经济原则　可达到最优化的经济效果。

2. 掌握塑料耐腐蚀性能的途径

要从名目繁多的塑料中挑选出一种最合适的,需对塑料具有一定的知识。塑料有许多品种和牌号,选材者应该了解所选用的品种、牌号和性能。因为由于成分、配方或加工工艺等的不同,各牌号的性能可能有显著差异,耐蚀性可能明显不同。必须记住一个原则,对于任何"塑料-环境"体系,都必须有针对性地进行调查、分析和研究,以便了解该塑料在特定环境中的耐蚀性。切不可盲目使用。

通常直接经验最有价值,但直接经验总是有限的,因此最常用的方法是查阅有关书籍资料,其中汇集了大量的间接经验和数据。目前国内外相继建立了一些不同类型的腐蚀数据库,北京化工大学在 UCDOS 3.0 支持下,开发了第一个全中文的通用腐蚀数据库,用户界面友好,采用菜单方式操作查询。库内收集了近千种有腐蚀数据的介质,非金属材料部分汇集了 9 大类 80 多种材料。可提供材料名称、介质名称、介质浓度、介质温度,给出材料在特定环境中的耐腐蚀等级 (A,B,C,D 四级)。

在实际情况下,由于塑料和环境的组合非常之多,影响耐蚀性的因素又极为复杂,现存的有关资料不可能面面俱到,往往只包含主要的介质和条件。当选材者的特定环境与资料所载有差别或者数据缺乏、不充分时,就需要借助理论知识、经验和试验以及来自其他方面的帮助。

3. 防腐塑料的选择步骤

(1) 全面掌握系统所处环境和状态　由于塑料随使用条件变化,结果可能会有很大不同,因此首先要充分了解环境条件。诸如以下各项:

① 化学及其他介质的成分、浓度和温度;

② 有无化学反应,以及反应生成物的情况;

③ 是否混合介质及杂质情况;

④ 系统内各部分的条件差(温度差、浓度差等);

⑤ 系统外部环境条件;

⑥ 温度变化（如加热冷却的温度周期变化等），受力变化（如有无急冷急热引起的热冲击等）；
⑦ 各种应力状态（包括残余应力状态）；
⑧ 流体（介质）状态；
⑨ 冲刷、磨损和浸蚀情况；
⑩ 高温、低温、高压、真空、冲击载荷、交变应力等环境条件要特别加以注意。

（2）初步筛选　根据现有的各种资料、生产企业推荐数据和选材者已往类似的经验等，进行初步选择，再考虑实际装置的具体情况，兼顾加工性方面的要求，选出一种或几种性能基本符合使用条件的材料，以便进一步选择确定。

（3）腐蚀试验　在资料不够充分时，有时也是为了进一步验证初选结果或进一步筛选，必须进行各种形式的材料耐腐蚀试验（包括在规定的实际环境条件下的实验室试验和动态条件下的试验）。对特别重要的设备，有时还要做实际运转条件下的模拟试验，如现场设备的挂片试验或模拟小设备的试验等，以获得第一手的短期和长期的特定材料在特定环境和状态下的耐腐蚀资料，供选材者选择时参考。

需要注意的是：腐蚀情况可能随时间而变化；另外，实验室的结果和实际情况会有或多或少的差距；因此短期试验结果和长期试验结果以及实际经验，不可等同视之。

4. 综合分析评价

如果存在若干种满足使用条件的塑料，就需要进行综合分析评价，以确定最合适的塑料，其目标函数如下：
（1）满足整个生产装置要求的寿命；
（2）希望整个装置中各部分材料的寿命能基本一致；
（3）达到最佳的经济效果。

选材者可根据实际情况，选择上列目标函数，并据此作出最终选择。

需要指出，优先选择市场上已有的成品材料，如各种塑料板、片、膜、管、棒、丝（网）及复合材料等，无论从经济还是从方便的角度考虑都是最佳的。

（二）塑料的物性特点及选择、应用注意事项

1. 热性能方面

塑料是高分子黏弹性材料，通常有玻璃、高弹、黏流三态，对温度变化很敏感。以常温为基准，随温度升高，塑料的强度、弹性模量、硬度等性能下降；随温度下降，塑料的冲击强度、韧性等变差，断裂伸长率降低；温度过低时，变得硬而脆。其可供使用的温度范围较窄，选用时应特别注意使用的环境温度。

塑料的热膨胀系数较大，一般是金属的3～10倍，防腐设备和管道设计、制造时，须加以考虑（如热补偿装置），必要时应预留热胀冷缩空间，否则会产生热应力，使设备、管道变形甚至破坏。塑料的热导率较小，设计中应适当注意，以避免形成局部温差，造成热应力破坏。

2. 力学性能方面

塑料虽然比强度、比刚度较高，但和金属材料相比，力学性能的绝对数值较低，大多数塑料通常作常温低强度材料使用。

在防腐工程中，塑料结构材料通常只用于常压设备，也有少量在低压下使用。塑料容易应力集中而失强，在塑料结构设计中应加以注意。塑料的强度、模量较低，力学性能离散度大，易蠕变，易失强、失稳。在力学性能要求较高的场合，宜和金属材料组成复合结构使

用，扬长避短以充分发挥塑料优异的防腐性能。

3. 其他性能方面

塑料是高分子聚合物，在空气中的氧、紫外光等作用下易发生老化现象。暴露在室外阳光下使用的塑料装置，可在塑料中添加紫外吸收、遮蔽成分提高耐候性，或在塑料装置上涂覆防紫外涂料加以保护。

大多数塑料是绝缘性材料，易产生静电，在易燃、易爆环境中选用要慎重。使用的塑料装置必须采取抗静电措施，谨慎使用。另外，在一些含有可燃性气体的混杂气环境中，也要考虑可燃性气体是否会富集，含量是否会变化。柳州某化工厂氯气尾气中含有少量的氧气和氢气，在后道工序中氢气富集，含量达到燃爆限，并因塑料塔产生静电火花，最后发生了爆炸。

4. 防腐材料对产品质量的影响

在防腐塑料的选择过程中，除了要考虑塑料的耐腐蚀性及其在介质环境中的力学性能以外，还必须注意和预见在长期的使用中，塑料中的各种成分是否会脱离母体进入环境介质之中，进而对产品的品质产生负面影响。

例如：塑料中所含的某些元素，从塑料中析出进入反应系统后，可能使催化剂的效率降低，造成催化剂中毒；或者引起生产过程中的有害副反应。在一些生化过程中（如发酵等）可能毒害有益微生物。有些微量的腐蚀产物能使产品的色、香、味发生变化，或使纯净度、卫生性下降。

如有可能造成此类现象时，即使腐蚀度很低的塑料也不应使用。在医药、食品、化妆品和精细化工等行业的防腐工程应用中需要特别加以注意。

三、塑料设备的塑料选用

在化工中，塑料设备应用十分广泛，因有很多塑料的力学性能、耐化学品能力、加工工艺性等综合性能较好，价格比较便宜，因此在防腐设备中常作为防腐结构材料或内衬材料使用。应用最广泛的结构材料是聚氯乙烯及热固性玻璃纤维增强塑料（玻璃钢）和改性聚丙烯。只要耐腐蚀性满足要求的塑料，几乎都可以作为设备衬里材料。

1. 塔器

中国早在20世纪50年代就开始用耐酸石棉酚醛塑料制成了各种中小型塔器，至20世纪60年代初，化学工业部兰州化工机械研究院、北京化工研究院、上海化工厂、上海化工研究院等四个单位设计制造了中国第一台直径2m、高15m的大型塑料硝酸吸收塔，并于1962年成功地投产使用。随后又研制了直径2.6m的全塑硝酸吸收塔，也取得了良好的效果。此后，塑料硝酸吸收塔在全国的硝酸铵生产中得到推广应用，使用寿命可达20年。目前，塑料塔的材质仍以硬聚氯乙烯为主，另外热固性树脂玻璃钢制作的塔器设备也较常见，其他还有复合塔、内衬塔、涂层塔等。

四川化工厂硫酸车间用平底锥顶硬聚氯乙烯硫酸尾气吸收塔来代替原先的钢板铝皮内衬塔，吸收尾气中残留SO_2，生产效果良好，SO_2的回收率达90%以上，寿命已达20年以上。上海吴泾化工厂在硫酸车间净化工段使用了泡罩型硬聚氯乙烯脱吸塔，脱吸SO_2，投产后操作正常，效果良好。本溪化肥厂的尿素造粒塔塔筒内径9m，高62.5m，采用环氧玻璃钢粘贴内衬，寿命达10年以上。

2. 贮槽、贮罐

塑料贮槽、贮罐通常有长方体、圆柱体、球体等形状结构，多在常压和自然环境温度条件下使用。在化工防腐中，硬质聚氯乙烯塑料和玻璃钢常作为结构材料用于各种全塑贮槽、贮罐的制作。另外，聚乙烯、聚丙烯、聚氯乙烯、氟塑料、玻璃钢等均是各类衬里式贮槽良好的内衬材料。除了固定的贮槽、贮罐之外，塑料在槽车、贮罐车方面也有应用。

大型贮槽为了提高可靠性，一般不用全塑结构，而可采用复合结构或衬里结构。如硬质聚氯乙烯贮槽，可在贮罐外壁包覆玻璃钢或用金属加强环、加强筋以及鸟笼结构进行复合增强；玻璃钢贮槽、贮罐也可采用金属加强环、加强筋、鸟笼结构等进行复合增强。如华东理工大学设计、河南沁阳市防腐制品厂制造的 $500m^3$ 组合式玻璃钢贮罐，采用外绕钢缆承受径向力，效果良好，比同尺寸的缠绕罐节省 20%～40%的材料。在大型、超大型贮槽中，采用塑料衬里结构的非常之多，一般均应进行热补偿设计。可用钢、砖、水泥等材料制作大型贮槽的主体。

球形贮罐设备的特点是在相同条件下，其壁厚可比圆筒形设备薄，并且具有最小的表面积和容积比，材料利用率最高，但因在成型加工上有一定的难度，所以使用不是很多。

小型贮罐采用聚乙烯、聚丙烯、聚氯乙烯等塑料用滚塑成型加工方法制作的容器也很多，如宁波远东塑胶金属工业有限公司生产的聚乙烯容器可达 $6m^3$，特点是一次加工成型、无拼缝、整体性好，可贮存多种化学品。

3. 反应器

塑料反应器形状大多为类柱形旋转体，也有少量方形及其他形状。反应器装有电动搅拌装置，反应器中的介质一般为混合介质，并处于流动状态。由于处于化学反应环境之中，会产生因反应热、冷却物料等引起的温度剧烈变动，同时搅拌装置的振动使塑料反应器长期处于周期性振动和疲劳状态。因塑料反应器同时处于热冲击、复杂介质及振动和疲劳三种严酷状态，工作环境恶劣。所以。塑料在反应器中一般仅可用作防腐材料而不能用于受力结构。

塑料反应器通常有钢壳衬里结构和涂层结构两大类。在搅拌速率过快、振动强烈的情况下，使用要谨慎。

4. 电镀槽、电解槽、酸洗槽

该类设备通常体积比贮槽要小，使用温度比贮槽稍高，大部分都是长方体，其容积一般在 $10m^3$ 以下，介质基本上处于静止或低流速状态，使用温度通常在室温以上到100℃之间。设备可采用全塑料结构、鸟笼式增强结构，也可采用塑料衬里结构。衬里和结构材料以及结构形式、制作工艺均可参考塑料贮槽设备。

5. 热交换器

(1) 氟塑料换热器　通常用于制造换热器的氟塑料品种有聚四氟乙烯 (F4) 和聚全氟乙丙烯 (F-46)。国内研制的氟塑料换热器的结构形式有管壳式和管束浸入式两类。管壳式由换热元件和壳体两部分组成；换热元件采用管径小、管壁薄、管数多的氟塑料挤出管制成。管束浸入式由换热元件直接浸入物料槽中，其形状可根据需要加工成盘管形、螺旋形和 U 形等。另外氟塑料加热器，在化工防腐中也有应用。

(2) 硬聚氯乙烯换热器　硬聚氯乙烯换热器是以石墨改性的硬聚氯乙烯管为换热元件组成的换热器。目前已在湿氯气、硝酸、氢氟酸混合液和氯化氢等介质中进行使用，效果良好。

(3) 聚丙烯换热器　聚丙烯换热器是采用石墨改性聚丙烯管为换热元件组成的换热器。聚丙烯换热器具有耐蚀性好、使用温度高（同聚氯乙烯换热器相比）、安装方便和重量轻等特点。

6. 塑料电除雾器

塑料电除雾器主要应用于硫酸生产过程中的净化除雾。塑料电除雾器通常在几万伏高压、真空度小于 9000Pa 的条件下运行，是一种专用真空设备。塑料电除雾器主要采用硬聚氯乙烯制作，要求材料能耐真空度变化引起的压力冲击；用作阴极管的聚氯乙烯管，要求圆度高、弓形度小、表面光洁度好、耐冲击性强；另外塑料电除雾器尺寸较大，必须有热补偿装置。除了聚氯乙烯电除雾器外，还有玻璃钢制的电除雾器。

7. 烟囱

许多工业尾气、废气都有着强烈的腐蚀作用，因此塑料也大量使用在烟囱、废气排放管等方面。硬质聚氯乙烯塑料和玻璃钢一般用作烟囱内管，玻璃钢制的烟囱内管比硬质聚氯乙烯的耐温要高一些。

双筒式聚氯乙烯烟囱包括钢筋混凝土外筒和聚氯乙烯烟囱内管。钢筋混凝土外筒不仅能起结构支撑作用，还可以防止紫外光引起的塑料老化以及气温急剧变化对塑料的不利影响。聚氯乙烯烟囱内管一般分节制作，每两节之间焊接固定，每节烟囱内管均焊有数个支承脚，每节烟囱重量都通过支承脚由钢筋混凝土外筒承受，因为烟囱的尺寸较大，每节烟囱都应安装上膨胀节以补偿热胀冷缩。

承插式聚氯乙烯烟囱采用分节承插结构。烟囱分成若干节，每节长 2~4m，每两节的结合处内插筒体，内插筒下半部和下面的一节烟囱焊住，内插筒上半部和上面的一节烟囱是活动承插连接的，因此每节烟囱可向上自由膨胀，用以补偿热胀冷缩。但在承插处容易泄漏，当密封要求高时，可在外面再包焊软聚氯乙烯膨胀节；但软聚氯乙烯易老化，因此要定期更换。每节塑料烟囱的重量由钢架结构来支承，塑料烟囱外面可涂上涂料防止塑料光老化。

玻璃钢烟囱一般采用贴衬、承插等形式制作烟囱内管，外筒采用钢筋混凝土制造，玻璃钢烟囱因耐温较高，使用场合受温度影响较小。

四、管道系统

1. 管道

塑料管在化工生产中常用于腐蚀性流体介质的输送管道，作为腐蚀性流体介质输送系统的主体部分，塑料管道的用量非常之大。在化工防腐领域中应用的主要品种有：聚氯乙烯管、聚丙烯管、聚乙烯管、氟塑料管、聚酰胺管、玻璃钢管、复合塑料管等。

(1) 聚氯乙烯管　硬聚氯乙烯管主要有挤出管、挤出叠卷成型的缠绕管和板材卷焊成的焊接管。在化工行业中常用于输送 60℃ 以下的酸、碱、盐等腐蚀性流体介质。国产硬聚氯乙烯挤出管直径已大于 700mm（保定保塑集团、常州增强塑料厂生产）。卷焊管几乎不受尺寸限制。中国国家标准 GB 4219—84 化工用硬聚氯乙烯管材、GB 4220—84 化工用硬聚氯乙烯管件规定，硬聚氯乙烯管按使用压力分为：490kPa，588kPa，980kPa，1570kPa 四级，在压力下，适用于输送 0~40℃ 的腐蚀性流体。硬聚氯乙烯管材常用尺寸规格：$\phi 8$~710mm。软聚氯乙烯管和增强软聚氯乙烯管因含增塑剂，耐腐蚀性能比硬聚氯乙烯管稍差，在化工防腐中仅有少量使用。

(2) 聚乙烯管　低密度聚乙烯（LDPE）管因可盘卷，铺设方便，得到广泛应用。但在腐蚀介质输送或石油、天然气远距离输送管道方面，则大多采用性能更好的高密度聚乙烯（HDPE）管道。在输油、输气管线方面，聚乙烯管路已占据优势地位。许多国家都以 HDPE 管线输送煤气，我国也已部分使用。油田用聚乙烯包覆管，已用于 900km 陕京天然气管道工程。高密度聚乙烯管材使用温度 70℃，使用压力 6MPa。在中国由于线型低密度聚乙烯（LLDPE）原料供应的增加，LLDPE 管及各种 PE 掺混管的生产、应用增长很快。在一些发达国家，中密度聚乙烯（MDPE）管道的应用也相当普遍。

(3) 聚丙烯管　聚丙烯塑料管综合性能较好。在各类通用塑料管材中，其密度最小，允许工作温度最高，在低压下（588kPa）即可以在 110℃ 连续使用，耐环境应力开裂性能优于聚乙烯。在化工行业中可用于输送 100℃ 以下的酸、碱、盐等腐蚀性流体介质。聚丙烯管低温冲击性不好，而用共聚级聚丙烯加工的管材，低温冲击性能大大改善。玻璃纤维增强聚丙烯管的强度、刚度更好。工作温度为 $-40 \sim 140$℃，耐压可达 1.6MPa。在塑料管材中，聚丙烯管的用量仅次于硬聚氯乙烯管。

(4) 氟塑料管　氟塑料管具有极其优异的耐化学腐蚀性。其中聚四氟乙烯（F_4，PTFE）管既耐腐蚀又耐高温，并有低摩擦系数和不黏附性。

(5) 聚酰胺管　聚酰胺管强度高，对腐蚀性不太强的化学品抵抗能力较强。尼龙（PA-1010）管材使用温度为 $-40 \sim 80$℃，爆破压力为 $9.8 \sim 14.7$MPa。耐油性好，在化工防腐中用量不大。

(6) 玻璃钢管　玻璃钢管种类很多，国内在化工防腐蚀应用方面以酚醛、环氧、呋喃及不饱和聚酯玻璃钢管（包括它们的改性品种）为主。

玻璃钢管路用途十分广泛。从高温强腐蚀性介质的输送到工业污水管和城市下水道，都有大量采用。国外曾有直径 4m，长几公里的玻璃钢管路应用的报道。国内直径 1.4m、长 40m 的环氧玻璃钢煤气管路已安全使用了 8 年以上。

(7) 复合塑料管　塑料管材虽然有良好的耐腐蚀性，但强度、刚度较低，介质阻隔性不是很好，在较高温度下易失强、失稳，容易发生蠕变。一般只能在较低的温度、压力下使用。为了扩大塑料管材的应用范围，扬长避短，充分发挥塑料优异的防腐性能，常将塑料和金属等增强材料加以结合，制成各种各样的复合塑料管。如聚氯乙烯、聚丙烯、聚乙烯、聚四氟乙烯衬里及包覆钢管，聚丙烯、聚氯乙烯外包玻璃钢增强管，尼龙、聚乙烯、聚丙烯、聚四氟乙烯、酚醛、环氧内外涂覆钢管，铝塑复合管（内外层为 PE，中层为铝管）。

2. 阀门

塑料阀门在化工生产中常作腐蚀性流体介质输送系统的开关单元，作为腐蚀性流体介质输送系统的一部分，塑料阀门得到了广泛的应用。塑料阀门的大类品种，国内基本上都有生产，但规格型号及某些品种还不能满足需要。在化工防腐领域中应用的主要品种有：硬聚氯乙烯阀、聚丙烯阀、氯化聚醚阀、氟塑料阀、ABS 阀、聚苯硫醚阀、耐酸石棉酚醛塑料阀和各种玻璃钢阀等。塑料阀门的结构形式有旋塞阀、球阀、截止阀、单向阀、角座阀、针形阀、隔膜阀、衬里阀等。

(1) 硬聚氯乙烯阀门　硬聚氯乙烯阀门主要用在输送酸、碱、盐等腐蚀性流体的管路上。

(2) 聚丙烯阀门　聚丙烯阀门主要用作石油、化工行业在输送流体腐蚀介质管路上的低压阀门，适于输送一般酸、碱、盐类液体。聚丙烯截止阀的使用压力为 0.6MPa，工作温度达 100℃。玻璃纤维增强聚丙烯阀门的强度、刚度更好，工作温度为 $-40 \sim 140$℃，耐压可达 1.6MPa。

(3) ABS 阀门　ABS 阀门主要用作输送低腐蚀性流体介质（如水、弱酸、弱碱等）管路上的阀门。具有良好的耐油性及密封性，密封材料选用的是丁基橡胶。ABS 隔膜阀和管件的技术特性如下：设计工作压力980kPa，使用压力294～588kPa，工作温度不超过60℃，耐酸碱度：pH2～10。因耐候性不太好，当在户外使用时，应在ABS阀门表面涂上涂料以防紫外光老化。

(4) 氯化聚醚阀门　氯化聚醚球阀，适用于输送100℃以下腐蚀性流体介质的管路。氯化聚醚球阀的技术条件为：工作压力588～980kPa，工作温度100～120℃。目前这种阀门用微晶玻璃作球芯，工作压力达980kPa，使用温度为120℃，其寿命可达半年以上。

(5) 氟塑料阀门　氟塑料阀门由于耐腐蚀性能极佳，使用温度较高，可在各种强酸、强碱、苯、氯、溴、强氧化剂中长期使用。

聚四氟乙烯可用于生产气动薄膜调节阀、直通阀、针形阀、球阀。

聚三氟氯乙烯衬里球阀、衬里截止阀、衬里隔膜阀、衬里旋塞使用温度-80～180℃，工作压力可达1MPa。

聚偏氟乙烯蝶阀、截止阀、止回阀、底阀工作温度-40～125℃，适用于输送浓硫酸、浓硝酸、氯气、溴素等强氧化物及溶剂的管路系统。

聚全氟乙丙烯衬里球阀、衬里截止阀、衬里隔膜阀、衬里旋塞阀、止回阀、蝶阀等可耐除高温熔融碱金属、氟元素、三氟化氯以外的各种腐蚀性介质。

(6) 聚苯硫醚阀门　聚苯硫醚阀门主要用作化工行业输送较高温度腐蚀性流体介质管路上的阀门，主要品种有：聚苯硫醚衬里球阀、聚苯硫醚衬里隔膜阀、聚苯硫醚衬里气动隔膜调节阀、玻璃布增强聚苯硫醚阀门等。

(7) 玻璃钢阀门　玻璃钢阀目前国内以酚醛树脂及环氧树脂两类（包括其改性品种如：聚乙烯醇缩丁醛改性酚醛、二甲苯甲醛树脂改性酚醛、环氧-酚醛等）玻璃钢阀为主，聚酯玻璃钢阀和改性呋喃树脂玻璃钢阀也有少量生产。

国内玻璃钢阀门有球阀、截止阀、旋塞阀三种结构形式，其中以球阀为主。与玻璃钢管道应用条件相类似，各种玻璃钢阀的工作温度上限一般为120～140℃，工作压力为785～980kPa。

3. 泵和风机

塑料泵在化工生产中常用作腐蚀性流体介质输送系统的动力单元，作为腐蚀性流体介质输送系统的一部分，塑料泵得到了广泛的应用。在化工防腐领域中应用的主要品种有：聚氯乙烯泵、聚丙烯泵、氯化聚醚泵、氟塑料泵、玻璃钢泵等。塑料泵的结构形式除了离心泵外，还有旋涡泵、往复泵、旋转泵等。此外，塑料水喷射泵也有应用。中小型塑料泵一般采用硬聚氯乙烯、氯化聚氯乙烯、聚丙烯、氯化聚醚、氟塑料、聚苯硫醚、玻璃钢和耐酸石棉酚醛塑料制造，而聚碳酸酯、聚甲醛和聚砜等塑料亦有使用。大型泵则多为塑料衬里结构。

塑料风机在化工生产中常用作腐蚀性气体（包括尾气、废气）的输送，也用于腐蚀环境中的通风装置。主要品种有：硬聚氯乙烯离心式通风机、玻璃钢鼓风机等。

塑料泵和塑料风机加工方便、耐腐蚀性好、成本低，将会得到越来越广泛的应用。

(1) 硬聚氯乙烯塑料泵、风机　硬聚氯乙烯离心泵使用温度范围0～50℃。塑料离心泵的中国部颁标准是SG 275—82。

(2) 聚丙烯泵　聚丙烯及玻璃纤维增强聚丙烯常用于制造耐蚀塑料泵，聚丙烯泵的使用温度范围0～70℃。玻璃纤维增强聚丙烯泵工作温度-14～90℃。适于输送一般酸、碱、盐类液体。

(3) 氟塑料泵　氟塑料泵具有优良的耐腐蚀性，适用于无机酸、碱、盐溶液和绝大多数有机介质的输送。在塑料泵中耐温最高、耐蚀性最好。

① 聚四氟乙烯泵 聚四氟乙烯泵可输送几乎所有的腐蚀性介质。主要品种有：聚四氟乙烯塑料离心泵、聚四氟乙烯塑料内衬离心泵、聚四氟乙烯塑料磁力驱动泵、聚四氟乙烯塑料液下泵等。

② 聚三氟氯乙烯离心泵 聚三氟氯乙烯离心泵耐蚀性优良，适用于温度不高于100℃的无机酸、碱、盐溶液的输送，特别是输送氢氟酸，为一般不锈钢或玻璃钢泵所不及。它不适于输送含微小固体颗粒的介质以及高卤化物、芳香族化合物、发烟硫酸和95％浓硝酸等。

③ 聚偏氟乙烯离心泵、自吸泵 聚偏氟乙烯离心泵、自吸泵适用于输送浓硫酸、浓硝酸、氯气、溴素等强氧化物及溶剂。工作温度－40～125℃。

（4）氯化聚醚塑料离心泵 氯化聚醚泵可以在0～110℃下连续工作。

（5）玻璃钢泵、风机 玻璃钢泵的主要品种有：离心泵、多级离心泵、旋涡泵、水喷射泵等。

第四节 体育用品的塑料选用

现代体育运动正朝着"速度更快、水平更高、温度更大"的方向发展，这就要求体育设施和运动器械也要适应体育运动的发展。体育设施和运动器械的优劣直接影响运动项目的普及程度及运动水平，而材料是决定体育设施、运动器械优劣最重要的因素。目前，体育设施、运动器械应用材料的情况大体为：多种材料混合使用，塑料和高性能增强塑料的应用领域正在扩大。现就塑料及高性能增强塑料在体育设施和运动器械方面应用的选材原则、制品品种、适用塑料、选材实例及应用作一介绍。

一、选材原则

用于体育设施和运动器械的塑料首先须满足制品的基本使用性能，如有一定的强度和韧性等；其次力求在以下几个方面进行改善。

1. 满足轻质高强的原则

多数运动器械是靠人力来使其运动，因此要求器械越轻越好，如自行车、运动鞋（包括跑鞋）、运动衣（包括游泳衣）、赛艇、皮划艇、桨、撑杆、滑雪板、冰鞋等；即使一些靠机械力等来使其运动的器械，在功率一定的情况下，仍以轻质的材料为好，如赛车、马鞍、电碰车、电动游乐船等。至于体育设施，质轻能使安装、拆卸及维修都极为方便，而且轻质材料往往阻尼减振性好，这些是跑道、体育场馆地板所要求的。轻质是塑料的一个显著特点，但不同塑料、增强塑料的密度也有差别，一般说来，增强塑料的密度稍大于塑料。

2. 强度高、韧性好是选材的基本原则

如前所述，多数运动器械要求质轻，降低材料密度是减重的一个重要办法。此外，若材料本身强度高，则可在达到相同的力学性能的条件下减少材料的用量，从而实现运动器械轻量化。特别是具有突出比强度、比模量、比韧性（性能与质量之比）的材料更适合在运动器械和体育设施上使用。尽管钢、铝等金属有较好的力学性能，但比强度、比模量就远不及纤维增强塑料。如碳纤维增强环氧树脂的比强度是钢的5～8倍，是铝合金的4～6倍，是钛合金的3～5倍；其比模量达到钢、铝、钛的4～6倍。所以在要求强度和模量相同的条件下，采用工程塑料时，其制品质量就大为减轻。

3. 耐老化性好是体育用品选材重点考虑的原则

多数体育设施和运动器械在户外使用，受到太阳光、紫外线的照射，大气中氧、臭氧和某些酸性气体的作用，雨水的浸蚀，以及高低温的交替作用（白天与夜晚、夏天与冬天），使耐候性较差的材料发生老化、表面龟裂及颜色变暗等。这就要求所用的塑料具有良好的耐老化性。尤其是露天体育场馆的设施，如跑道、场馆地板、滑雪场的围栏等，这种要求更为强烈。

4. 成型加工性好是塑料选材普遍性原则

良好的成型加工性是塑料制作体育设施和运动器械的一个基本条件。一般说来，热塑性塑料及其合金可用吹塑、挤出、注塑、热压成型等方法加工成型，比较容易，而增强塑料（不管是热塑性树脂还是热固性树脂增强塑料）的成型就要困难得多。但随着该领域成型技术的发展和具有良好加工性能树脂的不断开发，各式各样的制品总是可找到相应的方法成型。用于先进增强塑料的成型技术主要有热压罐成型、真空袋成型、压力袋成型、压制成型、缠绕成型、拉拔成型、软模成型和树脂传递模塑成型（RTM）等。

当然，一般增强塑料也常采用手糊成型、喷射成型、片状模糊（SMC）成型和层压成型，如制作赛艇采用手糊成型技术。

5. 考虑体育用品专用特性的选材原则

塑料在体育设施和运动器材中应用，除遵循上述原则外，还应考虑材料的阻尼性能、舒适性、卫生性及性能价格比等。

有的设施如体育场馆的地板、跳高用的缓冲垫、塑胶跑道等则需要良好的阻尼减振性；运动员所用器具如运动服饰等感觉舒适则可能提高运动成绩；卫生性是要求材料在使用过程中不散发有害、有毒或难闻的气味，它是提高运动员舒适性的一个重要指标。

性能价格比是研究和开发者需要重视的一个原则，性能好但价格昂贵的产品只能在高级别的运动比赛中使用，很难推广、普及。

二、塑料体育制品的品种

体育设施和运动器械的品种数以千计，其中绝大部分或多或少应用了塑料，尤其增强塑料应用较为普遍。表 8-41 是常见的塑料体育设施和运动器械。

三、通用塑料品种及特性

几乎所有的热塑性塑料都能在体育设施和运动器械上应用，热塑性塑料的合金亦是如此。现将在体育设施和运动器械中常用的几种热固性塑料和纤维增强塑料作一简要介绍。

1. 不饱和聚酯

固化后的不饱和聚酯（UP）是透明或不透明的坚韧固体，耐光性差，韧性好，易于着色，对酸和盐溶液稳定，可燃，耐热性较低，有较好的力学性能、耐腐蚀性和电气性能，可与绝大部分的增强剂复合，价格低廉，表 8-42 是几种体育设施和运动器械用增强塑料中的树脂性能。

2. 环氧树脂

EP 固化物具有优异的力学性能、介电性、耐腐蚀性和粘接性、收缩率低，尺寸稳定性好（表 8-42）。由于 EP、固化剂和改性剂的品种繁多，所能组合成固化体系配方繁多，固化物性能各异。

3. 聚邻苯二甲酸二烯丙酯

PDAP 有良好的力学性能（表 8-42），与玻璃纤维、碳纤维等纤维有很高的粘接强度。

表 8-41 工程塑料在体育用品上的应用

制品类别			主要材料	成型方法
球类运动器材	高尔夫球棒	棒	GF+UP、CF+EP 等外层，内部填充 PUR 泡沫塑料	拉挤成型；缠绕，包括预湿带和纤维缠绕
		球	发泡的离子型树脂等	发泡成型
	网球拍 羽毛球拍		骨架：CF+EP；GF+EP 网：PA 丝；Kevlar	缠绕；拉挤
	垒球棒		硬质 PUR 泡沫塑料+GFRP；CF 增强硬质 PUR+CFRP；全 CFRP	缠绕
	保龄球		UP；PUR-T(限于某些国产产品)	RTM
	棒球		PC+PBT+PUR 泡沫塑料	注塑发泡
田径	撑杆		GF+EP；CF+EP	
	自行车			
体育设施	游泳池		无捻玻璃纤维布+UP	手糊；层压
	电碰车			
	滑梯		GF+UP	手糊层压
	速滑车			
	运动场地板		ABS 蜂窝结构	挤出、压制
			TPE+废橡胶粉	浇注
	体育场座椅		GF+UP(SMC)	压制
	跑道			
其他	弓箭		GF+EP；CF+EP；EP 胶粘剂	缠绕；拉挤
	滑雪板	板体	ABS+PE 下层；GF+EP 结构层；PUR 泡沫塑料	手糊；发泡；RTM
		滑雪棒	CF+EP；CF+PBT	缠绕；拉挤
	泳衣		PA	纺织
	护目镜		PC	注塑
水上运动器材	赛艇	艇身	Kevlar 布+EP 蒙皮，Kevlar 纸蜂窝夹层；GFRP 骨架	手糊
		桨 桨杆	木质或泡沫夹层，CF 或 GF 面层	缠绕
	皮艇 划艇	艇身	GF+UP；Kevlar-49+EP	手糊
		划艇桨 桨杆	CF+EP	缠绕
	帆板及帆船			
	其他	冲浪板	乙烯基酯树脂+CF+PVC 膜；50%PET 纤维+50%GF+UP；外层 FRP+PUR 泡沫塑料	手糊；RTM 模塑；层压；缠绕
		滑水板 水上摩托	外层 FRP+PUR 泡沫塑料	

注：EP—环氧树脂；GFRP—玻璃纤维增强塑料；CF—碳纤维；GF—玻璃纤维；UP—不饱和聚酯树脂；FRP—纤维增强塑料；PUR—聚氨酯；CFRP—碳纤维增强塑料；PUR-T—热塑性聚氨酯；PC—聚碳酸酯；TPE—热塑性弹性体。

表 8-42 几种体育设施和运动器械用增强塑料中的树脂性能

项目	UP	EP	PDAP	项目	UP	EP	PDAP
密度/(g/cm)	1.1~1.4	1.1~1.2	1.27	冲击强度/(kJ/m)	156	4~10	10.7~16.0
拉伸强度/MPa	42~70	65~80	20.7~27.6	耐热温度/℃	60~205	60~110	155
弯曲强度/MPa	60~120	75~100	49.2~70.3	线膨胀系数/×10^{-5}K^{-1}	7	6.0~6.5	6.0
压缩强度/MPa	91~189	90~130	152~159	收缩率/%	0.8~1.4	0.5	0.5~0.8

注：PDAP 为聚邻苯二甲酸二烯丙酯。

第九章 功能制品的塑料选用

第一节 电功能制品的塑料选用

一、电气制品的塑料选用

（一）简介

电气绝缘是一切电气设备的重要组成部分。实践证明，绝缘介质在电气设备或线路中，往往是薄弱环节。因此，绝缘材料的正确选用不仅会影响到电气设备的容量和体积，而且还直接关系到电气线路运行的质量和寿命。

由于电气设备类型繁多、要求各异，所以其应用的绝缘形态也多种多样。通常电气塑料的绝缘形态有无溶剂漆、胶料、粉末涂料、薄膜、层压制品和模塑料等。

选用电气绝缘塑料一定要根据电气工程要求和应用环境条件，结合绝缘材料的电气性能和其他性能进行。有些情况下，材料的电性能特别重要，有严格的指标要求；另外，电性能可能并不重要，重要的倒是材料的许多非电性能，它们对电气设备的长期可靠运行具有决定性的作用。

（二）低压电气设备的选材

对于工频和直流低压电气设备和线路结构中所使用的绝缘塑料，选材往往并不注重材料的电性能，这是因为由绝缘塑料的介电性能直接引起的问题很少的缘故。一般的绝缘塑料差不多都有胜任低压绝缘的能力。选材时，需要认真分析研究的则是这类绝缘塑料的耐热性（即耐热等级）和环境适应性等，如耐潮、耐油、耐溶剂与其他化学品和耐气候等；有时还要考虑材料的机械强度和刚度；在经常开断的电器上，又要注意绝缘塑料的耐电弧性和燃烧性；此外材料的加工工艺也要估计在内。这是由于因这些方面的问题引起的线路间和对地绝缘的击穿事故很多的缘故。

在低压电动机、变压器、电线电缆中，绝缘材料的耐热性是十分重要的选用指标。

那些不积热的或散热良好的低压电器的线路间或对地绝缘部分常常同时又是电器用于承重和固定的支承部件或结构体。这类材料选用时，耐热性不是主要的，而要看看有无支承和固定的能力，酚醛和氨基塑料是常用于低压电器的主要绝缘材料，其中脲醛和酚醛塑料主要用于防爆电器、熔断器、开关等电弧和绝缘零部件。当注塑电器需要更高的耐热性时，一般都采用耐热耐电弧的有机硅塑料。

在高速运转的电器中、导线端、连接处，特别是直流电机中绝缘有时要承受强烈振动或离心力作用。因而要求绝缘材料有较高的机械强度和韧性。

若电气设备或器材是应用于潮湿环境中，如潜水水泵电器、船用电器、冰箱电器和热带地区使用的电器等，必须选取耐潮耐水塑料作绝缘。这时，极性多孔的渗湿、润湿与透湿材料都不能选用。一般来说，纤维素塑料，尼龙6或尼龙66、脲醛，以及纤维素填充的和未经化学处理的玻璃纤维填充的塑料都是不符合高湿环境中的绝缘要求的。而其他大部分的塑料是可以适当应用的，如聚乙烯、聚氯乙烯及其电线能在水下工作。对电气设备影响最大的气候就是热带气候，其湿热环境条件是电气设备失效的主要因素。此外，某些绝缘塑料在长期的高温高湿作用下会逐渐霉腐变质，使电气性能衰减。因此，在热带使用或类似环境中使用的绝缘制品除了要有耐湿热特性，还要有耐霉变的能力。抗霉性和材料的本性有关。通常环氧和环氧酚醛、聚苯二甲酸二丙基酯、有机硅、二苯醚、氟树脂和聚酰亚胺等树脂以及大多数热塑性塑料都是耐热带气候的绝缘材料。要把酚醛塑料使用于热带气候，需施加耐潮和防霉涂层处理。

从耐候的观点看，一般采用模塑料要比采用同品种的纤维增强层压塑料优越，因为模塑料一次成型，无需辅助加工，减少了填料与表面空气或潮气直接接触的机会。在非用纤维增强层压品加工零件不可时，最好将加工后的层压品重新浸渍耐潮防霉涂层。

如果绝缘材料是用于户外的，应选用有耐候性优良的材料或配方。普通的塑料导线及塑料绝缘是不宜长期用于户外的，除非已加保护措施。

在很多情况下，必须考虑矿物油和工业溶剂对绝缘塑料的影响。聚氯乙烯和尼龙绝缘及其电线电缆护套的一个重要优点就是耐油性好。

此外，在电烙铁、电熨斗等绝缘导线的选用中，安全是首要问题，通常不能选用普通的聚氯乙烯等热塑性塑料绝缘的导线，因为使用中导线很可能与高温的烙铁接触，导致塑料绝缘熔化，甚至造成触电事故。因此，最好选用经得起短时高温的纱包橡胶绝缘线或有黄蜡管护套的电线为宜。

鉴于许多热塑性塑料用在低压电气绝缘中的明显优点，特别是优良的环境适应性，近年来，热塑性塑料在低压电气设备中用作绝缘越来越多，成为发展方向之一，但聚烯烃塑料和纤维素塑料等不宜用于经常出现电弧的电气设备和部件上，如开关电器。因为它们既不耐电弧又不耐热。聚碳酸酯和玻璃纤维增强的耐热尼龙是常用的低压电器热塑性材料。聚烯烃塑料往往用于要求透明和抗冲击的场合，如终端盒等。

虽然说在低压电气绝缘中，材料的电性能并不重要，但这不等于说可以完全不加考虑。在有些场合，如大功率电缆接头和电气设备的引线端，常常由于电场过于集中，受震而不稳定和易于污染等原因，也容易发生电晕放电，而导致其绝缘耐压强度不足的问题。所以在设计此种绝缘材料时，必须充分考虑到这类塑料绝缘材料耐压强度不足的问题。所以在设计此种绝缘材料时，必须充分地留下耐压强度的余地，并最好力避电晕发生，例如挑选耐电晕材料作绝缘或在绝缘上加涂抗电晕涂层。绕制电机和变压器时最好要进行浸渍处理，其目的之一就是防止电晕危害。

（三）中、高压电气设备的选材

中压和高压（6kV 以上）条件下使用的绝缘塑料主要有两类：一类是高压电机电缆的绝缘，另一类是高压电器的绝缘。对于这两类材料而言，除了要考虑材料的耐热性，环境适应性和力学强度等低压电器所要考虑的问题之外，更为重要的是要认真分析其绝缘材料的电性能特点，如耐电压强度、介电常数、介电损耗角正切和耐电晕性等。

对于高压电机和变压器的绝缘，不仅要求其介电强度高和 $\tan\delta$ 小，而且在复合绝缘结构中，要求几种材料的 ε 值尽量接近，以使电场分布均匀。从而具有较高的抗大气过电压和内部过电压的能力。通常使用双酚-A 型环氧，脂环族环氧和线型酚醛环氧树脂作绝缘材料，加上合适的防电晕处理可以满足这些要求。在导线端、连接处的绝缘，由于受到强大的电磁场振动和机械振动作用，需要较高绝缘结构刚度和韧性。

对于高压电力电器绝缘和高压绝缘子等户外高压电器，除了要有高的介电强度和抗电晕性之外，还应有足够的机械强度、刚度与空气和潮气的稳定性。户外的高压绝缘子还应有耐候的能力。通常用于数万伏以上的高压绝缘子和户外高压开关、高压互感器、高压套管等电器的最好绝缘材料是脂环族环氧树脂添加氧化铝等填料后，制成的模压或浇注塑料。在很多地方，它比高强度电瓷优越得多，经济效益显著。高压开关和断路器所用材料，还应有耐电弧的特性。很多塑料在电弧、电火花的作用下表面产生"碳痕"，即烧焦。这就限制了它们在高压电器中的应用。较适宜和常用的高压电器塑料有聚酯纤维增强的环氧模压塑料，无填料的环氧浇注品，脂环族环氧塑料和四氟塑料的绝缘零部件。若把热固性酚醛用于高压绝缘部件，则需待其零件加工完后，再进行最后的热处理，使绝缘部件获得高的介电强度和低的介电损耗角正切。

（四）高频电气设备的选材

随着高频干燥、热处理、焊接、种子处理和塑料热合等高频技术的广泛应用，高频绝缘的选材问题日益突出，在高频电器中，绝缘的主要问题是如何解决附加容抗和介电损耗角正切对设备长期运行的影响。

一般说来，聚烯烃、聚四氟乙烯塑料以及某些纯碳氢热固性塑料可以说是最好的高频绝缘材料；聚酰亚胺在室温以上也有良好的高频适应性；有机硅、改性聚苯醚塑料也常在高频电器中使用。然而大部分极性塑料和纤维素填充塑料是不宜用于高频绝缘的，至少未经改性前不能使用。有些情况下，某些酚醛、脲醛塑料也可以用于要求不高的，功率较小的高频设备中，但要求其性能必须稳定，使用时绝缘件尺寸宜大。

在大功率高频装置中，通常其电压也很高。这种高频高压的绝缘是最难处理的。只有为数甚少的塑料，如交联聚乙烯等较为适用。电压较低时可用其他品种的塑料，但绝缘件尺寸要大。

在普通无线电设备中，由于功率很小且电场是弱电场，许多绝缘制件如线路板、接插件、固定架及浸渍涂层等受高频影响而发生破坏的可能性是不存在的，但材料选不好会出现寄生振荡和耦合干扰等情况，因此仍要注意所选材料的高频特性，当然要求不一定很高，在这种条件下，材料的环境适应性更为重要。

（五）电容器介质选材

塑料绝缘材料的另一个重要用途就是作电容器介质。作电容器介电材料，最好具有大的或者适当的介电常数和高的耐电压强度，以便获得电容器的小体积大容量特性；同时应有尽可能小的$\tan\delta$值，使其介电损耗角正切尽可能小。小的功耗可以降低对材料耐热性的要求。电容器介电材料还应均匀致密，以免产生不均匀电场和放电击穿等事故。这一点在高压电容中特别重要。此外要求介电材料的介电性能不随温度和频率有大的变化。目前常用的作电容器的塑料有PET膜、聚苯乙烯膜、聚丙烯膜、聚四氟乙烯薄膜、聚酰亚胺膜和酯交换法生产的聚碳酸酯膜。最近，具有介电性能更好的聚对二甲苯这种新的电容器材料问世，为其选材拓宽了材料领域。

在使用塑料绝缘电气设备时要防止绝缘件受到机械性损坏，操作中避免过载、过流、过热等现象，需对设备经常进行清洁除尘、通风干燥等保养、定期检查、测试和维修等，清楚地了解并掌握绝缘材料或结构的衰变和老化情况，采取积极的预防措施，防患于未然。对于那些热塑性塑料绝缘材料或结构，切勿在超其使用温度下应用，由于这类塑料在接近或超过其熔点温度，就开始熔融，易造成绝缘材料或结构的彻底破坏，有时会殃及整个设备，造成整个设备受损。

综上所述，在工业电器电机用绝缘材料选材和制品设计中应注意的事项有很多，涉及的因素也很多，必须权衡好制品的使用环境条件与材料自身的性能，采用选材、制品设计和工艺一体化的原则，就可选择出合适的材料，制造出合格的制品来。

二、电子制品的塑料选用

（一）简介

电子设备内的结构零件有：支架、底座、手柄、叶轮、齿轮、轴套和扎线带等。这类零件一般要求有较高的力学性能,如拉伸强度、弯曲强度、弹性模量和冲击强度等。处于高温工作和运转过程发热量大的塑料,还要求耐热性高。轴套、齿轮和凸轮之类零件,还要求摩擦系数低和耐磨性好。在选用塑料时,除考虑上述技术指标外,还必须考虑经济指标,如生产效率高、价格低廉等。

常用塑料的弯曲强度和冲击强度见图 9-1。从图中可知,工程塑料比普通酚醛塑料粉的力学性能高。聚丙烯、改性聚苯乙烯和 ABS 用于机械强度和耐热性要求不太高的结构零件上;尼龙、增强尼龙、增强聚丙烯、聚碳酸酯、增强聚碳酸酯、聚砜、聚苯醚和玻璃钢等塑料,它们的力学性能高,有的性能可与钢铁、铝、铜等金属相比。下面通过与金属材料的对比,分析塑料的一些性能。

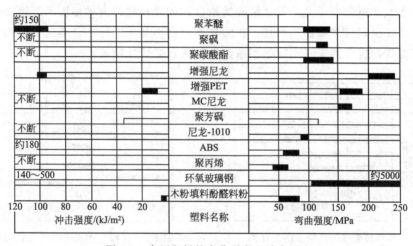

图 9-1 常用塑料的弯曲强度和冲击强度

从图 9-2 中可以看出,高强度的工程塑料,它的比强度赶上或超过金属,故可减轻电子设备的质量。

从图 9-3 中可以看出,塑料的摩擦系数与金属相近。其中掺有铅粉、聚四氟乙烯的聚甲醛以及含有玻璃纤维的聚四氟乙烯摩擦系数很小;纯聚四氟乙烯的摩擦系数是常用固体材料中最小的(约为 0.18)。这些塑料的磨痕宽度一般比金属小。这说明塑料是一种很好的自润滑和耐磨性的材料。

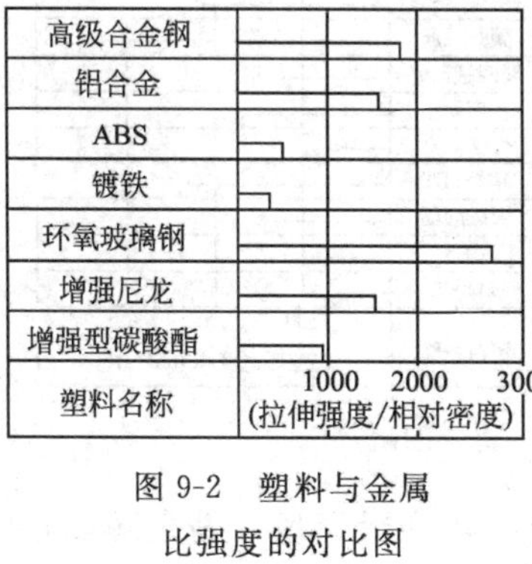

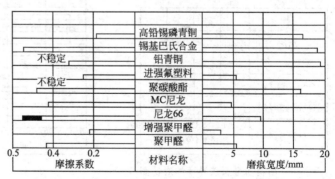

图 9-2 塑料与金属比强度的对比图

图 9-3 塑料与金属摩擦系数和磨痕宽度的对比图
(以上全在 M200 试验机上进行与 45 号钢干摩擦时的数据,其中增强氟塑料共聚四氯乙烯 100 份,玻璃纤维 20 份,增强聚甲醛中聚甲醛 100 份,铅粉 25 份,上氟乙烯 5 份)(质量份)

另外，塑料制成的传动零件在运转时噪声小，这也是金属所不可比拟的。

既要看到塑料的比强度、自润滑、耐磨性好的一面，又要看到它存在的问题。并设法加以克服。在推广塑料代金属时，从材料角度上看，应注意如下几个问题。

(1) 塑料的弹性模量较低（图9-4）由于塑料的弹性模量较低，刚性不足，在受力较大的情况下，塑料件易变形。所以，受力较大的结构零件不宜采用塑料。如果采取一定措施，塑料件的刚性会有所提高。在塑料中增加玻璃纤维、中空玻璃纤维，甚至碳纤维、硼纤维，可制成高模量的塑料。

(2) 塑料的线膨胀系数大（图9-5）由于塑料的线膨胀系数大，在温度变化时，塑料件尺寸精度低，与其他零件配合精度差，与金属嵌件结合不牢以致引起塑料件开裂。所以，塑料件不宜用在温度范围变化大、尺寸精确的地方。如果在塑料内增加玻璃纤维和金属、矿物粉填料，可以减少塑料的线膨胀系数；在塑料件中增加金属嵌件、合理选择它与其他零件的配合间隙等方法，也有助于减小线膨胀系数，提高它的尺寸精度。

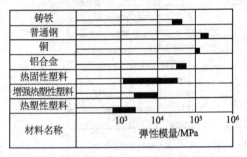

图9-4 塑料与金属弹性模量的对比图

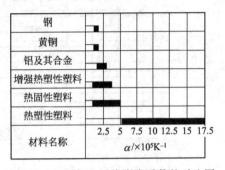

图9-5 塑料与金属线膨胀系数的对比图

(3) 塑料的热导率小（图9-6）塑料属于绝热材料。从要求绝热这点来说，其优于金属；相反，从导热这点来看，不如金属好。如齿轮和轴承等传动零件，在运转过程中，塑料件内部热量散发不出去，温升骤增，会导致它的机械强度明显下降，结构变形，以致无法正常运转。

为了增加塑料的导热性，在塑料内增加青铜粉和铝粉等金属粉末，采用塑料-金属增强塑料；在塑料件内增加金属嵌件以及与塑料件配对运转的零件采用金属件等。

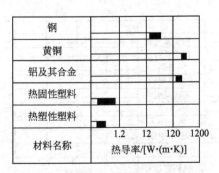

图9-6 塑料与金属热导率的对比图

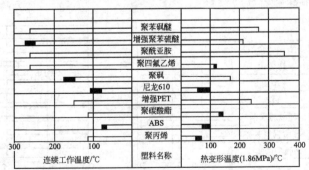

图9-7 塑料的耐热性

(4) 塑料的耐热性（图9-7）表示塑料耐热性能的指标有：热变形温度、马丁耐热性、连续工作温度和维卡耐热性等。这些指标表示在一定力的作用下，塑料试样随温度升高而发生形变，当形变到一定数值时的温度为该塑料的耐热温度。不同耐热性指标具有不同含义。

在考虑耐热性时必须要求根据工作条件，如受力大小和尺寸稳定性等要求来定。由于塑料工作状况不同，确定塑料耐热温度也不同，如聚四氟乙烯，性软，热变形温度为55℃，而连续工作温度可达260℃。它作为一般绝缘零件，耐热性很高，而在刚性要求较高的地方工作，则它的耐热性很低。

根据塑料一般工作状况，参照电机、变压器和电器绝缘材料的耐热性分类方法，将常用塑料分为八级（表9-1）。

表 9-1　塑料耐热等级表

耐热等级	塑料名称
70℃	聚苯乙烯、改性聚苯乙烯、聚氯乙烯、ABS、低温环氧复合材料、有机玻璃
90℃（Y级）	低密度聚乙烯、聚甲醛、尼龙1010、改性聚氯乙烯、改性有机玻璃
105℃（A级）	高密度聚乙烯、氯化聚醚、聚丙烯、耐热有机玻璃、MC尼龙
120℃（E级）	木粉填料酚醛塑料粉、增强尼龙、聚碳酸酯、增强聚丙烯、聚苯醚、聚三氟氯乙烯、氨基塑料
130℃（B级）	矿物填料酚醛塑料粉、增强聚碳酸酯、芳香尼龙
155℃（F级）	聚砜、改性聚苯醚、DAP塑料、三聚氰胺玻璃纤维压塑料、硅酮塑料
180℃（H级）	有机硅树脂、聚酯料团、增强涤纶
180℃以上（C级）	聚四氟乙烯、聚苯砜醚、聚酰亚胺、酚醛玻璃纤维模压料、聚芳砜、聚全氟乙丙烯、增强聚苯硫醚

（5）疲劳和蠕变性　塑料和金属一样，在一个比静态破坏强度小得多的交变应力重复作用下，也会发生破坏，这就是材料的疲劳现象。衡量塑料耐疲劳性能好坏的指标，叫做疲劳强度。齿轮、凸轮、开关柄和把手等结构零件，就要经常受到这种交变载荷的作用。所以，选择材料时，必须考虑塑料的疲劳强度。聚甲醛的疲劳强度高，尼龙次之，聚碳酸酯较差。

表示材料蠕变性能好坏的指标，叫作蠕变强度。塑料的蠕变强度比金属差得多，而且与温度、湿度、时间有密切的关系。塑料的蠕变往往带来系列的问题，如紧固的垫圈，随着时间的延长，出现松动现象，继电器簧片组的塑料垫板，由于蠕变造成接触压力下降等。

改进塑料蠕变大的方法，一是合理选择材料。不用蠕变性较大的塑料，如氟塑料、聚乙烯和尼龙等作受力零件；采用蠕变性较小的塑料，如改性聚苯醚、聚碳酸酯、聚砜和酚醛塑料粉等作受力零件。其次，在塑料内增加碳纤维、玻璃纤维和矿物粉填料，则可明显地减少蠕变；采用塑料-金属增强塑料就更好。

在推广塑料代替金属时，也应注意塑料的实际质量情况，如聚碳酸酯和聚苯醚等塑料，有应力开裂的倾向，尤其是有金属嵌件时，更易开裂。除此之外，还应当考虑塑料老化等因素。

根据上述分析，结构零件用塑料的选材见表9-2。

表 9-2　结构零件用塑料的选材

类别	应用举例	推荐塑料
一般结构零件	支架、手柄、旋具柄、底座、盖、扎线带、线夹、号码盘	聚丙烯、改性聚苯乙烯、ABS、尼龙、聚碳酸酯、注射酚醛塑料粉
耐热结构零件	底座、支架、管座	增强尼龙、增强聚碳酸酯、聚砜、聚苯醚、聚苯硫醚、玻璃纤维模压料
耐磨润滑零件	凸轮、轴套、齿轮、导轨、螺母	尼龙、增强尼龙、MC尼龙、聚甲醛、聚碳酸酯、碳纤维增强塑料

（二）覆铜板、印刷电路板用塑料材料的选用

覆铜板全称为覆铜层压板，英文简称CCL。最简单的覆铜板结构为绝缘基材层和导电覆铜层，称为单面覆铜板；如果绝缘基材层的两面都有覆铜层，称为双面覆铜板；如果一片覆铜板中含有多个基材层和覆铜层，称为多面覆铜板。

印刷电路板为将覆铜板表面的铜层用三氯化铁或双氧水＋盐酸腐蚀形成各类电路后，并将需要的电子元件和器件安装在覆铜板上后就成为印刷电路板，英文简称 PCB(printed circuit board)，它为覆铜板的后续产品。PCB 不仅能机械地固定小型化的电子元件，还可以布设电气连接导线的图形和印制元件，标志元件的代号。

随着电子产品向小型化、多功能化、高性能化和高可靠性方向迅速发展，国内外多层印刷电路板正朝着高精度、高密度、高性能、微孔化、薄型化和多层化方向改变。

覆铜板的基材起到导轨、绝缘和支撑三个方面的作用，现代覆铜板的基材都为高分子材料，其表面覆一层铜薄板。对覆铜板基材的要求如下：电绝缘性要好；介电性能要好，介电常数要小，且随频率和温度的升高提高幅度小；弯曲强度高，以防止弯曲变形；耐热温度要高，一般热变形温度要在 120 以上；线膨胀系数小，以防止收缩或膨胀太大而破坏电路；防火阻燃性好，以防止短路引发火灾；焊接性好，可在板上焊接各类电子元器件，并保证不起层、不起泡和脱开；耐腐蚀性好，以保证腐蚀液在腐蚀铜层后，对基材无影响；结合强度高，基材和铜箔的剥离强度一般应在 12N/cm 以上；可电镀性，以利于表面修饰；尺寸稳定性，保证不同环境中的尺寸精度。

早期覆铜板的基材由纸、布、玻璃纤维织物等增强材料与热固性高分子材料复合而成，近年来开发出热塑性高分子材料直接制成。铜箔材料可分为压延铜箔和电解铜箔两大类。压延铜箔由于其耐折性和弹性系数大于电解铜箔，多用于挠性覆铜板，而在刚性覆铜板上的应用极少；电解铜箔常用于刚性电解铜箔，主要厚度有 $9\mu m$、$12\mu m$、$18\mu m$、$35\mu m$、$70\mu m$ 等。

已开发可用于覆铜板的种类有：纸基 PF 层压板、纸基 EP 层压板、玻璃布基 EP 层压板、有机硅玻璃布层压板、氨基塑料层压板、聚四氟乙烯（F4）、改性聚苯醚（MPPO）、聚酰亚胺（PI）、双马来酰亚胺（BMI）、聚对苯二甲酸乙二醇酯（PET）、聚醚砜（PES）、液晶聚合物（LCP）、聚醚醚酮（PEEK）、新型环氧树脂及氰酸酯树脂（CE）等。

（三）电子接插件用塑料材料的选用

1. 电子接插件用塑料材料的性能要求

对电子接插件的最大性能要求为满足组装电子器件用新型表面安装技术（SMT）的要求，此技术已占电子器件组装市场的 50% 左右。它采用高温下自动化操作完成组装，要求材料具有更高的耐热性和尺寸稳定性。表面安装技术采用气相焊和红外线再流焊，需要在 250℃下工作 5s，除要求材料耐热外，还要求耐清洗溶剂的侵蚀。

综合起来，对接插件的具体性能要求如下。

① 良好的介电性能　对低频电子接插件，要求绝缘电阻高和介电强度高，一般接点间、接点与接地间的绝缘电阻应大 1Ω；在 0.44MPa 的低压下，试验电压为 500V 时，不应产生电弧和击穿现象。对高频电子接插件，除满足上述要求外，还要求高频介电损耗小、介电常数小。

② 耐热温度高　一般热变形温度要在 200℃以上，以抵抗在表面安装技术或焊接时的高温，并可耐平时接插件本身的发热温度。

③ 耐电弧性好　保证可抵抗在接插安装过程中产生的电弧对塑料的破坏。

④ 阻燃性好　防止在短路等非正常情况下火灾的发生，为避免有毒气体对人体的危害，最好采用无卤阻燃材料。

⑤ 有足够的力学性能　韧性好，以防冲断；弯曲强度高，以防止受力变形；具体试验条件为在一定的振动冲击条件下，插拔 500 次塑料件不出现机械损伤和裂缝现象。

⑥ 适用于安放嵌件　线膨胀系数要小，以使温度变化后与嵌件连接仍然牢固。

⑦ 尺寸稳定性高　在具体使用过程中，受力后蠕变小、不翘曲，升温后、膨胀小。一般要求接触件间孔距的尺寸精度要保持为 6 级。

⑧ 加工流动性要好　符合电子接插件越来越小型化的要求。

⑨ 良好的耐溶剂性能　塑料件在受到溶剂作用时，不应受到腐蚀和开裂。

⑩ 不产生腐蚀性气体　塑料件在使用过程中，不应产生对镀银层有腐蚀性的气体，以防止影响接触件的导电性能。

2. 电子接插件用绝缘塑料材料的选用

可用热固性塑料，如酚醛树脂（PF）、聚邻苯二甲酸二烯丙酯（DAP）、环氧树脂（EP）及不饱和聚酯（UP）等。

可用热塑性塑料，如玻璃纤维增强 PET、PBT、PCT（聚对苯二甲酸环己基乙二酯）、PTT（聚对苯二甲酸丙二醇酯）、PA6、PA66、PA6T、PA9T、PA46、PA612、PPS、LCP、PSF（聚砜）、PEI（聚醚酰亚胺）、PES（聚醚砜）、PASF（聚芳砜）、PAE（聚芳醚）等。

对于不同的应用场合，具体选用材料的侧重点不同。

对低频电子接插件，过去主要为矿物填充酚醛塑料，因生产效率低等原因，现已被新型热塑性塑料代替，具体为 PA、PC、增强 PC 和聚砜等。

对湿热条件下应用的电子接插件，选用 DAP 材料。

对密封性要求高的电子接插件，如海底电缆接插件，选用介电性能好的无硫或低硫橡胶，具体如含硅的丁腈橡胶或氟橡胶。

对高频电子接插件，选用最多的材料为 GFPA 类，其原料成本低、加工流动性好、可生产薄壁制品。如特别强调制品的尺寸稳定性和耐热温度时，一般选用 GFPBT 材料。如对耐热要求很高，只能选择 PPS 和 LCP。对于 1.27mm 螺距的 IC 接插件，所选材料为 PES 或 PEI，可满足尺寸精度和加工性的要求。表面装饰用接插件，由于表面装饰时要耐热 250℃停留时间 5s，应选用玻璃纤维增强的 PA46、PA6T、PA9T、PPS、LCP 等高耐热材料。

（四）低压开关用塑料材料的选用

低压开关是电子设备中接通电源和换接线路用的活动电力连接元件，在电子设备中所用的开关为低压开关，具体如波段开关、钮子开关、超小微动开关等。

低压开关的结构也分为接触件和绝缘件，接触件为金属导体如铜、钢等，绝缘件为塑料绝缘材料，可作为绝缘底座、隔板和外壳零件。

低压开关用塑料材料的性能要求如下。

① 介电性能好　要求介电强度高，绝缘电阻高，耐电弧好。低压开关的工作电压一般不超过 500V，要求在 2~3 倍工作电压下不能击穿。塑料的电阻应在 500~1000mΩ 范围内，在高湿度和较高温度条件下电阻应在 20mΩ 以上。耐电弧好指开关在接通或断开瞬间产生电弧，塑料在电弧的作用下应该不燃烧、不炭化、不导电。

② 足够的机械强度　保证在转动和振动的长期作用下，开关不出现变形和开裂现象。

③ 耐热性好　要求最低耐热温度在 85℃以上，以保证能承受开关在接通和断开过程中产生的热量。

④ 无腐蚀气体产生　防止腐蚀性气体腐蚀开关中接触部分的金属材料。

传统的开关用塑料材料为热固性塑料，常用的为黑色的酚醛塑料和浅色的氨基塑料，尤其是氨基塑料的耐电弧性好，多用在易产生电弧的触点附近。热固性塑料的缺点为成型加工效率低，但自开发出注射成型技术后，应用面越来越大。

近年来开关材料正向热塑性塑料方向发展，主要为耐热和耐电弧性塑料，最常用的品种为 PC，还用 PET、PBT、PPO、PSF 等。

（五）电子元器件用塑料材料的选用

1. 变压器和阻流圈用塑料材料的选用

电气设备中用的变压器较大，使用的塑料材料比较少；而电子设备中用的变压器较小，使用的塑料材料相对多一些。但总的来讲，用塑料制造的变压器和低频阻流圈零件不多，只有骨架、接线板、封装和层间绝缘等。

（1）接线板用塑料 接线板起着固定引出线和引入线接头的作用，有时与骨架为一体结构。

接线板用塑料材料的要求为耐热性高、介电性能优异、力学性能好，传统的塑料为酚醛树脂，具体为模压塑料和层压塑料制品。为加工方便，现在应用玻璃纤维增强的 PA、PBT 及 PET 较多。

（2）层间绝缘用塑料 层间主要指绕组之间，要求材料的介电性能好、拉伸强度高、耐热性好，常用的材料为 PET 薄膜。如对介电性和耐热性要求更高，可选用 PTFE 或 PI 薄膜。

（3）封装用塑料 变压器的封装起到防潮、防水和防细菌侵蚀的作用，从而提高电绝缘性和冲击性能，特别是在湿热条件和低气压条件下工作的高压变压器更需要封装。

常用于封装的塑料为环氧树脂和不饱和聚酯，封装方法为浸渍法、粉末涂覆法和浇注法（灌注法）。环氧树脂的收缩小，与金属的黏合力大，密封性好，绝缘性和力学性能也好，因此比不饱和聚酯应用更广泛。

（4）骨架用塑料 骨架是变压器中用塑料量最大的零件，对塑料材料的性能要求如下：较高的耐热性、良好的耐溶剂性、较好的介电性能、较好的耐老化性能。

骨架按结构可分为有隔板骨架和无隔板骨架两种。

无隔板骨架的断面为正方形、长方形和圆形，整个缠绕面为一体，壁厚为 0.5~2mm；其优点为结构简单、易于成型。无隔板骨架的传统材料为浸胶电缆纸和浸胶玻璃布，用缠绕方法成型。目前已改用玻璃纤维增强 PA、PBT、PET、PPS、PAR 等耐高温塑料制造。

有隔板骨架的断面为正方形、长方形，当工作电压高于 3kV 和功率较大时，采用圆柱形的隔板结构。具体为在缠绕面中间加入隔板结构，壁厚为 0.5~3 mm 其优点为增大了骨架的机械强度，减少线包漏感和分布电容，加强线包的对称性和提高介电强度。

有隔板骨架所选用的塑料材料有酚醛模压塑料、增强模压塑料和耐热工程塑料三类。

① 酚醛模压塑料 常用于受力不大、小型的变压器上，优点为耐热性好、价格低，缺点为脆性大、强度低、耐霉菌性差、加工生产效率低等。为改善其韧性，常加入丁腈橡胶或聚氯乙烯进行改性；为提高耐霉菌性，常用矿物粉代替木粉或加入防霉剂。

② 增强模压塑料 常用于对耐热要求高和受力大的骨架上，所用树脂为不饱和聚酯加入玻璃纤维模塑料。优点为强度高、耐热性高，耐霉菌性好，缺点为成型加工较困难，生产效率低，冲击力大，易使焊片变形。

③ 耐热工程塑料 优点为耐热性好，强度高，耐溶剂性好，加工效率高，介电性能好。主要选用塑料有增强 PBT、PET、PPS、聚砜、聚碳酸酯、聚芳砜、聚苯醚、聚苯硫醚等。其中聚砜和增强 PBT 的长期工作温度为 150℃，增强 PC 的长期工作温度为 130℃，用电烙铁焊接的时间不宜过长，次数不宜过多，否则焊片或焊柱会有松动现象；聚砜不耐香蕉水、

苯和酮之类溶剂，聚碳酸酯不耐酮、苯和酯等溶剂，在浸渍、灌注、喷漆及使用过程中，应避免接触此类溶剂。增强 PBT、PET、PC 的耐热水性较差，不易在湿热条件下长期使用。

2. 线圈用塑料材料的选用

传统的线圈骨架材料为聚苯乙烯和矿物填充酚醛模压塑料，而目前已被新型热塑性塑料所代替，现在可选用 PP、PBT、PC、PSF、PPS、PPO 等制造。应该指出的是，尼龙和增强尼龙都不适合于作高频线圈骨架材料，原因为该材料的吸水率大、尺寸变化大，并且高频介电性能也不好。

但对于偏转线圈所用塑料材料与其他有所不同，它可选用尼龙和增强尼龙以及木粉填充酚醛模压粉、丁腈橡胶、PVC 改性酚醛模压粉等。

3. 电容器用塑料材料的选用

在电容器中所用的塑料材料主要用于介质材料、封装外壳材料、绝缘衬垫和底座等。

塑料薄膜电容器所用的介质材料为塑料薄膜，此类电容器目前占电容器总量的 13%～15%，它比陶瓷电容器和云母电容器的容量大，制造方便，生产效率高。

塑料薄膜电容器对塑料薄膜的性能要求为：薄膜厚度薄且均匀，表面清洁无杂质，无针孔；拉伸强度高；吸水性小，防潮性好；介电性能好，介电损耗要小，绝缘电阻高，介电强度大，介电常数大。

可用介质材料的塑料薄膜材料为 PET、PBT、PP、PS、PC、PTFE、PE、PI 等，其中 PP 占 48%，PET 和 PBT 占 36%，其余 16% 为其他塑料。

几种常用塑料薄膜材料的性能介绍如下。

① PP 薄膜　耐热性高于 PS 薄膜，可在 120℃下长期工作，拉伸强度和撕裂强度低。

② PET 薄膜　耐热性较高，可在 120℃下长期工作，拉伸强度比 PS 薄膜还要高 3 倍，介电性能好，广泛应用于有机薄膜电容器的介质材料；PET 薄膜的缺点为电容温度系数大。

③ PC 薄膜　耐热性和介电性能都高于 PET 薄膜，可在 -30～140℃ 的温度范围内工作，耐辐射性好，绝缘电阻系数比 PS 还要低，电容器的电容量变化小于 1%。PC 膜的厚度可达到 2.5μm，比纸还要薄；如在 PC 膜上镀一层金属作电极，可用于小型低压电容器，在相当宽的范围内，可代替纸介电容器。PC 薄膜的缺点为吸水率高，在相对湿度为 76% 时，不密封的电容器吸水率高达 0.3%，容量增加 2.7%；因此，以 PC 薄膜为介质的电容器最好在密封条件下使用，以防止吸潮。

④ PS 薄膜　厚度为 10～30μm，具有高频损耗小、绝缘电阻高和防潮性好等优点，主要缺点为耐热性低、单位电容比体积较云母和纸介电容器大。以 PS 薄膜为介质的电容器，受频率的影响小，电容量误差小（仅为 0.5%～1%）。

⑤ PTFE 薄膜　耐热性高，可在 -100～200℃ 下长期工作；介电性能优异，在广阔的频率和温度范围内，介电性能变化很小，耐电晕性好；可耐各类溶剂的腐蚀。PTFE 薄膜主要用于高频和高温等恶劣条件下工作的电容器介质材料。

⑥ PI 薄膜　耐热性极好，可在 260℃下长期工作；力学性能和介电性能均好，耐电晕性好。缺点为加工成型困难，价格高。

⑦ 氰乙基纤维素薄膜　主要优点为介电常数大，具体值可达到 13，便于实现电容器的小型化设计。

4. 电阻器用塑料材料的选用

塑料在电阻器主要用来制造骨架、外壳和垫片等零件。

绕线或碳膜电阻器骨架的作用是起支撑和绝缘的作用。

电阻器中塑料骨架用材料的性能要求为:力学性能高、电绝缘性优良、耐热性高和尺寸稳定性好。

常用的骨架用塑料为PSF、PBT、和注塑级酚醛粉料。

5. 继电器用塑料材料的选用

继电器所用的塑料件主要包括骨架、簧片组、电键、线轴和插件板等。

① 继电器骨架 与变压器骨架用塑料的相同之处为要求较高的耐热性、足够的强度、良好的电性能、优良的耐溶剂性和耐老化性,并同样经过绕线、浸渍、焊接等加工工序;不同之处为铁芯以嵌件形式固定在塑料骨架内,易造成骨架开裂,因此要求韧性、刚性和强度更高。继电器用塑料材料为酚醛塑料粉、增强模压塑料和新型热塑性工程塑料,尤其是工程塑料易于加工、力学性能和介电性能好,有取代酚醛塑料粉、增强模压塑料的趋势。在工程塑料中,玻璃纤维增强PC和3%~5% PE改性的玻璃纤维增强PC的应用较广,除此之外PP、PA、PSF、PPO也比较常用。PP的耐热和强度不高;PA虽强度高,但耐水性和介电性能不高;PC、PSF、PPO的强度很好。

② 簧片组 由塑料和金属簧片组成,并分为装配式和直接成型式两种,装配式簧片组的簧片与塑料用螺丝固定,直接式簧片组的簧片以嵌件固定在塑料中。簧片组对塑料材料的要求为尺寸稳定性高、电绝缘性好、机械强度和耐热性高。要保证尺寸稳定,需选用线膨胀系数低、吸水性小和蠕变性小的塑料,具体为玻璃纤维或矿物填充的酚醛塑料粉、聚碳酸酯等。

③ 电键 是继电器的重要部件,要求所用材料为耐热性、尺寸稳定性高的塑料,常用的有PBT、PA、PET、改性PPO等。

④ 继电器基座上的线轴、插件板 是滑动部件,为防止开关时的火花飞散,一般使用PBT、PC制造。随着继电器的小型化程度越来越高,对塑料的耐热性要求提高,现改用PES、PPS和LCP等耐热塑料。

6. 晶体管用塑料封装材料的选用

封装塑料材料的性能要求:良好的耐热性,较高的纯度,与填料有良好的黏合性,良好的流动性,优异的阻燃性等。除晶体管外,封装材料还可用于电容器、电阻器、二极管、线圈、变阻器、连接器、集成电路及大规模集成电路等。

电子封装材料有塑料、金属、陶瓷和玻璃,用塑料作为封装材料有三种封装方法:浸封,将装配好的电路基片浸入塑料中,然后干燥、固化而成;罐封,将基片插入薄壁塑料壳,倒入塑料流体,最后固化;模铸,将装配好的电路基片牢牢固定在金属模内,在压力下注入熔融的热塑料,再固化。

一般在封装前,在电路外面要包一层软质涂层材料以保护电路,常用的软质涂层材料有硅酮橡胶和聚硅烷橡胶。

对塑料封装材料的性能要求为:在较宽的温度和频率范围内,具有优良的介电性能;具有良好的耐热、耐寒、耐湿、耐候、耐辐射和阻燃等性能;具有良好的成型加工性能,适宜的凝胶化时间和流动性,良好的脱模性,可在低压下成型,对模具磨损小;有与半导体芯片和引线金属相似的线膨胀系数,较高的热导率以散热,对半导体芯片和引线有良好的粘接性;器件反复经受高低温快速变化后,塑料外壳不发生龟裂;树脂的纯度高,杂质含量少,不会对半导体芯片和引线金属产生污染和电化学腐蚀;成型收缩率低;贮存安全期长,5℃下可保存半年,对大功率器件要求更长。

封装塑料材料以前为热固性塑料,主要品种为有机硅树脂(SI)、环氧树脂(EP)、聚

1,2-丁二烯、聚邻苯二甲酸二丙烯酯（DAP）、酚醛树脂（PF）和聚酰亚胺（PI）等，近年来逐渐向热塑性塑料发展，主要品种为 PPS 和 PEEK。但用量最大的仍为环氧树脂。

7. 二极管、三极管用塑料材料的选用

发光二极管接线夹的反射板可用工程塑料，早期用 ACS 和 ABS，近年来开始用改性 PP 和 PET。

（六）天线用塑料材料的选用

塑料材料是天线中重要的材料，尤其对微波天线更为重要。塑料在天线中的具体应用为：支撑零件如绝缘子、垫板和衬套；天线体如透镜天线、介质天线、抛物面反射天线和介质导天线等；天线罩和辐射器罩。

1. 支撑零件

天线广泛采用塑料材料制造各种绝缘支撑零件。

通信机鞭状天线的骨架用玻璃纤维增强聚砜取代铝合金，生产效率高。通信机天线绝缘子采用玻璃纤维增强尼龙和 ABS 制造，跌落不碎、成本低、生产效率高。

2. 天线

透镜天线要求材料在不同环境中介电损耗角正切和介电常数保持不变，可用材料为聚四氟乙烯、聚乙烯和聚苯乙烯，其中聚四氟乙烯的介电性能和耐热性好，多用于大功率和要求高的场合。

介质天线要求材料的性能如下：高频条件下介电损耗角正切在 10^{-3} 以下，太大影响天线的增益；介电常数保持在 2～2.6 的范围内，介电常数太大，电磁波在介质材料中传递速度太慢，电磁能量就发射不出去；介电常数太小，电磁波在介质材料中传递速度太快，几乎全部电磁能量辐射到空间，使天线的方向性变坏；塑料材料内部均匀且杂质少，尤其不允许含有金属杂质；具有较好的耐日光老化性，或加入抗老化剂如抗氧剂和光稳定剂。

根据以上要求，应选用加入防老剂的 LDPE、PP 和 PTFE 材料，PTFE 因价格高而少用。

抛物面天线，天线反射体常用玻璃纤维增强热固性塑料（玻璃钢）代替金属材料，热固性树脂可以为环氧树脂、不饱和聚酯树脂、酚醛树脂和有机硅树脂等。

介质导天线这是一种全新的天线，是在抛物面天线基础上改进的，由于增加了介质导结构，改善了天线的性能。可用于介质导天线的材料有聚苯乙烯泡沫塑料、聚氨酯泡沫塑料、聚四氟乙烯、聚乙烯和聚苯乙烯等。

3. 天线罩和辐射器罩

① 天线罩　绝大多数天线罩都采用塑料透波材料，对其性能要求为机械强度高、刚性好、介电常数小、介电损耗角正切小和耐老化性好。常用的塑料品种为玻璃钢、硬聚氨酯泡沫塑料、聚丙烯、聚四氟乙烯和聚砜等。

聚丙烯、聚四氟乙烯和聚砜等材料的刚性不足，介电常数大，不能用于大型天线罩，只能用于小型天线罩材料。

硬聚氨酯泡沫塑料的介电常数小，透过系数大，质量轻，但机械强度不高，需在其表面加 1～2 层浸胶玻璃布，制成泡沫夹层结构，用于中标、小天线罩材料。

蜂窝夹层结构玻璃钢的介电常数小，透过系数大，比强度和刚性好，可用于大、中型天线罩材料。如采用空心玻璃纤维制造玻璃钢，可减重 25%，电磁波的透过系数更大。

用玻璃纤维和有机纤维增强的热固性和工程塑料具有耐热、强度高等优点，用于航空、航天、军事飞行器上的天线罩材料。

② 辐射器罩　可用材料为聚四氟乙烯、聚丙烯、聚砜、硬质聚氨酯泡沫塑料、浸胶玻璃布和玻璃钢等。其中硬质聚氨酯泡沫塑料的相对密度仅为 0.17，介电常数为 1.16，介电损耗角正切为 0.0024；缺点为表面易积水和碰伤，需在表面涂一层浸胶玻璃布。

三、塑料电线电缆类制品的塑料选用

（一）塑料电线电缆的品种与特点

塑料电线电缆的种类很多，按不同的分类方法可分成如下几类。

1. 按塑料电线电缆的耐压等级分类

塑料电线电缆的耐压等级为额定工作电压，一般以 kV 为单位。常用的耐压等级有：0.6、1、3、6、10、20、35、60、110、220、330、550 及 1100 等。

在上述耐压等级中，按耐压级别的大小可分为高、中、低三类：低压电线电缆额定工作电压在 1kV 以下；中压电线电缆额定工作电压在 3～35kV 之间；高压电线电缆额定工作电压在 60kV 以上。

在塑料电线电缆材料中，不同塑料的耐压级别不同。PVC 电缆料一般只耐 10kV 以下的电压，最常用于 1kV 左右的电缆；XLPE 电缆料最高可耐 550kV 的高压，最常用于 3～220kV 的电缆；而 PP 木纤维复合电缆料的耐压级别高达 1100kV。

不同耐压级别的电线电缆用途不同：低压电线电缆主要用于中、小厂矿的配电线路；中压电线电缆主要用于大、中型企业的供电线路，发电厂的输出线路；高压电线电缆主要用于不宜架空的过江及过海埋地电缆。

2. 按电线电缆的用途分类

电线电缆的具体用途可分成电缆和光缆两大类。电缆的作用为输送电能、传递信息和电磁能量转换，包括电力电缆、电气电缆、电器电缆及控制电缆等；光缆的作用为传递信息，具体包括通信电缆及信号电缆等。

（1）电力电缆　电力电缆属于传输电能的一类电缆，它主要用于高压输送，其耐压级别大都在 1kV 以上。

在电力电缆中，塑料材料占有极大的份额，但油浸纸及橡胶材料也有小量的比例。塑料材料以 XLPE 为主，PVC 一般只用于 10kV 以下耐压级别，因环境保护问题有逐步被 XLPE 淘汰的趋势。塑料电力电缆品种如下。

① PVC 绝缘电力电缆　具体有额定电压 1.8kV/3kV、6kV/10kV 两种，最高使用温度为 70℃。这类电缆数量大，使用广。其中 6kV/10kV 级别电缆要有屏蔽层，导体屏蔽用半导电层，绝缘屏蔽则用半导电层加铜带。

② 35kV 及以下 XLPE 电缆　这类电缆近年发展迅速，并可分成两类。一类为额定电压 6kV/10kV 及以下，可由过氧化物、硅烷及辐射三种交联方法进行交联；另一类为额定电压在 8.7kV/15kV 至 26kV/35kV 之间，用过氧化物法交联。两者耐热等级都为 90℃。

这类电缆的绝缘层为 XLPE，护套层可为 PVC-SG2 或 PE-ST7，其中 PE 护套料应加入炭黑。此外，还应有导体屏蔽层和绝缘屏蔽层两个屏蔽层，用交联型半导电屏蔽料。具体结构为：导线＋导体屏蔽层＋绝缘层＋外屏蔽层＋护套层。

③ 110kV 的 XLPE 电力电缆　这类电缆绝缘层的 XLPE 原料对清洁度及微量水分的控制要求特高，护套层选用 PVG-SG2 或 PE-ST7。其电缆结构同 35kV 及以下 XLPE 电缆相似，也可采用外屏蔽层用铝或铅包，再用 PVC 护套。

④ 阻燃 PVC 绝缘及护套电缆　这类电缆的额定电压为 0.6kV/1kV 至 3.6kV/6kV 之间，耐热为 70℃。要求绝缘层及护套层都为阻燃料。

⑤ 架空电缆　额定电压在 1kV 以下，用耐候型 PVC、PE（70℃）和 XLPE（90℃）绝缘；10kV、35kV 及以下，用耐候型 HDPE（75℃）和 XLPE（90℃）绝缘。

(2) 电器电缆　电器电缆属于应用电能的一类电缆，主要用于电源到用电器具之间的连接，其耐压级别大都在 1kV 以下，常用的耐压级别为 0.6kV。

在电器电缆中，几乎全用塑料材料，其中以 PVC 为主，PE 或 PP 次之。塑料电器电缆品种如下。

① 通用型电器电缆　用 PVC 绝缘及护套，耐热分为 70℃和 90℃两种。

② 计算机用电器电缆　用 PE 绝缘，铜带、铝箔或塑料薄膜复合带屏蔽，PVC 或 PE 护套。

③ 仪表用电器电缆　用 PVC 或 XLPE 绝缘，阻燃 PVC 护套。

④ 矿用电器电缆　用 PP 或 FEP 绝缘，PVC 护套。

⑤ 交通工具用电缆　具体有：PVC 绝缘及护套（0.6kV/1kV，60℃），XLPE 绝缘及 PVC 护套（0.6kV/1kV，85℃），PVC 绝缘及 PA 护套（65℃），PTFE 绝缘（0.6kV，260℃），FEP 绝缘（200℃），PI 绝缘（0.6kV，200℃）等。

(3) 通信电缆　通信电缆用于传递信息及电磁能量转换，如声音信号及图像信号等。它广泛用于电话、有线电视及无线电通信系统等领域。这类电缆的耐压级别都比较低，只是传输频率都比较高。塑料电信电缆品种如下。

① 市内通信电缆　绝缘层材料用各类 PE 及 PP，既可用实心也可用泡沫结构。护套层用黑色耐候 LDPE 或 MDPE，黏附在铝复合带上，组成防潮屏蔽层；有时护套料也用耐候 PVC 材料。

② 电信设备电缆　又称低频通信电缆，用于各电信局之间配线。一般采用 PVC 或 PP 为绝缘层，PVC 为护套层。

③ 农村通信电缆　用于城市与农村之间通信线路，传输频率最高为 123kHz、156kHz 及 252kHz。绝缘层采用各种 PE 或 PE/PP 共混物，有实心和泡沫结构。绝缘层外加聚烯烃内护套，外加铝塑复合带用于防潮及屏蔽，外层为黑色耐候 PE 护套层，最外层有时加外护层，由钢带和塑料层组成，用于防鼠及防蚁。

④ 长途对称通信电缆　用于长途干线及中继线，绝缘用实心或泡沫 PE 或 PS 绳带，护套采用组合护层，既铝塑黏合层 PE 或 PVC。

⑤ 同轴通信电缆　其传输频带宽，干扰防卫度高。其结构为内金属导体＋内绝缘＋外绝缘＋外金属导体四层。其中内绝缘层用实心或泡沫 PE，外绝缘用 PE 带。

⑥ 射频电缆　用于传输高频、超高频（约几兆赫至几千兆赫）范围内电磁能量，适于无线通信系统及电子设备。其绝缘层采用实心或泡沫 PE 及氟塑料如 PTFE 或 FEP，护套层以 PVC 及 PE 为主。

⑦ 电视共用天线用电器电缆　用 PE 实心及发泡材料绝缘，PVC 材料护套。

⑧ 通信光缆　这种材料以激光为介质传输音频及音频以上各种电信信息，其特点为传输信息量大，不受电磁干扰，保密性强。光缆最早于 20 世纪 60 年代由美国杜邦公司开发。目前其主要缺点为光导损失稍大，虽已从最初每千米数千分贝下降到 100dB，特殊品种已下降到 20dB，但仍限制了在长距离通信上的应用，主要用于设备内部及设备之间短距离数据传输线路。随着光导损失的不断减小，光缆在通信电缆的比例越来越多，逐步取代其他传统通信电缆。

(4) 信号电缆　信号电缆用于铁路信号联络、火警信号及电报等。一般绝缘层采用

PVC、PE 或氟塑料，护套层用 PVC。

3. 按电线电缆的特殊功能分类

按电线电缆的特殊功能分类可将其分成阻燃电缆、屏蔽电缆及伴热电缆等。

(1) 阻燃电缆　一般电缆的护套层材料都要求具有良好的阻燃性能，尤其是对非地埋类电缆而言。

早期的阻燃材料为卤化物加三氧化二锑，但由于燃烧时烟雾有毒，近年已朝低烟无卤阻燃方向发展，阻燃材料以氢氧化镁和氢氧化铝复合体系为主。阻燃电缆一般要求氧指数要达到 30% 以上，高阻燃电缆料的氧指数可达到 45%～50%；如要求更高的阻燃效果，则非塑料材料所能达到，这是因为塑料材料在燃烧后形成的碳化物层为导电体，会丧失其原有的绝缘性能；因此，要求更高的阻燃性能一般选用云母纸半固化玻璃带为绝缘材料，用它在绝缘层上进行缠绕作为护套层，这种材料在燃烧后形成 SiO_2 硬壳，仍具有绝缘性能，因而具有优异的防火性能。

(2) 屏蔽电缆　含有屏蔽层的一类电缆称为屏蔽电缆。根据 IEC502(1983) 的规定，凡是用丁基橡胶、聚乙烯及交联聚乙烯为绝缘层的电缆，当其额定电压大于 1.8kV/3.0kV 时都要设计屏蔽层；凡是用聚氯乙烯及乙丙橡胶为绝缘层的电缆，当额定电压大于 3.6kV/6.0kV 时，也要设计屏蔽层；另外，通信电缆中的同轴电缆也需要屏蔽层。电缆设屏蔽层的目的是防止因高压而产生电晕现象引起局部放电，保护主绝缘层不被破坏，保证电缆的正常运行，延长电缆的使用寿命。

屏蔽层往往可分为内、外两层，其具体结构为：导体＋内屏蔽层＋绝缘层＋外屏蔽层＋护套层。可用于屏蔽层的材料有金属（常用铝箔）和半导电塑料两种。近年来，半导电塑料用于屏蔽越来越多，有逐步取代铝箔屏蔽材料的趋势。半导电塑料的组成为树脂加导电添加剂，最常用的为导电炭黑。

(3) 伴热电缆　伴热电缆是一种在运行时能产生热量的电缆，用于输油管道的加热保温，石化、电话及冶金等大型企业中油、气、汽管道的加热保温取代蒸汽隔套保温。

伴热电缆中的自控温电缆材料又称为正温度系数材料（PTC），这种材料随温度的升高电阻升高，当温度达到某一临界温度时电阻突然骤增，使导电材料在此温度下变为绝缘材料，当温度下降后又恢复为导电材料。PTC 材料的生产工艺技术相当困难，以前只有美国可生产。我国近年来研究很活跃，已有部分合格品面世，以取代进口材料。

4. 按电缆料所用树脂的种类分类

按电缆料所用树脂的种类分类可分成如下几类：PVC 绝缘＋PVC 护套；PE（包括 LDPE、HDPE、LLDPE、XLPE 及发泡 PE）绝缘＋PE 护套；PE 绝缘＋PVC 护套；PVC 绝缘＋PE 护套；其他塑料绝缘＋PE 护套；其他塑料绝缘＋PVC 护套；PE 绝缘＋其他塑料护套；PVC 绝缘＋其他塑料护套；其他塑料绝缘＋其他塑料护套。其中以前四种最常用。

(二) 电缆用塑料材料的选用

电缆用塑料材料主要有 PVC 及 PE(LDPE、HDPE、MDPE、LLDPE 及 EVA) 两大类，其他用量较小的有 PP、PA、PTFE、PI、PBT、PS 及氯化聚醚等。据美国 2005 年统计，上述各种树脂在电缆中的使用量分别为：PE58%、PVC35%、PP5%、PA1%、其他 1%；不同电缆用塑料品种的具体用途也不同，具体参见表 9-3。

1. PE 的选用

PE 属非极性树脂，它具有优良的绝缘性，其体积电阻率大于 $10^{16}\Omega\cdot cm$；介电性能突出，其介电常数 (2.3) 和介电损耗角正切 (0.0002) 都很小，而且不随温度及频率的变化而变化。用于电缆的 PE 品种包括 LDPE、MDPE、HDPE、LLDPE、XLPE（交联聚乙烯）及 EVA 等。其中纯 PE 的耐热性及耐电晕性不好，只适于中低压电缆的绝缘及各类电缆的护套；但纯 PE 经过交联后的 XLPE 可大大改进耐热性及耐电晕性，适于各类高压及高频电缆的绝缘及护层。PE 已成为电缆中用量第一大塑料原料，其中以 PE 的交联改性品种 XLPE 最为常用，其最高耐压级别高达 500kV，并可广泛用于各类高频通信电缆如长途对称高频电缆、市话电缆、同轴电缆、海底电缆及中继电缆等。

表 9-3 不同塑料品种在电缆中的用途

品种	XLPE	PE	PVC	PP	PA	F4	氯化聚醚	PS
高压绝缘	○			◇、△				
低压绝缘	○	○	○			△		△
护套		○	○	△	△	△		
耐高温				△		○		
耐高频	○			△		△		△
耐潮湿				△			△	
耐腐蚀						○	○	

注：○表示用量大、△表示用量小、◇指 PP 与木纤维的复合物。

（1）普通 PE 护套料的选用 普通 PE 最常用作护套料，可用于各种电缆中。

用于护套的 PE 一般选熔融指数为 0.3g/10min 左右的树脂，常用的有北京燕山的 LDPE/2J 0.25A、兰州石化的 LDPE/2J 0.3A、大庆石化的 HDPE/DM D3479、天津联化的 LLDPE/DFH-2076 和 TDL-4575、美国 UCC 的 HDPE/DFDG-6059BK 和 DGDL-3364 及日本三井的 HDPE/5305E 等。

（2）普通 PE 绝缘料的选用 普通 PE 绝缘料一般用在电器电缆、通信电缆及低压电力电缆中，其中 LDPE 的耐压性好于 HDPE。但在通信电缆中，需要满足特殊的要求，常采用 HDPE、LLDPE、MDPE，而不用 LDPE。

用于 PE 绝缘料的树脂有北京燕山的 LDPE/2K 1.5A、上海石化的 LDPE/2K 0.25A 及 1K 2A、兰州石化的 2KL5A 及 1K 2.0B 及辽化的 HDPE/7750M 等。

（3）XLPE 的选用 纯 PE 经过交联改性处理后，其耐热温度可提高到 100℃ 以上，耐压性及耐电晕性也大幅度提高，耐环境应力开裂及耐化学腐蚀性也获得改善，可广泛用于各种高、中、低压及高频电缆的绝缘，具有取代充油电缆的趋势。

PE 有三种交联方法，即辐射交联法、过氧化物交联法和硅烷交联法。其中辐射交联法和硅烷交联法生产的 XLPE 常用于 10kV 以下电缆的绝缘，但低压电缆大多被硅烷交联 PE 占领；硅烷交联电缆目前已朝耐高压方向迈进，有报道已成功用于 3~35kV 电缆，并开发成功 72~110kV 高压电缆。化学交联法生产的 XLPE 可用于高压及超高压电缆的绝缘，其最大耐压级别已达到 500kV 的高压，并且常用于 100kV 及 200kV 耐压级别的电缆。

（4）半导电 PE 的选用 半导电 PE 用于电缆的屏蔽层，电缆中设计屏蔽层的原因如下。在中高压及超高压电缆中，由于芯线与绝缘层之间存在间隙，在间隙部位电位梯度增大，会产生局部放电，从而加速绝缘层的老化，这就是电晕现象。为增强 PE 的抗电晕性，在电缆的芯线/绝缘层之间及绝缘层/护套层之间需加入半导电材料制作的屏蔽层，屏蔽层可缓和导体表面的电位梯度，消除放电现象。

半导电 PE 的获得是在普通 PE 树脂中加入导电炭黑，常用的为导电乙炔炭黑和高炉导电炉黑，加入量一般为 20 份左右，随着炭黑导电性能的不断提高，加入量也越来越小，有报道小于 10 份的例子。半导电 PE 的体积电阻在 23℃ 小于 $10^2 \Omega \cdot cm$，在 90℃ 时小于

$3.5\times10^{2}\Omega\cdot cm$。由于大量炭黑的加入，使 PE 的加工性变差，物料变硬。具体改进办法为：选用熔融指数大一点的树脂，加入改性材料如 EVA 及聚异丁胶，并加入润滑剂。

半导电屏蔽层除选用 PE 树脂外，还可选用 EVA、EPR 或氯磺化聚乙烯等。

目前，国际上有不少半导电 PE 专用料，如美国 UCC 的 HF-DA-0590、HFDA-0585 及 HFDA-08804，日本宇部的 UBECV315 及 UBECV319，英国 BP 公司的 HFDM0595、H315ES 及 H310ES 等。

(5) 阻燃 PE 的选用　电缆是一类容易引起火灾的材料，除非地埋电缆，都必须对其进行阻燃处理，以提高其安全运行性能。

PE 的早期阻燃为卤化物加三氧化二锑，虽其阻燃效果不错但燃烧时有浓烟及毒气产生，危害人类身体健康。现在都要求 PE 的阻燃为无卤低烟阻燃。其方法为在 PE 树脂中加入处理过的无机阻燃剂，如水合氧化铝系列、氧化钼系列、锑系列、硼系列、无机磷系列及锌、镁等过渡金属氧化物、氢氧化物等。PE 常用的阻燃剂为水合氧化铝，为达到氧指数 30% 以上，水合氧化铝的加入量需达到 40%～90%。为防止填充引起 PE 原有性能下降太大，阻燃剂要进行超细化，一般粒度要达到 $1\sim3\mu m$，并用偶联剂表面处理。为降低发烟量，有时还需加入辅助阻燃剂硼酸锌或氧化钼系列消烟剂。

(6) 发泡 PE 的选用　PE 经过发泡处理后，虽然其体积电阻率不变，但介电常数和介电损耗降低，介电性能提高。

发泡 PE 主要用于通信电缆的绝缘料，它可比实心 PE 相应减小绝缘层厚度。发泡 PE 的用途不同，要求其发泡度也不同。用于同轴电缆中，其发泡度为 55%～60%；用于市话电缆中，其发泡度为 20%～25%。

(7) 高耐压 PE 的选用　PE 电缆的电击穿破坏主要是由于 PE 电缆制品中的杂质、孔隙及氧化产生的羰基等引起局部放电，使绝缘层生成树枝状破坏。要提高 PE 电缆的绝缘性能，一是树脂要纯净无杂质，二是进行特殊加工尽可能避免产生气泡，三是加入电压稳定剂等助剂，以提高耐压强度、耐电弧性及耐电晕性。

常加入的助剂有：加入吸收能量的物质，如氨基喹啉等；加入可分散场强的物质，如 $Sr(SO)_4$、$Cu(SO)_4$ 等，它可降低缺陷周围的场强，抑制局部放电；加入可降低空穴表面电阻的物质，如 N,N-二羟二硫代氨基甲酸酮及二苯酰二肟等。

2. PVC 的选用

PVC 是最早应用的塑料电缆材料，但因介电性能、耐热性及燃烧放出 HCl 毒气等问题，其发展速度远远落后于 PE 电缆材料，目前其使用量低于 PE 而居第二位。

PVC 属极性树脂，其体积电阻率为 $10^{14}\sim10^{16}\Omega\cdot cm$，耐电晕较好；从理论上讲，它属于较高耐电压和绝缘电阻的电缆材料。但 PVC 的介电常数（3.4～3.6）和介电损耗角正切（0.006～0.2）都比较大，且随频率和温度升高而增大，当频率从 50 Hz 增高到 10^6 Hz 时，其介电损耗增加 20% 之多。这影响其在高压及高频下的使用，在高压及高频下大的介电损耗易导致电缆发热而引起热击穿破坏。所以 PVC 电缆只适于 10kV 以下电缆的绝缘，最常用于 1kV 及以下电缆；PVC 不耐高频而不宜用于高频电缆的绝缘，如不能用于通信电缆等，一般只适于 50Hz 以下的电缆；PVC 具有优异的耐油、耐电晕、耐化学腐蚀及耐水性，常用于各类电缆的护套材料。

PVC 的配方设计很重要。如 PVC 的耐热性一般，但可通过选择合适的助剂，以提高其耐热性，最高可达 125℃；另外，配方中的助剂容易影响电绝缘性，在设计配方时要引起重视。下面具体介绍 PVC 的各类配方设计的要点。

(1) PVC 绝缘电缆料的选用　PVC 树脂选用悬浮法疏松型、纯度高、体积电阻大的 SG-1 或 SG-2 型树脂。对于耐高温电缆料，国外选用高聚合度 PVC 树脂，但加工较困难。增塑剂 DOP 影响绝缘性，但因其增塑效果好而尽可能用，加入量应控制在 20 份以下，并配以绝缘性好的增塑剂如氯化石蜡、烷基石油苯磺酸酯（M-50、M-70 或石油酯）、DIDP（邻苯二甲酸二异癸酯）及 DOTP（对苯二甲酸二辛酯）等。对于耐热电缆料，增塑剂用偏苯三酸酯（TOTM）、均苯四酸酯、聚酯和双季戊四醇酯等。热稳定剂以铅盐为主，金属皂类辅之，用量 5~10 份；不用有机锡类，其电绝缘性能差。如为环保类型，应选用钙/锌复合稳定剂和稀土类。填料以煅烧陶土可提高绝缘性而最常用；其他有白炭黑、碳酸钙及滑石粉等，但应控制加入量。

(2) PVC 护套电缆的选用　PVC 树脂选 SG-2 型树脂。增塑剂，从耐热性考虑，尽可能选用高分子耐热性品种，常用 TOTM（偏苯三酸三辛酯）、TCP（磷酸三甲苯酯）及 TOPM（偏苯四酸四辛酯）等。

(3) 阻燃 PVC 电缆的选用　因为 PVC 本身含有卤素，所以其阻燃只能是低卤低烟阻燃。PVC 阻燃以超细三氧化二锑为主，有时配以少量氯化石蜡；为降低烟雾，还需加入水合氧化铝、硼酸锌及氧化钼等。

(4) 半导电 PVC 电缆的选用　同半导电 PE 一样，半导电 PVC 也用于电缆的屏蔽层。具体配方是在树脂中加入 20 份左右的导电炭黑。

3. PP 的选用

PP 的电性能与 PE 接近，其体积电阻率大于 $10^{19}\Omega\cdot cm$，介电常数和介电损耗都很小，且不随温度和频率变化。PP 的耐热性好于 PE，可达 100℃左右，在高温下绝缘性能优异，并且不受湿度的影响。PP 常温下耐压性不如 PE，低温脆性大，并不耐热氧化。PP 在电缆中的应用范围远远不及 PE 普及，其用量很少，只用于通信电缆、耐高温电缆，高频电缆（如通信电缆）及耐湿电缆（如海底小径电缆、探测及采掘等）等特殊电缆品种的绝缘层和护套层。虽然纯 PP 的耐压性不高，但 PP 薄膜与木纤维复合后。可耐 1100kV 的电压，属目前塑料电缆中的最高耐压级别。

PP 的电缆配方主要为防氧、光及铜等引起的降解，需加入抗氧剂、光稳定剂及抗铜剂等。

4. PS 的选用

PS 具有优良的电绝缘性及介电性能，并基本不随周围环境变化，可用于高频绝缘电缆如长途通信电缆的绝缘。由于其他性能不如 PE，近年来逐步被 PE 所取代，应用已较少。

5. PA 的选用

PA 的体积电阻率虽高达 $10^{16}\Omega\cdot cm$，但不耐热及水，受温度及湿度的影响大，不宜用于电缆的绝缘层。因其具有耐寒、耐老化、耐油及耐磨等优点，而主要用于电缆的护套层，以提高电缆的抗切性和耐磨性。

用于电缆的 PA 品种有 PA66、PA610 及 PA1010 三种，其电缆护套主要用于汽车、航空等交通工具。具体有 PE 绝缘＋PA 护套、F46 绝缘＋PA 护套等；有时为改善其柔软性，常用 PA 纤维编织涂 PA 漆护层。

6. 氟塑料的选用

主要包括 F4 及 F46 两个品种，具有突出的耐腐蚀性能，以及耐高低温（−150~260℃）、耐候性及耐电弧性，其介电常数和介电损耗不随频率变化。其缺点为加工困难，耐电晕性不好，不能用于高压电缆。

氟塑料主要用于低压耐高温、防腐及高频电缆的绝缘,如高频电缆、油矿电缆、同轴电缆、油泵电缆及高温航空电缆等。

F46虽耐腐蚀性能比F4稍差,但其加工性能好,有取代F4的趋势。

7. 氯化聚醚的选用

氯化聚醚的耐腐蚀性仅次于F4,并耐潮湿;但其介电损耗大,不宜用于高频电缆。氯化聚醚主要用于防腐电缆如E级电机引出线、油井电缆及化工厂电缆等。

氯化聚醚的耐冲击性差、容易开裂,因而常在配方中加入韧性改性剂如CPE和丁腈橡胶,增塑剂如DOP、DOS等,抗氧剂如2246、DNP及热稳定剂如三碱式硫酸铅等。

8. 聚硅氧烷的选用

聚硅氧烷主要用于光导纤维的第一次涂覆,可选用的牌号有美国陶康宁公司的182、184及186,日本信越公司的OF-101、OF-102、OF-103、OF-104、OF-106、OF-111、OF-113及OF-315,等,我国晨光化工研究院的GX-107。

四、家电制品的塑料选用

(一) 简介

家用电器是耐用消费品的主要领域,在市场上具有举足轻重的地位、随着人民生活水平的提高,其发展趋势是多功能、高档次、智能化、节能、无污染。家用电器的种类繁多,其对材料的要求十分复杂,根据家用电器的用途及使用环境,使用的塑料一般应具有:足够的机械强度、阻燃性、耐热性、电性能、耐化学药品性、卫生安全性、易成型性、着色性和光泽性等性能。

当然,家用电器的工作环境不同,对材料要求的侧重点也不尽相同,如:①电冰箱和冰柜等冷藏冷冻设备主要用于食品贮藏,所以使用的材料除力学性能外,还要求无毒、无霉、无臭、不粘食品、耐低温、耐龟裂、耐食用油、耐发泡剂、绝热效果好等;②洗衣机对材料的要求主要有耐热性好,耐化学药品性优良,能耐洗涤剂、润滑油、油腻等的腐蚀作用,耐冲击性要高,以满足洗涤衣物时所产生的冲击力,材料成本要低;③空调器用塑料的要求是高刚性、耐蠕变、抗冲击、抗振动、耐寒、耐候性和阻燃,并要求材料的热变形温度在70℃以上,同时要求材料具有优良的流动性、尺寸稳定性、超声波焊接性等;④电风扇的叶片对材料的尺寸稳定性及模塑收缩性要求较高,以保证叶片稳定的转动;⑤吸尘器用塑料要求防静电以避免吸灰,还要求电性能好、刚性好、抗冲击、耐刮痕、染色性好、有光泽等;⑥电熨斗用塑料性能主要考虑是耐热性,其次是冲击强度和外观;⑦电子微波炉和电饭煲用塑料要求耐热和阻燃;⑧电视机对其所用材料的安全性、可靠性要求越来越高,包括耐热、阻燃、耐电压、耐电晕、耐电弧及力学性能等都应优异,以保证电视机向着性能优异、一机多用的方向发展。

(二) 电视机用塑料的选材

电视机所用材料的性能要求为耐热、阻燃、耐电压、耐电晕、耐电弧、力学性能优良。对性能要求不高时,选用的为PS、ABS;PP等通用塑料,使用量很大;如要求耐热、刚性、尺寸稳定性和耐蠕变性好时,需选用PA、POM、PC、PPO、PET、PBT等工程塑料,甚至是PPS和PSU,但使用量较少。

电视机所用塑料部件有壳体类、旋钮类、分度盘、镜片、线圈和线轴类,其中使用塑料量最大的为壳体。

现主要介绍壳体用塑料材料的选用。

1. 电视机壳体的性能要求

电视机壳体用塑料材料的性能要求主要如下。

① 高低温冲击性好，防止碰撞或坠落后破碎，为适应北方的天气，尤其要求低温冲击性，一般要求满足-30℃的冲击性能要求。

② 电视机壳因用电属于易遇明火材料，为保证其安全性，要求塑料的阻燃性好，一般阻燃性要达到 UL 94V-0 级；而且随着欧盟 ROHS 法令在各国的陆续实行，壳体材料要求环保阻燃，即采用不含多溴二苯醚和多溴联苯的环保系阻燃剂。

③ 加工流动性好，保证可成型性。电视机壳属于大型薄壁制品，要求材料具有很高的流动性，才能保证充模顺利进行。

2. 电视机壳体用材料选择

电视机壳体用塑料材料的发展经历了 ABS→HIPS→改性 PP 三代材料，目前大型电视机壳体采用 ABS，小型电视机壳体采用改性 PP，中型电视机则改性 PP、HIPS、ABS 三种材料都选用。

ABS 为最早使用的电视机壳体材料，其综合性能好，耐冲击性好，表面光泽性高，成型加工容易，成为电视机壳的首选材料。

从 20 世纪 80 年代开始，采用 HIPS 代替 ABS。HIPS 的流动性好，成型收缩率与 ABS 相同，都为 0.5%左右，可用 ABS 的模具成型 HIPS。HIPS 的表面光泽性不如 ABS，但近年来国外已开发出光泽性同 ABS 的高光泽 HIPS。与 ABS 相比，选用 HIPS 的最大优势为价格 ABS 低 20%左右，因此从成本上考虑，如条件许可应尽可能选用 HIPS。

进入 20 世纪 90 年代以来，为了开发出价格更低的壳体材料，人们将目光转向改性 PP 材料，其价格比 HIPS 可降低 20%左右，比 ABS 降低 40%左右，具有可观的价格优势。因为纯 PP 材料的冲击性能达不到要求，尤其是低温冲击性更不好。目前用改性 PP 代替 ABS、HIPS 的最大瓶颈为成型收缩率太大，一般达到 1%左右，高出 ABS、HIPS 一倍，不能用原 ABS、HIPS 模具制造，需要另外更换模具。目前，在 21in (1in=0.0254m) 以下小尺寸电视机中，由于整体收缩尺寸相对较小，勉强可用原模具加工改性 PP。

此外，在美国大量采用阻燃性好的 ABS/PVC 合金制造电视机壳体。在中国也有采用改性 PPO 制造电视机壳，但价格太高，用量较少。

（三）电冰箱用塑料的选材

电冰箱所用塑料件有内胆、门内衬、门框格、顶框、密封条、把手和隔热条等，用量已占电冰箱重量的 40%～45%，主要塑料品种涉及 ABS、HIPS、PP、PE、PVC、PA 及 PU 等。

电冰箱用塑料材料的性能要求如下。

① 耐低温性能好　电冰箱内部材料特别是冷冻室和冷藏室内的零件，应具备耐低温和超低温的性能。

② 耐久性　电冰箱属于耐用消费品，保证其寿命 20～30 年。

③ 无毒性　保证食品卫生性。

④ 耐溶剂性　可耐食品油和泄露的氟利昂等。

1. 内胆和门内衬用塑料材料

所用塑料有三种即改性 HIPS、ABS、改性 PP 以及复合材料如 HIPS/ABS、ABS/PS、BS/PS、ABS/PMMA、ABS/HIPS/PS、ABS/PS/ABS、PMMA/ABS/PMMA 等。HIPS 接触硬质聚氨酯泡沫塑料成型时溢出的氟利昂气体，易造成板材龟裂，必须进行改性才能使用。ABS 的耐氟利昂气体性好，但价格高。现开发出 HIPS/ABS 合金，价格适中。目前正开发第四代材料改性 PP，如美国 Monfell 公司选用 PROFAX PF-814 高熔体强度 PP 开发，已取得进展。

改性 HIPS 主要目的是提高其韧性,具体为加入橡胶或弹性体,以减少其应力开裂。目前很多树脂厂已开发出内胆和门内衬专用材料,具体见表 9-4。

表 9-4 适合电冰箱内胆和门内衬用 HIPS 材料

公司	牌号	熔体流动指数/(g/10min)	冲击强度/(kJ/m²)	弯曲强度/MPa	热变形温度/℃	拉伸强度/MPa
上海高桥化工厂	GP 型	1.5	12	40	15	—
	HIPS-A	0.4	10	60	70	—
兰州橡胶厂	板材型	1.5~4	28.5		71	24
南京塑料厂	SKC	1.5	10~15	50~60	70~85	30
美国赫斯特公司	FOSTU730	—	43		83.9	27
	FOSTU840	—	77		87.8	25
美国道化学公司	Styron470	2.6	36		40	
美国孟山都公司	Lustran LX5	1.6	41			
日本出光石化公司	ET60	—	62		82	
日本三井公司	Tonorcx 830	2	45		73	
日本制铁公司	Estyrene S-60	3.5	42.3		77	
德国巴斯夫公司	Polystyrol 456M	3	28.6			

ABS 是电冰箱内胆和门内衬的主打材料,目前可用于电冰箱的 ABS 见表 9-5。

表 9-5 可用于电冰箱内胆和门内衬的 ABS 品种

公司	牌号	熔体流动指数/(g/10min)	冲击强度/(kJ/m²)	热变形温度/℃
美国博格-瓦纳化学公司	Cycolac21040	2.4	29	88
日本合成橡胶公司	JSR12	—	30	72
日本宇部赛康公司	赛鸽 E-211	—	24	90
台湾奇美实业公司	PA-747,PA747S	1.0	—	—
德国 BASF 公司	456M	3	6	102(维卡)
德国赫斯特公司	Vesfyron717			
青岛塑料二厂	KR-2710,KR-2712			

对于复合用 PS 面层材料,选用表 9-6 所示材料。

表 9-6 电冰箱内胆和门内衬复合用 PS 面层材料

公司	牌号	熔体流动指数/(g/10min)	冲击强度/(kJ/m²)	热变形温度/℃
日本三井东压化学公司	HI-830	2	9.5	73
日本旭道公司	475S	1.7	9.0	76

电冰箱门胆和内胆采用先挤出板材,然后再吸塑的方法成型。

电冰箱用绿色内衬材料发展方向如下。

(1) 共挤复合板材 用 HIPS、ABS 与聚烯烃复合,聚烯烃为耐氟利昂层,又称阻隔层。由于聚烯烃同 HIPS 和 ABS 的结合强度低,为解决两者的黏合问题,需在两者之间加入黏合层,具体为 HIPS/黏合剂/PP、HIPS/黏合剂/PE。黏合剂通常为乙烯/丙烯酸共聚物、乙丙嵌段共聚物、聚烯烃/苯乙烯/二酸酐共聚物、聚氨酯、聚酰亚胺、丙烯酸丁酯/乙烯/马来酸酐共聚物。

(2) 共混板材 用 HIPS、ABS 与耐氟利昂材料共混,并配合添加剂、稳定剂等材料。常用的共混材料为 PC、PET、PE、PP、PA、BS 及 AS 等。

需要注意的是,随着新型无氟利昂发泡剂的开发,要注意板材对新型发泡剂的稳定性。

(3) 改性 HIPS HIPS 的耐氟利昂改性为增加橡胶相的成分,并控制其粒径在 4~

10μm 范围内。

（4）改性 PP　目前正在研究采用 PP 复合材料来制造电冰箱门胆和内胆，用高光泽 PP 制造内部装饰件等，以降低成本。

美国 Montell 开发的高熔体强度 PP，牌号为 PROFAX PF814，是一种具有长支链的 PP，其下垂性和延伸性较普通 PP 有很大改进，可望用于电冰箱门胆和内胆。

2. 电冰箱密封条用塑料材料

电冰箱密封的性能要求耐一定的拉力，通常在 8～24 N 的拉力。对 180L 以下的电冰箱，小门拉力小于 20N，大门拉力小于 30N。

电冰箱密封条采用聚氯乙烯树脂，为提高其强度和回弹性，需选用高分子量聚氯乙烯（HPVC）树脂。

在 HPVC 的配方中，其他助剂的选择如下：增塑剂以 DOP 和 DBP 为主，配合以 DOA、DOS 及 ESBO 等，总加入量 50 份以上；增韧剂选择 MBS，具体牌号为日本种渊公司的 KANE ACE-B、日本吴羽化学公司的 BTA 和日本三菱人造线公司的 METABLEN 等；加工助剂选用 ACR，加入量为 3 份；稳定剂选用环保的钡-镉-锌复合金属皂类，辅助以环氧大豆油；润滑剂以硬脂酸和石蜡为主；填充剂以活性碳酸钙为主。

3. 隔热层用塑料材料

在电冰箱内设置隔热层的目的为防止热量传入电冰箱内，隔热层一般设置在壳体、门和盖子上。

目前所用电冰箱隔热层材料为硬质聚氨酯泡沫塑料，其热导率为 0.0166W/(m·K)。

硬质聚氨酯泡沫塑料传统的发泡剂为 CFC-11[其臭氧消耗值（ODP）为 1]，但其环境保护问题，目前正在用替代品具体如 HCFC-141b（ODP 为 0.11）、CFC-134a（ODP 为 0）、HCFC-22（ODP 为 0.055）、HCFC-142b（ODP 为 0.065）、环戊烷（ODP 为 0）、正/异戊烷（ODP 为 0）及水（ODP 为 0）等。但用替代发泡剂的不足为热导率比较大，例如戊烷提高近一倍之多，隔热性较差。尤其是 HCFC-22、HCFC-142b 本身就是一种过渡性替代发泡剂，目前已很少应用。

欧美等国家正在开发新一代发泡剂，主要是 C_2、C_3 的多氟烃，具体品种有 HFC-245fa、HFC-245ca、HFC-356fmc、HFC-365mfc、过氟丁基乙烯（PFBET）等，ODP 都为 0，热导率提高幅度小，隔热性较好。

国内上海高桥石化公司化工三厂和南京金陵石化公司塑料厂都提供组合料。

国外的原料有：英国大洋公司 RB-700、德国拜耳公司 Propocon PU1371A/D、美国道化学公司 Varanol RST440 等。

4. 电冰箱用其他塑料的选用

蔬菜箱与肉盘选用 AS、PS 等。鸡蛋盒、冰块盘、冷冻室门、冰箱顶框与门把手选用 ABS、HIPS 等。电器旋钮选用 ABS 等。继电器罩壳选用 MPPO 等。鸡蛋架、门框格和装饰条选用 PVC 等。

（四）洗衣机用塑料的选材

1. 波轮式洗衣机

波轮式洗衣机所使用的塑料零件主要有内桶、底座、盖板、脱水桶盖、内盖、喷淋管、排水阀、电钮板、开关盒、辅助翼、波轮、变速机齿轮、行星齿轮程控系统的大凸轮、卡爪、齿轮、上凸轮、下凸轮及皮带轮等。

波轮式洗衣机对塑料材料的性能要求如下。

① 满足使用温度　洗衣机的洗涤温度为60℃，注水温度最高为100℃。
② 耐化学药品性　需耐各类洗涤剂、润滑油、油污等接触试剂的腐蚀作用。
③ 耐冲击性　可耐操作过程中的撞击等作用。

PP和改性PP基本可满足上述需要，因而成为洗衣机的首选材料。

(1) **洗衣机内筒**　洗衣机内筒为大型薄壁容器，要求原料的流动性好，并可承受较大的动静载荷和一定的耐热温度。普通PP在保证流动性同时，难以保证冲击性，要两者兼顾就需要进行改性处理。

此外玻璃纤维增强和滑石粉填充PP也可用于洗衣机内筒。

目前各大PP合成厂纷纷开发出不用改性直接用的洗衣机内筒专用PP料。

国内专用料有：燕山石化的PP1830，扬子石化的专用PP料，中科院化学所的KH-M-15PP等。

国外专用料有：日本住友化学的AY564和AZ564，日本三菱油化的BC2A和BC3B，日本昭和电工的MK511和MZ702，日本三井油化的J340和J740，日本宇部兴产的J513和J830HK，日本三井东压化学的BJ4HM，英国壳牌的VMA6700，美国USS的TI4150A等。其中常用于单缸的为三菱油化的BC2A和住友化学的AY564，常用于双缸的为三井东压化学的BJ4HM和宇部兴产的J830HK。

(2) **洗衣机喷淋管**　选用国产拉丝级PP2401，加入30%~40%的HDPE，以改善冲击性能。如直接用进口原料，可不用加入HDPE。

洗衣机喷淋管一般选用粉末原料，用烧结方法成型。粉末粒度为20~40目，烧结温度为260℃，烧结时间28min。

(3) **洗衣机内盖板**　选用改性PP，用注塑方法成型。

(4) **洗衣机底座**　选用高流动性、高韧性PP，具体如中科院化学所的KH-M-9PP，用注塑方法成型。

(5) **洗衣机盖板**　早期选用ABS，目前选用价格稍低的HIPS。

(6) **洗衣机其他部件**　电机底板选用ABS；排水阀选用ABS、PP；排水管选用LDPE波纹管；叶轮选用GFPA、GFPP；齿轮、凸轮、皮带轮选用POM。

2. 全自动滚筒洗衣机

全自动滚筒洗衣机所用的塑料材料主要为改性PP，可用于洗涤剂的总成如上下喷淋盖、抽屉盒和抽匣、面板和插板等的生产，可用于过滤器总成如过滤体、过滤器网、密封网、旋塞等的生产。

改性PP主要为加入EPDM、HDPE等以提高韧性，加入滑石粉或超细碳酸钙等以提高刚性，已开发的PP-101型和PP-102型改性PP已用于小鸭和海尔全自动滚筒洗衣机上，其具体性能见表9-7。

表9-7　改性PP和PP-101型和PP-102型的性能

性能	PP-101型	PP-102型	性能	PP-101型	PP-102型
相对密度	1.27	1.32	缺口冲击强度/(kJ/m^2)	23.72	—
熔体流动指数/(g/10min)	5	4.2	洛氏硬度	63	72
拉伸强度/MPa	39	40	耐高温变形	合格	合格
弯曲强度/MPa	45.6	47.2	耐洗涤剂性	合格	合格

(五) 空调器用塑料的选材

空调器中除动力部件、室外机壳和固定板外，几乎都用塑料制成，塑料的使用量占

20%～30%。

空调器对塑料材料的性能要求如下：具有良好的力学性能，具体为强度高、刚性好、耐蠕变性、耐冲击性和抗震动性优良，尺寸稳定性好；具备优良的耐老化性、耐低温性、耐化学药品性和耐油性；耐热性优良，热变形温度在70℃以上；阻燃性好，最好无烟、无毒；抗静电性好；加工流动性好；可进行超声波焊接。

空调器最常用的塑料材料为通用塑料，主要为PS、PP、AS、ABS及改性品种，隔热材料为PE、PP泡沫塑料。空调器主要部件用塑料品种见表9-8。

表9-8 空调器主要部件用塑料品种

部件名称	塑料品种	部件名称	塑料品种	部件名称	塑料品种
前面板	AS、ABS	进气窗	AS、ABS	水平散热器	HIPS、ABS
后壳体	HIPS、ABS	轴承架	POM、ABS	排水管	HDPE
空气过滤器	改性PP	横流风扇	GFAS或PA	遥控器外壳	HIPS、ABS

下面介绍几个主要部件的选材。

1. 室外机外壳

以前因为室外机外壳的耐候性要求高而一直用喷塑钢板，喷塑钢板易生锈和密度大，近年来国外已开始采用改性塑料来制造室外机外壳。

用改性塑料来代替喷塑钢板，在刚性、耐冲击性、耐候性和加工流动性三方面要满足要求，尤其是耐候性、户外使用寿命要达到15年以上。目前可用于室外机外壳的改性塑料为AES、ASA和耐候PP，具体性能比较见表9-9。

表9-9 AES、ASA、耐候PP与普通ABS的性能

性能	AES(锦湖)	ASA(LG)	耐候PP	ABS(750)
相对密度	1.04	1.08	1.02	1.05
拉伸强度/MPa	55	53	33	48
断裂伸长率/%	22	23	45	30
弯曲强度/MPa	66	67	43	65
悬臂梁冲击强度/(kJ/m^2)	0.13	0.10	0.10	0.23
热变形温度/℃	90	90	120	85
熔体流动指数/(g/10min)	150	6	—	180
加工温度/℃	230～260	240～260	190～250	220～240
注射压力/MPa	60～100	60～100	70～90	60～100

AES为二元乙丙橡胶（EPR）或三元乙丙橡胶（EPDM）与AS(苯乙烯/丙烯腈)的接枝共聚物，与ABS比分子中无双键，耐候性比ABS提高7～10倍，而且热稳定性、冲击性和尺寸稳定性很好。如在AES中加入复合抗氧剂、紫外线吸收剂等抗老化助剂，耐候性还会进一步提高。

ASA为用丙烯酸酯类（A）取代ABS中的丁二烯，消除了ABS分子中的双键，耐候性比ABS提高6～10倍，而其他性能与ABS相当，适合于室外结构材料。

耐候PP为改善其原有耐低温冲击性不好和耐老化性差的一种新型改性材料，其配方成分主要为共聚PP(基材)、POE(改善低温冲击性)、无机填料（滑石粉或碳酸钙、提高刚性)、高效复合抗紫外线稳定剂、复合抗氧化剂等，经双螺杆挤出机混合均匀造粒即可。这种改性PP具有足够的刚性和低温冲击性，并可耐日晒、风吹、雨雪、细菌等恶劣条件的长期作用，并且因本身绝缘性优异而不存在漏电的危险，特别适合于空调器室外机外壳材料。

AES、ASA两种材料上海锦湖日丽公司、韩国LG化学公司和德国BASF公司都有生

产,耐候 PP 可由国内改性塑料厂生产。

2. 风机

空调器的室内横流风机多采用 20%～30%玻璃纤维增强 AS 或 ABS 材料制造;室外螺旋桨式风机采用 30%玻璃纤维增强 AS 或 ABS 或耐候 PP 制造;进气窗和前面控制板采用抗静电 HIPS,以防止灰尘吸附。

第二节　光功能制品的塑料选用

一、塑料的透明性

塑料的光学特征包括两类:一类为传递特性,包括光的透过、反射、折射等;另一类为光的转换特性,包括光的吸收、光热、光化、光电、光致变色等。

常用的可表征光的传递特性指标有:透光率、雾度、折射率、双折射及色散等。在上述指标中,透光率和雾度两个指标主要表征材料的透光性,而折射率、双折射及色散三个指标主要用于表征材料的透光质量。一种好的透明性材料,要求上述性能指标优异且均衡。

二、常用透明塑料的特性

按材料的透光率大小,可将其分为三类:透明材料即波长 400～800nm 可见光的透光率在 80%以上;

半透明材料即波长 400～800nm 可见光的透光率在 50%～80%之间;

不透明材料即波长 400～800nm 可见光的透光率在 50%以下。

按着上述的分类方法,可将树脂分成如下几类。

1. 透明性树脂

绝大部分树脂都属于透明类,主要包括:PVC、PMMA、PC、PS、PET、PES、J.D 系列、CR-39、SAN(又称 AS)、TPX、HEMA、F4、F3、EFP、PVF、PVDF、EP、PF、UP、醋酸纤维素、硝酸纤维素、EVA 及 BS(又称 K 树脂)等。

其中 PES 为聚醚砜,J.D 系列光学树脂为 PES 的共聚衍生物,SAN 为苯乙烯/丙烯腈共聚物,TPX 为聚甲基-1-戊烯,BS 为 25%丁二烯/75%苯乙烯共聚物,CR-39 为双烯丙基二甘醇碳酸酯聚合物,HEMA 为聚甲基丙烯酸羟乙酯。

2. 半透明树脂

主要包括 PP、PE、PA、PVB(聚乙烯缩丁醛)等。

3. 不透明树脂

绝对不透明的塑料品种很少,主要有 ABS、POM 等。

常用透明树脂的性能如表 9-10 所示。

三、日用透明制品的塑料选用

1. 透明薄膜

主要有包装膜和农用膜两种。

包装膜制备应选用:聚乙烯、聚丙烯\PVC\PET 等树脂。

而农用膜则选用聚乙烯、PVC 和 PET 等树脂为宜。

2. 透明板(片)材

透明板(片)材应选用 PP\PVC\PET 和 PMMA 及 PC 树脂为好。

3. 照明器材类材料

表 9-10 几种透明树脂的性能

树脂性能	PMMA	PC	PS	PET	CR-39	PES	J.D	SAN	BS	TPX	光学玻璃	HEMA
相对密度	1.19	1.30	1.06	1.30~1.38	1.32	1.37	1.19	1.05	1.01	0.83	3.12	1.16~1.17
吸水率/%	0.4	0.13	0.05	0.13	0.2	—	0.06	—	—	0	—	39~60
热变形温度/℃	92	103	90	98	140	180	90	93	77	—	570	—
洛氏硬度(M)	101	82	70~90	50	—	—	138~332	70~90	—	—	—	—
透光率/%	93	93	88~92	90	91	88	92	90	90	90	93	97
雾度/%	0.9	0.9	3	—	—	—	—	—	—	—	—	—
折射率 N_d	1.492	1.586	1.592	—	1.50	1.62	1.50~1.62	1.569	—	1.466	1.523	1.43~1.45
双折射	0.06×10^8	8×10^8	—	—	—	—	—	—	—	—	—	—
阿贝数 V_d	58	30~35	31	—	58	—	27	35	—	56.4	64	—

树脂性能	乙酸纤维素	硝酸纤维素	PF	F4	PVF	PVDF	FEP	SPVC	EP	UP玻璃钢	F3	
相对密度	1.30	1.38	1.32	2.2	1.38	1.76	1.33	1.16~1.35	1.11~1.23	1.10~1.46	2.13	—
热变形温度/℃	43~98	60	110~130	260	150	150	205	60	105~130	—	—	—
透光率/%	87%	88%	85%	96%	92%	93%	95%~97%	85%~86%	90	>80%	>80%	—
折射率 N_d	1.49	1.50	1.60	1.429~1.435	1.467	1.43	1.33	1.54~1.55	—	1.53	1.429~1.453	—

照明器材主要包括各类灯罩类制品,用于透光。具体的性能要求为透光率高、抗冲击性好。常选用的照明器材用塑料为 PS、改性 PS、AS、PMMA 及 PC 等。

4. 光学仪器类材料

光学仪器类主要指各类镜体材料,它包括眼镜、透镜、放大镜及望远镜等,具体又可分为硬质镜体和软质镜体(隐形眼镜)两类。

传统的光学仪器类制品所用的材料都为玻璃,但塑料具有与玻璃相媲美的透明性,又具有质轻、不易破碎等优点,正在逐步取代玻璃材料。

① 硬质镜体 硬质镜体要求透明塑料的具体性能为:高透光率,应在 90% 以上,低雾度;低双折射,以防止出现图像歪斜、失真、重影等现象;高折射率,以尽可能减薄镜片的厚度;表面硬度高,可经反复擦洗;耐冲击性好,不易破碎;密度小,质轻。

最适宜的硬质镜体用透明塑料材料为 CR-39 和 J.D 两种,并以 CR-39 为主。在美国,70% 的眼镜材料为 CR-39,在中国也可达到 30%~40%。这两种材料的共同特点为透明性好、高折射率、低双折射、耐冲击、表面硬度高。

CR-39 为双烯丙基二甘醇碳酸酯聚合物,属热固性塑料,可浇注成型。它的透光率高,硬度较好,耐冲击,耐热,双折射低,适于生产镜片。其主要缺点为耐磨性差,折射率稍小。CR-39 与高折射单体如二烯丙基邻苯二甲酸酯共聚后,其折光指数可提高到 1.546。CR-39 表面经涂层后,可提高其耐磨性。

J.D 系 PES 的衍生共聚物,其组成为:双烯聚苯醚砜、苯乙烯、甲基丙烯酸甲酯;也属热固性树脂,可浇注成型。J.D 的折射率最大可达 1.62,硬度最大可达到 6H(洛氏硬度为 332),其成本仅为 PMMA 的 1/2,CR-39 的 1/6,是一种可与 CR-39 竞争的光学材料。

硬质镜体制品一般采用浇注法生产,这样可避免加工中产生取向,防止双折射增大。

② 隐形眼镜　隐形眼镜用材料对性能的要求比硬质镜体更苛刻,具体要求如下:高透光率,应在 90% 以上,低雾度;低双折射,以防止出现图像歪斜、失真、重影等现象;高折射率,以尽可能减薄镜片的厚度;高吸水性,一般生理盐水的吸收率不低于 30%;柔软而有弹性;透氧性好,以利于眼球的生理呼吸;生理相容性好,与眼球接触无不良反应;卫生、无毒。

最适宜的隐形眼镜用材料为聚甲基丙烯酸羟乙酯(HEMA),它的透光率高达 97%,折射率为 1.43~1.45,吸水率为 39%~60%。

HEMA 的聚合方法为:以二甲基丙烯酸乙二醇酯(EGDMA)为交联剂,使 HEMA 聚合成水凝胶状物质,再加入聚乙烯吡咯烷酮,使其吸水率从 40% 增大到 60%。

四、透明塑料玻璃制品的塑料选用

玻璃用透明塑料的性能要求为:透光率要高;表面硬度高;冲击强度高;易二次加工。

塑料玻璃又可分交通玻璃和建筑玻璃两类。

① 交通玻璃　交通玻璃包括航空玻璃、车辆玻璃和船舶玻璃等,要求其密度小。常用材料为 PMMA 和 PC 两种,PMMA 为传统的玻璃材料,而 PC 则为近年来新开发的新型玻璃材料,习惯上又称为阳光板。

② 建筑玻璃　为改善无机玻璃易碎的缺点,已开始研究有机玻璃,并取得进展。常用材料为 PVF 和 PET。

五、太阳能制品的塑料选用

太阳能用透明材料的性能要求为:透光率高,低雾度;耐候性好;可透过近红外线,太阳能的近一半为近红外线,可有效利用太阳能;远红外线的透过率应尽可能高,如 PE、FEP 具有较大的透过性。

与玻璃相比,塑料可全部透过近红外线,有的塑料还可透过较大的远红外线;而玻璃的红外线透过性则差。所以,塑料比玻璃更适合于光能利用,可广泛用于太阳能热水器、温室、太阳房的盖板材料。

可用于太阳能的透明塑料有:PMMA、PC、GF-UP、FEP、PVF 及 SI 等。

六、透明封装材料的塑料选用

透明封装材料主要用于光电转换类电子器件如太阳能电池等,对所用透明塑料的性能要求为:透光率高;耐磨性好,抗污染性高如吸附尘埃性低等;耐候性好;优异的密封性能,指气密性、防潮性和防止其他化学物侵入的性能;柔软而富于弹性。

适宜用于透明封装材料主要有:表面增硬的 PMMA、FEP、EVA、EMA(乙烯-乙酸乙烯共聚物)、PVB(聚乙烯醇缩丁醛) 等,一般不用 PET、PC、PVC、PU 等。

七、塑料光纤的塑料选用

光缆的芯线——光纤是定向传输光的通道,也是通信传输系统中重要的器件。由中心的芯层和外围的包层组成。它们所用材料的要求如下。

(1) 芯层材料　芯层为光传输的心脏部分,它必须满足一些条件:①透明性好;②折射率高,相对包层材料,芯层材料的折射率越高越好;③纯度高,无杂质;④物理及化学稳定性好,芯材在包层套管内必须具有长期的耐热、耐臭氧、耐紫外线的稳定性,在使用温度范围内不发生固化、白浊等现象,与包层材料没有相互作用,不发生化学反应,不使包层材料膨润等；⑤环境安全性好，芯材不能采用污染环境的材料，最好具有不燃或难燃性。

(2) 包层材料　包层为光的传输提供反射面和光隔离，并起一定的机械保护作用，故包层材料要求的主要特性有：①透明性优良，折射率低；②耐热性、耐候性、化学稳定性优良；③与芯材无物理和化学的相互作用；④加工性优良；⑤具有难燃性。

此外，为使光纤具有一定的柔软性，芯层、包层材料都应为低模量的材料，芯层为高折射率的透明塑料，材料为 PMMA 或 PC；包覆层为低折射率的透明塑料，材料为含氟烯烃聚合物、含氟甲基丙烯酸甲酯类。

八、光盘的塑料选用

光盘是一种新颖的光记录材料，其工作原理是通过激光聚焦于旋转的光盘上检测来自光盘的反射光的强弱，来反映所记录的信息。光盘是通过注射成型的，因此作为光盘基板的塑料应满足如下要求：①光学均一性好，双折射现象小；②高洁净度和透光率，确保激光准确读取数据；③低吸湿性，防止翘曲影响；④热稳定性好，线膨胀系数小，能热塑成型，流动性好，易加工成型，收缩率低；⑤机械强度高，表面硬度高，不易划伤。

光盘对材料诸如光学性能、耐热性及加工性的要求，使 PC 和 PMMA 成为目前光盘最主要的基板材料，其中光学性能更为优异的 PMMA 用于制备对材料要求更为严格的视频光盘，而 PC 则用于音频光盘，但它们具有吸湿性大的缺点，为此人们又开发了一种非结晶的聚烯烃材料，具有吸湿性小、透明性好、成型收缩小及双折射小的特点，更符合做光盘基板材料的要求。

适用于光盘的材料有：PC、PMMA、EP、新型非晶型热塑性聚酯（PETG）、茂金属聚烯烃如 mPE 和 mPP 等、无定型环烯烃如聚降冰片烯和聚环己基乙烯等、改性双酚 A 环氧树脂等，以 PC、PMMA 最为常用。常见的光盘类型及应用材料见表 9-11。

表 9-11　三种光盘材料的性能比较

性能\材料	PMMA	PC	EP	性能\材料	PMMA	PC	EP
批量性	优	优	良	介质保护	差	良	良
透光率	优	优	优	硬度	优	良	良
双折射	优	差	优	盘破裂	优	优	优
耐热性	差	良	良	记录灵敏度	优	优	优

在具体选用时，不同种类光盘选用的材料也不同。

(1) 音频光盘　音频光盘的英文代号为 CD，用于传播文字和声音。音频光盘常选用 PC 塑料为原料，因 PC 的双折射比较大，常用透明性良好并与之具有相反双折射的 PS 共混，以消除双折射现象。

音频光盘的尺寸为直径 12cm 的圆盘，单面记录即可。

PC 塑料用于光盘的比例占整个 PC 产量的 12%，而且以年 6%～8% 的速度递增。为满足光盘市场的需求，改进表面硬度低、不耐磨损、经紫外线或辐射线照射会变黄、双折射比 PMMA 和玻璃高且对加工条件依赖性大等缺点，一些 PC 生产厂家已开发许多新品种，在熔融流动性、光学纯度和降低双折射方面都有很大提高，并可用于视频光盘。如德国拜耳公司的 Makrolon DPI-1265，其熔体流动指数为 75g/10min，它纯度高，光盘成型后残留热应力小，表面性能好，可用于 DVD 的生产。美国通用公司的 Lexan OQ1030L，其熔体流动指数为 70g/10min，可同时用于 CD 和 DVD。美国陶氏公司的 Calibre 1080 DVD，其熔体流动指数为 90g/10min，可用于 CD 和 DVD。日本 Teijin 公司的 Panlite AD5503 S，其熔体流动指数为80g/10min，具有很好的耐黏合剂侵蚀性和耐湿气性能。

（2）视频光盘　因PMMA具有双折射小及对加工条件依赖性小的特点，视频光盘常选PMMA材料制造，另外只读型和可重写型光盘也考虑用PMMA。视频光盘的结构为直径30cm的两张圆盘，将两张圆盘以反射面作内侧黏合起来。

PC及PMMA是目前两种最主要的光盘用材料，但它们都有吸湿大的特点。现在正在开发一些新型光盘材料，有的已获得小批量应用，主要品种如下。

新型热塑性聚酯材料，一种为美国Eastman化学公司开发的非晶型聚酯PETG，它是通过在乙二醇与对苯二甲酸的聚合反应中，用环己烷二甲醇取代部分乙二醇从而使结晶延缓；PETG具有优异的耐候性和抗冲击性，吸湿性极低，是一种新兴的光盘材料。另一种为日本钟渊纺织公司开发的新型聚酯树脂，其具体组成不详；它具有光学性能好，双折射接近于零，折射率高达1.61，硬度和耐热性优良，适于光盘材料。

茂金属聚环烯烃（mCOC），为一种非结晶的聚烯烃材料；它具有吸湿小、透明好、成型收缩率小及双折射小等优点，更适合制造光盘，是替代PC而作为新一代光盘的理想材料。

德国Hoechst公司开发一种无定形环烯烃共聚物，为乙烯与降冰片烯在茂金属催化下共聚而成，可用于光盘材料。美国陶氏公司的聚环己基乙烯（PCHE），透光率为91.85%，吸水率仅为PC的1/10，可用于生产高密度光盘，有望成为未来光盘市场的有力竞争者。

一种改性双酚A环氧树脂的透光率为91%，具有热变形温度高、力学性能好及热导率低等优点，特别是热导率低对阻止热扩散有利，能在较低的写入功率条件下，在光存膜中形成清晰的信息点，可用于光盘基片材料。

第三节　热功能制品的塑料选用

一、塑料的耐热性

与金属、陶瓷、玻璃等传统材料相比，塑料的缺点之一为耐热性不高，这往往限制了其在高温场合的使用。

在塑料材料中，不同品种塑料的耐热性能不同；有的耐热很低、有的则较高。耐热类塑料一般是指热变形温度在200℃以上的一类塑料制品。

衡量塑料制品耐热性能好坏的指标有热变形温度、马丁耐热温度和维卡软化点三种，其中以热变形温度最为常用。同一种塑料上述三种耐热性指标的关系如下：

维卡软化点＞热变形温度＞马丁耐热温度

对ABS而言，三种耐热温度的相应值分别为：160℃、86℃和75℃。

常用塑料的耐热性能如表9-12所示。

按塑料的耐热性大小将塑料分成如下四类。

① 低耐热类塑料　热变形温度小于100℃的一类树脂。具体品种有：PE、PS、PVC、PET、PBT、ABS及PMMA等。

② 中耐热类塑料　热变形温度在100~200℃之间的一类树脂。具体品种有：PP、PVF、PVDC、PSF、PPO及PC等。

③ 高耐热类塑料　热变形温度在200~300℃之间一类树脂。具体品种有：聚苯硫醚（PPS）的热变形温度可达240℃，氯化聚醚的热变形温度可达210℃，聚芳砜（PAR）的热变形温度可达280℃，PEEK的热变形温度可达230℃，POB的热变形温度可达260~

300℃，可熔 PI 的热变形温度为 270~280℃、氨基塑料的热变形温度为 240℃，EP 的热变形温度可达 230℃，PF 的热变形温度可达 200℃，F4 的热变形温度为 260℃。

④ 超高耐热类塑料　热变形温度大于 300℃的一类树脂。其种类很少，具体有：聚苯酯的热变形温度可达 310℃、聚苯并咪唑（PBI）的热变形温度可达 435℃、不熔 PI 的热变形温度可达 360℃、聚硼二苯基硅氧烷（PBP）的热变形温度可达 450℃、LCP 的热变形温度为 315℃。

表 9-12　常用塑料的耐热性能

塑料品种	热变形温度/℃	维卡软化点/℃	马丁耐热温度/℃	塑料品种	热变形温度/℃	维卡软化点/℃	马丁耐热温度/℃
HDPE	80	120	—	PC	134	153	112
LDPE	50	95	—	PA6	58	180	48
EVA	—	64	—	PA66	60	217	50
PP	102	110	—	PA1010	55	159	44
PS	85	105	—	PET	70	—	80
PMMA	100	120	—	PBT	66	177	49
PTFE	260	110	—	PPS	240	—	102
ABS	86	160	75	PPO	172	—	110
PSF	185	180	150	PI	360	300	—
POM	98	141	55	LCP	315	—	—

二、耐热塑料的选用原则

1. 考虑耐热性高低

① 满足耐热性即可，不要选择太高，太高会造成成本的提高。

② 尽可能选用通用塑料改性。耐热类塑料大都属于特种塑料类，其价格都很高；而通用类塑料的价格都比较低。

③ 尽可能选用耐热改性幅度大的通用塑料。耐热性低的塑料可通过上述介绍的改性方法进行改性处理，不同树脂品种的耐热改性幅度不同。非结晶类塑料的耐热改性幅度大，可作为首选材料。

2. 考虑耐热环境因素

① 瞬时耐热性和长期耐热性　塑料的耐热性可分为瞬时耐热和长期耐热两种，有的塑料品种瞬时耐热性好，有的长期耐热性好。一般热固性塑料的瞬时耐热性较高，它的瞬时耐热温度远远大于长期耐热温度；如用超级纤维增强的 PF 材料，长期耐热温度仅为 200~300℃，但瞬时耐热竟高达 3000℃高温。

② 干式耐热或湿式耐热　对于吸湿性塑料，在不同干湿状态下的耐热性不同。如 PA 类，在干燥条件下的耐热性高，而在潮湿条件下的耐热性低。因此，在高温且潮湿的环境中，应选用低吸水性塑料品种，即分子结构中不含有酯基、酰胺基、亚氨基、缩醛基及醚基的聚合物，具体如 PA 类、PVA 及 PAN 等。

③ 耐介质腐蚀性　对于与介质接触的塑料制品，在高温条件下，介质的腐蚀性增大，要求塑料的耐热腐蚀性也要好。例如，玻璃纤维增强聚酯玻璃钢，单从加热软化和耐热氧化上看，可在 100℃以上使用；但在稀碱液中或在潮湿环境中，其耐热性还达不到 100℃。

因此，在高温且与介质接触的环境中，除应考虑耐热性高低外，还要考虑耐腐蚀性好的品种。耐腐蚀性好的具体品种如氟塑料、氯化聚醚等。

④ 有氧耐热或无氧耐热　在有氧存在条件下，塑料受热氧化严重，耐热性不好；在真空条件下，无热氧化存在，耐热性好。一般具有下列结构的塑料品种耐热氧化性好。

a. 大分子主链上不含有亚甲基长链结构；
b. 用 F 取代 H 的聚合物；
c. 大分子主链上含有无机元素如 Si、Al 等。

表 9-1 所列塑料的耐热温度为有氧条件的耐热性能，在具体选用时如为真空条件，热变形温度可高选。例如，PPO 的真空热变形温度为 170℃，而在热氧的作用下，热变形温度只有 120℃。

⑤ 有载耐热和无载耐热　塑料制品在有、无载荷作用下的耐热性大不相同，在无载荷作用时的耐热性高，而在有载荷作用时耐热性低。表 9-1 中所给的热变形温度都是在规定载荷作用下测定的，载荷为 $1.8N/mm^2$。

三、阻燃类塑料的选用

随着人类社会的不断发展，人们对自身的安全越来越加以关注，对与人类有关的各类材料的阻燃性要求越来越高。如护层电缆、装饰材料、建筑材料、日用品、儿童玩具、电器壳体、绝缘材料等制品都需要由阻燃性好的塑料材料制造。

同金属、玻璃、陶瓷、水泥等材料相比，塑料材料同木材一样，都属于可燃材料，它们两者都是有机高分子材料。因此，塑料的易燃性越来越引起人们的警惕。虽然有些塑料品种的可燃性比较低，氧指数大于 30%，但这并不是说在有火种相助时就不燃烧，而只是有火即燃烧，离火即灭罢了。因此，在要求使用绝对不燃烧材料时，塑料材料就难以满足需要了。与不燃材料相比，塑料只能用于低阻燃要求的场合。

在具体选择阻燃塑料时，一般应注意如下三点。

① 选用氧指数大于 30% 的塑料　塑料的阻燃性大小可用氧指数来表示，氧指数越大，说明其阻燃性越好。一般认为 OI<22%，属易燃性塑料；OI=22%~27% 属自熄性塑料；OI>27% 属难燃塑料。

常见塑料品种的氧指数如表 9-13 所示。

表 9-13　常用塑料的 OI 值

塑料品名	OI/%	塑料品名	OI/%	塑料品名	OI/%
聚甲醛(POM)	14.9	聚对苯二甲酸丁二醇酯(PBT)	20.6	聚酰胺(PA66含8%水)	30.1
聚氨酯(PU)	17	聚对苯二甲酸乙二醇酯(PET)	23	聚砜(PSF)	32
发泡聚乙烯(PE)	17.1	氯化聚醚	24.3	蜜胺树脂(MF)	35
聚甲基丙烯酸甲酯(PMMA)	17.3	聚酰胺(PA66)	24.9	聚酰亚胺(PI)	36
聚乙烯(PE)	17.4	聚碳酸酯(PC)	25	聚苯硫醚(PPS)	40
聚丙烯(PP)	18	聚酰胺(PA1010)	25.5	纯聚氯乙烯(PVC)	45
聚苯乙烯(PS)	18.1	软质聚氯乙烯(SPVC)	26	硬度聚氯乙烯(HPVC)	50
丙烯腈-丁二烯-苯乙烯共聚物(ABS)	18.2	聚酰胺(PA6)	26.4	聚苯并咪唑(PBI)	58
	19.8	酚醛树脂(PF)	30	聚偏氯乙烯(PVDC)	60
环氧树脂(EP)	20	聚苯醚(PPO)	30	聚四氟乙烯(PTFE)	95

从表 9-13 中可以看出，氧指数大于 30% 的难燃塑料品种有：PF、PA66、MF、PI、HPVC、PBI、PVDC 等。在要求阻燃性不是很高时，这些塑料材料可直接使用，它们都具有相当的阻燃性能。

② 对易燃烧类塑料进行阻燃改性。从表 9-13 中可以看出，大多数塑料的 OI 值都达不到 30%。而一般阻燃场合都要求塑料的 OI 值要达到 30% 左右。因此，大多数塑料都需要进行阻燃改性。

塑料的阻燃改性方法为在树脂中加入阻燃材料，常用的阻燃材料有无机类和有机类两种。无机类阻燃材料有金属的氧化物如 Sb_2O_3 等、金属的氢氧化物 $Al(OH)_3$ 和 $Mg(OH)_2$ 等、无机磷及磷化物、硼化物如水合硼酸锌等；有机阻燃材料有有机溴化物、氮化物及有机硅等。

③ 尽可能选用无烟类塑料　塑料在燃烧时大都放出烟雾，这些烟雾一般都含有较大的毒性，这往往是导致火灾中人类伤亡的主要元凶。为此，在考虑塑料的阻燃性同时，还要进行抑烟。

不同聚合物的发烟性大小不同，并可用最大烟密度来表示，常见聚合物的发烟性如表 9-14 所示。

表 9-14　常见聚合物的发烟性

树脂	最大比光密度(D_m)	树脂	最大比光密度(D_m)	树脂	最大比光密度(D_m)
POM	0	PP	41	PS	494
PA6	1	PTFE	55	ABS	720
PMMA	2	PVDC	98	PVC	720
LDPE	13	PET	390		
HDPE	39	PC	427		

对于抑烟材料而言，一般要求塑料的最大烟密度要低于 300。因此，最大烟密度小于 300 的 POM、PA6、PMMA、LDPE、HDPE、PP、PTFE、PVDC 等塑料可直接作为无烟材料而使用。而 PET、PC、PS、ABS 及 PVC 等最大烟密度大于 300 的发烟量大的树脂都需要进行消烟处理后才可使用。

塑料的抑烟改性方法为在树脂中加入金属氧化物类抑烟剂，常用的单一金属氧化物消烟剂有：Fe_2O_3、MoO_3、CuO 及 BiO 等，其中 MoO_3 因消烟效果好而最常用。

常用的复合金属氧化物消烟剂有：MgO/ZnO、MoO_3/CuO、MoO_3/Sb_2O_3 及 MoO_3/ZnO 等，其中以 MgO/ZnO 复合效果最好。

四、导热类塑料的选用

在常用材料中，塑料材料属于低导热性品种，不同材料的导热性能如表 9-15 所示。

表 9-15　不同材料的热导率范围

材　料	软木、泡沫塑料	木材、普通塑料	玻璃	陶瓷	不锈钢	铁	铝、铜
热导率/[W/(m·K)]	0.03~0.06	0.14~0.44	1~2	9~10	20~40	80~90	300~600

不同品种塑料的导热性能大不相同，具体如表 9-16 所示。

表 9-16　不同塑料的热导率

材　料	HDPE	LDPE	PA6	PU	F4	PA66	PP	POM
热导率/[W/(m·K)]	0.44	0.35	0.31	0.31	0.27	0.25	0.24	0.23
材　料	PMMA	PES	EP	PS	HPVC	SPVC	F3	PET
热导率/[W/(m·K)]	0.19	0.18	0.17	0.16	0.16	0.15	0.14	0.14

塑料材料的导热性，可遵循如下规律：结晶型塑料的热导率高于无定形塑料；高分子量的塑料品种热导率高；取向可提高塑料的热导率。如 PVC 在 300% 的拉伸方向，热导率增大 2 倍，HDPE 在 1000% 的拉伸方向，热导率增大 10 倍；泡沫塑料的热导率大大下降，一般下降 10 倍以上。

导热类塑料材料主要用于需要及时散热的使用场合，如塑料材料的机械加工、耐磨类材料、轴承、齿轮、垫片及电介质等。

在具体选用导热类塑料材料时,应注意如下几点。

① 对于导热性要求高时,塑料材料难以满足,应选用导热性好的金属材料。

② 对于导热性要求不太高,但塑料仍有小幅度不满足的,使用场合,可对塑料进行到导热改性。具体方法为添加铝粉、氧化铝、青铜粉、炭黑、碳纤维、铝纤维等。

③ 对于导热性在塑料可达到的范围内,应尽可能选用高导热类塑料品种,具体有:PE、PA、POM等。

第四节 无毒塑料制品的塑料选用

一、阻隔包装制品的塑料选用

（一）塑料的阻隔性

阻隔类塑料是指其制品对分小子气体、液体、水蒸气、香味及药味等具有一定屏蔽能力的聚合物材料。

用于表征塑料阻隔能力大小的指标为透过系数。透过系数的定义为:一定厚度（1mm）的塑料制品,在一定压力（1MPa）、一定温度（23℃）、一定湿度,单位时间（1d=24h）、单位面积（1m²）内透过小分子物质的体积或重量。透过系数常以 O_2、CO_2 和水蒸气三种小分子物质为标准,透过系数的单位为:对于气体 $cm^3 \cdot mm/(m^2 \cdot d \cdot MPa)$;对于液体 $g \cdot mm/(m^2 \cdot d \cdot MPa)$。

塑料的透过系数越小,说明其阻隔能力越高。常用的中高等阻隔类塑料的透过系数如表9-17所示。

表 9-17 常用中高等阻隔类塑料的透过系数

塑料品种 透过系数	$O_2/[cm^3 \cdot mm/(m^2 \cdot d \cdot MPa)]$	$CO_2/[cm^3 \cdot mm/(m^2 \cdot d \cdot MPa)]$	$H_2O/[g \cdot mm/(m^2 \cdot d \cdot MPa)]$
EVOH(乙烯 29%)	0.1	1.5	20~25
EVOH(乙烯 38%)	0.4	6	40~70
PVDC 共聚物	0.5~4	1.2	0.2~6
LCP(Xydar)	—	1.2	—
芳香尼龙 MXD6	2~5	28	15~30
PAN 共聚物	8	16	50
F3	10~15	—	50~70
PEN	12~22	50	5~9
PA66	15~30	50~70	—
PA6	25~40	150~200	150
PET	49~90	180	18~30

塑料材料的阻隔性并不是一成不变的,通过适当的改性方法,可不同程度地提高其阻隔性能,有的改性方法可使塑料原有的阻隔性提高几十倍。

塑料常用的阻隔改性方法如下。

① 复合方法　复合的目的有两个,一个为提高阻隔性,另一个为改善阻隔塑料的耐环境性,如耐湿性等。

常用的复合方式有:一般阻隔材料之间复合,一般阻隔材料与中等或高等阻隔材料之间的复合，塑料与铝箔的复合。具体例子有：LDPE/LDPE、LDPE/PP/LDPE、LDPE/PET/LDPE、LDPE/EVOH/LDPE、LDPE/Al 等。

② 共混方法　共混为在普通或低档塑料材料中混加高档阻隔塑料材料，如 HDPE/PA、PET/PEN、PET/EVOH 等。共混可分为一般共混和层状共混两种，层状共混的改性效果最好。以在 HDPE 中混入 15%PA 为例，一般共混阻隔性提高 5 倍，层状共混阻隔性提高 80 倍。

③ 填充方法　在塑料中填充片状超细填料如云母、石英、黏土等，可适当提高阻隔性。如在 EVOH 中加入 5%纳米石英，其阻隔性可提高 3～5 倍。

④ 双向拉伸法　塑料薄膜经双向拉伸处理后，阻隔性可明显提高。如 BOPP 可提高 3～4 倍，BOPET 可提高产量 2～4 倍，BOPA 可提高 6 倍，BOEVOH 可提高 0.5 倍。

⑤ 表面层化法　塑料薄膜表面镀铝后，阻隔性可提高 10 倍；塑料薄膜表面涂 SiO_2 后，阻隔性可提高 30～50 倍；塑料薄膜表面涂无定形碳后，阻隔性可提高 7 倍；塑料薄膜表面涂 PVDC、EVOH 后，阻隔性可提高 2～4 倍。

⑥ 表面处理法　塑料表面经氟化、磺化、氯磺化、饱含处理后，可明显提高阻隔性。如表面氟化处理后，阻隔性可提高 6～7 倍；用 CO_2、O_2 气体饱含处理后，阻隔性提高 2～4 倍。

（二）阻隔性塑料的选用方法与标准

选用阻隔塑料时需要考虑的因素有：阻隔性大小、适应环境性、加工性能、价格高低等。

1. 阻隔性大小

塑料与金属、玻璃及陶瓷等传统包装材料相比，其阻隔能力不高。因此，在高档阻隔应用场合，塑料的阻隔性就满足不了需要了。阻隔类塑料只能用于中低档阻隔场合。

在塑料中，具有高阻隔性的塑料品种为：EVOH、PVDC 共聚物、PAN 共聚物、尼龙 MXD6、LCP(Xydar)。中等阻隔性塑料有：PET、PEN、PA、F3 等。

在实际选用中，具体选用何种塑料材料，要视具体包装物需要的阻隔性大小而定。

塑料阻隔性大小依次为 EVOH＞PVDC 共聚物＞LCP(Xydar)＞PAN 共聚物＞尼龙 MXD6。对中级阻隔场合，选用 PET、PEN、PA 及 F3 等。

2. 适应环境性

阻隔性塑料的阻隔性能受具体环境因素影响比较大，在正常环境下某些塑料的阻隔性很高，但在特定的环境中受环境的影响阻隔性会大大下降，从而影响原有阻隔性的发挥。最主要的环境影响因素有温度和湿度两种。不同品种的阻隔性塑料品种，受环境条件的影响程度不同，即有的受温度影响大，而有的则受湿度影响大。因此，在具体选择用何种阻隔材料时，必须考虑所使用环境对其阻隔性的影响。

① 温度　塑料的阻隔性受温度的影响较大。随温度的升高，塑料的阻隔性急剧下降。不同的阻隔性塑料品种，其阻隔性对温度的敏感性不同，具体顺序如下：PVDC＞EVOH＞PAN＞MXD6。PVDC 对温度最敏感，尼龙 MXD6 对温度的敏感性最小，几乎不受温度的影响。所以，在常温下，MXD6 的阻隔性虽不如 EVOH、PVDC 及 PAN 高；但在高温下，MXD6 的阻隔性反而会比 EVOH、PVDC 及 PAN 好。

对温度敏感的阻隔性塑料不适用于高温阻隔应用场合，如高温灭菌处理会降低其阻隔性能。

② 湿度　塑料的阻隔性受湿度的影响虽比温度小，但也不可忽视。同温度一样，随湿

度的升高，塑料的阻隔性下降。不同的阻隔性塑料品种，其阻隔性对湿度的敏感性不同，具体顺序如下：PAN＞EVOH＞PVDC＞MXD6。其中必须提及的是 MXD6 在湿度 40% 以下时，阻隔性随湿度升高反而下降；只有湿度在 40% 以上时，随温度的升高，阻隔性才略有下降，但极不明显。

对温度敏感的阻隔性塑料不适用于极潮湿的包装物或应用环境，如液体、蒸煮食品等包装物。

从上面的介绍可以看出，在高阻隔性塑料材料中，只有芳香尼龙 MXD6 不受环境影响，它对温度和对湿度的敏感性都小。因而可用于高温和潮湿阻隔包装场合。

3. 透明性及外观

① 透明性 EVOH、PVDC、PEN 的透明性都很好。

② 光泽 EVOH 制品表面有光泽。

③ 印刷及热封 EVOH、PVDC 等。

4. 卫生性

除 PVDC 因含氯，而受到消费者和环境保护者的反对，预计消费量将日益下降。其他品种都可放心大胆地用于食品及医药。

（三）几种常见阻隔制品的塑料选用

（1）保鲜食品包装材料如香肠、牛奶、烧鸡、调味品、番茄酱及果汁等包装，非食品包装如溶剂、化学品、医药的包装，汽油桶的内衬，空调连接管的内衬等。PET/EVOH/PET 吹塑瓶还可用于啤酒瓶及饮料瓶，EVOH 复合膜最常用。

（2）防潮包装如各种干食品、干蔬菜、奶粉、茶叶及香料等，保鲜包装如搁置熟食品如香肠、烧鸡等，碳酸饮料如汽水、啤酒等的包装，常选用 PVDC 共聚物来制备包装制品。

（3）用水、饮料、药物和食品阻隔包装瓶，则通常选用 PET/MXD6 基混合制成包装容器，也可以选用 PEN 双向拉伸瓶或 LDPE/EVOH/LOPE 包装。

（4）常用的调味品、干汤粉、加工肉类、巧克力和维生素增补剂等物品包装制品常选用 PAN 来制成。

（5）啤酒、汽水、牛奶及保鲜食品的包装制品选用 PEN 为宜。

（6）真空保鲜与防腐包装。防止氧气进入包装物内，使食品氧化变质。目前已成功地应用于牛奶、烧鸡、香肠等包装。常用 PVDC、EVOH 以及复合材料如 HDPE/PET/HDPE、LDPE/EVOH/LDPE、LDPE/HDPE/LDPE、塑料/铝箔等。如 PVDC 或 PA 用于香肠的包装，LDPE/LDPE 或 LDPE/HDPE/LDPE 用于牛奶的包装，塑料/铝箔复合材料用于烧鸡、猪蹄、鸡爪等熟食的包装。

（7）防潮及保香包装。为防止水蒸气进入包装物内，具体有香烟等，常用双向拉伸 BOPP 膜类。

茶、药、酒及化妆品的包装，目的防止气味的逸出，如塑料/铝箔复合膜，常用于化妆品的包装。

（8）工业用途 主要用于密封材料，具体如真空泵配件等，常用尼龙 MXD6、PEN、LCP、F3 等。

二、医用制品的塑料选用

（一）医用制品对塑料的性能要求

用于医学的塑料原料要求具有很高的性能，除具有优异的耐生物老化性、生理相容性、抗血栓性及卫生性等性能外，还要具有一定的力学性能和耐热性能，下面具体介绍这些性能。

(1) **一定的力学性能** 要求材料具有适当的拉伸强度、冲击强度、耐应力开裂性、硬度及耐磨性等，以适应不同用途的需要。如用于人工牙齿的材料要求具有优异的压缩强度、耐应力开裂性、硬度及耐磨性能，使之不易开裂和磨损；用于人工骨的材料要求具有优异的硬度、刚性、弯曲强度及冲击强度，使之不易变形和折断。

(2) **优异的化学稳定性能** 永久与人体接触或植入人体内的医用塑料制品，长期与人体内的体液、血液、细菌及各种水、酸、碱、盐等介质接触，这就要求其具有优良的耐化学腐蚀性和耐生物老化性，使其可长期（一般50年）保持原有的性能，以发挥其应有的作用。如硅橡胶的化学稳定性很好，在人体内放置17个月后，其强度仅下降2%左右。

(3) **优异的生理相容性能** 植入人体或与人体长期接触的医用塑料制品，必须不能引人体肌肉、神经系统或器官的不良反应，如引起肌体的炎症、病变及不舒服感等，要与人体有机地结合在一起。

在所有塑料材料中，具有惰性及低吸水性的品种大都具有良好的生理相容性，具体有硅橡胶、氟塑料及聚氨酯弹性体等品种。

(4) **优异的抗血栓性能** 医用塑料制品在人体内与血液长期接触时不能引起血液的凝结，防止有最终导致血栓形成的可能。不同塑料的抗血栓性能不同，具体参见表9-18所示。

表9-18 不同塑料的凝血率

名称	二氧化硅填充硅橡胶	炭黑填充硅橡胶	氟塑料	聚氨酯	PA6
凝血率/%	0.12	0.18	0.21	0.28	0.46

从表中可以看出，抗血栓较好的塑料品种有有机硅、氟塑料及聚氨酯等，其中以有机硅塑料薄膜的抗血栓效果最好，但也有报道说改性聚氨酯的抗血栓性能已超过有机硅。

(5) **优异的卫生性能** 用于医用塑料制品的塑料原料绝对不能有一丝毒性，不能引起如癌变等疾病的产生。这就要求不仅树脂原料纯净无毒，还要求各种添加剂也要纯净无毒。

(6) **可进行各种消毒处理** 医用塑料制品选用的原料虽然无毒，但在加工、贮存及运输过程中难免受到污染，因而在具体使用前要进行消毒处理。要求制品具有耐各种处理方法的能力，如煮沸、高温蒸汽、药物浸泡、气体熏及辐射处理等。

(二) 常用的医用塑料制品

医用塑料制品的种类很多，按与人体的接触关系可分成植入人体类、长期与人体接触类及短期与人体接触类三种。

(1) **植入人体类** 这类医用塑料制品长期放置在人体内，可永久替代人体的器官。对这类塑料原料的要求最高，要求其具有优异的耐化学性能、耐生物老化性能、生理相容性能、卫生性能及抗血栓性能等，其使用寿命一般要达到50年以上。这类医用塑料制品的具体品种有：人工心脏、人工心脏瓣膜、人工血管、人工食道、人工胆管、人工肾、人工肺及人工肝等。

(2) **长期与人体接触类** 这类医用塑料制品不植入人体内，但长期与人体接触，成为人体的一部分。如用于修复人体部分缺陷的材料，最近几年发展起来的介入材料如介入扩张血管器及介入送药器等。对这类塑料的性能要求也很高，基本上与植入人体内材料的要求相同。这类医用塑料制品的具体品种有：人工皮肤、人造乳房、人工骨、人工牙、人工鼻、假肢及角膜接触眼镜等。

(3) **短期与人体接触类** 这类医用塑料制品有时植入人体内，但不与人体长期接触，在完成其使用功能后，即离开人体。这类医用塑料制品属于医疗器械类，主要要求其卫生性能、生理适应性及可耐灭菌处理性要好，而对其耐生理老化性及抗血栓性要求不高。这类医用塑料制品的具体品种有：医用容器如输液瓶、输液袋、输血袋及血袋等，一次性医疗器械如注射器、输液器、输血器、手术工具及各种导管，检验器具如胃镜等。

（三）常用医用制品塑料的选用

各类医用塑料制品的具体选用原料如表 9-19～表 9-21 所示。

表 9-19　植入人体内部的医用塑料制品

人工脏器	高分子材料
人工心脏	聚醚氨酯,硅橡胶,聚甲基丙烯酸甲酯,尼龙,聚酯,聚四氟乙烯
人工心脏瓣膜	聚醚氨酯,硅橡胶,聚甲基丙烯酸甲酯,聚乙烯,聚乙烯醇
人工肾	铜氨法再生纤维素,乙酸纤维素,聚甲基丙烯酸甲酯,聚丙烯腈,聚砜,乙烯-乙酸乙烯共聚物,氯乙烯-偏氯乙烯共聚物,聚氨酯,聚丙烯,聚碳酸酯,聚甲基丙烯酸羟乙酯,N-酰化壳聚糖
人工肝脏	赛璐珞,聚甲基丙烯酸羟乙酯
人工胰脏	丙烯酸酯共聚物中空纤维
人工肺	硅橡胶,聚丙烯中空纤维,聚烷砜,聚乙烯,聚四氟乙烯
人工血管	聚酯纤维,聚四氟乙烯,聚醚氨酯,聚乙烯醇,硅橡胶,聚四氟乙烯膨体
人工气管	聚乙烯,聚四氟乙烯,聚硅酮,聚酯纤维,聚乙烯醇
人工食道	聚硅氧烷,聚酯纤维,聚乙烯醇,聚四氟乙烯
人工胆管	硅橡胶,聚四氟乙烯,聚酯
人工喉	聚四氟乙烯,聚硅酮,聚乙烯
人工腹膜	聚硅氧烷,聚乙烯,聚酯纤维,聚四氟乙烯
人工尿道	硅橡胶,聚酯纤维,聚甲基丙烯酸羟乙酯
人工输尿管	硅橡胶,聚四氟乙烯水凝胶
人工输卵管	硅橡胶
人工膀胱	硅橡胶
人工脂肪	硅橡胶
人工血浆	聚乙烯醇,聚乙烯吡咯铜,羟乙基淀粉,右旋糖酐
人工血液	氟化碳乳酸
人工红血球	全氟烃

表 9-20　长期与人体接触的医用塑料制品

应用部位	高分子材料
人工皮肤	硝基纤维素,聚硅酮-尼龙或聚酯复合物,聚氨酯泡沫塑料、N-酰化壳聚糖
人工骨、关节	超高分子量聚乙烯($M>300$ 万),高密度聚乙烯,聚甲基丙烯酸甲酯,尼龙、聚酯,聚氯乙烯,聚氨酯泡沫塑料,聚四氟乙烯,聚甲醛,骨胶原和羟基磷灰石复合体
人工指关节	硅橡胶,尼龙,聚氯乙烯,硅橡胶涂覆聚丙烯
人工腱	尼龙,硅橡胶,聚氯乙烯,聚四氟乙烯,聚酯
人工肢体	聚氨酯泡沫塑料
人工眼球	泡沫硅橡胶
人工晶状体	硅凝胶,硅油
人工角膜	胶原和聚乙烯醇复合物,聚甲基丙烯酸羟乙酯,硅橡胶
角膜接触眼镜	硅橡胶,聚甲基丙烯酸羟甲酯,聚甲基丙烯酸羟乙酯
人工齿及牙托	尼龙,硅橡胶,聚甲基丙烯酸甲酯
人工耳小骨	聚四氟乙烯,胶原和羟基磷灰石复合体
人工耳及耳软骨	硅橡胶,聚氨酯弹性体,天然橡胶,聚乙烯,硅橡胶和胶原复合体,硅橡胶和聚四氟乙烯复合体
人工鼻	硅橡胶,天然橡胶,聚乙烯,聚氨酯弹性体
人工乳房和人工睾丸	聚硅酮,硅橡胶,聚甲基丙烯酸羟乙酯
人工硬脑膜	硅橡胶,聚酯,尼龙,聚四氟乙烯

表 9-21　短期与人体接触的医用塑料制品

容器名称	高分子材料
药用容器	聚乙烯,聚丙烯,聚氯乙烯
药液袋	聚氯乙烯-聚氨酯复合膜,乙烯-乙酸乙烯酯共聚体
输液瓶	聚乙烯,聚丙烯,聚氯乙烯,聚酯-乙酸乙烯酯共聚体
输液袋	聚氯乙烯,乙烯-乙酸乙烯酯共聚体
腹膜透析液袋	聚氯乙烯
采血袋	聚氯乙烯
血浆袋	聚氯乙烯
浓缩红细胞保存袋	聚氯乙烯
浓缩血小板保存袋	聚氯乙烯,聚烯烃弹性体

(1) 聚氨酯　聚氨酯是最常用的医用塑料原料之一,它具有优异的生理相容性及抗血栓性能。其组成为聚四亚甲基醚醇与二异氰酸酯反应形成预聚体,加入二元胺或二元醇为扩链剂,最后形成聚氨酯。日本近年开发一种改性含氟聚氨酯,其抗血栓性及力学性能更优异。聚醚氨酯主要用于人工心脏、人工心脏瓣膜、人工血管、人工导管、人工肾、颌面修复材料、人工软骨、假肢及人工皮肤等。

(2) 硅橡胶　硅橡胶也是最常用的医用塑料原料之一,它具有优异的耐生物老化性及抗血栓性,但耐挠曲性能一般。硅橡胶主要用于人工心脏、人工心脏瓣膜、人工血管、心脏起搏器、人工气管、人工食道、人工胆管、输尿管、人工硬脑膜、人工喉、人工膀胱、人工关节、人工软骨及牙托等。

(3) 氟塑料　氟塑料具有优异的耐腐蚀性及耐生物老化性,与人体生理相容性好。在众多氟塑料品种中,以 F4 和 F4.6 最为常用。

氟塑料常用于人工血管、人工心脏、人工心脏瓣膜、人工食管、人工气管、胆管、尿管、人工脑膜(单面多孔)、人工硬脑膜(多孔)及人工腱等。

(4) 聚甲基丙烯酸甲酯类　聚甲基丙烯酸甲酯类主要包括聚甲基丙烯酸甲酯及其衍生物,它是最早用于人造头盖骨的塑料材料。目前主要用于人工心脏、人工心脏瓣膜、人工骨、人工牙、接触眼镜及人工角膜等。

(5) 聚酰胺类　聚酰胺类主要用于人工血管、人工硬脑膜、人工骨、人工牙、人工腱、关节及节育器等。

(6) 超高分子量聚乙烯　具有良好的生理相容性及生理惰性,是一种新开发的医用高分子材料。主要用于心脏瓣膜、人工关节及节育用品等。

(四) 医用容器的塑料选用

塑料医用容器代替传统的玻璃瓶具有质轻、不易破损和耐挤压等优点。塑料医用容器主要有输液瓶、输液袋、腹膜透析用液袋、输血袋、血浆袋和浓缩血小板、保存袋等。医用容器材料主要有聚丙烯、高密度聚乙烯、低密度聚乙烯、聚氯乙烯、乙烯-醋酸乙烯酯共聚物、聚酯等,见表 9-22。

表 9-22　医用容器的塑料选用

容器名称	高分子材料	容器名称	高分子材料
药用容器	聚乙烯、聚丙烯、聚氯乙烯	腹膜透析液袋	聚氯乙烯
药液袋	聚氯乙烯-聚氨酯复合膜、乙烯-醋酸乙烯酯共聚体	采血袋	聚氯乙烯
		血浆袋	聚氯乙烯
输液瓶	聚乙烯、聚丙烯、聚氯乙烯、聚酯-醋酸乙烯酯共聚物	浓缩红细胞保存袋	聚氯乙烯
		浓缩血小板保存袋	聚氯乙烯、聚烯烃弹性体
输液袋	聚氯乙烯、乙烯-乙酸乙烯酯共聚体		

（五）一次性医疗用品的塑料选用

一次性医疗用品又称随弃式医疗用品，是一种用之即弃不得重复使用的医疗用品。具有使用方便、避免交叉感染安全可靠等优点，所以品种多、用量大、发展迅速，应用十分普及，如注射器、输液器、输血器、引流管、导管、插管、检验用具、病人用具、手术室用具和诊疗用具等列于表 9-23。

表 9-23　一次性医疗用品的塑料选用

用　具	材　料
注射器	聚乙烯，聚丙烯，聚四甲基-1-戊烯，聚苯乙烯，聚碳酸酯
输液器	聚氯乙烯
输血器	聚氯乙烯
胸腹腔引流管	聚氯乙烯
血液回路和连接管	聚碳酸酯，聚氯乙烯
各种插管	聚丙烯、聚乙烯、聚氯乙烯、聚四氟乙烯、硅橡胶、EVA
各种导液管	聚丙烯、聚乙烯、聚氯乙烯、尼龙、硅橡胶、聚氨酯、聚四氟乙烯
氧合器及附件	聚乙烯、聚甲基丙烯酸甲酯
检验用具(试管、采用管、吸液管等)	聚乙烯，聚丙烯、聚苯乙烯、ABS
病人用具(杯、盆、壶等)	聚乙烯，聚丙烯
手术室用具(衣、帽、鞋等)	聚乙烯，聚氯乙烯
诊疗用具(洗眼器、耳镜等)	聚氯乙烯、EVA
麻醉用品(导管、口罩、吸氧管等)	聚氯乙烯、EVA
绷带	聚氨酯泡沫塑料、聚氯乙烯、室温硫化硅橡胶

第五节　功能分离膜的塑料选用

一、简介

高分子分离膜是一种能分离微小粒子、分子及离子等微物质的分离材料。从分离物质的尺寸上看，它可分离尺寸小于 1nm 的微物质；从分离物质的分子量上看，它可分离分子量小于 100 的小分子。在微物质分离材料中，除少量为无机高分子和金属材料外，主要为高分子材料，它属于一种功能性高分子聚合物。

高分子分离膜的分离过程与传统的分离方法如过滤、蒸发、萃取及冷冻等不同；前者为常规分离，而后者为微观分离，可分离分子级大小的物质如无机离子、分子量小于 100 的分子、细菌及病毒等。

高分子分离膜按功能可分为选择性透过膜、渗透、反渗透、超滤、微滤和离子交换等类型。

不同高分子分离膜的具体应用范围及特点如表 9-24 所示。

高分子分离膜主要用于：水处理、海水淡化、制备超纯水、制备无水溶剂、分离生物制品、氢分离、富氧制备、人工器官及废能回收等。

高分子分离膜的分离范围，按微粒尺寸由小到大排练如下：

0.1～0.2nm	0.5nm	1～5nm	10～20nm	50～500nm	1000～2000nm	5000～10000nm	20000nm
气体分离 →	反渗透 →	血液分离 →	超滤 →	病毒分离 →	微　滤 →	血浆分离 →	普通过滤

二、功能膜的塑料选用

1. 气体分离膜

表 9-24　不同高分子分离膜的种类及用途

分离膜种类	分离过程	分离动力	分离物大小及分子量	用　途
离子交换膜	电渗析	选择透过、电位差	无机离子<1nm 分子量<100万	电解质的脱盐及分离
渗透膜	扩散渗透	选择透过、浓度差	无机酸、碱、盐<1nm 分子量<100万	无机酸、碱、盐,低分子与高分子
微孔膜	微孔过滤	压力差	悬浮颗粒、粒径0.03～10μm 分子量>300万	除去悬浮,胶粒及细菌
超滤膜	超滤	压力差	固体粒子、粒径1～30nm 分子量100万～500万	低分子与高分子
反渗透膜	反渗透	选择透过、压力差	低分子及无机粒子<1nm 分子量<500万	水的过滤及溶质浓缩
选择性分离膜	气体分离	选择透过、压力差	气体<1nm 分子量<100万	气体分离,浓缩及精制

气体分离膜是一种可从混合气体中分离出某种单一气体的一类高分子薄膜。

(1) 富氧膜　富氧膜为一种选择性气体分离膜,它是能从空气中选择分离氧气和氮气,从而制得氧气含量高于空气中氧气含量的富氧气体的一类薄膜。

富氧膜目前已获得具体应用,主要用于节能和医用。不同用途的富氧膜要求富氧气体中氧气含量也不同,医学用富氧气体要求氧气的含量大于40%,用于医学抢救;工业用富氧气体要求氧气的含量23%～40%,目前已用于锅炉燃气,可节能10%以上。

用于富氧膜的塑料材料要求氧气的透过系数 ρ_{O_2} 要大,一般氧气的透过系数 ρ_{O_2} 要大于 5000cm³·mm/(m²·d·MPa);而且氧氮的分离系数 ρ_{O_2}/ρ_{N_2} 也要高,一般分离系数要大于 2.5;这样才可保证获得大量且高氧气含量的富氧气体。常用的富氧膜材料如表 9-25 所示。

表 9-25　几种富氧膜材料的氧气透过系数及氧氮分离系数

塑料材料	氧气透过系数 ρ_{O_2}	分离系数 ρ_{O_2}/ρ_{N_2}	塑料材料	氧气透过系数 ρ_{O_2}	分离系数 ρ_{O_2}/ρ_{N_2}
聚氨基甲酸酯	78300	6.4	纤维素乙酸盐	16500	3.2
聚乙烯对苯二酸盐	39150	4.1	聚 4-甲基戊烯	15660	2.9
纤维素乙酸酯多孔质膜	10440	3.3	聚甲基硅氧烷/聚碳酸酯	1470	2.2

对于不同用途的富氧膜,选用的材料不同。医用富氧膜选用氧氮分离系数大于 4 的材料,氧气的透过系数一般即可,常用的为聚苯醚与聚 4-甲基戊烯的共混物;工业用富氧膜则选用透过系数大的材料,而分离系数一般即可,常用聚甲基硅氧烷/聚碳酸酯的混合物。

(2) 氢气分离膜　氢气分离膜为一种从其他气体中分离氢气的高分子薄膜,按耐温高低不同可分为两类。

耐高温型可耐150℃左右,具体可选材料有两种:其一为以聚砜为支撑膜,甲基硅橡胶和聚 α-甲基苯乙烯为活性涂层的复合膜,其透过系数 ρ_{H_2} 为 11310cm³·mm/(m²·d·MPa),分离系数 ρ_{H_2}/ρ_{N_2} 为 72;其二为聚酰亚胺或含氟聚酰亚胺,其透过系数 ρ_{H_2} 为 7830cm³·mm/(m²·d·MPa);分离系数 ρ_{H_2}/ρ_{N_2} 为 200。

低温型可耐70℃左右,具体可选材料也有两种:其一为乙酸纤维素,其透过系数 ρ_{H_2} 为 10440cm³·mm/(m²·d·MPa),分离系数 ρ_{H_2}/ρ_{N_2} 为 70;其二为聚四甲基戊烯,其透过系数 ρ_{H_2} 为 118320cm³·mm/(m²·d·MPa);分离系数 ρ_{H_2}/ρ_{N_2} 为 17。

(3) 二氧化碳分离膜　这是一种可从甲烷中分离二氧化碳的高分子薄膜,具体可选材料有如下几种:

① 聚（1-氯-2-苯乙炔），其透过系数 ρ_{CO_2} 为 53070cm³·mm/(m²·d·MPa)，分离系数 ρ_{CO_2}/ρ_{CH_4} 为 24。

② 四甲基取代聚砜，其透过系数 ρ_{CO_2} 为 18270cm³·mm/(m²·d·MPa)，分离系数 ρ_{CO_2}/ρ_{CH_4} 为 68。

③ 聚砜衍生物，其透过系数 ρ_{CO_2} 为 56550cm³·mm/(m²·d·MPa)，分离系数 ρ_{CO_2}/ρ_{CH_4} 为 24。

④ 氟化聚酰亚胺，其透过系数 ρ_{CO_2} 为 17400cm³·mm/(m²·d·MPa)，分离系数 ρ_{CO_2}/ρ_{CH_4} 为 60。

2. 离子交换膜

离子交换膜也称电渗析膜，在此膜的两侧施加一个直流电场以达到离子分离的目的。离子交换膜主要用于浓缩分离（如海水制盐）、脱盐（如海水淡化）、隔膜电解（食盐制碱）、水处理、提纯及精制等，其中用于海水淡化约占人工淡水产量的 4%，用于精制高纯度碱约占制碱能力的 10%。

离子交换膜的材料有两种，即苯乙烯系及含氟树脂系。

（1）苯乙烯系离子交换膜　这类膜以苯乙烯共聚体为基材，引入离子交换基团，制成薄膜后与纤维网复合在一起。苯乙烯系离子交换膜主要用于海水浓缩制盐及海水淡化处理。

（2）含氟树脂系离子交换膜　这类膜主要用于食盐隔膜电解制高纯度氢氧化钠（苛性钠）。

含氟树脂系离子交换膜有全氟磺酸膜、全氟羧酸膜及全氟磺酸/全氟羧酸复合膜。

① 全氟磺酸膜　最早由美国杜邦公司开发，材料为四氟乙烯与全氟乙烯基醚磺酰氟的共聚物，挤出成厚度 0.15～0.2mm 的薄膜，再与聚四氟乙烯织物层压而成。它亲水性极大，离子选择透过性低，用此膜电解食盐制造的苛性钠浓度为 17.6%。

② 全氟羧酸膜　最早由日本旭硝子公司开发，材料为四氟乙烯与全氟乙烯基醚羧酸酯共聚物。它亲水性小，离子选择透过性好，用此膜电解食盐制造的苛性钠浓度为 25%～40%。如将全氟羧酸膜的部分官能团进行氧氯化，再用碘处理，制成交联结构的全氟羧酸膜，用其制成苛性碱的浓度为 38%。

③ 全氟磺酸/全氟羧酸的复合膜　它综合两种膜的各自优点，具有良好的性能。

3. 反渗透膜

反渗透膜是 1962 年开发的一种新型膜分离技术，它可在压力作用下使溶液中的溶质与溶剂分离，其作用广式与渗透膜正好相反，它由浓溶液向稀溶液方向扩散和迁移。

反渗透膜的 90% 以上用于水处理。它用于海水淡化占 74%，占人工淡水的 20%，其淡化成本低，只为蒸发法成本的 20% 左右；它用于纯水处理占 17%，而用于废水处理占 10%。

制造反渗透膜的关键在于选择具有选择透过性且高通量的反渗透材料，常用材料有：乙酸纤维素、芳香聚酰胺、聚苯并咪唑及聚丙烯腈等。

4. 扩散渗透膜

扩散渗透膜与反渗透相反，它由稀溶液向浓溶液方向扩散。扩散渗透膜可分离更微小的粒子如小分子和离子等，主要用于血浆净化、酸洗工程的废酸回收、纸浆压榨液或纤维加工废水中回收苛性钠。

扩散渗透膜的早期材料为天然高分子如动物膀胱膜、硝棉胶膜及玻璃纸等，现在用合成高分子材料即塑料材料。常用于扩散渗透膜的塑料材料有：聚乙烯醇类，它主要用于从纸浆压榨液或纤维加工废水中回收苛性钠；聚丙烯腈、聚甲基丙烯酸甲酯、乙烯-乙烯醇共取物、聚砜、聚碳酸酯等以及早期的乙酸纤维素和再生纤维素等，它主要用于血液净化处理，滤掉血液中的尿素、尿酸等有毒物质。

5. 微孔过滤膜

微孔过滤膜是一种内部含有很多微孔且孔径分布比较均匀的高分子膜，其孔径一般在 0.03~65μm 之间，可按孔径大小分离质子或粒子。

亲水的微孔过滤膜用于液体分离，而疏水的微孔过滤膜用于气固分离。微孔过滤膜的孔径大小不同，其用途也不同，具体如表 9-26 所示。

表 9-26 不同孔径微孔过滤膜的用途

孔径/μm	主要用途
3.0~8.0	检出溶剂、试剂、润滑油和溶液中的微粒,滤掉 1.0μm 以下粒子
0.8~1.0	除去溶液中的酵母菌和酶菌,做一半过滤和空气净化
0.4~0.6	捕集过滤细菌及定量微粒子
0.2	细菌的完全捕集、过滤和定量,分离血浆
0.08~0.1	过滤病毒、超纯水的最终过滤,人工肺和净化血浆
0.03~0.05	过滤细菌和病毒,过滤无毒水和高分子量蛋白质

微孔过滤膜的常用材料有：聚氯乙烯，适用于生产孔径 0.2μm、0.45μm、0.5μm、0.6μm、0.8μm 的微孔过滤膜；聚四氟乙烯，适用于生产孔径 0.1μm、0.2μm、0.22μm、0.3μm、0.45μm、0.65μm、0.8μm、1.0μm、1.2μm、1.5μm、2.0μm、5.0μm、10.0μm 的微孔过滤膜；聚碳酸酯，适用于生产孔径 0.03μm、0.05μm、0.08μm、0.1μm、0.2μm、0.4μm、0.6μm、0.8μm、1.0μm、3μm、5μm、8μm、12μm 的微孔过滤膜；聚丙烯，适用于生产孔径 0.13μm、0.135μm 的微孔过滤膜；乙酸纤维素，适用于生产孔径 0.2μm、0.5μm、1.0μm 的微孔过滤膜；硝酸纤维素，适用于生产孔径 0.01μm、0.05μm、0.1μm、0.15μm、0.45μm、0.6μm、0.8μm、1.2μm、15μm、0.45μm、0.6μm、0.8μm、1.2μm、3μm、12μm 的微孔过滤膜；纤维素混合酯，适用于生产孔径 0.025μm、0.05μm、0.1μm、0.22μm、0.25μm、0.30μm、0.45μm、0.65μm、0.80μm、1μm、2μm、3μm、5μm、10μm 的微孔过滤膜；纤维素，适用于生产孔径 0.2μm、0.45μm、0.6μm 的微孔过滤膜。

参 考 文 献

[1] 张玉龙. 塑料品种与性能手册. 北京：化学工业出版社，2007.
[2] 张玉龙. 塑料品种速查手册. 北京：中国纺织出版社，2009.
[3] 丁浩. 塑料应用技术. 北京：化学工业出版社，1999.
[4] 马之庚等. 工程塑料手册. 北京：机械工业出版社，2004.
[5] 王文广等. 塑料材料的选用. 北京：化学工业出版社，2001.